东湖论坛
Donghu Forum

第六届长江经济带科技资源共享论坛优秀论文集



# 科技资源共享理论与实践

湖北省科技信息研究院
上海市研发公共服务平台管理中心
组编

长江出版传媒
湖北科学技术出版社

**图书在版编目（CIP）数据**

科技资源共享理论与实践 / 湖北省科技信息研究院，上海市研发公共服务平台管理中心组编．-- 武汉 ：湖北科学技术出版社，2024．12．-- ISBN 978-7-5706-3617-4

Ⅰ．G322

中国国家版本馆 CIP 数据核字第 2024J7A668 号

科技资源共享理论与实践
KEJI ZIYUAN GONGXIANG LILUN YU SHIJIAN

责任编辑：张娇燕
责任校对：王晓博　　封面设计：喻　杨

出版发行：湖北科学技术出版社
地　　址：武汉市雄楚大街 268 号（湖北出版文化城 B 座 13—14 层）
电　　话：027-87679468　　邮　　编：430070

印　　刷：武汉科源印刷设计有限公司　　邮　　编：430299

787 毫米 ×1092 毫米　1/16　33 印张　750 千字
2025 年 4 月第 1 版　2025 年 4 月第 1 次印刷
定　　价：98.00 元

# 《科技资源共享理论与实践》

## 编 委 会

# 湖北省科技信息研究院简介

湖北省科技信息研究院是湖北省科技厅直属的公益型科研事业单位，成立于1958年9月，原名湖北省科学技术情报研究所，2001年更为现名，与湖北省科技情报局“一构两牌”，是经认定的湖北省生产力促进中心，也是湖北省信息学会的挂靠单位，主要履行科技决策咨询、科技资源共享、科技管理支撑、产业创新促进、科技传播推广等研究和服务职责。

湖北省科技信息研究院始终坚持全省经济社会发展的科技“耳目、尖兵和参谋”功能定位，以“服务科技发展、助力创新驱动”为宗旨，以“打造区域科技情报研究及科技创新服务中心”为目标，秉持“质量立院、人才兴院、改革活院、品牌强院”的发展思路，面向政府及各类创新创业主体提供全方位、多层次的信息产品及科技创新服务，着力打造高效、创新、融合的“一库三中心”即科技智库、科技公共服务中心、产业创新促进中心、科技传播中心业务支撑体系，为服务全省科技创新做出积极努力，受到社会各界的肯定和支持。近5年来，湖北省科技信息研究院承担省部级项目近200项，获省部级科技奖近10项，形成发明专利、实用新型专利、软件著作权等知识产权近100项，为政府部门和领导提供有效科技决策情报3000余条，为社会各界提供科技咨询服务超万项次、科技资源共享服务信息超千万条次。

湖北省科技信息研究院始终秉承“人才是第一资源”的理念，建设了一支“爱岗、敬业、专业、有为”的职工队伍。现有各类在职人员200余人，其中博硕士研究生80余人，在职在编人员中专业技术人员占比94%。有享受国务院政府特殊津贴专家、省劳动模范、省有突出贡献中青年专家、省政府专项津贴专家、省跨世纪“111人才工程”入选专家、二三级专业技术岗位及正高级专家10余人。

湖北省科技信息研究院始终笃行“两个文明”协调发展，着力打造“党建引领、群团共建”的文明创建格局，单位综合实力持续提升。先后被中共中央宣传部、科学技术部、中国科学技术协会授予“全国科普工作先进集体”，被中华全国总工会授予“全国五一劳动奖状”，被全国妇联授予“巾帼文明示范岗”，被中国教科文卫体工会授予“模范职工之家”“先进工会组织”，连续五届被省委、省政府授予“省级（最佳）文明单位”，被省直机关工委表彰为“党建工作先进单位”，被省委人才工作领导小组授予“湖北省人才工作十强院所”。

# 上海市研发公共服务平台管理中心简介

2003 年底，在科学技术部的指导下，按照上海市委、市政府的总体要求，上海市科学技术委员会正式启动“上海研发公共服务平台”建设，推动上海市政府投入的各类科技资源面向社会提供研发公共服务。2004 年 7 月，时任上海市市长韩正宣布上海研发公共服务平台正式开通运行。2005 年 11 月，上海市研发公共服务平台管理中心正式成立，作为负责全面推进“上海研发公共服务平台”建设、运营与管理的专门工作机构，致力于运用信息技术，打造科技创新资源开放共享的公共服务平台。2018 年 5 月，上海市研发公共服务平台管理中心与上海市科技人才交流中心进行机构合并，成立上海市研发公共服务平台管理中心（上海市科技人才发展中心），是隶属于上海市科学技术委员会，集功能型、研究性与专业化于一身的公益一类事业单位。

# 前　言

面对世界百年未有之大变局，要想掌握科技竞争的主动权，将科技创新基础条件资源纳入战略性资源范畴，促进科学储备和高效共享尤为重要。相应地，开展对科技资源建设和共享的理论与实践探讨也十分必要。

适逢湖北省人民政府举办2024东湖论坛，在科学技术部基础研究与科研条件司、科技基础条件平台中心的指导下，由湖北省科学技术厅主办、湖北省科技信息研究院和上海市研发公共服务平台管理中心共同承办了东湖论坛之平行论坛——第六届长江经济带科技资源共享论坛，诚邀学界、业界的学者专家就科技资源共享开展理论、方法、技术、政策研究和实践经验分享。现将收到并评选的优秀论文结集成书，公开出版。

本书分为探索篇、管理篇、应用篇。

在探索篇中，从国家科技资源服务地方科技创新发展等角度出发，剖析科技资源共享的基本问题，探索科技资源共享与新质生产力养成、科技自立自强、产业转型升级、企业创新主体培育等新理念和新范式。

在管理篇中，围绕科技资源共享的政策优化、管理模式与机制、评价机制与体系等方面进行深入探讨。

在应用篇中，聚焦科技资源共享的具体实践，探讨科技资源共享平台的建设与运营、科技资源的集成整合与服务创新等问题，分享成功的实践案例和宝贵经验。

科技资源共享是一个系统工程，需要政府、企业、科研机构、高校等共同努力持续推进。我们期望通过本书进一步激发社会各界对科技资源共享的关注和支持，推动科技资源共享事业蓬勃发展。

衷心感谢所有为本书供稿、编辑、审校、出版付出辛勤努力的专家和工作人员，衷心感谢你们在科技资源共享事业发展进程中留下了宝贵的印迹。

# 目　　录

## 探索篇



## 管理篇

## 应用篇

# 探索篇

# 国家资源库服务地方科技创新发展的实践路径研究

于伟东★[1] 黄 鹏[1] 赫运涛[2] 王 祎[2] 贾文文[3] 何 斌[3] 朱邯豫[3] 周 祥[1]

（1. 上海市研发公共服务平台管理中心，上海，200031；2. 国家科技基础条件平台中心，北京，100862；3. 同济大学附属东方医院干细胞转化医学产业基地，上海，200123）

**摘要：**推动国家科技资源服务地方科技创新发展是促进科技资源高效利用、优化科技资源配置、提高科技资源支撑作用的重要方式。以国家干细胞转化资源库为例，通过系统总结资源库建设进展和建立服务体系的情况，以及取得的主要成效和工作经验，分析国家资源库服务地方科技创新发展的主要做法，凝练国家科技资源服务地方科技创新发展的实施路径，提出国家地方协同联动推动国家科技资源服务地方科技创新发展的意见建议。

**关键词：**国家科技库；地方科技创新；国家地方协同联动；服务生态体系

## 引言

科技资源作为国家重要的战略性、基础性资源，既是开展科研活动的基础和保障，也是引领前沿科技创新、吸引顶尖人才的重要手段[1]。为加强科技创新基础能力建设，推动科技资源的整合共享与高效利用，改变科技基础条件建设多头管理、分散投入的状况，国家有关部门贯彻“整合、共享、完善、提高”的方针，组织开展了国家科技基础条件平台建设工作。国家科技基础条件平台运用现代化信息技术等手段，有效整合科研仪器设施、生物种质和实验材料、科学数据和信息等科技资源，为科技创新和经济社会发展提供共享

**作者简介：**于伟东（1970— ），男，高级工程师，研究方向为科技资源管理（通信作者）；黄鹏（1973— ），男，副主任，研究方向为科技资源管理；赫运涛（1980— ），男，研究员，研究方向为科技资源管理；王祎（1975— ），男，研究员，研究方向为科技资源管理。贾文文（1980— ），男，研究员，研究方向为临床级干细胞研制、管理和共享服务；何斌（1987— ），男，办公室副主任，研究方向为干细胞临床研究管理；朱邯豫（1992— ），女，助理研究员，研究方向为干细胞规模化生产质量控制。周祥（1992 — ），男，职员，研究方向为科技资源管理。

**基金项目：**国家科技基础条件平台中心委托课题（2023WT26）。

服务[2]。在多个细分领域，建成一批国家科学数据中心和资源库，为优化配置科技资源、支撑科技研发活动、服务产业/企业创新发展提供了重要的物质和信息保障[3-4]。

在大型科学仪器设施方面，2014 年 12 月国务院发布了《国务院关于国家重大科研基础设施和大型科研仪器向社会开放的意见》，之后陆续出台相关配套文件，全国各省市均出台了相关管理办法。目前，国家科技基础条件平台掌握了 26 个国务院部门和直属机构、31 个省（自治区、直辖市），以及新疆生产建设兵团所属近 3000 家高校和科研院所 13.6 万台（套）大型科研仪器（原值 50 万元及以上）的基本信息，建成了国家级科研设施与仪器国家网络管理平台并不断完善，具备信息发布、预约服务、运行服务记录采集、监管和评估等功能。全国主要省（市）和 300 多家中央级科研单位建立专门的管理机构和在线服务平台。其他拥有一定体量大型科学仪器设施的地方高校和科研院所也都建设了开发共享管理和服务平台。2021 年通过国家网络管理平台完成的仪器预约服务达 6 万余次，中央级高校院所仪器对外服务总机时达 920 万小时，其中对高校院所的服务占 70%，对企业的服务占 30%。

在国家生物种质与实验材料资源库方面，科学技术部、财政部批复组建国家重要野生植物种质资源库等 31 个国家资源库，成为强化战略性科技资源保藏与服务和维护国家生物安全的重要基地。根据《国家生物种质与实验材料资源库专项服务行动计划（2021—2025）》，国家资源库和承建单位围绕“四个面向”，为科研人员提供了创新急需的种质、病毒、菌种、实验动物、细胞等科技资源及技术服务，支撑了生态环境、生命健康、脑科学、国家安全等领域国家重大科技创新任务，促进了长江经济带、粤港澳大湾区等重点区域经济社会发展以及“一带一路”、乡村振兴等国家重大战略的实施。

在科学数据方面，2018 年 3 月国务院办公厅印发了《科学数据管理办法》。2019 年以国家科技资源共享服务平台为基础，建成了首批 20 个国家科学数据中心。国家科技基础条件平台中心牵头制定了 3 项与“科技计划形成的科学数据”相关的国家标准，国家科学数据中心已接收汇交数据或正在对接数据汇交工作的项目数累计超过 1500 个，已累计接收各类数据库（集）约 2000 个。国家科技基础条件平台中心制定了《国家科学数据中心面向科技计划、科研基地、科技人才的科学数据专题服务工作方案》，组织国家科学数据中心围绕“四个面向”开展专题服务。目前，已有近 20 个部门/省市正式发布科学数据中心实施细则，既贯彻了国家总体要求，也反映了部门/地方的基础和特点。

从上述的国家布局可以看出，我国推动大型科学仪器设施开放共享工作起步比较早，国家地方联动合作比较紧密，从政策措施、平台网络、运营机构、评估奖励、考核监督和市场化服务等方面，建立相对完整的开放管理和共享服务的组织机制和服务网络[5-7]，既保障了大型科学仪器设施的充分开放共享，也为其他科技资源的开放共享提供了有益借鉴。基于科技计划形成的科学数据的国家科学数据中心目前处于启动建设阶段，有少数的省市（如广东、江苏、甘肃、重庆等）建设了省级科学数据中心，各分领域的科学数据中心开展了有益的共享服务探索。而作为一种与科学研究直接相关的科技资源——生物种质与实验材料资源库，与大型科学仪器设施具有一些相同属性，如不可或缺性、实体性和相对集中等[8]，在科学研究和产业创新中发挥了重要的支撑作用[9]。但与大型科学仪器设施的开放共享工作相比，资源库主要建设在国家级的科研机构中，分布更集中、专业性更强，主要在国家层面推动资源库的建设，尚未形成完善的国家、地方联动推动优质生物种质与实验材料资源共享服务的协同机制。

因此，本文以国家干细胞转化资源库为范例，通过文献总结、实地调研、案例分析等方法，总结分析上海市在推动国家干细胞转化资源库服务地方科技创新发展的实施路径，为促进国家生物种质与实验材料资源库服务地方科技创新发展提供有益的借鉴。

# 1　国家干细胞转化资源库建设和发展现状

国家干细胞转化资源库依托同济大学，由附属东方医院（临床级干细胞资源）和生命科学与技术学院（科研级干细胞资源）负责承建，拥有人脐带间充质干细胞、脂肪间充质干细胞及覆盖 60% 中国人群的高频人类白细胞抗原的诱导性多能干细胞 iPSC 等各类临床级和科研级干细胞资源，不仅可为干细胞临床研究和转化应用服务，亦可提供满足医院、科研院校科学研究需求的有效样本资源。

## 1.1　资源收集与保存

截至 2023 年底，国家干细胞转化资源库打造了两大类资源体系，即临床级和科研级资源体系。聚焦心衰、间质性肺病、糖尿病肾病、帕金森等疾病，开展各类资源收集与保存。以人源 iPSC、UC-MSC、AD-MSC 为特色，平台收集与保存共 24 种、3890 株、68024 份各类干细胞资源和相关专属队列样本，以及干细胞临床研究专属队列生物样本和干细胞配套临床生物样本等。已有 UC-MSC、AD-MSC、hiPSC、hiPSC-CM 等 4 种干细胞制剂获中国食品药品检定研究院质量复核。

## 1.2　资源管理

资源库按照临床级和科研级干细胞资源进行分级分类管理，拓展及开发新的资源种类，并分类汇总资源库现有相关信息，在资源库官方网站对外公布。目前，国家干细胞转化资源库已完成“五位一体”干细胞全流程一体化信息服务平台建设，构建了完善的制度体系，实现了从干细胞采集、生产、质检、转运、存储、质控、分享的标准化信息管理，为资源库的高效运行和对外共享服务提供坚实的制度保障。

## 1.3　资源挖掘利用

近年来，利用单细胞转录组测序等分析手段，通过对平台科技资源进行挖掘，定义了干细胞资源干性和类型，解析重编程规律，筛选可用于临床治疗的种子细胞以及建立对应疾病基因表达谱数据库，形成各类干细胞知识库，为用户提供技术支持。研制新型资源包括脐静脉内皮细胞、人源 iPSC 的心肌细胞、人源 iPSC 的间充质细胞和内膜细胞、翼状胬肉结膜组织细胞、羊膜间充质干细胞等。

### 1.4 技术研发和资源研制

资源库在推动科学研究和产业发展方面发挥着重要作用，特别是在关键共性技术的研究开发以及干细胞资源的定制化研制上取得了显著成就。例如，成功研制的人脐带间充质干细胞治疗心衰注射液，不仅获得了专利技术成果，还实现了 6000 万元合同的技术成果转让，并在 2024 年 1 月获得了 IND 默示许可。此外，资源库还实现了干细胞的规模化和高质量生产，自主研发的 3D 低氧规模化生产设备具有全程封闭自动化、百亿级产量、智能监控等优势，有助于企业进行干细胞新药申报。

### 1.5 国内外交流合作

聚焦前沿研究、新型疗法开发等热点话题，资源库联合主办第十二届、第十三届国际细胞治疗大会、第一届干细胞与再生医学专业委员会成立大会暨学术交流、多届干细胞研究与转化国家级继续医学教育项目培训班，发起成立了中国干细胞产业联盟，进一步推动了干细胞技术的发展与应用。在海南、大连等地建设了国家资源库分库，支撑山东、江苏、海南等多地干细胞工程中心建设，助力形成全国范围内的干细胞研究与应用网络。承建“上海市干细胞制备质检公共服务平台”，面向全国高校、科研院所、医院和企事业单位等，开展干细胞相关的公共技术服务。

## 2 国家干细胞转化资源库共享服务实施

### 2.1 开展共享服务情况

资源库采取“线上与线下相结合”的方式开展共享服务，线上通过国家干细胞转化资源库网站，签订材料转移协议，服务范围以长三角为中心辐射全国。至今，已为全国 575 家科研院所及企事业单位提供干细胞、上清和检测服务 2884 次；为多个国家和地方的重要科研项目提供服务 2690 次；干细胞药物研发相关成果已向天士力公司、源品生物转化，转化金额 6200 万元；支持 9 家企业开展国内 iPSC 来源的功能细胞的 IND 申报，其中 2023 年 7 月 18 日，启函生物宣布其产品 QN-019a 的临床试验申请已获得国家药品监督管理局的临床试验默示许可，这是中国第一个获批的基因编辑 iPSC 来源的细胞治疗产品；提供干细胞资源库建设咨询服务 50 次、各类咨询服务 900 余次；面向在校学生和科研工作者，开展课程讲授和相关宣传活动等。

### 2.2 共享服务的实施路径分析

从上述国家干细胞转化资源库建设和共享服务的总结可以看出，资源库的基本建设、运行管理、在线服务平台、共享体系等已经趋于成熟并日渐完善，成为资源库开展共享服务重要前提和保障。在此基础上，针对干细胞资源的应用技术开发、重要科研计划项目实施和各类科技创新服务需求，开展了关键技术开发和转化、高质量干细胞产品稳定供给、相关技术支持和技术咨询等共享服务。

#### 2.2.1　资源库规范化建设和高效运维保障是开展共享服务的重要前提

在制度建设方面，资源库重点开展了标准化和规范化相关工作，包括干细胞制备、质检、存储等程序文件和标准操作规程的建立，基于《药品生产质量管理规范》（GMP）的资源质量控制，以及资源安全管理和生物安全管理保障体系建设等，这些制度规范和安全保障措施是开展共享服务的重要前提。其中GMP基地的建设和质量管理制度的严格执行是稳定提供高质量的干细胞产品服务的重要保障。

#### 2.2.2　建设资源库相关研发、生产、公共服务平台是提供共享服务的重要支撑

基于国家资源库，建设了一系列国家级和地方的科研平台和共享服务平台，其中科研平台如国家基金委基础科学中心（心脏内科）、国家干细胞临床研究备案机构、心律失常教育部重点实验室等国家级科研平台，上海市心力衰竭研究中心、上海张江国家自主创新示范区干细胞转化医学产业基地、上海市干细胞临床诊疗工程研究中心等市级科研平台，以及再生医学研究所和纳米医学应用研究所等院级科研平台。这些科研平台在干细胞治疗相关技术研发、高质量的干细胞资源挖掘利用、干细胞技术产业化等方面发挥重要作用。

在共享平台方面，资源库信息平台提供信息展示、资源查询、下载申请单等基本功能；而作为上海研发公共服务平台的重要组成，组建的"上海市干细胞制备质检公共服务平台"（以下简称：干细胞共享平台）是开展服务地方科技创新发展的重要依托。干细胞共享平台建设服务场地1500平方米，集聚大型科学仪器48台套、中高级专业技术服务人员26名，获得了CNAS资质认可。2023年服务各类用户118家，其中企业8家。服务长三角用户39家，企业5家，开展技术服务46项，检测服务396次，培训活动11次（外部4次），培训人数500人次（外部培训75人次）。

#### 2.2.3　跨区域资源库建设和深度合作是开展共享服务的重要方式

海南省干细胞工程中心是由国家干细胞转化资源库（临床级）和上海干细胞临床转化研究院支持建设的省级公共服务平台，通过跨区域的优势互补，为海南地方的干细胞科学发现、技术创新和产业发展提供有力支撑；联合相关企业建设"国家干细胞转化资源库东北分库"，旨在打造集细胞存储、制备、质检、临床研究、科研级细胞外包服务的一体化服务平台。同时，资源库与山东、江苏、海南等省级干细胞工程中心紧密合作关系，通过资源互补和业务协同，进一步丰富服务项目、拓展服务渠道，共同为地方干细胞技术研发和产业发展提供资源支持。

#### 2.2.4　通过各类活动和合作组织加强共享服务能力的宣传推广

在宣传推广方面，①主办/承办/参加国内外学术会议，深入了解前沿学术研究和各类

科研项目对干细胞资源的需求，不仅提高现有干细胞资源的利用效率，还可以拓展干细胞种类和数量。②组织专题培训/交流活动和媒体宣传活动，提升资源库的知晓度和品牌影响力。③参与/组织成立相关合作组织，如国家干细胞资源库创新联盟大会、中关村国基联盟、中国干细胞产业联盟等，积极融入相关领域科创服务体系，进一步拓展合作渠道。

#### 2.2.5 参与地方科技项目和政策落实，积极融入地方科技创新服务体系

近年来，资源库（承建单位）获批上海市专项项目4项、上海市人才项目3项、江西省项目1项，在资源库新技术开发和干细胞技术应用等方面取得重要科技成果；积极参加上海市大型科学仪器开放共享相关法规落实工作，共享仪器设施48台套，开展各类服务5000余次。通过上海科技创新券、长三角科技创新券等政策的落实，积极服务上海市、长三角的科技型中小企业科创发展。

### 2.3 服务地方科技创新发展的经验总结

资源库是我国相关领域最优质、最具特色资源的集聚载体，具有鲜明的独特性和竞争优势。为了更好地服务地方科技创新发展，资源库通过加强国家与地方协同联动，以地方需求为导向汇集地方的相关优势科技创新能力，联合地方科技力量发挥集成效应，开展了更全面、更精准、更高效的共享服务。

#### 2.3.1 以地方科技创新需求为导向，加强优质科技资源的集聚

资源库通过加强与地方相关领域的科研机构合作，进一步集聚由前沿研究而产生的新生资源并进行批量化制备技术开发，为前沿技术的应用开发提供高品质的、稳定的资源供给；在产业创新服务方面，一方面为相关企业研发活动提供商业化的资源产品，另一方面，为各地方资源库提供管理经验和技术能力输出，通过集聚优质科技资源及配套服务，建设高水平的公共技术服务平台，支撑相关企业开发终端医疗产品，促进地方相关领域的高质量发展。

#### 2.3.2 积极融入地方科技创新体系，充分发挥资源库的管理和服务优势

资源库积极加入地方科技创新体系，如承担和服务地方重要的科技研发项目、搭建公共服务平台、参与地方政策措施实施等，不仅可以使得资源库获得更多政策、资金和服务支持，还可以拓展服务渠道、构建服务网络，提升服务能力。另外，国家资源库实现与地方科技资源库的资源互通、业务互补、服务互助，进而建立更贴近地方科技创新发展需求的服务渠道，更好地满足服务地方科技创新需求。

#### 2.3.3 组织参与科技资源跨区域的合作，扩大资源库的影响力和服务范围

为了服务全国的科技创新，资源库开展了跨区域的资源共享服务和科技创新合作，如在科技创新需求比较旺盛的地区建立分支机构（分库），与地方高水平的科研机构和研发企业合作共建专业资源库，与外地的地方资源库合作，开展技术和管理能力的输出，协同开展专业化的资源共享服务。

#### 2.3.4 推动地方相关产业科技创新发展，拓展资源库的共享服务需求

资源库通过参与地方科技和产业发展规划的制定和落实，引导相关企业开展科技创新活动，从而进一步扩大共享服务需求。如上海市科学技术委员会通过调研国家干细胞转化资源库，发布《上海市促进细胞治疗科技创新与产业发展行动方案（2022—2024 年）》，聚焦免疫细胞、干细胞等重点领域，从增强科技创新策源能力、提升临床研究和转化水平、提升产业发展能级和强化政策支持等方面促进细胞治疗产业发展，为国家干细胞转化库提供更多的合作渠道和共享服务机会。

#### 2.3.5 开发高价值的服务产品，探索市场化共享服务新模式

作为国家级的科技资源平台，服务国家发展战略，支撑重大科技计划，仍是国家资源库目前最主要的职责任务。以国家干细胞转化资源库为例，2023 年，总服务次数达到 1000 多次，其中收费服务只有 118 次，绝大多数的都是公益服务。全年对外共享服务收入只占总收入的 21%。尽管为企业提供服务的次数占总服务次数的 15.7%，但服务企业收入却占总服务收入的 86.7%，其中由 GMP 基地生产的 iPSC 产品的收入占服务企业收入的 96.2%，开发高价值产品和增值服务是资源库拓展市场化服务、参与市场竞争的重要手段。从长远发展来看，国家资源库要探索对外开展市场化服务的新模式，包括持续开发出高价值服务产品，围绕专业化、定制化、平台化和数字化建立与本身特点相适应的商业模式，积极构建市场化服务生态体系，是其实现自主可持续发展的必经之路。

## 3 对促进国家资源库服务地方科技创新发展的建议

从现状来看，在国家和地方政府的大力支持下，国家资源库的资源集聚、条件建设和管理水平得到很大提升，在对国家重大战略的专题服务和支撑国家重大科研计划项目方面，发挥了重要作用。为了加强国家资源库开放共享服务，应完善资源开放共享机制，进一步加强资源整合，全面系统盘活存量，强化高效优质公共服务[9]。通过对比大型科学仪器的开放共享工作，可以在增强服务意识、优化组织机制、强化地方政策作用和构建市场化服务生态等方面进一步加强。

### 3.1 通过制度创新和市场化机制构建，增强开放共享服务意识

尽管国家资源库在其所在领域具有先天的资源集聚优势和强大的研发能力，但从主要承建单位的性质来看，与大型科学仪器设施类似，主要集中在高校、科研院所，决定了它们在服务地方科技创新和产业发展的意识和动力方面存在一定的不足。因此，可借鉴大型科学仪器开放共享工作经验，国家、地方联动出台开放共享管理、评估、监督相关的政策制度[10]，从制度乃至法规层面“推”动平台建设方进行开放共享，提高管理和技术人员的开放共享意识，利用市场化机制进行需求“拉”动，加强相关科技 / 产业生态建设，营造良好的市场氛围。

### 3.2 通过国家和地方协同联动，优化共享服务的组织机制

在大型科学仪器开放共享方面，国家和地方建立高效顺畅的协同机制，包括设立专门的管理部门、指定专门的管理/服务机构、出台专门的法规和配套办法、建设高水平的共享服务平台、构建省（市）—地市—区（县）服务网络等。形成的国家、地方协同组织机制，一方面可以为国家资源库的开放共享提供借鉴，另一方面，也可以为国家资源库的开放共享所用。一些地方（广东、江苏、浙江、陕西等）与国家保持一致，将大型科学仪器设施、科学数据、生物种质和实验材料等科技资源归口到同一部门（条线）、职能归集到同一机构、纳入同一法规文件，集聚到同一平台、整合到同一服务体系，这些做法有利于科技资源的集中管理和集约化利用，可提供更全面的一站式的共享服务。

### 3.3 发挥地方政策措施的促进作用，提升资源平台的服务能力和服务成效

从当前的情况来看，当地的支持是促进国家资源库服务地方科技创新和产业发展的最重要的外部因素，如对技术开发和对外服务能力提升、服务渠道拓展和服务对象培育等提供全面支持。以上海为例，以科研计划专项项目的形式支持国家资源库的前瞻研究和技术开发，以支持建设“上海市专业技术服务平台”的形式支持国家资源库进行有组织的共享服务，通过构建公共服务平台和促进与市场化服务机构合作的形式支持国家资源库的服务渠道拓展，通过培育相关产业和企业，如建设专业科技园区和孵化器等，为国家资源库带来大量的服务需求。组合式的全方位的支持，可以在先期（一般难以盈利，需要扶持）提供政策和资金支持，在步入良性发展阶段时，强化客户群体的培育和创新需求拉动，重点支持其服务体系构建、运营模式优化、市场环境营造等，从而构建形成良性高效的服务生态。

### 3.4 积极构建市场化服务生态，实现自主可持续的发展

由于国家资源库对应的产业领域处于不同的发展阶段，企业需求也各不相同，因此共享服务推进程度也有所不同。但除少数关乎国家战略发展和国家安全领域外，以市场化服务来实现资源库自主可持续发展已经是基本共识。为此资源库应通过制度规范和教育培训增强人员市场化服务意识，提升他们的服务能力，组织相关科研力量运用新技术、面向新应用研制开发高价值的服务产品（包括实物产品、信息/数据产品等），组建专业化的运营团队、优化利益分配和考核监督机制，形成符合市场化规律的共享服务模式。加强与第三方市场化机构合作，吸引社会资本参与，以产业发展需求和市场服务为导向，构建高效的市场化服务生态体系，促进资源库良性可持续发展。

## 4 结语

从国家资源库的功能定位和目标任务来看，在建设初期主要是承建单位集合已有的科

技资源和建设能力，在国家相关政策和项目的支持下，完成场地、设备、资源、人才、资金等基本条件建设，并形成与之相配套的管理制度和运行机制，进而实现“高效管理和安全保障”的初始目标。当初步建成（现阶段）后，支撑国家发展战略和重大科技创新项目（工程）成为主要任务，同时面向地方的相关研发机构和企业，为其提供资源产品（样本、数据等）、高价值的衍生产品和服务、管理和技术能力输出等公共服务。而为了实现国家资源库的自主可持续发展，应加强国家和地方之间、各类资源之间、科研和市场之间的协同联动，增强相关管理和服务人员的市场化服务意识和服务能力，积极开发高价值的、标准化的服务产品，建立与市场化相符合的运营模式，以及多种来源稳定的服务渠道，通过完善制度和规则捋顺各方利益关系，进而形成良性高效的市场服务生态，为国家资源库高水平建设和高质量发展提供有力支持。

## 参考文献


[1] 包献华．推进新时代科技资源开放共享[J]．理论视野，2019（1）：60-65.

[2] 袁伟，吕先志，黄珍东，等．国家科技基础条件平台的内涵探讨[J]．中国科技资源导刊，2013，45（1）：8-11.

[3] 叶玉江．加强科技平台工作　推进科技资源管理[J]．中国科技资源导刊，2015，47（2）：1-6.

[4] 苏靖，赫运涛．科技资源开放共享服务的实践与展望[J]．中国科技资源导刊，2023，55（1）：1-8.

[5] 于伟东，张力，邓言博，等．上海市大型科学仪器设备开放共享现状分析与对策[J]．实验室研究与探索，41（6）：296-301.

[6] 王朝晖，普丽娜，陈琪．试探大型科研仪器协同管理与开放共享的完善机制[J]．中国科技资源导刊，2020，52（3）：31-36.

[7] 王晋．强化管理机制　推进科研设施与仪器开放共享[J]．分析测试技术与仪器，2020（1）：1-3.

[8] 袁伟，范治成．大型科学仪器中心对科技创新影响因素分析[J]．中国科技资源导刊，2018，50（6）：1-5.

[9] 卢凡，程苹，崔燚．加强国家生物种质与实验材料资源库建设　夯实生物资源发展基础[J]．国际人才交流，2023（2）：23-26.

[10] 马海燕，杨帆．基于国家地方联动及区域协同的地方科技资源平台建设和运行模式研究[J]．黑龙江科技信息，2017（26）：20-21.

# 基于现有产业体系的新质生产力发展的实践进路研究

王章红　孙　苗　吴德胜　吕文林　洪文峰

（湖北省科技信息研究院，武汉， 430071）

**摘要**：发展新质生产力的关键是技术和产业的结合，本文基于新质生产力的理论特点构建了新质生产力的产业实践进路体系，依据现有的产业技术体系，从“技术轴”“政策轴”“前沿轴”“产业轴”“企业轴”五个维度构建新质生产力的识别、培育和壮大的实践模型，以五轴联动推演新质生产力发展的实践进路。

**关键词**：新质生产力；新质技术；产业技术体系；专利文献；科技创新

## 引言

新质生产力是创新起主导作用，摆脱传统经济增长方式、生产力发展路径，具有高科技、高效能、高质量特征，符合新发展理念的先进生产力质态。它由技术革命性突破、生产要素创新性配置、产业深度转型升级而催生，特点是创新，关键在质优，本质是先进生产力，不仅是对过往生产力形态的继承和超越，也是引领技术进步和产业革新的核心动力[1]。目前，政界、学界对新质生产力的理论研究很多，新质生产力的理论体系已经初步成型[2-3]，但发展新质生产力的产业实践路径还需要研究探索。

## 1　新质生产力实践特点

发展新质生产力的关键是技术和产业的结合，产业是新质生产力的载体，也是检验新质生产力的“金标准”。发展新质生产力需要我们从新质生产力的理论层面过渡到产业层面，要探究发展新质生产力的产业实践规律[4]。

首先，新质生产力主要由技术革命性突破催生而成，核心是新质技术，产业发展过程

**作者简介**：王章红（1972—　），男，副研究员，研究方向为科技情报研究；孙苗（1989—　），男，助理研究员，研究方向为科技情报研究；吴德胜（1983—　），男，助理研究员，研究方向为科技情报研究；吕文林（1987—　），男，助理研究员，研究方向为科技情报研究；洪文峰（1987—　），男，助理研究员，研究方向为科技情报研究。

中，伴随大量新技术的产生、涌现，但因为大多新技术是面向未来的，产业效益还难以显现，容易被忽视，我们需要从中识别新质技术。其次，新质技术大多在萌芽阶段，大多游离在传统产业模式之外，技术新场景、新应用等还有待构建、验证、接受等。最后，科技创新和产业发展需要时间去布局和发展壮大，新质生产力催生的新产业、新模式、新动能处于产业发展前期，未在产业中大规模推广应用，还不足以形成自我循环、自我壮大的良性产业发展趋势，还需要针对性对待实现从产业层面发展壮大。

质言之，新质生产力的产业实践还要基于现有技术、企业和产业基础进行新质生产力的识别、培育和壮大。

## 2　新质生产力识别、培育和壮大的理论体系

发展新质生产力，要做好新质技术的识别，就是要在新质生产力的孕育环境中，通过新质生产力的方向指引找到新质技术的苗头、迹象，把新质技术识别出来，让企业主体做好新质生产力的培育和壮大工作。

新质生产力主要由技术革命性突破催生而成，它不能凭空产生，总与现实环境有千丝万缕的联系，它突破的对象、颠覆的对象及跨越的对象总是跟现实环境、产业实际关联在一起，现实环境、产业实际某种程度上充当了新质生产力培育的“技术土壤”，这就要求从现有产业技术中把它找出来[4]，所以发展新质生产力的首要是根据技术主题确定蕴含新质技术的技术栏目，构建现有产业技术“技术池”，作为分析的第一轴向——“技术轴”。

“技术轴”来源于现有的产业技术体系，现有产业技术体系中有新质技术也有传统技术，我们必须要抓住新质生产力区别于传统生产力的方向特征来识别出新质技术，从中识别筛选出适合于产业体系发展的生产力。产业的创新发展和国家的产业政策紧密关联，发展新质生产力，既是基于生产力发展迭代的本质要求，也是基于国家层面针对现有产业体系的总体布局和未来发展的战略规划，国家针对新质生产力发展的政策要求是进行新质生产力筛选识别的分析起点。所以，发展新质生产力的第二维度是基于国家前沿产业政策要求，分析提炼满足新质生产力要求的关键政策指引，作为分析的第二轴向——“政策轴”。

通过“政策轴”关联“技术轴”，我们可以知道新质生产力的政策指引方向，下一步就是找出该方向下的新质生产力的技术发展启示。发展新质生产力，要加强科技创新特别是原创性、颠覆性科技创新。原创性、颠覆性科技创新是发展新质生产力的本质要求，要从现有产业技术的未来发展趋势、未来发展方向中获得某种启示，从而指引现有产业技术发展，实现现有产业体系的跨越、颠覆，这需要我们在现有产业技术体系和前沿技术发展中构建逻辑关联，从而给出关键方向性的指引。我们要分析前沿技术中某些关键性突破、实质性进展、颠覆性创新等，分析考量是否颠覆、跨越现有产业体系，从前沿技术分析诊断现有产业技术体系。因此，颠覆性技术和前沿技术，是加快形成新质生产力的“关键变

量”。所以，发展新质生产力的第三个维度是分析前沿技术实现现有产业技术发展突破诊断，前沿技术分析是新质生产力分析的第三轴向——“前沿轴”。

在政策和前沿的指引下，我们已经把符合新质生产力的新质技术进行了筛选识别，但新质生产力的目的是产业发展，产业是新质生产力发展的关键载体、实践体现，是新质生产力的实现。技术和产业的结合涉及两个不同主体的匹配，技术主体和产业主体的匹配，涉及产业主体是否适配技术主体，涉及区域、配套、环境等系列关键变量的适配分析。新质技术的落地转化是一个系统工程，不同区域的资源禀赋各异，在长期的发展过程中，有些区域形成了“研发总部”区域，有些区域形成了特定产业集聚区，特色产业发展是长期发展过程中“无形的手”和“有形的手”推动演化发展的结果。因此，新质生产力的发展实现是跟产业载体有机结合的实践结果，选择具体产业领域，是做好新质生产力培育和壮大的关键环节。所以，发展新质生产力的第四个维度是基于新质生产力特征分析产业，产业分析是新质生产力分析的第四轴向——“产业轴”。

发展新质生产力既需要政府超前规划引导、科学政策支持，也需要市场机制调节、企业等微观主体不断创新。在新质生产力发展的实践过程中，企业承担了技术创造、产品研发、产业推进的三重主体身份。针对技术创造，企业要进行选择技术路线、组织研发攻关、技术实践验证等关键环节的推进；针对产品研发，企业要进行优化系统功能、构建产品原型、验证应用场景等关键环节的推进；针对产业推进，企业要进行组织规模生产、制定市场策略、升级改造产品等关键环节的推进。从技术创造到产品推广的全生命周期的关键环节，企业都是新质技术的微观支撑，承担了主体责任，这就要求新质生产力的发展和企业主体的担当作为有机结合，企业才是推动发展新质生产力的第一责任主体，是新质生产力要素的配置主体，发挥好企业在新质生产力培育和壮大中的主体作用是新质生产力发展实践的关键核心。所以，发展新质生产力的第五个维度是适配企业主体的分析，企业分析是新质生产力分析的第五轴向——“企业轴”。

## 3 新质生产力识别、培育和壮大的实践进路

科技文献是技术的有效载体，本文主要基于文献分析，综合应用文献计量、数据挖掘等分析方法，对论文文献、专利文献和资讯信息等进行关联研究，并结合调研访谈等方式，从“技术轴”“政策轴”“前沿轴”“产业轴”“企业轴”等五个维度构建新质生产力的识别、培育和壮大的理论模型，以此推演新质生产力发展的实践进路[5-6]。

首先，“技术轴”源于现有产业技术体系，可以让我们掌握孕育新质生产力的现有技术全貌，而专利数据基本反映了现有产业技术及发展态势，我们主要通过专利数据来构建“技术轴”。①专利文献作为世界上最大、最有效的技术信息源，包含了世界科技技术信息的 90% ~ 95%。②专利文献具有超前性，相比现有产品资讯所提供的技术信息早 3 ~ 5 年。

③专利文献具有独立性，70% ~ 80% 发明创造只通过专利文献公开，并不见诸于其他科技文献。④专利文献具有规范性，格式统一、门类齐全、全文公开，适合搭建新质技术的技术底座。我们通过共现词、大数据分析等方法对专利全文本数据进行技术发展脉络分析，为新质生产力的技术方向分析打下基础。

其次，“政策轴”基于国家产业政策的指引，可以让我们梳理出新质生产力的政策指引方向，为在“技术轴”中选出符合国家战略和经济社会发展要求的关键核心技术打下基础。相对来说，国家产业政策站在国际竞争、产业发展趋势的高度指引现有产业技术发展，具有前瞻性、权威性、专业性，基于新质生产力的发展特征和国家产业政策的关键指引，逻辑关联“技术轴”，可以初步形成“技术轴”下位的新质生产力技术栏目。针对“政策轴”的构建，我们主要从国务院、主管部门、行业协会等机构的政策法规、政府工作报告、发展规划等国家政策和计划文本中，找出国家政策关键核心技术指引方向。

再次，基于“政策轴”和“技术轴”的关联分析，我们初步构建了基于现有产业技术体系的新质生产力技术栏目，但其进一步的技术走向和发展趋势我们无法基于专利技术做进一步的分析，还必须借助于该领域的前沿研究成果进行进一步的分析研究。“前沿轴”反映了技术的前沿热点和发展趋势，为在“技术轴”中选出符合科学理论指引的关键核心技术打下基础。根据不同文献特征和分析需要，我们主要利用最近几年的高水平学术论文来构建“前沿轴”，通过顶尖机构、顶尖科学家、顶尖论文和顶尖期刊找出学术界形成共识的最新的、最具创新性的研究方向，并给出先进的解决方案、模型和理论，进一步指引新质生产力的实践路径，形成精炼的新质生产力技术栏目。

最后，根据新质生产力的产业实践要求和前面的理论框架分析，精炼新质生产力技术栏目必须结合具体的产业实践并由企业主体推进实施，我们通过文献计量分析和实践调研研究，构建“产业轴”和“企业轴”，形成具有一定基础条件的目标产业目录和目标企业目录。通过“产业轴”和“技术轴”“政策轴”“前沿轴”关联，找出新质生产力中的产业创新发展方向，再跟“企业轴”关联，找出产业关联度大、国际竞争力强的龙头骨干企业和具有产业链控制力的生态主导型企业以及有潜在可能的专精特新“小巨人”企业和“单项冠军”企业等，做好新质生产力的培育和壮大。新质生产力识别、培育和壮大的实践进路模型见图 1 所示。

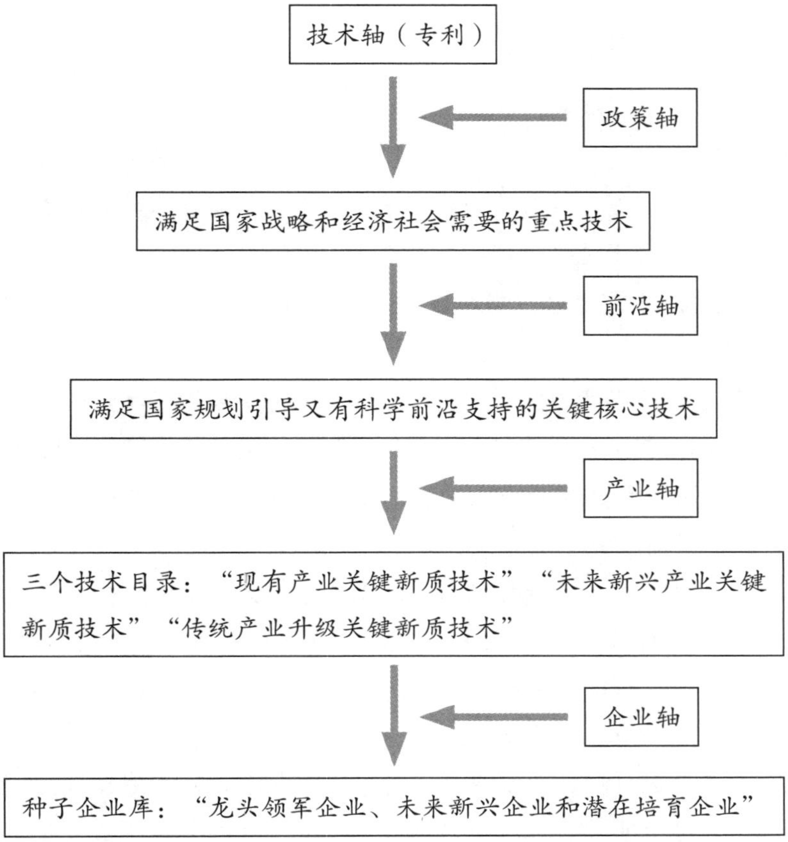


图 1　新质生产力识别、培育和壮大的实践进路模型

整体分析，新质生产力发展的实践路径，是以“技术轴”为核心基础，构建整个新质生产力识别、培育和壮大的实践体系，通过“技术轴”“政策轴”“前沿轴”“产业轴”“企业轴”五轴联动，形成精炼的新质生产力技术栏目，具体分析如下：第一步是利用专利数据构建“技术轴”，作为新质生产力分析的基础数据集；第二步是用“政策轴”和新质生产力特质要求关联“技术轴”，抽取出满足国家战略和经济社会需求的新质生产力，形成初步的新质生产力技术栏目；第三步用“前沿轴”关联，基于发展趋势抽取出既有国家规划引导又有科学理论支持的关键核心技术，形成精炼的新质生产力技术栏目，至此，就完成了现有产业技术体系的新质生产力的判断识别；第四步，用“产业轴”进行关联，根据区域产业发展情况，逻辑关联精炼的新质生产力技术栏目，按照已经初步形成产业规模、可以形成未来新兴产业、能够结合并改造提升现有产业的类别，形成适宜于特定区域的新质生产力产业体系，精炼的新质生产力技术栏目，以此为依据形成“现有产业关键新质技术”“未来新兴产业关键新质技术”“传统产业升级关键新质技术”三个技术目录；第五步，用“企业轴”进行关联三个新质技术目录，给出新质生产力“种子企业库”，按照技术类别分类推动产业高端化、智能化、绿色化，做好新质生产力的培育和壮大，由此形成新质生产力发

展的“三目录一库”的实践进路理论体系。

## 4 结论

新质生产力的最终目的是产业的实践应用，在生产力发展的实践推进中，关键核心技术属最稀缺的要素资源，而在现有的产业技术体系中，是能够筛选出具备新质生产力特质的新质技术，这些技术源于现有的产业体系，具备天然的产业亲近性，是可以着力进行实践推进的，只是这些技术需要进一步发现、识别和培育，需要在一些关键环节疏通堵点、重视推进。

一是要大力创造新质生产力。新质生产力的发展首要是创造新质技术，首先要自主创造产业关键核心技术，在研发环节中，不仅仅是盯紧前沿技术发现，还要充分重视产业自身发展过程中“0”到“1”的突破，着力打通从产业技术发现到产业实践的关键环节，实现“关键发现”到“产业实践”的转化。

二是要以“用”为导向产业化新质技术。新质生产力的发展“新”是特质，产业前景还有待验证，还有很多环节要疏解打通，实践成本还很高，应用风险还很大，要根据产业实际供给产业政策，千方百计把实践中间环节成本降下来，激励企业主体能用敢用愿用。

三是要因地制宜发展新质生产力。新质生产力的发展是一个系统工程，要因地制宜构建新质生产力发展的配套环境，形成“标志化”配套环境，让新质技术愿意选择“搬不走”的产业发展环境，实现企业主体、关键新质技术、区域特色资源禀赋三者的协同发展，打造形成新质生产力发展的产业技术地理标志。

## 参考文献

[1] 习近平．发展新质生产力是推动高质量发展的内在要求和重要着力点［J］．求是，2024（11）：4-8.

[2] 梁炜，朱承亮．颠覆性创新生态系统视角下新质生产力的逻辑内涵及监测框架［J］．西北大学学报（哲学社会科学版），2024，54（3）：38-47.

[3] 江成，聂丽君，张嘉诚．复杂系统视角下新质生产力特征及内涵分析框架研究［J］．技术经济与管理研究，2024,（4）：1-7.

[4] 谢建邦．新时代新质生产力的理论逻辑、实践规律与形成路径［J］．闽江学刊，2024，16（2）：126-137+174.

[5] 王山，谭宗颖．关键核心技术识别赋能新质生产力发展：内在逻辑、现实挑战与实践路径［J］．农业图书情报学报，2024，36（2）：26-35.

[6] 管智超，付敏杰，杨巨声．新质生产力研究进展与进路展望［J］．北京工业大学学报（社会科学版），2024，24（3）：125-138.

# 长江经济带科技资源共享体系建设的 SWOT 分析及实现路径

郭 琴[1] 吴振昊[2]

（1. 湖北汽车工业学院经济管理学院，十堰，442000；
2. 湖北汽车工业学院国有资产与实验室管理处招标办，十堰，442000）

**摘要：**作为中央重点实施的“三大战略”之一，长江经济带的科技资源共享体系建设对于推动区域高质量发展具有重要意义。文章基于SWOT模型，分析了长江经济带科技资源共享体系建设的优势、劣势以及所面临的机遇和挑战，提出了强化区域协同合作、优化创新环境、加强人才培养和引进以及加快绿色技术创新的实现路径，为建立区域科技资源共享体系提供参考。

**关键词：**科技资源；区域共享；SWOT 分析；实现路径

党的二十大报告指出，要完善科技创新体系，加快实施创新驱动发展战略。作为科技创新活动的物质基础和动力保障，科技资源在社会的发展中，有着战略性的作用。然而受经济发展水平、产业结构、教育资源等因素的影响，长江经济带科技资源的分布呈现东高西低的不均衡特征。为统筹兼顾、实现区域经济的可持续发展，就必须优化科技资源配置，促进科技资源共享。

对于科技资源及科技资源共享，学术界已有一定的探讨。科技资源是指参与科技活动的各种软、硬件条件的总称，科技资源共享即是对现有的资源进行整合利用，从而开创新的资源，使之创造出更大的价值[1]。科技创新资源作为科技创新活动的基础和保障，能够直观反映一个城市对创新活动的投入力度、创新人才的储备状况和创新资源的配置结构[2]。当前科技创新资源存在着管理分散、资源封闭、呈现方式单一等方面的问题，无法满足现代科技管理和创新发展的需求[3]。长江经济带下游科技创新资源丰富，中上游自然环境资源突出，对产业转移的承接能力强，应依托长江经济带科技资源共享平台，加强区域科技资源开放共享体系建设，打破区域行政壁垒，整合区域优势资源[4]。长江经济带应充分发

---

**作者简介：**郭琴（1990— ），女，实验教师，助理实验师，研究方向为数字经济。吴振昊（1984— ），男，设备管理科科长，讲师，研究方向为设备管理。

挥资源集聚区的引领辐射作用，按照“链接下游、做强中游、激活上游”的思路开放共享区域科技资源[5]。可以从服务范围和内容、运行模式和流程、平台组织架构、平台规章制度、平台运行机制、持续发展能力、和平台发展规划等方面着手，构建区域科技资源共享平台[6]。此外，还可以以数字化赋能科技资源的整合与共享，对科技人力、财力、物力和信息资源进行整体规划，破解科技资源“碎片化”的问题[7]。

梳理现有的研究，学者们从基本概念到相关理论，再到具体实践，全方位地论证了科技资源共享的必要性，然而鲜少有人聚焦长江经济带鲜明的科技资源优势及建立科技资源共享体系所带来的发展潜力，本文在分析长江经济带各区域科技资源分布及体系建设现状的基础上，通过 SWOT 模型，全面剖析长江经济带建立科技资源共享体系的优势、劣势，以及所面临的机遇和挑战，从而设计一条行之有效的路径，为推动区域科技资源优势互补、提升区域经济发展水平提供建议。

## 1 长江经济带科技资源分布及共享体系建设现状

为全面反映长江经济带的科技资源分布状况，本文从创新资源的配置现状、创新人才的储备情况、创新活动的投入力度以及创新结果的具体表现等 4 个维度出发，分别选取相对应的高校数量、研究与试验发展（以下简称“R&D”）人员数量、R&D 经费投入强度以及专利申请数量等指标进行分析（见表 1）。

整体来看，作为我国科技创新最具潜力及实力的区域，截至 2022 年年底，长江经济带高校数量为 1189 个，占全国的 43.08%；R&D 人员 449.54 万人，占全国的 47.82%；R&D 经费投入强度 2.64%，高于全国 2.54% 的水平；专利申请 237.56 万个，占全国的 45.81%。由此可见，长江经济带科技资源丰富，创新潜力巨大。

表 1　2022 年长江经济带科技资源分布现状

| 地区 | 高校数量 | R&D 人员数量（万人） | R&D 经费投入强度（%） | 专利申请数量（万个） |
|---|---|---|---|---|
| 重庆 | 70 | 20.35 | 2.36 | 8.68 |
| 四川 | 134 | 35.54 | 2.14 | 16.55 |
| 贵州 | 75 | 8.55 | 0.99 | 4.06 |
| 云南 | 82 | 10.47 | 1.08 | 5.3 |
| 上游合计 | 361 | 74.91 | 1.79 | 34.58 |
| 安徽 | 121 | 37.5 | 2.56 | 22.11 |
| 江西 | 106 | 19.45 | 1.74 | 9.18 |
| 湖北 | 130 | 39.03 | 2.33 | 20.21 |
| 湖南 | 130 | 37.19 | 2.41 | 11.41 |

续表

| 地区 | 高校数量 | R&D 人员数量（万人） | R&D 经费投入强度（%） | 专利申请数量（万个） |
|---|---|---|---|---|
| 中游合计 | 487 | 133.16 | 2.31 | 62.91 |
| 上海 | 64 | 37.63 | 4.44 | 22.44 |
| 江苏 | 168 | 117.13 | 3.12 | 66.25 |
| 浙江 | 109 | 86.7 | 3.11 | 51.38 |
| 下游合计 | 341 | 241.46 | 3.36 | 140.07 |

注：数据来源于《2023 年中国科技统计年鉴》。

R&D 经费投入强度 =R&D 经费支出 / 区域生产总值。

分区域来看，首先将长江经济带 11 省市按地理位置分为三个区域：上游重庆、四川、云南、贵州；中游安徽、湖北、湖南、江西；下游上海、江苏、浙江。如表 1 所示，截至 2022 年年底，长江经济带上中下游高校分别有 361 所、487 所、341 所，R&D 人员数量分别为 74.91 万人、133.16 万人、241.46 万人，R&D 经费投入强度分别为 1.79%、2.31%、3.36%，专利申请数量分别为 34.58 万个、62.91 万个、140.07 万个。除高校数量因受人口规模及教育观念等因素影响而以中游居多外，R&D 人员数量、R&D 经费投入强度以及专利申请数量从上游到下游均不断提升，反映了长江经济带科技资源分布呈现东高西低的特征。

自 2016 年《长江经济带发展规划纲要》印发以来，关于长江经济带科技资源共享体系建设的构想就被提上了日程。迄今为止，长江经济带科技资源共享论坛已成功举办五届，社会各界从各个角度论证了长江经济带科技资源共享体系建设的必要性并建言献策。然而由于长江经济带区域发展状况的复杂性，目前仅部分省市在小范围内建立了科技资源共享平台，如各省市科技资源共享服务平台、长三角科技资源共享服务平台等，真正横跨长江经济带全域的科技资源共享体系尚未建立。

## 2　长江经济带科技资源共享体系建设的 SWOT 分析

### 2.1　优势（Strengths）

长江经济带科技资源共享体系建设具有科教资源丰富、产业基础雄厚以及政策支持有力等三个方面的优势。科教资源方面，长江经济带拥有全国近一半的高校数量、两院院士、科研人员，以及众多的科研机构；加之日益完善的产学研合作机制，为长江经济带提供了强大的人才培养和科研支撑。产业基础方面，长江经济带覆盖了钢铁、汽车、电子、石化、高端装备等现代工业，拥有 3 个国家级科创中心、10 个国家自主创新示范区和 88 个国家级高新区，具备强大的产业创新能力和配套能力，为科技成果转化提供了广阔的市场空间。政策支持方面，中共中央政治局分别于 2016 年、2023 年审议通过了《长江经济带发展规划纲要》以及《关于进一步推动长江经济带高质量发展若干政策措施的意见》，提出要把科技创新作为主动力，促进区域协调发展。

## 2.2 劣势（Weaknesses）

长江经济带科技资源共享体系建设的劣势主要表现在区域发展不均衡、创新合作机制不健全以及创新环境差异大等三个方面。区域发展方面，长江经济带经济发展水平东高西低，经济发展水平较高的下游吸引了大量人才的流入，而经济发展水平较低的上游地区则面临人才流失的困境；此外，长江经济带下游地区以高新技术产业和现代服务业为主，中游地区则以制造业和重工业为主，上游地区则更多依赖于资源型产业和农业，产业结构的不均衡导致了区域间经济发展增速的差异；人才的流失以及较低的增速进一步拉开了上下游经济发展的差距，导致科技资源分布不均衡的状况加剧，严重制约了经济增长的潜力。创新合作机制方面，虽然国家出台了一系列的文件以推动长江经济带协同发展，然而因跨度较大、行政壁垒等原因，仅部分省市在小范围内建立了科技资源共享平台，面向整个经济带的科技资源共享体系尚未建立，区域间的创新合作机制尚不完善。创新环境方面，长江经济带下游的 R&D 经费的投入强度明显高于上游，意味着上游在创新激励等方面与下游亦存在较大的差距，这对科技资源的利用与再创造也会产生负面的影响。

## 2.3 机遇（Opportunities）

长江经济带科技资源共享体系建设面临着国家战略支持、市场需求旺盛以及信息技术发展等三个方面的机遇。国家战略方面，长江经济带作为中央重点实施的“三大战略”之一，得到了国家层面的高度重视与支持，先后出台了《长江经济带发展规划纲要》《关于进一步推动长江经济带高质量发展若干政策措施的意见》等文件，为长江经济带科技资源共享体系的建立提供了重要机遇。市场需求方面，截至 2022 年年底，长江经济带人口数量为 6.08 亿，占全国的 43.07%，庞大的人口基数为长江经济带提供了巨大的市场需求；此外，长江经济带新兴产业如高端装备、新能源汽车、电子信息、生物医药等的崛起以及传统产业绿色低碳转型来提高生产效率和产品质量，不仅推动了经济发展结构的优化，也为长江经济带科技资源创新创造了新的契机。信息技术方面，随着国家对信息技术的高度重视及政策鼓励，我国在信息技术领域取得了一系列的重要突破，包括云计算、大数据、人工智能、物联网等关键技术的研发和应用。随着这些技术的不断成熟和普及，其与各行各业的深度融合应用不断加深。信息技术产业已成为推动经济社会发展的重要力量，对促进长江经济带科技创新及建立资源共享体系具有重要意义。

## 2.4 挑战（Threats）

长江经济带科技资源共享体系建设也面临着一些挑战，主要表现国际竞争压力加大、生态环境保护要求提高以及区域协调难度大等三个方面。国际竞争方面，西方国家对我国实施技术封锁和贸易保护以阻碍中国的科技进步和产业发展；与此同时，东南亚国家低廉的劳动力成本及日益增长的市场需求吸引了大量的国际投资，导致中国制造海外竞争压力增加，销量的受阻势必会对长江经济带的经济增长产生负面的影响。生态环境保护方面，党的十八大以来，习近平总书记多次强调“绿水青山就是金山银山”，要求各地区在发展经济的同时，要兼顾生态环境保护；绿色发展的理念对科技创新提出了更高的要求，也是长江经济带如何在保护生态环境的前提下实现科技资源共享所面临的一个重要挑战。区域协调方面，长江经济带横贯我国东中西三大区域，区域内部既有发达的长三角，也有欠发达的川滇黔，经济发展水平的差异导致不同区域的功能区划、发展任务和目标各不相同，跨区协调与合作难度大；此外，部分地区为了维护本地利益，采取地方保护主义措施，导致市场分割，使得长江经济带内的市场难以形成统一的整体，不仅增加了区域协调的难度，也降低了资源配置的效率。

## 3 实现路径

### 3.1 强化区域协同合作

建立科技资源共享体系的前提在于促进区域间的协同合作，要实现这一目标，首先要建立健全跨区域协同合作机制。各省市应根据党中央关于长江经济带协调发展的系列文件精神，组织派员成立联合委员会，深入了解各地区的具体诉求，进而制定合作规划及实施方案，并敦促各方签订合作协议。另一方面，推进创新资源共享平台建设也尤为重要。由联合委员会牵头，通过制定相关制度引入市场监督，敦促各地政府将涉企优惠清单及时向社会公开，及时废除各地区妨碍统一市场和公平竞争的政策，从而打破各区域壁垒，整合科技资源，建立共享平台，促进各类创新资源的互联互通和共享利用。

### 3.2 优化创新环境

科技资源共享的核心旨在通过对现有资源的有效整合与创新利用，为此构建一个良好的创新环境显得尤为重要。而在建立健全科技资源共享体系的过程中，优化创新环境也成了不可或缺的一环。具体而言，需要从完善创新政策体系与提升创新服务水平两个关键维度出发。在完善创新政策体系方面，通过创新融资方式等举措，加大对基础研究的支持力度，以增强区域创新动力。同时，出台相关政策支持企业建立研发机构，简化审批流程，为企业创造一个良好的创新环境。此外，建立科技成果转化激励机制及完善知识产权保护制度，加大对科技人员成果转化奖励力度的同时，严厉打击侵权行为，保护创新主体的合法权益。在提升创新服务水平方面，利用人工智能、大数据、云计算等现代科技手段，建立智慧服务平台，提供在线咨询、业务办理、信息查询等功能，提高服务效率和质量。同时，简化服务流程，减少不必要的环节和手续，推行“一窗受理、一网通办”服务模式，实现业务跨部门、跨领域、跨区域协同办理，提升服务品质。

### 3.3 加强人才培养和引进

作为科技资源的重要组成部分，人才在区域经济发展中有着举足轻重的作用，为吸引并留住各类高端人才，必须从培养与引进两大维度综合施策。一方面，要加大人才培养力度，具体包括优化教育资源配置、加大对高等教育的投资、升级教学科研设施、调整学科专业布局以精准对接国家战略与市场前沿、深化教育改革、强化实践教学与创新创业教育，并构建高水平师资队伍；同时，构建以企业为主体的培训体系，利用企业培训中心、产教融合实训基地等资源，加强技能培训和继续教育，提升员工综合能力。另一方面，要提升公共服务水平，营造良好的生活氛围；完善人才激励机制，遵循差异化原则，为各类人才量身定制激励方案，以满足其个性化需求；赋予人才更多自主权与责任感，激发其内在动力与创新能力；此外，还需要建立健全绩效考核体系、优化收入分配机制等，以吸引各类高端人才。

### 3.4 加快绿色技术创新

尽管长江经济带各区域现阶段发展任务不尽相同，然而从长期来看，绿色发展是各地区经济可持续发展的必经之路。因此，加快绿色技术创新就成了建立科技资源共享体系、促进区域经济协同发展的核心驱动力。而加快绿色技术创新首要举措在于加大绿色技术创新投入，如提升对绿色技术研发的资金支持，激励科研院所与高校在节能环保及可再生能源等关键领域精耕细作；构建“产学研金介”紧密合作机制，汇聚企业、高校、科研院所等多方力量，携手金融机构与中介机构，共担风险、共享利益，促进共性绿色技术的研发突破；同时，通过政府采购政策倾斜，优先选用绿色技术与产品，为绿色技术创新开辟市场需求通道。此外，加快绿色技术的转化与应用。即围绕产业链全链条，构建高效协同的绿色技术转化体系，提升转化效率；加强绿色技术交易市场建设，完善交易平台管理，促进绿色技术的顺畅流通与交易；聚焦节能降碳、清洁能源、资源循环利用及生态保护修复等核心领域，筛选并推广先进绿色技术，扩大其应用覆盖面。

## 4 结论

通过前文的分析可以看出，实现长江经济带科技资源共享体系建设的路径包括强化区域协同合作、优化创新环境、加强人才培养和引进、加快绿色技术创新等四个阶段。以长三角科技资源共享服务平台的建设历程为例：第一阶段为强化区域协同合作阶段，2014 年，长三角区域创新体系建设联席会议办公室（以下简称“长创联办”）成立，正式推动苏浙沪皖科技资源共建共享的战略部署；随后在长创联办的协调下，2018 年 11 月，四地建设主体单位在第三届长江经济带科技资源共享贵州论坛上签署了《长三角科技资源共享服务平台共建协议书》，同年年底，上海市科委正式立项启动平台建设，平台于 2019 年 4 月正式上线运营。第二阶段为优化创新环境阶段，2021 年年初，平台以科技资源为基础，在上海青浦、浙江嘉善、苏州吴江、相城和安徽马鞍山等 5 地开展科技创新券通用试点工作，5 地企业可以使用科技创新券购买异地科技服务，有效地降低了研发的成本和研发风险，帮助企业减轻研发负担；此外，平台根据实际需要邀请专家对企业进行实地走访并开展一对一政策解读，提升了服务的水平与质量。第三阶段为加强人才培养和引进阶段，一方面，长三角地区拥有上海张江、安徽合肥 2 个综合性国家科学中心，全国约 1/4 的“双一流”高校、国家重点实验室、国家工程研究中心，为人才培养奠定了基础；另一方面，长三角区域内全部 41 个城市目前已实现医保“一卡通”及身份证、驾驶证、行驶证等 21 类电子证照共享互认，长三角都市圈 1 小时通勤网预计将于 2025 年基本建成，与此同时，各种人才激励政策不胜枚举，吸引了海内外的高端人才。第四阶段为加快绿色技术创新阶段，官方统计数据表明，目前长三角地区的环保产业及绿色技术专利数量均超过全国的 1/3；2023 年 7 月，《长三角生态绿色一体化发展示范区产业发展规划》（2021—2035 年）正式发布，提出在长三角地区实施绿色经济发展示范工程，开展绿色经济综合试点、搭建绿色技术创新平台、推进绿色生产创先领跑的规划，全面加快区域内绿色技术的创新与发展。目前长三角科技资源共享服务平台服务机构超过 1400 家，服务项目超 12000 个，登记在册的大型仪器设备近 35000 台，下单金额近 2.7 亿元，为长三角经济的进一步增长带来了新的契机。

长三角科技资源共享服务平台的成功证明了强化区域协同合作、优化创新环境、加强人才培养和引进、加快绿色技术创新这条路径的有效性，也为长江经济带地区经济的可持续发展提供了新的思路。因此，要加快长江经济带科技资源共享体系建设，实现科技资源的开放共享和有效利用，推动区域经济的高质量发展。

## 参考文献


[1] 唐仁华，伍莺莺，吴承春．对促进科技资源共享问题的几点思考 [J]. 科技创业月刊 ,2005,(7):8-9.

[2] 王海军．机会主义行为下我国微观科技资源配置“公共地悲剧”治理研究 [D]. 镇江：江苏大学 ,2021.

[3] 雷文利，王晓贞，杨雪．基于 GIS 的科技创新资源共享服务平台构建研究 [J]. 河南科技 ,2023,42(4):146-150.

[4] 戚湧．实现科技资源的整合与共享 [J]. 群众 ,2014,(6):25-26.

[5] 姜鸣，陈新蕊，张汝斌，等．基于科技资源共享视角的区域科技创新潜力评价研究——以长江经济带科技创新潜力评价为例 [J]. 华东科技 ,2023,(9):53-59.

[6] 廖玉姣．区域科技资源共享服务平台建设研究 [J]. 内蒙古科技与经济 ,2023,(8):21-23+37.

[7] 邹德建，张乐，任维德．基于数字治理的科技资源整合与共享研究 [J]. 科学管理研究 ,2023,41(3):89-97.

# 新质生产力引领人工智能赋能科技资源共享

袁　勇[1]　付国春★[1]　戴灵豪[2]　骆锋生[1]

（1. 浙江中医药大学资产与实验室管理处，杭州，310053；
2. 浙江中医药大学金华研究院浙中实验室，金华，321015）

**摘要：**随着人工智能（AI）为代表的新一轮科技革命和产业变革兴起，AI正逐步渗透至科技资源共享各个环节。新时期以新质生产力引领，AI在赋能科技资源共享上发挥着至关重要作用。该研究首先提出了科技资源及共享的内涵，接着从“科技资源共享现状与问题”“科技资源共享机遇”和“AI如何赋能科技资源共享”三大方面对我国科技资源的现状和共享过程进行了阐述，提出了如何在“AI+科技资源”模式下推动我国科技资源共享新理念、新范式、充分释放科技资源服务潜能、实现更高质量的科技资源共享的难点问题，认为这是新征程上科技资源领域需要回答且必须答好的重大课题。这对于加强科技资源整合共享、推动科技创新驱动发展和促进科技资源合理开发具有十分重要意义。通过研究发现，新时期新质生产力引领下的AI不仅仅是经济社会高质量发展的强大驱动力，也是科技资源共享高质量发展的需求。

**关键词：**新质生产力；人工智能；科技资源；共享

党的二十大强调，“高质量发展是全面建设社会主义现代化国家的首要任务”。科技创新是我国现代化建设全局的核心，科技资源是科技创新重要支撑，科技资源共享对整个社会科技进步和经济发展具有深远影响[1]。

新质生产力是2023年习近平总书记在黑龙江考察时创造性提出的全新概念，是对马克思主义生产力理论的创新和发展，是高质量发展的重要着力点。随着人工智能（AI）为代表的新一轮科技革命和产业变革兴起，在新质生产力引领下，AI在赋能科技资源共享上发挥着至关重要作用，为科学研究、技术创新和社会发展带来前所未有的动力[1]。因此，

---

**作者简介：**袁勇（1966—　），男，硕士，助理研究员，研究方向为实验仪器设备管理。付国春（1981—　），男，副处长，高级会计师，研究方向为资产与实验室安全管理（通信作者）。戴灵豪（1990—　），男，实验师，研究方向为实验仪器设备管理。骆锋生（1977—　），男，助理实验师，研究方向为实验室安全管理。

**基金项目：**浙江省高等教育学会浙江省高校实验室工作研究项目立项（30223A00406）。

以新质生产力为引领的 AI 不仅是经济社会高质量发展的强大驱动力，也是适应科技资源共享高质量发展的需要。文章所指的科技资源主要包括“科研设施与仪器、科技文献与信息、科学数据、生物种质与实验材料”等。新时代如何在“AI+ 科技资源”模式下，推动科技资源共享新理念、新范式，充分释放科技资源服务潜能，实现更高质量的科技资源共享，是新征程上科技资源领域需要回答且必须答好的重大课题，这也引起了国家的重视和国内专家学者的重点关注，文章对新时期新质生产力引领下的 AI 赋能科技资源共享展开了讨论。

## 1　科技资源共享现状与问题

科技资源共享一般指对科研设施、数据、文献、生物物种等资源进行共享的一种模式，其意义在于通过整合现有科技资源，加速科技创新，减少重复投入，提升研究质量，推动公平竞争[3]。尽管我国科技资源共享已取得快速进展，建立了多个综合性门户网站和专业平台，出台了科技资源相关国家标准和工作指南，收集和整理了数量庞大的种源和标本，并积累了大量宝贵数据资源，但在科技资源的分布与利用、科学数据的安全与完整等方面与高质量发展要求仍有较大距离，新时期面临艰巨挑战。

### 1.1　科技资源的“跛足”分布

我国地大物博，拥有丰富的科技资源，且逐年递增，但资源的“跛足”分布是不争事实。从地域维度视角，科技资源相对集中于北京、上海、广州等发达地区，整体呈现自东向西逐渐递减趋势；从行业维度视角，企业更愿从事相对轻松的资源二次开发，不愿涉足原创；从层级维度视角，科技资源主要集中于国家、省部和市级，地级市和县严重不足。数字经济时代科技资源的“跛足”分布导致“数字鸿沟”和两极分化现象出现。拥有丰富资源地区的科技创新、产业升级、经济增长、教育质量等得到快速发展；而资源匮乏地区则全面陷入发展滞后窘境，甚至影响教育资源的公平性[4]。高考中曾经出现有关 AI（人工智能）作文试题，山区考生因资源匮乏误将 AI 当作“爱”而跑题。面对日益活跃的科技创新活动，“跛足”现象导致了我国科技资源数量和开放共享程度在不同区域间的严重不平衡，阻碍了落后地区发展。

### 1.2　科技资源的闭塞与低效

我国科技资源相对分散，普遍存在条块分割、相互封闭、重复分散、闲置浪费等现象，无法为全社会所共享。近几年的分散化管理模式使我国不同区域间科技资源相互闭塞、信息不对称和“孤岛”现象更为突出，大大降低资源的有效共享与使用效率[5]。习近平总书记在中央全面深化改革委员会会议上明确指出，“现在一些地方和部门，科技资源配置分散、封闭、重复建设问题比较突出，不少科研设施和仪器重复建设和购置，闲置浪费比较严重，专业化服务能力不高。”因此，闭塞与低效成为我国科技资源共享的一大瓶颈。

### 1.3 科学数据的治理与挑战

科学数据在我国科技资源中占有举足轻重的地位，数据的安全可靠体现了我国科技资源整体的安全性。调查发现，2023 年全年生产的数据量中不到 3% 被存储，一些数据源头上就被抛弃；存储数据中一年未使用的数据占比约四成；科技文献、互联网平台数据等高质量数据的割裂、封闭和不易获取，导致用于大模型训练的高质量中文数据文献稀缺[6]。如在生物学蛋白质合成、化学工程反应控制及粒子物理学高能物理实验等领域，面对指数级增长海量数据的收集、存储、整理、归纳、建模、分析等，显而易见成了当前我国科技创新的关键瓶颈。因此，新时期我国科学数据的安全治理正面临严峻挑战，尤其在标准规范、隐私保护、价值体现、风险管控等方面。

## 2 科技资源共享机遇

当前科技资源已成为国家重要的信息和战略资源。以新质生产力为引领的科技资源高水平共享、高效率利用和高质量发展是推动科技进步、促进创新生态发展的重要基石，为我国科技资源挖掘、整合和利用带来前所未有契机[7]。

### 2.1 科技资源共享适应数字经济时代发展

全球化背景下，数字经济时代正以前所未有的速度和规模改变着世界。科技资源共享是数字经济时代我国促进国际合作、加速技术交流、提升国际科技竞争力的必然选择[8]。在当今数字化、智能化、智慧化的新时代，科技资源共享已成为推动社会进步的重要动力。我国正处于一个技术创新驱动经济社会结构深刻变革的历史阶段，新技术、新应用层出不穷，“孤岛”桎梏终将被彻底打破。因此建立高效、安全的科技资源共享体系，树立“开放为常态、不开放为例外”共享理念，不仅是适应数字经济时代发展需要，更是推动科技进步、促进经济增长和社会发展的关键举措。科技资源共享正以其独特魅力，引领我们进入一个全新的智慧时代。

### 2.2 科技资源共享反映科技创新的强烈呼声

科技创新是推动经济增长的重要引擎，是促进技术快速迭代、推动社会经济发展、减少创新盲目性和重复性关键。科技资源的全面共享，不仅是解决日益增长科技创新意识与有限科技资源之间矛盾最佳途径[9]，而且是推动科技创新和发展的重要因素，更是实现对科技创新精准支持和导向、促进政策链、创新链与产业链的深度融合以及加速科技成果转化应用的需要。通过科技资源共享，既可以促进跨学科、跨领域的交流合作，激发创新思维；又能够鼓励开放创新，加速新技术、新产品的开发和应用，推动社会技术进步。因此，科技资源共享既揭示了事物的本质规律，又反映了科技创新的强烈呼声，最终为决策提供科学依据，推动各行各业实现创新创意发展。

### 2.3 科技资源共享避免资源浪费和重复建设

科技资源共享对优化资源配置、避免资源浪费和重复建设、促进协同创新具有重要现实意义。一方面减少了科研人员重复收集数据的成本；另一方面通过共享平台，避免资源的闲置和浪费，提高整体的资源配置效率。目前我国在高质量发展征途上陷入科技资源既浪费突出又不断重复建设矛盾中，症结在于“以我为中心”的思想在作祟，宁愿闲置浪费也不愿分享。只顾及自身利益最大化，对资源流露出强烈独占欲望，严重阻碍了科技资源的信息对称、开放共享和互联互通。同时在科技资源共享中，既要确保共享公平性，鼓励数据和方法合法公开；又要保护知识产权，对原创表示足够尊重[10]。因此通过平台建设、机制建立、政策出台等软硬件完善，让科技资源“忙碌起来”，最大程度减少资源闲置浪费、低利用率、重复建设和多头投入等乱象。

## 3 AI 如何赋能科技资源共享

习近平总书记高度重视人工智能，明确指出“人工智能是新一轮科技革命和产业变革的重要驱动力量，加快发展新一代人工智能是事关我国能否抓住新一轮科技革命和产业变革机遇的战略问题。”政府工作报告把开展“人工智能 +”列为一项重点工作。随着我国科技事业突飞猛进，AI 发展速度之快、应用范围之广备受瞩目。AI 作为新质生产力的核心组成部分，正在深刻改变科技资源的共享方式，解决科技资源配置分散、封闭、重复建设等问题，加快量子计算机、聚变能源、新材料发现、脑科学等工程技术领域研发进程，赋能科技资源共享向高质量方向发展。

### 3.1 优化科技资源分配

科技资源分配不均衡是当今全球性问题，已严重影响到我国科技创新活动的可持续发展。随着 AI 技术的迅速发展，AI 通过对海量多维度数据的收集、处理、分析和建模，实现科技资源的技术迭代和配置优化，从而赋能科技资源全面共享，提升教育、医疗等科技资源的有效利用。如利用 AI 技术能让教学资源匮乏地区的孩子与拥有良好教学资源的学生享受到同样的优质教育；利用 AI 技术不仅使偏远地区百姓享受到一线城市优质医疗资源服务，弥补当地医疗资源不足问题，而且使诊疗的精准性、医疗数据处理效率得到大幅提升，如喉癌人工智能诊断模型只要患者张大嘴巴发出“啊”音就能准确诊断扁桃体炎和喉癌；AI 通过对蛋白质结构的大规模预测和大量基因组数据分析，能发现疾病产生机制，从而加快新药研发[11]。总之，AI 技术对科技资源共享的赋能，优化了资源分配，“跛足”现象得到不断改善，优化资源配置是实现科技资源共享关键。

### 3.2 提高科技资源利用率

如前所述，科技资源利用效率不高已成为制约我国科技创新与资源共享的重大“瓶颈”。随着 AI 技术快速发展，AI 技术的自主性、自适应性和自我延续性，正在不断加快创新循环和科学研究范式的改变，推进科技资源利用率的提升。如阿里云开发的“飞天”智能数据平台，为科研工作者提供了高效的数据共享与协作环境；利用自然语言处理和知识图谱技术构建的政府开放数据平台，可以方便公众查找、下载和利用跨部门、跨领域数据资源；通过深度学习技术分析科研论文、专利等成果，为用户提供个性化的科技成果推荐，促进知识传播和成果转化；AI 驱动的文献综述工具，能够跨数据库智能搜集、整理和分析文献，促进不同学科间知识共享与交叉创新[12]。因此，通过 AI 技术对科技资源共享的赋能，显著提升了科技资源利用率。

### 3.3 保障科学数据安全有效

科学数据是国家科技创新发展和经济社会发展的重要基础性战略资源，必须安全可控，严格做好保密工作，我国在科学数据开发利用、开放共享和安全保护等方面面临着严峻的挑战[13]。随着 AI 展现出其快速处理海量数据的显著能力，能够通过对实时变化数据的分析，预测出潜在的安全威胁和异常行为[14]。如运用 AI 技术，对网络中的异常流量和行为进行实时监控，及时发现潜在安全威胁，确保数据机密性和完整性；AI 算法能够动态调整加密策略，在不泄露个人信息前提下共享数据，保护参与者隐私；基于 AI 身份验证系统，提高登录和数据访问安全性；利用 AI 技术预测数据丢失风险，自动化执行数据备份计划，能在数据损坏或系统故障时迅速恢复关键数据。因此“AI+ 安全”提升了科学数据的安全可控和实时防御能力，是保障科学数据安全有效的举措。

## 4 结论

新质生产力引领 AI 赋能科技资源共享，不仅是科技创新和社会经济高质量发展的根本遵循，更是推动科技资源共享高质量发展的行动指南[15]。既能提升国家科技创新能力和资源利用率，又为人类社会发展带来更多可能性。通过 AI 深度学习、自然语言处理等技术，AI 能够从海量数据中提取有价值信息，从而为人类提供更加智能、高效服务，这对实现科技创新驱动发展和促进科技资源合理开发具有十分重要意义。

## 参考文献


[1] 杨舒心．人工智能赋能经济高质量发展研究［J］．合作经济与科技，2024，(15)：17-19.

[2] 范军，邹开元，田静瑶．新质生产力推动出版业高质量发展的理论逻辑、价值意蕴、实践要求［J］．科技与出版，2024，(3)：90-95.

[3] 朱艳华，胡良霖，高瑜蔚．国家创新体系中的科技资源协同机制与服务模式研究［J］．数据与计算发展前沿，2020，2(6)：42-50.

[4] 刘丰昊．科技基础条件资源开放共享问题研究［D］．成都：西南交通大学，2022.

［5］程苹，卢凡，张鹏，等．我国生物种质资源保护和共享利用的现状与发展思考［J］．中国科技资源导刊，2018，50（5）：64-68.
［6］赵男．浅析如何做好科技资源共享［J］．科技风，2020，（16）：243.
［7］朱艳华，胡良霖，高瑜蔚．国家创新体系中的科技资源协同机制与服务模式研究［J］．数据与计算发展前沿，2020，2（6）：42-50.
［8］顾新建，杨青海，顾复，等．科技资源共享的需求、内容、方法体系框架［J］．科技管理研究，2020，40（23）：23-30.
［9］王彰奇，臧国全．基于需求导向的科技资源共享与创新服务策略［J］．科技传播，2021，13（4）：1-8.
［10］方正飞．优势互补促创新资源共享谋双赢［N］．中国自然资源报，2024-05-30（006）.
［11］丁建勋，王云瑶，吴家宇．我国地区经济差距变化过程中人工智能技术应用的收敛性及成因分析［J］．吉林工商学院学报，2024，40（2）：5-11.
［12］田永静，苑卫国．我国人工智能发展趋势研究［J］．人民论坛·学术前沿，2024，（8）：102-105.
［13］霍丽，张林玉．人工智能驱动中国产业链现代化研究［J］．西北大学学报（哲学社会科学版），2024，54（4）：86-102.
［14］赵俊涅，郑鑫．基于人工智能技术的数字经济安全治理与应对策略［C］// 中国网络空间安全协会人工智能安全治理专委会．2024 世界智能产业博览会人工智能安全治理主题论坛论文集．中国通信企业协会；国家保密科技测评中心，2024：4.
［15］韩民春，彭刚东，袁瀚坤．人工智能驱动现代化产业体系协同发展的理论机制、实证检验与实现路径［J］．经济问题探索，2024，（3）：112-132.

# 科技资源共享推进体系构建研究

左　杰　张　琳★

（湖北省科技信息研究院，武汉，430071）

**摘要：** 科技资源共享是国家加强优质科技资源有机集成，提升科技资源使用效率的重要举措。笔者以科技资源共享服务平台为依托，以系统工程理论、资源整合理论、协同创新理论为引导，从公益保障、增值服务、技术支撑、奖励机制等四个维度出发，构建了“1–3–4”的金字塔式研究体系，对科技文献、科学仪器设备等科技资源的共享和市场化推进进行了探讨，提出了切实可行的对策及建议。

**关键词：** 科技资源共享；文献资源；科学仪器设备；实验动物

## 引言

科技资源共享是指在科技创新活动中，通过科技资源平台或科技资源共享服务机构，实现科技资源的收集、整合、和优化配置，达到科技资源共享和高效利用的目的。随着我国科技创新的深入发展，科技资源共享已成为推动科技创新和促进科技成果转化的重要手段。

但长期以来，我国科技资源共享体系建设存在资源分散、多头管理、重复低效和认可度低的局面，在一定程度上限制了科研活动的进程和科技发展的步伐。为此，国家科技基础条件平台中心于 2019 年将科学数据、生物种质与实验材料、重大科研基础设施、大型科学仪器设备等领域的海量科技资源信息进行了整合，成为我国科技资源信息汇集中心和中外科技资源信息交流的枢纽；次年，湖北省科学技术厅对省内的科技文献著作、大型科学仪器、检验检测设备、动物实验许可等资源进行了梳理，上线了湖北省科技资源共享服务平台，初步实现了省内科技资源的聚集，提升了科技创新活动的活跃程度。然而如何真正实现科技资源的全方位共享，更好地发挥其在科技创新活动中的支撑作用，仍是科技工作者们亟待思考解决的问题。

---

**作者简介：** 左杰（1984—　），男，副研究员，研究方向为科技政策、科技管理；张琳（1977—　），女，助理研究员，研究方向为科技信息（通信作者）。

# 1 科技资源共享推进体系模型构建

构建科技资源共享推进体系模型，有利于优化科技资源配置、促进科技创新发展，是立足新发展阶段、贯彻新发展理念、构建新发展格局的重要举措。其中，科技资源共享服务平台（以下简称“共享平台”）是整个模型构建的核心，也是推进科技资源共享服务最重要的依托；系统工程理论、资源整合理论、协同创新理论作为体系建设的理论框架，为模型的建立提供了理论引导；而公益保障、增值服务、技术支撑、奖励机制则是模型构建的最终落脚点。基于此，笔者设计了“1–3–4”的金字塔式结构，对科技资源共享推进体系模型的构建进行研究。

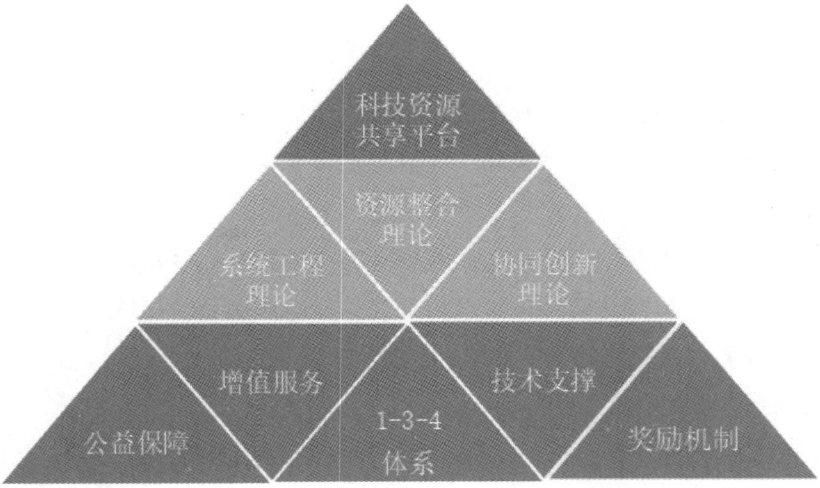


图 1 金字塔结构图

## 1.1 科技资源共享服务平台的建设

自 2004 年起，我国科技资源共享服务平台的建设已经走过了近 20 年的发展历程。20 年间，中央与地方纷纷建立起各种类型的资源共享平台，并进行了大量的研究。但长期以来，各个平台的整体建设水平不高，缺乏需求方和所有方之间的相互交流和沟通，没有形成整个社会范围内的资源共享体系；各个平台之间的沟通、协调、整合机制尚未完全建立，资源分散、多头管理、重复建设的现象依然存在；政府财政支持相对不足，平台市场化收入不高，平台运行和人才队伍的发展无法得到稳定保障。

基于此，笔者认为共享平台的建设、完善和发展需从以下三个方面入手：一是进一步提高科技平台科技资源整合的质量，提高科技平台科技资源的权威性和全面性，提高平台整合资源的针对性和有效性；二是在保证财政资金支持的基础上，借助平台资源进行深加工服务，积极拓展平台的市场化收入；三是建立合作和奖励考核机制，不仅对平台自身的公益服务、增值服务进行考核，同时也对参与合作的第三方数据商进行考核和奖励，提高自身和合作方的积极性，共同推动科技资源共享服务平台的建设和可持续发展。

## 1.2 模型构建的理论引导

### 1.2.1 系统工程理论

系统工程理论是一种以系统为研究对象，以提高系统整体性能为目标的工程方法。在科技资源共享的推进体系构建中，系统工程理论有助于实现科技资源共享的系统化、规范化管理。

系统工程理论强调系统的设计和实现应该是一个整体性的过程，而不是各个部分孤立地进行。在科技资源共享的推进体系构建中，我们需要将各类资源进行整合，形成一个整体性的资源共享体系。

### 1.2.2 资源整合理论

资源整合理论是指通过对现有资源进行整合，形成新的资源，以提高资源利用效率和价值。在科技资源共享的推进体系构建中，资源整合理论可以有效地实现科技资源共享的优化配置。

首先，资源整合理论有助于更好地理解现有资源的分布和利用情况，从而有针对性地进行资源整合；其次，资源整合理论可以帮助建立新的资源整合模式，以实现科技资源共享的优化配置，提高科技资源共享的效率和质量。

### 1.2.3 协同创新理论

协同创新理论的核心思想是通过协同合作，整合各种创新资源，实现创新成果的共享。该理论认为，创新不是孤立的个体行为，而是需要多个主体共同参与的过程。

协同创新理论强调，创新资源的共享是实现创新成果共享的基础，只有通过共享创新资源，才能实现创新成果的快速传播和应用。

## 1.3 模型构建的四个维度

### 1.3.1 公益保障

科技资源共享平台一般是由政府出资牵头，科研院所负责搭建和管理，并在一定范围内向全社会提供免费的文献查询、期刊索引、仪器检索等公益服务。

科技资源共享平台的公益服务，保证了科技资源共享的公平性和普惠性，通过推进科技资源共享的公益服务，可以，提高资源共享的公平性，提升全社会的科技创新效率和质量；同时也可以吸引全社会科技资源的广泛整合，提高平台自身的社会认知度和认可度，有助于平台的健康运作和长远发展。

### 1.3.2 增值服务

在公益服务之外，平台还应积极面向市场，探索科技资源附加值。通过对科技资源的整理、挖掘、分析，形成决策支撑、创新支持等知识服务产品，为深层次用户提供更深度的付费增值服务，包括但不限于情报收集、大数据分析、技术咨询、研发转让、评估评价等一系列服务。

增值服务旨在满足用户多样化需求，帮助用户提高科技创新效率，降低企业运营成本，促进产业链协同发展；同时，平台实现增值服务，也可以在一定程度上弥补财政支持的不足，有利于平台的可持续发展。

#### 1.3.3 技术支撑

技术支撑是科技资源共享服务平台稳定运行的基础，也是平台开展相关工作的重要保障。技术支撑可以提供更加安全的服务环境，保护用户数据的安全性，同时也可以提高服务的可靠性，确保用户在使用服务时能够获得稳定的体验。

随着科学技术的发展，人们对科技资源共享服务平台也提出了更高的技术性要求，如云计算、大数据、人工智能等。这些技术为科技资源共享提供了更加高效、便捷的服务方式，同时也为用户提供了更加丰富的选择；在技术保障的基础上，平台还可以充分发挥技术和机房的附加值，利用设备、存储、网络等优势，实现一定的市场化收入，更好地为平台推广工作服务。

#### 1.3.4 合作奖励机制

科技资源共享推进体系的构建，是一个庞大而复杂的系统工程，涉及上游的数据供应商，中游的平台工作人员、地方服务站，以及下游的各类机构用户和个人用户。

根据协同创新理论，在构建科技资源共享推进体系时，资源共享平台需要注重与各方的合作共赢关系，建立积极的合作机制和奖励机制，让数据资源能够在利益相关者之间得到有效配置、价值开发与共创，实现经济效益和社会效益的最大化。

## 2 公益服务的宣传和推广

### 2.1 文献资源公益服务

科技文献资源是指科学技术研究方向的论文、期刊、专利、标准等学术性文字资源，是从事基础研究和应用研究不可或缺的基础保障。

科技文献资源广泛服务于社会各个领域，尤其是有科研需求的高校、院所、研发类企业。所以应坚持问题导向，深入了解科技文献资源服务现状，征集机构的资源需求。主动掌握第一手情况，增强工作积极性、针对性、前瞻性和科学性。由科技文献资源中心班子成员牵头、全员参与，合理搭配人员，组成服务小分队，联系各科研机构和创新主体。

同时，要面向全省重点科技企业和科研机构，线上线下同步开展科技文献资源共享的宣传工作。全面推广科技资源共享服务平台、科学仪器协作共用网，兼顾“善用科技资源，助力基础研究；整合仪器资源，服务技术研发”等内容的宣介。分总结如何进一步建立和完善科技资源服务活动机制，使服务活动常态化、长效化；要继续保持行之有效的措施和方法，不断创新服务理念和服务措施，更加深入地为研发机构提供优质服务。

### 2.2 仪器设备共享服务

长期以来，大型科学仪器设备的共享推广工作进展较为缓慢，主要原因在于仪器拥有方的共享积极性不高，以及平台方的引导和推进工作不到位。

科学仪器设备协作共用网是大型科学仪器设备的集中展示网站，做好网页的设计和维护，是提升平台吸引力的第一步。在网站首页面增加国产仪器设备资源的展示宣传，丰富通知公告、科技动态等栏目，重点突出仪器设备在线、仪器设备周边、检测服务能力等内容，采取图文并茂、三维应用场景等展示效果，提升平台网站的关注度和吸引力。管理后台增加相关发布、维护账户管理权限。

其次，平台要提升专业性和奖励机制。积极拓展科学仪器设备共享业务，收集分析检测设备、检测机构和检测事项，探索测评报告、案例分析等检验检测应用性、学术性专栏，并给予发布者一定的奖励措施。不断鞭策、激励检测机构的检验响应力、检测水平能力的提高，不断挖掘仪器设备使用价值，不断充实检测事项，进而从整体上提高仪器平台网站的可读性、趣味性、专业性、学术性。

### 2.3 实验动物日常管理

实验动物的日常工作包括审批管理和公共服务两个方面。审批管理方面，在目前行政许可管理规范内，梳理审批流程，修改完善整个许可审批管理系统。包括：许可证申请审批管理流程再造、新增许可证年检、许可证变更、许可证撤销、许可证信用记录、查询等管理服务功能。

公共服务方面，主要是完善实验动物管理系统、供求系统和资讯系统三方面的工作。实验动物管理系统包括质量合格证管理、使用证明管理、实验动物管理、配套设施设备管理；实验动物供求系统包括供求实验动物的信息发布，在线交流，实验动物预订及转运服务等；实验动物资讯系统包括平台推送、业内新闻、通知公告、技术交流、专家答疑等。

## 3 增值服务的构建和推进

### 3.1 文献资源增值服务

#### 3.1.1 数据增值服务

通过大数据、情报监测等技术手段，由简单的科技信息展示、供给服务转变为个性化资源加工、定制推送的情报类服务，为用户提供个性化的热点推送和文献推荐服；通过对科技资源的整理、挖掘、分析，形成决策支撑、创新支持等知识服务产品。

#### 3.1.2 资源 + 工具服务产品

遴选第三方数据工具，如文献管理软件、引文分析工具等嵌入式科研工具，为用户制定专用账户管理系统。根据用户需求，提供定制化的数据分析服务，为用户提供深入的科研数据支持。

### 3.2 仪器设备增值服务

#### 3.2.1 市场服务推介

向仪器设备供应商的展示、推介服务，包括应用场景、配套服务检测性能等等；开拓院所测试中心、第三方检测机构平台全方位推介增值服务，包括其检测服务能力、检测水平、检测专家推介、测试报告案例分享、展示，平台检测事项引流等。

#### 3.2.2 子平台推广

推动各市州、三大城市圈、各机构行业的专属定制平台，针对不同相关需求，依托省平台资源为支撑，集中区域、行业资源构建专属服务子平台；根据相关行政管理部门的工作需求（如海关、军民融合办等），构建其行政监管服务数据在内的集政务服务，或行业服务与仪器设备共享服务的协同子栏目或子平台。

### 3.3 实验动物业务拓展

#### 3.3.1 资源库建设工作

按照“统一标准、分步实施”的原则，根据各省各自然科技资源的特点，先行启动针对动植物种质、微生物菌毒种等领域作为自然科技公共交互资源数据库的建设主体。先行进行资源数据的调研，收集、汇总各类资源数据的基本情况，大致数据项、所属领域分类等，提出适合省级资源库的建设方向、目标。

#### 3.3.2 建立标准规范

参考国家科技资源库资源收录标准、各省或地方科技资源库的数据结构，依托省科技资源共享服务平台的自建库系统（或重新开发），搭建省自然科技资源交互数据库模型。收集整理部分资源入库进行测试。

#### 3.3.3 交互资源库建设

适时启动自然科技资源公共服务平台建设申报，完成1~2家省级资源库的资源数据收集、整理、汇交工作，完成其数据进入自然科技公共交互资源库。根据各省的自然科技资源库管理办法，将省级资源库资源汇交工作纳入年度绩效考核工作事项中。

## 4 技术支撑和机房运维

### 4.1 日常维护工作

首先应对平台系统运行环境即服务器、存储等设备的运维提供日常维护服务，定期对机房内的设备进行巡检，包括服务器、网络设备、UPS电源等。检查设备的运行状态和连接状态，确保设备正常运行；及时对各类软硬件进行维护保养，如平台运行的操作系统需及时升级更新、数据库管理系统补丁包升级更新，保障系统无安全漏洞；每月定时巡检平台系统运行情况，并做好巡检记录。

其次，要及时发现并解决相关问题。每周查看数据库日志，分析告警并解决问题，消除严重警告，减少普通告警；制定和执行备份与恢复计划，以防止数据丢失和确保业务的连续性。检查安全设备上数据库的相关告警，分析症结并弥补漏洞；根据用户和服务人员的使用反馈，对数据库结构优化提出建议。

最后，要定期生成记录和报告。通过对平台月度、季度及上年度同期历史数据的深入整理、统计、分析，挖掘出其中具有重要价值的信息，形成相应统计分析报告，为各项服务方案的制订、完善提供支撑依据，进一步提高服务水平。

### 4.2 市场业务拓展

机房的建设和运维需要充足的资金支持，单纯靠政府财政拨款远不足以覆盖相关支出。所以，平台方应以机房为核心载体，以技术人员 / 工程师为支撑，相关业务人员为拓展，积极开拓相关市场业务，提供各类软硬件服务和技术支持。包括服务器及专用设备托管、虚拟机租用、数据存储空间租用、IP 租用、光纤专线带宽租用、安全防护服务、技术运维支持，或其他定制类特异性服务。机房的市场化运营工作所产生的收益，应视作部门横向创收收益。

## 5 合作与奖励机制的构建

### 5.1 内部奖励机制

#### 5.1.1 个人绩效奖励

根据平台工作人员的不同分工，按照任务指标、经济指标、内部管理情况进行考核。设立贡献者排行榜，定期公布并奖励排名靠前的成员；对于争取到额外市场收入、项目收入的员工，按一定比例计入个人账户，作为季度绩效、年终绩效的发放依据，并根据任务难度和质量给予不同奖励。

#### 5.1.2 团队合作激励

引入团队奖励机制，鼓励团队协作和目标共享；设立团队活动，促进内部团队建设和凝聚力。同时，团队提供技能培训计划，鼓励成员不断提升自身技术水平。设立晋升机制，让有潜力和表现出色的工作人员有更大发展空间。

### 5.2 外部合作机制

#### 5.2.1 市场拓展合作

资源平台的优势在于背靠政府、信誉可靠、市场接受度高，数据供应商的优势在于资源丰富、商业化程度高。作为平台方，应与数据提供商建立积极的战略合作关系，共享文献资源，共拓市场渠道，积极吸纳平台会员，并制定相应的市场收入分配机制、奖励机制，实现双赢的局面。

5.2.2 项目技术合作

大数据时代，深度的数据分析是提升增值服务的重要工具。资源平台可通过政府项目立项的方式，为数据供应商的工具研发提供政策支持、资金支持，数据商利用自身丰富的大数据和技术优势，研发专业、实用的数据分析工具；而后两者合作将该工具推向市场，共同提升增值服务的水平和质量。

5.2.3 会议培训合作

由资源平台方借助政府影响力，定期在各地市州举办科技资源共享宣讲会、推进会、培训会，数据供应商可提供相应的会议赞助、智力支持，共同扩大资源共享事业在全社会的影响力。

# 国外科技创新资源共享现状和经验借鉴

王润鼎　黄　鹏　朱金鑫

（上海市研发公共服务平台管理中心，上海，200031）

**摘要：**科技创新资源是科技创新活动中重要的战略资源，科技创新资源共享是指在不改变资源所有权的基础之上，通过政策法规和管理运行机制调控等，使不同科技活动主体之间共同享有科技创新资源的一种资源配置方式。本文在梳理科技创新资源相关概念及理论基础上，总结出国外科技创新资源共享的经验包括构建科技创新资源开放共享体系、高度重视大型科学设施和科研仪器共享、制定相关法律法规和制度，对我国的启示有加强创新资源建设和投入力度、完善各级层面的政策法规、优化体制机制。

**关键词：**科技创新资源 共享 现状 经验借鉴

科技创新资源是支撑全社会科技创新活动的基础条件和关键力量，其数量、质量以及配置水平直接决定了国家和地区创新能力和综合竞争力的强弱，是国际竞争的核心。党的第二十届三中全会通过的《中共中央关于进一步全面深化改革、推进中国式现代化的决定》对加强创新资源要素统筹和科技创新力量组织作出重要部署，指出“加强创新资源统筹和力量组织，推动科技创新和产业创新融合发展”，这对科技创新资源的协同组织方式、共享效率提出了更高的要求，要求对标国际先进，提升创新资源共享水平。

基于这一背景，本文首先梳理了科技创新资源相关概念和理论，总结梳理国外发达国家科技创新资源共享经验和先进做法，在此基础上对我国科技创新资源共享提出对策和建议。

---

**作者简介：**王润鼎（1992—　），男，助理研究员，研究方向为科技创新资源规划和研究；黄鹏（1973—　），男，副主任，研究方向为科技创新资源管理；朱金鑫（1976—　），女，高级工程师，研究方向为科技创新资源管理和研究。

**基金项目：**国家科技基础条件平台中心委托课题（2023WT26）。

# 1 相关概念和理论基础

## 1.1 相关概念

### 1.1.1 科技资源

对科技资源这一概念，目前学界的理解各有不同。广义的科技资源包括一切直接或者经过开发后间接为科学研究和技术创新活动提供价值的资源。任何被人类用科学的眼光去观察，用科学的逻辑去思考，用科学的手段去研究和试验的对象、工具、材料、制度或者由此产生的成果等，甚至是科学和科学思维本身，都属于科技资源的范畴。也可以认为，世界上的一切物质、能量、信息、现象和精神等物质与非物质都有可能成为科技资源。但是，并不是任何事物在任何时候或者任何状态下都是科技资源，只有它与某个科技活动有关系，作为支撑科学技术活动的一切输入的资源，并为创造科技价值做出贡献时，才可以被称为是该科技活动的科技资源。

### 1.1.2 科技创新资源

"科技创新资源"之于"科技资源"，区别主要在"创新"一词。本研究认为，科技创新资源是一切可以直接或者经开发后间接为开展科技创新活动、促进经济社会发展提供价值的资源，包含了科技人力资源、科技财力资源、科技物力资源、科技信息资源等基础要素[1]，以及经济和社会发展类要素，例如市场要素、创新政策[2]、创新文化等，更着重反映经济社会发展的创新驱动特征。其中，科技人力资源是具有能动性、智慧性的一类要素，对其他要素起到支配作用，以此被称为"第一要素"；科技财力资源可以调控其他科技创新资源，在充分竞争的经济社会，是各类科技创新资源价值的凝聚与外在体现，是其他科技创新资源产生和应用的基础；科技物力资源和科技信息资源是科技创新活动的最直接支撑和保障；创新市场要素、政策制度要素以及文化氛围要素等是科技创新资源得到高效配置的前提要素，也是表征创新环境的资源要素，满足市场需求、符合国家与地方政策导向、提升全民科学素养是科技创新资源有效支撑科技创新以及促进经济社会发展的检验标准。作为科技创新过程中不可或缺的重要战略资源，科技创新资源不仅为科技创新提供了基础，也通过资源集聚营造了高效的创新环境，为科技创新提供了支撑力和保障力，驱动了成果的产出，形成了更高水平资源，进一步支撑着更高水平的科技创新。

### 1.1.3 科技创新资源共享

从上一节可以获知，科技创新资源是科技创新活动中不可或缺的战略性资源，科技资源的高效开发和利用很大程度上决定着国家科技创新和核心竞争力的形成。国家对科技创新资源的投入是有限的，且在资源配置中难免存在配置不均和重复配置的现象，因此科技创新资源的共享就十分必要，不仅可减少国家在资源投资中的虚耗，而且科技组织之间的共享和合作有益于科技和创新产出。

科技创新资源共享是指在一定的时期一定的约束下，在不改变资源所有权的基础之上，通过政策法规，以及管理和运行机制调控等，以及使不同科技活动主体之间共同享有科技创新资源的一种资源配置方式。具体表现为利用先进的技术手段，结合各方需求，在政府宏观指导下，实现资源的开放、共用和共建，最大限度地提高利用资源，提高资源使用效率。在此过程中，科技创新资源通过生产、传递、分配、利用等一系列环节带来比资源本身更高的经济价值，其价值体现在传播和共享过程中。因此，科技创新资源的流通就是价值的流通，也是价值的增值过程，价值成为科技创新资源共享过程乃至所有科技活动得以开始和持续发展的根本动力[3]。

## 1.2 理论基础

### 1.2.1 协同创新理论

协同创新是指企业、政府、高校、科研机构、中介机构和用户等为了实现重大科技创新而开展的大跨度整合的创新组织模式。协同创新是通过国家意志的引导和机制安排，促进企业、大学、研究机构发挥各自的能力优势、整合互补性资源，实现各方的优势互补，加速技术推广应用和产业化，协作开展产业技术创新和科技成果产业化活动，是当今科技创新的新范式。

协同创新理论对科技创新资源共享的启示在于，通过国家和各种意志的引导和安排，促进各资源配置主体发挥各自所长、整合各自互补性资源，实现各方优势互补，加速科技创新和成果转化。

### 1.2.2 价值共创理论

价值共创理论于2004年由Prahalad和Ramaswamy首次提出，认为价值必须是由企业、消费者、其他利益相关者多方共同参与创造的。同时间段，Vargo和Lusch从另一个角度提出了著名的“服务主导逻辑”，以“服务是一切经济交换的根本基础”和“消费者是价值的共同创造者”这两个观点为核心，最终形成了关于服务主导逻辑的十个假设。从服务主导逻辑的视角出发，共同创造出来的价值并不是“交换价值”，而是顾客在消费过程中实现的“使用价值”。虽然在价值共创的概念表达上存在差异，其核心是基本一致的：利益的相关方通过合作，整合彼此资源实现价值创造，共享价值创造的利益。

价值共创理论对科技创新资源共享的借鉴意义在于，科技创新绝不是单打独斗，而是通过科技创新各主体间合作，整合彼此的资源，实现价值创造，共享资源价值。该理论强调科技创新资源必须从资源主体的单一中心向主体、客体、配置等多中心转变，从以资源主体为中心向“主体—客体”交互范式转变。

### 1.2.3 科技创新资源配置系统理论

王雪原[4]等提出了科技创新资源配置系统的概念，综合地提出科技创新资源配置系统是由配置主体、配置客体、主体与客体之间的相互作用与影响关系等三个部分构成，具有开放性、动态性、宏观与微观层次的一个复杂系统。进一步从多角度、多维度进行分析，主要包括配置主体、配置客体、配置结构、配置模式、制度体系和技术方法六个方面。从配置的主体来看，主要包括政府部门、企业、大学与研究机构、中介机构；从配置的客体来看，主要包括科技人力资源、科技财力资源、科技物力资源、科技信息资源等；从配置的模式来看，主要包括计划配置、市场配置以及混合配置；从配置的结构来看，主要包括区域机构配置、行业机构配置、学科机构配置和垂直结构配置。在科技创新资源配置系统内外还要考虑的内容包括科技创新资源配置的制度体系，主要包括与科技创新资源配置相关的政策、机制、制度等；科技创新资源配置的技术手段，主要包括信息技术、网络技术以及其他有利于科技创新资源配置的技术手段、方法、工具等；科技创新资源产出，即科技创新资源配置的效率。

科技创新资源配置理论对科技创新资源共享的借鉴意义在于，科技创新资源建设不是一家独大，也不是一家独有，而是需要资源主体、客体、主客体间相互作用，这样才能发挥最大效能。

## 2　国外科技创新资源共享现状和经验借鉴

### 2.1　构建科技创新资源开放共享体系

这方面的典型做法来自欧盟。2000 年以来，欧盟开始创建加强科技创新资源协调、集聚科技创新资源力量的“欧洲研究区”，把法国的国家研究中心和德国的马普研究所等一些大型机构等研究主体联合起来一道工作，通过设立“欧洲研究区”，欧盟在科研基础设施、科研基础条件（如科学数据）、科研人员共享方面成效显著。科研基础设施方面，通过“欧洲科研基础设施战略论坛”机制，推出 55 项欧洲科研基础设施建设计划，其中 37 项基础设施已完成部署，涵盖各研究领域，动员资金近 200 亿欧元[5]。在科学数据共享方面，“欧洲研究区”通过“开放科学计划”和近期启动的“欧洲开放科学云”平台，创建了欧洲科研数据云平台，加强对开放、免费和可重用科学信息的访问，提高欧洲科研数据开放和知识共享水平。在人才资源共享方面，在《欧洲研究人员宪章》和《新聘研究人员行为准则》推动下，破除欧洲科研人员流动性地理障碍、破解科研人员职业生涯碎片化问题取得重要进展。此外，EURAXESS 科研人员职业发展平台通过提供信息和专业服务，有力支持科研人员流动和职业发展。“欧洲研究区”成立以来，总投入近 100 亿欧元，目前年投入约 8 亿欧元。通过这些举措，使各科技创新主体参与创新全过程，形成具有产、学、研、金融、公共机构等各要素的创新联盟，共享创新资源，不仅提高了科研效率，而且促进了资源供给均等化，使各成员国都能受益。

### 2.2　高度重视典型科技创新资源共享

国际上，主要国家采取不同的举措鼓励大型科学设施和科研仪器设备开放共享。①从机构层面通过相关的管理规定来促进开放共享。美国国家科学基金会（NSF）发布的《设施监管指南》对大型科研仪器设备及其生命周期、相关主体的权利责任和义务、预算管理、过程管理和考核评价等做出了明确的规定。②引入市场激励机制。日本的特定尖端大型研究设施据使用设施的情况收取相关费用，依托于日本理化学研究所（RIKEN）的光源设施和高性能计算设施在对外服务时会收取“设施利用费”“优先试验费”“相关耗材费”等费用，用于设施维护人员劳务费、实验辅助、数据分析等方面的开支。日本尖端研究基础共同利用促进计划中成果共享和成果独占的使用申请均会收费。③营造有利于开放共享的共享环境。美国一直致力于建设国家信息基础设施，欧洲各国也在积极进行高速互联网及其应用的研究和部署，例如英国政府设立了 e-science 计划。通过这些工作，美国和欧洲已基本形成了有利于大型科学设施和科研仪器的、基于高速互联网、联接大学和科研机构的网络环境。

### 2.3 制定相关法律法规和制度

世界主要发达国家和地区十分重视科技创新资源共享，将其作为优化科技创新资源配置、加强科技创新能力建设的重要手段，并通过立法手段保障实施。美国政府在实施国家信息基础设施（NI）行动计划的同时，确定了“重点建设数据库，促进信息资源的开发和利用”发展战略，制定了一系列推动科技信息资源开发利用的政策法规，建立了以“完全与开放”共享国策为核心的法律和制度保障体系。欧盟发布《欧洲研究领域开放数据获取政策和策略》，将科学数据开放存取以政策的形式加以保证。欧盟“地平线 2020”战略发布的《开放数据：创新、增长和透明治理的引擎》要求欧盟及其成员国建立相关的法律机制并采取相应的财政措施，以推动各国在开放数据领域开展合作。日本《研究交流促进法》规定国家必须采取措施，改善国立、独立行政法人和国立大学法人所设立的研究设施的性能和条件，为利用者提供必要的信息和信息通信技术，促进共用共享[6]。

## 3 对我国科技创新资源共享的启示

### 3.1 加强创新资源建设和投入力度，为开放共享提供基础条件

①完善国家级科技创新资源共享平台，做好顶层规划设计，厘清平台数据、资源所有权、使用权、运营权、收益权等权利，制订从建设到服务的长效监管体系，对超过一定规模或者重要程度的科技创新资源共享平台实施全生命周期重点监管，推动高端科技创新资源平台建设与落地，助力科技自立自强[7]。②营造创新资源多元化建设氛围，整合优化创新资源配置，引导各创新主体特别是企业投入创新资源建设。通过政府引导、企业运作的形式，推动企业建立仪器、设备共享机制，整合已有的检测资源搭建设备共享平台，做好相关配套服务工作，为中小微企业技术创新提供有效支撑。③优化创新资源投入格局，充分发挥市场机制，推进创新资源建设运营模式创新。探索构建重大科研基础设施共建、共

管、共享网络，战略科技力量实体协作平台和虚拟网络平台，将大设施和战略科技力量纳入共性基础技术供给体系和技术创新体系。充分运用新一代信息技术，对科技创新资源进行战略重组和系统优化，确保在不同创新主体间实现科技创新资源共享，提高科技创新支撑能力。

### 3.2 完善各级层面的共享政策和法规，保障共享的顺利实施

①要推动完善科技创新资源共享法律法规。建议推动以全国人大为主体的国家科技创新资源共享最高层次立法，通过法律文本形式将科技创新资源共享工作固化下来。在深化落实《国家科技资源共享服务平台管理办法》基础上，研究制定符合实际需求的科技创新资源开放共享法律法规，形成系统完善、专业性强、可操作的科技创新资源共享法律体系。②完善科技创新资源共享配套政策制度。在国家法规政策基础上，制定相应的实施细则、配套政策、管理制度等，主干法与配套法、上位法与下位法，以及法律、行政法规、地方性法规、部门和地方规章之间的协调配套。通过法律措施规范科技创新资源共享行为，确保资源共享得到贯彻实施，形成具有中国特色的科技创新资源法律法规支持保障体系[8]。特别是可通过法规和政策的引导，对从事或参与科技资源共享工作的科技人员进行激励，采用经济和精神双重激励的方式，鼓励创新资源共享为产学研用服务，进一步增加科技资源共享工作者的获得感和社会认可度。③加强对科技创新资源法律法规的效能评价。针对政策法规的实施效果，制定相应的评价考核方法；综合评估科技创新资源管理与利用情况，充分发挥社会评价监督的作用；加强评价结果的公开，将评价结果作为后续支持和政策法规修改调整的重要依据。

### 3.3 优化体制机制，营造有利于开放共享的体系和环境

①鼓励各类科技创新主体共同参与创新资源共享。从顶层设计、机制创新、平台搭建等各环节，鼓励协同创新，可通过优化科研项目组织形式、搭建创新资源共同体和资源共享平台等方式，大力推动科技创新资源开放共享，从而进一步促进基础研究、应用基础研究，以及产业应用融通创新，推动重点领域项目、基地、人才、资金一体化配置，加速科技成果向现实生产力转化，提高创新链整体效能，优化产业链发展环境。②形成科技创新资源动态监测与评估机制。由第三方单位对各创新资源主体进行评估，完成对科技创新资源立项、审批、投入、产出、评估的全链条式管理，实现对科技创新资源及相关成果的开放获取与应用跟踪，以解决科技创新资源建设中功能过度重叠的问题。加强监测与评估结果的公开，将评价评估与资源配置工作结合，将评价结果作为资源配置和后续支持的重要参考依据。③打造创新资源分类分级分层共享机制。按照创新资源的不同类别如科学数据、生物种植、基地平台等，分别制定不同的共享标准，由不同的主管单位进行管理。④深化跨区域科技创新资源共享。共同构建京津冀、长三角、大湾区区域科技创新资源共享和支

撑服务体系。布局专业化国际化的资源共享、要素流动和技术转移渠道，为全球创新资源、创新成果跨区域高效流动提供便利化空间与渠道。

国外通过构建科技创新资源开放共享体系、大型科学设施和科研仪器共享、制定相关法律法规和制度等，有力促进了科技创新资源。我国应在借鉴国外经验和自身发展的基础上，从资源投入、顶层设计、体制机制等方面入手，进一步提升科技创新资源的共享水平和协同能力。

## 参考文献


[1] 王景秋 . 关于区域科技创新资源及其配置分析的理性思考 [J]. 科技与创新 ,2018,(23):95-96.

[2] 万力勇 , 黄传慧 . 区域性科技创新资源共享影响因素及模型研究——基于路径依赖与创新扩散理论视角 [J]. 情报杂志 ,2016,35 (1):182-187.

[3] 夏冬秋 . 平台式科技资源共享的价值共创机制研究 [D]. 郑州：郑州航空工业管理学院，2023.

[4] 王雪原 . 基于科技计划的区域科技创新资源配置系统优化研究 [D]. 哈尔滨：哈尔滨理工大学，2008.

[5] 肖轶 .“欧洲研究区”建设进展及最新动向研究全球科技经济瞭望 [J].2021:36 (8):1-6.

[6] 刘闯 . 美国国有科学数据共享管理机制及对我国的启示 [J]. 中国基础科学，2003 ( 1 ): 34—39.

[7] 高洁 , 武虹 , 张昊东，等 . 我国科技资源共享平台建设存在的问题与对策建议 [R]. 中国科协创新战略研究院创新研究报告，2021(5).

[8] 高洁 , 崔继慧 , 吴善超，等 . 关于“科创中国”科技信息资源整合的几点建议 [R]. 中国科协创新战略研究院创新研究报告，2022(9).

# 科技资源共享对新质生产力的促进作用：国际经验与启示

郭建谱　吕亦楠　谭　颖

（重庆生产力促进中心科技统计与创新发展研究部，重庆，400047）

**摘要：**发展新质生产力是推动高质量发展的内在要求和重要着力点。习近平总书记指出："整合科技创新资源，引领发展战略性新兴产业和未来产业，加快形成新质生产力"。科技资源共享是整合科技创新资源一个重要方法和手段，随着科技的不断进步，科技资源共享已成为推动全球创新和发展的重要驱动力，也将成为推动新质生产力发展的重要手段和载体。它通过提高创新效率、降低成本、优化资源配置等方式，有效促进了新质生产力的形成。文章通过研究总结在科技资源共享取得成功的国际案例，梳理分析其成功的经验做法，研究科技资源共享促进与新质生产力形成和发展的作用机制，提出面对新质生产力的发展要求，建议从加强国际合作与交流、建立健全的科技资源共享政策体系、创新科技资源共享模式、强化知识产权保护、培养高素质的科技人才等方面努力。

## 引言

新质生产力是习近平总书记对中国进入新发展阶段所面对的新现象、新动向、新问题所作出的重大战略性研判。发展新质生产力是实现高质量发展的内在要求和重要着力点。[1]科技资源共享是推动新质生产力形成的重要手段，它通过多渠道促进创新，优化资源配置，提升产业竞争力，对于实现经济高质量发展具有重要意义。本文旨在通过分析在科技资源共享取得成功的国际案例，以期总结借鉴其成功经验，分析找出科技资源共享促进新质生产力形成和发展的着力点，为今后科技资源共享和新质生产力的理论研究和决策制定提出参考建议。

---

**作者简介：**郭建谱（1983—　），女，副研究员，研究方向为科技创新发展政策、科技统计、科技智库；吕亦楠（1987—　），女，统计师，研究方向为科技统计、科技资源共享；谭颖（1976—　），女，助理研究员，研究方向为科技管理、科技法学。

**基金项目：**重庆市科技计划项目"重庆市科技创新能力监测与评价指标体系研究"（项目编号：cstc2023jxjl-jbky120003）。

## 1 新质生产力理论概述

2023 年 9 月在黑龙江考察期间，习近平总书记首次提出新质生产力的概念，强调要“整合科技创新资源，引领发展战略性新兴产业和未来产业，加快形成新质生产力”。[2] 2023 年 12 月召开的中央经济工作会议强调“要以科技创新推动产业创新，特别是以颠覆性技术和前沿技术催生新产业、新模式、新动能，发展新质生产力”。[3] 2024 年 1 月，在第二十届中央政治局第十一次集体学习时，习近平总书记围绕什么是新质生产力、如何发展新质生产力做出系统阐述，深入回答了新质生产力的基本内涵、发展动力、主要特征、战略部署、本质要求、制度保障等一系列重大理论和实践问题，标志着新质生产力理论的形成。政治局会议一个月后，发展新质生产力被写入 2024 年政府工作报告，2024 年 3 月，习近平总书记在第十四届全国人民代表大会第二次会议上进一步强调，必须坚持高质量发展这一首要任务，因地制宜地发展新质生产力。

所谓新质生产力是指，创新起主导作用，摆脱传统经济增长方式、生产力发展路径，具有高科技、高效能、高质量特征，符合新发展理念的先进生产力质态。它由技术革命性突破、生产要素创新性配置、产业深度转型升级而催生，以劳动者、劳动资料、劳动对象及其优化组合的跃升为基本内涵，以全要素生产率大幅提升为核心标志，特点是创新，关键在质优，本质是先进生产力。[4]

## 2 科技资源共享的概念和模式

科技资源共享是公开并整合现有的科技资源，实现科技资源的科学、高效使用和管理，充分利用现有资源，不断开创新的资源，使之创造出更大的价值。[5] 这种共享可以在不同的组织、机构、企业或个人之间进行，旨在促进科技创新、加速研发进程、降低成本、避免重复投入，从而推动科技进步和经济发展。科技资源共享的模式主要包括仪器设备和设施共享、数据和信息共享、知识和技术共享、人才资源共享等方面。仪器设备和设施共享是指科研机构、实验室、科研中心等的设施和设备资源，例如高端实验设备、先进生产线等，可以供不同单位共同使用，避免重复投资，提高资源利用效率。数据和信息共享是指科研数据、行业信息、技术资讯等的共享，可以通过开放数据、共享数据库等形式，促进信息资源的共享和利用，推动科技研究和创新活动。知识和技术共享是指科研成果、技术经验、专利技术等知识资源的共享，可以通过学术交流、合作研发等方式，促进知识的传播和应用，推动创新活动。人才资源共享是指科研人员、技术人才等人才资源的共享，可以通过人才流动、联合培养、跨机构合作等方式，促进人才的共享和协作，提高创新能力。

## 3 国际成功案例分析

### 3.1 仪器设备和设施共享

（1）科研仪器设备共享。一个成功的国际案例是欧洲分子生物学实验室（European

Molecular Biology Laboratory, EMBL）。EMBL 是 1974 年由欧洲 14 个国家加上亚洲的以色列共同发起建立，现在由欧洲 30 个成员国政府支持组成，目的在于促进欧洲国家之间的合作来发展分子生物学的基础研究和改进仪器设备、教育工作等。EMBL 是一个非营利的生物科学研究所，它提供了广泛的研究设施，包括大型实验设备，如 X 射线晶体学、核磁共振等，供全球科学家使用。EMBL 鼓励科学家共享其设施资源，并制定了共享政策和流程，确保设施的公平使用。科学家可以通过预约系统或合作项目申请来使用 EMBL 的设施，并且为科学家提供培训和技术支持，帮助他们熟悉和有效使用实验设备。在质量控制和管理方面，EMBL 对设施进行定期维护和质量控制，确保设备的正常运行和实验结果的准确性。同时,EMBL 还制定了设施管理政策，有效管理设备的使用和维护。EMBL 建立了一个开放、合作和共享的设施共享平台，通过资源共享,EMBL促进了跨国家、跨机构的科学研究合作，加速了科学发现和技术创新。在新技术、新工艺的探索中，共享资源降低了研究成本，提高了效率，有助于形成新的生产力模式。

（2）办公空间共享。一个成功的国际案例是 WeWork（众创空间）。共享办公空间是指为独立工作者、创业者和小型企业提供共享工作空间和设施的服务。通过共享办公空间，个人和企业可以共享办公设施、资源和社区，促进合作和创新。[6]WeWork 成立于 2010 年，是一家全球知名的共享办公空间运营商，提供灵活的办公空间、社区活动和服务。目前在全球超过 100 个城市设有办公空间，覆盖了许多主要商业中心和城市。WeWork 也在中国的主要城市如北京、上海、广州、深圳等设立了多个共享办公空间。通过 WeWork，个人和企业可以租用共享办公空间，参与社区活动，拓展人脉和资源，帮助他们降低成本、提高效率，促进合作和创新。WeWork 成功展示了科技资源共享在办公领域的重要性，为工作方式和工作环境的变革提供了重要支持和推动，为新质生产力的发展做出贡献。

### 3.2 数据和信息共享

（1）开源软件（Open source software）领域。开源软件是指源代码对外公开并允许用户自由使用、修改和分发的软件，其开放性和灵活性，使得企业可以更快地应用和定制软件，提高生产效率和创新能力。[7]开源软件项目吸引了全球范围内的开发者和用户参与，形成了一个庞大的社区，共同推动软件技术的进步和应用。许多国际性的开源项目，如 Linux 操作系统、Apache Web 服务器、MySQL 数据库等，通过共享技术资源，促进了科技创新和新质生产力的发展。以 Linux 操作系统为例，作为一个开源项目，Linux 已成为全球最受欢迎的服务器操作系统之一。众多企业和组织使用 Linux 构建自己的服务器和网络系统，享受到了开源软件所带来的成本节约、安全性和稳定性。Linux 项目成功地推动了信息技术产业的发展，体现了科技资源共享对于创新和生产力提升的重要作用。

（2）开放数据（Open Data）领域。开放数据是指政府、组织或企业将数据对外公开，并以开放的格式和标准提供给公众使用和再利用的做法。[8]通过开放数据，各方可以共享和利用大量的数据资源，促进创新和生产力的发展。以美国政府开放数据计划为例，美国政府通过 data.gov 网站向公众开放了大量政府数据，涵盖各个领域的数据资源，如经济、能源、卫生、教育等。这些数据资源的开放促进了数据驱动的创新和决策，帮助企业家发现商业机会、学者进行研究分析、公民监督政府行为等，推动了社会经济的发展和公共服务的提升。这种开放数据的模式也已经在我国和其他国家得到推广和应用。开放数据为创业者、研究者、开发者等提供了丰富的数据资源，帮助他们进行数据分析、应用开发和决策制定，推动了各行业的创新和发展，为数据驱动创新和新质生产力的形成提供了重要支持。

（3）开放教育资源（Open Educational Resources）领域。开放教育资源是指教育领域中免费且可自由使用、共享和修改的教育资源，包括教材、课件、视频、课程设计等。[9]一个著名的开放教育资源平台是开放教育资源联盟（Open Education Consortium），该平台汇集了全球范围内的开放教育资源和机构，促进了教育资源的共享和合作。通过开放教育资源联盟，教育者可以共享教学资源、课程设计、教学方法等，帮助提升教学质量和教育效果。开放教育资源体现了科技资源共享对于教育创新和知识传播的重要作用，为教育者和学习者提供了丰富的教育资源，帮助他们获得知识、提升技能，促进学习和教育的开放和共享。开放教育资源的模式也已经在其他教育领域和国家得到推广和应用，促进教育资源的共享和教育质量的提升，促进教育创新和新质生产力的发展。

### 3.3　知识和技术共享方面

（1）开放科学（Open Science）领域。开放科学是指科研领域中研究成果、数据、方法等信息对外公开和共享的做法。[10]开放科学为科研者提供了开放的科研环境和合作机制，促进了科研成果的传播和利用，推动了科学研究的进步和发展。一个著名的开放科学平台案例是欧洲开放科学云（European Open Science Cloud，EOSC）。EOSC 是一个面向欧洲研究社区的开放科学平台，旨在促进研究数据的共享和协作，支持跨学科和跨界科研合作，推动科学研究的开放和创新。开放科学展示了科技资源共享在科研领域的重要性，为科学研究的合作和创新提供了重要支持和推动。开放科学的模式也在其他国家和领域得到推广和应用，促进科研资源的共享和科学研究的进步，为新质生产力的发展做出贡献。

（2）开放技术（Open Technology）领域。如特斯拉（Tesla）：Tesla 宣布将公司的许多电动汽车（EV）专利开放给其他公司，以促进电动汽车技术的普及和发展。Tesla 还在其官方网站上分享了一些技术研究和见解，包括电池技术、自动驾驶系统等领域的进展。通过开放专利和技术，Tesla 促进了电动汽车技术的普及和标准化，帮助推动了电动汽车技术的普及，降低了其他公司进入该领域的门槛。也鼓励了更多的公司和个人参与到电动汽车技术的创新中来，从而加速了整个行业的发展，促进和推动了新质生产力的形成。

### 3.4 人才资源共享方面

IBM 作为全球知名的科技公司，通过开放创新模式成功实现了科技人才的共享和合作。开放研究合作方面，IBM 积极与全球的科研机构、大学和研究机构开展合作，与顶尖科学家和研究人员合作，共同进行前沿技术研究和开展创新项目，推动科技创新和成果转化。技术交流和合作方面，IBM 通过技术交流会议、研讨会和合作项目，与行业内外的技术人才展开交流和合作。IBM 鼓励员工参与行业会议、技术讲座和开发者社区，与其他技术人才分享经验、交流想法，促进技术人才之间的共享和合作。IBM 的开放创新模式是一种基于合作、共享和开放的创新模式，促进了人才资源的共享和合作，推动了技术创新和新质生产力的发展。

## 4 启示与建议

### 4.1 国际成功案例的经验与启示

科技资源共享与新质生产力之间存在紧密的联系。通过科技资源共享，各个领域的科研成果和创新技术可以被更广泛地传播和利用，从而促进新质生产力的形成和提升。科技资源共享可以加快科技成果的转化应用，推动产业升级和创新发展，为新的生产方式和商业模式提供支撑。同时，新质生产力的不断涌现也会促进科技资源共享平台的建设和优化，形成良性循环，共同推动社会经济的可持续发展。通过科技资源共享，新质生产力得以快速发展，实现共赢局面。

总结以上案例科技资源共享的成功经验主要体现在以下几个方面：①构建跨领域、跨国界的合作网络，通过国际合作，实现了资源共享的最大化。②建立统一的共享标准和规范，确保了资源共享的互操作性。③政府和企业应共同参与，通过政策引导和资金支持，激发市场活力，推动资源共享。④开放数据和技术，促进了全球科研合作与创新。⑤保护知识产权，同时鼓励共享，通过合理的利益分配机制，保障各方权益。⑥重视人才培养和知识传播，提升全民科技素养，为资源共享奠定基础。⑦通过建立有效的评估和反馈机制，不断优化资源共享体系，确保其可持续发展。这些经验都为我国科技资源共享提供借鉴和启示。

### 4.2 未来科技资源共享发展的建议和展望

随着科技的不断进步，科技资源共享已成为推动全球创新和新质生产力发展的重要驱动力。面对未来的挑战和机遇，我们可以从以下几个方面着手。

第一，加强国际合作与交流。打破地域限制，积极参与国际科技合作项目，共享科研资源，促进技术交流。同时，建立国际科技资源共享平台，为全球科研人员提供便捷的资源共享服务。

第二，建立健全的科技资源共享政策体系，包括制定统一的资源共享标准和规范，确保资源共享的公平、高效和可持续。政府应发挥引导作用，鼓励企业、研究机构和高校等积极参与资源共享，形成多元化的投入机制。

第三，创新科技资源共享模式。探索建立以用户为中心的服务体系，满足不同类型用户的需求。同时，利用大数据、云计算、人工智能等技术手段，提高资源共享的智能化水平，实现资源的高效配置。

第四，强化知识产权保护。在推动科技资源共享的同时，应加强知识产权的法律法规建设，确保各方权益得到保障。

第五，培养高素质的科技人才。通过加强科技教育，提高公众对科技资源共享的认识，激发全社会创新活力。

科技资源共享将成为推动新质生产力发展的重要手段和载体，为促进创新、提高效率、实现可持续发展做出更大的贡献。通过共享资源，不断激发创新活力，推动新质生产力的不断提升，实现经济社会的可持续发展。

## 参考文献

[1] 何自力．新质生产力理论的科学内涵和时代意义 [J]．中国高校社会科学，2024（3）:4-14.

[2] 习近平在黑龙江考察时强调　牢牢把握在国家发展大局中的战略定位　奋力开创黑龙江高质量发展新局面 [N]．人民日报，2023（9）.

[3] 中央经济工作会议在北京举行 [N]．人民日报，2023（12）.

[4] 习近平在中共中央政治局第十一次集体学习时强调 加快发展新质生产力　扎实推进高质量发展 [N]．人民日报，2024（2）.

[5] 吴勇．科技资源共享模式研究 [J]．科技信息（科学教研），2008（9）：53，91.

[6] 李垚，夏杰长．共享办公空间：动因、趋势与建议 [J]．学习与探索，2019（3）：124-131.

[7] 郑巍，许旻鸿．开源软件 Linux 内核的进化分析[J]. 华南理工大学学报(自然科学版)，2007（9）：74-77.

[8] 陈美．开放政府数据的隐私风险控制：美国的经验与启示 [J]．情报杂志，2021（8）：81-86.

[9] 李琦．美国高校推动开放教育资源的开发及使用 [J]．世界教育信息，2016（15）：78-78.

[10] 盛小平，江然．欧洲开放科学云和中国科技云的比较分析 [J]．数字图书馆论坛，2023（10）：62-70.

# 管理篇

# 浅析研究院图书馆信息情报工作管理

江 帆[1] 颜晓潮[2] 涂 婕[1] 刘伟华[1]

（1. 湖北省药品监督检验研究院质量管理部，武汉，430075；
2. 武汉科技大学黄家湖校区图书馆，武汉，430065）

**摘要：**本综述从笔者在研究院图书馆、职工书屋工作开展的实际出发，对图书和期刊管理进行概述。并对于中外图书馆发展的阶段、分类法的盛行、新中国成立前后的学者观点学习认识。综述对图书馆情报学现代化水平进展有所阐述，并对图书馆服务手段做了图表呈现。对馆员在制度管理，业务素养，公共文化服务方面的成果践行，回顾与展望。

**关键词：**图书馆情报学、职工书屋、图书馆公共文化服务、业务素养

中国图书馆学是世界图书馆学的一部分，应将其纳入世界图书馆学发展中进行考察。中国图书馆学的发展离不开其共性而独立存在，也曾经过萌芽、建立、发展、成熟等几个阶段。研究院图书馆不同于综合类大型图书馆，属于科学类专业图书馆。在图书馆网络管理之下进行藏书，借阅管理。大家知道，图书馆的核心业务之一就是图书编目，编目的结果，过去是卡片式目录，计算机化之后是机读目录（MARC），美国的OCLC（图书馆联机计算机中心）模式，联合编目模式，可资借鉴，为我所用[1]。更新文献可以通过光谷生物城信息服务平台，提供的网络服务如中国知网、爱思唯尔网络文献进行查阅，还具备专利数据库，如Reaxys（有机化学数据和真实数据库）Scopus（索引摘要数据库），ScienceDirect（科技信息全文数据库）、Embase（生物医学与药理学文载数据库）、incopat（全球专利数据库）等服务提供给企业查询应用。

信息中心日常具体工作并不繁杂，期刊分双月刊、月刊、半月刊和周刊四种，每天按期、一期不少地进行期刊签录上架，共约60～70种，每年近千本期刊。邮局给期刊发行公司送到前台，年平均收率达98%以上，但每年仍存在十余本期刊的误投。年终收齐，在下一年年中定为合订本，作为馆藏文献积累以便今后查阅。从建院1972年至今每年都有合订本收藏，用红色硬壳纸做封面和封底侧脊烫金镶字，2007年改为白色铜版纸封皮，悉数存

---

**作者简介：**江帆（1982— ），女，副研究员，研究方向为科技情报研究；涂婕（1983— ），女，初级职称，研究方向为科技信息研究；刘伟华（1964— ），男，高级工程师，研究方向为科技信息研究。颜晓潮（1980— ），男，中级职称，研究方向为高校图书馆科技信息情报管理。

放。另外还有少量的音像图文资料馆藏，和中药动植物标本室属于实验业绩楼，是本院对检验实验资料积累和收集[2]。

专业典籍方面有历年《中华人民共和国药典》，据不完全统计，世界上已有近50个国家编制了国家药典，另外还有四种区域性药典和世界卫生组织（WHO）编制的《国际药典》等，这些药典无疑对世界医药科技交流和国际医药贸易具有极大的促进作用[3]。地方中药材志，检验方面的技术规范指南，药品标准，医药相关专业文献书籍，英文、俄文、日文、德文等专业辞典。属于专业科学类图书馆类藏书，按中图分类号进行分类编码属于R，TS等类，方便职工资料查询，开展检验技术工作，完善工作需求，满足水平能力提高和研究实习等工作[4]。医药检验专业馆藏文献的丰富成为知识与物质的载体基础。

图书馆除了对这些书籍收藏，使用，借阅外，期刊和人文类图书有省总工会在指定单位开设的职工书屋，即有一定数量的图书在阅览室对职工开放，单位按要求制作了图书证发给在职员工，制定了图书室管理制度和图书申购制度以及图书借阅制度。

## 1 阅读推广职工书屋活动伊始与发展

1982年，联合国教科文组织在伦敦召开了世界图书大会，以“走向阅读社会——80年代的目标”为主要议题，提出了世界性阅读推广行动计划。1995年联合国教科文组织了第28届大会同意将4月23日定为“世界读书日”，在2001年11月2日，联合国教科文组织又发起了“世界图书之都”的评选活动。从2004年起，中国图书馆学会带动全行业积极参与到“世界读书日”的宣传中，每年在节日前后都会举办声势浩大的阅读推广活动。如职工书屋建设阅读活动的开展，通常定位为节日工程、形象工程、示好工程、惠民工程，开展阅读推广，科技月活动，充分地发挥服务职能于图书阅读层面，得到各方面的重视。

## 2 职工书屋活动的任务

图书馆和现在广泛在全国总工会条件下开展的职工书屋，在以下三个领域的活动应该作为图书馆现代服务的中心。

（1）促进阅读和非正式学习。通过图书馆推广阅读。

（2）获得数字化技能和服务，包括电子政务如OA办公。

（3）应对社会包容，构建社区认同，发展公民意识[5]。运作高品质的国家计划来吸引读者；阅读挑战、读书会、接触作者、宣传推广和小志愿者。而要提高全民族的阅读水平和文明素质，将是一项长期的任务[6]，机关工会职工书屋工程就是一个长期的工程，书籍可分为：党建政治、历史传记、人文社科、经济管理、经典文学、艺术欣赏、生活休闲这七类。职工书屋阅读推广活动上升为国家文化战略。国际阅读学会在总结阅读对于人类的最大的益处时，曾经在一份报告中指出，阅读能力的高低直接影响到一个国家和民族的未来[7]。

# 3 图书分类法的界定

## 3.1 西方三个图书分类法

国外近代图书馆学的发展据文献考据和理论分析情况大致如下：图书分类法的研究盛行，欧洲在十八世纪之前正式出版的分类法，只有德国人康纳德（Kaunda）的《万象图书分类法》。十九世纪之后，欧美各国的图书分类法的数量不断增加，在体系上也逐渐趋向完整。其中杜威的“十进分类法”、卡特的“展开分类法”，和“国会图书馆分类法”被称为十九世纪末期的三大分类法[8]。上述三个图书分类法，由于在编制的总的理论基础上的资产阶级性质，和在技术上的成就，西方各资本主义国家产生的其他许多分类法，莫不受到它们的影响。

## 3.2 我国图书馆学发展概况

在我国 21 世纪 20 年代起直到 1949 年这样一个长时期出现的许多分类法，也都是所谓“仿杜”（杜威）之作。 20 世纪初，在西方图书馆学的影响下，我国近代图书馆事业获得较大发展。主要反映在以下几个方面。

（1）创立并发展了学术组织。

（2）创办了一批学术性刊物和读物如胡朴安《古书校读法》（1925）年，杜定友的《校準新义》（1930），蒋元卿的《校准学史》，钱基博的《版本通义》。

（3）出现了一些比较著名的图书馆学者，如杜定友、石呈祥、钱基博等。

（4）兴办了一批图书馆学校或高等院校图书馆学专业。

## 3.3 中国图书馆学史的分期问题仍处于分析探索之中，主要有以下几种观点：杨建东、罗德运的四分法[9]

（1）中国图书馆学的孕育时期。认为早在 2000 多年前，中国就有了随目录的产生而应用的图书分类体系。清代学者周永年撰成的《儒藏说》，就主张图书公藏公用。

（2）中国图书馆学的萌芽时期。即 19 世纪后半叶至 20 世纪初是中国近代图书馆学的萌芽时期。

（3）中国近代图书馆学的产生时期。认为辛亥革命以后，1917–1927 年的“新图书馆运动”，为中国近代图书馆的发展奠定了基础。1920 年 3 月，武昌文华大学以图书馆学为专门之学，设科讲习，创办中国历史上第一个图书馆学专业——武昌文华大学图书科。图书馆学正规教育的兴起，标志着近代图书馆学在中国的正式诞生[9]。

（4）中华人民共和国成立至今。这是中国图书馆学的发展时期。

# 4 图书馆服务与现代化建设

## 4.1 图书馆的现代化建设有六个方面的内容

①图书馆组织的网络化，大致分为图书馆自动化集成系统（ILAS），联合采编协作网

（CRLNet），无线射频识别（RFID），以及城市街区 24 小时自助图书馆（SSL）[1]。②图书馆工作的标准化。③图书馆技术现代化，如数字化、电子化图书馆平台管理；开发了“文献智能管理系统”得到了高校的管理和应用，如文献定位导航。④图书馆情报化，专利，报纸，期刊等。⑤管理集中化如统一中图分类号 ISSN/ISBN。⑥图书情报人员的专家化。发展图书馆网，有利于避免重复劳动，提高图书馆工作的质量和效率，有利于使用现代化技术装备，从事书刊的采购、分编、加工、文献的任务[10]。现在本院图书馆简化了一些步骤，如取消索书卡，书目存放在电子图书馆系统内，本馆按传统配备了《图书期刊借阅登记簿》和《图书登记簿》，如图 1。

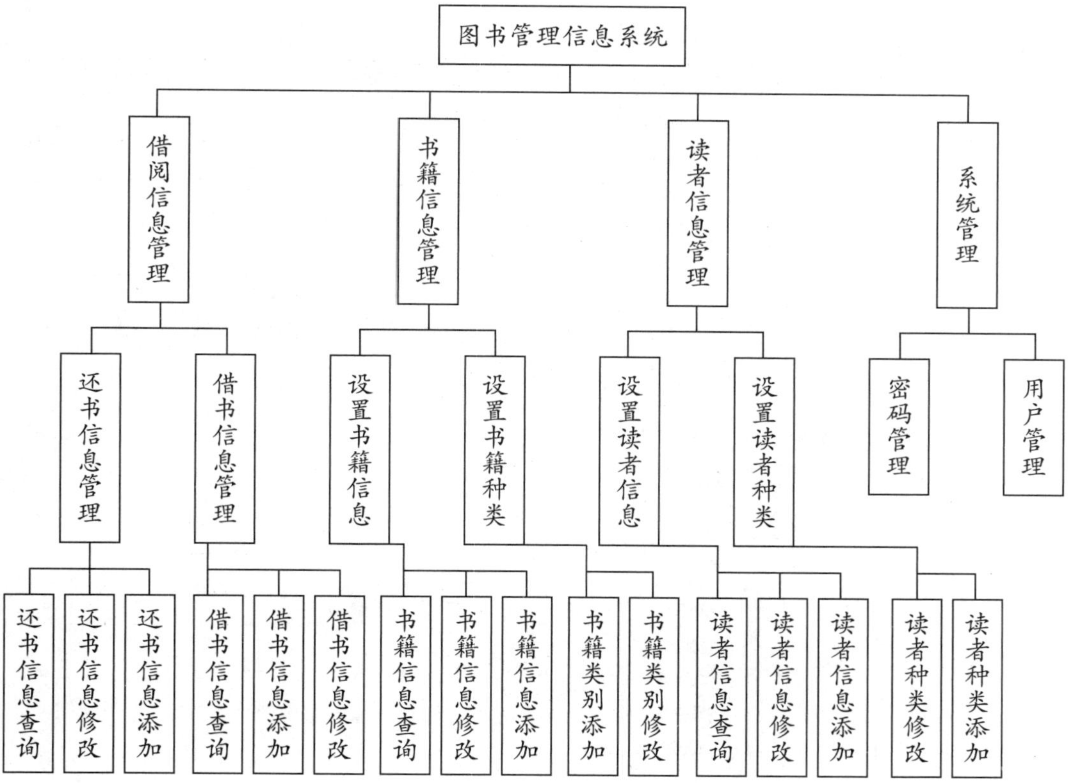


图 1　图书管理信息系统图

资料来源：图书馆学概论（1983）。

### 4.2　图书馆服务应用软件

在这方面的革新可归纳为 50 年代 – 目录，60 年代 – 检索和 70 年代至今情报化，电子计算机、数据库的广泛应用，等三个阶段的明显变化。现代图书馆学结合情报、信息、专利、检索内容更丰富，多元化。如中国专利信息检索系统由国家知识产权局中国专利信息中心创建并维护，该检索系统提供了 16 个检索入口，分别为申请（专利）号、名称、摘要、申请日、公开（公告）日、公开（ 公告）号、分类号、主分类号、申请（专利权）人、发明（设计）人、地址、国际公布、颁证日、专利代理机构、代理人和优先权。又比如互联网药学信息学资源与传统图书资源内容相比，仍然显得较为有限和紊乱，可以作为查询药学文献的一种很有效的辅助方法。在及时获取专业知识、会议信息、研究动态等很多新信息方面，可作为一种最主要的手段[11]。目前，信息检索技术正向两个方向发展：一是在深度上提高管理和组织信息的能力，全文本、多媒体、多载体、跨平台；二是广度能力概念超文本信息，多媒体信息检索技术[12]。这些馆藏文献是精神生产和物质生产的统一，它至少包括五个环节，环环相扣，形成一条生产线。即：知识创造，首次记录，编辑审阅，复次记录，批量复制[13]，见图 2。

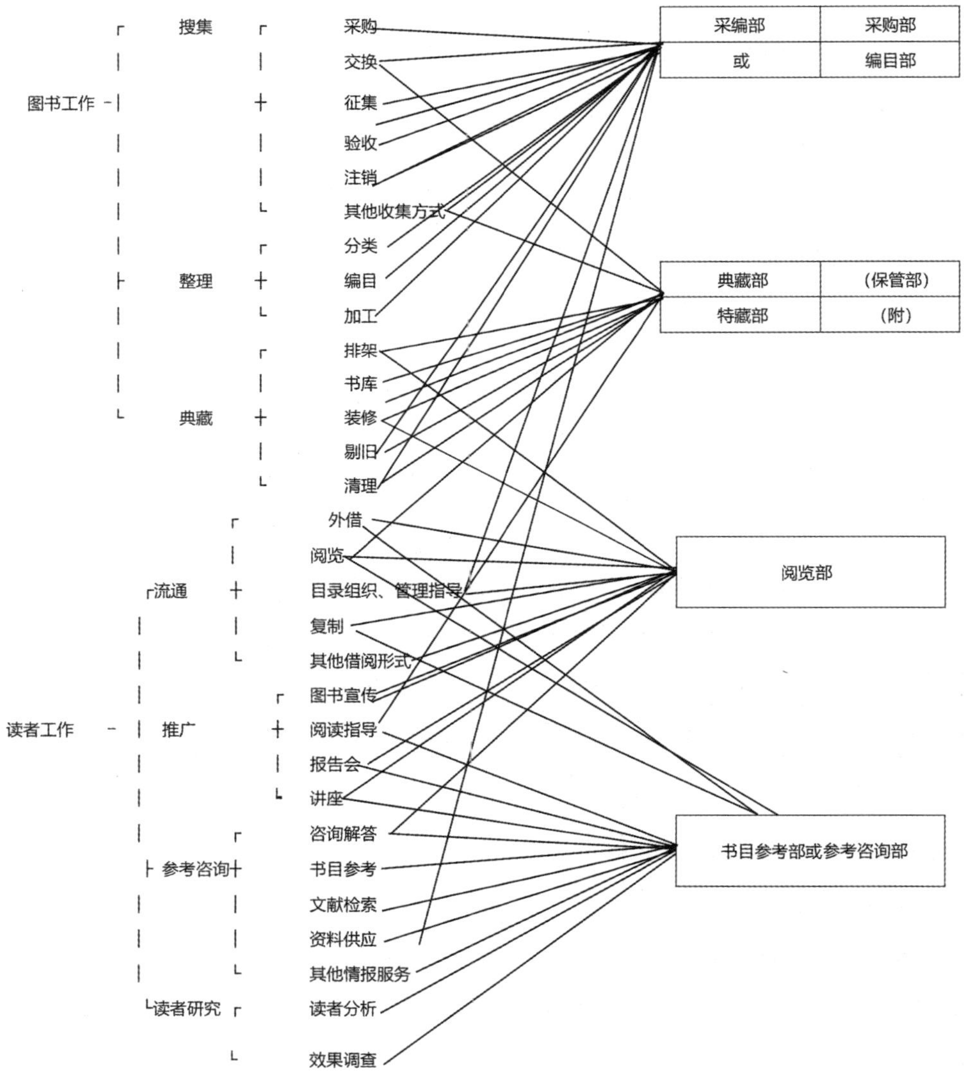


图 2　业务机构和工作范围图

资料来源：图书馆学概论（1983）。

# 5　中国现代图书馆学的研究范式与制度

## 5.1　范式

库恩( Thomas Khulna )在《科学革命的结构》中指出，“范式”( paradigm )有两个基本含义：

（1）它代表一特定社群的成员所共享的信仰、价值和技术等构成的整体。

（2）它指涉那一整体中的一种元素，把它们当作模型或范例，可以替代规则作为常态科学其他谜题的解答基础[14]。杜定友认为：“图书馆学所以能成为科学，是因为图书馆现在已成为一种活的教育机关，好像学校教育、社会教育一样[15]。”沈祖荣认为，图书馆事业“乃教育文化之枢纽”[16]。

## 5.2　制度管理包含

分类（或专题）统计是分门别类或根据某一专门问题所进行的统计，如采购统计、藏书统计、书籍种类统计、读者信息统计、借还书统计，业务辅导工作统计、书刊装订等。

## 5.3　有计划的培养和训练

### 5.3.1　图书馆统计

现有媒体，尤其是旧图书馆的数字化，早已成为一项具有稳定性的长期任务[17]。如中国知网提供的期刊、引用文献情况及读者统计，还开发论坛进行文献首发，配备了电子阅览室，可上机查询知网节，即数字化学习桌面，并拥有个人终身学习与研究平台，并可在线写作与投稿。不只是阅读器，也不只是笔记，服务学习全过程。

### 5.3.2　信息素养又称信息素质

是 1974 年由美国信息产业学会主席保罗・泽考斯基（Paul・Malinowski）提出来的[18]，最初的信息素养教育是以文献检索为主，随着大数据信息时代的到来，信息的多样化和不确定性，要求人们具有更高更全面的信息素养能力。在理论体系《高等教育信息素养框架》里涵盖了信息素养教育的 6 大核心元素：学术交流、资源利用、检索策略、研究发现、知识挖掘及再利用[19]。这些在图书馆管理制度的制定方面起到一定的指导作用。

### 5.3.3　经费使用情况

经费参考：书刊的购置费—40%，人员工资—35%，业务活动费—10%，办公费用—8%，设备购置—5% 其他—2%[9]。读者和图书流通借阅情况等。在计算机领域，软件功能的增加和改进要不断地适应硬件性能的提升。自从 1965 年提出了摩尔定律，计算机性能得到提高，价格却不断地下降，以至于它可以被应用到各行各业，以及生活的方方面面。同时，人们对服务的需求越来越广泛，在 IT 时代，唱主角的公司逐渐从制造设备的 IBM、DEC、爱立信、诺基亚和惠普等公司，变成了提供软件和服务的微软、甲骨文和 Google 等公司，硬件开发转向软件应用[20]。

## 6 结语

党的第十八届三中全会、四中全会通过了关于深化文化体制改革，推动社会主义文化大发展大繁荣若干重大问题的决定，指出："满足人民基本文化需求是社会主义文化建设的基本任务。必须坚持政府主导，按照公益性、基本性、均等性、便利性的要求，加强文化基础设施建设，完善公共文化服务网络，让群众广泛享有免费或优惠的基本公共文化服务"[21]。同时，将公共文化建设列入干部的考核指标，加强对基层政府文化工作的考核，促进管理的规范、制度化[22]。落实的关键，是要加大财政支持力度，吸收社会力量的参与，通过政府采购、项目补贴等方式，推动公共文化产品的生产和供给，为职工书屋干部职工提供丰富的精神文化食粮。根据2010年中国文化文物统计年鉴，2009年，全国地市级图书馆平均每馆事业收入36万元，文化馆37万元；县级8万元，文化馆13万元；乡镇文化站每站事业收入不到2万元[23]。也可以企业与居民互动，推动发展，形成双赢"局面"。

综上所述，研究院图书馆信息情报业务，同其他科学工作一样，受到政府的重视和支持，并遵循着一定的规律向前发展。我们今天的任务，就是在马列主义、毛泽东思想科学社会主义发展观，学习观的指导下，进一步总结和揭示它在各个历史发展阶段的特点。现代的发展趋势，是遵守社会主义核心价值观，创新发展，促进图书馆事业更好地为我国社会主义现代化建设事业服务。

## 参考文献

[1] 吴晞．图书馆史话[M]．北京：社会科学文献出版社，2015(2)．

[2] 朱建亮．论文献观[J]．图书情报工作，1986(6)：5-11.

[3] 潘卫三．工业药剂学[M]．北京：中国医药科技出版社，2015年．

[4] 高家望．文献的认识论及其定义[J]．图书馆理论与实践，1988(1)：3-8.

[5] 秦鸿．英国的阅读推广活动考察[J]．图书与情报，2011(5)：46-50，55.

[6] 期待"立法"带来全民阅读高潮[N]．农民日报，2013-08-10(第07版)．

[7] 方海燕．倡导早期阅读理念，推进少儿图书馆服务深度[C]．《中国图书馆学会未成年人图书馆服务专业委员会2012年全国少年儿童图书馆青年馆员论坛》，2012-10-29：69-70.

[8] 石呈祥．关于图书馆学发展分期的问题[J]．图书与情报，1991(2)：6-10.

[9] 李刚，倪波．中国现代图书馆学的确立[J]．图书情报工作,1999(9)：06，151-154.

[10] 四川省图书馆学会．图书馆学概论[M]．四川：四川省中心图书馆委员会，1983.

[11] 魏敏吉，赵明．创新药物药代动力学研究与评价[M]．北京：北京大学医学出版社，2008.

[12]钟成发．文献价值论纲[J]．图书馆学通讯，1988(3)：164.
[13]托马斯·库仑(美)著，王道还编译．科学革命的结构[M]．台北：永晨书局，1985.
[14]陈萍秀．文献信息检索实用教程[M]．北京：机械工业出版社，3版2020.9(2021年重印)
[15]杜定友．图书馆学的内容和方法[J]．教育杂志，1926，18(9)：1-15.
[16]程焕文．一代宗师千秋彪炳——记中国图书馆学之父沈祖荣先生[J]．图书馆杂志，1991(1)：45.
[17]苏丹等．德国公共图书馆：现实挑战与未来发展——国际图联当选主席、德国不莱梅市图书馆馆长芭芭拉·莉森访谈[J]．图书馆研究与工作，2021(4)：5-12.
[18]张晓娟，张寒露，范玉珊，等．高校信息素养教育的基本模式及国内外实践研究[J]．大学图书馆学报，2012，30(2)：95-101.
[19]张艳英，刘昆，朱婕．基于《高等教育信息素养框架》的信息素养教育创新实践[J]．情报科学，2018，36(9)：62-67.
[20]吴军．智能时代：大数据与智能革命重新定义未来[M]．北京：中信出版集团，2015.
[21]中共中央关于深化文化体制改革推动社会主义文化大发展大繁荣若干重大问题的决定[N]．长江日报，2022-10-26.
[22]杨琳瑜．和谐社会视角下公共文化服务体系建设的机制创新[J]．内蒙古农业大学学报(社会科学版)；2010(3)：232-234，253.
[23]陈波．公共文化服务体系建设[M]．武汉：湖北人民出版社，2012.

# 基于政策工具的湖北省科技资源共享政策文本分析

魏　强[1]　郑敏晓[1]　吴佩静[1]　易伟松[2]

（1. 江汉大学教育学院，武汉，430056；2. 华中农业大学工学院，武汉，430070）

**摘要：**科技资源共享政策分析可优化政策导向和实施效果，保障资源开放共享，以激发创新活力和推动社会的全面技术进步。根据2015年至2024年十年间湖北省发布的有关科技资源共享的6份实施方案进行系统分析结果显示，湖北省在推进科技资源共享中更倾向于使用环境性政策，注重出台对科技资源共享发展的目标规划以及一些创造有利于科技资源共享环境的策略性措施，说明对未来发展目标有清晰明确的方向。在供给型政策工具中着力打造科技资源共享的载体，重视设施和平台的建设。

**关键词：**科技资源共享；政策文本分析；供给型政策；环境型政策；需求型政策

## 引言

科技资源是支撑科技进步和创新的重要物质基础，也是引领前沿科技创新、吸引顶尖人才的重要手段，其规模、质量和利用效率直接关系国家科技创新实力和竞争力[1]。与发达国家相比，我国的科技资源人均投入不足，R&D人员人均经费只有发达国家的十几分之一，因此科技资源共享尤为重要[2]。中共中央、国务院《关于深化科技体制改革加快国家创新体系建设的意见》（本文中后称“《意见》”）明确要“强化科技源开放共享”，“整合各类科技资源，推进大型科学仪器、设备、科技文献，科学数据等科技基础条件平台建设，加快建立健全开放共享的运行服务管理模式和支持方法”。《意见》提出要“结合区域经济社会发展的特色和优势，科学规划，合理布局，完善激励引导政策，加大投入支持力度，进一步推进科技资源信息化管理，优化配置创新资源”[4]，由此可见，我国对科技资源共享的重视程度可见一斑。

随着互联网计算技术的发展和应用，我国科技资源共享平台建设在传统下已成体系，目前大部分省市、学科领域、组织部门陆续出台相关科技资源共享政策，开发功能完善的、

---

**作者简介：**魏强（1978—　），男，教授，研究方向为管理科学与工程；郑敏晓（1990—　），女，实验员，研究方向为高等教育；吴佩静（2000—　），女，研究生，研究方向为应用心理。易伟松（1977—　），男，副教授，研究方向为智慧农业技术与装备。

有特色的科技资源管理共享平台，逐步实现了科技资源共享[3]。其中，湖北省通过科技资源共享相关政策推进了湖北省各科研院所，高新科技企业资源构建了科技文献资源共享平台、大型科学仪器协作平台，极大促进了湖北省科技创新资源体系建设。

尽管有不少国内学者对科技资源共享的现状、机制、体系等方面展开了广泛研究，但在科技资源共享政策层面的深入分析仍有欠缺。本研究基于罗斯威尔（Rothwell）和泽贝尔德（Zegveld）的政策工具理论[5]，对政策工具进行分类，建构“政策工具－政策内容－政策实施阶段”三维分析框架，对湖北省科技资源共享政策的特征进行探究，并对其可能存在的问题进行探讨，以期能提出合理的针对湖北省科技资源共享政策的优化策略。

# 1 研究设计

## 1.1 资料来源

本文选取了2015—2024年湖北省发布的有关科技资源共享的6份实施方案并进行系统分析。本文分析所选取的政策文本均为省级政府部门公开发布的正式文件，来源于各省级政办公厅官方网站。该6份政策文件作为研究样本，并按照文件发布时间顺序进行排序编号（表1）。

**表1 湖北省科技资源共享文件汇总表**

| 序号 | 文件名称 | 发布时间 |
|---|---|---|
| 1 | 《关于促进科研基础设施和科研仪器向社会开放的实施意见》 | 2015年9月 |
| 2 | 《湖北省科学数据管理实施细则》 | 2018年11月 |
| 3 | 《关于加强农业种质资源保护与利用的实施意见》 | 2021年4月 |
| 4 | 《省人民政府关于印发 湖北省科技创新“十四五”规划的通知》 | 2021年9月 |
| 5 | 《湖北省自然科技资源库管理办法》 | 2022年9月 |
| 6 | 《湖北省科学技术进步条例》 | 2024年7月 |

## 1.2 研究方法

内容分析法是一种基于定性研究的量化分析方法，它以定性的问题假设作为出发点，利用定量的统计分析方法和工具对研究对象进行处理，其最终结果是从统计数据中得出的定性结论[6]。通过量化分析文献的内容，既可反映文献核心本质又便于统计的特征，这种方法有助于克服定性研究中可能存在的主观性和模糊性，进而实现对文献“质”的、更为深刻且精确的理解[7]。本研究运用DiVoMiner分析平台对湖北省6份有关科技资源共享的政策文本进行分析。

## 1.3 三维分析模型的构建

政策工具是达成政策目标或结果的手段，是政府治理的核心内容[8]。基本政策工具对科技活动的作用方式不同，依据这些不同的作用方式，结合 Rothwell 和 Zegveld 的内容分析理论，可将科技政策体系所涉及的基本政策工具分为供给、环境和需求三种类型[9]。再根据《关于促进科研基础设施和科研仪器向社会开放的实施意见》等六个政策文件的文本内容划分其政策内容。最后再依据政策实施的阶段将其划分为初期政策和实施阶段政策。因此，本文基于“科技资源共享政策”视角，构建科技资源共享的“政策工具－政策内容－政策实施阶段”三维分析框架。

1.3.1　X 维度：政策工具类型

针对政策工具的分类，学界基于多元视角提出了不同的划分标准。其中，认可程度最高、应用范围最广的是 Rothwell 和 Zegveld 的分类方法，按照政策对科技活动的作用层次，将政策工具划分为供给型、环境型和需求型[10]。在推进科技资源共享过程中，供给型政策工具指的是那些可以直接影响科技资源共享进程的政策手段，包括人才培养、资金投入、土地供应、设施建设、技术支持、公共服务等。环境型政策工具是指通过颁布、修订法规等，引进或改善环境因素，创造一个有利于科技资源共享发展的良好环境，从而间接刺激科技资源共享发展的政策，包括目标规划、法规管制、策略性措施、税收优惠等。需求型政策工具指的是作用于科技资源共享需求端的政策工具，主要包括政府采购、政府补贴、人才管理等。3 类政策工具包含 11 类二级政策供给，如图 1、表 2 所示。

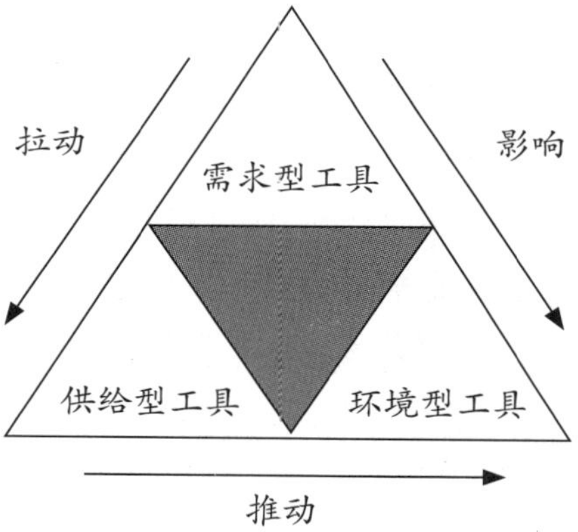


图 1　湖北省科技资源共享政策工具框架结构

**表 2　基本科技资源共享服务政策工具类型、名称及含义**

| 政策工具类型 | 子类型 | 含义 |
|---|---|---|
| 供给型 | 人才培养 | 培养科技创新的人才、团队及管理科学数据的专业团队 |
| | 资金投入和土地供应 | 政府通过财政投入、建立基金、保证用地需求等方式提供保障 |
| | 设施建设和技术支持 | 政府通过建设所需设施及数据共享平台等方式提供保障 |
| | 公共服务 | 政府为科技资源共享提供相关的服务 |

续表

| 政策工具类型 | 子类型 | 含义 |
| --- | --- | --- |
| 环境型 | 目标规划 | 制定有关科技创新、科技共享发展方向、预期和目标的政策 |
| | 法规管制 | 制定、颁布有关科技共享的政策或规范 |
| | 策略性措施 | 政府制定能实际推动科技创新和科技资源共享的政策 |
| | 税收优惠 | 政府通过减轻科技共享过程中的税收来间接促进科技资源共享 |
| 需求型 | 政府采购 | 政府通过采购设施的方式推动科技资源共享 |
| | 政府补贴 | 政府修订给科技创新参与方提供资金补助的相关条例 |
| | 人才管理 | 政府颁布与科技人才管理相关的条例与法规 |

1.3.2　Y 维度：政策内容维度

根据 6 个政策文本的内容，将政策内容维度大致划分为资源管理政策、技术创新政策、教育与培训政策以及方向与法规政策，由这四个政策内容的维度组成 Y 轴。其中，资源管理政策指涉及资源的管理和分配的政策，技术创新政策指促进科技研发和技术创新的政策，教育培训政策指涉及科技教育和人才培养的政策，方向与法规政策指涉及发展方向或目标的规划，以及修订或颁布法规的政策（图 2）。

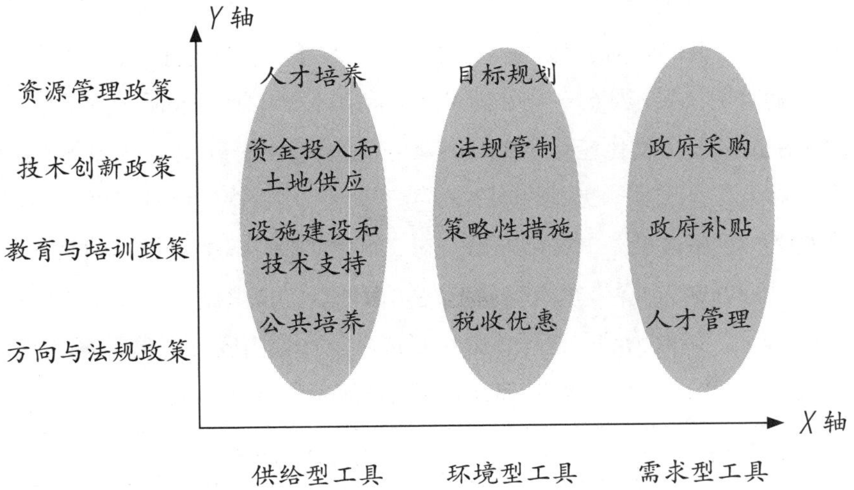


图 2　湖北省科技资源共享政策的二维分析框架

1.3.3　Z 维度：政策实施阶段维度

根据政策的实施阶段将 6 个政策文本中涉及的政策分为初期政策实施阶段政策。其中，初期政策指政策制定初期的文件和指导，实施阶段政策指政策实施过程中的调整和补充文件。

本研究基于以上 XYZ 维度分类，构建了湖北省科技资源共享政策体系政策工具 – 政策内容－政策实施阶段三维分析模型（图 3）。

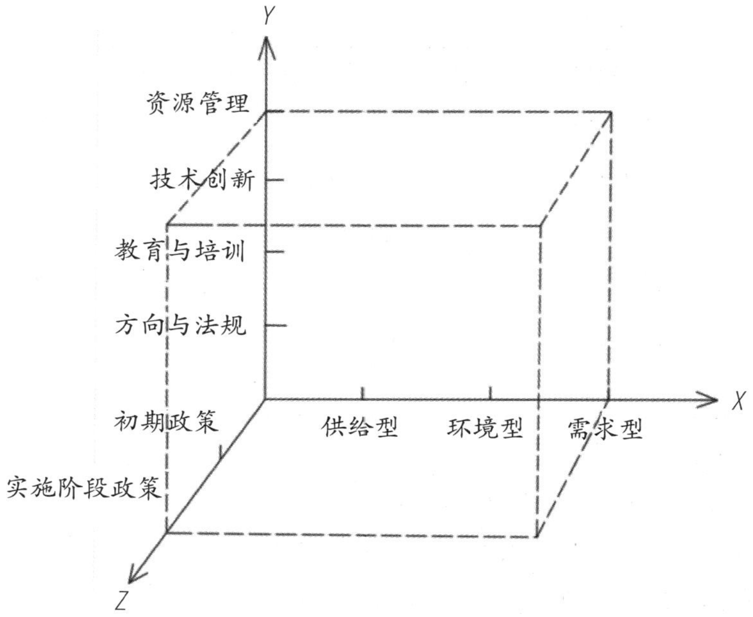


图 3　湖北省科技资源共享政策的三维分析框架

## 1.4　政策文本编码

本文研究遵循不可细分原则，根据“政策文本编号－政策文本章节－政策文本条目”的顺序进行人工进行编码。对 6 份政策文件在不同政策工具下进行频数分析，形成以条文编号为标识的编码库，共获得 616 个分析单元。利用 Excel 录入数据，按照分析框架，采用分类汇总功能对数据进行量化统计。如 4–3–1–7 表示第四份政策文件《省人民政府关于印发 湖北省科技创新“十四五”规划的通知》第三部分 " 培育高能级战略科技力量 " 中第一点“着力构建高水平实验室体系”中提出的第七句“组建实验室联盟，推进国家、省重点实验室等基础研究平台协同研究，促进重点实验室在知识创新、技术创新、成果转化和知识产权等领域开展合作交流。”以此为编码逻辑，最终形成政策文本内容分析单元编码表（见表 3）。

**表 3 部分政策文件编码结果**

| 编号 | 政策名称 | 内容分析单元 | 编码 |
|---|---|---|---|
| 1 | 《关于促进科研基础设施和科研仪器向社会开放的实施意见》 | 科研设施设备管理单位应成立仪器中心、分析测试中心等相对独立、实体化运作的专业服务机构或部门，通过专业化队伍经营、经济目标管理等方式，推动科研设施设备对外开放服务，提高使用效率 | 1–8–5–1 |
| 2 | 《湖北省科学数据管理实施细则》 | 使用各级财政资金形成的科学数据应向省科学数据共享交换服务系统进行汇交，鼓励省内使用非财政资金形成的科学数据向省科学数据共享交换服务系统汇交 | 2–3–6–1 |

续表

| 编号 | 政策名称 | 内容分析单元 | 编码 |
|---|---|---|---|
| 3 | 《关于加强农业种质资源保护与利用的实施意见》 | 建立以作物或产品为主线，以项目或课题组为单元，统筹协调、分工协作的农业种质资源鉴定评价体系 | 3–2–2–2 |
| … | … | … | … |
| 6 | 《湖北省科学技术进步条例》 | 县级以上人民政府应当建立完善科学技术人员服务基层、服务企业、服务科学技术普及的长效机制 | 6–5–3–1 |

# 2　研究结果

## 2.1　湖北省科技资源共享政策工具维度分析

将 6 份政策文本进行按照 X 维度进行编码分析，经过筛选，共有 616 项条目符合分析，得出以下结果，如图 3、表 4 所示。目前湖北省科技资源共享政策运用了供给型、需求型和环境型在内的 11 项政策工具，但政策文本对于上述三种政策工具的使用程度存在明显不同。根据频数统计表（见表 4）结果显示，环境型政策使用最多，占 81.01%；其次为供给型政策，占 15.91%；需求型政策使用最少，仅占 3.08%。

而在 6 份基本科技资源共享政策工具内部的使用情况也有很大差异：在供给型政策工具中，设施和平台建设类政策使用最多，占 48.98%；其他依次为资金投入和土地供应（27.55%）、人才培养（18.37%），技术支持和公共服务（5.1%）占比最少。在环境型政策中，策略性措施类政策使用最多，占 34.67 其次为目标规划（33.87%）、法规管制（31.06%），税收优惠占比最少，为 0.4%，在需求型政策工具中，政府补贴政策使用最多，占 57.89%：其他依次为人才管理（31.58%）、政府采购（10.53%）。

**表 4　政策工具维度分析**

| 政策工具类型 | 子类型 | 频次 | 占比 | | 合计 |
|---|---|---|---|---|---|
| 供给型 | 人才培养 | 18 | 18.37% | 15.91% | 98 |
| | 资金投入和土地供应 | 27 | 27.55% | | |
| | 设施和平台建设 | 49 | 50.00% | | |
| | 技术支持和公共服务 | 4 | 4.08% | | |
| 环境型 | 目标规划 | 169 | 33.87% | 81.01% | 499 |
| | 法规管制 | 155 | 31.06% | | |
| | 策略性措施 | 173 | 34.67% | | |
| | 税收优惠 | 2 | 0.40% | | |
| 需求型 | 政府采购 | 2 | 10.53% | 3.08% | 19 |
| | 政府补贴 | 11 | 57.89% | | |
| | 人才管理 | 6 | 31.58% | | |

### 2.2 湖北省级科技资源共享政策内容维度分析

在政策内容维度下，58.6% 的政策条目分类为方向与法规类型政策，20.94% 分类为技术创新类型政策，16.4% 分类为资源管理类型政策，只有 4.06% 分类为教育与培训政策（见表 5）。

**表 5 政策工具维度与政策内容维度交叉分析**

| 政策工具维度 | 方向与法规 | 技术创新 | 资源管理 | 教育与培训 |
|---|---|---|---|---|
| 人才培养 | 1 | 0 | 2 | 15 |
| 资金投入和土地供应 | 5 | 0 | 22 | 0 |
| 设施和平台建设 | 15 | 0 | 33 | 1 |
| 技术支持和公共服务 | 3 | 0 | 1 | 0 |
| 目标规划 | 43 | 121 | 4 | 1 |
| 法规管制 | 140 | 0 | 15 | 0 |
| 策略性措施 | 142 | 8 | 17 | 6 |
| 税收优惠 | 1 | 0 | 1 | 0 |
| 政府采购 | 1 | 0 | 1 | 0 |
| 政府补贴 | 6 | 0 | 5 | 0 |
| 人才管理 | 4 | 0 | 0 | 2 |
| 合计 | 361 | 129 | 101 | 25 |
| 比例 | 58.60% | 20.94% | 16.40% | 4.06% |

### 2.3 湖北省级科技资源共享政策实施阶段维度分析

经编码统计，6 份政策文本中，在 616 条编码中，有 60.39% 的政策条目属于初期政策，39.61% 的政策条目属于实施阶段政策。

## 3 结论与建议

### 3.1 结论

本文基于政策工具视角，对我国湖北省科技资源共享政策展开深入研究。研究发现，湖北省政府在推进科技资源共享中更倾向于使用环境性政策，尤其注重出台新法规和完善已有法规、对科技资源共享发展的目标规划以及一些创造有利于科技资源共享环境的策略性措施，说明湖北省政府积极推进科技资源共享，高度重视规范过程中的行为，且对未来发展目标有清晰明确的方向。在供给型政策工具中则尤其重视设施和平台的建设，着力打造科技资源共享的载体。

3.1.1 湖北省高度重视科技资源共享环境建设，各种政策环境和硬件配置逐步完善

在616个政策编号中，供给型、环境型、需求型政策工具分别占15.91%、81.01%和3.08%。湖北省科技管理部门倾向于规划和使用环境型政策工具，这可能是因为目前我国现行的投入和管理体制下，科技资源管理仍存在“条块分割、相互封闭、重复分散”的格局、“资源家底不清，使用状况不清，利用效率不高”等问题；科技资源共享机制不完善，配套的工作机制在建设过程中存在着诸多不足；科技资源建设标准化程度低[11]；且我国的科技资源共享政策还没有完全形成[12]。基于我国科技资源共享的现状，需要出台法规来政策来完善科技资源共享格局、机制和体系，采取措施摸清科技资源“家底”、探索更高效率的资源利用方式和未来发展方向。政府对此高度重视，因此，环境型政策工具中的策略性措施、目标规划、法规管制也是所有政策子类型中应用最多、最频繁的，远超其他类型的政策。

3.1.2 各政策工具内部存在资源分配不均

在供给型政策工具中，设施和平台建设占48.98%，将近一半的比例，表明湖北省政府相对注重科技资源共享平台和所需设施的建设。在《国家中长期科学和技术发展规划纲要（2006—2020）》中明确加强了全国科研基础设施平台建设工作，并设置了一批科技资源共享平台[13]。“十四五”规划从行政区、功能区、基础设施3个层面对区域科技资源共享平台进行战略部署，为其发展指明方向[14]。国家的一系列政策以及本文中选取的六篇政策都可以体现出国家、湖北省对科技资源共享平台建设的重视。在环境型政策工具中策略性措施、目标规划、法规管制所占比例相差不大，但税收优惠政策所占比例不到1%，部分原因可能是一来我国科技资源共享目前的问题更需要颁布或修改法规来缓解或解决，二来是企业或个人并不作为科技资源共享的主力军，科技共享资源库主要由省政府、地级市政府等官方来建设，因此税收优惠的政策很少。在需求型政策工具中，政府补贴占比57.89%，体现出湖北省政府更倾向于采用补贴的方式支持本省科技资源共享的发展。

3.1.3 湖北省科技资源共享政策内容更注重树立和完善法规

在政策内容维度中，方向与法规类型政策占比58.6%，结合上文所提到我国科技资源共享现存问题可以猜测，方向与法规类型政策占比将近六成的原因可能与国内科技资源共享现状有关，现存格局、体系亟须新出台的法规和政策去探索和完善。其次技术创新和资源管理类型政策分别占比20.94%和16.4%，两者相近。当前，随着科技资源共享平台集聚的科技创新资源规模持续增长，共享平台逐渐出现运行效率不高、服务匹配度较低、创新服务需求不足[15]，采取技术创新政策和资源管理政策可在一定程度上解决上述问题。

3.1.4 湖北省科技资源共享政策阶段维度

在本文所选的6份政策文件中，所有政策可分为初期政策和实施阶段政策，分别占比60.39%和39.61。2023年度湖北省科技资源开放共享工作总结交流会中可以得知，湖北省

科技资源创新体系、科技资源共享服务体系和服务机制仍在建设且获得明显成效，科技资源共享推广活动将陆续开展，在该阶段需要政府规划发展布局、探索发展方向、刺激科技创新、推进资源共享，并出台政策完善已有法规机制和体系，为科技创新和资源共享创造良好的发展环境。

## 3.2 建议

### 3.2.1 提高政策工具使用频率的均衡性

本研究发现，科技资源共享政策工具使用存在不均衡的情况，政策工具的结构性过剩等不均衡现象都将不利于政策目标的实现[16]。首先，增加供给型政策工具的占比。科学技术的主要载体是人才，只有充分发挥科技人才独特的创造性，才能不断提高科技水平，进而逐步增强科技竞争力[17]，而在选取的文本中，人才培养政策出现的频次较低，仍需要加大人才培养的力度；推进科技资源共享进程所需的资金、土地和平台也是必不可少的一环，但就数据来看，这几方面的供给政策数量稍显欠缺。其次，继续拓展环境型政策工具的应用。科技服务资源的共享机制不仅要有人才、制度，还要有市场的保障[18]。要实现科技资源信息的共享，不仅需要披露平台与运作中心的建设，还需要建立健全科技资源信息更新与维护机制[19]。因此，科技资源共享进程仍需政府为主导，通过一系列政策来保障市场环境、及时更新和维护科技资源信息。最后，增加需求型政策工具的比重，拉动科技资源共享进程。

### 3.2.2 改进政策工具的内部使用情况

在供给型政策工具中，技术支持和公共服务的占比大幅低于其他子分类。科技创新资源的开发利用水平已成为一个国家科技创新能力的重要体现，运用互联网和大数据时代的信息技术手段实现对科技创新资源的管理与应用势在必行[20]。政府应该提供更多的技术支持，帮助构建一个更高效、更多功能的科技资源共享平台。在环境型政策工具中，可以适当提高税收优惠政策的比例，民营经济是技术创新的重要主体，要尽可能给予优惠，以便刺激其创新动力、推动科技的发展。在需求型工具中，可以适当增加政府采购的比例，规范财政支出。

### 3.2.3 改善政策内容的分布

政策工具内容维度一定程度上也反映了政策工具维度的构成比例，方向与法规类政策占比过半，表明616条编码中，规划方向和目标、树立或修订法规的政策居多，但涉及资源更新和创新的过少，不利于科技资源共享平台发展及其数据的进一步丰富。同时，教育与培训政策占比明显远远低于其他政策，科技创新有赖于科技人才的努力，因此还需加强人才的培养、引进和管理，以及对创新型、技术型企业的激励、保护和引导。另外，还可以推进高校科技资源和仪器共享的政策并制定相关法律规范，鼓励高校资源跨校共享甚至面向社会，进一步扩大科技资源共享的范围及其受益人群。

## 参考文献

[1]包献华．推进新时代科技资源开放共享[J]．理论视野，2019,(1)：60-65.

[2]刘继云．加快制度创新促进科技资源共享[J]．科技创业月刊，2008,(12)：14-15.

[3]邹佳利．基于云计算的科技资源共享问题研究[D]．西安：西安邮电大学，2013.

[4]王欢妮．数字出版的版权保护和利益平衡问题研究[J]．科技与出版，2013,(1)：57-60.

[5]ROTHWELL R, ZEGVELD W. Reindustrialization and technology[M]. Reindustrialization and technology, 1985.

[6]朱亮，孟宪学．文献计量法与内容分析法比较研究[J]．图书馆工作与研究，2013,(6)：64-66.

[7]秦西．内容分析法在我国公共政策研究中的应用评述[J]．上海市经济管理干部学院学报，2016, 14(6)：9-17.

[8]姚俊，张丽．政策工具视角下中国养老服务政策文本量化研究[J]．现代经济探讨，2018,(12)：33-39.

[9]赵筱媛，苏竣．基于政策工具的公共科技政策分析框架研究[J]．科学学研究，2007,(1)：52-56.

[10]毛子骏，梅宏．政策工具视角下的国内外人工智能政策比较分析[J]．情报杂志，2020, 39(4)：74-81+59.

[11]方少亮，陈树敏．科技资源共享法规现状分析及建议[J]．科技管理研究，2015, 35(10)：42-44+58.

[12]种国双，赵衡，裴小兵．科技资源共享：需求、服务机制和服务模式[J]．科技管理研究，2019, 39(22)：28-34.

[13]吕冬梅，贾志雷，高翼．科技资源共享平台构建技术策略研究[J]．科技资讯，2022, 20(23)：249-252.

[14]李玥，郭波波，武川，等．区域科技资源共享平台集成服务能力结构维度研究[J]．科技进步与对策，2022, 39(2)：20-28.

[15]周宏虹，伍诗瑜．我国科技信息资源共享平台建设现状[J]．科技管理研究，2019, 39(5)：174-178.

[16]周建青，张世政．网络空间内容治理中政策工具的选择与运用逻辑[J]．学术研究，2021,(9)：56-63.

[17]张静．湖北省高校科技人才资源现状合作与共享研究[J]．现代商贸工业，2014, 26(5)：50-51.

[18] 李成，王火红，董文鸳，等．区域科技服务资源共享机制探究［J］．实验室研究与探索，2016，35（8）：262-266.
[19] 孙莹，顾晓敏．上海市科技资源信息共享现状及对策［J］．上海市经济管理干部学院学报，2016，14（1）：48-56.
[20] 雷文利，王晓贞，杨雪．基于GIS的科技创新资源共享服务平台构建研究［J］．河南科技，2023，42（4）：146-150.

# 科技资源共享服务模式的创新与优化

郑　畅

（中国农业科学院油料作物研究所，武汉，430062）

**摘要：** 随着科技创新对国家发展的重要性日益凸显，科技资源共享服务成为提升科技创新效率的关键环节。本文从现实出发，分析了当前科技资源共享服务模式中存在的不足，提出了创新与优化服务模式的策略。通过理念、模式、技术等方面的创新，以及政策、资源、服务流程等维度的优化，旨在构建一个更加高效、开放的科技资源共享服务体系。文章对于推动科技资源共享服务的发展具有重要的理论与实践意义。

## 引言

在科技创新驱动发展的背景下，科技资源共享作为提高资源利用效率、降低创新成本的重要手段，已成为各国科技创新战略的重要组成部分。随着我国科技创新体系的不断完善，科技资源共享服务模式正面临着创新与优化的需求。本文旨在分析当前科技资源共享服务模式存在的问题，探讨创新与优化路径，以期为推动我国科技资源共享服务体系建设提供参考。

## 1　科技资源共享服务模式概述

科技资源共享服务模式是指通过整合各类科技资源，为创新主体提供便捷、高效、低成本的资源共享服务，从而促进科技创新和产业发展。通常采用政策引导、市场化运作等方式，整合各类科技资源，形成具有规模效应的资源池。根据创新主体的需求，提供科研仪器设备、科学数据、生物种质资源等共享服务。并建立健全政策法规、标准规范、信息平台等支撑体系，保障科技资源共享服务的顺利进行[1]。

当前，国内外科技资源共享服务平台主要以传统的仪器设备和科技信息等资源共享为主。其中，仪器设备资源共享平台较为典型的是以科研机构为主体成立的仪器分析测试平台，从最先盛行的专家、教授独家使用仪器设备的模式转变到机构内部集中配置、专管共用的模式，再到面向社会服务的模式[2]。我国在科技资源共享服务方面已取得一定成果，

---

**作者简介：** 郑畅（1981—　），男，副研究员，研究方向为农产品加工利用。

建设了一批科技资源共享平台，形成了以政府引导、市场运作、社会参与为主要特征的资源共享服务体系[3-4]。

## 2 当前科技资源共享服务模式存在的问题

当前我国科技资源共享平台建设存在的问题主要体现在以下几个方面。

### 2.1 资源和服务同质化严重

不同平台之间往往提供相似的科技资源，如科研仪器设备、科技数据、文献资料等，缺乏独特性和互补性，不能有效利用各自的优势和特点。大多数平台提供的服务模式较为单一，主要是基础的资源检索和提供，缺乏深度的知识服务、定制化服务和技术支持等。平台在同质化的竞争环境中缺乏创新动力，很难推出新颖、独特的服务和产品来吸引用户。由于资源和服务的同质化，用户在不同的平台上得到类似的体验，无法获得更高效、更便捷的服务[5]。

### 2.2 重复建设问题

各级政府、科研机构和企业在建设科技资源共享平台时，往往缺乏全国范围的统筹规划和顶层设计，导致各自为政，重复投资建设类似的平台。科技资源分布在不同的地区和部门，形成了条块分割的局面，不同平台之间难以实现有效整合和共享。一些平台在信息化建设方面投入不足，缺乏先进的信息技术支持，导致资源和服务难以满足用户的需求。科技资源共享平台在数据接口、元数据标准、服务规范等方面缺乏统一的标准，使得不同平台之间的数据难以互联互通。缺乏有效的管理机制来监督和协调各个平台的运行，导致了资源的浪费和效率的降低。

### 2.3 专业人才和有效激励机制缺乏

平台设计和运营缺乏具有信息服务专业知识和数据科学背景的人才。知识服务产品开发、用户需求分析和领域标准规范应用等方面人才不足。平台建设后，缺乏专业的运营和维护人才，导致服务水平难以提升。缺乏对科技资源共享平台工作人员的长期激励机制，影响工作积极性和创新动力。对资源提供者的激励机制不足，导致资源共享的积极性和主动性不高。绩效评价体系不完善，难以有效评价工作人员的贡献和平台的效益。

### 2.4 缺乏有效的激励机制

科技资源共享平台在国际交流与合作方面不够活跃，缺乏与国际先进平台的有效对接和交流。具有国际视野和专业能力的人才不足，限制了平台在国际合作中的角色和影响力。与一些国际先进平台相比，我国科技资源共享平台在技术水平、服务模式等方面存在差距。缺乏明确的国际化发展战略和路径，导致国际合作和竞争缺乏系统性和持续性。

为了解决这些问题，需要从政策法规、标准体系建设、技术创新、人才培养、激励制度等多方面进行改进和完善。

## 3 创新型科技资源共享服务模式建设思路

### 3.1 创新资源整合模式加快构建国家级科技资源共享平台

加强顶层设计，明确科技资源共享的总体目标和发展方向。成立国家级科技资源共享平台建设领导小组，统筹规划和管理全国科技资源共享平台的建设和运营。加强科技、教育、产业等多个部门的协同合作，形成合力，共同推进平台建设。制定相关政策法规，鼓励和引导科技资源开放共享，打破信息孤岛。建立激励机制，鼓励科研机构、高校和企业等共享科技资源，提高资源共享的积极性。整合不同学科、不同领域的科技资源，实现资源的优势互补和综合利用。整合政府、企业、高校、科研机构等多方资源，形成多元化的资源供给体系。加大对云计算、大数据、人工智能等现代信息技术的研发和应用，提高平台的智能化水平。建立统一的数据接口和服务标准，实现不同平台之间的数据互联互通。加强高校对科技资源共享相关专业人才的培养，提供专业培训和实习机会。通过优惠政策吸引海外高层次人才回国工作，同时鼓励企业与高校合作，共享人才资源。探索市场化运作模式，通过提供服务收费、会员制度等方式实现平台的可持续发展。政府在政策和资金上给予支持，保障平台的稳定运行和长期发展。

### 3.2 提升信息化水平加强科技资源共享平台服务分析能力

建设和升级数据管理平台，确保能够高效地收集、存储、管理和分析大量数据。利用云计算技术提高数据的处理速度和存储能力，实现资源的弹性扩展。引入先进的大数据分析工具和技术，如 Hadoop、Spark 等，提高数据分析的效率和准确性。用数据挖掘技术，从海量数据中提取有价值的信息，为服务优化提供依据。运用人工智能和机器学习算法，实现对用户行为、资源使用等数据的智能分析，提供个性化推荐。开发智能客服系统，通过自然语言处理和机器学习技术，提供 24/7 的服务支持。优化用户界面设计，提高用户友好度和交互体验。根据用户的需求和偏好，提供个性化的服务定制。制定严格的数据安全策略，确保用户数据的保密性和安全性。实施隐私保护措施，遵守相关法律法规，保护用户隐私。为工作人员提供数据分析和信息化管理的专业培训。吸引和保留数据分析、信息化管理等方面的专业人才。财政资助建设的平台应积极承担社会责任，尤其是知识基础设施平台和大型科学仪器共享平台，在保障国家利益和科技安全的前提下拓展宣传渠道，主动向社会开放。建议加强专业化人才培养、选拔任用、激励政策，给予与科研人员相同待遇，在具备一定规模的平台强制设置专业化人才队伍岗位，赋予相应的权责分配。

### 3.3 增强科技资源共享平台资源信息流动性

设计直观易用的用户界面，使用户能够轻松上传、检索和获取资源。科技资源共享平台除满足学术服务需求外，还应承担起助力期刊发展、推动学术交流、提升科研国际影响力的责任。实施高效的搜索引擎和智能推荐系统，帮助用户快速定位所需资源。鼓励开放获取出版，使科研成果能够自由获取和使用。在保护知识产权的前提下，推广合理的资源共享协议。与其他平台建立互操作性协议，实现数据无缝对接和共享。与其他平台合作提供联合服务，扩大资源覆盖范围。利用大数据技术分析用户行为，优化资源流通路径和策略。考虑使用区块链技术来记录资源交换，确保数据真实性和安全性。整合社交媒体功能，使用户能够通过社交网络分享和推广资源。建立在线论坛和社区，鼓励用户交流和讨论，提高资源流动性。制作宣传材料，如手册、视频等，指导用户如何更有效地利用科技资源。组织研讨会和讲座，提升用户对科技资源共享的认识和能力。

## 4 结论

科技资源共享服务模式的创新与优化是推动我国科技创新和产业发展的重要举措。通过创新资源整合模式、优化服务提供方式、完善政策法规体系和提升信息化水平，有助于构建高效、便捷、低成本的科技资源共享服务体系，为我国科技创新提供有力支撑。在新的发展阶段，我们要紧跟时代潮流，充分运用现代信息技术，不断探索科技资源共享服务模式的新路径，为建设创新型国家贡献力量。

## 参考文献

[1] 曾力宁，李阳，黄朝峰，等．国家实验室体系构建与制度创新：理论依据与实施机制[J]．科技进步与对策，2022, 39（12）：1-7.

[2] 廖玉姣．区域科技资源共享服务平台建设研究[J]．内蒙古科技与经济，2023（8）21-23, 37.

[3] 景茂．统筹科技资源推动开放共享[J]．群众，2019, 83（22）：21-24.

[4] 向兰．整合优势资源创新科技服务模式[J]．中国新技术新产品，2015（15）：190-191.

[5] 中国科协创新战略研究院《创新研究报告》第32期（总第527期）2022-9-7.

# 科研院所大型科研仪器开放共享管理模式探索

成荣亮　柳　杨　程　璐

（水利部交通运输部国家能源局南京水利科学研究院，南京，210029）

**摘要：**大型科学仪器设备是重要的科技基础条件，是开展科技创新活动的重要支撑，大型科研仪器设备开放共享是时代发展的必然要求，是建设创新型、低碳集约型社会的必然选择。为提高大型仪器设备的使用率，推进科研院所大型仪器设备的开放共享，本文在充分梳理国家大型科研仪器设备开放共享政策制度的基础上，分析了科研院所大型科研仪器设备开放共享管理存在的问题，从开放共享管理理念和管理办法完善、科研仪器购置规划论证、管理队伍建设、大型科研仪器设备管理系统建立、奖惩机制制定等角度，研究提出了大型科研仪器设备开放共享建议和措施，为进一步推进科研院所大型仪器设备开放共享，助力院所高水平发展，探索共享新理念、新思路提供参考。

**关键词：**大型科研仪器；开放共享；管理模式；科研院所

大型科研仪器是用于探索未知世界、发现自然规律、实现技术变革的复杂科学研究系统，是突破科学前沿、解决经济社会发展和国家重大科技问题的物质技术基础。当前，我国正处于建设创新国家的重要时期，党的二十大报告指出，要完善科技创新体系，加强科技基础能力建设，提升国家创新体系整体效能。大型科研仪器作为国家创新体系的重要组成部分，对增强我国原始创新能力、实现重点领域跨越、保障科技长远发展、迈进科技强国具有重要意义[1-3]。

有效、广泛的开放共享是大型科研仪器设备作用实现的内在要求和必然选择。党中央、国务院高度重视科研设施与仪器的开放共享工作，先后出台《国务院关于国家重大科研基础设施和大型科研仪器向社会开放的意见》《国家重大科研基础设施和大型科研仪器开放共享管理办法》等政策制度文件[4]，引导和推动国家大型科研仪器设备向社会开放共享，提

**作者简介：**成荣亮（1988—　），男，高级工程师，研究方向为仪器设备管理、科研平台管理；柳杨（1988—　），女，高级工程师，研究方向为科研平台管理；程璐（1981—　），女，正高级工程师，研究方向为水科学战略研究。

**基金项目：**南京水利科学研究院仪器共享基金（00201209），中央级公益性科研院所基本科研业务项目（Y924005）。

高大型科研仪器设备使用效益。近些年，我国高校、科研院所也越来越重视大型科研仪器设备开放共享，不断探索合理的管理模式、有效的开放共享举措，西南交通大学结合本单位管理实践，提出构建校级示范共享平台、建设高效的共享管理信息系统、建立可持续的设备运行保障机制等举措[5]；中国热带农业科学研究院、清华大学等建立仪器共享服务平台作为大型科研仪器管理平台和服务窗口[6-7]；扬州大学建立了以校级分析与测试中心和各学院实验室设备机组为平台、大型仪器设备共享网络系统为依托的“1+X”开放共享模式[8]；四川大学通过建设大型仪器设备开放共享平台、科学的管理体制和考评制度，推进开放共享队伍建设，促进大型仪器设备开放共享工作[9]；西安建筑科技大学通过加强制度建设、建立有偿使用机制、设立共享基金、制订奖惩措施，建立开放效益考核评价机制，建设大型贵重仪器设备开放共享信息化管理平台，构建大型贵重仪器设备开放共享保障体系[10]。

按照国家有关要求，全国各高校和科研院所为推动大型科研仪器开放共享做出了巨大努力，但由于大型科研仪器设备管理十分复杂、难度极大，特别是科研院所，在大型科研仪器设备逐年增多、实验和管理人员相对较少的情况下，如何提高大型科研仪器设备的管理水平，促进仪器开放共享使用，仍然需要进一步研究和探讨。本文结合科研院所工作实际和特点，分析大型科研仪器开放共享管理存在的问题，探索提出科研院所大型科研仪器开放共享管理模式，为提升科研效率和创新能力提供有力支持。

## 1 国家开放共享要求

为推进重大科研基础设施和大型科研仪器开放共享工作，国家和行业制定印发了一系列管理办法，如表 1 所示。2014 年，国务院要求加快推进科研设施与仪器向高校、科研院所、企业、社会研发组织等社会用户开放，实现资源共享。2016 年，科技部要求建设管理单位在线服务平台，开展科研设施与仪器信息的补充完善和报送。2017 年，科技部等部委要求管理单位按照统一的标准规范建立在线服务平台，把科研设施与仪器纳入国家网络管理平台统一管理。2018 年，科学技术部、海关总署规定了免税进口科研仪器也要对外进行共享使用。2019 年，财政部要求中央科研院所利用中央财政资金申请购置大型科研仪器设备必须实施查重评议；交通运输部专门印发大型仪器开放共享管理办法，要求交通行业科研院所的大型科研仪器向社会开放共享使用。

2018 年，科学技术部等部委，明确进行大型科研仪器年度考核评价工作，评价考核内容包括运行使用情况、共享服务成效、组织管理情况，2018 年以来国家每年均开展开放共享评价考核。2021 年，科技部和财政部要求管理单位对财政部与科技部管理平台进行匹配、补充和更正，实现数据对接。

**表 1　国家和部分行业科研基础设施和科研仪器设备相关管理办法**

| 序号 | 印发部门 | 文件名称 | 发布时间 |
|---|---|---|---|
| 1 | 国务院 | 国务院关于国家重大科研基础设施和大型科研仪器向社会开放的意见 | 2014 年 12 月 |
| 2 | 科学技术部 | 重大科研基础设施与大型科研仪器向社会开放相关规范的通知 | 2015 年 11 月 |
| 2 | 科学技术部 | 关于 2016 年全面落实《国务院关于国家重大科研基础设施和大型科研仪器向社会开放的意见》相关工作安排的通知 | 2016 年 3 月 |
| 3 | 科学技术部、发展改革委员会和财政部 | 国家重大科研基础设施和大型科研仪器开放共享管理办法 | 2017 年 9 月 |
| 4 | 科学技术部、海关总署 | 纳入国家网络管理平台的免税进口科研仪器设备开放共享管理办法（试行） | 2018 年 2 月 |
| 5 | 科学技术部、财政部和教育部 | 关于开展中央级高校和科研院所重大科研基础设施和大型仪器开放共享评价考核工作的通知 | 2018 年 7 月 |
| 5 | 财政部 | 中央级新购大型科研仪器设备查重评议管理办法 | 2019 年 1 月 |
| 6 | 交通运输部 | 交通运输部重大科研基础设施和大型科研仪器开放共享管理暂行办法 | 2019 年 3 月 |
| 8 | 科学技术部、财政部 | 关于开展 2021 年度国家科技基础条件资源调查工作的通知 | 2021 年 1 月 |

## 2　开放共享管理存在的主要问题

近年来，随着国家、行业对科研投入的不断加大，科研院所的仪器设备数量和种类增加较快，尤其是国家级科研院所和部分发达省份科研院所的大型科研仪器设备增加尤为迅速，且这些仪器设备大都较为精密贵重、技术性能先进。在当前的发展状态下，科研院所大型科研仪器设备开放共享管理仍存在以下几方面问题。

（1）购置规划论证不够充分。科研院所购置大型仪器的资金来源可能包括人才引进及购置项目、财政专项建设项目等，这种多样化的购置途径导致购置规划难以统筹，容易导致重复购置。部分科研院所在进行大型仪器设备购置前，调研工作不够全面，往往仅局限于少数几家供应商或参考有限的文献资料，导致对市场行情、技术发展趋势以及设备性能的了解不够深入，一些大型仪器设备仅是根据单个科研项目提出购置规划，对自身的科研需求、实验条件以及未来发展方向的分析不够充分，导致部分购置的大型仪器后续使用率不高。

（2）专业管理人员缺乏。我国大多数高校配有专门的实验管理人员岗位，对不同岗位所涉及的大型科研仪器设备有长期、系统的培训和专门的管理，但多数科研院所没有配备专门的仪器设备管理人员，多由研究人员或其他管理人员兼职管理，兼职管理人员可能因时间和精力有限，无法对仪器设备进行全面、深入的管理和维护，易导致管理不专业、不精细。

（3）大型仪器设备使用与维护存在问题。部分科研院所对仪器设备日常使用管理仍不规范，导致大型科研仪器日常使用上出现较多问题，例如使用记录不规范、仪器档案建立不完整等。部分科研院所大型科研使用人员由于缺乏专业的技术培训，对大型精密设备缺乏专业知识，对设备的性能、原理、仪器操作方法等不够熟悉，导致一些大型仪器设备损坏。此外，由于缺乏专业的维护保养人员和制度，导致仪器设备损坏加速、寿命缩短，一些老旧或损坏严重的仪器设备，改造升级也面临技术难度大、成本高等问题。

（4）大型仪器开放共享主动性仍不足。目前国家已通过各种途径推动大型科研仪器开放共享，部分科研院所大型仪器开放共享通道虽已打通，但由于部分研究部门、设备使用人员的开放共享主动性仍不足或不重视仪器设备使用和共享，在设备没有使用、处于闲置状态的情况下，也不积极主动将设备与其他研究部门或单位共享使用。

## 3 开放共享管理建议和措施

### 3.1 管理思路与模式

对标国家和行业的管理规定，结合科研院所大型科研仪器管理难点，为优化科研条件配置，盘活仪器设备资产，提升大型仪器设备使用效率，支撑科研院所科学研究和高质量发展，研究提出大型仪器全生命周期管理思路与模式，如图 1 所示。

统筹仪器购置论证。严把大型仪器设备申报论证，摸清存量情况，做好增量的规划。完善采购验收流程，对照仪器购置规划，规范采购和验收流程，尤其是大型仪器设备现场验收环节。规范档案资料建立。统一大型仪器设备档案目录，补充原有大型仪器的资料，验收环节收齐新购仪器资料。

建设仪器设备管理系统。按照规划—采购—入库—日常管理—报废处置的架构设计，开发仪器管理系统，实现全链条的信息化管理。多渠道大仪开放共享。建立院内仪器设备共享机制，开发大型仪器对外共享平台，利用国家平台向社会公示开放共享信息。

加强大仪集中集约管理。将分散在研究团队或个人手中的大型科研仪器集中管理，同专业同类型的大型仪器设置中心进行管理。推进大仪精细化管理。建立大型仪器设备管理目标，配备专（兼）职仪器管理，明确使用、管理人员的工作职责，分解管理目标，细化管理流程，强化管理考核。实施大仪报废专家论证，符合报废条件的大型仪器，组织专家论证，研判使用价值，做好科学论证。

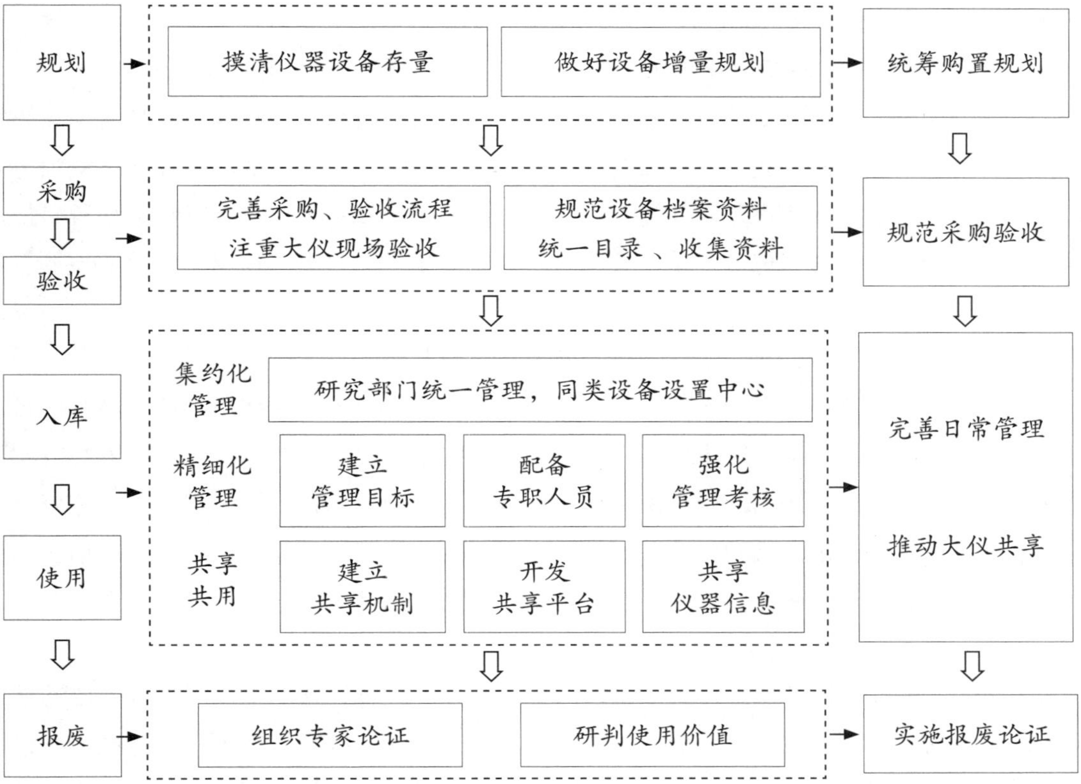


图 1　大型仪器开放共享管理思路和模式

### 3.2　管理建议与措施

结合科研院所仪器设备管理存在的问题，提出推进大型科研仪器开放共享的管理建议和措施。

#### 3.2.1　完善开放共享管理理念和管理办法

科研院所应树立全局观念和前瞻性思维，充分认识到大型科研仪器设备开放共享的重要性和紧迫性，通过加强宣传和教育引导科研人员和管理人员树立正确的共享观念。根据国家政策和自身实际情况制定和完善大型科研仪器设备开放共享相关政策制度，明确大型科研仪器开放共享的范围、方式、流程以及激励措施等，确保制度具有可操作性和激励性。

#### 3.2.2　统筹做好大型科研仪器购置规划论证

在论证前增加指南发布环节，按照单位学科、平台、人才等发展需求，发布重点方向，按照指南提出设备购置项目建议，从而保证需求与院所发展需求一致。对大型科研仪器购置论证模式进行优化，实行购置规划“三级”论证，即部门围绕单位学科建设和科研能力提升需求，进行第一级论证，提出项目建议；科研院所仪器管理职能部门对项目需求、经费预算等提出修改完善意见，进行第二级论证，对于重复购置的项目不予通过；单位专题研究申报项目，开展第三级论证，对购置设备的必要性等进行逐项审核，对购置必要性不充分、后期可能使用效率不高的设备不予购买。

### 3.2.3　强化专兼职仪器管理队伍建设

组织建立相对稳定的仪器设备专（兼）职管理队伍，组织设备管理员参加全国高等学校和科研院所大型科研开放共享培训会，或通过邀请专家来单位讲课和参加网络培训等方式，全面学习国家最新管理要求，提升设备管理员的能力和水平。每年组织大型科研仪器设备管理培训，向设备管理员宣贯国家和院管理制度要求，对系统使用、专业知识等进行具体指导与培训。

### 3.2.4　加强仪器日常使用管理和维修维护

加强大型科研仪器设备的日常管理和使用维护，并对个人手中使用的仪器设备进行不定期抽查，保障科研仪器设备规范化管理。针对大型、精密、贵重且操作复杂的科研仪器，开展实验人员操作岗前培训，减少由于使用不当等问题导致的仪器设备损坏。对使用频率较高的仪器设备进行定期维护保养，制订并执行相关维护保养计划，同时，不定期开展仪器设备周期检定和校验审核，确保其正常使用。

### 3.2.5　建立大型科研仪器设备管理系统

按照购置论证、设备入库、日常管理、计划管理、执行管理、报废与处置等仪器设备全生命周期的管理模式，建立大型科研仪器设备管理系统，按照国家统一的标准规范建立在线服务平台，把科研设施与仪器纳入国家网络管理平台统一管理。与国家网络管理平台完成数据接口对接和实时数据交互，便于国内外高校、科研院所等单位预约使用本单位大型科研仪器设备。

### 3.2.6　建立合理有效的奖惩机制

奖励推进大型科研仪器开放共享成效突出的部门、团队和个人，引导和激励科研人员主动参与开放共享工作。设立大型科研仪器维护与研发基金，逐步形成大仪共享服务的数量质量与利益补偿、后续支持紧密挂钩的奖惩机制，鼓励科研团队研发、使用和推广院内大型仪器设备，强化年度科研仪器设备管理考核工作，将考核结果与仪器设备类项目申报、仪器设备管理员后补助经费发放等挂钩，鼓励和激励专职管理员认真履行岗位职责管好仪器设备。

## 4　结语

在科研领域的不断发展和深化过程中，科研院所作为创新研究的重要基地，其科研设备尤其是大型科研仪器的开放共享管理显得尤为关键，大型仪器设备的开放共享管理不仅关系到国家资源是否得到合理利用，还关系到我国科技创新水平的发展。本文结合科研院所的特点和实际，分析了大型科研仪器设备开放共享管理存在的问题，提出了推动科研院所大型科研仪器开放共享的具体举措，为进一步提高科研院所大型科研仪器设备使用效益提供了参考和借鉴，在今后的相关工作中也将不断摸索和试行，进一步提升科研院所的科技创新能力和社会服务水平。

## 参考文献

[1] 李泽明，魏丽莉，李炎璐，等．科研院所大型科研仪器共享管理的现状与思考——以黄海水产研究所为例［J］．科技视界，2023（5）：121-125.
[2] 孟国忠，农春仕．高校大型科研仪器设备开放实验室建设的实践探索——以南京林业大学为例［J］．中国林业教育，2020，38（6）：13-16.
[3] 张艳玲，冯信平，徐志．提高科研院所大型仪器设备管理水平的思考［J］．实验室研究与探索，2014，33（11）：287-289+293.
[4] 吴甲，朱一新，骆倩倩．高校大型仪器设备开放共享文化建设探究［J］．实验室研究与探索，2024，43（1）：246-250.
[5] 卫飞飞，贺剑，李一员，等．高校大型仪器设备开放共享管理的探索与实践［J］．实验室研究与探索，2023，42（11）：264-267+276.
[6] 荣凤云，吴晓鹏，赵朝飞．科研院所大型仪器设备共享平台建设探索与实践［J］．农业科研经济管理，2021（3）：43-48.
[7] 王杰，王妮，李盼，等．大型科研仪器设备开放共享的探索与实践［J］．实验室研究与探索，2019，38（12）：297-303.
[8] 徐文，徐斌．扬州大学大型仪器设备“1+X”开放共享模式探索与实践［J］．实验技术与管理，2020，37（10）：9-12.
[9] 王军，邱敦国．高校大型仪器设备开放共享体系建设研究与实践［J］．成都中医药大学学报（教育科学版），2021，23（4）：86-88.
[10] 于乐兵，尹洪峰，初士兴，等．高校大型贵重仪器设备开放共享保障体系建设——以西部地区某省属重点高校为例［J］．实验技术与管理，2019，36（5）：290-293+297.

# 加快形成新质生产力过程中的重庆科技资源共享平台建设及管理模式研究

田　凌　勾鑫晔*　谢　涛　郭　婷　姜　玲　田野荻

（重庆生产力促进中心，重庆，401147）

**摘要：**为贯彻落实习近平总书记在黑龙江考察时关于新质生产力与科技创新资源整合的重要讲话精神，全面优化重庆科技资源共享创新资源配置，针对我市科技资源共享平台在创新发展过程中出现的具体问题和实际情况，科学地运用数据化思维，以大数据、人工智能等高新技术为支撑，从规划顶层设计、升级线上平台、提升管理效能、优化政策机制和优化资源配置手段等方面着手，组织开展重庆科技资源共享平台的创新发展建设及管理模式研究，推动和促进平台建设迈入数据智能化共享服务的3.0时代，通过新工作、新手段促进新质生产力的快速形成。

**关键词：**新质生产力；科技资源；总体架构；标准化体系；政策机制

## 引言

国家高度重视科技资源共享平台建设工作，近年来，科技部、财政部等部门已经采取了一系列政策措施，进一步加强优质科技资源的有效集成，来提升科技资源的使用效率，为科技创新和社会发展提供优质化、网络化、社会化的共享服务，目前已建成国家科技资源共享服务平台包括国家科学数据中心和国家生物种质与实验材料资源库两类，其中，中国科学院现有国家科学数据中心11个，国家生物种质与实验材料资源库9个，各省地市也已经建成和对社会开展共享服务的科技资源共享平台超过200家，重庆市政府也高度重视科技资源共享平台建设工作，以各种政策措施支持开展科技资源共享平台建设，重庆生产力促进中心以全面优化全市科技创新资源配置，提升科技资源使用效率，形成大数据智能

**作者简介：**田凌（1968—　），男，高级工程师、副研究员，研究方向为科技资源共享服务及管理；勾鑫晔（1983—　），男，数据资源部部长，高级工程师，研究方向为科技资源共享服务及管理（通信作者）；谢涛（1983—　），男，副主任，副研究员，研究方向为科技资源共享服务及管理；郭婷（1987—　），女，正高级工程师，研究方向为科技资源数据服务及管理；姜玲（1977—　），女，研究方向为科技资源数据服务及管理；田野荻（1998—　），女，工程师，研究方向为科技资源数据服务及管理。

化的新平台、新载体、新工具为目标，组织开展重庆科技资源共享服务平台建设及管理模式研究，通过跨区域、多方联动创新运用数据化思维，以大数据、人工智能等技术为支撑结合成渝地区双城经济圈科技资源共享创新建设要求，进一步集聚川渝科技资源，研究制订平台下一步创新发展建设的总体架构。同时，在平台已全面实施信息化的基础上，进一步开展平台的标准化建设研究，整合和规范制定数据、管理和服务规程标准，建设平台科技资源共享服务标准化体系，推动和促进我市科技资源共享平台建设从系统集成服务共享的2.0时代迈入数据智能化共享服务的3.0时代，在全国科技资源共享服务平台建设发展方向上首次提出以“数字化 + 物联化 + 云服务”的方式，打造“一云一网一平台”的第三代科技资源共享服务平台，同时还以川渝科技资源共享资源为基础，积极开展协调联动、融跨结合的政策机制研究，建设完善的川渝科技资源共享政策体系和保障机制。

# 1　国内外科技资源共享平台建设的现状及发展趋势

## 1.1　国内科技资源共享平台建设的现状及发展趋势

我国是世界上拥有大型科研仪器设备最多的国家之一，拥有的科学仪器设备数量比欧盟还多。近年来，国家也越来越重视以大型科研仪器设备开放共享工作，在政策措施制定和平台建设方面取得了长足进步和较好成效。

### 1.1.1　国家层面

从国家层面来看，我国已将大型科研仪器资源建设、共享和发展作为一项重要的战略任务，2015年，国务院印发了《关于国家重大科研基础设施和大型科研仪器向社会开放的意见》(国发〔2014〕70号)，而打造科技资源开放共享平台也被写入了两会政府工作报告中；2017年，为落实《关于国家重大科研基础设施和大型科研仪器向社会开放的意见》，推动国家重大科研基础设施和大型科研仪器的开放共享，科技部、发展改革委，财政部三部委共同研究制定了《国家重大科研基础设施和大型科研仪器开放共享管理办法》；2018年，科技部、海关总署又联合印发《纳入国家网络管理平台的免税进口科研仪器设备开放共享管理办法(试行)》的通知、教育部办公厅印发《关于加强高等学校科研基础设施和科研仪器开放共享的指导意见》；2019年，财政部、科技部印发《中央级新购大型科研仪器设备联合评议工作管理办法(试行)》，加强对大型科研仪器设备的购置管理和绩效评价，交通运输部办公厅也印发《交通运输重大科研基础设施和大型科研仪器开放共享管理暂行办法》的通知，加强大型科研仪器设备的开放共享。

同时，为进一步推进共享工作，科技部、财政部会同有关部门，委托国家科技基础条件平台中心，每年定期对中央级高校和科研院所等单位科研设施与仪器开放共享情况进行评价考核。从2021年的考评结果来看，参评单位的科研仪器年平均有效工作机时为1278小时，纳入国家网络管理平台统一管理的仪器入网比例为98%，92%的参评单位建立了在线服务平台。参评的86个重大科研基础设施运行和开放共享情况较好，在支撑国家重大科研任务、推动产业技术创新、服务国家重大战略需求和国民经济持续发展等方面取得了显著成效。

### 1.1.2 地方层面

在国家政策的指导和引领下，各地方也越来越重视大型科研仪器共享工作，构建了支持大型科研仪器共享的政策环境和基础支撑条件，推动大型科研仪器向社会开放共享。

如，北京市2016年出台了《关于加强首都科技条件平台建设进一步促进重大科研基础设施和大型科研仪器向社会开放的实施意见》，通过合理分配绩效的方式，提升一线人员积极性，促进大型仪器开放共享工作。同时，建成“首都科技条件平台”，形成了包括研发实验服务基地、领域中心和区工作站的服务体系，跨部门、跨领域整合了仪器设备、科技成果和科技人才三类科技资源。目前，该平台已整合共享了3.25万台、价值303亿元的大型仪器设备向社会开放共享。2023年，服务各类企业1万余家。

上海市早在2007年，就在上海第十二届人民代表大会常务委员会第三十八次会议上通过了《上海市促进大型科研仪器设施共享法规》，其中包括《上海市大型科研仪器设施信息报送办法》《上海市大型科研仪器设施共享服务评估与奖励办法》《上海市大型科研仪器设施共享服务评估与奖励办法实施细则》《上海市新购大型科研仪器设施联合评议管理办法》四部分内容。2021年，《上海市促进大型科学仪器设施共享规定》又由上海市第十五届人民代表大会常务委员会第三十七次会议修订通过。这种地方性立法的方式，对促进大型科研仪器设备开放共享形成了较好保障。目前，上海市通过建设“长三角科技资源共享服务平台”集聚区域内的科研设施、大型科学仪器、服务机构等科技资源，为区域内企业提供了便捷的研发创新服务。截至目前，该平台已集聚了区域内科研设施27个、大型科学仪器超4.6万余台(套)，服务机构3100余家，有效降低了企业研发创新成本。此外，长三角科技创新券已在上海、浙江全域和江苏、安徽部分区域互联互通，累计申领企业超4600家，进一步促进了科技创新资源的共享和利用。

四川省出台了《四川省人民政府关于重大科研基础设施和大型科研仪器向社会开放的实施意见》，并通过制定《四川省重大科研基础设施和大型科研仪器共享管理暂行办法》，明确建设“四川省科研设施与仪器开放服务网络管理平台”，将全省符合条件的科研仪器设备统一纳入市级网络平台统一管理、共用共享，同时建立了开放的激励机制，对共享业绩突出、成效显著的实验室技术人员，在职称评定、岗位聘用过程中给予一定评审权重。截至目前，平台共整合高等院校、企业及科研院所等248家单位，聚集生物学、化学、物理学等60余类学科领域的行业专家106人。平台汇集包括电化学、光谱、色谱、波普、质谱、电子显微镜等行业领域20万元以上（包含20万元）的大型科研仪器3456台（套），总价值达45.62亿元；30万元以上（包含30万元）的工业设备116台（套），总价值4.34亿元为社会提供科技资源共享服务，近几年来平台为企业、高校、院所、个人等提供包括检验检测、查询、培训、设备检验等各类科技资源服务共计 5232 家次，此外，平台还开展了 20 余项各类专题服务，推动四川省科技创新的全面发展。

尽管我国的科技资源共享取得了积极进展，但仍面临一些问题和挑战，未来，随着大数据、人工智能等新技术的快速发展，如何更好地利用这些技术推动科技资源共享是需要关注的重要发展问题，下一步，政府将继续发挥政策引导作用，推动科技资源共享政策的制定和实施。同时，积极鼓励和支持各类创新主体参与科技资源共享工作，形成多元化、开放式的共享机制，科技资源共享平台将不断升级和完善。通过引入新技术手段，提高平台的数据处理能力、服务水平和用户体验，积极参与国际科技合作与交流活动，推动全球科技资源的优化配置和高效利用。

### 1.2 国外科技资源共享平台建设的现状及发展趋势

国外发达国家普遍重视大型科研仪器设备的开放共享，通过制定相应的法律法规和政策，积极引导、规范大型科研仪器设备开放共享，其法律体系完善，内容规定齐备。以欧美为例，已经在国家层面制定了明确的政策来推动科技资源的管理与开放共享，例如美国 2022 年，白宫科技政策办公室发布了最新的开放科学政策指南。该指南要求各联邦机构更新公共获取政策，并全面实施，确保由联邦政府资助的研究所产生的出版物及其支撑数据立即开放获取，且没有公共访问限制。

发达国家还注重整合各类大型科研仪器设备，建设具有专业特色的国家级开放共享平台，将共享仪器设备的简介、使用方法、预约方式等相关信息及时在共享平台上发布，以便需求者选择和使用，这些平台不仅面向国内用户，还向全球开放，促进了国际的科技交流与合作，例如美国旧金山－圣何塞科技创新中心，这个中心以硅谷为核心，依托于该地区的知识、资本外溢和辐射，构建了一个涵盖高科技产业群、高端制造业和专业服务的全球创新中心。其特点包括多样性人才池、产学研集群效应、完善的科技服务支撑体系，以及成熟的创新资源网络，为新技术的应用和新商业模式的诞生提供了良好的环境。

发达国家在推进开放共享工作中同时，也注重对共享信息服务平台的技术维护和服务优化，通常由专业团队更新维护仪器设备信息数据库，以保证信息的及时性、准确性，并强调服务人性化，提供专家在线服务功能，这些政府主导的大型科技信息资源平台虽然结构复杂，但定位明确，数据框架清晰，综合性平台强调资源整合，专业性平台注重资源关联。例如，日本国立情报研究所（NII）下属的知识发现平台 CiNiiResearch 包含多种数据类型，面向全球用户免费开放，同时国际组织和多边机构也在推动全球科技资源共享方面发挥着重要作用，通过制定标准、提供资金和技术支持等方式，促进全球科技资源的优化配置和高效利用，此外，发达国家还重视建立虚拟实验室系统，以虚拟现实技术促进开放共享与合作交流。

未来随着大数据、云计算、人工智能等新技术的飞速发展和应用，一些国际领先的平台已由传统的资源存储、整合、分发转向知识服务模式。例如：美国约翰霍普金斯大学（JHU）系统科学与工程中心（CSSE）制作的COVID-19动态地图，提供了及时、准确的数据支持。未来，面对全球性挑战，各国科技资源共享平台将加强国际合作，提升竞争力。通过共享数据、模型、软件等资源，共同推动全球科技创新。

# 2 重庆科技资源共享平台建设现状及发展趋势

重庆于2004年在全国率先开始了科技资源共享平台建设，通过二十多年的努力，特别是近两年，由重庆市科学技术局牵头，委托重庆生产力促进中心通过制定政务服务一体化整体解决方案，对各平台、系统进行了“统建统管”，对原来以信息孤岛方式存在的近十个科技管理系统进行了用户中心统一、数据标准统一和建设标准规范，整合建成了一网通办、一站服务的“重庆科技资源共享平台”。截至2024年，重庆科技资源共享平台共整合13类、273TB科技资源向社会共享，其中大型科研仪器设备9251台/套、价值约79.9亿元，科技型企业63023家、科技人才27.5万人、科研项目6.83万项、科技成果9138项、科技信用数据21.7万条、科技文献数据41TB、专利数据230TB、科研机构466家、研发平台425个、科技奖励3481项、科技特派员6065人、科普基地120个、孵化器及众创空间390家等。同时，通过深化创新券“科技淘宝”服务，累计发展服务店铺558个、上线科技服务产品4372项，创新券线上交易支付4.4亿元，企业使用创新券购买检验检测、研究开发等科技服务累计达2.09亿元。平台注册用户达29.2万人,6600余家企业享受科技创新服务1.6万次，有效激活了科技服务市场，提升了科技资源使用效率，促进了产学研有机结合。

此外，为加强川渝两地科技资源共用共享，川渝两地共同打造了川渝科技资源共享服务平台，目前已实现川渝两地大型科研仪器设备共享、两地平台用户统一身份认证登录等功能，整合和共享了川渝两地大型科研仪器设备已整合川渝两地大型科研仪器设备13236台（套），总价值超过130亿元。

当前，重庆科技资源共享平台正处在从系统集成服务共享时代向数据智能化共享服务时代发展的关键时期，亟待全面优化重庆科技资源共享创新资源配置，建设和形成重庆市科技资源共享服务新质生产力，这就要求必须开展研究来解决平台在发展过程中面临的总体架构设计、标准化体系建立和完善配套的相关政策法规等主要问题。

# 3 存在的主要问题分析

## 3.1 缺乏宏观统筹的顶层架构设计

首先，我市科技资源共享平台的建设发展缺乏前瞻性的理论研究和宏观统筹的顶层架构设计，尚未建立起系统的如按行业产业、学科发展的平台技术创新及服务共享整体规划，存在规划布局不够合理，共享机制不够完善、科技创新重点不够突出、管理和投入比较分散、组织协调能力不足等现实问题，这在某种程度上造成了行业领域及科研人员对共享工作的不重视，导致平台产生共享服务发展缓慢、共享行为不够规范、资源内容和服务同质化现象严重，绩效考评工作力度不足等现象。因此，政府应加大统筹建设规划力度，适度集中和补充平台的科技创新资源，减少重复建设，聚合发展，应注重平台的行业产业结构与布局。加大分布在企业的科技创新资源，大力支持和服务企业在关键性技术问题上的创新突破，杜绝和减少行业领域的科技创新资源的过剩闲置，促进和加快关键行业领域的创新发展。

### 3.2 缺乏统一的标准化管理和服务体系

其次，重庆市科技资源共享平台虽然已经获准发布了“科技信息资源元数据描述规范”等6项地方标准，但全市平台的标准化建设工作仍处于起步阶段，尚未建立涵盖科技资源描述、资源获取与处置、资源服务、绩效评价、信息安全保障等在内的标准化体系，这就要求平台应集中有限的标准研制资源分步骤、分阶段采用分类层次拓扑结构来构建平台的标准化体系，应先研究已发布标准在现阶段的适用性，开展标准的复审和修订，其次优先研制基础通用、管理急需的标准，夯实建立标准化体系的基础，最后着重加强资源服务标准的研制，结合成渝双城经济圈的建设，积极发展团体标准。

### 3.3 尚未深入开展第三代平台建设研究

虽然我市平台建设已迈入系统集成共享的时代，但在信息技术应用和知识服务产品开发等方面仍存在不足。这就导致平台的网络化管理不完善，平台仅能显示仪器设备、机构、人员介绍等基本信息，无法实现在线结算、实时通信、绩效评估等功能，现有的服务功能已经无法满足用户日益增加的需求，这就要求针对出现的问题开展第三代平台的建设研究，应采取线上服务和线下服务相结合的方式，利用云计算、大数据等现代技术手段，构建一个功能强大、用户体验完善的网络管理平台。

### 3.4 缺乏有力的政策支持和完善的保障机制

重庆市虽然分别于2016年、2019年发布了《重庆市科技资源开放共享管理办法》渝科委发〔2016〕127号、《重庆市大型科研仪器设备开放共享评价考核办法》渝科局发〔2019〕117号两个文件从政策上加强制度保障，突破壁垒，引导科技资源的高效利用，但总体看来政策机制还待加强和建设。①开放共享机制还不健全，尚未形成统筹合力，政府支持形成的科技资源汇交与共享仍缺乏刚性约束，区域间的资源共享还存在一些制度性障碍，参加开放共享的高校、科研院所、企业积极性有待提高。②科技资源开放共享的评价考核和激励机制尚不完善，约束性机制还待加强。③市场机制作用还没充分发挥，全社会参与，多元化推动科技资源开放共享的格局尚未形成，这就要求必须针对实际情况制订和完善相关政策措施，进一步深化科技资源开放共享机制、体制改革，不断加强多元化的开放共享。

# 4 对策建议

## 4.1 开展平台建设总体架构的规划研究

开展平台建设总体架构的规划研究工作是决定重庆科技资源共享平台创新发展促进新质生产力快速形成的核心基础，通过跨区域、多方联动创新地运用数据化思维，结合我市“416”科技创新战略布局、“33618”现代制造业集群体系以及重庆市科学技术局“数字科创”建设等主要内容，以大数据、人工智能等技术为支撑结合成渝地区双城经济圈科技资源共享服务创新建设，集聚川渝科技创新资源，通过需求分析、现状评估、架构设计、关键技术选择、实施方案设计、风险评估与应对、持续优化等步骤，科学制订出平台下一步创新发展建设的总体架构，确保其能够有效地支持科技创新和社会发展。

## 4.2 开展建设标准、数据整合共享等标准化服务体系研究

开展建设标准、数据整合共享等标准化服务体系研究是推动重庆科技资源共享平台创新发展促进新质生产力快速形成的必备条件，遵照我市数字重庆建设和市科技局数据仓建设总体要求，从平台建设和管理规范、数据采集和处理标准、数据共享和使用规范以及跨部门、跨行业、跨领域的科技资源数据整合共享服务机制等方面全面组织开展平台的标准化建设研究，整合和规范制订数据、管理和服务规程标准，建设平台科技资源共享服务标准化体系，实现平台数据的完整性、有效性、一致性、规范性、开放性和共享性管理，保障平台高质量、可持续的创新发展。

## 4.3 开展第三代重庆科技资源共享平台建设研究

开展第三代重庆科技资源共享平台建设研究是提升重庆科技资源共享平台创新能力形成新质生产力的关键核心，按照重庆市及重庆市科学技术局信息化建设的总体框架和要求，以“数字化＋物联化＋云服务”相结合的方式，通过底层科技资源数据仓建设、科技资源物联化建设、在线资源共享云服务、智慧化科技资源精准服务应用、平台安全体系建设等方面，打造以“一云一网一平台”为主体的第三代重庆科技资源共享平台，促进科技资源的高效使用，提升科技资源管理智能化水平和智慧化应用服务能力，建立大数据支撑的科技决策支撑基础。

## 4.4 开展协调联动、融跨结合的政策机制研究

开展协调联动、融跨结合的政策机制研究是促进重庆科技资源共享平台创新发展形成和发展新质生产力的有力保障，以成渝地区双城经济圈建设重要精神为指导，以大数据、人工智能等关键核心技术为支撑，从面向人才的共享服务激励措施、指标动态调整的科技资源共享评价考核机制、多方联动的智能化联合评议机制、基于资源使用效率数据的资源调配机制、区域协同融跨的科技资源共享政策研究等方面，研究制订实行新的政策机制，

加强跨区域科技资源协调联动，发挥政策组合效应，推动和加快形成重庆科技资源共享平台新质生产力。

### 4.5 开展国际交流合作，促进重庆与境外科技资源的开放合作共享

平台将以提升科技创新能力、促进技术转移、共享科研资源开放等方面合法、合规的着手开展多层次、多角度、全方位的国际交流合作，定期或不定期组织举办或参与国际论坛、研讨会，促进信息交流和资源共享，尝试建立国际数据共享机制，确保数据的安全、有效和合规使用，同时通过技术许可、合资企业等形式，实现技术的国际化转移，支持跨境创新创业项目的合作，促进科技成果的商业化，探讨建立跨国界的联合研究实验室或研究中心，共同开展研究项目，探讨共享科研设备和实验室资源，提高资源利用效率。

## 5 结语

研究结果为建设高效、可持续的重庆科技资源共享服务平台提供了科学、全面、宏观、统筹的理论指导和实践应用，具体体现在以下几个方面。

### 5.1 贯彻和落实国家和地方对于科技资源共享服务平台创新发展的精神和要求

在研究制定重庆市科技资源共享平台创新和发展的对策建议过程中，应紧紧把握国家及地方对于科技资源共享发展的要求，贯彻落实习近平总书记关于新质生产力和科技创新的讲话精神，针对当前重庆科技资源共享服务的发展不足和问题，大力促进和创新平台科学发展，推动成渝双城经济圈科技资源的有效整合和应用，通过研究，提出应科学全面宏观统筹地制订平台下一步的建设总体架构，建立统一的标准化管理和服务体系，同时应积极开展第三代平台的建设研究，以有力的政策支持和完善的保障机制推动和促进科技资源的创新发展。

### 5.2 把“科技创新”作为全面开展重庆科技资源共享平台建设及管理模式研究的核心动力

在分析国内外科技资源共享平台现状和发展趋势的基础上，结合重庆当前科技资源共享平台发展的实际情况，梳理出不足和问题，按照重庆市和成渝双城经济圈科技资源共享整合创新发展的具体要求，通过研究，总结和提出具有科学性、创新性、可实施性的对策建议，为重庆科技资源共享平台实现下一步的创新发展、川渝科技资源共享的整合创新和新质生产力的形成奠定了坚实的理论基础和广泛的实践应用。

### 5.3 积极推动成渝双城经济圈科技资源共享服务的发展

当前，成渝地区通过联合建立的“川渝科技资源共享服务平台”，正在大力整合两地的

大型科研仪器设备资源，截至目前已整合两地科研仪器设备总价值超过130亿元，推动跨区域共享服务4200余次，组织开展项目交流对接54次，促成川渝两地项目合作落地15项，实现科技合作1708万元。平台的建成投用不仅促进了跨区域科技资源的共享服务，还推动了成渝两地的科技合作和项目落地，有效地支持了整个川渝地区的科技创新，通过研究，从人才激励措施、评价考核机制、资源调配机制、区域协同融跨的政策等方面，全面加强跨区域科技资源协调联动，促进川渝科技资源共享平台新质生产力的快速形成。

研究结果表明，开展重庆科技资源共享服务平台的建设和管理模式研究不仅是推动平台科技创新、产业升级和社会发展的关键举措，也是实现科技资源优化配置、提升核心竞争力的必要手段，通过研究，我们明确了平台下一步建设和发展的目标、任务和方向，为未来开展的科技资源整合创新发展工作奠定了坚实的基础，同时，我们也认识到，科技资源共享服务的建设和发展是一个长期、复杂的过程，需要政府、企业、高校、科研机构和社会等多方共同努力，形成良好的合作机制和共享文化。同时，平台建设，也要在传统生产力质态基础上，借助新工具、新方法、新手段，通过革命性再造，产生能够促进新质生产力高质量发展的新的、更先进的生产力质态，才能充分、可持续地让科技资源共享平台这一科技创新基础性载体不断焕发新的生机和活力，为支撑国家科技创新驱动发展赋予新动能。

## 参考文献

[1] 杨静，杨代庆．典型科技资源共享平台服务模式对比分析[J]. 中国科技资源导刊，2020，1（52）：27-34.

[2] 张蜀艳，贾金玉，李慧．科技资源共享服务平台建设研究[J]. 科技创业月刊，2019，32（12）：104-108.

[3] 李玥，郭波波，武川，等．区域科技资源共享平台集成服务能力结构维度研究[J]. 科技进步与对策，2022，39（2）：20-28.

[4] 张森，王普，徐鲁波，等．区域科技创新资源共享服务平台建设与应用——以泰安市科技创新服务平台为例[J]. 中国科技资源导刊，2021，11（53）：29-35，65.

[5] 周宏虹，伍诗瑜．我国科技信息资源共享平台建设现状[J]. 科技管理研究，2019，39（5）：174-178.

[6] 程卫萍，潘杏梅，王衍．省级科技文献共享服务平台现状调查与分析[J]. 图书馆杂志，2016（7）：50-58.

[7] 张成亮．省级科技文献共享服务平台科技信息服务调查分析[J]. 图书馆理论与实践，2017（2）：83-87.

[8] 丁遒劲.国家科技图书文献中心科技文献资源共享平台建设实践研究[J].图书馆学研究，2015(20)：39-41.
[9] 林婷，高波.我国科技文献信息资源共享的现状研究[J].图书馆，2013(6)：67-71.
[10] 李平，孙晓敬，曹明平.新质生产力视域下中国高校科技创新力评价及影响因素研究[J].重庆大学学报，2024(30)：161-179.

# 基于案例视角探析粤港澳大湾区科技资源共享模式优化

成群鹏

（广州市南沙区百民社会工作服务中心，广州，511458）

**摘要：** 科技创新是驱动粤港澳大湾区高质量发展的关键力量，科技资源共享作为实现资源优化配置的重要途径，对提升区域科技创新能力具有深远影响。本文以大湾区科技创新服务中心作为案例探讨了大湾区科技资源分布与协同共享现状，揭示了资源共享过程中的开放性与共享性瓶颈、产学研合作机制短板、跨境科技合作壁垒以及技术转移与知识产权保护困境等关键问题。通过构建多元共享平台、优化产学研合作机制、打破跨境合作壁垒和加强知识产权保护等策略，提出了促进大湾区科技资源共享的优化方案：一是建立科技创新资源云平台，深化资源联动机制；二是构建产学研深度融合创新联盟，促进科技成果商业化；三是设立大湾区科技创新跨境合作办公室，构建开放创新生态；四是完善技术转移体系，强化知识产权保护。

**关键词：** 粤港澳大湾区；科技资源共享；优化策略

科技作为第一生产力，无时无刻地重塑着人类的生产生活方式。经济发展的核心在于科技创新，而科技资源则是推动创新得以实现的基础与先决条件。而科技资源则是支撑创新的基石。在探讨国家与地方科技活动时，资源的数量、质量、配置及共享效率，均是影响科技创新能力与整体发展水平的关键。这些资源涵盖科研设备、数据、生物种质及实验材料等[1]，其共享过程促进了价值的实现与增值[2]。科技资源共享是优化资源配置的关键途径，通过多向传递，实现资源在各行业、社会及经济领域的最大化利用，促进价值共创[3]。科技资源在区域创新与发展中发挥着积极作用[4]，科技资源在区域创新与发展中发挥着积极作用，为区域提供科技信息支持，增强地区科技竞争力[5]。2019 年发布的《粤港澳大湾区发展规划纲要》明确提出了共建粤港澳合作发展平台，旨在共同打造科技创新合作区的目标。为此，粤港澳三地相继出台了促进三地科技协同发展的政策文件。例如，广东省印

**作者信息：** 成群鹏（1987—　），男，硕士研究生，助理研究员，社会工作师，研究方向为产业发展、社会组织、社会工作。

发了《"数字湾区"建设三年行动方案》，广州市发布了《广州市进一步促进科技成果转移转化若干措施》，而深圳市出台了《深圳市人民政府关于支持光明科学城打造世界一流科学城的若干意见》。这些政策文件均聚焦于探索科技资源共享的新机制与模式，以期推动大湾区科技创新的协同发展。

关于科技资源共享的学术研究，学者们从多个维度进行了广泛探讨。在共享机制维度上，研究涵盖了科技资源使用权的共享机制[6]、资源的高效整合策略[7]与信息的高效利用方法[8]、同时还深入探讨了科技资源协同的运作机制[9]及其集成服务能力[10]。在资源协同维度，学者们聚焦于科技创新参与主体间的合作模式[11]与利益共享安排[12]，探索声誉博弈模型[13]和科技资源共享效能的评估体系[14]，以期实现资源的优化配置和高效利用。此外，科技资源共享中的知识产权保护维度也是研究的重要方向。该维度探讨了产权保护与创新协同之间的紧密关系[15]，指出知识产权地区保护水平的差异可能影响创新协同的效率[16]，基于此，研究建议政府应建立有效的知识产权协同保护机制和完善的制度环境[17]。尽管研究视角各异，但学者们普遍认同，科技资源共享的核心本质在于科技资源使用权的交易与流转，其前提在于确保所有利益相关方能够公平地分享利益，而最终目标则是实现科技资源的高效利用与价值最大化。因此，科技资源共享需要从价值共创角度出发，打破科技资源封闭局面，实现从"我的资源"到"我的价值"转变。在粤港澳大湾区国家战略建设的大背景下，通过对粤港澳大湾区科技创新服务中心的典型分析，以点带面地探讨大湾区科技资源的分布状况、协同共享的现状、存在的问题以及相应的优化策略，对于推动粤港澳大湾区（以下简称"大湾区"）的科技创新协同发展具有积极的现实意义。

# 1 大湾区科技创新服务中心建设现状

## 1.1 成立背景与发展历程

大湾区科技创新服务中心（以下简称"大湾区中心"）的成立，是响应《粤港澳大湾区发展规划纲要》的重要举措，旨在汇聚多方优质资源，通过要素市场化配置，为科技企业提供综合赋能服务。该中心于 2019 年 4 月正式注册成立，由广州产业投资控股集团有限公司携手广东省创投协会、清华珠三角研究院、广州珠江实业集团有限公司等众多知名机构共同投资设立，建筑面积 6.65 万平方米，总投资超过 7 亿元。作为首个以"大湾区"为品牌标识、采用企业化运营模式的"一站式"科技创新企业服务平台，大湾区中心在广州市政府及社会各界的支持下，聚焦科技创新合作领域，逐渐成为大湾区科技创新生态体系中的关键构建者与推动者。

## 1.2 组织架构与运营模式

组织架构上，大湾区中心采用企业化运作模式，构建高效灵活的组织体系。决策层设理事会或管理委员会，负责战略规划、重大决策及监督执行，确保与国家战略及市场需求同步。中心内设政府服务平台运营管理部、产业园区规划部、数字化服务部、成果转化服务部等部门，各司其职，协同完善科技创新服务体系。运营模式上，一是需求导向，紧跟市场动态与企业需求，精准识别并提供定制化、差异化的科技创新服务；二是资源整合，整合多方资源，建立资源池，全方位支持科技企业，加速科技成果转化；三是服务创新，运用先进技术提升服务效率与质量，建立反馈机制，持续优化服务，满足企业需求。四是开放合作，与国内外科研机构、高校、企业等合作，搭建桥梁，促进知识流动与技术转移，共筑开放协同的创新生态。

### 1.3 科技创新服务体系

大湾区中心已构建起一个覆盖面广泛、核心优势突出、服务链条完整的科技创新赋能体系，具体业务涉及以下领域：一是政府服务平台运营。专业承接运营各类政府服务平台，开发了企业综合评分系统，从公司成长性、创新性、企业规模、资本背景、风险状况、经营质量6个大类对企业进行综合评价，方便政府对企业进行分层分级管理；二是产业园区规划咨询。为地方政府及园区提供定制化产业策划、导入及运营模式设计；三是数字化创新平台。依托强大数字化技术，构建智能化平台，为科技创新提供精准化服务；四是成果转化与孵化。目前已经运营天河科技成果转化基地，加速科技成果的转化、孵化和产业化进程；五是知识产权全方位服务。涵盖申请、保护、运营等环节，助力科技企业强化核心竞争力；六是人才发展支持。聚焦大湾区人才高地建设，提供招聘、培育、引进等一站式人才服务；七是多元化金融服务。联合金融机构，为科技企业提供包括股权融资、债权融资在内的多元化金融解决方案；八是创投与上市服务。设立投资基金，支持初创及成长型企业，提供上市全流程咨询服务，助力企业上市。

### 1.4 资源共享案例分析

广州（国际）科技成果转化天河基地作为大湾区中心的标志性运营典范，自2020年建设运营以来取得较好发展成效。该基地紧密依托大湾区科技成果转化平台与产业化引导基金，精心打造了科技成果转化的全方位服务闭环，涵盖成果转化、技术经纪人培育、技术评估、科技咨询、创投对接、产业孵化等多个关键环节。截至目前，已经成功举办中国创新挑战赛、火炬科技成果直通车等国家级高规格赛事，有效挖掘了751项技术需求，吸引了来自30余所知名高校及科研院所的198项解决方案，促成意向合作金额高达1.092亿元。基地已经累计服务企业超过1.5万家次，入驻项目成功筹集股权融资1.05亿元，债权融资5139.3万元。此外，基地积极引进并孵化国内外前沿科技成果项目，成功引入并孵化了16个来自高校及科研院所的重点科技成果项目，为广州市乃至整个大湾区的科技创新与产业升级注入了强大的新动能。

# 2 大湾区科技创新服务中心面临的问题及挑战

## 2.1 创新平台开放性与共享性瓶颈

大湾区中心在推动科技创新资源开放与共享方面虽取得一定成效，但其开放性与共享性的不足，仍然制约了科技创新的效能与深度。当前，科技创新资源的供需两端如同孤岛，缺乏有效的桥梁与纽带进行高效的信息对接与交流。资源供给方囿于自身领域，难以发现市场实际需求，导致“闭门造车”现象频发。需求方则因信息不对称，难以触及前沿的科技创新资源，错失发展机遇。更为关键的是，缺乏一个强有力的统筹机构促进科技资源的分配与共享，使得粤港澳三地的科技型中小企业在资源争夺中优势不足，难以获得足够的支持与赋能。此外，大湾区中心在推动资源共享服务时，过多聚焦于基础科研设备的共享，而忽视科技人才、科研创新成果等更为重要的深度合作，无疑限制了科技创新的整体效能与潜力释放。

## 2.2 产学研合作机制短板

大湾区中心在促进产学研合作方面虽有所建树，但合作机制的深层次问题仍不容忽视。高校、科研机构与企业之间的合作多停留于表面合作，缺乏深层次的融合与协同创新。科研成果的转化路径不畅，企业难以迅速将高校的科研成果转化为实际的生产力，影响了科技成果的商业化进程。同时，产学研合作中涉及的利益分配、知识产权归属等复杂问题也亟待有效解决。这些问题不仅增加了合作的成本与风险，也影响了合作各方的积极性与参与度。

## 2.3 跨境科技合作仍存壁垒

大湾区虽汇聚了粤港澳三地的科技资源平台，但在跨境科技合作方面仍面临诸多制度性障碍。法律制度、金融体系等方面的差异导致跨境科研项目合作难以顺利开展，科研资金、资讯、数据等关键要素的跨境流动受到严格限制。这不仅限制了科技创新的国际视野与开放程度，也阻碍了港澳地区科技创新优势的充分发挥与融合。此外，大湾区内部各城市之间的科技创新合作也面临区域壁垒与利益纷争的挑战。科技创新资源分布不均、协同创新能力不足等问题亟待解决。跨区域合作项目的推进因行政区划、利益诉求等因素而受阻，影响了科技创新的整体效能与区域协调发展。

## 2.4 技术转移与知识产权保护困境

大湾区中心在技术转移与知识产权保护方面面临严峻挑战。技术转移机制的不完善导致科研成果难以快速转化为现实生产力，阻碍了科技成果的商业化进程与经济效益的实现。同时，知识产权保护力度的不足使得侵权行为频发，科研人员的创新成果难以得到有效保护，严重挫伤了其创新积极性与创造力。

## 3 促进大湾区科技资源共享的优化策略

### 3.1 构建多元共享平台，深化资源联动机制

为全面提升大湾区科技创新资源的联动机制，建议：一是构建科技创新资源云平台，大湾区中心积极争取政府专项资金支持，联动大湾区内科技企业开发建立统一资源数据库，实现资源智能化匹配与动态管理。开发智能推荐系统，精准推送资源信息，并提供在线交流交易功能，加速资源对接；二是成立独立的第三方机构科技创新资源协调委员会，由其统筹规划大湾区资源，制定分配方案并监督执行。针对中小企业，实施专项扶持计划，包括资金补贴、税收优惠、技术指导等，确保资源公平高效获取；三是推广“资源超市”理念，建立线上平台集中展示科研设备、人才、技术、成果等全链条资源，举办对接会与展览会促进交流。建立资源使用评价机制，鼓励长期合作，构建共享共赢的创新生态。

### 3.2 优化产学研合作机制，促进深度融合与创新

为深化大湾区产学研合作，促进深度融合与创新，建议：一是构建“大湾区产学研深度融合创新联盟”，该联盟由高校、科研机构、企业及行业协会等多方共同参与，形成紧密的合作网络，内部鼓励企业以“产业出题、科研答题”的模式深度参与高校科研项目，通过设立联合研发中心、技术转移中心等方式，加速科研成果向市场转化；二是明确合作中的利益分配原则与知识产权归属规则，引入第三方评估机构，确保合作过程的公平、公正与透明；三是建立产学研合作绩效评价体系与激励机制，例如，设立“产学研合作创新奖”，对优秀成果及突出贡献的个人或团队给予表彰与奖励，激发合作各方的积极性与创造力。

### 3.3 打破跨境合作壁垒，构建开放创新生态

为打破跨境科技合作面临的壁垒，构建开放活跃的创新生态，建议：一是加强粤港澳三地政府间的沟通协调，推动法律制度、金融体系等方面的互认与对接，为跨境科研项目提供便捷高效的服务；二是设立“大湾区科技创新跨境合作办公室”，负责协调解决跨境合作中的政策、法律及金融等问题，简化审批流程，促进科研资金、人才、数据等关键要素的跨境自由流动；三是鼓励大湾区内部各城市间建立区域协同创新网络，通过联合申报国家重大科技项目、共建科技园区等方式，强化区域间的科技创新合作，平衡资源分布，提升整体创新能力；四是加强与国际科技组织的交流合作，引入国际创新资源，拓宽合作视野，构建更加开放包容的创新生态。

### 3.4 完善技术转移体系，加强知识产权保护

为加速科技成果的商业化进程，完善技术转移体系和知识产权保护，建议：一是粤港澳三地政府共同出资设立“大湾区技术转移服务中心”，作为连接科研机构与市场的桥梁，

提供技术评估、交易撮合、融资支持等一站式服务；二是加强与国内外技术转移机构的合作，形成全球技术转移网络。在知识产权保护方面，建立健全的知识产权法律法规体系，加大执法力度，严厉打击侵权行为；三是建立快速响应的知识产权纠纷解决机制，为权利人提供便捷高效的维权途径；四是加强知识产权意识教育与培训，提高全社会对知识产权的尊重与保护意识，营造鼓励创新、保护创新的社会氛围。

### 3.5 深化产学研合作，构建跨区域协同机制

构建多层次产学研合作体系是实现大湾区跨区协同的重要内容，建议：一是相关政府出台更多激励政策，例如，设立专项基金、实施税收减免、完善考核评估与资金补贴机制，为产学研合作提供坚实的制度保障。二是加强科技资源的价值评估与产权保护，明确各方权益，促进资源的有效流通与共享。同时，培养资源供需双方的价值共享意识，推动科技资源在创新链条各环节的深度应用与价值增值。三是建立健全信息治理机制，确保科技资源数据的质量与安全，防范数据风险，提升平台的信息服务能力。四是通过设立区域合作协调机构，统筹规划科技资源布局，促进资源的高效配置与合理流动，促进科技资源的自由流通与共享。

## 4 总结与启示

目前，大湾区科技产业协同发展迈入新阶段，对科技资源共享服务提出更高要求。基于大湾区科技创新服务中心的案例分析，从优化大湾区科技资源共享视角可以形成三点启示：一是加强平台建设，聚焦战略需求，强化优势，打造国际领先的资源中心，整合稀缺资源，优化资源汇交；二是促进资源开发利用，升级科研设备，利用新技术挖掘科学数据，研发关键技术，提升服务质效；三是完善共享服务制度，制定规章标准，保护知识产权，推进服务标准化，确保服务规范可复制。未来研究可探索构建开放包容的创新生态系统、评估资源共享政策效果，以及探索跨境合作新模式，突破法律与金融体系差异。

## 参考文献

[1] 苏靖，赫运涛．科技资源开放共享服务的实践与展望［J］．中国科技资源导刊，2023，55（1）：1-8．

[2] 顾新建，顾复，纪杨建，等．科技资源分享与绿色创新［M］．北京：机械工业出版社，2021．

[3] 王宏起，王雪，李玥．区域科技资源共享平台服务绩效评价指标体系研究［J］．科学管理研究，2015，33（2）：48-51．

[4] 王业强，郭叶波，赵勇，等．科技创新驱动区域协调发展：理论基础与中国实践［J］．中国软科学，2017，（11）：86-100．

[5] 戚湧，魏继鑫．基于博弈理论的科技资源共享研究 [J]. 科技进步与对策,2015,32（9）: 10-15.
[6] 郑长江，谢富纪．科技资源共享的成本：收益分析 [J]. 科学管理研究，2009，27（5）：33-38.
[7] YOUNGSEEK K，SEUNGAHN N. Internet researchers' data sharing behaviors：an integration of data reuse experience，attitudinal beliefs，social norms，andresource factors [J].Online information review，2018，42（1）：124-142.
[8] 周宏虹，伍诗瑜．我国科技信息资源共享平台建设现状 [J]. 科技管理研究，2019，39（5）：174-178.
[9] 刘继云．科技基础条件平台的运行机制初探 [J]. 中国科技论坛，2005（5）：56-59.
[10] 李玥，郭波波，武川，等．区域科技资源共享平台集成服务能力结构维度研究 [J]. 科技进步与对策，2022，39（2）：20-28.
[11] 种国双，赵衡，裴小兵．科技资源共享：需求、服务机制和服务模式 [J]. 科技管理研究，2019，39（22）：28-34.
[12] 吴家喜．近十年国内科技资源共享研究进展与述评 [J]. 科技与经济，2012（2）：1-5.
[13] 张亚明，刘海鸥．协同创新博弈观的京津冀科技资源共享模型与策略 [J]. 中国科技论坛，2014，（1）：34-41.
[14] 苏朝晖，苏梅青．科技创新平台服务质量评价——对福州、厦门、泉州三地的实证研究 [J]. 科技进步与对策，2015，32（4）：92-99.
[15] 周燕华，霍彬．科技型企业协同创新模式与创新绩效——基于政府制度调节作用的实证研究 [J]. 企业经济，2017，36（4）：154-161.
[16] 毛牧然．完善知识产权制度环境提升我国创新主体的创新能力 [J]. 科技管理研究，2017，37（5）：21-26.
[17] 郭永辉，周乐霖，夏冬秋．价值共创视角下科技资源共享绩效评价研究 [J]. 中国科技资源导刊，2022，54（6）：20-28.

# 武汉市科技资源共享管理模式研究

周 波

（武汉市科技成果转化中心政务窗口部，武汉，430013）

**摘要：** 随着科技创新的不断发展，科技资源共享已成为推动科技进步和经济发展的重要力量。本文基于武汉市在科技资源共享管理方面的实践，结合国内外相关研究和实践案例，探讨了武汉市科技资源共享管理模式的现状、面临的问题以及改进建议，旨在为武汉市科技资源的开放共享提供理论支持和实践指导。

**关键词：** 科技资源；共享；管理模式

推进科技资源共享对于优化科技资源配置、提高科技资源使用效率、加快科技进步与科技创新具有十分重要的意义。我国高度重视科技资源开放共享工作，近年来，国家相继出台了一系列促进科技资源共享的政策和举措。2009 年《国家中长期科学和技术发展规划纲要（2006—2020 年）》将科技资源共享作为一个重要方面，明确了建设科技资源共享平台的目标。2012 年，中共中央、国务院《关于深化科技体制改革加快国家创新体系建设的意见》将科技资源开放共享作为重要举措。为规范和管理全国科技资源公共服务平台，促进科技资源的开放与共享，促进科技资源的高效使用，推动创新创业，2018 年《国家科技资源共享服务平台管理办法》发布。

在这些政策推动下，我国科技资源共享取得了长足发展，但仍存在着一些问题，需要在管理模式上予以优化和创新。在此基础上，结合武汉市的实际情况，探索建立武汉市科技资源共享与管理的新模式。

## 1 理论基础

### 1.1 科技资源的定义探讨

广义的科技资源如周寄中在《科技资源论》中认为：“科技资源是科技活动的物质基础，它是创造科技成果，推动整个经济和社会发展的要素的集合。”[1]。彭以祺从具体的科技资源的构成和内容对其进行概念界定：“科技资源是指为各类科研活动提供保障和支撑

**作者简介：** 周波（1981— ），男，馆员，研究方向为科技情报。

的仪器设备、资料信息、试验场地等物质条件，包括大型科研设施、常规仪器设备、实验室、试验场、图书文献信息资料以及各类科学数据等[2]”。而《“十三五”国家科技创新规划》指出，科技资源即科技基础条件资源，包括“科研设施与仪器、科技文献与信息、科学数据、生物种质与实验材料”等。

### 1.2 科技资源共享与科技创新的内在联系

科技资源共享推动科技创新。科技创新资源的共享，包括科学研究成果、技术创新成果、科技信息、科研仪器、科研基础设施和科技人才资源的共享，是科技创新发展的重要条件和基础。通过共享，可以节约资源，缩短研发时间，降低创新成本，从而提高创新效率[3]。

科技资源共享有助于加速科技成果的转化。当科研机构和企业能够访问到更多的科技资源时，他们可以更快地进行实验验证和产品开发，缩短从研发到市场的周期。例如，国家大型科学仪器中心的共享平台就显著提升了科技创新的支撑作用[4]。

根据 Birger Wernerfelt 的资源基础理论[5]，企业或组织拥有的资源和能力是其获得竞争优势的基础。该理论假设企业具有不同的资源和能力，并通过这些资源和能力来实现可持续的竞争优势。而科技资源共享能够扩大这些资源的利用范围，增强企业的研发能力和创新能力，从而推动经济发展。

Henry Chesbrough 提出的开放式创新理论[6]，旨在打破企业内部研发的界限，允许外部知识和资源参与到创新过程中，以促进技术和产品的商业化。其核心在于，创新不再局限于企业内部的研发部门，而是通过整合内外部的知识和技术资源来实现。

资源基础理论和开放式创新理论共同强调了外部资源和知识在企业创新中的重要性。通过科技资源共享和开放式创新，企业不仅可以扩大自身资源的利用范围，还能增强研发能力和创新能力，从而在激烈的市场竞争中获得持续的竞争优势。

综上所述，科技资源共享对科技发展和经济发展具有重要推动作用。通过加强科技资源共享，可以促进科技创新、提高经济效益和资源利用效率，从而推动社会的持续进步和发展。

## 2 国内外科技资源共享管理经验

经过长期的研究与实践，发达国家已建立起较为完善的科技资源共享机制和管理经验。美国和欧洲的科技资源共享管理模式可以归纳如下。

### 2.1 健全的政策体系

1966 年美国国会通过《信息公开法》，为美国建立起信息公开和数据资源共享的制度框架。《版权法》规定联邦政府机构对自己的工作成果不拥有版权，使这些信息资源处于法定的可共享状态。1976 年，美国又通过了《政府阳光法案》，进一步形成了注重科技资源开放和共享的科学管理体系。欧盟为推动大型研究基础设施的共享共用，促进科研基础设施互补与合作，制定了《地平线 2020》规划。其中的第七研发框架计划，资助了 70 多座欧盟层面的科研基础设施建设和运营管理，制定了基础研究机构的运行规范，保障了科研机构的高效运行。英国科研资助计划建立了“研究资助信息系统”，为广大的研究工作者提供全面、高效的服务。这些立法促进了私营部门加入科技资源共享，推动了科技创新的发展。

### 2.2 公共投入与社会共享

欧盟制定了科技资源开放共享战略，通过网络互动合作，吸引企业、大学、研究机构、学术界、金融界等参与，形成创新联盟。这种模式不仅提高了科学研究效率，还加快了科技创新的速度，使相关成员国及各方受益。德国政府通过公共措施促进私有组织和公共研究机构的合作，提供技能和激励措施以将科研成果市场化。法国国家科研中心与产业界建设协作研究组织，通过共享资源、解决技术瓶颈和共担风险等方式，实现了科研机构与企业的优势互补与共赢。英国政府通过公共投入推动科技资源共享，并鼓励将研究成果推向社会，让公众直接受益。纳税人有权分享因公共投入而获得的科研成果。此外，英国建立了研究理事会这个统一协调的项目全过程管理平台，实现了信息共享和成本降低。

### 2.3 多元协作机制

美国实验室可接受工业界投资，并向工业界提供人员、设施服务。政府投资的设施、平台等资源在保障美国国家利益的前提下，提供开放共享服务。美国本土制造企业和中小企业在利用这些资源时享有优先权。美国部际委员会进行协调或签署合作备忘录等方式实现资源共享，例如 NASA 与国防部之间的资源共享。通过合同方式利用全国范围内与国防科研密切相关的设施资源，包括大学、工业界等的设施。欧盟不仅推动内部科技资源的共享，还致力于面向全球的科技资源开放共享工作。创建“欧洲科研区”的理念，利用信息技术联合各国科研网络，发展共建共享的科研区域，鼓励参与国开展科研合作项目，鼓励各国科研人员相互交流，充分发挥官方的主导作用，统筹协调各成员国及相关方的积极性，推动大型研究基础设施、科学数据、科技成果等科技资源的共享，以此来促进科学技术的创新与发展。

综上所述，发达国家在科技资源共享方面积累了丰富的经验，在科技资源共享管理模式上各有特色。这些国家或地区的经验表明，政府主导的科技资源共享平台建设是实现可持续发展的关键，同时包括完善的法律法规体系、多方参与的合作机制、高效的共享平台建设、广泛的国际合作以及注重社会效益等方面。这些经验对于武汉在推进科技资源共享方面具有重要的借鉴意义。

## 3 现状分析及挑战

### 3.1 武汉市科技资源共享现状

武汉市凭借其丰富的高校科研机构资源，构建了高效的科技资源共享体系。

（1）建设统一的科技资源共享平台。武汉市依托科技信息管理系统，致力于建设统一开放的科研设施与仪器、文献网络管理平台，推动所有科技资源纳入平台管理。如武汉市科学仪器设备开放共享平台资源整优质资源，其中科学仪器开放共享机构达1140余家，提供了近9600余台（套）的科学仪器设备供开放共享，还有440多名仪器专家[7]。武汉市还建成了科创服务平台“武创通”，该平台汇集了全国160余万家科技企业、80余万科技人才、240家高校院所、4.8万家投融资机构的数据信息。“武创通”平台已征集武汉8100余条科技成果，发布了4200余条企业技术需求[8]。该平台通过构建科创资源数字底座和科技网格员服务体系，为政府、企业、专家团队、科技服务机构提供一站式、高质量数字化服务。

（2）财政激励机制。对使用市级科研设施与仪器开放共享网络平台入网仪器设施给予补贴，以鼓励更多单位和个人利用这些资源。鼓励行业龙头企业、高校院所、科研机构面向中小企业开放大型科研仪器和重大科技基础设施，并对纳入市级备案管理的中试平台（基地）进行定期考核，择优给予奖励。推动科技资源与金融资源的有效对接，构建多元化、多层次、多渠道的科技金融投融资体系，为科技型企业提供便利的融资渠道。

（3）加强合作。武汉市不仅注重本地科技资源的整合，还积极融入“一带一路”、长江经济带等国家战略，加强与其他城市如长沙、合肥、南昌等的合作，共同构建跨区域协同创新网络体系。这种合作模式有助于实现科创资源共享、平台共建，促进区域内的科技创新协同发展。

综上所述，武汉市在科技资源共享方面取得了显著成效，通过搭建科创服务平台、开放共享科学仪器与实验室资源、加大财政投入以及国内合作等措施，有效促进了科技创新与经济发展。

### 3.2 面临的挑战

尽管武汉市在科技资源共享方面取得了一定的成效，但仍面临诸多挑战。首先，资源共享意识不足，共享的意识和文化尚未深入人心，部分单位或个人对资源共享持保守态度。其次，资源共享管理和服务机制不健全等问题，如缺乏统一的管理和协调机制，导致资源共享的效率不高，资源共享平台的覆盖面不够广泛。最后，资源共享的技术手段也有待提升，如信息化、智能化等方面的技术支持还需加强。这些问题限制了科技资源的利用效率和创新潜力的发挥。

## 4 对策建议

针对科技资源共享体系建设中存在的问题，借鉴国外先进地区经验，从以下几个方面提出建议。

### 4.1 发挥政府主导作用

分发挥政府在宏观管理中的主导作用，通过制度建设和组织协调，制定相关政策等进行引导和支持。打破传统的资源壁垒，促进知识、技术、数据等科技资源的跨领域、跨行业、跨地区的共享与流通。设立专门机构、充分调动全社会力量推进科技资源共享管理。优化科技资源共享服务模式，提高资源配置效率和服务能力。制定《武汉市科技资源共享平台管理办法》等配套制度规范，规范科技资源共享平台的管理方式，明确共享平台的管理职责和工作流程。建立健全监督检查机制，完善对科技资源共享服务机构的信用评价制度，定期对科技资源共享工作进行考核，加强对科技资源共享服务机构的服务质量监管与评估，及时发现和纠正共享平台存在的问题。构建科技资源专门的知识产权体系，协调科技资源共享多个参与主体的利益平衡。

### 4.2 以需求为导向

优化科技资源配置、创新科技资源共享机制，充分考虑和满足各方的实际需求，实现资源的有效配置和利用。以需求为导向，做好供需双方的需求对接，主动适应科技创新需求。采用按需定制的服务模式和完善市场化运行机制的共享模式优化策略，有效提升资源配置效率和服务能力，避免资源的浪费和闲置。通过激励政策来增强企业的参与度和动力，吸引企业和高校和科研机构以及社会力量等共同参与，形成多元化的共享模式。及时调整策略、优化资源配置，实时掌握科技资源的分布和使用情况，为科技创新提供强有力的支撑。建立完善的平台和机制，以便更好地满足企业和科研机构的需求。注重公平性和透明性，确保所有参与者都能公平地使用科技资源。

### 4.3 平台智能化

科技资源共享服务平台应向智能服务模式演化。在武汉市科技资源共享服务平台的基础上，将科技资源与互联网技术、物联网技术相结合，运用大数据、云计算等现代信息技术手段实现对武汉市科技资源全面、系统的收集和管理，构建覆盖全市科技创新链条的科技资源共享平台。继续建设各类科技成果数据库、技术标准、专利、论文、专家等科技数据库信息共享平台，统一数据交换标准和接口，加快推进各类基础性科技资源的联网共享。提供智能化与个性化服务，建立人机交互式智慧数据共享平台，方便各参与方获取信息、沟通交流。做好资源整合、自动化管理、智能推荐和实时推送，实现更精准的数据分析和预测，提高管理效率。加强对科技资源共享平台的日常运营和管理、内容更新和维护以及知识产权保护等工作的监督管理。

### 4.4 加强合作，推进科技资源整合

引导各类创新主体共建共享科技资源共享平台和载体，增强不同创新主体之间合作和交流，实现优势互补和协同创新。建立跨部门、跨区域的协调机制，打破信息壁垒，促进资源共享。通过建立科技资源共享机制，推动技术、资本、人才等创新要素跨区域有序流动，促进各方的创新特长和成果的传播与使用，有效破除制约创新要素自由流动的体制机

制障碍。积极参与国内外科技合作与交流，学习借鉴先进的科技成果和管理经验，引进国内外优质创新资源。鼓励企业、高校、科研院所等科研力量合作建立科技资源共享平台，支持共建研发平台、中试基地、技术标准检测评价机构，促进科技资源的整合，实现科技资源配置的优化和资源共享，促进创新链、产业链、资金链深度融合。

## 5 结语

党的二十大报告提出“创新是第一动力，深入实施科教兴国战略、人才强国战略、创新驱动发展战略”，武汉正在建设具有全国影响力的科技创新中心，这对武汉市科技资源共享管理体系提出了新的更高要求。要进一步完善武汉市科技资源共享服务体系，提升其科技创新能力和水平，以科技资源为载体，实现区域内资源有效整合，促进科技成果转化为现实生产力，积极适应武汉市经济社会发展的新形势新要求，促进各类创新要素加速流动和优化配置，切实提高创新体系整体效能和竞争力。继续优化武汉市科技资源共享管理模式，为武汉建设国家中心城市、打造具有全球影响力的科技创新中心提供支撑。

## 参考文献

[1] 周寄中．科技资源论[M]．西安：陕西人民教育出版社，1999.

[2] 彭以祺，王学才．推进新疆科技资源共享的思考与建议[J]．中国基础科学，2003(3)54-57.

[3] 张贵红．我国科技创新体系中科技资源服务平台建设研究[D]．上海：复旦大学，2013.

[4] 石蕾，刘娟，王健．国家科技资源共享服务平台对科技创新支撑作用的研究[J]．中国科技资源导刊，2017，49(6)：88-93.

[5] WERNERFEL B. A Resource-Based View of the Firm[J]. Sirategic Management Journal, Vol.5, No.2. (Apr.- Jun., 1984), pp.171-180.

[6] CHESBROUGH H. Open innovation: the New Impeerative for Creating and Profiting for Technology[M]. Harvard Business School Press, 2003.

[7] 武汉市科学仪器设备开放共享平台：平台数据汇总[EB/OL]．(2024-06-28)[2024-06-28].http://58.48.43.53:9000/instrumentExpert.

[8] 武创通科创服务平台：平台数据汇总[EB/OL]．(2024-06-28)[2024-06-28]．https://www.whwct.com.

# 高校大型仪器开放共享管理的探索与实践

王　赟[1]　韩　涛[1]　龚　成[2]

（1. 中国地质大学（武汉）实验室与设备管理处，武汉，430074；
2. 中国地质大学（武汉）材料与化学学院，武汉，430078）

**摘要：**大型仪器是高校科技发展、人才培养、社会服务的一大物质基础。提高使用效率、推动成果产出一直是大型仪器管理的重点问题。探讨了高校大型仪器开放共享存在的问题，并提出纳入统一平台、优化统筹管理、集中科学论证，提升使用效率、融入CMA认证、提升测试水平、开展成本核算、提升共享水平、拉动校内测试、服务有组织科研等建议。

21世纪以来，在国家“211工程”“985工程”和“双一流”建设战略推动下，国家和地方政府对高等教育投入不断加大，大型仪器作为高校科学研究、人才培养和社会服务的重要物质保障，也得到了长足发展。为促进大型仪器的使用和开放共享，使其能更好地服务国家科技创新和经济发展，国务院于2014年发布了《关于国家重大科研基础设施和大型科研仪器向社会开放的意见》（国发〔2014〕70号）[1]，提出完善大型仪器开放共享制度，提升开放水平和利用效率。随后，各省级主管部门、高校和科研院所等单位都在其指导下相继出台了相关大型仪器开放共享管理办法[2]。截至2022年，我国2500余所高校院所已拥有超过12.6万台（套）原值50万元以上的大型仪器，总资产原值超过1800亿元[3]。

## 1　国家大型仪器开放共享工作

大型科研仪器是解决经济社会发展和国家安全重大科技问题的技术基础。随着我国综合国力的不断提升，科技创新投入也不断增长，仪器设备和科研设施的体量越来越大。随着战略需求、科学研究的不断发展，高精尖仪器设备占比不断增高，仪器更新换代速度在加快。2017年，科技部、发改委、财政部联合发布了《国家重大科研基础设施和大型科研

---

**作者简介：**王赟（1978—　），女，讲师，研究方向为检验检测及大型仪器管理、实验室安全管理等；韩涛（1979—　），女，讲师，研究方向为仪器设备管理、资产管理；龚成（1994—　），男，助教，研究方向为实验室技术、实验室安全管理等。

仪器开放共享管理办法》，明确了开放共享具体要求和相关主体责任。2018 年开始，科技部联合财政部每年共同组织对各中央级高校和科研院所大型仪器开放共享情况评价考核，考核内容主要涵盖组织管理情况、运行使用情况、共享服务成效三大方面（见表 1），对考核优秀和良好的单位给予表扬与经费奖励，对考核较差的单位予以通报并限期整改。

表 1　科技部大型仪器开放共享考核指标

| 一级指标 | 二级指标 |
|---|---|
| 组织管理情况（40 分） | 科研仪器购置统筹管理情况（10 分） |
| | 原值 50 万元以上仪器开放率（5 分） |
| | 实验技术队伍建设情况（10 分） |
| | 在线服务平台建设（15 分） |
| 运行使用情况（40 分） | 仪器年平均有效工作机时（20 分） |
| | 运行使用成效（20 分） |
| 共享服务成效（20 分） | 共享率（10 分） |
| | 对外服务成效及用户评价（10 分） |

## 2　大型仪器开放共享存在问题

近年来，由于国家政策导向和经费投入不断加强，大型仪器开放共享情况逐年有所提升，成效也日益显著。参考近几年科技部大型仪器开放共享情况评价考核情况（见表 2），各中央级高等学校和科研院所对大型仪器开放共享工作逐步重视，管理水平和成果绩效逐步提升。但在部分大型仪器管理上存在问题。

表 2　科技部大型仪器开放共享情况评价考核情况

| 年份 | 自建在线服务平台比例 | 纳入国家网络管理平台统一管理的仪器入网比例 | 年平均有效工作机时（小时） | 考核结果对应单位数 | | | |
|---|---|---|---|---|---|---|---|
| | | | | 优秀 | 良好 | 合格 | 较差 |
| 2018 | 80% | 79% | 1340 | 41 | 60 | 246 | 26 |
| 2019 | 80% | 95% | 1440 | 52 | 89 | 192 | 11 |
| 2020 | 90% | 97% | 1450 | 50 | 100 | 197 | 9 |
| 2021 | 92% | 98% | 1278 | 50 | 100 | 188 | 8 |
| 2022 | — | 100% | 1351 | 50 | 100 | 189 | 6 |
| 2023 | — | 100% | 1442 | 50 | 100 | 190 | 5 |

注：数据来源为科技部网站 2018—2023 年中央级高校和科研院所等单位重大科研基础设施和大型科研仪器开放共享评价考核结果的通知，表中“–’为科技部未公开相应数据。

## 2.1 顶层规划资源统筹难度大

近年来国家大力推进教学科研设备更新，除了财政补贴还推出了贴息贷款、超长期特别国债等措施，存在大型仪器的购置合理性论证不足的情况。其主要表现在：①技术评估不足。由于仪器设备更新替代速度加快，功能、性能不断提升，没有充分考虑设备的先进性和更新速度，导致购置后仪器很快落后影响科研产出。为保持科研竞争力，需要不断更新换代设备，导致大型仪器使用率不高，造成资产闲置。②需求分析不充分。在设备购置过程中，缺乏科学合理的统筹规划和调控机制，导致设备增量过快，超出了实际需求。③缺乏配套资源。资源包括人、财、物。部分设备购置只考虑了使用需求，但无对应专业技术人员或人员技术能力不足，无法满足大型仪器的使用及数据处理；部分仪器未充分考虑日常运行及维护成本，且仪器经济效益不足，导致中途无法维持仪器的正常使用；此外，仪器需提前规划好安装使用空间，避免因环境因素导致无法正常使用或后期改造困难。部分仪器未充分考虑日常运行及维护成本，且仪器经济效益不足，导致中途无法维持仪器的正常使用。

## 2.2 仪器技术人才发展难

随着学校大型仪器的增长，对仪器技术管理人员的要求和数量也随之提高。仪器技术人员不仅需要承担日常管理工作，还需有全面深入的科研背景。目前，参与学校大型仪器开放共享工作的技术人员大部分为非专职人员，而是由教师和科研人员兼任，日常科研、教学任务重，并无太多余力从事科技创新、技术改进和社会服务等工作。

大型仪器开放共享效率很大程度取决于管理人员的积极性。高校对于大型仪器开放共享考核缺乏奖惩措施，更注重教学科研和人才培养，虽然大型仪器对此有促进作用，但教职工认为花费过多时间精力在大型仪器上耽误教学科研工作，影响考核，从而对于大型仪器开放共享缺乏投入。另外，高校也缺乏对应的评价体系和奖惩制度。对于仪器开放共享造成的经济效益和社会效益缺少考量，哪怕出台了对应的奖惩措施也存在激励不够、考核不严、惩处不足的情况。

## 2.3 校外测试服务潜力待发掘

近年来我国科研水平快速发展，科研经费有了显著提升，但校内测试收入未见显著增长。究其原因，有以下几点：①测试信息不够透明。因部分仪器未完全纳入学校统一平台，缺少联系人、测试周期、测试条件和内容、收费标准等信息，导致这些仪器仅限于课题组和学院内部流通使用，未承接其他测试业务。②服务水平欠佳。部分仪器无专人提供测试服务，主要测试人员为课题组内研究生，因精力有限只能完成自身科研测试任务，无暇顾及对外测试服务，还有可能缺乏专业测试培训，仅为研究生同门间帮传带，使得测试服务质量较低，还有可能仪器首先满足课题组内需求，导致服务周期长，测试业务流失。③竞争激烈。高校大型仪器发展迅猛，校外测试公司林立，分析测试业务逐渐商业化市场化，导致部分校内测试业务流失至校外。

## 3 高校大型仪器开放共享管理实践

大型仪器开放共享不仅是国家政策导向，也是高校学科建设和人才培养的发展方向。需结合学校实际情况，做好顶层设计，构建符合国情符合校情的大型仪器开放共享体系，提升大型仪器的使用效率，发扬人才培养功效，产生更高经济效益和社会效益，为“双一流”建设提供重要保障。

### 3.1 高校大型仪器开放共享工作现状

大部分高校采用学校—二级单位—大型仪器机组三级管理体系，并成立了大型仪器管理部门建设和管理校级大型仪器开放共享平台和考核评估，各二级单位负责本单位大型仪器的日常管理工作，机组负责该仪器的使用管理。

为做好大型仪器开放共享工作，学校制订了大型仪器管理和开放共享管理等相关制度，每年在科技部和教育部指导下对学院和机组分别进行开放共享考核（我校考核指标见表 3 和表 4）。

**表 3 学院大型仪器开放共享考核指标**

| 项目 | 考核指标 | 分值 |
|---|---|---|
| 共享管理工作（30 分） | 日常管理（包括安全管理、台账管理等） | 10 |
| | 开放服务工作 | 10 |
| | 实验技术队伍建设与管理 | 10 |
| 开放共享效益（70 分） | 机组使用效益考核 | 40 |
| | 共享率 | 30 |

**表 4 机组大型仪器开放共享考核指标**

| 项目 | 考核指标 | 分值 |
|---|---|---|
| 日常管理 | 是否明确仪器管理责任人 | 20 |
| | 管理制度、操作规程、技术档案 | |
| | 使用与维修记录 | |
| | 环境空间及安全措施 | |
| | 是否纳入学校大型仪器共享管理系统 | |

续表

| 项目 | 考核指标 | 分值 |
| --- | --- | --- |
| 使用效率 | 开放机时 | 20 |
| | 组内服务（万元） | 20 |
| | 校内服务（万元） | |
| | 校外服务（万元） | |
| | 服务质量 | |
| 人才培养 | 培训（人） | 10 |
| | 教学实验（人） | |
| 教学科研成果 | 国家级奖（项） | 20 |
| | 省部级奖（项） | |
| | 发明专利（项） | |
| | 三大检索论文（篇） | |
| | 核心期刊论文（篇） | |
| 功能利用及开发 | 利用开发获行业及以上奖励 | 10 |
| | 拓展研发（项） | |
| | 重大社会服务（项） | |
| 计量认证 | 计量认证工作 | 附加分 10 分 |

### 3.2 纳入统一平台，优化统筹管理

标准化、统一化、信息化一直是大型仪器开放共享的发展方向，高校需建立唯一的分析测试平台，将全校大型仪器纳入平台管理，实现论证采购、验收入库、使用维护、共享考核、资产报废全流程管理。

2019 年以来，我校持续推进大型仪器物联网平台建设。学校大型仪器开放共享和分析测试中心统筹管理，建立了大型仪器开放共享平台管理全校大型仪器分析测试工作，逐步融合取代了各学院自行建立的分析测试系统。

为统筹管理，大型仪器开放共享平台与学校资产系统完成对接，实现了验收入库和资产处置的监管。此外学校还组织安装电源，通过刷校园卡模式管理操作人员、共享机时等信息，以简便仪器操作，并核对了平台中仪器各项数据，统一了收费标准，实现大型仪器标准化使用和开放共享管理。对于年度大型仪器考核，测试收入和使用机时可自动统计，在方便教师的前提下实现了数据准确。

### 3.3 集中科学论证，提升使用效率

大型仪器购置论证作为前置必要条件，需要统筹考虑使用需求、存量分析、技术先进性、经费保障、人员配置、共享机制等各方面内容。学校实行集中论证，对大型仪器采购做论证工作。评估内容：①拟购仪器设备的必要性及工作量预测分析（属于更新的仪器设备论证应提供原仪器设备使用效益的情况）。②拟购仪器设备的先进性和适用性，包括仪器设备适用学科范围，所选品牌、规格、性能、价格及技术指标的合理性。③拟购仪器设备附件、零配件、软件配套经费及每年不低于购置费的6%的运行维修费落实情况。④仪器设备工作人员的配备情况。⑤安装场地、使用环境及各项辅助设施的安全、完备程度。⑥校内外开放共享方案。⑦效益预测及风险分析。⑧如遇仪器设备涉及环境条件（户外场所、对建筑物、构筑物结构产生影响、修缮工程等）有特殊要求的申购，须首先获得相关归口管理部门的同意及批复，方能提出申购论证申请。经全盘考虑通过后方可采购。

### 3.4 融入CMA认证，提升测试水平

CMA认证作为对检测条件和基本能力的评级许可认证，也是现如今提升大型仪器开放共享竞争力的重要手段之一。截至2023年，湖北省通过CNAS/CMA的高校及中央科研院所仅8家，占比仅约15%[4]。我校作为其中一家单位，将CMA认证与大型仪器开放共享考核结合起来，如大型仪器纳入计量认证工作，在校内考核可获得10分加分（见表2），以此激励各机组将大型仪器纳入CMA认证，以提升测试水平和测试能力，推动大型仪器对外开放共享的服务能力。

### 3.5 开展成本核算，提升共享水平

为切实提高大型仪器的资产效能和使用效益，学校按照“谁投入谁受益、谁占用谁负责、谁使用谁付费”的原则加强大型仪器全过程成本核算，适当计提资源有偿占用费和收取资源有偿使用费。通过综合考量服务教学任务和服务重大科研计划项目及科研成果产出，确定计提标准。

成本核算有利于辅助决策，优化资源配置。成本核算提供了大型仪器全流程各项成本的经济数据，有利于大型仪器管理人员做出对应决策。以对绩效好的机组加大投入发展，对绩效较差的机组减少投入或调剂调拨。

成本核算有利于学校大型仪器体系建设。以我校为例，大型仪器有偿占用费收入纳入学校预算管理，有偿占用费除去学校统筹使用的部分；设立学校“大型仪器专项基金”，用于学校大型仪器相关工作。成本核算有利于绩效奖惩，将开放共享工作与技术人员考核和绩效挂钩程度进行了优化。对于开放共享效益高的机组，其所在二级单位和机组成员可分配收入极高，但对于绩效较差的机组，基本无可分配收入。这样大型仪器开放共享不再是做好做坏一个样的工作。

### 3.6 拉动校内测试，服务有组织科研

高校应充分调动校内资源，留住校内测试用户。学校科研管理部门应鼓励倡导利用校内大型仪器资源申报项目，同时，分析测试部门应加大大型仪器共享测试基金政策惠及范围，提升分析测试水平，培养校内用户使用共享仪器的意识和习惯。我校对机组内人员、机组外校内人员和教学计划内课程使用大型仪器出台专属优惠开放政策，以鼓励校内教师和机组人员利用大型仪器开展创新研究和教学活动。

## 4 结语

党的二十大报告提出要“优化配置创新资源”，大型仪器开放共享作为其应有之举，需要充分发挥其使用效益。本文以我校为例，探讨了大型仪器开放共享工作的痛点难点及改进方向，在大型仪器管理上积极探索，鼓励创新，扩大开放，进一步提高大型仪器的管理水平。使用效率，更好地支持学校的人才培养和学科建设。

## 参考文献

[1] 国务院关于国家重大科研基础设施和大型科研仪器向社会开放的意见．中华人民共和国国务院公报，2015(4)：16-19.

[2] 赵玉茹，冯建跃，赵月琴．浙江省高校大型仪器设备开放共享现状调研与思考[J]. 实验技术与管理，2017, 34(10)：255-258.

[3] 岳琦，类淑霞，杨丽，等．国家科技基础条件资源调查工作的思考[J]. 实验室研究与探索，2023, 42(7)：141-144+193.

[4] 邹飘，魏志欢，严霜，等．湖北省大型仪器共享平台建设现状及难点探究[J]. 实验室研究与探索，2024, 43(4)：215-219+246.

# 省属高校大型仪器开放共享管理研究与思路

刘　畅[1]　李　坚[2]　俞永保[1]

（1. 湖北工业大学实验室与资产管理处，武汉，430068；
2. 湖北工业大学材料与化学工程学院，武汉，430068）

**摘要：**高校大型科研仪器开放共享工作迎来新机遇和新发展，当前，国家进入高质量发展，要建设科技强国，高校作为高科技人才培养园地和原创高科技发源地，是社会科技发展进步的一支原动力，本文直面地方综合性大学大型科研仪器开放共享工作中存在的突出问题，提出管理工作有益建议，以期促进大仪开放共享工作得到进一步发展。

**关键词：**大型科研仪器；开放共享；校企合作

国家进入高质量发展，要建设科技强国，实现科技创新，需要高水平科技人才和核心技术成果，在当前新的发展阶段，高校作为高等教育和科学研究的聚集地，承担着培养高科技人才和提升科研技术的任务，国家每年投入大量资金保障高校科技人才队伍建设，提升高校科研仪器设备技术水平，目的是要利用高校科研发展带动全社会科技进步，这是当前高校的重要发展任务。自从 2014 年国务院出台《关于国家重大科研基础设施和大型科研仪器向社会开放的意见》（国发〔2014〕70 号），明确大型科研仪器（简称“大仪”）管理单位应加快推进科研设施与仪器向社会开放。紧接着 2015 年、2017 年，教育部、科技部、发改委陆续出台《关于加强高等学校科研基础设施和科研仪器开放共享的指导意见》（教技厅〔2015〕4 号）和《国家重大科研基础设施和大型科研仪器开放共享管理方法》（国科发基〔2017〕289 号），进一步明确大仪管理单位的主体责任、管理机制、工作要求以及考核奖惩等管理细则。2018 年，教育部又颁发《关于进一步做好重大科研基础设施和大型科研仪器开放共享工作》（教技司〔2018〕110 号），强调促进高等学校大型科研仪器全面开放，充分共享的重要措施和政策保障[1]。这一系列国家文件的出台，充分说明大型科研仪器向全社会开放共享工作的重要性和紧迫性，高校应适时出台管理制度，激励政策，尽快驶入国家推行科技强国的快车道。

---

**作者简介：**刘畅（1977—　），女，主任，研究方向为大仪开放共享管理研究；李坚（1990—　），男，实验中心主任，研究方向为大型仪器共享平台管理；俞永保（1970—　），男，研究方向为实验室管理工作。

## 1 高校大仪开放共享的现状

在国家相关部委的合力推动下，大仪管理单位特别是高校已经明确了“加强开放共享，服务创新”“合理配置资源，提高效率”的工作总目标，积极通过各种适合本校实情的举措，将开放共享的工作落实到位。一些好的管理方法、管理制度、管理平台涌现，这些优秀的管理案例探索出富有成效的管理模式，值得各类高校学习模仿和借鉴。比如武汉大学成立校级分析测试中心，明确独立管理机构和相关管理职能，配备专职大仪管理人员，利用线上服务平台，为校内外提供开放共享和有偿技术服务，积极发挥对科研和对全社会的科技服务功能。再比如西安交通大学，通过实体分析测试中心和线上管理系统互联，实现大仪共享使用与资产管理、财务管理的对接，实现全方位的监管与考核，充分体现线上系统在大仪开放共享管理中快捷高效优势。一些高校建立完备的制度规范，一些高校梳理清晰的管理流程，实现完备的全周期管理，这些好的方法和管理经验都值得我们省属高校学习借鉴[2]。

## 2 省属高校大仪开放共享的不足

各类高校因起点不同，涉及发展重心不同，拥有的大仪设备应用专业不同等原因，往往面对的大仪开放共享工作难点和问题不同，这里简述省属高校在大仪管理中存在的几点不足。

### 2.1 大仪开放共享宣传不足

大仪开放共享工作在省属高校内宣传和推广力度不大，其中有多方原因，仪器设备归属学院，或只属于某个课题组，各学院或学科专业间信息沟通不畅，导致无法达成仪器设备共享使用。这些固化因素也使得设备使用管理者无意于设备共享，大仪开放共享工作的宣传较多停于表面。

### 2.2 大仪管理流程存在堵点

大仪开放共享服务校内外，系统管理涉及多个流程，多个部门和不同层级管理人员。有些省属综合性大学没有设置独立的分析测试中心，形成的管理较为分散，往往存在较多堵点，大仪开放共享工作无法顺利开展。

### 2.3 管理人员配备不完善

大仪开放共享服务涉及较强的专业性、技术性，甚至需要符合国家规范和行业技术标准，这些工作和技术要求大型仪器使用和操作人员具备较高的专业技术能力和管理经验，省属高校在这方面人员配备明显不足。

### 2.4 考核奖励机制不健全

大仪开放共享管理工作考评和奖励激励机制还不完善，对于设备管理人员和管理单位学院没有硬性的考核指标，这就使得学院和科研团队没有工作积极性。特别是大仪管理人员的技术性、专业性工作能力和成果没能在制度和考核中直观体现，使得这方面的工作成绩和工作量没能在个人工作绩效和职称评定中有明确指标和体现，导致管理操作人员积极性不高，仪器设备利用率不高。

## 3 加强大仪开放共享管理的几点建议

省属高校首先要深入学习国家及相关部委下发的大型科研仪器开放共享管理工作的文件制度和要求，结合本校实际和发展重心，积极探索和推动大仪开放共享工作创新举措，几点建议如下：

### 3.1 疏通管理流程，完善管理制度

省属高校大仪开放共享工作起步晚，管理流程和管理制度仍需完善，要学习和借鉴已经走在前面的部属高校，用管理制度保障管理流程，用管理流程指导线上平台，积极发展大仪开放共享线上管理平台，利用信息化技术实现大仪设备线上平台化管理，形成线上线下管理互为补充，提质增效[3]。健全管理制度，要建立适合本校实情的大仪管理制度，保障教学和促进科研两条主线不可偏废，要形成互相促进，互相提升的作用。

### 3.2 打通信息壁垒，活跃科技交流

省属高校主要服务省内科技交流和创新，在大型科研仪器的购置和研发方面专业性和应用性强，可能在科研仪器设备的高精尖方面不如部属高校，但可以深耕学校重点科研领域，用科研强项服务社会，将设备技术组合开发，用专业化的设备和技术在专业领域成为发言人，通过信息互通、信息汇聚，将优势学科发展成行业高地。我校二级单位与周边科研院所专业学院积极横向联合，达成大型仪器开放共享平台校际合作协议，互通院内大仪收费，形成常态技术交流。本着为社会企业降低研发成本的目的，高校更应积极投身中小企业科技创新，用校企间的交流合作带动大仪开放共享工作走深走实。

### 3.3 优化人员结构，提高技术能力

大仪开放共享涉及多方人员，其中大仪操作人员是核心，做好各方人员的利益和责任归属是保障大仪开放共享有序开展的前提，大仪操作人员的专业技术能力和设备管理经验是共享工作的保障。高校现阶段编制内工作人员不足，要保障开放工作有序开展，配备足够的技术人员至关重要。省属高校应充分发挥教学和科研培养工作优势[4]，积极开拓新型的人员管理模式，利用培养的高科技人才，多渠道多形式参与到大仪开放工作中，用制度和规范丰富人员构成，用科技人才培养反哺大仪共享开放，用大仪开放促进科技交流互惠，形成多源汇聚，良性循环的发展态势。

### 3.4 健全考评考核，完善奖励机制

当前大仪开放共享工作的考评和考核，更多的是考核机时，考评主要涉及与设备使用相关的科研工作量，比如文章、科研项目等，这些考评工作无法达到促进和激励大仪开放共享的目的。考评考核应重点围绕学院和设备管理人员两方面开展，学院可以通过同类型横向比较，对学院大仪开放共享管理涉及工作进行评分，比如学院参与共享设备比率（或设备值）、校内外开放工作量、设备共享成效或成果、设备运行保养维修情况等，将大仪开放共享工作考核多元化，模块化，将考核内容更多体现大仪设备开放共享投入比，重点激励科研共享互惠互利型开放工作。

大仪开放共享工作考核重点在激励奖励，将促发展放在首位，应偏重于鼓励校企技术进步、专业专用设备开发、科技专研领域深耕等方面考评，将有偿服务收益除去设备保养成本外，全部作为奖励返还学院或课题组，促进大仪开放共享工作深深植入学校科研发展进程，成为一支开拓校企发展的催化剂。

## 4 总结

高校“双一流”建设嵌合在国家高质量发展洪流中，科技强国的总目标促使国家对教育领域扩大投入，使得高校大型仪器设备数量和技术性能得到大幅度提升，配合高校保有大量高科技人才，实现科研创新和高效服务社会，大仪开放共享势在必行。这就使得各类学校的大仪开放共享工作重要性和紧迫性更显突出，省属高校应积极落实上级管理部门关于大仪管理工作政策和要求，探索适合本校大仪开放共享工作特色，转变管理思路，创新管理方法，提升人员技能，完善激励机制，用创新管理谋划大仪共享之路，使之成为学校教学统筹、科研发展以及服务社会的一剂助推剂。

## 参考文献

[1] 朱娜，张兆国．大型仪器设备开放共享的研究探索［J］．实验室研究与探索，2023，42（12）：267-271.

[2] 卫飞飞，贺剑，李一员，等．高校大型仪器设备开放共享管理的探索与实践［J］．实验室研究与探索，2023，42（11）：264-267，276.

[3] 梁勇，张磊，林梓．基于"互联网+"的双一流高校大型仪器设备创新管理模式［J］．实验室研究与探索，2023，42（7）：284-287.

[4] 宜原原，刘亚丰，雷敏，等．大型仪器共享平台助力生命科学拔尖创新人才培养［J］．实验室研究与探索，2023，42（10）：254-257.

# 湖北省科研仪器设施开放共享机制建设的对策建议

肖江蓉[1] 柳 丹★[2] 柴 波[1] 江良才[3] 向亚玲[4]

（1.武汉轻工大学，武汉，430023；2.湖北省科技信息研究院，武汉，420072；
3.湖北省产品质量监督检验研究院鄂州分院，鄂州，436000；
4.湖北省产品质量监督检验研究院，武汉，430061）

**摘要：**科技资源是进行科学技术活动的必要条件，是国家发展的重要战略资源。科研仪器设施作为科技基础条件资源，是科技资源重要组成部分，是科技创新的物质基础。推进科研仪器设施开放共享，是促进科技资源优化配置和高效利用、提高科研水平和创新能力必要途径，对深入实施创新驱动发展战略、建设科技强国具有重要意义。

**关键词：**科学仪器设施；开放共享；机制对策

2014年12月，《国务院关于国家重大科研基础设施和大型科研仪器向社会开放的意见》（国发〔2014〕70号）正式出台。为贯彻落实该文件精神，2015年我省印发了《湖北省人民政府关于促进科研基础设施和科研仪器向社会开放的实施意见》（鄂政发〔2015〕63号）。该意见的十条内容都是对贯彻落实国务院70号文件的具体措施和要求，对我省科研仪器的开放共享工作具有很强的指导意义。2023年11月29日，湖北省第十四届人民代表大会常务委员会第六次会议审议了《湖北省科学技术进步条例（修订草案二审稿）》，条例修订草案中提出“建立财政性资金投资或者资助建设的科学技术基础设施和科学技术条件平台资源共享机制”，从而“促进大型科学仪器和设备等资源的整合和有效利用”“促进重大科技基础设施开放共享与服务”，建立了湖北省科学仪器协作共用平台，进一步“提升设施建设水平与运行效能”[1-4]。

**作者简介：**肖江蓉（1976— ），女，教授，博士，硕士生导师，研究方向为质量工程、仪器设备管理、材料研究；柳丹（1980— ）女，硕士，副研究员，研究方向为科技资源共享、科学仪器共享管理、平台系统建设（通信作者）；柴波（1978— ），男，教授，博士，硕士生导师，研究方向为能源环境催化材料设计及性能研究；江良才（1986— ），男，工程师，研究方向为质量技术、材料及食品方向研究；向亚玲（1990— ），女，工程师，研究方向为检验检测、科学仪器设备共享服务及管理。

# 1　湖北省科研仪器设施整体情况

科技资源调查工作有利于摸清科技基础条件资源状况方面的真实情况，为科技资源建设部署及决策提供真实有效科学的数据。2019—2020 年度湖北省科技基础条件资源调查，是湖北省内最近一次开展的官方数据调查工作。根据此次调查数据显示，湖北省内（仅含省市属级单位）财政资金购置的 10 万元以上科研仪器设施共计 15445 台套，总原值 71.80 亿元；其中 50 万元以上的 3279 台套，总原值 45.21 亿元（见图 1）。2019 年度科研仪器设施总数为 13054 台套，总原值为 59.89 亿元，年度单位数量新增 3.12%，仪器台套新增达 18.31%, 原值年度新增达 19.88%。

2019—2020 年度，10 万 ~ 50 万元科研仪器设施数量占全年科研仪器设施总数均约 79.5%，年度新增区域中新增比约 78%，数据表明，原值区间 10 万 ~ 50 万元是全省科研仪器设施资源重头范围，如图 1 所示。

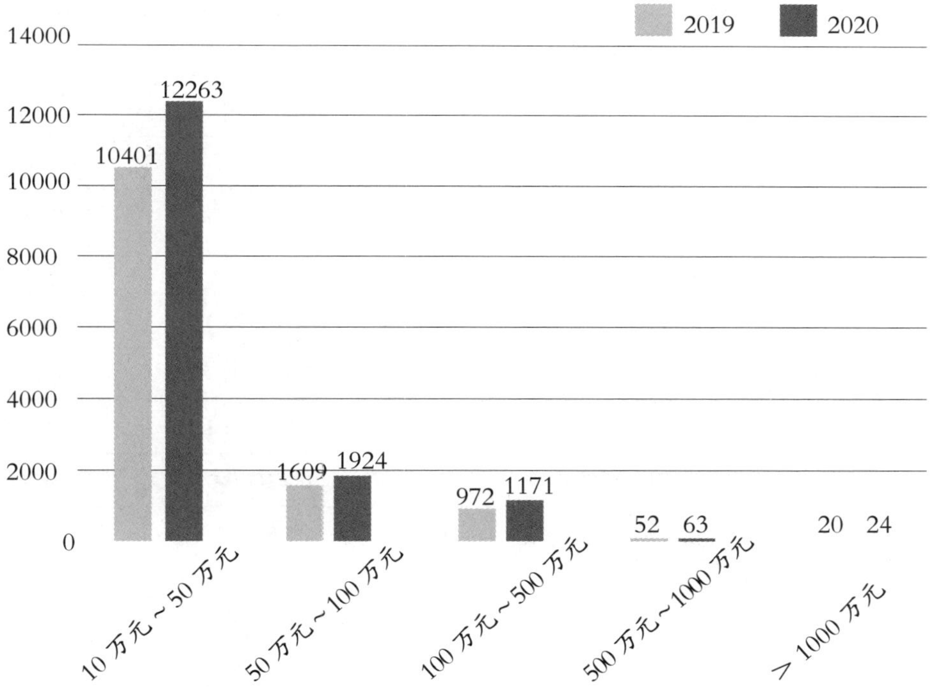


图 1　2019—2020 年度湖北省科研仪器设施原值区间分类图

## 1.1　湖北省科研仪器设施分布情况

表 1 数据显示，省内仪器所属单位以省属事业单位为主，单位数量占全省 36.02%，仪器台数占全省的 56.8%，仪器总原值数占全省 50.05%；较 2019 年同比分别增加 3.16%、

13.85%、19.88%。同时市州科研仪器设施在全省仪器设备数据中占比呈增长趋势，我省科技资源部署日趋均衡，市州区域科技实力日渐增强。

**表 1　2019—2020 年度湖北省科研仪器资源调查各区域科情况表**

| | 单位数（家） | | 数量（台 / 套） | | 仪器原值（元） | |
|---|---|---|---|---|---|---|
| 所属区域 | 2020 年 | 2019 年 | 2020 年 | 2019 年 | 2020 年 | 2019 年 |
| 省属 | 94 | 91 | 8784 | 7715 | 3593157818 | 3142643915 |
| 武汉 | 21 | 21 | 1989 | 1782 | 823208357.2 | 728438836 |
| 黄石 | 9 | 8 | 435 | 398 | 308981861.4 | 285460881.4 |
| 十堰 | 6 | 6 | 107 | 100 | 111970422.5 | 89877545.7 |
| 宜昌 | 13 | 13 | 333 | 272 | 210015861 | 179706508.4 |
| 襄阳 | 15 | 14 | 425 | 245 | 233921471.3 | 142215813.3 |
| 鄂州 | 14 | 14 | 1002 | 794 | 493270581.9 | 399358499.3 |
| 荆门 | 21 | 21 | 1061 | 755 | 576841435 | 406164267 |
| 孝感 | 10 | 10 | 281 | 208 | 179335771 | 137628970.3 |
| 荆州 | 15 | 15 | 242 | 198 | 151565215.9 | 124923735.9 |
| 黄冈 | 3 | 3 | 15 | 8 | 5628075 | 2109200 |
| 咸宁 | 12 | 11 | 283 | 182 | 239729955.3 | 144690604 |
| 随州 | 2 | 2 | 72 | 50 | 24669221 | 17156241 |
| 恩施 | 6 | 6 | 285 | 232 | 145392235.2 | 113986205.2 |
| 仙桃 | 3 | 3 | 18 | 17 | 5033366.34 | 4578366.34 |
| 潜江 | 3 | 3 | 32 | 27 | 48065908 | 43626008 |
| 天门 | 10 | 8 | 36 | 27 | 14599418.46 | 12178099.46 |
| 神农架 | 4 | 4 | 45 | 44 | 14186745 | 14066795 |
| 合计 | 261 | 253 | 15445 | 13054 | 7179573719.95 | 5988810491.02 |

### 1.2　湖北省科研仪器设备利用及共享情况

通过计算科研仪器利用率及共享比率分析各地市大型科研仪器设施利用及共享情况。按单台原值区间分为科学仪器≥ 10 万元、大型科学仪器≥ 50 万元、重大仪器≥ 1000 万元，如表 2 所示。

**表 2　2019—2020 年度湖北省科学仪器资源调查运行情况表**

| 仪器原值区间<br>情况类别划分 | | 科学仪器<br>（≥ 10 万元） | 大型科学仪器≥ 50 万元 | 重大仪器<br>≥ 1000 万元 |
|---|---|---|---|---|
| 基本情况 | 总数量（台套） | 15445 | 3278 | 25 |
| 2019 年 | 有效运行机时（时） | 17357808.49 | 3800912.27 | 62140.25 |
| | 有效运行率 | 67.58% | 92.76% | 194.19% |
| | 对外服务机时（时） | 4576922.57 | 1030231.82 | 15089.82 |
| | 对外服务率 | 17.82% | 25.14% | 47.16% |
| 2020 年 | 有效运行机时（时） | 19261229.73 | 4130094.57 | 68326.17 |
| | 有效运行率 | 77.94% | 78.75% | 170.82% |
| | 对外服务机时（时） | 4880869.12 | 1140627.86 | 14200.36 |
| | 对外服务率 | 19.75% | 21.75% | 35.50% |

利用率 = 年有效工作机时 /1600 小时 *100% ；1600 小时（8 小时 / 天 *200 天）为单台套科研仪器设施年度额定机时；共享率 =（外部共享仪器数量 + 内部共享仪器数量）/ 仪器总数。

数据显示，全省仪器设备对外服务率、有效运行率等数据均随原值增加而增长。2020 年度原值大于 10 万元仪器对外服务率 19.75%，较 2019 年度上涨 1.93% ；原值大于 50 万元仪器对外服务率、有效运行率等均较 2019 年度有所降低。

此外，根据表 3 显示，省属单位各年度均接近或略低于全省平均数值。武汉、黄冈、恩施等地，运行率、服务效率均大幅低于平均值，结合所属地区调查工作情况，在被调查单位及科研仪器设施等数量上，占该地区事业单位比例均较低，今后应加大调查工作力度，扩大调查范围。

**表 3　2019—2020 年度湖北省科学仪器资源运行效率情况**

| 年度<br>区域 | 有效运行率 | | 对外服务率 | |
|---|---|---|---|---|
| | 2020 年 | 2019 年 | 2020 年 | 2019 年 |
| 省属 | 64.13% | 70.96% | 15.96% | 17.80% |
| 武汉 | 34.23% | 36.50% | 4.72% | 4.82% |
| 黄石 | 78.43% | 83.18% | 19.77% | 21.61% |

续表

| 年度<br>区域 | 有效运行率 | | 对外服务率 | |
|---|---|---|---|---|
| | 2020 年 | 2019 年 | 2020 年 | 2019 年 |
| 十堰 | 89.79% | 95.95% | 3.63% | 3.88% |
| 宜昌 | 70.74% | 83.74% | 13.13% | 14.92% |
| 襄阳 | 72.20% | 102.20% | 57.05% | 83.06% |
| 鄂州 | 105.90% | 125.00% | 22.48% | 23.39% |
| 荆门 | 134.36% | 179.35% | 30.90% | 37.22% |
| 孝感 | 61.42% | 69.38% | 25.59% | 29.02% |
| 荆州 | 87.74% | 95.46% | 7.33% | 7.80% |
| 黄冈 | 5.54% | 10.39% | 1.75% | 3.28% |
| 咸宁 | 91.61% | 106.54% | 52.34% | 51.12% |
| 随州 | 93.73% | 91.01% | 85.01% | 82.50% |
| 恩施 | 51.52% | 60.74% | 0.77% | 0.95% |
| 仙桃 | 185.22% | 195.98% | 32.95% | 34.89% |
| 潜江 | 196.50% | 189.74% | 132.78% | 122.86% |
| 天门 | 80.49% | 89.49% | 44.52% | 50.79% |
| 神农架 | 127.58% | 130.19% | 126.91% | 129.79% |
| 均值 | 77.94% | 67.58% | 19.75% | 17.82% |

按照鄂政发〔2015〕63 号文件要求，平台纳入全省财政资金购置原值 10 万元及以上可对外共享服务科研仪器设施，鼓励非财政资金购置仪器信息加入平台，统计对外服务科研仪器设施相关信息。2023 年度，平台有 163 家对外服务单位为全省 3789 家企事业单位提供 13208 次检测活动，平台内入网对外服务仪器整体平均使用率为 52.37%。

### 1.3 湖北省科学仪器开放共享平台建设及服务情况

湖北省科学仪器协作共用平台（后称“省仪器平台”）是我省唯一省级仪器共享管理平台。按照鄂政发〔2015〕63 号文件要求，平台纳入全省财政资金购置原值 10 万元及以上可对外共享服务科研仪器设施，鼓励非财政资金购置仪器信息加入平台，统计对外服务科研仪器设施相关信息。2023 年度，平台有 163 家对外服务单位为全省 3789 家企事业单位提供 13208 次检测活动，平台内入网对外服务仪器整体平均使用率为 52.37%。

1.3.1　平台系统管理

国发〔2014〕70号明确提出管理单位的服务平台要统一纳入国家网络管理平台，逐步形成跨部门、跨领域、多层次的网络服务体系。按照国家工作部署，我省加强对省级平台的分级分类管理，不断完善平台功能，确保了国家平台和省级平台的无缝对接，进一步夯实了我省开放共享的条件保障。

（1）实现了科研仪器设施的全链条管理。湖北省科研仪器设施协作共用平台具有检索查询、预约服务、专家答疑等核心功能，既是面向各级管理部门的科研仪器设施管理平台，也是面向全社会科研人员的服务平台，能够通过采集分析科研仪器设施的服务数据实现对科研仪器设施运行管理、开放服务、评价考核的全链条管理，也能够通过多维度检索实现对分析测试服务、技术咨询服务等的全方位支撑。

（2）构建了分级管理的网络服务体系。为了进一步激发"资源集成、服务辐射"科研仪器设施共享服务潜力，省仪器平台逐步构建了分级管理的网络服务体系。加强省市联动，按照"分层建设、分级管理、分工负责、资源共享"原则，建立了17个市州区域级分中心，共同构建"省科技资源共享平台市州服务平台"管理服务体系。另一方面，在原"系统管理员—仪器拥有单位—仪器所在实验室"的三层管理模式基础上，增设省军融办等部门管理权限，基本实现地域属、部门级、单位化的交叉多层分级管理模式。

（3）完成了与国家网络管理平台的对接。我省按照《科研设施与仪器管理单位在线服务平台建设运行管理规范（试行）》要求，顺利完成与国家平台的对接。目前，我省已将省仪器平台内201家省属高等院校、科研院所及企业的3200余台套原值50万元及以上的仪器信息全部对接国家网络管理平台。

1.3.2　平台仪器资源建设

我省仪器共享平台建设工作起步较早，历经30多年的发展，始终围绕以提高仪器使用率和对外服务率这一中心目标，发挥平台桥梁纽带作用，全面推进我省仪器开放共享服务进程。通过平台宣传、用户培训、疑问解答等工作积累，平台工作已经逐步进入"用户预约—机组响应—双方登记—评价考核"的良性运行状态。截至2023年底，湖北省科学仪器协作共用平台入网单位2167家（其中仪器管理机构1050，用户单位1117家）、实验室2566个、10万元以上科研仪器设施20600台套，仪器原值共计105.79亿元。其中50万元以上大型科研仪器设施3347台套。

1.3.3　平台仪器共享服务

近三年，省仪器平台内仪器拥有单位提供对外开放共享服务，共为100余万个样品完成5.4万余次检测服务，服务机时数达120余万小时，累计服务费约4.5亿元。同时省仪器平台科研仪器设施领域专家670位，免费为入网设备机组单位与各类需检测用户（科研机构、院校、企业及个人）提供咨询服务3300余次，有效撮合310多次检测服务活动，根据平台检测服务数据测算，撮合检测服务费用达1000余万元，有效服务我省企业检测需求。

# 2 我省科学仪器开放共享主要存在问题

## 2.1 仪器资源及共享服务信息公示化程度不足

2023年省仪器平台内省内高校院所共计113家,10万元及以上科研仪器设施9741台套。省财政资产系统数据显示，全省高校院所科研仪器设施拥有单位共计261家，10万元及以上科研仪器设施15445台套。由此可见，科研仪器设施拥有单位上报率为43.2%；科研仪器设施上报率为63.1%；科研仪器设施信息上报数据与实际情况偏差较大。

自2005年起，省仪器平台全面开展征集各单位科研仪器设施对外开放共享的服务信息等工作。截至2023年12月，平台内共计对外服务信息约17.5万余条。但因未建立完善的信息公示制度，网内仪器共享服务单位1050家中，上报科研仪器设施开放共享服务信息共计63家单位（各年度累计并剔除重复单位统计），信息填报单位占网内机构总数6.0%，服务数据信息缺失量较大，无法全面完整地展现我省科研仪器设施开放共享工作情况。

我省科研仪器设施开放共享信息管理工作中科研仪器设施信息、共享服务信息公示化程度不足，信息公示制度不完善是面临的主要问题。

## 2.2 仪器开放共享评价考核与激励机制不完善

建立科研设施与仪器的激励约束机制及科学评价体系，是积极推动仪器开放共享、切实提高利用率的有效手段。

目前，全国各省市陆续开展科研设施与仪器开放共享评价考核工作。2008年，上海市出台《上海市大型科学仪器设施共享服务奖励资金管理暂行办法》（沪科合〔2008〕6号），2017年，上海市人民政府办公厅关于延长《上海市大型科学仪器设施共享服务评估与奖励办法》（沪府办发〔2017〕81号）有效期至2022年。2022年12月30日，上海市政府再次发布《上海市大型科学仪器设施共享服务评估与奖励办法》（沪府办规〔2022〕20号），有效期至2027年。多次的修订及延长文件有效期，表明上海对此项工作重视。文件要求对上海市辖区内加盟上海研发公共服务平台、完成大型科学仪器设施信息报送，且自愿向社会提供开放共享服务管理单位给予奖励。2018年，四川省《四川省重大科研基础设施与大型科研仪器开放共享评价考核实施细则》（川科财〔2018〕44号），江苏省《江苏省大型科学仪器开放共享补贴实施细则（试行）》的通知（苏科技规〔2018〕372号），河南省《河南省科研设施和仪器向社会开放共享双向补贴实施细则》(豫科〔2018〕137号)等各省科技厅陆续出台相关文件。2020年，湖南省科技厅联合财政厅、教育厅,开展湖南省原值20万元及以上重大科研基础设施和大型科研仪器开放共享评价考核工作。浙江省科学技术厅、财政厅、教育厅、卫生健康委、市场监督局等5部门联合出台《浙江省大型科研仪器设备开放共享绩效评价办法（试行）》，评价范围完全或主要利用财政资金或国有资本出资购置、建设，单台（套）价值在30万元及以上的大型科研仪器设施。

2017年科技部启动开展了中央级高等学校、科研院所等单位科研设施与仪器开放共享评价考核工作，我省区域内华中科技大学、华中农业大学、武汉大学等3家管理单位入选首批试点名录。自2018年，我省共计16家参评单位，评价结果为“优秀”及“良好”数量逐年上升。2021年，华中科技大学等5家获得优秀，全省优良率56.1%，排名仅次于北京、上海，全国第3。2022、2023年度，我省仅中国科学院水生生物研究所一家单位评比结果为优秀。

自2005年起，湖北省科学仪器协作共用平台对全省仪器共享单位开展共享服务奖励工作，按照《湖北省科学仪器协作共用平台奖励办法》及实施细则开展服务成效评比工作，2005—2016年，累计发放奖励经费785万元。2016年，省科技厅启动对科研设施及仪器设备的管理单位补贴工作，按研发测试补贴申报用户审定获批金额的10%进行补贴，3年累计为163家仪器管理单位补贴1101.2万元。此项工作已于2018年停止，《湖北省企业研发测试费补贴工作实施细则(试行)》(鄂科技规〔2014〕4号）等管理实施细则文件已废止。自此我省仪器共享服务鼓励机制及相关工作亦同步停止。

### 2.3 多系统平台数字化连通程度不足

2021年起，浙江省建立以“最多录一次”为导向，以物联网、数字化为牵引，统筹运用数字化技术、实现仪器管理及服务的流程再造，进一步提高仪器使用效率。打通在仪器信息、服务预约、反馈评价等信息链接途径，实现省仪器设备协作平台与多个系统之间的互联互通。建立多部门协同机制，打造大型科研仪器开放共享的web端、治理端和移动端的管理服务数字化生态，融合财政资产管理、创新券，及各单位仪器管理等多个系统，推动跨部门、跨层级、跨系统、跨单位的数据和管理融通，最终实现“数据最多录一次”的信息管理目标，实现科研仪器申请购置—资产建档—仪器管理—绩效管理—资产报废的全周期管理“一网办”。以科研人员需求为导向，实行网络化管理，实现仪器资源一指搜、仪器服务一指约、服务结果一指返、创新券一指兑，全面实现仪器共享管理服务的“一指办”。利用数字化手段，开展仪器搜索－在线预约－在线填报(支持创新券申报材料填写)－结果及材料反馈－服务评价的科研科研仪器设施全流程服务“一指办”，把方便留给科研和企业技术人员，提高科技创新资源供给质量和使用效率。

目前，湖北省科学仪器协作共用平台已建立与国家仪器管理平台、市州仪器管理平台（武汉、襄阳、宜昌）的上下互联的网络体系。但仍存在全省仪器管理单位信息数据多处登记填写、资源信息与服务信息不能同步实时获取等问题。

### 2.4 仪器管理及重复购置源头控制能力不足

2004年财政部、科技部、教育部、中国科学院联合发布《中央级新购大型科学仪器设备联合评议工作管理办法（试行）》的通知，对价格超过200万元的单件或成套大型科研仪器设施，明确了申报程序和评议程序，开展联合评议工作，把有限的科研经费用在刀刃上。

2005 年江苏省财政厅、科学技术厅、教育厅针对全省在科学研究、技术开发及其他科技活动中使用的单台价格在 50 万元人民币、成套在 100 万元人民币以上的各类仪器联合出台了《江苏省省级新购大型科学仪器设备联合评议工作管理办法（试行）的通知》，2014 年上海出台《上海市新购大型科学仪器设施联合评议实施办法》，为规范本市新购大型科学仪器设施评议工作，促进资源共享，提高本市财政资金的使用效益提供有效制度保障。目前我省尚未开展新购仪器评议工作。

截至 2023 年，根据省仪器平台数据显示：武汉地区拥有仪器数量近 12768 台 / 套，占全省科研仪器设施数量 64.1%，襄阳地区拥有 2247 台 / 套，约占全省数量的 11.3%，宜昌地区拥有大型科学仪器 1574 台 / 套，占全省数量的 7.9%，是我省区域中，设备数量较多的地区。在功能类别中，透射电镜、液相色谱仪、气相色谱仪这三类仪器数量排名前三，分别为 788 台 / 套，612 台 / 套，549 台 / 套，三者合计数量占比分析仪器总数的 29.1%。从地域所属、仪器功能雷同数据得出，我省仪器重复性现象明显，开放共享使用率不高。

## 3 推进我省科学仪器开放共享的机制创新

### 3.1 夯实根基，出台湖北科学仪器共享管理制度

一是加强我省仪器开放共享制度建设。建议制定出台《湖北省科研仪器设施开放共享管理办法》，主要面向科技主管部门、财政主管部门以及全省财政资金购置单台套原值 10 万元以上科研仪器设施的管理单位。办法重点明确仪器共享管理范围、管理机构权责、仪器信息公示、共享工作职责、评价考核及奖惩措施等内容。制度的出台将对提高科研资源利用效率、促进科技创新和发展、优化科研环境、节约科研投入成本等方面具有重要意义。

### 3.2 加强联动，完善湖北科学仪器共享工作机制

建议由省科技厅牵头，联合财政厅、教育厅、省发改委、省军融办、武汉海关等相关职能部门组成湖北省科研仪器设施开放共享联席工作组（下简称“工作组”）。加强工作组对我省科研仪器设施开放共享工作的监督、指导作用。加强协作共用工作队伍建设，依托省仪器共享平台工作团队，持续开展联合核查工作，开展全省仪器共享评价考核、新购仪器联合评议等工作，全面推进仪器开放共享工作机制常态化。

### 3.3 制度先行，制定湖北科学仪器开放共享评价体系及激励机制

建议制定出台《湖北省重大基础设施和大型科学仪器开放共享评价考核实施细则》，主要面对全省开展对外共享服务的原值 10 万元及以上国有科研仪器设施拥有单位，从运行管理、共享服务、科技支撑、平台对接等四个方面建立科学有效共享考核指标，根据其开放共享工作情况进行评价。同时利用考核结果，对共享成效好的单位给予专项经费补贴。同时在计划项目申报过程中，同类条件的情况下，优先立项。建立约束机制，制定可行、易行的处罚机制、严格实施项目仪器停购、部门内或跨部门仪器划拨等措施。

### 3.4 加大力度，健全科学仪器重复购置源头控制机制

（1）制定《湖北省新购科研设施设备的联合评议管理办法》。明确省属高等院校、科研单位以及社会公益性单位申请省财政和中央财政支持的、购置价格单台超过 50 万元人民币，成套价格超过 100 万元人民币（含自筹资金部分）的大型科研仪器设施列入联合评议范围。根据相关区域科学研究需求及仪器使用的实际情况，对新购大型科研仪器设施的必要性、合理性等方面进行综合评议，明确现有设施和仪器能够满足创新需求的，原则上不再新增。

（2）适时开展湖北省新购科研仪器设施联合评议工作。在省财政预算中专项申请购置大型科研仪器设施预算的，评议时间原则上可为编制年度部门预算"一上"之前。"工作组"委托省仪器平台工作团队，根据省仪器管理平台系统数据开展相关评议工作，并在评议结束后的 10 个工作日内将评议意见报送"工作组"，确认后反馈申请单位，有效期为 3 ~ 6 个月。如对评议意见有异议，可 7 个工作日内向"工作组"提出复议申请。"工作组"协调审核汇总，提出最终评议意见。

### 3.5 互联互通，推进科学仪器全周期管理及多系统数据融合

（1）运用物联网数字化技术，实现仪器运行服务全周期管理。建议分年逐步为全省单台原值 50 万元及以上、整套原值 100 万元及以上的科学仪器安装动态监测设备，实现实时获取仪器信息、服务预约、运行状态、反馈评价等信息链接途径。

（2）实现省仪器平台与多个系统之间的互联互通。通过 GS1 统一编码，实现数据中台与省财政资产管理系统互联互通；通过建立标准化接口，联通全省高校、科研院所等单位自建的仪器管理系统；通过系统打通实现预约共享使用大型科研仪器，可以直接创新券抵扣后支付费用。通过物联及多系统的融合与交互，实现数据"最多录一次"。

## 参考文献


［1］段伦超，顾宁，刘畅，等．国内外大型科学仪器开放共享政策研究［J］．江苏科技信息，2023, 40（9）: 1-4.

［2］钱岑，赵燕，何军．借鉴国外经验提升科学仪器设施共享水平［J］．实验室研究与探索，2023, 42（12）: 258-262.

［3］邹飘，魏志欢，严霜，等．湖北省大型仪器共享平台建设现状及难点探究［J］．实验室研究与探索，2024, 43（4）: 215-219+246.

［4］柳丹，彭洋，丁梅，等．湖北省大型科学仪器设备开放共享服务研究[J]．科技创业月刊，2023, 36（1）: 35-38.

# 高校大型仪器设备开放共享管理及维护探索

## ——以高分辨场发射扫描电子显微镜为例

邱　迪[1]　李　坚[1]　刘　畅[2]

（1. 湖北工业大学　材料与化学工程学院，湖北省　武汉市　430068；
2. 湖北工业大学　实验室与资产管理处，湖北省　武汉市　430068）

**摘要：**随着我国高等教育事业的不断发展，大型仪器设备购置率快速增加，大型设备为高校教学科研、人才培养和社会服务提供强有力支撑，但大型设备开放共享管理体制不完善，设备利用率低、使用寿命短。因此，如何对大型仪器设备进行开放共享管理，提高大型仪器设备使用寿命和使用效益成为高校设备管理中重要一环。本文以高分辨场发射扫描电子显微镜为例，从大型设备开放共享管理现状、高分辨场发射扫描电子显微镜开放使用及维护进行了探索与讨论，为今后推进大型仪器设备共享管理、优化设备资源，提高设备使用率提供一些参考和建议。

**关键词：**大型仪器设备；高分辨场发射扫描电子显微镜；开放共享管理；设备维护

近年来，国家和教育部对高等院校经费投入逐年增加，高等院校办学环境显著提高。高校实验室仪器设备不断更新换代，设备价值越来越高。但不同学校实验室条件、仪器管理员水平及经验差距较大，在大型仪器设备的管理机制和使用过程中暴露了许多问题，导致多数高校大型仪器设备的开放共享实施效果并不乐观，设备利用率低、闲置率高、服务能力弱的现象较为严重。因此，盘活高校大型仪器设备的服务资源，提高大型仪器设备的利用效率，具有重要现实意义[1]。国家相关部门已相继出台多项政策文件，推进大型仪器的开放共享。如国务院印发《关于国家重大科研基础设施和大型科研仪器向社会开放的意见》（国发〔2014〕70 号）[2]，科技厅、发改委及财政部联合发关于印发《国家重大科研基础设施和大型科研仪器开放共享管理办法》（国科发基〔2017〕289 号）[3]，进一步要求学校大型仪器设备开放共享，提高技术服务和运行管理水平。2018 年起每年对大型仪器设备

**作者简介：**邱迪（1995—　），男，实验员，研究方向为大型仪器共享平台管理；李坚（1990—　），男，实验中心主任，研究方向为大型仪器共享平台管理。刘畅（1981—　），女，主任，研究方向为大型仪器共享平台管理。

开放共享情况进行考核评价，加快推进了科学仪器向社会开放。针对面临的问题和考核要求，高校应结合本校实际情况，整合优化共享设备资源，提高设备使用率，为科研教学提供有力技术支撑，从而提高社会效益和经济效益[4]。

高分辨场发射扫描电子显微镜（SEM）主要用于材料微观表面形貌的观察与成分分析，包括各种固态样品表面形貌的二次电子像、反射电子像观察及图像处理。该仪器利用二次电子成像原理，在镀膜或不镀膜的基础上，低电压下通过在纳米尺度上观察生物样品如组织、细胞、微生物以及生物大分子等，获得忠实原貌的立体感极强的样品表面超微形貌结构信息。具有高性能 X 射线能谱仪，能同时进行样品表层的微区点线面元素的定性、半定量及定量分析，具有形貌、化学组分综合分析能力。下面以湖北工业大学高分辨场发射扫描电子显微镜为例，探索如何建设大型仪器设备开放共享使用及管理维护[5]。

## 1　高分辨场发射扫描电子显微镜的开放使用

高分辨场发射扫描电子显微镜常用来观察样品微观表面形貌特征，配置的能谱配件可做表面分析及表层体学位分析等。在高分子材料、纳米材料复合与功能陶瓷、金属材料表面改性、植物纤维等表面结构超显微分析和成分分析的基础研究和实际应用中起着至关重要作用。该设备因在高真空环境下运行，在 1 千伏的低加速电压减速功能下分辨率可达 1.3 纳米。另外，场发射扫描电子显微镜属于大型贵重仪器，一台价格在 300 万 ~ 350 万元，分辨率高，结构精密，操作复杂，一般都是专人专管，由仪器管理员去负责测试，但由于场发射扫描电子显微镜使用频率高。完全由仪器管理员测试已不能满足需求。但设备放开管理，学生自行操作会增加设备损坏率，减少设备使用寿命，大型设备的维修调试费用昂贵，易给学校学院造成重大经济损失。

和一般大型设备不同的是高分辨场发射扫描电子显微镜需要在高真空环境下才能正常运行，对样品干燥程度要求高。测试过程包括样品的制备及真空干燥处理，抽真空，参数调节，获取形貌数据等。由于设备全向全校，各个学院课题组测试样品种类不一，数量不一，不能将仪器全部放开使用，因此在保证设备安全有序正常运行前提下，分层次管理。提高设备使用效率和使用年限。

### 1.1　仪器管理员测试

对于平时样品测试少或测试难度大的课题组，主要由仪器管理员测试。对每年新到校研究生和教师，组织一到两次理论培训，主要包括扫描电镜的工作原理、用途、样品处理、数据分析等知识。仪器管理员每周三上午时间段收集测试待测样品，对于这部分学生和老师只需要在大型仪器开放共享平台上提前预约送样时间，完善样品信息，仪器管理员在系统中确定后方可送样，送样测试时，需要保证样品不含易挥发、放射性、磁性等物质。样品的制备对形貌影响极大，样品尽量保证有效性，测试结束后，仪器管理员会将测试结果发送给预约测试者，大家自行下载。集中测试部分少样品课题组可节约很多时间，这为自主上机学生和老师提供更多机会，设备也得到有效使用。

### 1.2 研究生自主上机测试

对于平时样品数目多或测试要求简单的课题组，每个课题组择优选出 2 名有责任心的研究生专门负责本课题组扫描电镜的测试。针对这部分同学，在平时理论培训的基础上，着重培训仪器设备的构造、原理及操作注意事项，如电子束、电磁透镜、背散射电子接收器、二次电子接收器、分析室等等。还包括测试前设备真空检查、水循环系统是否正常。为保证培训效果，3 ~ 4 人一组，保证仪器管理员师讲解过程中学生可看清楚操作要点，待自主上机考核通过后可给予权限在系统中预约自主上机。所有预约自主上机测试人员在使用仪器过程中都要认真填写记录本，以便仪器故障直接找到责任人，若在测试过程中遇到问题，需要及时联系仪器管理员。不能随便关机重启设备，造成设备二次故障。

### 1.3 科研教师自主上机测试

对于可熟练操作高分辨场发射扫描电子显微镜的科研教师，专业水平高，可以解决在测试过程中的小问题，可自行预约时间进行自主测试，除仪器管理员测试送样时间外，其他时间包括周末、节假日，科研教师都可以预约上机测试，并及时做好记录，包括使用时间、样品信息，设备状态等。

由于SEM需要在高真空环境下测试，仪器管理员要合理安排时间，提高设备使用效率。仪器管理员在大型仪器共享平台设置预约权限和开放时间段，具有上机合格证的学生和科研教师才能预约自主上机测试。送样检测和自主上机测试相结合方式大大提高了设备利用率，并减少了仪器管理员的工作量。这样仪器管理员有更多的时间可以开发仪器的新功能，让仪器发挥更大的使用价值。

## 2 大型仪器设备的管理维护

### 2.1 加强仪器维护保养，保证设备正常有序运行

仪器的日常维护是保证设备正常运行的前提，大型设备价格昂贵，仪器配件几万甚至几十万，定期检查可以及时发现减少设备配件故障率的发生，避免设备故障由小毛病变成大问题，造成设备致命的损伤。有些配件属于耗材，如样品托和螺丝，需要定期更换，因此设备管理员要提高维修和维护技能，并做好维护记录，从而提高仪器的使用寿命。

SEM 需要在高真空环境下工作，仪器灵敏度高，真空一旦变差便无法正常工作，为保证设备正常运行，需要定期保养，延长设备使用寿命。①真空系统维护。为了保证高真空条件，设备配置机械泵、分子泵，要定期检查真空情况，定期对泵进行检查维护。如机械泵油液面不能低于刻度线，长时间抽真空，样品杂质及粉末都会进入泵油，导致泵油黏稠，一年需要更换一次。分子泵需要请厂家进行维护以延长寿命。②水循环系统维护。循环水

主要是给分子泵、X射线源、磁透镜散热，时刻保持水量充足。定期更换水冷机里面的去离子水，水路会产生一些固体杂质，造成堵塞，定期观察水压，如果突然出现压力升高，可能存在堵塞。仪器内置滤芯也要定期更换。

### 2.2 常态化培训，提高专业知识

培训学习可以很好开阔师生视野。对于使用频繁的大型仪器设备，学院要定期组织多样化交流和培训，提升师生的理论知识水平、上机操作能力、数据分析处理能力。①对于每年新进校的研究生和老师，增加大型设备共享平台相关培训，也可以拍操作视频放置在设备下，师生在了解设备参数的同时也可以了解简单设备操作步骤，便于后期自主上机考核。②大型设备价格昂贵，操作复杂，学院要定期邀请工程师及行业专家对师生进行设备构造、原理、上机注意事项，数据分析及应用等培训，师生针对实际操作过程中遇到的问题对工程师进行现场提问，工程师为师生答疑解惑。③设备厂家及应用工程师在组织线上或者线下研讨会时，多向师生宣传，鼓励老师和学生多出去参观学习使用频繁设备的学术研讨会，并在厂家公众号上积极了解最新技术动态，提高自己专业技能，充分发挥设备价值。有些老师不是测试专业出身，导致有些高端设备的使用仅停留在基础功能，而潜在功能和高端功能并未得到开发，造成资源的浪费。设备管理员应通过培训和学习提升自己，更好发挥仪器价值，从而更好地服务于社会和科研。

### 2.3 加强管理队伍建设

实验室管理人员素质直接关系到大型仪器设备的运行效率，所以要提升实验室管理人员综合素质，首先要注重人员结构的优化，注重实验技术人员、工程技术人员和管理人员之间的相互沟通与交流，建议高校多引进具有博士学位的高层次人才，实现高端仪器专人专管，充实仪器管理人员队伍；其次是加强对管理人员的培训，培训内容主要包括大型仪器设备运行管理知识、仪器设备维护保养知识、实验技术队伍建设等方面；最后是要建立科学合理的激励机制，提高仪器管理老师的薪资待遇，设立专项基金用来奖励对仪器管理做出较大贡献的团队或者个人，完善仪器管理人员队伍的职称晋升政策。鼓励实验室管理人员在工作中勇于创新，积极解决大型仪器设备运行中遇到的难题，以此来激发实验室管理人员工作热情，提升实验室管理水平，从而确保高校科研工作的顺利开展。

### 2.4 完善大型仪器设备管理体制

高校实验室大型仪器设备管理体制是指在对高校实验室大型仪器设备进行统一管理的过程中，为了保障其运行质量和效率，所建立的一套运行机制，在这一运行机制中，要明确大型仪器设备的使用人员、管理人员、技术人员和维护人员的职责，从而使得大型仪器设备能够在良好的管理体制下发挥出应有的作用。

（1）完善大型仪器设备信息。将学校资产管理系统中大型仪器设备同步到大型仪器共

享系统中，减少手动录入可能出现的失误，仪器管理员只需将设备重要参数维护进系统（如可测试样品，设备精度）便于设备使用者直观选择。当资产系统中设备信息发生变动时（如设备存放位置、设备管理员变动、设备状态变化），大型仪器共享系统可以数据同步，保证数据的准确性。此外，大型仪器共享系统可设置分级管理，可将其分为三级管理体系，分别是：一级管理，大型仪器设备由学校统一管理，由学校承担主要责任；二级管理，由学院负责管理，学院院长对大型仪器设备的使用负责；三级管理，由大型仪器设备使用部门负责管理，具体措施是由使用部门填写仪器使用记录，报学校备案。

（2）设备预约管理。大型仪器共享系统设置预约有两种模式，一是预约自主上机独立操作，二是送样检测。预约管理模式由设备管理员根据设备属性自行设置。简单、易上手的设备可设置为自主上机和送样检测，对于价格昂贵，操作复杂，易损坏、需要通过专业培训的大型设备设置为送样检测，由设备管理员统一测试。使用者通过大型仪器共享系统可实时了解当前设备状态，根据开放时间和自身实验安排选择合适时间及方式预约，预约成果后准时准点进实验室开机测试，避免设备空置，做实验后对设备实验情况进行记录，方便日后统计查询。

（3）实验室授出入权管理。我校已将大型仪器设备共享系统与信息中心校内人员信息互通，设备管理员及使用人员可在学校官网主页融合门户登录进入大型仪器系统预约使用，学生预约该设备后，设备管理员可对学生授权进入实验室使用设备，这种管理模式减轻了设备管理员的工作量，提高了设备使用效率。

（4）设备服务评价。大型设备共享系统设置了打分评价功能。使用者和仪器管理员进行双向评价。使用者可以对设备状态、仪器管理员的服务水平等进行打分，仪器管理员对使用者信用、操作模式是否损坏设备进行打分，双方均互评后方可结束预约测试流程，进入后续收费流程。

（5）报账管理。大型仪器系统已经和财务处系统对接，报账工作极其方便。使用者导师按照操作手册注册课题组绑定经费，测试完成后，机组核定费用后，导师确认无误后账单直接推送至财务处，使用者打印使用明细签字后。财务处自动扣款。这减轻了仪器管理员和财务处的工作量。

## 3 结语

高校作为国家创新建设的主力军，推动其拥有的重大科研基础设施和大型科研仪器开放共享，是推动国家科技进步，发挥高校教学、科研、服务社会的多重职能的重要支撑。目前大型仪器开放共享取得一定成效，但还存在一定问题和困难。为最大限度地优化大型设备资源，更好地服务师生，今后将借助大型仪器设备共享平台，将大型设备管理更加科学化、精细化。不断优化大型设备共享管理办法，整合大型设备资源，加强大型设备的日常维护，保证设备正常有序工作。在未来的日子里，继续推动大型设备共享，多和其他兄弟高校交流合作，充分发挥大型设备能动性，为学科和科研服务。为社会创造价值。

## 参考文献

[1] 高亚虎，王琳欣，谢丽，等．助推"双一流"建设的深化大型仪器设备共享平台建设探索[J]. 中国现代教育装备，2022，(21)：41-44.

[2] 孔丽满．新形势下大型仪器设备开放使用及管理维护探索——以X射线光电子能谱仪为例[J]. 山东化工，2023，52(19)：221-222.

[3] 蔡晚拴．国家一流学科背景下大型仪器开放共享平台建设[J]. 实验科学与技术，2023，21(1)：152-156.

[4] 许安琪．高校大型仪器设备开放管理体系优化建设的思考[J]. 大众标准化，2023，(20)：51-53.

[5] 黄晋茹，戴亮，郑玲童．高校大型仪器设备共享管理平台的建设[J]. 中国现代教育装备，2024，(1)：25-27.

# 高校大型仪器设备共享管理模式研究

李　坚[1]　邱　迪[1]　刘　畅[2]

（1. 湖北工业大学材料与化学工程学院，武汉，432700；
2. 湖北工业大学实验室与资产管理处，武汉，432700）

**摘要：**本文旨在讨论高校大型仪器设备共享管理的有效模式，以解决当前高校大型仪器设备资源分配不均、使用效率低下等问题。通过文献查阅、高校调研、问卷调查的方法，本研究分析了高校大型仪器设备管理现状，提出了基于信息化平台的共享管理机制，包括资源共享平台构建、设备预约系统、使用评价反馈及激励机制等。研究结果表明该模式能够显著提高设备利用率，促进科研合作，降低管理成本，并为高校科研创新起到推进作用。

**关键词：**大型仪器设备；共享管理；信息化平台；资源利用率

## 引言

随着高等教育和科研事业的快速发展，高校拥有的大型仪器设备数量急剧增加，成为科研创新的重要硬件支撑。然而，由于信息不对称、管理体制不健全等原因，设备资源分散，使用效率低下等问题日益凸显。如何加快推进大型仪器设备开放共享，加强大型仪器设备资源的整合，保障大型仪器设备可持续化运行，科学化管理大型仪器设备共享平台成了各院校亟待解决的问题，因此研究高校大型仪器设备的共享管理模式具有重要的现实意义。

## 1　大型仪器设备管理现状及存在问题

继国家出台关于大型仪器设备开放共享的一系列相关政策，如《关于国家重大科研基础设施和大型科研仪器向社会开放的意见》（国发〔2014〕70号）、《国家重大科研基础设施和大型仪器开放共享管理办法》和《国家重大科研基础设施和大型科研仪器开放共享评

**作者简介：**李坚（1990—　），男，实验中心主任，研究方向为大型仪器共享平台管理；邱迪（1995—　），男，实验员，研究方向为大型仪器共享平台管理。刘畅（1981—　），女，实验室与资产管理处主任，研究方向为大型仪器共享平台管理。

价考核实施细则》（国科办基〔2022〕93号），相关政策措施的贯彻落实，加快推进了大型仪器设备向社会开放共享，但仍有部分单位存在开放共享意识薄弱，相关管理制度不健全，未建立或未有效使用在线服务平台，存在大型仪器设备重复购置、低效使用、闲置浪费等现象。

### 1.1 大型仪器设备管理制度不健全

目前各高校和科研院所都建立了大型仪器设备开放共享管理制度，但由于大型仪器设备更加专业化，很多单位并未从申请、采购、验收、使用、维护、监督、评价考核等方面制订出一套健全的管理制度，而且制度执行效果不理想，大型设备未发挥出最大的功能价值。

### 1.2 专业技术队伍薄弱

大型科研仪器设备需要专业技术能力强、有动手能力且操作娴熟的高素质实验技术队伍。目前实验队伍普遍存在以下问题：①高校和科研院所重视高层次人才的培养，而忽略了专职实验技术人员的培养；②实验技术人员职称晋升空间有限且难度大，并且实验技术人员流动性大，不稳定；③实验技术人员缺乏有限的培训空间、奖励机制，造成实验技术人员工作积极性不高，队伍整体水平不高。

### 1.3 设备运行维护经费有限

目前，大部分高校仅针对本科教学仪器设备设立了专门维修保障经费，未针对大型科研仪器设备设立专门经费，一旦大型科研仪器设备出现故障，无法及时满足大型仪器设备运行维护需求，使得大型仪器设备使用效率大大降低。

## 2 建立有效的大型仪器设备共享管理模式

### 2.1 健全大型仪器设备共享平台管理制度

做好大型仪器设备的管理，根据自身单位实际情况出发制订出符合本单位实际情况的管理规章制度[1]。在大型仪器设备购置前期，对拟购置设备进行充分论证，包括使用方向、服务团队、预计有效机时、是否重复购置等，确保所购置的大型仪器设备能够充分发挥效益。在管理上提升机组人员的管理素养，积极组织设备培训活动和讲座，定期对设备进行维护保养，做好设备使用记录工作。对年度管理工作进行评价考核，全面、真实掌握大型仪器设备运行使用情况，提高大型仪器设备使用效率和管理水平。

### 2.2 专业技术人员的培养和引进

科研创新与人才的创新密不可分，对于高精尖的大型仪器设备，需要既有着扎实的专业理论基础知识，又要有丰富的操作能力和技术研发能力的高素质人才[2-4]，进而实现设备管理人员的高素质化。通过引进硕士、博士高学历专业技术人员加强实验技术队伍建设，提高大型仪器设备功能开发和仪器使用效率。对于引进的专业技术人员，全面、有计划地提高实验技术队伍的专业技术水平。定期开展技术能力培训，安排实验技术人员到仪器公司进行培训和学习，提高理论和实验技能，降低仪器损坏率；根据大型仪器的使用反馈情况，组织仪器公司人员到现场进行专题讲座交流，开发仪器新功能；对实验技术人员实行“多劳多得”的薪酬分配制度，吸引更多的高水平、高素质技术才人加入实验技术队伍中，完善实验技术结构，提高实验技术队伍整体技术水平，提高实验技术人员工作积极性。

### 2.3 建立大型仪器设备有偿使用制度

大型仪器设备运行维护经费是大型仪器设备共享平台的重要保障，通过建立大型仪器设备有偿使用制度，确保大型仪器设备能够持续化运行[5]。通过对各高校、检测机构同类型大型仪器设备收费标准调研，同时结合本单位的实际情况制定大型仪器设备使用收费标准。建立大型仪器设备有偿使用制度旨在确保大型仪器设备能够完好运行，更好地为科研服务，对于有特殊情况的科研老师，如新进还未有科研经费的科研人员，可适当给予一定的免费机时。同时对经费的使用应施行监管，应全部用于大型仪器设备运行维护和实验技术人员的绩效津贴。

### 2.4 大型仪器设备管理信息化建设

通过引入大型仪器设备共享系统，实现对大型仪器设备的使用管理信息化、可视化。大型仪器设备共享系统可以实现设备网上预约使用管理，减少人力物力成本，有效提高大型仪器设备的开放共享效率[6]；同时可以通过系统发布设备维护、培训、讲座通知，方便实验技术人员管理；通过该系统统计设备预约及收费情况，预约人员也可通过系统进行满意度反馈，可作为实验技术人员的考核指标；通过系统进行监管，对使用情况进行公开，实现透明化管理。

## 3 结语

大型仪器设备共享平台的建设是一个长期的不断优化改进的过程，要紧紧依据国家的政策方针，从各单位实际情况出发，对共享平台的管理模式进行不断探索和研究，逐步提高大型仪器设备的使用效率，更好地为科技创新和社会发展服务。

## 参考文献

[1] 李井葵，张海彬．高校仪器设备共享平台建设的实践探索[J]．实验室研究与探索，2012, 31(4)：452-454.

[2] 王波，党银霞．农林高校大型仪器设备共享机制的实践与探索[J]．陕西农业科学，2013(2)：247-249.

[3] 周晓娜．如何建设高水平大型仪器设备管理队伍［J］．中国高校科技，2012（1）：47-48.

[4] 张丽梅，刘震．大型仪器设备共享平台建设的探讨与实践［J］．实验技术与管理，2009, 26（3）：292-295.

[5] 蔡瑞林，袁锋，吴小亚．高校大型仪器设备共享的经济学［J］．实验室研究与探索，2012, 31（4）：384-388.

[6] 汤苗，文景玉，赖金梅．科研院所大型仪器设备共享平台建设的思路［J］．农业科研经济管理，2024（1）：19-22.

# 我国高校大型仪器设备开放共享管理现状、问题及对策

周　杨[1]　王　吉[2]

（1. 华中师范大学外国语学院，武汉，430079；
2. 华中师范大学信息化办公室，武汉，430079）

**摘要：** 大型仪器设备是高校培养创新拔尖人才、开展高水平科研、工程技术创新和提供社会服务的重要物质基础，也是服务国家战略需求、推动经济高质量发展的重要支撑力量。高校大型仪器设备开放共享是国家的一项战略部署，也是我国科技资源共享的重要内容，目前已成为管理层和高校普遍关注的一个热点问题。本文用文献研究法和调查研究法梳理了我国高校大型仪器设备及开放共享管理现状，分析了目前存在的一些问题，并结合实际工作经验针对性地提出了一些解决对策，为进一步完善高校大型仪器设备开放共享管理提供了一些方法和思路。

**关键词：** 高校大型仪器设备；开放共享；开放共享管理

大型仪器设备是高校开展人才培养、科学研究、技术创新和社会服务的物质基础，对培养创新拔尖人才、开展高水平科学研究、推动工程技术创新和提供优质社会服务均具有重要作用。近年来，随着“双一流”建设和“世界一流大学”建设的持续推进，高校在大型科研仪器上的投入不断增加，据不完全统计，当前全国高校和科研院所原值 50 万元以上的科研仪器已达 13 万台，总价值突破 1500 亿元。随着大型仪器设备数量和总值的大幅提高，如何加强高校大型仪器设备开放共享管理，提高开放共享程度和使用效益，更好地服务于教学科研与技术创新，提供更优质的社会服务，成为一个日益重要又急需解决的课题。

## 1　我国高校大型仪器设备开放共享管理现状

2015 年 1 月，国务院印发《关于国家重大科研基础设施和大型科研仪器向社会开放的意见》（国发〔2014〕70 号），要求高校在满足本单位科研教学需求的基础上，最大限度推

---

**作者简介：** 周杨（1982—　），男，实验师，研究方向为教育信息技术，高校实验室建设与管理。王吉（1987—　），女，实验师，研究方向为教育信息化。

进科研设施与仪器对外开放。这一文件的出台，推动高校大型仪器设备开放共享工作进入全面统筹、规范管理的新阶段。2015年12月，教育部办公厅印发《关于加强高等学校科研基础设施和科研仪器开放共享的指导意见》（教技厅〔2015〕4号），对高校建立开放共享机制、建设信息服务平台、加强人才队伍建设、创新完善管理模式、建立成本核算和服务收费管理机制、建立分类考核评价办法、建立激励和调控机制等事项提出了要求。2017年9月，科技部、发展改革委和财政部联合发布《国家重大科研基础设施和大型科研仪器开放共享管理办法》，要求高校制定开放共享规章制度，建立健全开放共享的激励和约束机制。2022年7月，科技部发布《国家重大科研基础设施和大型科研仪器开放共享评价考核实施细则》，要求按年度对高校大学仪器设备管理、运行以及开放共享总体情况进行评价考核，并向社会公布评价考核结果。

随着这些文件的陆续出台，高校大型仪器设备开放共享程度越来越高，管理也越来越制度化、规范化。目前，全国高校普遍根据实际情况建立了自己的大型仪器设备管理制度，明确其大型仪器设备共享管理的对象、管理原则、组织机构和管理模式，并对大型仪器设备的需求论证、开放共享、收费管理、绩效考核、维保维修、报废处置诸环节做出了明确规定。绝大部分高校建立了大型仪器设备共享管理平台，并将本校单台套原值40万以上（有的是10万以上）的仪器设备都发布到平台上，供校内外用户预约使用。平台的基本功能，除了浏览、预约大型仪器设备外，一般还可以查看仪器设备规章制度、操作培训和使用率等信息。管理模式一般是由学校主管实验室与设备的部门主导，负责制定大型仪器设备管理制度、建立共享管理平台、组织购置论证、统筹开放共享、审核开支收入和开展绩效考核等工作。学校建立校、院等多级实验平台，校级平台购置的是跨学科、价值高、操作和管理难度大、通用性强的大型仪器设备，开放共享服务由专职人员提供；院级平台一般是二级学院自购，专业性强、学科特色明显，价值相对较低的大型仪器设备，开放共享服务一般由学院实验技术人员兼职提供。为了响应国家政策要求，进一步提高大型仪器设备使用效能，很多高校还建立了绩效考核和奖励机制，可量化考核大型仪器设备投入产出效益，但总体看奖惩机制还不够健全，奖惩制度落实情况不理想。

## 2 我国高校大型仪器设备开放共享管理存在的问题

### 2.1 购置论证工作不足

高校大型仪器设备存在不合理购置、不必要购置和重复购置等现象，有些仪器设备使用率低，甚至长期闲置，资源浪费比较严重。导致这些现象的原因是购置大型仪器设备前的调研不充分，论证工作流于形式。有的仪器设备在购置前对自身实际需求的调研不充分，导致购置的仪器设备与实际需求不匹配，或者功能不足，或者功能过剩，或者完全不必要；有的仪器设备在购置前对其性能指标的了解不充分，或者仅为满足单项科研功能或项目需求而购置，造成后期使用率不高；有的仪器设备在购置前调研工作非常仓促、草率，甚至直到采购环节才开始补充论证，导致论证环节流于形式；有些高校对论证把关不严，论证专家不是相关专业，给出的意见不合理；有些高校组织论证的工作人员不够专业，设备查重不严格，导致出现重复购置的现象。

### 2.2 开放共享意识淡薄

大型仪器设备开放共享意识淡薄是当前高校面临的一个较为普遍的问题，也是导致仪器设备共享度和使用率不高的一个重要原因。高校的大型仪器设备，很多是二级单位根据教学和科研需求购置的，也有的是课题组或个别科研人员根据课题研究需要购置的，这种情况导致大型仪器设备单位化、部门化、课题组化、个人化，高校师生存在一种根深蒂固的“私有化”意识。同时，大型仪器设备的运行和维护需要耗费大量的人力和物力，开放共享会“额外”增加相当大的工作负担，加之缺乏有效的激励机制，管理单位和个人开放共享意愿不强。此外，有的管理单位和管理人员为了保证有充足的自用时间和良好的自用状态，对大型仪器设备开放共享存在一定的抵触情绪。在这样的生态下，其他单位和个人借用仪器设备的意愿也会受到一定程度的阻滞，有时宁愿承担资金和制度压力重复购置。

### 2.3 实验技术队伍建设滞后

高校大型仪器设备数量激增，开放共享工作持续推进，“双一流”建设和创新人才培养不断深化，这些对实验技术队伍数量、质量和专业精神都提出了更高的要求，但目前高校实验技术队伍建设情况明显滞后于实际需求。首先，随着大型仪器设备数量不断增加，管理要求不断提高，实验技术人员也应增加配置，然而高校普遍存在“重教学轻教辅”思想，实验技术人员编制非常紧张，大型仪器设备缺少专人管理，开放共享的支撑力量明显不足，出现设备无人操作、设备长期闲置的情况。其次，大型仪器设备通常结构精密，操作复杂，实验技术人员不仅要承担其使用、运行、维护和日常管理等工作，还需负责技术培训、技术服务、实验技术改进和创新等，需要有比较扎实的专业知识和科研素养，但有些高校在购置大型仪器设备时往往“重建设轻管理”，对仪器设备管理和运行工作不重视，配置的实验技术人员专业不对口，技术水平不高，业务能力和综合素质参差不齐。最后，有些高校人事制度改革滞后时代发展需求，实验室技术人员的考核晋升与大型仪器设备开放管理工作不挂钩，薪资待遇与工作压力不匹配，导致其对自身工作缺乏认同感和归属感，极易产生心理落差和职业倦怠，工作缺乏积极性、主动性和创造性。

### 2.4 考核奖惩机制不健全

大型仪器设备考核评价和奖惩机制是提高仪器设备使用率和使用效能的关键举措。目前高校虽然普遍制订了大型仪器设备的考核评价和奖励制度，但考核奖惩机制仍不够健全。

主要表现在四个方面：①大型仪器设备的考核评价指标不科学，评价的标准和指标较为单一，不同类型，不同管理层级仪器设备的采用相同的评价指标，不能科学、客观反映大型仪器设备的实际效益。②现行的大型仪器设备效益考核在指标与方法上主要以单台仪器为对象，没有落实二级单位的主体责任，没有发挥好二级单位的能动性，导致共享考核与后期整改环节难以有效衔接，面临着无工作抓手的窘境。③考核工作缺乏具体实施措施或实施措施不够细化量化，未形成可操作的、持续性的奖惩机制，没有与大型仪器设备的预算、论证、购置等环节联动，没有与管理人员的职称考评相关联。

# 3 解决对策

## 3.1 严格开展大型仪器设备购置前的调研和论证工作

（1）优化大型仪器设备购置流程，建立多部门联动的购置机制。暨南大学建立的“论证—预算—采购—使用”多部门联动机制较为典型，值得学习推广。该机制由项目主管部门前置设备论证环节，论证通过的设备进入准购库；经费预算部门根据论证结果对库内设备进行立项及预算，预算编制完成后再安排采购计划；采购部门依据论证参数及预算额度开展设备购置工作，严格执行“无预算不采购”的原则；入账设备的使用机时及产出效益由项目主管部门考核并反馈至论证工作中形成规范的闭环体系。

（2）建立完善的调研论证指标体系，对大型仪器设备购置进行量化评分。张爱敏等人构建了一个量化评分体系，该体系设计必要性、可行性、调研充分性、可开放性等 4 个一级指标，每个一级指标下面再设若干二级指标，一共设置 20 个二级指标，每个二级指标分值为 5 分，专家组针对各项指标逐一打分，最终确定设备申购的总分值，总分值合格者方可进入采购流程。

（3）严格把关论证环节，坚决避免不合理购置、不必要购置和重复购置等现象。一是要确保聘请相关专业的论证专家，保障专家意见的科学和合理；二是要全面调研全校大型仪器设备的分布与共享情况，掌握相关使用数据及绩效数据，避免重复购置；三是要充分考虑现有同类设备的使用情况及预期效益的发挥情况，参照教育部使用机时下限标准，执行购置前的量化评分机制，对不达要求或评分不合格的原则上不予通过。

## 3.2 强化大型仪器设备共享意识，破除“私有化”观念

（1）优先建设校级平台。高校校级平台购置的通常是跨学科、通用性和共享性强的大型仪器设备，其开放共享管理更加规范，开放共享意识普遍优于院级平台，基本不存在“私有化”的观念和行为。购置大型仪器设备时，高校在统筹各学科建设和发展需要的前提下，应优先支持校级共享平台建设，配置专职人员实施集中开放共享管理，引领其他共享平台建设，持续强化师生对大型仪器“国有”和“共享”属性的认识，改变原来的思维模式和工作习惯。

（2）加强“共享”文化建设。①要完善并进一步落实大型仪器设备开放共享的规章制度，通过政策引导和制度规范，确保大型仪器设备开放共享工作持续推进。②要常态化宣传共享理念，通过会议、培训、讲座、报告等多种形式，加强对共享理念的宣传，提高师生对大型仪器设备的共享意识。③要促进交流合作，鼓励和支持不同学科、不同院系之间的交流合作，通过项目合作、联合研究等形式，促进大型仪器设备开放共享。

（3）加强大型仪器设备的宣传和培训工作。高校大型仪器设备共享意识欠缺，还有一个重要原因是师生对大型仪器设备的操作和预约使用流程不熟悉。针对这一问题，可以通过开展形式多样的大型仪器设备操作培训、开放共享经验交流会等活动，深化师生的开放共享意识；还可以利用大型设备开放共享平台网站和公众号等网络手段，发布大型仪器设备开放共享统计数据、培训通知、典型案例等资讯，扩大仪器设备的知名度，从而提高大型设备开放共享程度。

### 3.3　加强实验技术队伍建设

（1）合理配置实验技术人员，建设一流的实验技术队伍。实验技术人员是高校大型仪器设备开放共享管理的基础，数量充足、专业对口、技术扎实的实验技术队伍是做好开放共享管理工作的必要条件。高校应根据大型仪器设备开放共享的实际需求，合理配备实验技术人员，建立一支兼具专业技术和管理服务水平的实验技术人才队伍。

（2）多措并举提升实验技术人员专业素质。根据实验技术人员实际情况及大型仪器设备开放共享实际需求，制订年度培训计划，并按计划组织实验技术人员参加专业培训和相关学术交流，提升实验技术人员专业能力；邀请仪器公司应用工程师来校开展培训和讲座，进行仪器原理、方法和应用讲解，现场解答师生在使用仪器设备中遇到的难题；鼓励实验技术人员搞好仪器的功能开发、改进与维修等工作，同时积极参与科研项目，全面提升实验技术人员专业素养。

（3）完善实验技术队伍考核晋升机制。高校应充分考虑大型仪器设备开放共享管理工作的实际情况，制定与之匹配的岗位职责、岗位培训、薪酬绩效、职称晋升等政策，以稳定实验技术人员队伍，激发实验技术人员的积极性、主动性和创造性，不断提高实验技术水平，从而提高大型仪器设备开放共享的管理与服务水平。

### 3.4　建立科学有效的考核奖惩机制

（1）建立科学、合理、多元化的评价指标体系。高校应结合本学校的实际情况，充分考虑学科发展和设备功能定位的差异，根据设备的所属类别，制定多元化的评价指标体系以更好地反映设备的使用效益。偏重教学的仪器设备，应增加机时数指标权重，以体现学生和其他用户的使用频率；偏重科研的仪器设备，应增加论文、科研获奖方面在考核中的权重；偏重检验测试的仪器设备，应侧重考核其出具的报告数量。另外，校级平台设备和院级平台设备的评价指标也应分别有所侧重。

（2）落实二级单位的主体责任。考核时要突出二级单位在大型仪器设备管理上的主体责任，在单台大型仪器设备使用效益评价指标体系的基础上，要设立以二级单位为考核对象的评价指标，实现考核对象由单台大型仪器设备到二级单位的扩展。只有落实二级单位的主体责任，考核工作才有抓手，考核结果才能与后续整改有效衔接。

（3）完善考核奖惩机制。首先要细化和量化奖惩标准，制订具体的奖惩实施细则；其次要建立考核结果与预算、论证、购置等环节联动的机制，如将考核结果作为预算分配的重要依据，考核优秀的二级单位可优先获得预算支持，考核不达标二级单位则减少或暂停预算支持；最后，要将大型仪器设备绩效考核与具体管理人员的考核挂钩，考核“优秀”称号可纳入职称评审及岗位聘用条件。

此外，有些高校还存在运维经费投入不足，大型仪器设备出现故障时不能及时维修的问题，导致大型仪器设备运行状态不佳，设备利用不充分甚至闲置，造成极大的浪费。要解决此类问题，高校须在推动大型仪器设备开放共享的同时，为其配置充足的运维经费，保障设备出现故障时能得到及时维修，让设备保持良好的运行状态。

## 4 结语

经过多年的发展，我国高校大型仪器设备开放共享管理取得了显著的进展，政策体系不断完善，规章制度日益健全，共享平台建设成效显著，管理机制持续创新，资源共享效率明显提升。但是也要认识到高校大型仪器设备开放共享是一个复杂的系统工程，目前仍面临诸多挑战，如资源分配的均衡性、合理性，资源共享的通畅性、可持续性，实验技术队伍的专业能力提升、考评奖惩机制的有效性等。未来可以从这些方面持续发力，转变思想，多方协同，力争构建基于科技资源共享等国家战略的高校大型仪器设备开放共享机制，提升高校的人才培养和科技创新能力，助力教育强国。

## 参考文献


[1] 王杰，王妮，李盼，等．大型科研仪器设备开放共享的探索与实践[J]. 实验室研究与探索，2019（38）：297-303.

[2] 喻思南．优化配置资源促进科技创新[N]. 人民日报，2022-12-08（13）.

[3] 梁勇，张磊，林梓．基于“互联网 +”的双一流高校大型仪器设备创新管理模式[J]. 实验室研究与探索，2023, 42（7）：284-287.

[4] 卫飞飞，贺剑，李一员，等．高校大型仪器设备开放共享管理的探索与实践[J]. 实验室研究与探索，2023, 42（1）：264-267.

[5] 马荔，张卫，陈虹锦，等．以人为本的化学实验室安全教育模式建设[J]. 实验室研究与

探索，2019, 38（7）: 285-289.
[6] 张梦瑶，刘蕾，韦莉，等. 高校新型科研机构大型仪器设备管理与共享“1+3”模式探究[J]. 实验室研究与探索，2024, 43（2）: 258-262.
[7] 李朝明，李康，卢坤. 高校大型仪器设备全生命周期协同共享机制研究[J]. 实验室研究与探索，2024, 43（6）: 251-254.
[8] 李琰，董海新，王忠秀，等. 基于机制设计理论视角的高校大型仪器设备购置论证改革[J]. 实验技术与管理，2023, 40（6）: 232-237.
[9] 张爱敏，高学平，张芦元. 高校大型仪器设备开放共享效率提升机制[J]. 实验室研究与探索，2022, 41（8）: 310-313.
[10] 刘彦强，王益民，闫冰，等. 提高大型仪器设备购置论证质量的措施研究[J]. 实验室科学，2016, 19（3）: 215-217.
[11] 王文君，胡美琴，付庆玖，等. 高校大型仪器设备开放共享的探索与实践[J]. 实验技术与管理，2021, 38（1）: 231-238.
[12] 楚华琴，时娜，于宝证. 高校大型精密仪器设备使用现状及高效管理模式探讨[J]. 实验室研究与探索，2022, 41（11）: 308-312.
[13] 赵金花，王宇松，陈武华，等. 关于高校大型仪器设备管理中存在问题的探讨[J]. 广东化工，2015, 42（21）: 194-195.
[14] 张敏，王世杰，李贺，等. 高校大型仪器设备技术人员专业能力框架研究[J]. 实验室研究与探索，2024, 43（3）: 233-237.
[15] 陈丽鹃，柳立，周冀衡，等. 地方高校科研实验室大型仪器管理与开放的研究[J]. 实验室科学，2020（23）: 215-217.
[16] 郑建彬，赵明，宋秀庆. 高校大型仪器设备综合效益考核体系建设探索[J]. 实验技术与管理，2022, 39（2）: 263-266.

# 省属高校冷冻电镜平台共享管理模式的探讨

## ——以湖北大学为例

杨 红 吴 姗 喻雪婧 段 柳 陈前军 李 俐 胡 昀

（省部共建生物催化与酶工程国家重点实验室 湖北大学生命科学学院，武汉，430062）

**摘要：**冷冻电镜平台，是生命科学大型仪器设备中的高端装备，单笔投入超过5千万。为了充分发挥设备的利用率，提高运维效率，本文以湖北省属高校湖北大学为例，在经费相对有限的条件下，从专职实验员的管理角度，探索出一条共享管理模式，对具有相关冷冻电镜高校的仪器平台运维，有一定参考和借鉴意义。

**关键词：**冷冻电镜平台；仪器共享；管理模式；实验员

## 引言

冷冻电镜（Cryo-EM）作为一种先进的显微镜技术，相比传统的X晶体衍射与核磁共振技术，冷冻电镜在样品制备与结构解析等方面具有较大的优势。在材料科学和生物学等领域发挥着极其重要的作用，并于2017年获得了诺贝尔奖。冷冻电镜技术目前在生命科学领域，能够实现对蛋白质等大分子进行高分辨率成像，对于研究蛋白质的功能、相互作用以及疾病机制具有重要意义，也为药物设计和治疗方法的开发提供了科学依据。

当前，随着生命科学领域的快速发展，国内各大科研机构与高校纷纷搭建冷冻电镜平台。目前已建成的有清华大学、南方科技大学、中国科技大学、兰州大学、郑州大学、武汉大学等双一流高校，贵州大学、华中科技大学、湖北工业大学等高校也已完成招标。在全国范围内，湖北大学是较早开展冷冻电镜平台建设的省属高校，于2020年底完成了冷冻电镜平台的建设并投入运行。由于属于教育大省，作为省属高校排头兵序列之一的湖北大

---

**作者简介：**杨红（1980— ），男，博士，实验师/冷冻电镜平台管理员，研究方向为生物学；吴姗（1991— ），女，博士，教授/副院长，研究方向为生化与分子生物学；喻雪婧（1984— ），女，博士，副教授，研究方向为工业酶的结构与功能；段柳（1983— ），女，副教授，研究方向为功能基因组学；陈前军（1980— ），男，博士，正高级实验师/冷冻电镜平台管理员，研究方向为生物信息学；李俐（1988— ），女，博士，实验师/湖北大学实验室与设备管理处科长，研究方向为实验室仪器设备管理和研究；胡昀（1983— ），女，博士，实验师，研究方向为生物学。

**基金项目：**2022年湖北大学研究生教改项目—冷冻电镜实践初探。

学，全校多年公开预算只有10亿元左右，相较于经费充足的双一流高校，一次性投入超过五千万，用于冷冻电镜平台上开展建设与运维，是一笔巨大并饱含决心的投入。这一大型科研设备平台的建成，也带来了仪器管理方面的新问题。

为了充分发挥冷冻电镜平台的科研价值，自2020年湖北大学冷冻电镜平台建成以来，该平台在人员管理、配套硬件、政策激励、共享模式中做出了多种尝试，为后续其他省属高校大型仪器平台运行提供一定的参考。

## 1 建立完善管理体系

采用“专导+监管+学助”的管理模式，保障湖北大学冷冻电镜平台高效稳定全天运行。借鉴清华大学、南方科技大学等成熟度高的冷冻电镜平台经验，制定基本的电镜操作规范条例，保障平台日常平稳运行。由于学校经费紧张，故湖北大学冷冻电镜平台只配置了两名具有博士学位的实验员专职管理三台电镜加辅助的GPU超算中心。如果严格按照8小时工作制，则设备利用率会大大减少。为了能24小时不间断运行，包括春节期间也能正常使用，平台从专任教师中遴选了两位结构生物学教授，参与平台运维监管，有利于调动相关科研团队教师的设备管理意识。平台还聘请了多名有一定电镜经验的研究生担任平台助管，在周末与晚上，实验同值班一起进行，做到两不误。并在全校范围组织了多场冷冻电镜专题培训讲座，每年对新研究生开设电镜实践课程，经考试合格后方可动手操作，目前超过60名研究生获得普通操作用户资格，20多名研究生获得独立操作用户资格。提升了研究生的自己动手能力，也提高了平台的运转效率。

## 2 构建监测系统

为保障设备长期稳定运行，湖北大学冷冻电镜平台在学校的支持下，每个房间都开通了的视频监控系统，有助于及时发现风险隐患。同时，专职实验员全年24小时手机开机，随时应对突发情况。身处“四大火炉”之一的武汉市，夏天37℃以上的气温不少见，停电跳闸也是夏天常有的。短时间停电，UPS可以支持；长时间停电，就必须及时主动关机，以减少设备因突然断电导致的故障与损耗。

## 3 提升保障管理人员合理权益

加强课程引领和政策激励，促进平台管理人员的全面发展。由于在冷冻电镜平台，无普通高校教职工的寒暑假，又非年薪制人员，时间投入长而收入平平。所以在学校无额外津贴的前提下，经分管领导鼓励与支持，容许平台专职实验员在通过湖北省教师岗前培训并考试合格后，利用冷冻电镜平台现有设备（电镜与超算），面向学校学生，开设冷冻电镜实践类课程和生物信息学实践类课程，获得一定的课时收入补贴。并在研究生招生指标等方面提供一定支持。此外，优先推荐平台专职实验员评先评优，以此保障管理人员的加班超时服务积极性。

## 4 建立仪器共享与收费体系

多种校内外共享策略和收费机制，加快湖北大学和校内相关学科领域的“双一流”学科攻坚。关于冷冻电镜平台的日常运维费用，一部分是水电费用、一部分是液氮等气体的消耗，还有一部分是卡环卡扣等实验耗材的消耗。国内如南方科技大学，采用的公开策略是按照使用设备的时间来收费，以同型号设备 Krios G3i 为例，仅设备使用费，除了校内用户 7 千元每天，非盈利用户优惠价 1 万元每天，其余用户约 3 万元每天（https：//cryoem.sustech.edu.cn/service/charges.html）。而湖北大学作为省属高校，校内的大部分生物学科老师，经费比较少，如果采用类似双一流高校的平台收费价格，大部分校内老师难以承担长期设备使用费。故湖北大学冷冻电镜平台分管部门承诺四年支持期，在此期间由分管部门负责日常运维费用，老师们只用承担实验耗材费用。这一举措极大地促进了老师们的实验热情，但同时设备连续运转下，平台管理工作量加大，平台无任何收入，各类效益考核中的收入栏为倒数。这一措施，有利于学科的快速发展，但不利于专职实验员的个人发展，所以前面提到的激励支持政策就显得比较重要。否则，长期运行是不可持续的，除非学校采用不断“招新辞旧”的策略。在仪器设备共享的策略方面。目前，湖北大学冷冻电镜平台采用的是全国开放共享策略。已经与浙江大学、华中农业大学、天津大学、天津医科大学、云南大学等高校开展了多个项目的合作，并取得了一定的成果，在 Nature 等主流杂志上也发表了一些科研论文[1-6]。此外，对于设备的预约使用，要求严格执行在线预约制度，以减少机时浪费。平台的超算中心也是对全校提供 GPU 超算的共享服务，仅 2023 年，就在冷冻电镜平台的超算上完成了 23 万个任务，除了常规的蛋白质结构解析，还支撑了多篇在蛋白质人工智能辅助设计类领域的论文[7-10]。

## 5 目前存在的不足

尽管经过四年的运行，湖北大学冷冻电镜平台建立了以“专职实验员 +PI+ 助管”为基础的管理运行机制，支撑了一批高水平论文的研究，对学科发展起到了一定的支持作用，发挥了大型设备的科研价值。然而，就运行中遇到的情况而言，现有运行方式的还有一些不足之处。

一是长期运维经费的保障与来源还有待解决。省属高校教师的平均经费远低于双一流高校教师，这导致的一个问题就是，如果冷冻电镜不收设备使用费，老师们高高兴兴地天天用，平台专职实验员的工作时长超长；但是如果哪天开始收费，部分科研老师可能会跳槽，比如利用免费期间收获的电镜数据，去另外的单位发表而不致谢冷冻电镜平台或者说补偿费用。

二是专职实验员是否应该利用冷冻电镜独立开展电镜相关科研，目前不少冷冻电镜平台是不容许，主要在于容易在后续实验中，让其他使用电镜的老师，产生“厚此薄彼”与“可能不公正”的心理预期。还有就是冷冻电镜实践课程不是类似遗传学、生理学等基础性学科实验，没有那么多的学生选课，日常学生们在平台做实验又不算实验员的实验工作量，在实验员的年度考核中这个问题值得后续考虑。例如 2023 年除去教学实验，超过 1000 人次使用平台电镜，每次使用时间 1 ~ 48h 不等，工作量如何计算是个问题。此外，如果管控个别人员利用平台设备，处理外面的商业性样品，值得考量。例如南方科大电镜平台，盈利与非盈利用户，每天有近 2 万元的设备使用费差额。在平台采用这种差额收费的情况下，如何去防范盈利用户借用非盈利用户账号的情况。

## 6 结语

整体来说，省属高校内的湖北大学冷冻电镜平台在投入相对较少的前提下，走出了一条“专导 + 监管 + 学助”的共同管理模式，并对仪器共享做了一定规范，保障了整个平台多年的相对平稳运行，并支撑了一批科研项目的开展，是有一定参考价值的。成绩不少，问题也不少，后续相信随着经济整体上行，各类运维经费等问题都能获得较好的解决。

## 参考文献


[1] SU N, ZHU A, TAO X, et al. Structures and mechanisms of the arabidopsis auxin transporter pin3 [J]. Nature, 2022, 609 (7927): 616-621.

[2] QIAN Y, WANG J, YANG L, et al. Activation and signaling mechanism revealed by gpr119-g (s) complex structures [J]. Nature Communications, 2022, 13 (1): 7033.

[3] WANG X, LI X, YU G, et al. Structural insights into mechanisms of argonaute protein-associated nadase activation in bacterial immunity [J]. Cell Research, 2023, 33 (9): 699-711.

[4] LIU W, WANG J, COMTE-MISEREZ V, et al. Cryo-em structure of the polyphosphate polymerase vtc reveals coupling of polymer synthesis to membrane transit [J]. EMBO Journal, 2023, 42 (10): e113320.

[5] YAN J, LIU F, GUAN Z, et al. Structural insights into dna n (6) -adenine methylation by the mta1 complex [J]. Cell Discovery, 2023, 9 (1): 8.

[6] LI X, LIAO F, GAO J, et al. Inhibitory mechanism of crispr-cas9 by acrIIc4 [J]. Nucleic Acids Research, 2023, 51 (17): 9442-9451.

[7] CHEN F, ZHANG C, XUE J, et al. Molecular mechanism for target rna recognition and cleavage of cas13h [J]. Nucleic Acids Research, 2024, 52 (12): 7279-7291.

[8] MING K, XING B, HU Y, et al. De novo design of a protein binder against staphylococcus enterotoxin b [J]. International Journal of Biological Macromolecules. 2024, 257 (Pt 1): 128666.

[9] MING K, XING B, REN X, et al. De novo design of mini-binder proteins against il-2 receptor beta chain [J]. International Journal of Biological Macromolecules, 2024, 276 (Pt 1): 133834.

[10] WANG L, CHEN W, ZHANG C, et al. Molecular mechanism for target recognition, dimerization, and activation of pyrococcus furiosus argonaute [J]. Molecular Cell, 2024, 84 (4): 675-686 e4.

# 成果转化为核心的科技资源共享体系构建

## ——以上海应用技术大学为例

周明安[1] 张 梅[2]

（1. 上海应用技术大学科学技术研究院，上海，201418；
2. 上海城建职业学院马克思主义学院，上海，201415）

**摘要：**以上海应用技术大学科技成果转化为例，介绍了其经验做法、管理模式。在国家大力发展新质生产力背景下，高校科技成果转化是科技资源共享体系重要的组成环节。通过探索可复制、可推广的地方高校科技成果转化发展模式，构建符合地方应用型高校实际的科技资源共享体系路径，为地方应用型高校破解科技成果转化难提供经验借鉴。

**关键词：**科技资源共享；科技成果转化；技术转移；应用型高校

## 引言

科技资源是对科技活动中有关人力、物力、财力等的总称，具体包括人才资源、物理资源、信息资源等。科技资源共享是实现科技资源优化与整合的重要途径。对于国家科学技术发展以及地方的科学技术创新活动而言，科技资源的数量、质量、配置方式、共享效率，是影响和制约科技创新能力乃至科技发展水平的重要因素[1]。习近平总书记提出要发展新质生产力，是推动高质量发展的内在要求和重要着力点[2]。新质生产力的发展离不开科技资源共享机制的支持，而高校科技成果转化是实现科技资源共享的重要途径之一。一般来说，在一定区域范围内，高校科技资源在当地是拥有量较大、也是相对集中的场所，不仅拥有雄厚的科研力量与人才储备基础，也掌握着相对丰富的研究文献资料与科学理论数据，并且配备有较为先进的科研仪器设备。加快科技成果转化是新质生产力加快发展的重要推手，是落实高质量发展，形成新质生产力的重要有效做法[3]。如何通过科技成果转化来做好高校的科技资源共享进而促进新质生产力的形成近年来成为研究人员关注的热点。

---

**作者简介：**周明安（1989— ），男，博士，助理研究员，研究方向为科技成果转化。张梅（1989— ），女，硕士，研究方向为思政教育。

**基金项目：**上海市科委“科技创新行动计划”，23ZC2520600。

# 1　科技成果转化现状

## 1.1　国家和地方有关科技成果转化政策

从政策视角来看，我国出台了许多政策法规促进科技成果转化，2015 年 8 月我国修订了《促进科技成果转化法》，其中规定科研单位可与科研人员约定奖励与报酬，且科研单位可以自主处置科技成果。2016 年 4 月国务院出台《促进科技成果转移转化行动方案》，对促进科技成果转化进行具体部署。2017 年，国务院发布《国家技术转移体系建设方案》（简称《方案》），首次提出了“国家技术转移体系”的概念。2020 年 5 月科学技术部等九个部门出台《赋予科研人员职务科技成果所有权或长期使用权试点实施方案》等等。上海近年来也出台了多个促进科技成果转化的管理条例和文件：2021 年，上海市科学技术委员会发布《上海市促进科技成果转移转化行动方案（2021—2023 年）》，提出要从成果转化服务侧提升技术转移服务能力，到 2023 年基本建成统一开放、功能完善、体制健全、平等高效的技术市场体系；2024 年 6 月 1 日起执行的上海市科技进步条例中也明确提出完善科技成果转移转化服务体系建设。

## 1.2　国内外有关科技成果转化的研究

推动高校技术转移服务新时期科技资源共享从而进一步提升区域创新能力，是高校的重要使命。在国外，以美国斯坦福大学技术转移办公室（Technology transfer office，TTO）、德国史太白技术管理机构和以色列魏兹曼科学院等为代表专业技术转移机构已经运行多年并取得了很大的成功。王凤玉[4]等研究了斯坦福大学作为美国高校开展科技成果转化的先驱和当代美国大学技术转移标准模式的首创者，其成熟、专业且高效的科技成果转化机制不仅成为行业的典范，也为我国大学科技成果转化提供了参考与借鉴。张士运[5]等研究分析了德国史太白运营模式、组织结构及管理机制等有关成功经验基础上，结合中国国情提出了创新政府支持措施、重视培养和引进专业化人才、重视战略谋划与管理培训、营造政策环境、重视理论研究与文化建设在技术转移机构发展中作用的建议，引导技术转移机构走市场化、专业化、科学化、网络化发展道路。

国内技术转移经过近几年国家政策支持已经有了长足的发展。孙凤[6-7]等研究了高校作为国家科技创新体系的重要力量，肩负着服务经济社会发展的重要历史使命和责任，推进技术转移服务体系高质量发展是其着力点之一。方宇[8]等以上海某大学技术转移中心建设为例，剖析了地方高校技术转移工作中高质量专利成果不足、技术转移队伍建设乏力、技术成果对接成效偏低三个方面的问题并提出对策思考。于伟玲[9]等分析安徽省高校科技成果转化机构的运行现状及存在的问题，进而在此基础上有针对性地提出对策和建议。杨宏伟[10]等围绕地方高校科技成果转化，分析了高校科技成果转化和技术转移的现状及存在问题。探寻高校科技成果转化的有效提升路径和给出提升科技成果转化的相关建议。基于隐性知识理论和界面理论，杨旭淼[11]从宏观和微观两个层面进行分析，将数据包络分析方法（DEA）和模糊集定性比较分析方法（f s QCA）相结合，先采用 DEA 方法对高校科技成果转化效率进行分析，同时结合效率简要分析科技成果转化的现状。甘清秋[11-12]基于三螺旋理论、技术转移理论、制度理论和区域创新系统理论，进行了三个逐步递进的子研究，从区域层面对大学技术转移的非政策前因和政策前因及其对区域产业结构升级的影响进行了理论分析和实证检验。王刚[13]通过分析高校技术转移中心设立背景、建立高校技术转移中心的意义，提出高校技术转移在市场化工作中存在的问题，从商品化理论的角度，归纳出一套可行的解决方案。曲奕[14]认为技术转移服务是科技企业孵化器的一项重要工作。在对上海市科技企业孵化器发展现状进行回顾和调查的基础上，从政策、产业和市场的维度总结归纳了现阶段孵化器技术服务的特征，并指出孵化器技术转移服务存在的三大薄弱环节。张士运[15]等结合概念验证中心研究，提出概念验证是技术转移机构核心职能之一，可弥补早期科技成果与可进行市场化成果之间的空白，提高科技成果转化效率。李曦[16]等从专利转化角度分析了基于过程方法的管理模式特点，以某综合性大学为例，尝试建立了基于过程方法的专利转移转化管理体系。孙玉[17]从绩效管理角度提出高校以实际行动落实科技成果转移转化相关政策与高校组织管理行为与技术转移绩效的内在关系分析。周明安[18]等从促进产教融合工作深度发展的角度分析了高校技术转移工作对此的促进作用。

## 2　上海应用技术大学技术转移中心建设发展情况

上海应用技术大学办学肇始于 1954 年，现为上海市重点建设的高水平地方大学，是一所具有学士、硕士和博士培养层次的、特色鲜明的应用创新型大学。学校入选上海市高水平地方大学重点建设单位、上海高等学校一流本科建设引领计划和一流研究生教育引领计划、上海市深化创新创业教育改革示范高校、上海高校课程思政整体改革领航高校、国家科技人才评价改革试点单位、国家知识产权试点高校、上海市专利工作示范单位、上海市依法治校示范校，入选中国科技成果转化百强高校。2018 年以来，在上海高校分类评价中连续六年跻身应用技术型高校第一梯队。

学校非常重视科技成果的保护与应用，在校党委领导下，成立由主管校长担任组长，科研院（技术转移中心）院长任副组长，科研、审计、财务、人事、法务、资产、纪检等相关职能部门负责人为成员的科技成果转化领导小组。校科学技术研究院（技术转移中心）是学校负责科学研究、科技服务、技术转移的主管职能部门。主要包括：技术转移政策管理、各类科研成果宣传推广、技术转移项目管理、产学研联合科研基地（机构）的管理、技术转移基地管理、技术经纪人管理等。先后荣获国家知识产权试点高校、上海市高校知识产权运营中心、中国产学研合作创新示范基地、奉贤区产教融合示范基地、上海应用技术大学校长奖（科技创新服务团队）等荣誉。上应大科研院（技术转移中心）是长三角高校技术转移联盟发起单位，同时也是中国校地合作创新联盟、奉贤区产学研创新联盟、上海市技术转移协会、上海高校技术转移联盟等理事或会员单位。

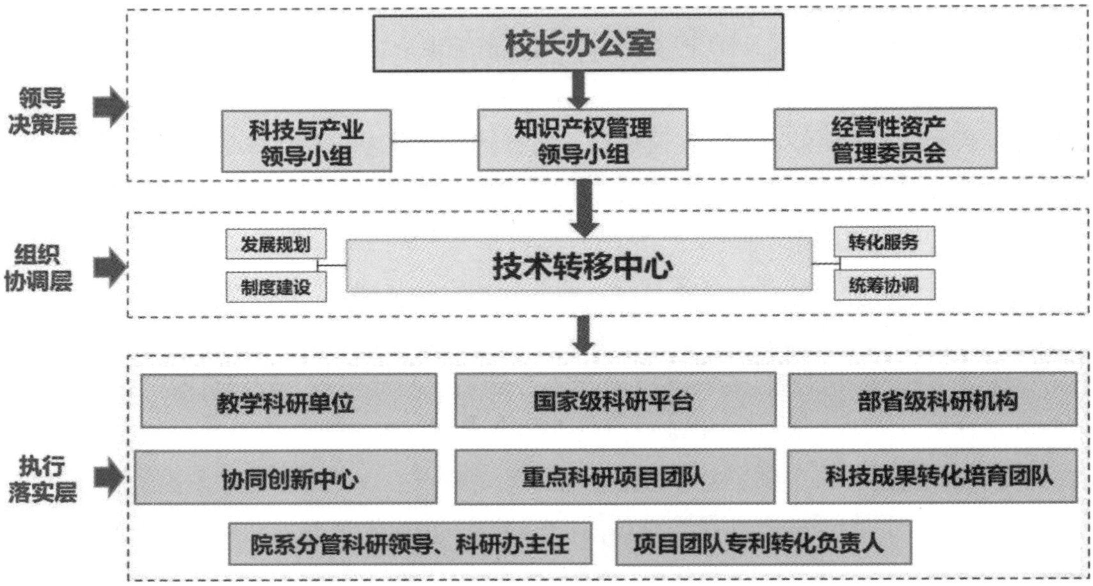


图 1　上海应用技术大学技术转移体系图

## 3　成果转化为核心的科技资源共享体系的构建

学校积极探索科技创新资源共建共享机制。支持学校教师以兼职创新、长期派驻、短期合作等多种形式服务企业，鼓励企业技术、经营和管理人员来校兼职。推进高校与企业在实验室、仪器设施、科技数据、图书文献、行业资讯等方面的科技资源开放共享。

### 3.1　打造高能级科技协同攻关平台，加强校企协同提升科技攻关效能

培育国家级科研平台，建设香料香精化妆品省部共建协同创新中心等国家或省部级中心（平台），做到以点带面、单点突破，整体提升。探索以企业需求为导向的产学研用深度协同模式，共同申报大项目，共同参与全产业链的关键核心技术攻关。

聚焦香料香精化妆品、绿色化工、功能新材料等关键领域，以重大项目联合支持形式开展重大技术协同攻关，推进学校省部级及以上工程技术研究中心等高水平学科平台建设。强化以企业需求为导向的科技攻关选题机制，推行“企业出题、校企同答、企业阅卷”的产学研用深度协同模式。坚持任务导向、需求导向，打破院系和学科壁垒，积极承接重大任务并组织开展跨学科科技协同攻关。

### 3.2　推动基础研究概念验证到产业化落地有效衔接

实行校院两级管理机制，挖掘团队优质项目，提前跟踪具有转化前景的科研项目，及

时介入和专业服务后续转化。完善知识产权管理和服务流程，制定《上海应用技术大学科技成果单列管理试点实施细则》，规范知识产权分级分类管理，开展台账登记、权利维护、成果放弃等贯穿科技成果转化全链条的成果管理梳理学校存量专利，将有前景、有潜力、有运营价值的专利纳入学校后期重点转化对象。

### 3.3 汇聚校内外各类创新要素

强化与市场化主体对接合作，依托国家技术转移东部中心、上海技术交易所、国家知识产权国际运营（上海）平台、上海牵翼网络科技有限公司等促进技术转移。通过与市、区相关部门以及银行等机构合作搭建一站式集成化服务平台，在企业注册、资本融资、技术服务等方面为技术成果孵化项目提供支撑。积极与知识产权、法务、技术转移、投融资机构对接，开展高质量路演。全面建设科技中介服务体系，选择创投公司、律师事务所等优质服务企业，定期开展培训沙龙活动，并为入驻企业提供相关信息咨询和业务服务。

### 3.4 引入多元化科技金融服务

跟知名创投机构合作，通过科技园资金注入，组建科技园投资基金。吸引社会投资机构参与，形成知名创投机构领投、其他机构跟投的投资氛围。大学科技园与上海市大学生科技创业基金会合作，成立上海市大学生科技创业基金上海应用技术大学分基金。通过多渠道募集母基金，由科技园运营公司、市区财政出资，吸引社会资金投资科技园创新创业项目和企业。

## 4 结语

地方应用型高校技术转移中心的建立以及科技成果转化工作的开展为科技资源共享指明了科学的途径，搭建了可行的平台。但有效实施还需要切实建立起完善的服务体系，包括软硬件的建设、地域网络化辐射与联络服务机构等等。总而言之，一直以来，高校在国家的科技资源共享体系中均扮演着十分重要的角色，然而在社会经济高速发展以及科技进步日新月异的时代背景下，致使高校科技成果转化对应面临的压力不断加大。鉴于此，高校从事科技成果转化人员务必要不断钻研研究、总结经验，清楚认识“资源共享、多方共赢”的内涵，全面分析本单位的科技成果转化现状，结合实际，“推进学科交叉相融，强化科学平台搭建”“推进高校、企业知识协同，强化校企关键技术方法交流”“强化企业在科技成果转化环节的主导地位，构建市场化合作机制”等，积极促进高校科技成果转化工作的有序开展，为高校科技资源共享体系的构建提供强有力的支撑。

## 参考文献

[1] 姜鸣，陈新蕊，张汝斌，等．基于科技资源共享视角的区域科技创新潜力评价研究——以长江经济带科技创新潜力评价为例［J］．华东科技，2023，(9)：53-59.

［2］王树斌，侯博文，李彦昭．新质生产力要素机制、创新逻辑与路径突破——基于系统论视角［J］．当代经济科学：1-14.
［3］钟浩然．高校科技成果转化促进大会："三位一体"催生新质生产力［J］．中关村，2024,（5）：58-59.
［4］王凤玉，王玥．斯坦福大学科技成果高效转化的运行机制研究［J］．吉林师范大学学报（人文社会科学版），2024，52（3）：110-117.
［5］张士运，刘彦蕊．德国史太白技术转移网络的发展经验与政策启示［J］．中国科技论坛，2013,（3）：145-149.
［6］孙凤，王虹燕．上海高校技术转移服务体系高质量发展的路径研究［J］．中国高校科技，2024,（3）：23-28.
［7］孙凤，陆辰君，秦丹迪．上海高校技术转移服务体系建设现状与问题对策研究［J］．中国高新科技，2020,（10）：56-58.
［8］方宇，王迪，刘书华，等．地方高校技术转移服务体系路径探索研究——以上海工程技术大学技术转移中心建设为例［J］．中国科技产业，2021，000（009）：62-65.
［9］于伟玲，汪迎兵．安徽省高校科技成果转化机构建设研究［J］．科技创新与生产力，2024，45（4）：35-39+41.
［10］杨宏伟，党建华．地方高校推进科技成果转化和技术转移路径研究［J］．江苏科技信息，2023，40（14）：57-59.
［11］杨旭淼．中国高校科技成果转化提升路径研究［D］．上海：上海师范大学，2022.
［12］甘清秋．大学技术转移的前因及其对区域产业结构升级的影响研究［D］．合肥：中国科学技术大学，2023.
［13］王刚，龚一峰，仝慧．高校技术转移工作市场化路径探究［J］．产业与科技论坛，2019，18（19）：240-241.
［14］曲奕．上海科技企业孵化器技术转移服务路径优化的思考：基于创新管理视角［J］．科技视界，2024，14（1）：53-56.
［15］张士运，刘平平，陈曦．科技成果转化新路径和新模式的探索：国内外技术转移概念验证中心的建设启示［J］．科技智囊，2024,（4）：48-53.
［16］李曦，赵佳，余平．高校专利转移转化管理模式探究——基于某综合大学的过程方法示例［J］．中国高校科技，2022,（6）：86-90.
［17］孙玉．创新驱动战略背景下高校技术转移绩效的组织管理行为研究——基于上海部分高校的实证分析［J］．中国质量，2024,（1）：85-89.
［18］周明安，陈臣，董建功，等．"双协同"视角下产教融合的创新实践——以上海应用技术大学为例［J］．中国科技产业，2023,（6）：56-59.

# 高校大型设备共享使用绩效评价体系实践探索

刘 丹[1] 杨 博[2]

（1. 上海科技大学设备与资产处，上海，201210；
2. 上海科技大学图书信息中心，上海，201210）

**摘要：** 阐述了绩效评价工作在大型设备共享使用管理中的重要作用。分析了国内高校在大型设备共享使用绩效评价方面的现状。指出了当前这方面工作存在的问题和难点，如评价体系研究滞后、数据收集和处理困难及设备特性导致的评价挑战等。以上海科技大学为例，介绍了该校在大型设备绩效评价方面的探索，包括评价指标设立、得分算法及开展过程等具体措施。实践表明，这些措施在一定程度上提升了设备使用效益，促进了仪器管理员的工作积极性和创造力，供同行参考。

**关键词：** 大型设备；开放共享；绩效评价

## 引言

大型仪器设备在高校中具有极其重要的作用和地位。它们不仅是推动学科建设发展的强大动力，实践科学探索和技术创新的物质基础，也是培养高水平科研人才、支撑产学研合作与科技成果转化、增强国际竞争力与影响力的重要基石。随着高校大型仪器设备规模持续增长，其覆盖领域不断拓展，技术水平明显提升，综合效益日益显现。那么，如何进一步发挥高校大型设备的价值，同时如何促进管理者进一步挖掘大型设备的潜在价值呢?大型设备开放共享绩效评价工作的重要意义也越来越多地凸显出来。[1]

2014 年 10 月，国务院下发《关于国家重大科研基础设施和大型科研仪器向社会开放的意见》（国发［2014］70 号）。2017 年，科技部、发展改革委和财政部联合印发《国家重大科研基础设施和大型科研仪器开放共享管理办法》（国科发基〔2017〕289 号），从国家重大科研基础设施和大型科研仪器考核的组织方式、考核方法、考核对象以及考核结果四个方面对开放共享评价考核做了具体规定。2022 年，科技部会同财政部制定了《国家重大科

---

**作者简介：** 刘丹（1982—　），女，高级主管，研究方向为大型设备全生命周期管理。杨博（1984—　），男，高级工程师，研究方向为信息化建设。

研基础设施和大型科研仪器开放共享评价考核实施细则》(国科办基〔2022〕93号),规范了国家重大科研基础设施和大型科研仪器开放共享评价考核和奖惩工作。这些政策文件体现了国家层面对大型设备开放共享及评价考核的重视,并为各高校大型设备开放共享及绩效评价提供了制度依据。

近年来,各高校在大型仪器设备管理方面普遍取得了一定成效,并在绩效评价方面进行了多种探索并积累了丰富的经验。但在大型仪器设备绩效评价体系建立方面,仍存在评价指标建立的合理性、收集和分析评价指标数据困难、设备特异性造成的评价壁垒等难点,需要管理者不断研究优化方案。

## 1 大型设备绩效评价的难点

根据2010—2012年教育部委托相关单位开展的一项调研表明,当时调研涉及的24所高校中有21所建立了开放服务制度,而大型仪器设备使用效益考核评价制度不完善,多数高校没有在全校范围内对大型仪器设备使用效益进行专门评价,[2]大型仪器设备绩效评价体系的发展在历史上就滞后于开放共享推动工作。通过一些文献调研发现,近年来,一些高校在大型设备开放共享使用效益评价方面做出了多种工作[3-6],同时在指标设立、数据收集、得分算法等具体环节中的难点也随着实际工作的开展越来越清晰地凸显出来。

### 1.1 对绩效评价的重视程度不足

实际工作中,由于高校采购资金多来自国家财政资金,在预算执行进度方面有明确要求,因此在各高校设备管理部门的相关工作中,大型设备配置预算编制及采购工作往往更受关注。随着国家层面制度要求的建立,大型设备到位后的开放共享管理越来越受到重视。各高校普遍达成共识,应该将大型仪器设备向校内外开放共享,以便发挥更大效益。但由于高校自身特点,不像企业那样注重经济效益,因此很多高校在大型设备究竟发挥了多少价值的问题上,重视程度尚有待提高,再加上评价体系的建立本身也较为复杂,因此往往存在“重采购、轻管理”“重视共享、乏力评价”的现象。

### 1.2 评价指标的指向性作用

常见的高校大型仪器设备绩效考核指标一般分为多个方面,如机时利用、人才培养、科研支撑、服务收入、功能利用及开发、管理能力等,每个方面下可再设置多个二级或三级指标,每个指标赋予一定的分值,综合所有得分获得某台设备的得分。如果还需要对集约化平台或高校二级管理单位进行评价,则再根据实际情况进行具体指标和分值进行设置。因此要想设计一套围绕大型设备共享使用的绩效评价体系,相关的指标非常繁杂。同时,这些指标一旦赋予了具体得分,也就被赋予了对高校大型设备管理方向的指向性作用。因此,指标设置应与高校大型设备管理的方向,乃至高校整体发展方向相契合。

### 1.3 数据收集和评价的困难

在数据收集过程中，由于评价指标种类很多，如果依靠仪器管理员统计数据后填报汇总，那么填报过程将存在随意性和主观性强、实时性差、管理和核实困难等问题，难以确保数据的有效性和真实性。另外，指标的评价如果依靠主观评判得分，将难以保证公平公正。这样的做法都将降低大型仪器设备的考核评价的威信，增加一线共享设备管理人员统计填报及管理部门组织评价的工作量，甚至降低相关人员的工作积极性。因此确保绩效评价数据指标采集及评分的准确性，提高填报和评价的效率，减少相关人员枯燥的填报汇总的工作，是一个值得探讨的问题。

### 1.4 设备特性导致评价困难

共享设备先天特性的差异将导致不同设备很难放在一起比较评价。在一所具有多学科多专业的高校里，设备的专业领域不同，将导致其评价指标采集到的原始数据差异很大。例如生物专业的高速离心机使用一次只要几分钟，而物理专业能够测量多种电学和热学指标的综合物性测量仪，使用一次可能需要几天。如果简单地将两台设备的机时指标放在一起比较，显然高速离心机处于明显劣势，但这两台设备确实都发挥了应有的作用。类似地，不同设备的功能不同、设备的新旧不同、实验对象不同、测试样本材料的制备技术不同、用户研究方向的变化等都会导致用户使用天然存在差异。而在评价体系的建立上，将所有设备放在同一标准下去评判管理优劣，将违背公平公正的原则。

## 2 上海科技大学的大型设备绩效评价探索

### 2.1 学校基本情况及绩效评价目标导向

上海科技大学是2013年经教育部正式批准成立的一所新建的全日制普通高等学校。成立十年来，学校围绕光子科学、人工智能、生物医药、能源科学等学科研究及人才培养方向，建立了27个大型仪器设备公共科研平台，提供结构生物、药物研发、智慧医疗、半导体工艺、清洁能源、系统材料、集成电路、网络通信等技术支撑服务。学校已建成统一的大型仪器设备共享系统（简称eshare系统），并与财务、人事、资产、科研项目、成果管理等系统相互贯通，实现了将设备预约、使用、送样、计费结算、数据统计融为一体，在充分利用已有设备资源的同时，为大型设备绩效评价打下了坚实的信息化基础。截至2024年6月在eshare仪器共享系统内已容纳应用于多种学科方向的共享设备数量780台左右。

围绕学校“服务国家经济社会发展战略，培养科技创新创业人才”的办学理念，我校希望建立一套以客观数据为主，主观评价为辅，多维度、立体化有助于促进科研支撑与人才培养，鼓励平台在自身基础上不断挖掘自身潜力，持续进步，促进平台进行技术创新，适用于不同学科领域平台的绩效评价体系。经过前期两年左右的酝酿和试算，一套适用于各公共科研平台及大型仪器设备绩效评价的方案和指标体系已初步建立，于 2023 年首次实际开展了公共科研平台及大型仪器设备绩效评价工作。

### 2.2　评价指标的设立、得分算法

围绕上述目标，我们设定了对不同公共科研平台及大型设备使用情况的绩效评价两套指标，具体见下表。

**表 1　公共科研平台绩效评价指标**

| 指标名称 | 分值 | 评分基础 | 步进得分 | 指标含义说明 |
|---|---|---|---|---|
| 人均管理设备数量 * | 5 | 均值 | 0.05 | 平台中仪器管理员人均所管理的共享设备数量 |
| 人均管理设备价值 * | 5 | 均值 | 0.05 | 平台中仪器管理员人均所管理的共享设备价值 |
| 平均使用机时 | 3 | 1.5 | 0.05 | 平台所有共享设备使用机时的平均值 |
| 平均共享机时 | 2 | 1 | 0.05 | 平台所有共享设备用于非本平台使用的机时的平均值 |
| 服务次数 | 10 | 5 | 0.1 | 平台服务用户的总次数 |
| 用户数量 | 5 | 2.5 | 0.05 | 平台服务的用户人数 |
| 平均用户评价 | 5 | 2.5 | 0.5 | 用户每次对于共享使用体验评价的平均值 |
| 收入成本比 | 10 | 5 | 0.1 | 平台总成本是指平台所有共享设备的折旧成本、设备维修维保及试剂耗材费用，收入成本比则为平台共享服务总收入与总成本的比值 |
| 支撑科研项目数量 | 5 | 2.5 | 0.05 | 平台支持学校内科研项目的数量。根据共享收费的经费账号，读取其支持的科研项目情况，下同 |
| 支撑科研项目金额 | 5 | 2.5 | 0.05 | 平台支持学校内科研项目的金额 |
| 科研成果支撑 # | 15 | -- | -- | 每个平台提供 3 项用户发表的具有代表性的科研成果，如论文或专利等，需要在致谢或申报书中提及平台，由学院平台管理委员会评定得分 |
| 教学竞赛机时 | 10 | 5 | 0.1 | 教学课程或竞赛训练类型用途在平台设备上的总机时 |
| 新增培训人数 | 10 | 5 | 0.1 | 平台新增通过考核能够独立操作设备的用户人数，不同设备上的人员去除重复 |
| 创新研发 # | 10 | -- | -- | 新部件、新功能、新方法的研发项目，每通过验收一项得 5 分。验收需要有 3 位主要用户使用后的认定意见，附使用记录 |
| 附加分 # | ± 5 | -- | -- | 典型服务案例、外界表彰或报道及其他具有积极影响的事件、共享管理上的创新做法并取得良好效果等可加分<br>被用户投诉且未能妥善处理影响恶劣、参评材料弄虚作假等相应减分 |

表 2　共享设备绩效评价指标

| 指标名称 | 分值 | 评分基础 | 步进得分 | 指标含义说明 |
|---|---|---|---|---|
| 使用机时 | 15 | 10 | 0.1 | 设备使用机时 |
| 共享机时 | 15 | 10 | 0.1 | 设备用于非本平台使用的机时 |
| 服务次数 | 10 | 5 | 0.1 | 设备服务用户次数 |
| 用户数量 | 10 | 5 | 0.1 | 设备服务的用户人数 |
| 平均用户评价 | 10 | 5 | 0.5 | 设备用户每次对于共享使用体验评价的平均值 |
| 收入成本比 | 10 | 5 | 0.1 | 设备成本是指设备的折旧成本及维修维保费用，收入成本比则为设备共享服务收入与设备成本的比值 |
| 支撑科研项目数量 | 10 | 5 | 0.1 | 设备支持学校内科研项目的数量。根据共享收费的经费账号，读取其支持的科研项目情况，下同 |
| 支撑科研项目金额 | 10 | 5 | 0.1 | 设备支持学校内科研项目的金额 |
| 新增培训人数 | 10 | 5 | 0.1 | 设备新增通过考核能够独立操作设备的用户人数 |

公共科研平台绩效评价指标（表 1）中标“*”的“人均管理设备数量及价值”两个指标采取均值比较法计算得分；标“#”的三个指标“科研成果支撑、创新研发、附加分”为主观评价指标，其他的 10 个指标以及共享设备绩效评价的 9 个指标均采取同比增长法计算得分。

均值比较法描述了平台的客观指标在各平台总群体中的表现情况。平台指标在评价时间段内的统计值定义为评价值，与所有平台或设备的各项指标的平均值进行比较，步进得分体现了评价值每比平均值增加 1%，增加的得分。均值比较法指标得分可以按照以下公式来计算，最大得分不超过指标分值，最低得分为 0。

$$均值比较法指标得分=中位分+\frac{(评价值-平均值)\times 步进得分}{1\%\times 平均值}$$

人均管理设备数量及价值两个指标采取均值比较法计算得分，体现了绩效评价体系已考虑到仪器管理人员数量在不同平台的差异带来的影响，希望每个平台着力发挥人力资源，并科学合理地建设技术人员队伍。

同比增长法描述了平台或设备的各项客观指标与上一年度该指标相比的进步情况。平台或设备的各项指标在评价时间段内的统计值定义为评价值，在基准时间段内的统计值为基准值。此时步进得分体现了评价值每比基准值增加 1%，增加的得分。同比增长法指标得分可以按照以下公式来计算，最大得分不超过指标分值，最低得分为 0。

$$\text{同比增长法指标得分} = \text{中位分} + \frac{(\text{评价值} - \text{基准值}) \times \text{步进得分}}{1\% \times \text{基准值}}$$

在公共科研平台绩效评价中，除开放性的附加分外，其余 14 个指标中有 10 个指标采取了同比增长算法，超过 71%。设备绩效评价指标更是 100% 完全采取了同比增长法计算得分。因为这种算法能够很好地打破不同平台、不同设备因学科研究领域差异、适用用户范围差异、设备自身使用特点差异、新旧程度等造成的评价壁垒，给每个平台获得优秀成绩的机会，激励所有平台基于自身条件基础，谋求发展不断进步。

在仅有的三项主观评价指标中，除了各单位普遍设立的科研成果支撑指标，以及为了应对指标衡量体系不全面而设立的附加分之外，值得一提的是“创新研发”这项指标。鼓励各平台基于现有仪器设备资源，拓展对教学、科研活动的共享服务潜力，创新性地研发新部件、新功能、新方法，而且这些研发所具有的创新性和实用性应得到证实，所在平台可以申报“创新研发奖”，获奖团队将受到表彰奖励。

### 2.3　信息系统建设

设备管理部门在 IT 部门的支持下，充分利用信息化手段，通过多个信息系统对接，主动抓取和统计系统数据，实现了数据资产的集成、共享及利用。在日常共享服务的过程中积累设备使用和收费等数据；通过分析大型仪器用户基本信息及培训记录获取人才培养方面的基本数据；通过支付仪器设备使用测试费的经费账号信息，分析设备对校内用户的科研项目支持情况，甚至可以追溯到该科研项目的类型、规模等进一步信息；通过科研成果管理系统的推送和用户的关联反馈，可以获取到平台对科研成果的支撑作用。通过这些信息的日常积累和系统间的数据交互，已基本能够获取到客观有效的各平台及大型设备的服务情况，不需要各平台人工统计填报，提高了工作的便捷性和准确性。

各指标的分值和步进得分可以实现灵活配置，以便适应评价体系的调整。根据预先设置的算法、指标分值、步进得分等参数，系统能够自动生成单台大型仪器设备及各公共科研平台的评价期及基准期的指标统计数据和得分，节省了人工填报和统计的时间和精力，提高了评价的准确性和客观性，有助于管理者做出更为科学合理的决策。

### 2.4　绩效评价工作开展过程

设备管理部门在下半年发出绩效评价通知，评价范围为截至当年 6 月 30 日纳入共享系统已满两年的公共科研平台及共享设备；评价期为上一年度 7 月 1 日至本年度 6 月 30 日。各平台需要报送的材料包括在评价期内的：①具有代表性支撑的科研成果 3 项；②具有创新性及实用性的创新研发项目，附专利申报情况、来自用户的推荐信及使用记录；③其他申请加分的材料。绩效评价系统内除了设置评价期以便统计数据外，还需要设置统计基准期为前年 7 月 1 日至上一年度 6 月 30 日，以便使用同比增长法计算得分。

客观指标的得分在系统生成绩效评价任务时，就自动统计计算完成了。设备管理部门只需要在收集各平台报送材料后，组织相关专家对 3 项主观指标进行评定，与客观指标得分汇总得到所有公共科研平台及共享仪器设备的绩效评价分值。总分排在前 5 位的平台被评为优秀平台，每个优秀平台自行推举一人作为“共享服务标兵”。组织表彰交流会，对优秀平台、个人及创新研发奖团队进行表彰，邀请优秀平台介绍共享管理先进经验，促进各平台共同提升科研设备使用效益与管理水平。年底前将评价结果递交人事部门备案，为技术支撑人员的晋升、评优等工作提供参考。

### 2.5 绩效评价成效

自 2021 年，学校科研平台及共享设备绩效评价工作尚处于制定方案和数据试算阶段，就已推动了各设备管理二级单位从“要我共享”到“我要共享”的转变。近三年来，学校大型设备管理在多个方面都显现出了促进作用。

首先，大型设备共享工作本身得到了规范和促进。eshare 系统中共享设备数量逐年增加，有效共享机时、服务用户的数量和广泛性、使用记录维护的规范性等方面也有明显提高。

其次，设备共享使用绩效评价促进了大型设备立项论证更为严谨。大型设备论证时须调用学校已有同类设备的共享使用情况进行参考。各二级单位在提出设备预算时，也越来越多地考虑设备采购后能否发挥其应有的价值和效益，是否可以采取共享使用其他单位设备的方式满足科研需求。

再次，平台技术人员的创造性得到了激发。绩效评价体系设立的“创新研发”奖，鼓励平台工作人员进行创新探索，深入挖掘仪器设备功能点和新技术。仅 2023 年首次设立该奖项，就涌现了 6 个项目获得了该奖项，相关专利 10 项。

最后，空余机时除了开放给社会用户共享使用外，还可以为教学课程和学科竞赛的训练提供服务，充分发挥大型设备价值，体现了学校秉承的“全员育人”的理念，使科研平台也发挥一定的人才培养作用。学生在本科阶段就有机会进入平台近距离接触高端精密设备使用，这为他们将来的就业或升学都提供了竞争力。

## 3 总结与展望

上海科技大学的共享仪器设备涵盖多种学科专业，初具一定规模，在共享仪器设备绩效评价问题研究中具有一定的代表性。我校的大型仪器设备绩效评价工作，核心思想是以客观数据为基础，以考察指标同比增长情况作为主要算法，从而打破不同学科领域大型仪器设备的评价壁垒，激励公共科研平台在自身基础上不断挖掘自身潜力，持续进步，促进平台进行技术创新。希望为同行提供一定的借鉴价值和探讨基础。

科研平台管理是一个系统性的课题，应逐渐形成“买得值、管得好、评得公”的良性循环运行机制，坚持“资源、人才、创新、产业”一体发展。绩效评价结果与大型设备配置论证及合理的激励措施结合起来，形成良性循环运行机制，才能更有效地促进科研平台可持续发展。

未来随着大数据、人工智能等技术的发展，信息技术将为高校在大型仪器设备使用管理及绩效评价工作带来诸多新的优势，包括提高数据收集与分析的效率和准确性、增强评价的客观性和公正性、促进资源优化配置、支持个性化管理决策等。高校如何用好高性能信息工具，更好地管理和使用大型仪器设备，提高设备的使用效益和整体绩效水平，值得长期探索和实践。

## 参考文献


[1] 张哲娟，洪家祺，聂耳．综合性高校大型仪器共享问题与推进策略[J]. 实验科学与技术，2023, 21（3）：145-149.

[2] 杨树国，黄乐，武晓峰，等．强化评价 提高高校大型仪器设备使用效益[J]. 实验室研究与探索，2012, 31（8）：179-182.

[3] 吴中全，李朝明．大型仪器设备使用效益线上考评指标机制体系建设与实践[J]. 实验技术与管理，2020, v. 37; No. 281（01）：265-268.

[4] 沈舒敏，赵月琴，宣瑛，等．高校大型仪器绩效考核指标研究与实践[J]. 实验室研究与探索，2021, 40（2）：270-274.

[5] 王刻铭，刘浩源，刘仲华．基于模糊理论的高校大型仪器设备绩效考核探究[J]. 实验室研究与探索，2021, 40（11）：238-245.

[6] 朱宗奎. 基于多元指标融合的高校大型仪器设备开放共享效益评价[J]. 实验技术与管理，2022, 39（9）：256-260.

# 大型仪器设备开放共享评价体系的探索与实践

吴卫兵

（武汉大学实验室与设备管理处，武汉，430072）

**摘要：**为加快推进大型仪器设备的开放共享，切实提高大型仪器设备的使用效益，充分发挥大型仪器设备在教学科研工作中的保障作用，武汉大学在提升资源配置、完善共享体系、升级信息化平台、探索评价与激励机制等建设基础上，对完善大型仪器的评价体系进行探索与实践，以期不断提高大型设备使用效益。

**关键词：**大型仪器设备；开放共享；考核；评价

## 引言

大型仪器设备是高等学校教学、科研和社会服务的重要基础条件，是高校仪器设备管理的重点。高校利用“双一流”“设备更新改造专项再贷款”“超长期国债”经费投入等契机，购置了大量仪器设备，尤其是大型仪器设备，数量大，种类多，是许多重点高校出现的新情况。针对高校丰富的大型仪器设备资源，切实提高对大型仪器设备开放共享重要性的认识，加强大型仪器开放共享的指导思想和基本原则，完善大型仪器设备开放共享的管理体制，形成开放共享持续发展的运行机制，提升大型仪器设备服务水平，推进大型仪器设备共享服务手段现代化，提高大型仪器设备使用效益，提升学校科技资源高效利用。

针对目前高校大型仪器设备管理和使用现状，对大型仪器设备开放共享评价体系进行了分析和探讨，提出了大型仪器设备开放共享评价体系应采取的有效措施，构建符合学校实际、满足开放共享需求的评价管理体制。

## 1　优化配置，构建符合校情的共享体系

目前国内各高校在推进大型设备的开放共享方面采用普遍的运行模式有 3 种：一是集中型校级管理，建设由学校集中管理的设备共享中心或分析测试中心，在机构设置、人员配备等方面多由学校直接负责，独立运行；二是由学校规划建设，由某个学科或院系托管；三是设备由各学科自行规划购置，学校建设虚拟的网络分析测试中心虚拟型管理，要求各

**作者简介：**吴卫兵（1971—　），男，职员，研究方向为大型仪器设备管理。

学科的设备在满足自身需求的同时，对外开放服务。

学校根据学科广类齐全、设备存量大的特点，确立了“统筹规划、分类建设，开放服务、资源共享，制度推动、奖惩结合”的大型仪器设备管理思路，并根据仪器设备应用范围与服务领域，整合资源，通过“集中与分散”“实体与虚体”相结合的模式，构建了校、院两级共享平台，二者同步建设、共同发展的大型仪器设备开放共享体系。学校建立了科研公共服务条件平台、超算中心等校级共享平台，同时成立了物理、化学、生物、医学、各研究院等学院共享中心，将学校共用的大型仪器设备集中管理，依托学院、重点实验室、研究院所等科研实体建立了院级共享平台。

## 2　制度保障，构建规范高效的管理机制

学校积极推动大型仪器设备开放共享的制度化管理先后制定完善了近 10 多项规章制度，明确了配置管理、运行管理、开放共享、效益考核下的购置审批、专家论证、招标采购、技术验收、运行维护效益考核等各个环节的工作流程和操作规范，保障仪器设备管理有序进行。如为了避免仪器设备购置的盲目性，强化了专家论证环节，并要求论证过程中充分讨论购置仪器的必要性、选型的科学性、技术指标的合理性、校内外同类设备的配置情况及使用效益等。

大型仪器设备共享需一个方便、快捷的方式提供支撑，为仪器设备操作者与仪器设备使用者之间建立共享的设备的详细信息、预约等相互沟通的渠道。基于互联网 + 的大型仪器设备共享信息平台有效地解决了这些问题。早在 2010 年，我校便已建成了大型仪器设备共享信息系统，实现了大型仪器设备的网络查询、远程预约、分类统计、定制报表等功能。但对使用机时分配、实验费用缴费等管理功能的实现不尽如人意。基于此，同时根据国家网络平台的建设要求，我校设备管理部门与信息化管理部门（学校信息中心）进行市场调研，设计开发符合国家网络平台要求和学校实际的“大型仪器设备开放共享平台”，充分完善平台的服务功能。利用网络平台的建设一方面规范管理校院两级共享平台的共享使用，同时推动分散在课题组的仪器设备进行开放共享。

从学校大型仪器设备共享平台到院系仪器设备共享平台进行了升级改造，构建了大型设备开放共享全程信息化管理平台，实现了对大型仪器设备的查询、前期预约、后期缴费、评价反馈等流程的全过程管理，由一个简单的信息发布平台升级为综合管理服务平台，仪器设备管理人员对仪器设备具体使用记录由手工登记简化为系统自动记录，实现了共享平台对分散在各单位的大型设备使用情况的实时监管，大大提高了部门管理效率。新的信息化管理平台实现了大型仪器设备各自分散存放运行、学校网络化监管的共享服务开放形式，建立了用户、设备管理人员、共享中心之间的快速沟通渠道，实现网络预约与信息化交流，实现从预约、使用，结算、统计分析等的信息互通及一体化运行开放共享模式。为大型设

备的开放共享构建了更为快捷、方便而且更人性化的信息平台。

## 3 注重实践，构建科学合理的评价体系

学校注重大型仪器设备的使用效益考核，通过以评促建、以评促改、以评促管评建结合、重在建设等原则，充分调动平台开放共享的积极性。学校大型仪器设备的使用效益考核对各机组和管理单位两个层面的评价考核。

学校在大型仪器设备管理单位效益评价中围绕平台建设与管理情况、仪器设备运行使用情况、共享服务成效三方面进行考核评价。①平台建设与管理情况：单位大型仪器设备统筹管理、维护情况；院级共享实体平台及网络平台建设情况；支撑队伍的建设情况。②仪器设备运行使用情况：原值40万元以上仪器完好率、使用率；开放率、共享率；培训人数、教学科研产出情况。③共享服务成效：支撑服务校内单位的平均收入情况、支撑服务外单位的平均收入情况；对学校、社会服务重大贡献情况。

学校在大型仪器设备的效益评估中注重从机时利用、培训人员数、共享成果、服务收入、管理与运行、创新成果、社会服务等方面进行考核评价各方面进行等级评价，并对仪器设备的有效利用和向社会开放服务情况、服务重大科技项目的研究开发情况、仪器设备新功能新方法开发情况、实验室认证认可建设情况等做了明确规定。同时采取多种形式开展考核评估，除每年定期填报考核表外，还组织专家到现场查看设备，了解实际情况，发现问题及时提出整改意见，并对使用效益高、成果突出的机组给予了一定奖励。学校还设立了大型仪器设备维修基金和开放基金。在支持共享平台仪器设备的维护基础上，重点资助青年教师和科研人员积极承担重大科研项目使大型仪器设备更好地服务于教学科研和学科建设。

## 4 大型仪器设备评价的下一步措施

（1）加强实体平台建设。进一步加大投入，创新体制机制，整合相关平台现有资源，明晰平台发展定位和重点突破口，科学制定发展规划和具体措施，积极推进校级、院级大型仪器设备共享平台建设。

（2）进一步完善评价指标体系。效益评价考核工作还需进步修订和完善院系、机组考核指标体系，加大对单位的考核力度。大力推广使用“设备使用信息采集装置”，通过更加科学的数据采集方法，使考核更加公正、客观和简便。同时，针对考核中存在的问题学校应组织开展培训和现场交流活动，指导机组人员平时做好相关材料的收集和整理，促进院系间的交流和学习。

（3）加强对评价结果的应用。学校应将考核结果在全校范围内通报，根据考核结果，继续对表现突出的单位和机组进行奖励。同时，对加入各级共享平台的设备，学校应根据其考核结果，在维修经费、机组人员个人绩效、开放补贴、新设备的购置等方面给以政策和经

费上的倾斜支持。

## 5 结束语

武汉大学大型仪器设备评价工作卓有成效，但是依旧存在少数单位对大型仪器设备管理工作不够重视、部分机组管理不到位等问题。

大型仪器设备的开放共享程度的提高，需要积极探索新的管理思路，尝试新的管理模式，找出制约设备开放共享的根本症结，不断完善大型设备开放共享平台，创造有利于设备开放共享的条件和环境；应从学科发展、体制机制、平台建设、技术支撑等多个方面整体规划、协调发展，制定科学合理政策，引导大型仪器设备资源实现优化配置，建立与之相适应的投入机制、评价机制和激励机制等，进一步促进大型仪器设备开放共享，提高大型仪器设备使用效益，全面提升学校学科发展水平、科技创新实力和核心竞争力，为社会服务。

## 参考文献

[1] 毕卫民，方望．高校大型仪器设备效益评价工作的实践与探索[J]. 实验室研究与探索，2011，30（9）：410-413.

[2] 邓敏，陈彦．高校大型仪器设备绩效管理探讨[J]. 实验技术与管理，2013，30（1）：228-230.

[3] 周勇义，黄凯，张黎伟，等．加强统筹规划．建立大型仪器共享保障体系[J]. 实验技术与管理：2010，27（9）：13-15.

[4] 尹伟，肖桂凤，刘双双，等．构建一流公共仪器平台的关键与对策[J]. 实验室研究与探索，2015，34（6）：273-276

[5] 何远，陈云，王适群，等．"互联网＋"时代大型仪器设备共享平台管理效率及服务能力的提升[J]. 实验科学与技术，2016，14（5）：208-211.

[6] 冯雪松，周晓东，童华，等．发挥分析测试中心优势，建设校级大型仪器共享平台[J]. 实验技术与管理，2016，33（9）：246-248

[7] 邓敏，雷敬炎．高校大型设备开放共享平台建设与实践[J]. 实验室研究与探索，2014，33（10）：294-298.

[8] 武向侠，白杨．高校大型仪器设备共享管理模式和运行机制探究[J]. 实验室研究与探索，2016，35（1）：250-253.

[9] 龚彦华，范家才，夏建潮．大型仪器设备开放补贴管理系统的设计与应用[J]. 实验技术与管理，2014，31（12）：249-267.

[10] 邓敏，雷敬炎．高校大型仪器设备绩效考核的实践与思考[J]. 实验技术与管理，2014，31（10）：258-261.

# 新质生产力背景下科技资源与知识产权协同服务湖北省现代化产业体系研究

陈 瑞 彭 璟

（湖北省科技信息研究院，武汉，430071）

**摘要：**新质生产力背景下，湖北省现代化产业体系建设提出新要求。通过分析科技资源与知识产权的重要性，研究两者的协同发展关系，结合湖北现代化产业体系建设面临的问题和发展需求，提出新质生产力背景下科技资源与知识产权协同服务湖北省现代化产业体系路径。

**关键词：**新质生产力；科技资源；知识产权；协同发展

## 引言

在新质生产力快速发展的背景下，科技资源与知识产权的协同服务成为推动湖北省现代化产业体系构建的关键力量。新质生产力以科技创新为核心驱动力，强调通过关键性技术和颠覆性技术的突破，形成具有高科技、高效能、高质量特征的生产力。

科技资源是指用于科学研究和技术开发的各种要素的总和，包括人才、资金、设备、信息等。知识产权则是对创新成果的法律保护，涉及专利、商标、著作权等领域。两者在创新过程中相互依存、相互促进，共同构成了创新生态系统的重要组成部分，其协同发展能有效促进湖北省现代化产业体系完善与优化。

## 1 新质生产力背景下科技资源与知识产权的重要性

### 1.1 新质生产力的培育是新时代一项重要的国策

在 2023 年 12 月召开的中央经济工作会议上，习近平总书记发表重要讲话，深刻总结新时代做好经济工作的规律性认识，并将之概括为“五个必须”，其中将“必须把坚持高质

---

**作者简介：**陈瑞（1987— ），女，助理研究员，研究方向为科技资源管理；彭璟（1981— ），女，助理研究员，研究方向为科技资源管理。

**基金项目：**湖北省知识产权局软科学研究项目（新质生产力发展背景下知识产权保护对策研究——以湖北为例）。

量发展作为新时代的硬道理”放在首位。习近平总书记强调，要以科技创新推动产业创新，特别是以颠覆性技术和前沿技术催生新产业、新模式、新动能，发展新质生产力。随后，习近平总书记在主持中共中央政治局就扎实推进高质量发展进行第十一次集体学习时强调，生产关系必须与生产力发展要求相适应，发展新质生产力，必须进一步全面深化改革，形成与之相适应的新型生产关系。要深化经济体制、科技体制等改革，着力打通束缚新质生产力发展的堵点卡点，建立高标准市场体系，创新生产要素配置方式，让各类先进优质生产要素向发展新质生产力顺畅流动。同时，要扩大高水平对外开放，为发展新质生产力营造良好国际环境[1]。

### 1.2 科技资源共享服务工作得到国家及地方政府的高度重视

科技资源共享在提高资源利用效率、促进科技创新、推动国家创新体系建设等方面发挥重要作用，国家及地方政府已出台系列政策支持科技资源共建共享。

《“十三五”国家科技创新规划》第九章第四条规定：“加强平台建设系统布局，形成涵盖科研仪器、科研设施、科学数据、科技文献、实验材料等的科技资源共享服务平台体系，强化对前沿科学研究、企业技术创新、大众创新创业等的支撑，着力解决科技资源缺乏整体布局、重复建设和闲置浪费等问题。整合和完善科技资源共享服务平台，更好满足科技创新需求[2]。”

《中华人民共和国科学技术进步法》（2021 年修订）第 77 条规定：“国家重大战略区域可以依托区域创新平台……推动科学仪器设备、科技基础设施、科学工程和科技信息资源等开放共享，提高科技成果区域转化效率。”

《湖北省科学技术进步条例》（2024 年修订）第 48 条规定：“省人民政府及其有关部门应当建立财政性资金投资或者资助建设的科技基础设施和基础条件平台等资源开放共享机制，促进研究实验基地、大型科学仪器设备、科学技术数据和文献以及自然科技资源、信息网络资源等整合利用。省人民政府科学技术主管部门应当会同其他有关部门，建立全省科学技术资源信息系统，完善科学技术资源开放共享管理和使用办法，建立健全信息公开、资源清查和考核评价制度，对共享成效显著的单位给予资金、政策支持。”

### 1.3 国家高度重视知识产权保护工作

党的十八大以来，党中央把知识产权保护工作摆在更加突出的位置，从出台系列决策部署，到重组国家知识产权局，再到成立知识产权法院，建成知识产权专业化审判体系，我国知识产权创造、保护、运用得到全面加强，知识产权事业不断发展，走出了一条中国特色知识产权发展之路，中国正在成为制度完备、体系健全、环境优越的国际知识产权保护高地。习近平总书记在主持中央政治局第二十五次集体学习时指出：“创新是引领发展的第一动力，保护知识产权就是保护创新”。习近平总书记强调，知识产权保护工作关系国家治理体系和治理能力现代化，关系高质量发展，关系人民生活幸福，关系国家对外开放大局，关系国家安全。全面建设社会主义现代化国家，必须从国家战略高度和进入新发展阶段要求出发，全面加强知识产权保护工作，促进建设现代化经济体系，激发全社会创新活力，推动构建新发展格局。在新时代背景下，我们必须从国家战略高度出发，全面加强知识产权保护工作，为创新发展提供有力保障，助推我国经济社会高质量发展[3]。

## 2 科技资源与知识产权协同发展关系

科技资源与知识产权的协同发展关系，是科技创新和经济发展的核心动力，两者之间相互依存、相互促进，共同推动社会进步和产业升级。

### 2.1 科技资源与知识产权相互依存

科技资源是知识产权产生的基础，先进的科研设施、高素质的科技人才和丰富的科技文献资源是产生高质量知识产权的重要条件。知识产权则是科技资源优化配置和高效利用的重要保障，知识产权的保护和运用可以促进科技资源的共享和开放，提高科技资源的利用效率。

### 2.2 科技资源与知识产权相互促进

科技资源的丰富和优化配置有助于激发更多的创新活动，从而产生更多的知识产权。例如，先进的科研设备可以加速科研进程，提高科研成果的质量；高素质的科技人才可以带来创新灵感，推动新技术、新产品的诞生。

知识产权的保护和运用则可以进一步激发科技人员的创新积极性，吸引更多的资金投入科技创新活动，推动科技资源的持续积累和优化配置。知识产权的价值评估和市场交易也可以为科技资源的优化配置提供重要参考。

## 3 湖北现代化产业体系建设面临的问题和发展需求

大力推进现代化产业体系建设，加快发展新质生产力，这是2024年政府工作的首要任务。湖北在大力推进现代化产业体系建设，加快发展新质生产力的过程中，展现出积极的态势和明确的方向。湖北正充分利用其丰富的科技创新资源，包括众多高等院校、科研机构和创新型企业，以推动技术突破和创新，为新质生产力的形成提供源源不断的动力。3月7日上午，时任湖北省委书记王蒙徽在十四届全国人大二次会议湖北代表团全体会议上强调，要深刻领会牢牢把握高质量发展这个首要任务、因地制宜发展新质生产力的重要要求，加快开辟发展新领域新赛道、塑造发展新动能新优势。

### 3.1 基础研究创新能力需提升，基础研究投入强度有待加大

新质生产力之“源”在于能够深刻揭示世界本质的基础研究，基础研究是整个科学体系的源头，是所有技术问题总机关。尽管湖北省拥有较为丰富的科研资源，包括央属科研机构、高校、国家实验室等，但在基础研究的创新能力和国际影响力上仍有提升空间。需

要进一步加强科研平台的集聚效应，提升科研资源的利用效率；进一步加强科研团队建设，吸引和培养更多高层次、高水平的科研人才，特别是青年科学家；通过建设“基础研究特区”等方式，为科研团队提供更加自由、宽松的科研环境，激发其创新活力；进一步明确基础研究的方向和重点，聚焦国家重大战略需求和未来科技发展趋势，加强基础前沿科学研究和交叉学科研究，通过深入实施“尖刀”技术攻关工程等举措，推动基础研究成果的转化和应用；继续加大基础研究投入力度，通过设立专项基金、增加科研经费等方式，为基础研究提供充足的资金支持；制定更加完善的政策支持体系，为基础研究提供政策保障。

### 3.2 数字产业化关键领域需加强

新质生产力之“本”在于高品质的新产业，新产业是生产力变革的具体表现形式，是新质生产力的物化载体。数字技术是劳动资料的“新介质”[4]，大数据、芯片等新型数字产品成为重要的生产资料。湖北在人工智能、大数据、云计算、区块链等数字产业化关键领域还需加强，以充分发挥数字技术对传统产业的放大、叠加和倍增作用，为传统产业注入新动能。

### 3.3 创新主体协同创新还不够

新质生产力之“根”在于能够提供肥沃土壤的创新基质，湖北科研院所、高校、企业等主体的协同创新有待加强，人才、资本、技术等各类创新要素流动不畅。首先是协同创新不足，湖北的科研院所、高校和企业虽然在各自领域内有一定的创新能力，但相互之间的合作深度和广度还不够，缺乏有效的协同创新机制。其次是科研成果转化效率不高，许多优秀的科研成果未能及时转化为实际生产力。三是创新要素流动不畅，人才、资本、技术等创新要素在科研院所、高校和企业之间的流动存在障碍，影响了创新资源的优化配置和高效利用。四是人才流动机制不健全，科研人员在不同机构之间的流动受到诸多限制。

### 3.4 人才资源潜质激发不足

新质生产力之“要”在于激发人的潜质，高素质的劳动者是新质生产力的创造者和使用者。湖北人才资源总量大，高层次人才总量居全国第一方阵，但科技人才大部分集中在科研单位和高等院校，企业创新人才比较缺乏，人才的潜能未充分激发。

当前湖北现代化产业体系建设面临新的发展需求，加快建设全国构建新发展格局先行区、奋力推进中国式现代化湖北实践，必须推动新质生产力成为高质量发展的强劲引擎。新质生产力的核心是创新，载体是产业，当前，湖北光电子信息、生命健康、高端装备制造、北斗等产业加快发展，要培育壮大新质生产力，必须进一步构筑完善的现代化产业载体。要推动产业链供应链优化升级，着力补齐短板、拉长长板、锻造新板；要增强产业链供应链韧性和竞争力，积极培育生物制造、商业航天、低空经济等新兴产业和量子技术、生命科学等未来产业[5]；要深入推进数字经济创新发展，深化大数据、人工智能等研发应用。

# 4 新质生产力背景下科技资源与知识产权协同服务湖北省现代化产业体系路径

湖北省已出台《关于加快培育新质生产力推动高质量发展的实施意见》，从加强原创性颠覆性科技创新、打好关键核心技术攻坚战、加强科技创新成果转化应用等方面进行了详细部署。同时，湖北省还积极构建以先进制造业为骨干的现代化产业体系，加快传统产业改造升级、新兴产业培育壮大和未来产业前瞻布局。这些举措为新质生产力背景下科技资源与知识产权协同服务湖北省现代化产业体系提供了有力支撑。

科技资源与知识产权的协同发展关系是推动科技创新和经济发展的重要动力。通过加强科技资源的共享和开放、完善知识产权保护制度、推动科技成果的转化和应用以及加强国际合作与交流等措施，可以进一步促进科技资源与知识产权的协同发展，为社会的持续进步和产业升级提供有力支撑。

## 4.1 加强科技资源优化配置与共享

### 4.1.1 建设科技资源共享平台

建立科技资源共享平台，促进科研设施、仪器设备、科技文献、数据信息等资源的共享和开放。这有助于提升科技资源的利用效率，降低企业和科研机构的创新成本。

### 4.1.2 推动产学研合作

加强高校、科研院所与企业之间的产学研合作，促进科技资源的有效对接和整合。通过联合研发、技术转移等方式，实现科技资源的优化配置和高效利用。

## 4.2 完善知识产权保护制度

### 4.2.1 强化知识产权保护力度

加大知识产权法律法规的制定和执行力度，提高知识产权的保护水平。严厉打击侵犯知识产权的行为，维护市场秩序和公平竞争。

### 4.2.2 提升意识与培训

加强知识产权的宣传和普及工作，提升全社会的知识产权意识。同时，开展知识产权培训活动，提高企业和科研机构的知识产权管理和运用能力。

## 4.3 促进科技成果转化与应用

### 4.3.1 建立转化机制

完善科技成果转化的有效机制，促进科技成果向现实生产力转化。通过知识产权的许可、转让等方式，实现科技成果的商业化应用。

### 4.3.2 支持创新型企业发展

加大对创新型企业的支持力度，鼓励企业加大研发投入，提升自主创新能力。支持企业建立研发机构，加强与高校、科研院所的合作，推动产学研深度融合。

### 4.4 聚焦新质生产力重点领域

#### 4.4.1 加强原创性颠覆性科技创新

聚焦新质生产力的重点领域，如人工智能、量子科技、生物技术等，加强原创性颠覆性科技创新。建设一批高水平的科技创新平台和研发机构，吸引和培育顶尖科技人才。

#### 4.4.2 推动关键核心技术攻关

支持企业牵头组建协同攻关型产业技术创新联合体，集中力量攻克一批关键核心技术。通过政策支持、资金扶持等方式，降低企业的创新风险，提升创新成功率。

### 4.5 深化体制机制改革

#### 4.5.1 优化创新生态

深化科技体制改革，优化创新生态。完善科技创新政策体系，加大对科技创新的支持力度。推动教育、科技、人才等要素的良性循环，为科技创新提供有力保障。

#### 4.5.2 加强国际合作与交流

积极参与国际科技合作与交流活动，借鉴国际先进经验和技术成果。通过国际合作项目、联合研发等方式，实现科技资源的共享和优势互补，推动全球科技创新和经济发展[6]。

## 5 结语

在新质生产力背景下，湖北省现代化产业体系建设正处于一个关键的历史时期。面对全球科技革命和产业变革的加速推进，湖北省必须紧跟时代步伐，把握发展机遇，积极应对挑战。科技资源与知识产权作为推动科技创新和产业发展的重要因素，其协同发展对于湖北省现代化产业体系的建设具有至关重要的意义，通过加强科技资源与知识产权的协同发展，进一步推动湖北省产业结构优化升级，培育壮大新兴产业，提升产业竞争力。

## 参考文献

[1] 陈向阳．新征程上统筹高质量发展和高水平安全重在创新[J]．国家安全研究，2024(2)：56-62.

[2] 国务院．政府工作报告[R]．北京：国务院，2016.

[3] 习近平．全面加强知识产权保护工作 激发创新活力推动构建新发展格局[J]．青年记者，2021(3)：4.

[4] 余东华，马路萌．新质生产力与新型工业化：理论阐释和互动路径[J]．天津社会科学，2023(6)：90-102.

[5] 庞广廉．科技驱动转型 竞逐新质生产力[J]．生态产业科学与磷氟工程，2024，39(6)：3-5.

[6] 杨鹏正．数字经济发展对产业结构优化升级的影响研究[J]．全国流通经济，2024(4)：169-172.

# 国际知识产权视域下的遗传资源获取和惠益分享制度研究

岳嘉文

（湖北汽车工业学院知识产权学院　湖北省汽车产业知识产权研究院，十堰，442002）

**摘要：**遗传资源及其相关传统知识具有重要价值，技术发展上的差距引发了该种资源与知识的提供国和利用国之间的利益冲突，遗传资源与相关传统知识在获取和惠益分享上的难题存续已久。2024年缔结的《产权组织知识产权、遗传资源和相关传统知识条约》为遗传资源所涉知识产权问题的应对提出了宏观指引，我国可在国际公约框架下完善相关知识产权规则。针对基于遗传资源与相关传统知识进行的发明创造，明确符合条约基本义务的专利公开要求规则，并对其所涉的客体与内容、制裁与救济以及信息系统建立方式进行优化。通过完善知识产权领域遗传资源与相关传统知识获取和惠益分享制度，维护我国在遗传资源开发与利用中的合理利益，以更好实现遗传资源相关领域的技术创新和知识流通。

**关键词：**遗传资源；传统知识；惠益分享；专利公开要求

遗传资源是世界赖以提高生产力和质量以及维护种群健康的原材料，遗传资源的有效保护和合理利用是保障生物资源安全的关键。然而，伴随着基因技术、制药技术等领域的快速发展，利用技术优势掠夺他国遗传资源或其衍生物从事创新开发活动的现象屡见不鲜。为了确保给予遗传资源和相关传统知识有效且兼顾各方利益的知识产权保护，世界知识产权组织（World Intellectual Property Organization, WIPO）于2000年成立了“知识产权与传统资源、传统知识和民间文学艺术政府间委员会（Intergovernmental Committee on Intellectual Property and Genetic Resources, Traditional Knowledge and Folklore, IGC）”，以期在基于案文进行谈判的基础上就国际法律文书达成共识。2024年5月24日，世界知识产权组织成员国批准了《产权组织知识产权、遗传资源和相关传统知识条约》（WIPO Treaty on Intellectual Property, Genetic Resources and Associated Traditional Knowledge）（以下简称《条约》），这标

---

**作者简介：**岳嘉文（1993—　），女，讲师，研究方向为知识产权法。

**基金项目：**湖北汽车工业学院2024年度博士科研启动基金项目（编号：BK202449）。

志着长达20余年的谈判取得历史性突破。这部新条约既是WIPO管理的首部涉及知识产权、遗传资源和传统知识之间相互关联的条约，也是首部纳入专为土著人民（Indigenous Peoples）和当地社区（Local Communities）所制定之条款的条约。《条约》的问世不仅是经多方磋商而实现利益平衡、差距减小的产物，也是在国际层面通过知识产权制度实现促进创新、知识传播与转移的尝试。我国作为全球生物多样性最丰富的国家之一，拥有大量的动植物和微生物遗传资源。随着研发技术和能力的提升，我国的角色逐渐开始由遗传资源提供国转向遗传资源利用国。在新《条约》批准的背景下，分析遗传资源及其相关传统知识中的知识产权问题，有利于发挥专利等知识产权制度在保护此种资源及知识方面的潜在作用，实现其提供者和使用者之间的共同利益。

## 1 遗传资源所涉知识产权问题的提出

### 1.1 遗传资源与知识产权客体的关联

遗传资源是指任何含有遗传功能单位（基因和DNA水平）的材料，伴随生物技术的快速发展，遗传资源在各国农业、医药、化工和环保等领域的作用愈加重要，但也因其特殊属性引起了资源争夺和管理保护上的挑战。遗传资源作为一种科技资源，其重要性和特殊性体现在多个方面。①独特性和难以替代性，遗传资源所承载的基因信息能够带来个体、种群和物种层面的不同生物特性，并且某些基因特性仅能通过特定的物种或个体获得，难以被其他资源完全替代。②多样性和可再生性，不同物种及个体的遗传变异为遗传资源的科研工作提供了空间，此外，遗传资源可通过繁育、种植或养殖等生物技术持续获取，即摆脱对原始生物材料的依赖。③地域性，某些特定物种和基因资源只存在于特定的生态环境中，其价值也与所处的地理位置和生态系统相关联；四是应用性和高价值性，遗传资源蕴含着极大的应用潜力与价值，通过基因测序、基因编辑等现代科技手段，遗传资源在新药研发、育种改良和生态保护等方面发挥重要作用。

正因遗传资源在促进生物产业健康可持续发展方面的作用十分显著，遗传资源的开发应与保护相结合，既要避免因不当开发导致的资源枯竭或物种灭绝，也要注重在国际竞争中由生物技术创新带来的知识产权保护与应用问题。相较而言，遗传资源与其他知识产权客体之间既有联系也有区别，其相似处体现在：首先，遗传资源的独特性和知识产权客体的创新性相呼应，遗传资源的开发通常涉及创新，而这些创新成果可受到知识产权保护；其次，遗传资源与其他知识产权客体一样具备经济价值，遗传资源在相关领域的应用可带来经济收益；再次，遗传资源的不可替代性与某些知识产权客体的独特性相似，特别是那些无法轻易复制或通过其他方式获取的创新成果。同时，遗传资源与其他知识产权客体之间也存在着差异：一方面，遗传资源是自然界的产物，其本身并不能直接成为受知识产权保护的客体，遗传资源只有经过人工的技术改良或创新应用才可成为知识产权的客体；另一方面，遗传资源的可再生性意味着其存在已久且可被持续利用，与遗传资源相关的传统知识通常也历经世代流传，这与知识产权对客体在创新上的要求有一定差异。

### 1.2 遗传资源利用所引发的知识产权保护难题

为确保全球范围内的遗传资源研究与开发更加公平合理且可持续，国际社会建立了遗传资源的获取和惠益分享（Access and Benefit Sharing, ABS）机制。简言之，当一个国家或企业要利用他国遗传资源进行研究或开发时，需遵循一定的规则以确保遗传资源提供国能从中获取合理收益。实际上，从一系列国际法律文书的谈判过程来看，不论是发展中国家还是发达国家，都认识到并希望通过知识产权制度为遗传资源和相关传统知识的获取和利用提供支持。然而，遗传资源获取和惠益分享制度的实施效果未及理想目标。

长久以来，发达国家先进科技为工具进行“生物剽窃”，导致全球遗传资源获取和惠益分享格局失衡，遗传资源提供国与获取国（利用国）之间产生利益冲突，发展中国家普遍存在难以获得遗传资源及其惠益之困境。在实践层面，一些遗传资源开发者通过与遗传资源提供国的政府或当地社群等相关主体达成协议，以财产利益或公共健康利益作为对价换取遗传资源和相关传统知识，但仍无法避免出现遗传资源和传统知识被盗取的现象。在制度层面，不同国家基于自身发展需要，在遗传资源及相关传统知识的获取与利用上存在不同政策目标和实现路径，因此产生诸多知识产权制度在具体规则设计上的差异。以《区域全面经济伙伴关系协定》（RCEP）为代表的双边机制虽在一定程度上实现了国与国、地区与地区之间的互利共赢，但却未能在国际层面以强制性规范形式对遗传资源的掠取行为进行抑制。由此可见，遗传资源惠益分享的实现仍需借助国际知识产权规则的保障，探索国际层面遗传资源与相关传统知识获取和惠益分享机制的共建，才是破解生物剽窃困境之道。

## 2 新《条约》背景下遗传资源及相关传统知识国际规则的解析

长期以来，全球范围内的遗传资源“不当利用”行为较难得到有效抑制，其原因包括执法经验不足、监管不力、专业人才较少、公众意识较低等。3 面对该困境，发展中国家自 20 世纪 90 年代末开始推动遗传资源获取和惠益分享国际法律制度的构建与实施，2010 年通过《名古屋议定书》即为该阶段谈判的重要成果。本次《条约》的缔结为遗传资源所涉知识产权问题的国际立法提供了范式，通过对专利公开要求关键问题的回应，为遗传资源获取和惠益分享制度的构建提供了基础和保障。

### 2.1 公开要求的目标与客体：惠益分享实现的前提

在尝试以知识产权制度规制遗传资源“不当利用”行为的过程中，部分发达国家以不具备新颖性反对相关规则的构建。哥伦比亚代表团曾在 1999 年的 WIPO 会议上指出，其提交的“生物和遗传资源保护”文件包含了资源合法获取要求的两项建议，目的均在于通过确认合法来源来保护一国的生物和遗传资源。尽管其已着重申明这些建议属于程序或形式上的要求，发达国家代表仍以涉及专利法实质问题为由否认将其纳入专利制度。对此，有观点以传统知识伴随时代变迁而变化为依据，主张保护之正当性。时至今日，《条约》虽已获批准，为实现国际专利制度中的强制性要求，首先需理解专利公开要求的客体范围和政策目标。

在目标设立上，专利公开要求的宗旨是实现遗传资源惠益分享的基础。IGC 讨论遗传资源相关知识产权问题的目的之一，就在于避免将专利错误地授予给那些基于遗传资源和相关传统知识开发的，且不符合专利实质性要求的发明。对此，发展中国家认为保护遗传资源及相关传统知识的目标在于防止“不当利用”行为的发生，发达国家则以防止错误地授予专利为条约的目标，而对生物剽窃、不当利用等措辞持保留态度。最终《条约》第 1 条的规定体现了双方的共同目标：①实现专利制度关于遗传资源及相关传统知识的有效性、透明度和质量之要求。②防止对与该类资源和知识相关的不具备新颖性或创造性的发明进行错误的专利授权。由此可见，《条约》更多地体现了发达国家的观点，对目标的理解需关注遗传资源及相关传统知识各方主体之间的利益协调。从利益平衡的角度理解各项专利公开要求，更能促进遗传资源获取和惠益分享机制的实现。

在客体界定上，遗传资源与相关传统知识的范围明确是促成获取和惠益分享制度实现的关键。遗传资源新用途的发现与开拓，不仅需依赖资源本身的获取和利用，有时还需借助于相关族群世代相传所累积的传统知识。在术语选择上，IGC 的基础提案沿用了《生物多样性公约》中的定义，最终文本也与其保持一致。《条约》将“遗传资源”定义为具有实际或潜在价值的遗产材料，并且进一步明确“遗传材料”是指来自植物、动物、微生物或其他来源的任何含有遗传功能单位的材料；同时，传统知识仅限于与遗传资源相关的传统知识。实际上，WIPO 探讨的“传统知识”涉及文学、艺术和科学等多个领域。有学者关注到不同类型传统知识的差异，指出遗传资源在跨境流通上受到的强管制有利于构建传统资源权保护模式，进而形成获取和惠益分享机制实现的基础。在应对遗传资源相关知识产权问题时，理应注意其与其他传统知识之间的差异。

根据知识产权制度鼓励创新的功能和宗旨，自然界中存在的遗传资源本身并不是知识产权所保护的对象，但基于遗传资源及相关传统知识或利用其开发的发明可受到专利权保护。遗传资源的物质性决定了其能以有形方式被使用，而传统知识则是通过知识形态被控制和转移，二者之间排他性控制权的协调是获取和惠益分享制度有序实现的前提。因此，在遗传资源和相关传统知识所涉专利公开要求的客体选择上，需谨慎处理其范围界定问题。

### 2.2 公开要求的内容与措施：惠益分享机制的保障

详细公开技术方案是发明专利获得保护的对价和前提，发明人对其发明的解释应当能够为具备相同知识水平的人所理解和运用。《条约》有关公开要求的信息内容正是指向遗传资源及相关传统知识，可成为取得事先知情同意和实现惠益分享机制的证明，用以推断相关资源和知识的获取和利用是否正当。

在专利公开要求的内容方面，《条约》提出当专利申请中要求保护的发明是基础遗传资源或相关传统知识时，专利申请人应当依据缔约国要求公开有关信息，具体分为两种情形。①对于基于遗传资源进行专利申请的情形，根据第3.1条的规定，申请人应当公开遗传资源的原产国；当原产国信息不为申请人所知或者相关条款无法适用时，申请人应当公开遗传资源的来源。②对于基于遗传资源相关传统知识进行专利申请的情形，根据第3.2条的规定，申请人应当公开提供遗传资源相关传统知识的土著人民或当地社区；当上述信息不为申请人所知或者相关条款无法适用时，申请人应当公开遗传资源相关传统知识的来源。其中“遗传资源相关传统知识的来源”包括了科学文献、公开可用的数据库、专利等任何申请人获得信息的来源。

在专利公开要求的措施方面，《条约》提出了未遵循条约关于信息公开要求情形下的制裁和救济方案。鉴于各国在法律、行政和政策环境上存在差异，《条约》仅在宏观层面对制裁和救济的措施进行规定，并以“适当、有效和适度”为实行标准，具体方式的选择则交由缔约国自行处理。从《公约》第5条的表述上看，在实施制裁或下令救济前，申请人拥有公开要求中相关信息的补正机会；此外，对于在公开要求方面存在欺诈意图的情形下，缔约国可依据国内法予以授权后的制裁或救济，以此避免和纠正专利申请中和授权后的虚假、错误原产国或来源信息的提供行为。这些规定为惠益分享制度的实现提供了保障。

## 3　我国遗传资源与相关传统知识获取和惠益分享制度的革新

我国知识产权制度在创设初期虽为法律移植的产物，但在形成中国特色社会主义的知识产权法律体系过程中，逐渐呈现出该制度的公共政策属性。为保护遗传资源、传统知识等而设立的知识财产权被视为“国家利益导向型”的知识财产保护基本范式。然而，这类聚焦国家层面利益的知识财产往往面临转向具体制度时的困境，国际组织达成的共识仅能提供宏观指引。《条约》的批准既是遗传资源及相关传统知识提供国与利用国之间利益博弈的结果，也是以我国为代表的发展中国家在知识产权国际治理体系中由被动接受者向主动参与者转变的体现。借此契机，我国应明确自身兼属遗传资源提供国和利用国的定位，在国际公约的指引下完善遗传资源及相关传统知识所涉的知识产权规则，在其专利公开要求、制裁与救济措施、信息系统等方面进行探索和优化。

### 3.1　遗传资源与相关传统知识公开要求的完善

为焕活遗传资源、传统知识的信息与经济价值，理论界长期存在关于如何通过知识产权制度和规则来维系相关主体之间利益协调的争论。有观点提出构建传统知识产权以解决传统知识的创新与运用难题。基于各类传统知识共性与特点的考量，结合国际条约案文可知，现行专利制度能够接入并应对遗传资源及相关传统知识的获取与利用问题，进而实现该领域的惠益分享。对此，专利公开要求中涉及遗传资源与相关传统知识的内容应当考虑下述事项。

其一，客体和内容的明确。我国2023年修订的《专利法实施细则》对遗传资源的概念进行了界定，即“取自人体、动物、植物或者微生物等含有遗传功能单位并具有实际或潜在价值的材料和利用此类材料产生的遗传信息”，该表述符合《条约》的基本要求。在专利申请要求上，《专利法》第26条规定“依赖遗传资源完成的发明创造，申请人应当在专利申请文件中说明该遗传资源的直接来源和原始来源；申请人无法说明原始来源的，应当陈述理由。”由此可见，我国遗传资源与相关传统知识的获取与惠益分享机制存在客体界定上的缺漏。一是专利制度仅规定了利用遗传资源完成发明创造时的强制披露义务，而未涉及相关传统知识。无法完全衔接《条约》中相关信息的公开要求。二是仅规定了原始来源或直接来源的强制披露义务，而《条约》要求申请人就不能说明来源的情形做出有关所知内容真实性和正确性的申明，该要求与“陈述理由”不完全相同。因此，我国专利制度存在进一步细化遗传资源领域公开要求规定的空间，以对该种资源与知识的获取和惠益分享提供基本依据。

其二，救济与制裁的适用。我国《专利法》第5条第2款规定了基于遗传资源完成的发明创造不受保护的情形，即当申请人“违反法律、行政法规的规定获取或者利用遗传资源，并依赖该遗传资源完成的发明创造”时，无法取得专利权。该条内容与《条约》规则之间存在差异，或将直接影响到惠益分享机制的有效实现。不论是司法抑或行政措施，制裁和救济不仅应当涉及遗传资源的来源披露，还应当包含遗传资源相关传统知识的来源公开。此外，《条约》强调了欺诈行为或意图存在时的措施，可考虑在专利制度中设立相应条款，以打击或纠正虚假和错误专利的申请与授权。在不违反相关规定或不存在欺诈的情形下，可考虑在实施救济与制裁之前设置适当的信息补正措施，以避免挫伤专利申请的主动性。

### 3.2　遗传资源及相关传统知识信息体系的优化

作为防止错误专利的“防御性保护”机制和措施，遗传资源与相关传统知识的数据库和其他信息系统能够帮助专利审查员查实相关的现有技术。根据《条约》第6条，IGC鼓励缔约国在兼顾本国国情和发展需求的基础上，积极探索遗传资源和相关传统知识信息系统（数据库）的建设方案。在信息系统的构建方式和保障措施上，《条约》留给了缔约方较大的规则设计空间。该条作为公开要求的补充性措施，既契合多个利益攸关方的共同利益，又属于非强制性的缔约义务，因此为大多数国家所接受。目前，我国已有部分存储遗传资源信息的数据库，但大多数为整合遗传资源与相关传统知识的平台，服务对象大多为科研院所和大型企业。在此背景下，遗传资源及相关传统知识信息体系的优化可至少从下述两方面开展。①拓宽遗传资源与相关传统知识的获取与利用方式。持续挖掘和收集处理遗传资源及相关传统知识，通过数字化、文献化等方式实现相关传统知识的信息存储和流通，为惠益分享机制的运转提供良好基础。②探索遗传资源与相关传统知识的惠益分享的模式与标准。基于当前信息体系构建与运用的现状，在符合专利制度要求的前提下进一步开辟其商业化利用渠道，优化遗传资源惠益分享的形式与标准，最终实现相关主体的利益平衡和传统知识的创新运用。

## 4 结语

遗传资源与相关传统知识的保存和传承有赖于土著人民和当地社区的世代使用和保护，这些资源与知识在科研活动中的利用往往有助于开发受知识产权保护的发明创造。《产权组织知识产权、遗传资源和相关传统知识条约》是世界知识产权组织首次在国际条约维度为土著人民和当地社区制定相应条款的尝试，向基于遗传资源和相关传统知识的发明专利申请人提出了新的公开要求。我国目前仍为遗传资源及相关传统知识的提供国，且正在发生向遗传资源利用国的转变，因此需在国际条约的指引下开展符合发展现状和需求的制度革新。遗传资源获取和惠益分享制度的完善应以保护遗传资源与相关传统知识为政策目标，明确将专利公开要求的客体由遗传资源拓展至其相关传统知识，并调整相应的公开要求内容，同时对申请人不知来源的情形规定声明义务及其具体内容；实行适当、有效和适度的专利公开要求的救济与制裁措施，并规范欺诈行为或意图存在时错误授权专利的处理方式。在遗传资源及相关传统知识信息体系的优化上，通过探索多元化的获取与利用方式，形成相关资源和知识的惠益分享模式与标准，为遗传资源与相关传统知识利益攸关方之间的惠益分享提供制度支持和保障，进而发挥知识产权制度激发遗传资源相关领域知识创新、技术开发的应有价值。

## 参考文献


[1] 许畅．专利申请中遗传资源来源披露制度的国际协调及我国因应 [J]. 山东科技大学学报（社会科学版），2023, 25（6）: 58-65.

[2] WIPO, Protection of Biological and Genetic Resources, SCP/3/10,1999.

[3] 王文达．“一带一路”背景下生物遗传资源知识产权保护路径研究 [J]. 中阿科技论坛（中英文），2024,（1）: 12-16.

[4] 张小勇．知识产权视野中的遗传资源国际立法：进程、草案解析及我国的因应 [J]. 知识产权，2023,（10）: 71-97.

[5] 杨远斌．遗传资源的知识产权保护分析 [J]. 知识产权，2005,（4）: 20-24.

[6] WIPO Treaty on Intellectual Property, Genetic Resources and Associated Traditional Knowledge, GRATK/DC/7, 2023, Article 2.

[7] 张军荣，刘利．传统知识跨国利用中惠益分享权的实现——以知识流动管制为视角 [J].

中南民族大学学报（人文社会科学版），2022，42（7）：108-115+185.
[8] 曹博．创设知识财产的中国范式及其国际扩张 [J]．财经法学，2024，（2）：178-192.
[9] 董晋瑜．论传统知识产权的法律构造——以文化多样性的双重价值追求为切入点 [J]．佛山科学技术学院学报（社会科学版），2024，42（3）：21-30.
[10] 党涵丹，杨逢柱．论我国中医药传统知识知情同意权之完善 [J]．中国卫生法制，2022，30（5）：25-29.
[11] 宋健，宋晓亭．建立中医药传统知识利益分享机制初探 [J]．世界科学技术 - 中医药现代化，2023，25（2）：459-464.

# 高校大型科研仪器设备管理与开放共享探讨

周　超

（武汉大学实验室与设备管理处，武汉，430072）

**摘要：** 大型科研仪器设备是重要的科研基础条件资源，是国家创新体系的重要组成部分，也是科技创新的重要基础保障。持续推进大型科研仪器设备开放共享，对提升国家创新整体效能，服务国家重大科技创新意义重大。本文借鉴国外院校大型科研仪器管理与开放共享经验，分析了高校大型科研仪器设备管理与开放共享中存在的共性问题，从大型科研仪器设备的管理制度建设，开放共享服务，实验技术队伍建设以及共享激励机制等多方面进行阐述，探讨提升高校大型科研仪器设备开放共享的有效途径。

**关键词：** 大型科研仪器；设备管理；开放共享

大型科研仪器设备是高校开展科学研究、人才培养和社会服务的重要条件保障，也是衡量高校办学水平和综合实力的重要标志。近年来，国家不断出台相关政策法规，政府也加大高等教育事业的投入，高校大型科研仪器数量和质量不断提升。建立完善的大型科研仪器设备开放共享管理体系和运行机制，在保障本校教学科研需求的前提下，更好地服务教学科研、人才培养、社会发展，最大限度地发挥大型仪器设备的使用效益，是当前高校大型仪器设备管理值得深思和探讨的问题与难点。

## 1　国外高校大型科研仪器管理与开放共享经验

国外高校大型科研仪器管理与开放共享方面的研究起步较早，随着时代以及社会的发展，已经逐渐形成一套较为完善的科研仪器管理和开放共享体系。

### 1.1　美国高校建立完善的政策制度和有效的管理模式

政策上，美国将“完全、开放、无偿”的资源共享政策作为联邦政府的基本国策，建立科技资源共享门户平台，从国家层面保证高校大型科研仪器设备的开放共享。管理上，美国高校以“抓大放小”的管理模式，对大型科研仪器设备进行统一管理，对仪器的购置计划、预算、预期效益、监督、考核、培训等环节进行严格的把控，采用专业的技术人员

---

**作者简介：** 周超（1986—　），男，职员，研究方向为大型仪器设备信息化建设。

团队和培养制度，注重社会合作，确保大型科研仪器的使用效益。

### 1.2 英国高校建立完善的大型科研仪器设备保障体系

经费保障方面，英国高校接受政府资助、企业合作、个人捐赠等多种渠道的资金来源，保证经费充足。资源保障方面，针对不同级别的仪器建立了三级仪器共享平台。对于超大型仪器的使用，建立面向全国的共享平台，大学或院系内部则建立二级甚至三级共享平台，主要为校内提供科研服务，同时面向社会开放共享。运维保障方面，建设含有管理人员、技术人员以及科研人员的三层级设备运行人员保障体系，积极组织人员进行理论培训和实践培训，从人才队伍上保障大型仪器设备的良好运行。

### 1.3 日本高校制定了严格的政策和法律法规以保障科技资源的开放共享

日本从法律制度、仪器发展计划、共享机制等方面，提出了一系列推动科学仪器研发和共享的改革措施，促进完善共享信息的网络体系，例如《促进特定尖端大型研究设施共享的相关法律》。建立了共享研究机构和科学仪器共享网站，例如研究设施共用综合指引网站、尖端仪器共用创新平台等，仪器设备的信息会及时发布在这些共享平台上。日本高校与校外公司、企业、研究机构合作良多，关系密切，在资源上互通有无，推进大型科学仪器设备的开放共享。

## 2 高校大型科研仪器管理与开放共享面临的共性问题

国内是从 20 世纪 90 年代启动了科学仪器共享工作，重点解决我国仪器设备管理中存在着管理封闭且分散，重复建设，开放程度不够，利用率偏低等问题。到目前，高校大型科研仪器设备开放共享工作已取得长足进步，国家出台了一系列大型科研仪器设备管理与开放共享方面的政策，各高校都已建立大型科研仪器设备开放共享网络平台，提供开放共享服务，但是开放共享程度与需求之间存在差距，仪器设备使用率偏低的问题仍然存在。因此，在大型仪器的共享、使用和管理上仍然面临许多亟待解决的问题：

### 2.1 开放共享意识亟待加强

高校大型科研仪器单位化、个人化的倾向比较严重，这是由多方面原因造成的。①大型科研仪器多数由团队的科研经费购置，有些科研团队认为，自己团队科研经费购置的设备应当由自己决定使用权，希望保持自己团队的资源优势；②有些科研团队也担心开放共享使用会造成仪器设备的损坏，影响科研进度，所以不愿意共享。

### 2.2 服务质量需进一步提升

高校开放共享网络平台的建设情况不一，服务水平也参差不齐。目前，各高校开放共享网络平台普遍存在仪器基础信息不完善，不方便用户查询的问题。大部分单位并未完成财务对接，用户缴费手续比较繁杂，同时，也缺少一站式的服务、定制化服务内容，用户的综合体验满意度不高。

### 2.3 技术队伍建设窘境凸显

高校大型仪器专职管理人员、技术人员数量不足、能力不够的问题比较突出。招人难、留人难的问题日益凸显，技术队伍职业路径单一，职业前景急需拓宽，工薪待遇也有待提高。管理仪器的高端人才比较紧缺，对科技创新和社会需求的服务有限，为实施创新驱动发展战略提供有效支撑的能力不足，只能满足一些日常的实验需求。

### 2.4 运维技术力量急需加强

目前大型仪器管理技术人员短缺，现实情况普遍是一名技术员负责多台仪器，实际运行中很难做到操作人员及时处理问题，导致仪器出现故障的概率比较高。缺乏高精尖仪器专业的运维力量，这类仪器一旦出现故障，就需要等待返厂维修，耗时较长，维修费用也比较高，影响科研效率。

## 3 探索构筑高校大型科研仪器设备管理机制与开放共享平台

根据当前大型科研仪器管理与开放共享情况，为更好地落实(国发〔2014〕70号)《关于国家重大科研基础设施和大型科研仪器向社会开放的意见》文件精神，构建有效的开放共享与保障机制，构筑高效运行的大型科研仪器设备共享平台，按照统一规划、统筹购置、集中管理、资源共享的原则，以面提升仪器使用效率为目标，构建起种类齐全、布局合理、体系完备的优质大型科研仪器共享开放平台。

### 3.1 挖掘自身大型科研仪器设备的资源潜力

高校应高度重视大型科研仪器设备的管理与开放共享工作，充分挖掘自身潜力。在校级成立科研仪器评审委员会，对学校大型科研仪器购置进行统筹规划，合理布局，对特大型科研仪器要在校级进行充分论证，保证整体仪器配置的先进性和合理性，杜绝重复购置。其次，组织相关部门，彻底摸清了大型科研仪器设备的底数，做到校内大型仪器设备数据真实统一，并完善相关基础信息。再次，着力进行资源整合，优化资源配置，逐渐改变传统的单一学科仪器平台的模式，构建种类齐全、布局合理、体系完备的跨学科综合科研平台。最后，加强日常管理监督，引导、协调、规范全校各院系、各学科大型仪器设备的管理、使用，优化资源配置，保证仪器设备共享平台建设走向可持续发展的道路。

### 3.2 提升大型科研仪器设备开放共享服务质量

高校应重视宣传引导工作和开放共享平台建设。充分运用自媒体、流媒体等手段，加大宣传力度，建立有效对外宣传展示的窗口，引入更多流量到大型科研仪器设备开放共享工作中来，展示本单位仪器建设成效，让更多用户了解关注单位大型科研仪器共享工作。利用大数据等信息化手段，让用户更方便查询设备的规格型号、技术参数、实验类型、管理人员联系方式等信息，更容易获得预约使用的仪器设备信息。按实验室等级，将实验室进行规模化、标准化改造，更好地发挥科研仪器效果。广泛开展调研，了解用户需求，并提供个性化的解决方案，简化工作流程，进行财务对接，做到仪器预约像网上购物一样便捷，提升用户体验。

### 3.3 加强实验室专业技术队伍建设

高校应将实验室专业技术队伍的建设摆在重要位置。努力建立一支“职业化、专业化”的专业技术队伍，结构合理、技术精湛、稳定发展的技术队伍，确保大型仪器设备对外开放共享高效运行。在政策上，制订专业技术岗位体系，拓宽实验室技术岗位的职业前景，让更多实验技术上有特长的教师愿意投入大型仪器设备的管理以及操作岗位上来。提高实验技术人员的待遇，充分调动大型仪器设备共享工作相关人员的积极性，提高大型仪器设备使用效率。在业务上，应针对大型仪器设备管理员制定出具有针对性的培训计划，通过参加生产厂家培训、实验技术交流、相关学术研讨会等方式使其熟悉大型科研仪器设备提高大型仪器设备技术人员专业技术水平和实际操作能力，为大型仪器设备共享工作提供优质服务。

### 3.4 制订仪器设备开放共享激励政策

高校要结合年度考核，评选“优秀”的管理单位和机组给予后补助奖励；设立“大型仪器设备维修专项经费”，支持开放共享的大型仪器设备的维修；将服务收入按比例返还管理单位，用于大型仪器设备日常运行成本，将部分服务收入发放机组人员（含实验技术人员、专任教师、学生）绩效；设立“大型仪器设备开放共享补助经费”，鼓励校内用户跨单位开放使用；将机组效益考核成绩与个人晋升和考核挂钩，作为机组实验技术人员的年度考核、职称评定的重要因数；将单位效益考核成绩与单位年度绩效挂钩。

## 4 结束语

开放共享是一个系统工程，是需要各级重视、多部门配合才能完成的一项重要工作。高校的大型科研仪器设备开放共享工作，应该全校一盘棋，充分挖掘自身大型科研仪器设备的资源潜力，努力提升大型科研仪器设备开放共享服务质量，加强实验室专业技术队伍建设，完备仪器设备开放共享激励政策，努力探索开放共享的新思路、新方法，促进高校大型科研仪器设备管理和开放共享工作有序开展，提高科研仪器设备的利用率和效益，加速创新科技成果的产出和转化，提升国家科技水平，更好地服务社会进步和经济发展，为科技强国建设提供更有利的支撑，为实现中华民族伟大复兴的中国梦添砖加瓦。

## 参考文献


[1] 高建丽，高建华．我国高校大型仪器设备管理存在的问题及对策探讨[J]. 中国科教创新导刊，2010（10）：25-26.

[2] 赵阳，管丽萍．高校大型科研仪器共享平台建设探索与实践［J］. 高校实验室工作研究，2016（1）：70-72.

[3] 华兴夏，王铁邦，黄玮．高校大型仪器设备的共享探究 IJ]. 实验室研究与探索，2013, 32（5）：231-232,254.

[4] 花蕾，杜一平，唐静，等．高校大型仪器开放共享平台的建设和管理［J］. 实验室研究与探索，2016（9）：296 — 299.

[5] 刘嘉南，胡今鸿，潘信吉．高校大型仪器共享制约因素的探析[J]. 实验室研究与探索，2009, 28（10）：162-164.

[6] 罗刚，李云，凌冠华．高校大型仪器设备共享管理平台建设［J］. 实验技术与管理，2016（2）：230 — 233.

[7] 李盛，刘朝晖．高校大型仪器设备资源共享平台建设与管理［J］. 实验科学与技术，2015（1）：198 — 212.

[8] 陈雅楠，柳丹，雷敬炎，等．国外高校大型科学仪器设备开放共享研究综述［J］. 科技创业月刊，2018（9）：152-154.

# 科技资源共享助推基于 OBE 理论的研究生创新探索

## ——以中国研究生创新实践系列大赛为例

范超男　胡江林　刘婉逸　翟笃林

（中国地震局地震研究所，武汉，430071）

**摘要：**科技资源因分布不均、利用不高、质量参差不齐而共享不足，研究生难以依托科技资源提升以问题为导向的创新探索能力。针对研究生 OBE 创新培养和科技资源共享困境分析，提出构建基于科技资源共享的研究生 OBE 创新能力培养模式模型并进行实践成效分析。在此基础上，提出三个维度“共享—OBE”协同创新生态圈及发展建议，即通过资源共享维度、教学培养维度、产学研用维度，打造科技资源“共享—OBE”协同创新生态圈，实现科技资源共享与研究生创新探索能力提升双赢。

**关键词：**科技资源共享；OBE 理论；研究生；创新实践系列大赛；三个维度生态圈

科技资源共享是指科技资源可以进行多向传递，即同一科技资源可以同时为众多的科技创新主体所接受与利用，而这种接受与利用并不影响科技资源的再传递和再利用，科技资源在共享的过程中完成增值过程。在培养研究生的过程中，科技资源共享是关键因素。依托科技资源共享，研究生培养逐渐向多元化和开放型发展。随着国家对复合型研究生人才的要求，研究生创新能力提升也主要依靠培养单位科技资源的有效支撑。然而，研究生培养单位仍存在资源配置分布不均衡、利用率不高、质量参差不齐等问题[1]，科技资源难以共享利用。而研究生面临国家培养复合型人才的要求难以获取有效资源。针对此问题，本文探索构建科技资源共享助推基于 OBE 理论的研究生创新培养模式，以中国研究生创新实践系列大赛为例，分析其实践效果，提出“三个维度”共享 -OBE 协同创新生态圈。

---

**作者简介：**范超男（1993—　），女，助理工程师，研究方向为研究生管理、科技服务；胡江林（1995—　），男，研究实习员，研究方向为科技人才、教育评价与管理；刘婉逸（1998—　），女，助理工程师，研究方向为科研管理；翟笃林（1998—　），男，工程师，研究方向为实验室管理。

# 1 问题分析

## 1.1 研究生创新探索能力分析

研究生是我国创新发展队伍的重要后备力量，我国研究生教育改革进一步侧重于研究生科技创新能力的全面培养与提升。研究生培养单位应紧跟时代要求，着力推进研究生跨学科培养，提高其科技创新能力，培养一批具有复合知识结构、综合能力素质的高层次科技创新人才[2]。随着研究生的不断扩招与就业环境竞争加剧，对研究生的科研能力和创新能力的要求不断提升。但目前研究生主要集中于各自专业领域的研究，缺乏获得跨学科的科技资源获取途径和能力，难以深入学习探索创新点或学科交叉点。而且在本专业外的研究方向中，基本处于理论学习阶段，缺少完善的实践指导，难以将创新实践探索转化为创新成果，整体创新实践程度不够。同时由于缺少科研创新探索平台及相应的评价奖励机制，在毕业和就业压力下，研究生缺少专业方向外的科研实践的动力，科研创新探索难以付诸实现。

## 1.2 科技资源共享重要性与问题

科学资源是一种特殊的资源，是在科学研究、技术开发及创新活动中产生、应用和传播的多种资源，具备数字化、智能化和网络化的创新属性。通过提供丰富的科学数据、先进的分析工具和广泛的合作平台，科技资源显著提升了科研效率、创新质量与速度。因此，科技资源已然成为科技创新活动的重要基础资源。同时因为科技资源与人的因素密不可分，科技资源也具有社会属性，基于资源共享理论[3]，只有将科技资源实现共享，才能最大化地利用科技资源实现科技创新。但我国目前科技资源共享效率较低。①资源限制问题，由于科技成果权限、科技成果转化难、科技成果转化不及时等原因，各类研发机构大部分资源及设备部分处于闲置状态，距离实际使用还有一定距离，无法使科研人员和研究生们及时获得所需资源。②“信息孤岛”现象。由于单位利益竞争和个人利益竞争等原因，科技资源互联互通困难，制约了科技资源信息开放共享[4]。因此需充分发挥科技资源共享平台互联功能，使科技资源能高度整合利用。

## 1.3 协同育人：科技资源共享助力培养研究生复合型人才

科技资源对研究生科研创新能力具有重要保障作用。利用科技共享资源形成多方协同育人模式，能够帮助研究生明白科技创新发展的关键问题，引导研究生坚持问题导向，鼓励其真正解决实际问题，充分释放科技创新潜力。

虽然利用科技资源共享协同育人理论为研究生创新探索提供理论依据，但是科技资源共享需要理念和方式方法的创新才能在研究生群体间发挥作用，如利用研究生科研竞赛搭建资源共享平台。随着政府逐步促进科技资源共享，研究生培养单位逐渐重视研究生创新能力培养，企业对科技成果转化的渴望与要求，促使构建新型的研究生复合人才培养模式，对产学研用协同创新具有重要意义。

## 2 基于 OBE 理论的模型构建与实践

成果导向教育（Outcome Based Education，简称 OBE），由美国学者 Spady（1994）首次提出并在美国实施，近年来，OBE 在欧美等发达国家得到广泛应用。OBE 倡导以学习者学习成果为导向的教育理念，认为学习的重点不在于学生的成绩，而是学习结束后学生真正拥有的能力[5]。

将研究生 OBE 教育理念融入资源共享，目的为研究生提供更多的基础使其产生新的想法与思路，通过知识整合和实践产生新的创新成果，再通过成果转化形成资源共享闭环。

### 2.1 模型构建

基于科技资源共享的研究生 OBE 培养模式运行机理是：政府、研究生培养单位、企业（主体）通过科技资源共享平台（载体），作用于科技成果，实现创新实践能力提升。研究生创新实践系列大赛可以充分发挥科技资源共享作用，实现载体功能。研究生创新实践系列大赛是在科技资源共享的基础上培养研究生 OBE 创新能力的核心载体，是研究生展现创新想法、展现创新成果、锻炼创新能力的实践平台，为创造人员提供丰富且专业的科技资源、专家辅导及成果孵化的全方位支持。

### 2.2 模式实践成效

中国研究生创新实践系列大赛由教育部学位管理与研究生教育司指导，中国学位与研究生教育学会和中国科协青少年科技中心共同主办，是目前我国唯一被政府认可和指导的专门面向研究生群体的全国性赛事。中国研究生创新实践系列大赛以国家战略需求为导向，以行业企业参与为支撑的运行模式和特点[6]，以培养担当民族复兴大任的高层次人才为着眼点，以赛促研究生培养模式改革、以赛促科技创新、以赛促人才培养，是教育、科技、人才一体化推进的生动实践，在促进协同育人，助力研究生教育内涵式、高质量发展方面发挥了积极作用。不仅成了研究生培养创新精神和创新意识的重要平台，也成了研究生培养单位提高研究生培养质量、营造研究生创新氛围、推动研究生创新创业教育改革的有力抓手[7]。本文将从科技资源共享在研究生 OBE 创新能力培养中发挥作用以及存在的问题加以分析，并以 2023 年研究生创新实践系列大赛情况为重点进行数据分析。

（1）构建了新型资源共享模式，关注度较高。围绕研究生创新实践系列大赛建立的科技资源共享平台实质上是一种新型的资源共享。创新实践系列大赛最大限度地发挥了网络信息化的效能，将科学数据、文献、仪器、试验材料等多类型科技资源供参赛者无偿使用，提升了研究生搜集、获取及研究使用研究效率，改善了科技资源的闲置状况。同时大赛经过数年发展逐渐成为研究生创新能力展的实践平台，为科技资源提供了流通和共享渠道。以 2023 年度研究生创新能力实践系列大赛为例，吸引全国 730 余所研究生培养单位和 100 余家企业参与，累计 16 万研究生参赛，可见创新系列大赛影响力强、研究生参与度高。

（2）构建新型科技创新平台，提升研究生问题导向能力。研究生创新实践系列大赛多样化的赛题设置为研究生提供资源与条件，使研究生通过参赛不仅能够充分了解最新科技前沿信息和企业的科研成果，同时提升自身的科技资源利用能力。以 2023 年度中国研究生创新实践系列大赛为例，大赛共开设数学建模竞赛、电子设计竞赛、智慧城市技术与创意设计大赛、未来飞行器创新大赛、机器人创新大赛等 19 个权威主题赛事，涵盖数理基础、设计创新、电子、软件、硬件、能源、金融、生态、农业等多方位知识理论。参赛研究生通过创新实践系列大赛作为载体，充分利用大赛提供的数据、理论、模型、案例等全方位科技资源，以解决问题为导向，实现自身创新实践能力提升。

（3）构建新型协同利益共同体。研究生创新实践系列大赛将涉及科技资源共享与研究生 OBE 培养模式的关系主体，随着赛事的连续成功举办，逐渐形成新的“政府、研究生培养单位、企业”利益共同体，一同助力研究生科研实践能力提升。多主体利用多资源服务于教育、商业、农业、医疗、科研多领域，包含等方面。今年是研究生创新实践系列大赛举办的第十一年，覆盖研究生培养单位 730 余家，累计 109 万名师生报名参赛，先后有华为、兆易创新、中芯国际、杰瑞集团等 100 多家知名企业接轨大赛为参赛者无偿提供科技资源，为研究生创新实践提供创意之池，作为推动研究生教育质量提升的有力措施得到教育部等部委的高度认可。

## 3 “三个维度”共享 –OBE 协同生态圈

研究生创新实践系列大赛运行良好，但也存在问题。如科技资源开放共享程度及整合集成程度有待提高，研究生获取资源能力不高，整合集成度的薄弱影响了资源获取效率，从而影响科技资源更深入的使用价值和创新价值共享；参赛单位自身的研究生培养模式体系化建设等值得加强，参赛单位对研究生 OBE 创新能力培养重视程度不同，部分研究生在进行问题导向教育中缺少专业教师指导与引领，导致研究生竞赛完成度不高，难以提交优质成果作品。为突破瓶颈，可构建以“研究生创新实践系列大赛”为平台载体的“三个维度共享—OBE 协同创新生态圈”。

### 3.1 资源共享维度：促进优质科研资源开放利用

目前，我国科技资源共享主要通过政府推动，政府依托行政权力建立和完善科技资源大数据共享平台，并将各个科技资源平台的优质资源集中起来，通过举办科技竞赛如研究生创新实践系列大赛，供研究生创新探索使用。与此同时，也为企业提供科技成果资讯平台，为科技成果转化提供政策优惠和转化便利。可以说，在这种模式中，政府既是“领导者”又是“推动者”。①探索“科技平台+竞赛”共享模式。强化创新大赛的组织协调，增加国家科技平台、省市科技平台加入参与竞赛的数量，尽可能多地吸纳高校、学会、基金会、科研院所、企业等组织参加，提高赛事规格和影响力。同时进一步拓展海洋、气象等领域主题赛事，丰富多样性，持续做好科技资源共享的宣传和推广。②拓展地方性区域平台。在与各国家平台保持联系的前提下，强化与各省市科技平台、各协办单位、支持单位以及资源单位的有效联络沟通，推动纵向联合、横向互动，构建更广泛的科技资源供给服务体系。如湖北省教育厅、科学技术厅等单位联合推出“互联网+高校科技服务”大平台，组织对高校每个科技人员或团队的研究方向、专业技术特长、承担项目、科研成果等情况进行个性化精准画像，促进企业科技需求与高校科技资源精准对接。目前，该平台已注册高校科技人员1万余人。

### 3.2 教学培养维度：提升研究生OBE创新探索能力

教学培养线是全链条“共享—双创”协同创新体系的中间阶段，由研究生培养单位具体执行，而研究生培养单位要鼓励研究生参加创新实践系列竞赛提升创新实践能力必须激发内生动力。①将基于科技资源共享的OBE创新培养理念纳入培养环节。研究生培养方案中应强制要求研究生在学期间必须参加一定的专业实践，获得实践类必修学分，专业实践可以包括参加学术会议、参加实践大赛等，确保通过共享的科技资源来发现问题、解决问题，真正从问题导向出发，注重培养过程，提升创新实践能力。研究生培养单位应认定研究生创新实践竞赛活动本身就是一种科研实践活动，通过组织研究生参加创新实践竞赛，以课题探究取代学科专业的学习形式，让研究生通过做课题项目了解实际科研探索中问题解决方法。②多部门联动、建立合作培养模式。研究生培养单位多部门协调，为研究生打造实践活动场地、创建仪器设备条件、搭建校内科技文献资源共享平台，举办科技创新训练营等活动，形成培养链条，探索建立校企合作成果转化平台，助力拔尖人才培养，营造研究生培养单位创新探索氛围。

### 3.3 产学研用维度：助力科技成果转化

研究生培养单位的产学研用本质是区域创新体系内企业、高校、科研院所等主体之间的产业、教学、科研协同创新，属于在特定的外部情况下进行的社会活动。近年来，世界各国都在积极探索产学研协同发展机制模式，以促进研究生培养单位科研成果及时有效市场化、产业化，进而提升企业市场竞争能力和国家自主创新水平[9]。产学研用使科技成果及时转化对企业打造市场核心竞争力、提高科技资源利用率具有重要的作用。

近年来，作为高校重镇、全国六大科技创新中心之一的武汉市，各研究生培养单位主动担当教育、科技、人才一体化发展的排头兵，通过“高校服务千家企业”等行动，持续探索完善产学研用链条，促进校企科技创新资源共建、成果共用、利益共享，聚力构筑科技创新高地，致力科技创新人才培养，全方位服务地方高质量发展。如武汉理工大学科技成果与知识产权管理运营数智化平台以信息化、人工智能和大数据技术赋能知识产权管理，构建完善产学研用"一个链条"体系，有力促进教育链、人才链与产业链、创新链有机衔接。依托该平台，武汉理工大学推动诸多科技成果落地开花。例如，材料复合新技术国家重点实验室、材料科学与工程国际化示范学院官建国教授就向武汉双虎涂料股份有限公司转让了关于特种功能涂料的制备与工业化应用的6项发明专利，合同金额高达1.06亿元[10]。武汉高校通过科技资源共享，紧密结合教育链、人才链及产业链、创新链，多形式建设产学研用全链条，致力打造拔尖创新人才蓄水池，赋能地方高质量发展，为全国研究生培养单位在产学研用维度提供了创新思路。

### 3.4 "共享—OBE"协同生态圈

"共享—OBE"协同生态圈强化政府主导、培养单位主动、企业主推及研究生自觉的联合作用，从而推动创新成果产出和培养问题导向型研究生创新人才。具体举措：①做好生态圈理念宣传。以研究生创新实践系列大赛为平台载体，开展全方面宣传推介，传播科技资源共享及创新创业理念，吸引更多研究生、企业参与。完善研究生创新实践系列大赛官网的功能板块，增加交流互动模块，专家老师做好线上答疑解惑，实现科技资源实现良性对接。②激发创造力。将技术支撑、资源整合、教育教学、项目孵化等融为一体，激发研究生OBE创新探索精神，助力研究生培养为时代需要的复合型人才。③塑造良好科技资源共享环境氛围。把握地域特点整合科技资源、吸引投资融资、设立科技资源共享基金项目，形成汇聚优质创新的优质环境。同时，设立适当的政策倾斜制度，保障科研人员无负担、无压力地利用科技资源进行创新探索，形成基于问题导向的创新探索新局面。

## 参考文献

[1] 张大，叶晓芳，梁茜诺，等．基于资源共享视角的高校研究生双创教育培养现状及影响因素[J].科技创业月刊，2024.37（5）：118-123.

[2] 黄勇荣，蒋婷婷，刘楚珂．论研究生科技创新能力的培养[J].黑龙江高教研究，2016，11（27）：82-83.

[3] 程焕文，潘燕桃．信息资源共享[M].北京：高等教育出版社，2005：10-11.

[4] 张绍丽，石蕾，张辉，等．科技资源共享助推大学生"双创"模式的探索与实践[J].中国科技资源导刊，2023，2（55）：24-33.

[5] 江惠民，陈国华．"双一流"背景下基于OBE理念的"科产教"融合研究生教育改革研究．教育观点，2021，19（7）：43-44.

[6] 佚名．中国研究生创新实践系列大赛[N].中国研究生，2022-05-16.

[7] 钟会影.石油与天然气工程领域研究生多元化创新实践培养模式构建[J].大学教育，2019，4：25-27.
[8] 唐丽艳，陈文博，王国红.中小企业协同创新网络的构建[J].科技进步与对策，2012，29(20)：89-93.
[9] 翟瑶."双一流"建设背景下高校产学研融合发展新路径[J].江苏高教，2024(7)：48-54.
[10] 佚名.武汉着力推动科技创新资源共建、成果共用、利益共享——链通产学研用 构筑科创高地[N].中国教育报，2023-10-11.

# 公共服务平台助力质谱专业技术人才培养

## ——以果蔬园艺作物种质创新与利用全国重点实验室代谢平台为例

仲林林[1,2] 屈晓璐[1,2] 卢 刚[1] 刘 婷[1]

（1. 华中农业大学果蔬园艺作物种质创新与利用全国重点实验室，武汉，430070；
2. 华中农业大学园艺林学学院，武汉，430070）

**摘要：**质谱专业技术性非常强，对专业技术人才的知识储备要求也很高，全社会质谱类人才普遍缺乏，依托全国重点实验室公共服务平台为社会培养高端专业技术人才尤为重要。果蔬园艺作物种质创新与利用全国重点实验室代谢平台探索并实践了分层次多元化的创新型人才培养方案，从分享讲座、开设课程、小班培训、一对一指导到聘用平台助管、发现优秀本科生，全流程的培养模式既保障了公共服务平台的高效使用，也为社会培养和输出了一批批专业的大型质谱仪器拔尖创新人才。

**关键词：**公共服务平台；人才培养；质谱

## 引言

质谱仪是一种用来测量化合物质荷比的大型仪器，可以用于化合物的结构鉴定，提供化合物的分子量、元素组成以及官能团等结构信息。目前厂商多将质谱仪与气相色谱仪或液相色谱仪联用，色谱仪作为分离系统，具有对复杂样品的高分离能力，质谱仪作为检测系统，具有对微量化合物的高灵敏度检测能力，二者有机结合、优势互补，在生命科学、化学化工、环境科学等领域中得到了广泛的应用。质谱技术的先进性带动了人才需求的激增，质谱专业技术人员不仅要熟知检验专业的知识还要充分了解分析化学等基础学科的知识，还要掌握质量控制的要点、具备质谱数据报告解读能力，对人才的培养提出了更高的要求。

**作者简介：**仲林林，（1987— ），女，副研究员，研究方向为园艺植物代谢平台建设与运行；屈晓璐，（1984— ），女，研究员，研究方向为园艺植物细胞平台建设与运行；卢刚，（1985— ），男，副主任，研究方向为实验室建设与日常运行；刘婷，（1989— ），女，工程师，研究方向为园艺植物代谢平台日常运行维护。

质谱专业技术人才培养的现状极大地限制了质谱仪的广泛应用。质谱仪价格昂贵，单台价格都在 100 万元以上，甚至上千万，而且质谱仪器的维护和使用成本每年都要 10 万元以上，一般科研课题组无法承受高额的购买和维护成本，因此质谱仪一般都集中采购并放置于大型公共仪器平台，纳入开放共享管理系统，由公共仪器服务平台的技术人员为本单位和外单位提供检测服务。质谱仪专业技术性非常强，要求操作者具有有机化学、分析化学、生物学、数学的知识储备，绝大部分单位都只允许专业的技术人员操作，不允许学生上机操作。学生只负责样品前处理和数据分析工作，对质谱仪的工作原理和数据的采集过程不了解[1-2]。由于公共仪器服务平台的技术人员服务范围广，对服务对象的科研需求了解有限，而研究生对仪器的详细参数设置不了解，无法选择最适合自己实验需求的仪器设置，难以得到高质量的实验数据，这种运行模式极大地限制了质谱仪的使用效率和质量，影响了数据的质量。而且学生只能拿到分析后的数据，在数据产生过程中接触不到质谱仪器，极大地限制了未来质谱专业技术人才的储备[3]。

全国重点实验室是国家组织开展高水平科学研究的科技创新基地，拥有先进的科研装备，是优秀科技创新人才和专业技术人才的重要培养基地[4]。全国重点实验室大型仪器平台承担着大量的科研任务，在学术思维和实验技能上有明显的优势，在更高的站位预判本学科国内外发展趋势，了解社会对人才培养的要求[5]。特别是质谱类仪器，全社会质谱类专业技术人才都很缺乏，国内不同检验部门间技术水平与服务能力参差不齐，专业人才培养是迎接质谱检测时代来临的基础，因此依托全国重点实验室为社会培养高端专业技术人才尤为重要。研究生是全国重点实验室的科研主力军，针对研究生的科研需求和个人职业发展方向，分层次多元化组织研究生或者优秀的本科生参与质谱仪器的使用维护和管理，既可以以园艺科学研究的需求为导向开发质谱类仪器的应用范围，又可以为更多行业培养既有创新意识又有动手能力的高端质谱类专业技术人才[6]。

果蔬园艺作物种质创新与利用全国重点实验室大型仪器公共服务平台代谢组学平台拥有多台高灵敏度、高分辨率、高精度的质谱仪，用于园艺植物代谢组学和品质分析检测，广泛应用于种质精准评价与基因功能鉴定、品质形成与调控机理研究、品质及产地鉴定等领域。代谢组学平台负责人是学校创新引进的在大型仪器公共服务平台工作的教学科研型教师，近年来一直在探索基于大型仪器公共服务平台的创新型质谱专业技术人才培养方案，推进了一系列分层次分对象的质谱专业技术人才培养措施。

## 1 质谱专业技术人才培养实施方案

### 1.1 面向所有研究生的前沿技术和应用分享

平台负责老师定期为学生组织专题培训。每次培训通知都会在学生工作群和教师工作群多次发布，保证所有对质谱技术或代谢组学研究感兴趣的老师和学生都有机会参与培训交流。多种方式多种途径邀请各领域专家学者为实验室老师和学生开展学术或技术交流分享，如邀请国内知名质谱技术专家分享基于科学问题的代谢物检测方法开发；邀请仪器公司的技术工程师分享仪器工作原理、软件使用方法、仪器参数设置优化；邀请本实验室发表高水平学术文章的研究生交流实践经验；邀请知名质谱检测公司的项目负责人就代谢组学在植物中的最新应用分享创新性实验设计思路和数据整合方法。通过学术交流或应用技术交流拓宽学生思路，了解当前代谢组学技术创新发展的前沿动态，了解质谱仪的强大检测能力，营造浓厚的代谢组学学术氛围，宣传质谱技术在园艺及其他领域的应用。

### 1.2 开设专业技术课程

开设《园艺前沿技术》等面向硕士研究生的课程，实行小班教学，每班 20 人。课程设计从技术层面系统讲解色谱质谱仪的工作原理、操作方法、样品前处理方法及数据分析方法、作图软件使用方法；从科研层面深入剖析经典文献的实验设计思路、代谢组学与其他组学数据联合应用解决园艺科学问题的策略；从操作层面给予学生上机实操训练。课程内容设置以理论讲解为主，实践操作为辅，保证全程参加课程的学生能够独立设计实验、实施实验。考核成绩与设备预约权限挂钩，考核优秀的学生在大型仪器预约平台有更大的预约权限，可以在非工作时间自主操作仪器。

### 1.3 小班专题培训

定期组织 5 人一组的学生进行集中培训，主要包括刚完成测试或者未来一个月要进行测试的学生。这部分学生有具体的实验需求，对培训有强烈需求，培训效果展现更及时。培训主要以学生实际操作仪器为主，老师讲授为辅的形式进行。小组培训能让学生自己上机操作，教师在旁边指导，这样能更快地掌握仪器的操作，有助于与质谱理论知识的融会贯通，为将来独立操作质谱奠定基础。培训内容设置更有实战性，依托已有的理论知识重点强调实际操作过程中需要注意的实验细节，针对实验过程中可能出现的问题或者已经出现的问题进行系统性梳理，引导学生在实验过程中发现问题并及时解决问题。除了实验设计细节，培训中也注重培养学生的责任心，代谢检测系统的稳定性在代谢组学检测中至关重要，培训注重引导学生实验过程中时刻关注仪器的状态参数和数据的稳定性。

### 1.4 一对一指导

平台负责老师积极主动与实验室各课题组的老师和学生互动，从科研角度了解课题组实验需求，提供从样品制备、上机检测到数据分析的一系列一对一指导。整个实验过程学生全程参与，学生提出自己的实验需求，平台老师根据需求优化实验条件参数，讲解实验参数设置的原则。学生经历了整个实验过程，更加深刻地理解数据的产生过程，能够更有针对性地提出新的科学问题，并利用质谱仪器解决科学问题。如果有些课题组的科研需要用到平台目前没有的检测方法，平台负责老师会和课题组学生合作一起建立新的检测方法，一起摸索各种实验条件，培养学生的合作沟通能力和解决富有挑战性问题的能力。

### 1.5 聘用平台助管

有些研究生在平台使用仪器时表现出良好的动手能力和较强的责任心，平台负责老师从中选拔一些参加过仪器培训且能熟练操作仪器、具备扎实基础的研究生，与导师协调后，在能够协调好个人科研和助管工作的前提下聘为平台助管，参与管理大型仪器设备，主要协助做好仪器设备的日常维护和实验上机辅助工作，非工作时间段协助预约研究生排查问题及时处理仪器突发状况并且监控仪器设备运行环境，保证节假日仪器间温度、湿度等保持正常状态。平台助管有更多的仪器和技术的培训和学习机会，而且对仪器的运行维护和数据分析了解更深入，对大型仪器全生命周期的变化了解更深刻，拥有扎实的质谱相关的理论和实践能力，是创新型质谱专业技术人才的优势储备力量。

### 1.6 发现优秀本科生

面向本科生开展通识课程《写作与沟通——代谢物与健康》，主要围绕本科生更关注更感兴趣的健康主题，讲授基于质谱检测的代谢组学在园艺植物功能性成分分析中的应用，让本科生了解一些代谢生物化学的基本原理和应用，基于理论知识的学习可以为营养、健康及预防和治疗疾病等提供指导。通过通识课的讲授激发本科生对质谱的学习兴趣，课程结束以后持续和学生交流，与学生分享质谱检测在健康领域中的最新应用，筛选对代谢物检测真正感兴趣的学生，依托质谱平台完成大学生创新课题或者本科毕业论文。这部分学生在本科阶段就能进入实验室，在大型仪器平台学习高端质谱仪器的原理和实践操作，不管这些学生以后是否继续研究生学习，创新思维和动手能力都得到了强化。

## 2 结语

大型仪器公共服务平台从传统的分析检测服务到现在培养应用型和创新型专业技术人才，我们需要做的工作还有很多，很多工作都是刚刚开始，我们在质谱专业人才培养方面还要继续摸索，储备经验，制定一套切实可行的质谱人才培养的规范化意见，为推动质谱技术的广泛应用贡献力量，为培养创新应用型人才努力。以上分层次多元化的高端质谱专业人才培养体系的实施，从根本上解决了研究生缺乏大型仪器实操能力的问题，提高了研究生的创新能力和实践能力，也提升了仪器的使用效率。此培养体系实施五年来，代谢平台质谱类仪器使用年机时均达到 2000 小时以上，多台仪器年终考核获评校级优秀，支撑多篇高水平园艺研究论文发表，支撑获批果蔬园艺作物种质创新与利用全国重点实验室。实验室与各仪器厂商和质谱检测公司保持良好合作交流，有多名研究生毕业后选择了应用领域更广专业技术更强的质谱相关工作岗位。

应用创新型专业技术人才的培养要求学生具有扎实的专业能力和突出的实践应用能力。缺乏统一的课程设置、标准的培训流程与相关考核，是当前人才培养的瓶颈之一。建议高校课程设置时增加大型仪器虚拟仿真实验课程和大型仪器操作技能实践课程，学生可以通过“虚实结合”——虚拟仿真操作与实际上机操作相结合，不断提高自身操作实践能力，同时完善课程大纲，优化课程资源，开展分析化学、生物化学、有机化学、质谱理论和实践等相关基础课程，提升学生对质谱等大型仪器的兴趣。

依托大型仪器公共服务平台，平台老师持续做好各类课程和培训，研究生经过多轮理论加实践的培训提升专业技能，教学相长，师生共同进步，既高效保障了大型仪器平台的使用效率，也为社会培养和输出了一批批大型质谱仪器专业拔尖创新人才[7-8]。

## 参考文献


[1] 孟思璇．高分辨液相色谱质谱联用仪开放共享模式探索[J]．实验室科学，2023，26(2)：174-176.

[2] 翟燕红，曾甲子，李幽然，等．探讨液相色谱串联质谱技术临床应用人才的实验室培养[J]．标记免疫分析与临床，2022，29(6)：1060-1063.

[3] 王意，刘洋，林奎，等．高校大型仪器设备共享平台学生培训体系建设的研究与实践[J]．中国现代教育装备，2023(9)：1-4.

[4] 张美东，章荣德，袁德军．高校科研平台的建设与管理[J]．中国科技资源导刊，2009，42(3)：49-52.

[5] 李祥，李滨．大型仪器设备在生物学研究生培养中的作用[J]．中国现代教育装备，2015(23)：3.

[6] 毛晶，刘宏斌，韩雅静，等．院级大型仪器平台建设与创新性人才培养探索[J]．实验室科学，2016，19(3)：5.

[7] 凌辉，周勇义，张媛，等．北京大学科学仪器公共平台的建设与探索[J]．科学管理研究，2015(6)：4.

[8] 宋兴辉，刘双双，黄莹莹，等．高校大型仪器共享平台人才培养模式路径探析——基于浙江大学医学院公共技术平台的实践与探索[J]．实验技术与管理，2022，39(4):4.

# 科研院所青年科技人才成长影响因素与培养研究

胡江林[1]　范超男[1]　陈安荞[2]　刘婉逸[1]　翟笃林[1]

（1. 中国地震局地震研究所综合办公室，武汉，430071；
2. 武汉理工大学土木工程与建筑学院，武汉，430070）

**摘要：**进入新发展阶段后，创新驱动发展成效日益显现，但制约事业高质量发展因素仍然存在。作为防震减灾事业发展重要力量，在面对青年科技人才培养过程中的短板和不足，科研院所应充分发挥人才效能，探析青年科技人才培养方法，疏通人才服务堵点，持续深化体制机制改革，优化科技创新环境，引领青年科技人才健康成长，助力事业高质量发展。

**关键词：**青年科技人才；科技创新；人才培养；防震减灾

青年科技人才作为科技创新的生力军，是科技进步最重要的资源。人才支撑事业，事业成就人才，防震减灾事业离不开青年科技人才这一骨干力量，要高度重视后备人才培养工作，营造良好创新生态，激发青年科技人才的科研效能，提升科研院所科技创新能力，持续推进防震减灾事业发展。但目前科研院所针对青年科技人才的引进、培养、使用等方面仍存在制约事业高质量发展的问题，因此需要进一步研究关于青年科技人才培养的新路径。

## 1　贯彻落实发展理念 营造良好创新生态

党中央历来对防震减灾事业高度重视。特别是党的十八大以来，习近平总书记就防震减灾工作发表一系列重要讲话、作出一系列重要指示批示、提出一系列新理念新思想新战略，为着力推进新时代防震减灾事业高质量发展指明了前进方向、提供了根本遵循[1]。

防震减灾研究领域科研院所在地震大地测量学科建设、地震仪器研发、科研条件平台、研究生教育等方面形成了深厚积累，为我国地震监测预报实践、地震科研、地球动力学研究、环境监测、防灾减灾等提供了理论、技术和观测数据支撑。为打造教育－科技－人才的良性循环，需要营造良好创新生态，形成产学研用深度融合的人才机制。

---

**作者简介：**胡江林（1995—　），男，研究实习员，研究方向为科技人才、教育评价与管理；范超男（1993—　），女，助理工程师，研究方向为研究生管理、科技服务；陈安荞（1995—　），男，助教，研究方向为本科生管理、思政教育；刘婉逸（1998—　），女，助理工程师，研究方向为科研管理；翟笃林（1992—　），男，工程师，研究方向为实验室管理。

青年科技人才是我国实现高水平科技自立自强的重要力量。作为科研院所，要把握新发展阶段，贯彻新发展理念，构建新发展格局，坚持党管人才，明确人才格局，确立人才引领发展的战略地位，着力打造地震科技创新团队，壮大青年科技人才队伍，围绕“立足湖北、服务全国、放眼世界”目标，构建适应新时代防震减灾高质量发展的人才工作格局，营造良好的创新生态。

## 2 探析人才培养方法 疏通人才服务堵点

我国虽然创新基础不断夯实，创新主体实力逐步增强，创新投入持续加大，成果转化能力快速提升，但存在高端人才数量偏少、创新基础薄弱、市场竞争力不强等问题[2-3]，新征程上地震灾害依然严峻复杂，防震减灾作为国家公共安全的重要组成部分，科技创新和人才培养是防震减灾事业的重要支撑，因而亟须强化地震科技创新和专业人才培养，建设创新人才培养体系，培养高素质青年科技人才。传统科研院所在培养青年科技人才的进程中仍存在一些堵点无法适应新发展阶段对科技人才的新需求，需要加快破除制约事业发展的制度性障碍，疏通人才服务堵点，畅通人才良性循环。

### 2.1 发展资源不平衡

目前我国在地震观测技术装备、地震监测预报预警、应急处置等关键技术领域与国际先进水平相比，尚处于并跑和跟跑阶段，部分领域仍存在明显短板和弱项。在地震事业发展过程中，同样存在发展资源不平衡等制约事业高质量发展的问题，其中在科技人才分布方面，地震系统外从事地震科技研发的人员总数远超地震系统的科技力量，高等院校及中国科学院等系统拥有一批从事地震科技基础研究的优秀人才，这造成在经费竞争激烈的背景下，地震系统内青年科技人才获取优质地震科技创新资源的方式受限。其次在科研项目申报方面，与资深科研人员相比，青年科技人才承担国家和省级重点计划研发项目的占比较低。为培养和用好青年科技人才，加快实现高水平科技自立自强，激励科技创新人才的若干措施应向青年科技人才倾斜，对青年科技人才加大资金、项目的支持力度，支持青年科技人才在国家重大科技任务中“挑大梁”“当主角”[4]。

### 2.2 体制机制不完善

为提高经费使用效率和研究绩效，近年来科研院所通过大幅争取竞争性科研经费支持来开展相关科教活动，而过度竞争引发的研究短期化、琐碎事务性负担过重等现实问题，造成科研人员无法全心投入长周期高风险研究，进而衍生出浮躁功利等不良学风[5]。但过多稳定性科研经费的支持可能会导致竞争激励缺失、助长科研惰性[6]。因此需建立健全奖励机制，以数量激励与质量激励相结合的评价方式，不断协调各类经费比例，在提供绩效奖励补助的同时鼓励参与外部竞争[7]。此外在同一科研院所内，各研究室功能特点不同，部分科室侧重理论基础研究，部分科室侧重产品技术开发，在不同技术领域，科研投入与产出关系复杂，如地震仪器研发类研究室，其产出成果存在滞后性和不连续性，某项研制产品需经过长周期、多项检验和试用才能实现成果转化，导致部分青年科技人才可能因得不到及时认可而丧失工作热情，应坚持激励与减负并重让科研人员潜心科研，同时健全科技人才分类评价机制。

### 2.3 交流协作不够深

尽管我国科研人才队伍和科研能力不断提升，但现阶段科研院所之间、科研人员之间因存在一定程度的竞争关系，进而可能导致交流协作不够深。高素质核心科研人员和高水平专业科研团队决定了科技水平，而部分青年科技人才缺乏与外部科研人员或团队进行高水平科技合作的主观能动性，同时还缺少与单位内部管理人员的沟通交流，造成自身难以融入高水平的科研工作。科技交流协作是科研实践的重要内容，可通过积极组织青年科技人才参与学术研讨会议、科技合作项目、国际交流访问等多种形式来实现知识、经验和资源共享，同时通过凝聚全国地震科技人员力量，协同攻关地震科技关键技术问题，来提高青年科技人才创新能力进而推进和深化事业发展。单位内部管理人员可加强与青年科技人才的沟通交流，不断优化完善反馈机制，给予鼓励或提出改进意见并动态调整相应激励措施，帮助青年科技人才成长和进步。

### 2.4 创新意识不够强

当前社会价值观多元化，青年科技人才拥有自我意识强、个性化需求明显、思想活跃等特点，传统管理理念未能完全把握青年科技人才发展的时代特征，与其发展思维存在一定差距。现有薪资水平仍与职称职级、论文项目等因素有关，对于科研起步期的青年科技人才来说，面临科研负担与生活压力，致使青年科技人才缺少为实现事业发展目标和满足个人需求的创新驱动力。因此除重视青年科技人才的工作表现与绩效外，还应加强对他们的辅导、培养、发展机会等方面的支持，开创更优越的成长条件和更开放的创新生态，同时完善奖励机制来奖励表现优秀的青年科技人才，从而最大限度激发他们干事创业热情。

## 3 搭建人才培养平台 筑牢人才队伍根基

防震减灾研究领域科研院所充分发挥防震减灾人才效能，不断优化人才发展环境，持续创新人才发展体制机制，打造创新型防震减灾人才队伍、增强防震减灾人才对经济社会发展的服务保障[8]。面对地震科技人才队伍建设中存在的突出短板和不足，科研院所不断优化人才队伍建设机制，组织引领青年科技人才成长，筑牢人才队伍根基。

### 3.1 优化资源配置 助力创新发展

牢牢把握防震减灾科技属性，优化人才发展环境和资源配置，加强科技发展服务，助力创新提质增效，加大防震减灾科技创新投入，确保科技资源优先用于地震监测预报预警、灾害风险防范与应急处置等关键技术领域研发。充分利用高水平专家学者、良好的实验设施、丰富的课题和项目资金等科教资源，推进防震减灾重点项目立项，协同攻关事业发展关键问题。同时提高研究生教育培养质量，夯实后备人才基础，为防震减灾事业提供不竭动力。

### 3.2 深化制度改革 激发创新活力

深化科研“放管服”改革，赋予科研人员更大自主权，激发科研人员创新活力，同时加强对青年科技人才“选育管用”全过程、全周期管理，发挥人事、党务、纪检各部门职能优势，统筹推进联动工作机制，加强青年科技人才理想信念教育，强化意识形态教育监督，提升青年科技人才对防震减灾事业的荣誉感、责任感和认同感，促进青年科技人才健康成长，营造风清气正的科研环境。此外把促进科技成果转化摆在突出位置，深挖科研院所科技创新资源优势，扎实开展科技成果转化工作，优化创新政策供给，不断完善创新奖励机制，形成创新活力竞相迸发局面，提升青年科技人才工作热情。

### 3.3 强化队伍建设 打造创新团队

聚焦地震监测预报预警、地震探查区划评估、地震科技创新，着眼事业改革发展需要，加快构建防震减灾服务新格局，在国内外高校、科研院所和企业之间凝聚一批防震减灾优秀人才和科技创新团队。秉承坚持开放合作、优势互补理念，依托国家重大工程项目、重点研发计划或重点工作任务实施，开展科研业务难题和关键技术攻关，通过深入合作，建立健全数据信息资源和成果共享机制、定期沟通交流工作机制促进学科交叉融合，推动关键技术攻关和业务发展。

### 3.4 优化人才支持 搭建培养平台

为提高科研服务水平，促进科研院所的基础理论和应用研究，吸引、凝聚国内外优秀学者，培养和造就高层次科学研究人才，设立专项基金，提供系列科研项目并给予经费保障，支撑服务地球科学研究、防震减灾业务和青年科技人才成长，为青年科技人才有序开展科研活动提供支持。搭建人才培养平台并向青年科技人才及偏远地区科研人员倾斜，通过优化人才支持，达到在着力培养青年科技人才目的的同时减小西部多震省份因人才分布与事业发展需求不适应带来的影响。

### 3.5 加强项目建设 培育发展动力

充分发挥防震减灾领域技术专业性和服务连续性等优势，助推行业规范发展。破除等、靠、要的思想桎梏，以项目为依托育人才。聚焦防震减灾主责主业，通过参与“一带一路”地震监测台网、中国地震科学实验场、巨灾防范工程等重大项目，培养引领地震科技自主创新的科学家，壮大青年科技人才队伍，构建结构合理的高素质人才队伍。同时以重大项目为契机，以创新团队建设为引领，加强对青年科研人员的传帮带，培育一批有能力有想法的青年科技人才，实现人才梯队建设与科研成果产出并进。

### 3.6 深化合作交流 构建良好生态

为确保人才的高水平和可持续发展，进一步强化与系统内外交流协作，加强科研人员与外单位人员合作交流的支持力度，减少信息不对称，提高知识互补。鼓励仪器设备与数据资源共享来提高协同创新成效并降低研究成本，促进各方良性交互，增强知识溢出效应，为构建良好科研生态夯实基础。我国先后与全球 80 个国家、13 个国际组织建立了地震科技合作，地震系统科研院所可依托国家国际科技合作基地，持续深入开展地震科技国际合作，开拓海域地震、非天然地震、人工智能地震预测等研究合作领域，通过不断创新合作方式，增大地震科技队伍规模，在实干中提升青年科技人才能力水平，进而构建良好合作开放创新的科研生态。

## 4 结语

防震减灾研究领域科研院所在打造创新型人才队伍、增强防震减灾人才对经济社会发展的服务保障作用等方面取得显著成效，面对人才队伍建设特别是青年科技人才培养过程中的短板和不足，准确把握科技安全的新挑战和科技创新的正确方向，牢固树立国家安全和科技安全意识，确保科技创新始终与国家需求、国家目标、国家使命保持一致，并根据事业发展持续推进和深化科技人才发展体制机制改革，注重青年科技人才培养，组织引领青年科技人才成长，不断构建教育－科技－人才支撑体系，畅通教育、科技、人才的良性循环，贯通产学研用衔接，助力防震减灾事业高质量发展。

## 参考文献

[1] 应急管理部编写组．深入学习贯彻习近平关于应急管理的重要论述[M]. 北京：人民出版社，2023.

[2] 张小燕．科技创新引领新兴产业发展的理论、现状及建议[U]. 中国科学院院刊，2024, 39（7）：1172-1182.

[3] 王修来，徐佳睿，何济中．构建国防科技青年拔尖人才“五维一体”培养体系研究[J]. 未来与发展，2024, 48（1）：82-86+50.

[4] 习近平在中央人才工作会议上强调深入实施新时代拔尖人才强国战略 加快建设世界重要人才中心和创新高地[EB/OL].（2021-09-28）[2023-07-01]. http://cpc.people.com.cn/2021/0928.

[5] 韩凤芹．加快构建以人为本的基础研究投入体制[N]. 中国财经报，2021-11-18（001）.

[6] 王腾，关忠诚，郑海军．国家科研机构基础研究行为的演化博弈分析——基于经费配置视角[J]. 科技管理研究，2023, 43（10）：8-19.

[7] 黄璐，蔡依洁，徐洪，等．单纯增加稳定性经费能否解决科研过度竞争？[J]. 科学学研究，2023, 41（3）：464-471.

[8] 防震减灾事业发展战略研究项目组．新时代防震减灾事业发展战略研究报告[M]. 北京：地震出版社，2024.

# 大型仪器管理改革服务人才培养的探索和研究

李　俐[1]　任小明[2]

（1. 湖北大学实验室与设备管理处，武汉，430062；
2. 湖北大学材料科学与工程学院，武汉，430062）

**摘要：**为了探索大型仪器管理改革在人才培养过程中所发挥的作用，本文分析了当前大型仪器融入创新型人才培养存在系列问题，并以湖北大学材料科学与工程学院分析测试中心为例，探讨了建立大型仪器院系共享中心、增设大仪实验课程、实施仪器助管和自主测试相结合的模式，以及举办夏令营、研学、科普等活动，论述大型仪器运行管理方式改革对培养具有核心竞争力和科技创新能力的综合性人才所发挥的重要作用。

**关键词：**人才培养；大型仪器；开放共享；测试技能；创新能力；

## 引言

习近平总书记在党的二十大报告中明确提出“教育、科技、人才是全面建设社会主义现代化国家的基础性、战略性支撑”，教育是基础，科技是关键，人才是根本，人才是社会主义现代化建设中的战略支撑的第一资源。高等教育与国家发展同频共振，因此，培养具有创新精神和创造能力的人才应是高等院校的首要任务，也是高等教育发展的核心任务。大型仪器设备是高校的优质资源，是高校教学和科研的重要物质基础，是激发学生创新意识、培养学生创新能力的重要平台，更是提升大学创新人才培养能力的关键手段。然而，大型仪器设备运行管理影响着人才的培养质量和效果，合理有效的管理体制不仅可以促使科研能力的提升，也可以促进社会需要的拔尖创新人才培养。本文以湖北大学材料科学与工程学院分析测试中心为例，探讨院系大型仪器管理改革服务创新型人才培养中的影响和作用。

---

**作者简介：**李俐（1988—　），女，科长，博士，实验师，研究方向为实验室仪器设备管理和研究。任小明（1982—　），男，分析测试中心主任，高级实验师，研究方向为仪器功能开发及教学研究。

**基金项目：**教育部产学合作协同育人项目（231004382073046）；湖北省高等学校实验室研究项目（HBSY—2022–017）。

# 1 当前大型仪器融入创新型人才培养存在的不足

## 1.1 传统“分散性”科研团队仪器管理模式导致服务教学实践的大仪资源严重不够

在高校院系层面，仪器都归置于课题组里，管理和使用权限都在课题团队，而大部分成员对大型仪器设备持有较为浓厚的主权意识，所以很多大型仪器基本处于课题组内部的封闭管理使用，不愿意对外开放共享，从而导致普通老师、本科生、研究生没有条件学习使用这些设备。在这种“分散性”科研团队仪器管理模式下，一方面，科研团队都不愿意将贵重的仪器用于教学环节，担心学生操作损坏了仪器；另一方面，学生没有机会学习相关操作，更不可能具备操作技能；相互成为不可解决的矛盾两面。

## 1.2 实验教学课程体系纳入大型仪器运用的比例仍较低

认识并掌握大型仪器设备的操作技能，是培养学生综合创新实践能力的必要条件。学生应进入实验室直接接触和使用实验仪器，获得感性认识，才能更好地掌握本课程所涉及的主要仪器的工作原理和操作技能，并最终做到学以致用。然而，由于科研教学壁垒严重分开，实验教学资源不足，很少有学校系统、持续地开设相应大型仪器设备应用到实验教学项目的课程，现有实验多为基础性，综合性、设计性、创新性实验开发不足，学生缺乏动手上机实践的机会。部分学校试图开展开设一些测试表征的理论教学课程、实验室参观或观察设备管理员操作的环节，但有些测试表征类课程的教师仅仅从事相关理论教学工作，参考教材进行“纸上谈兵”，空洞地说教，缺乏实验素材、实践经验和分析测试水平，导致学生掌握的知识内容浅显，培养成效微乎其微。无配套的实验课程，使学生不能深入和全面掌握设备原理和上机操作，始终处于一知半解的学习状态，更不具备自主创新主持项目设计的基础。

## 1.3 尚未建立能面向大学生自主创新实践开放的大型仪器管理标准范式

大型仪器设备作为一个服务平台，可以结合课程教学，有意引入大型仪器测试分析，为科研型学生打好基础；也可以开发一批教师科研项目中较为成熟的实验项目作为学校的原创性实验课题，围绕大仪和基础项目设计，培养学生的科研兴趣；还可以拓展以项目为指引，引导学生组建实验小组，开展开放式实验课题探究，提升学生实践能力和提出问题解决问题的能力；以及通过校级测试分析平台或者院级平台结合陪交叉复合型人才，培养综合素质高的创新性拔尖创新交叉融合性型人才。各种模式虽然在不同的高校有所起步，但尚未建立和谐的教学科研融通型的大型仪器设备融入人才培养的良好模式。

### 1.4 现有大仪考核体系对人才培养指标的要求仍主要以科研型硕博士为主体

当前，随着社会和高校对设备加强开放共享和提高使用率的重要性认识不断增强，《国务院关于国家重大科研基础设施和大型科研仪器向社会开放的意见》（国发〔2014〕70号）也明确指出，各大型仪器管理单位要做好开放共享评价考核工作。人才培养作为大仪考核体系的主要组成部分，要求包括一定的仪器操作培训和课程等，从各高校考核数据来看，培养对象仍以科研型硕博士为主体，这本身与国家政策的要求和高校的定位并不矛盾，但是覆盖面和培养层次应该更加普及，有助于提高大学生整体科学素养。

由此可见，以院系大型仪器设备为试点，改革运行管理模式，让大型精密仪器在学校教学和科研二者中都得到充分利用，对于培养具有高水平的师资队伍以及实现创新型拔尖人才培养具有重要的作用。

## 2 大型仪器管理改革在创新型人才培养中的实践与探索

### 2.1 建立大型仪器院系共享中心，提高人才培养质量

根据目前仪器设备的属性（测试类、制备类）、购置经费类型（公共经费、课题组经费）、仪器价值（20万以上或以下）以及使用频率等，院系可以将20万元以上采用公共经费购置的使用频率较高的测试类设备进行集中管理，配备一定数量的专业技术管理人员，实行仪器的校内外共享、测试收费并将其用于仪器维修保养的运行管理制度，建立起仪器设备的院系共享中心。相比较课题组分散管理，仪器院系共享管理更具有如下优点。

（1）技术管理人员固定化和全职化，有助于提高学生科学素养。课题组管理仪器的老师都是兼职的义务劳动，由于上课科研等工作繁忙，所以基本指派学生进行管理，学生毕业后则仪器就处于无人管理状态了，时间长了该设备就荒废了，并且学生管理责任心不够，仪器损坏是常事；院系共享管理则不同，仪器技术管理人员是固定全职人员，管理仪器是其工作职责，所以他会全心全意将仪器用好并维护好，通过长时间的使用，他的测试分析理论水平、实践经验及设备功能自主研发能力会逐年提高，更有利于提升科研测试和培养学生科学素养。

（2）仪器维修维护有保障，缓解大仪资源纳入人才培养不足问题。现在大部分仪器设备日常运行费用普遍较高，一般日常的耗材费用都是5万~10万/年，甚至个别设备运行费用高达上百万之多；同时，大型设备的维修费用也很高，一个零部件更换动辄需要数万元，而作为课题组，自然无法承担高额的维修费用，所以仪器一旦需要高额维修费用时，则基本宣告此设备的报废。而院系共享中心仪器设备则可以通过共享收取测试费来保障其维修保养的支出，不会因为维修而使其报废。通过建立院系共享中心也能够最大限度地克

服仪器归属问题，建立大家的共享意识，实现仪器设备的信息透明，高效率运行，促使其在科研工作充分发挥作用。

（3）增设大仪相关材料表征类实验课程，提升学生操作技能和自主项目设计能力。材料分析测试类课程是一门实践性非常强的专业课程，理论知识繁杂、深奥、抽象难以理解，且易遗忘，需要开设相应的实践实验课程，使学生在动手实践中深入理解和掌握分析测试理论知识，因此，开展与分析测试理论教学相适应的实验课程非常重要。当建立了院系实体化的共享中心，集中了多种分析测试设备后，材料分析测试类课程就可以开设配套的实验课程，让学生有了动手实践的条件和机会。2016 年开始学院将分散于课题组的部分设备进行了集中管理，建立了学院分析测试中心，目前中心拥有包括球差校正透射电镜等高端仪器 40 台套（如表 1 所示），总价值近 8000 万元，配置了 4 名全职实验技术人员，实行了开放共享的运行管理方式，满足全校所有的课题组测试需求，同时也利用这些设备为材料化学、高分子材料等专业所有本科生以及研究生开设了材料表征类实验课程，包含扫描电镜材料分析实验、X 射线衍射分析实验、动态力学热分析实验等 20 个实验项目，让学生了解仪器结构、工作原理和功能应用，并且动手操作仪器，学会分析测试数据，近几年，分析测试中心年均完成 9000 余人时数实验课教学工作，较大提升了人才培养的质量。

表 1　材料学院分析测试中心仪器一览表

| 仪器类型 | 仪器名称 | 品牌型号 | 存放地点 | 仪器类型 | 仪器名称 | 品牌型号 | 存放地点 |
|---|---|---|---|---|---|---|---|
| 微纳米结构/尺寸分析 | 球差校正透射电子显微镜 | Theremo Spectra300 | 实训大楼103 | 元素及物性分析 | 电磁物性测试系统 | QUANTUM Dynacool | 材料大楼2014 |
| | 高分辨透射电镜 | Theremo Talos F200X | 实训大楼103 | | 高温凝胶渗透色谱仪 | Agilent PL-GPC-220 | 材料大楼1003 |
| | 场发射扫描电镜/X射线能谱仪 | Zeiss Sigma500 | 材料大楼1001 | | 表面张力仪 | Dataphysics DCA25 | 材料大楼1001 |
| | 离子束/电子束双束扫描电镜 | Theremo Helios 5 | 实训大楼103 | | 高效气相–质谱联用仪 | Agilent 8890–5977B | 材料大楼2028 |
| | 透射电子显微镜 | FEI TecnaIG20 | 艺术学院1楼 | | 高效液相色谱仪 | Shimadzu LC–20A | 材料大楼1001 |
| | 钨丝扫描电镜/X射线能谱仪 | JSM 6510LV | 材料大楼1001 | | 视频光学接触角测试仪 | Dataphysics OCA25 | 材料大楼1001 |
| | 原子力显微镜 | NT–MDT | 材料大楼1001 | | 气体渗透率仪 | VAC–V2 | 材料大楼1003 |
| | 比表面积及孔隙分布仪（化学） | MIC–2920 | 材料大楼2028 | | 倒置荧光显微镜 | OLYMPUS IX73 | 材料大楼2013 |
| | 比表面积及孔隙分布仪（物理） | MIC–2460 | 材料大楼2028 | 热力学分析 | 动态力学热分析仪 | TA Q800 | 材料大楼1001 |
| | 粒径/Z电位测试仪 | Malvern ZS90 | 材料大楼1001 | | 高级旋转流变仪 | TA DHR–2 | 材料大楼1003 |
| | 拉曼光谱仪 | Horiba HR Evolution | 材料大楼2013 | | 差示扫描量热仪 | TA Q2000 | 材料大楼1001 |
| 光谱及晶体结构分析 | 瞬/稳态荧光光谱仪 | Fluo Time300 | 材料大楼2013 | | 转矩流变仪 | Brabender Plastograph | 材料大楼1003 |
| | 傅立叶红外光谱仪 | Nicolet Is50 | 材料大楼2013 | | 纳米压痕仪 | KLA i–Nano | 材料大楼1001 |
| | 紫外可见近红外光谱仪 | UV–3600 | 材料大楼2013 | | 激光导热分析仪 | Netzsch LFA467 | 材料大楼1003 |
| | 电子顺磁共振谱仪 | Bruker EMXplus | 材料大楼1006 | | 高低温电子拉力材料试验机 | Instron 68TM–10 | 材料大楼3016 |
| | X–射线衍射仪 | Bruker D8 Advance | 材料大楼1001 | | 热重分析仪 | Mettler Doledo TGA1 | 材料大楼1001 |
| | X–射线小角散射仪 | Xenocs xeuss2.0 | 材料大楼2017 | 辅助制备设备 | 微型注射机 | S2–052 | 材料大楼1003 |
| 元素及物性分析 | X–射线光电子能谱仪 | Escalab 250Xi | 材料大楼1001 | | 冷冻超薄切片机 | Leica UC7/FC | 材料大楼1001 |
| | 电感耦合等离子体发射光谱 | PQ9000 | 材料大楼1001 | | 橡胶硫化仪 | M–3000AD | 材料大楼1003 |
| | 原子吸收光谱仪 | novAA800 | 材料大楼1001 | | 喷金喷碳溅射仪 | Leica EM ACE200 | 材料大楼1001 |

## 2.2　实施仪器助管模式，助力培养社会需要的高素质人才

在材料的研究中，材料分析测试是一项很重要的技术，很多高校的研究生招生研究方向中都包含“材料制备与测试技术”，企业科研岗位招聘更是青睐有一定仪器使用和管理经

历的学生。然而，在毕业要求和现行评价体系下，很少有导师让学生专门去做测试技术的开发和研究工作，所培养的学生中很少有人深入理解和掌握某项仪器测试技术。在此情况下，可以在上述的院系仪器共享中心管理模式中，设置一定数量的仪器助管岗位，选聘有兴趣管理仪器并且致力于深入钻研某项测试技术的在读博士或硕士研究生承担，在仪器技术管理员指导下，协助处理仪器的维护保养、样品测试和培训考核等工作，在此过程中有机会深入学习和掌握仪器结构、工作原理及性能，提高其理论水平，通过大量样品测试丰富了测试实践技能；该生还可以将其承担的课题或项目与掌握的测试技术相结合，开发出仪器测试新功能，这些能力的提升对于学生自身科研水平提高和就业竞争力极其有利。近几年中心的助管学生不论是继续读博深造还是应聘工作岗位，其仪器管理的经历都让他们增加了很大的竞争力，管理X射线光电子能谱仪的学生去了中芯国际、管理扫描电子显微镜学生被蓝思科技和长鑫存储聘用、管理荧光光谱仪学生应聘上长江存储、管理傅立叶红外光谱仪同学在高德红外就职、管理拉曼光谱仪同学去了天马科技等等，所以，仪器助岗岗位的设置不仅是解决人手短缺的一种方式，也可以是人才培养的一条重要途径。

### 2.3 采取自主测试模式，提高拔尖创新人才培养水平

研究生培养阶段，科研实验实践是其主要工作，测试作为科研工作的一项重要内容，是研究生必须掌握的一项技能。很多高校和科研院所的测试中心基于仪器运行安全考虑，实行样品委托测试方式，即由专门的技术人员对其样品进行测试，送样人无须在测试现场或者仅仅作为观测者，这种方式虽然保障了仪器安全但却浪费了培养学生的机会。院系可以根据仪器属性和使用频率等将部分仪器纳入自主测试管理方式，比如扫描电子显微镜、透射电子显微镜等，因为这些仪器的人为选择因素对测试数据影响较大，所以实行自主测试方式不仅可以培养学生实践动手能力，还能保障测试数据质量。当然，为降低仪器损坏风险，自主测试的学生需要经过严格的培训和考核程序。湖北大学材料科学与工程学院分析测试中心的仪器大部分实行自主测试管理方式，所有操作学员需要完成全部培训，包括理论培训、上机实践培训以及3次操作实践指导，最后还需要通过理论考试和操作考核，考核内容全部通过的学员才能获取资格进行独立自主测试。这项运行管理制度从2016年开始试行，现已覆盖了扫描电子显微镜、X射线衍射仪、傅立叶红外光谱仪、差失扫描量热仪等约30台设备，实践结果显示，这种管理方式大幅度提高了测试效率，近两年中心仪器测试总机时数已达到年均53000小时，实现了“应测尽测、周期短暂”；并且也给学生提供了动手实践机会，培养了科研测试的能力，助力学生竞赛获奖52人次，获得了各课题组老师和学生一致好评；培训制度从2016年开始试行，近几年每年培训人数持续迅速增长，其中2023年全年达800人次，如图1所示。

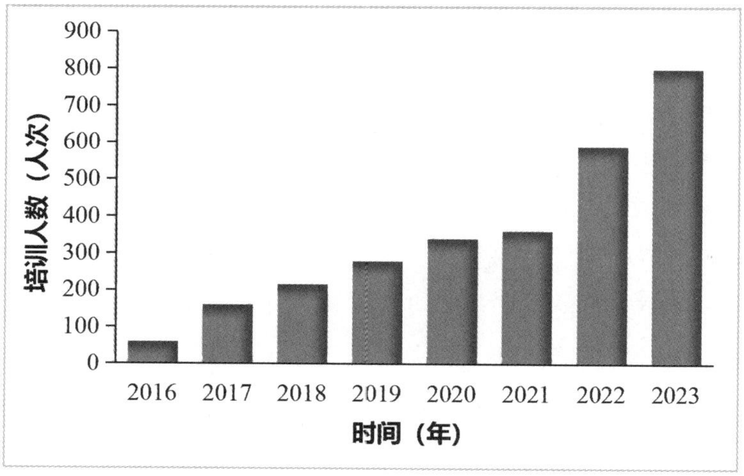


图 1　2016–2023 年度设备培训人数统计

### 2.4　举办夏令营、研学、科普等活动，广泛增强学生科研兴趣

学院每年都举办暑期夏令营活动，邀请各高校大四考研学生来院访学，其中带领参观并讲解学院分析测试中心是必备的活动内容之一，通过参观可以使校外学生更加全面地了解湖北大学材料科学与工程学院的科研基础设施和科研水平，使学生更加明确报考的方向，更加坚定报考的决心；自学院分析测试中心建立后，每年都会组织安排学院的大一新生参观测试中心，增强其专业自信；同时，也经常接待武汉市部分高中学生的访学活动，在该过程会安排一些有趣的实验项目，比如讲解如何利用 X 射线能谱仪分析月球岩石成分、实地操作扫描电镜观测荷叶微纳米形貌分析其超疏水的原因、利用傅立叶红外光谱仪分析牛奶主体成分等等，使学生近距离地体会仪器与科研和日常生活的关系，较好地提升学生科研兴趣和学习热情。

## 3　结语

近两年，国家加大教育领域设备的置换与更新，采用贴息贷款和国债等形式加速高校大型仪器设备配置数量和质量快速增长，提升了学校科学研究和人才培养的硬件平台保障水平，也为服务人才培养实践提供了可以拓展的空间。但目前大型仪器设备主要集中在科研和社会服务等方面，人才培养的理论研究和实践模式均较少。学院作为学科建设、人才培养和仪器管理的主体单位，本文以省属高校的材料学院为试点，成立并拓展材料学院分析测试中心的服务领域，充分利用和发挥大型仪器设备的优势资源，提升培养复合创新型人才水平，有助于培养具有核心竞争力和科技创新能力的综合性人才。

## 参考文献

[1] 叶祥盛，宗虹，张丽梅，等．加强仪器设备管理，提高仪器利用率 [J]. 实验科学与技术，2012，10（2）：178-181.

[2] 王楠，韩红江．高校大型仪器设备绩效考核方法探讨 [J]. 实验技术与管理，2014，31（1）：228-234.

[3] 李坤，史永宏．创新型人才培养实验室开放体系探索与实践 [J]. 实验室研究与探索，2015，34（1）：258-261.

[4] 雷玉珍，王美荣，胡胜鹏，等．基于高校大型仪器的创新型人才培养实践与探索 [J]. 实验室科学，2022，25（4）：160-163.

[5] 李春红，郭东林，陈登明，等．材料分析测试中心创新实践能力培养研究 [J]. 实验科学与技术，2022，20（4）：56-60.

[6] 黄鹤燕，郑奎，索志荣，等．探索大型仪器开放共享在人才培养中的作用 [J]. 高教学刊，2020，（21）：99-101.

[7] 章涛，邵瑞文．大型仪器平台服务高校教学科研人才培养的探索和研究—以北京理工大学电镜平台为例 [J]. 电子元器件与信息技术，2022，（10）：46-49.

[8] 王晓岗，陈云，李明芳，等．以大型仪器为抓手的创新人才培养模式研究与实践 [J]. 实验室科学，2024，27（1）：237-241.

[9] 詹来明，曹楠，石磊，等．高校大型仪器设备服务本科创新人才培养的路径探索 [J]. 中医教育，2024，43（2）：46-50.

# 应用篇

# 江苏省科技资源共享平台建设及服务成果

黄术兵

（江南大学无锡医学院，无锡，214122）

**摘要：** 分析了以江苏省科技资源统筹服务中心为核心的科技资源开放共享平台建设的现状，并展示江苏省科技资源共享服务平台建设及科技资源开放共享的成果。江苏省科技资源统筹服务中心有效地整合了省内各类科技资源，促进江苏省科技资源统筹管理和利用，提升科技资源的配置效率和区域创新能力，为政府科学决策提供有力的数据资源支撑和保障服务，也为江苏省经济发展提供创新活力。

**关键词：** 科技资源；统筹服务；平台建设；人才建设；转移转化

## 引言

科技资源是科技活动的物质基础，是创造科技成果、推动整个经济和社会发展的要素的集合，科技资源的共享将有利于推动国家科技创新和经济社会发展[1-3]。针对科技资源共享缺乏顶层设计和统筹规划及科技资源缺乏统一的共享标准等问题，江苏省发挥政府的统筹规划职能统一规划，成立了江苏省科技资源统筹服务中心专职科技资源统筹和共享管理。江苏省科技资源统筹服务中心成立于 2018 年 12 月，是省科技厅直属事业单位，具体负责江苏省科技资源统筹服务平台的建设和运行，推进全省科技资源的集成、展示与共享，引导企业等创新主体共建共享科技资源，促进科技成果转移转化。中心经营范围包括统筹集成科技资源，推动开放共享服务，主要业务涵盖科技资源普查、统计、监测科技资源共享平台建设、运行维护、统筹服务科技成果咨询及转化服务等[4-5]。短短六年的建设，江苏省科技资源统筹服务中心平台建设日益成熟，充分发挥出促进江苏省科技资源统筹共享之功能，极大地推动了地方国民经济发展。

**作者简介：** 黄术兵（1990—　），男，实验师，研究方向为实验动物伦理与福利、实验室管理、科技成果转移转化。

# 1 江苏省科技资源统筹服务中心平台建设

## 1.1 线上平台建设直观使用便捷高效

科学数据中心作为数据管理的重要载体和科学数据汇集管理、开放共享的重要基础设施，是大数据时代科技创新能力提升的重要保障[6]。江苏省科技资源统筹服务中心线上平台的建设实现了创建一个用户友好、功能完善、具有吸引力和有效性的线上平台，满足科技资源开放共享需求者的需求。中心以“统筹集成、专业运作、竞争联合、共建共享”为建设思路，在多政府部门参与的平台理事会指导下，统筹服务中心率先在全国构建“一网打尽”的科技创新资源池、“一键导航”的线上服务云平台、“一站融通”的线下服务共同体、“一享到底”的资源开放新机制，加快构建科技资源开放共享服务体系，为高质量推进创新型省份建设提供有力支撑[5]。在用的统筹服务中心线上平台资源模块简洁、内容清晰易辨，线上平台设计注重用户体验，站在科技资源开放共享需求者的角度考虑用户的需求和行为，基于面向认知的科技信息资源服务效用概念模型为用户提供符合期望的功能和交互方式[7]。统筹服务中心线上平台的设计和建设通过优化视觉设计、内容模块布局及导航结构等，确保线上平台易于导航和使用，其“一键导航”设置了一键搜索模式和专题一键链接，一键搜索模式将人才、成果、文献、知识产权等八项科技资源要素整合到了搜索内容当中；专题一键链接则可以直达大仪共享、创新券、成果（专利）拍卖和技术需求揭榜挂帅等专题活动，让用户在最短的时间找到最想要的内容。此外，中心线上平台导航栏也便利地设置了可下拉选择具体条目的导航功能键，亦可一键直达。

## 1.2 科技资源聚集池内容丰富且高质

江苏省科技资源统筹服务中心以高效合理的运行机制为基础发挥出了强大的科技资源整合功能，通过打造高质量的科技资源池聚焦源头创新，助力基础研究和科技创新及资源开放共享[8]。中心成立以来，积极汇聚整合各类科技基础资源，为科研主体寻找源头创新突破口提供坚实的资源保障，截至目前中心线上平台一键搜索模式的数据库资源库中科技文献已达 3.60 亿条，知识产权收录 0.46 亿条，各类标准近 113 万条，大型科学仪器入网 17299 台套，农业种质资源近 51828 份，生物样本超 201 万份[5,8]。海量的科技资源有力地支持中心推动江苏省重大科学问题的突破创新，支持省内科研人员开展科技创新活动，并促进学科领域交叉融合。

## 1.3 技术理念双创新支撑平台运营

江苏省科技资源统筹服务中心充分发挥行政资源强大的调配力，灵活应用市场技术手段，打造政、产、学、研、用、金、介融合互促的技术转移体系，线上线下结合多渠道并行开展科技资源统筹和开放共享服务。中心注重主动、适时地为用户提供满意的科技信息资源服务，以先进的理念建设运营平台，充分发掘集聚的科技资源的价值，多举措联动科技资源供给方、需求方和中介方，着力开展科技资源统筹和开放共享服务[6]。中心具有较强的实力和创新能力，围绕平台建设进行了深入的理论研究和实践检验，并拥有多项知识产权，其中包括 1 个企业品牌项目、3 个注册商标、1 个发明专利信息、15 个软件著作权[4, 6, 7, 9, 10]。

## 2 江苏省科技资源统筹服务中心平台建设成果

江苏省科技资源统筹服务中心线上科技资源建设成果显著[11]。其中科技人才资源囊括了中国科学院及工程院院士及各类高层次人才，并纳入科技副总、产业教授及技术经理人，收录人才信息 15791 条；科技载体关联省内及长三角地区各类科研单位、科技平台、科技企业和创新园区；中心依托“科技商城”开通科学仪器设施共享、检验检测、技术研发、技术产权交易等 6 类专题服务。线上线下并行为一线科研单位或人员开展科学研究提供基础资源，年直接服务高校院所等各类创新主体超 4 万家次[8]。其中科学仪器设施共享，可根据仪器分类、地域以及是否支持创新券进行检索。检验检测服务和技术研发可根据服务的仪器名称、单位名称和服务内容。中心建立有农业种质资源库和重大疾病生物样本库，并依托江苏省技术产权交易市场开展技术产权交易。农业种质资源库种质资源信息涵盖农作物、林木、水产、家养动物及微生物等种质资源，需求单位或个人可直接在线申请，种质保护单位也可以通过在线申请入驻农业种质资源库。重大疾病生物样本库，旨在以生物样本资源收集保藏、开发利用为重点，服务于科研人员的基础研究、临床医生的精准治疗以及生物医药企业的药物研发等，样本库以需求为牵引、实施共建共享、开放合作，服务于科研人员的基础研究、临床医生的精准治疗以及生物医药企业的药物研发等，可以提供样本资源、技术咨询、技术培训三类服务，目前收集样本 2010627 份，服务单位 451 家，服务开放课题 90 项[12]。江苏省技术产权交易市场可在线发布供需需求，进行在线竞拍及进行技术产权交易合同登记等事宜。

## 3 科技资源统筹和开放共享成果

### 3.1 机制创新体系优化加速科技成果转化

江苏省科技资源统筹服务中心通过深化“揭榜挂帅”机制，主推“J-TOP 创新挑战季”和“专利（成果）拍卖季”两项王牌品牌活动，在运营品牌活动的过程中完善技术转移体系，持续优化科技成果转化形式提升转化效率。中心充分发挥省技术产权交易市场桥梁纽带作用，构建技术转移服务体系，截至目前，省技术产权交易市场累计集聚科研院所、高校及企业共 40382 家，发布专利超 39875 万项、技术需求近 1 万条；线下建有 12 家地方和 12 个行业分中心、48 家技术合同登记机构，持续完善省市县一体化技术转移工作网络，目前已撮合数据 78456 条；专利转化运营交易平台登记开放许可专利 1356 件，许可达成 496

件，累计许可金额 1885.20 万元[8，13]。

### 3.2 多要素赋能服务科技创新

江苏省科技资源统筹服务中心积极探索共同体运行服务模式，与高校院所、产业园区等加强合作构建覆盖科学仪器、检验检测、创投融资、知识产权、成果评价等多个领域的共同体网络，突出金融、技术、数据等资源加持，以解决创新需求为导向，加快推进创新要素高效流动和全域融合，不断完善长三角一体化合作网络，实现创新要素在长三角区域内更广泛、更自主、更高效的流动配置，放大资源共享和技术转移融合带动效应[8]。为促进科技资源开放共享，激发中小企业创新活力，营造良好创新创业生态，中心大力实施科技创新券政策，推动省内大型科学仪器等资源面向长三角地区共享服务。截至目前，共遴选长三角等地区近 838 家创新券服务单位，面向 573 家创新券申领企业推出仪器共享、检验检测等创新券服务产品超 9993 项，累计兑付金额超 867 万[14]。此外中心与江苏银行合作创新设立特色金融产品，旨在支持科学仪器国产化研发，推动科学仪器向社会开放共享，推动创新链、产业链、资金链、人才链深度融合，该金融产品推出以来，中心联合金融机构累计为 274 家企业授信 58.91 亿元，有效解决了一批中小型科技企业实施科技成果转化过程中的融资难题[15，16]。

### 3.3 政策引导支持持续向市场输入技术转移人才

江苏省科技资源统筹服务中心专业化开展技术经理人培育，力求加快建设资源共享、技术转移两位一体的专业服务人才队伍，目前已经建立起涵盖初中高三级技术经理人培养体系，并将技术转移纳入专业技术职称系列；依托江苏省技术产权交易市场平台，引导技术经理人利用平台资源，通过“双选”“挂靠”机制与技术经理人事务所建立合作关系；引导技术经理人参与江苏省“揭榜挂帅”技术转移品牌活动，常态化开展技术需求挖掘、诊断、发布、路演以及技术交易对接等各类技术转移服务实践中，不断提升技术经理人专业实操能力，目前累计培育技术转移人才超 5000 人、技术转移机构 907 家，认定技术经理人事务所 85 家，推动 1000 余名技术经理人与技术经理人事务所合作开展技术转移活动[8]。

## 4 江苏省科技资源统筹服务中心建设发展展望

江苏省科技资源统筹服务中心作为省级的科技资源统筹和开放共享平台，其建设架构系统体系成熟，平台资源丰富且使用便捷，对省内科技资源整合度高，组织介导科技资源开放共享形式多样，并且能充分联动江苏省内乃至长三角地区的科技资源供需单位，取得丰硕的科技资源开放共享成果。中心优势在于政策和行政资源的支持，其能够充分调动省内资金、技术和人才等资源支持自身平台建设。江苏省科技资源统筹服务中心紧紧围绕平台建设和科技资源统筹两个核心主题进行优化未来必将取得更加优异的成绩。平台建设方面，中心可进一步完善科技人才、科技载体、基础等信息，进一步优化检索逻辑和检索内容，以及需要在服务细分的基础上完善流程指导，并及时准确更新科技需求和科技资源供给等信息。资源科技统筹方面，中心可持续开发已建立起的强大的线上资源平台，增强平台对江苏省甚至长三角科技资源的整合力度并使整合更加系统高效，充分发挥出平台对科技资源的中介调度功能，深入融合介导长三角科技资源流动进程，注重线上、线下双轨并行协调互促，促进科技资源开放共享在各个层面落到实处。

## 5 结语

科技资源产生、损耗及开放共享是一个动态的过程，成熟的资源平台承担着更大的资源整合和开放共享的责任。江苏省科技资源统筹服务中心应以既有平台为新的出发点，不断寻求更高效的资源统筹创新之举，打造更为便捷开放的资源平台，统筹促进江苏省乃至整个长三角的科技资源开放共享，充分盘活科技创新要素，激发区域科技创新动力，助力国家科技攻坚克难，并推动国民经济持续发展。

## 参考文献

[1] 张绍丽，郑晓齐，张辉，等．科技资源共享网络模式创新与实践——以中国科技资源共享网为例［J］．科技管理研究，2018，38（13）：10.

[2] 刘杨，陈晓玲，全志薇，等．吉林省科技资源共享服务体系建设研究［J］．科技资讯，2021，19（19）：4.

[3] 种国双，高振，陈平，等．江苏省科技资源共享服务的实践探讨［J］．中国科技资源导刊，2019，51（1）：45-48，102.

[4] 企查查．江苏省科技资源统筹服务中心［EB/OL］．［2027-07-18］．https：//www.qcc.com/firm/gcd309df20d529fb2c22df806233884b.html.

[5] 江苏省科学技术厅．江苏省科技资源统筹服务中心［EB/OL］．［2024-07-18］．http：//kxjst.jiangsu.gov.cn/art/2021/9/6/art_82566_10000503.html.

[6] 戴力新，戴琦．我国科学数据中心建设现状及其运行机制研究［J］．中国科技资源导刊，2023，55（5）：1-10.

[7] 张春燕．基于模糊逻辑的科技信息资源服务效用认知评价方法研究［J］．江苏科技信息，2020，37（15）：3.

[8] 戴力新．强化创新要素共享 服务高水平科技自立自强［J］．群众，2023（8）：35-36.

[9] 顾宁，胡莹，陈乐．技术公共服务平台中企业创新策略选择的演化博弈研究［J］．现代管理科学，2023（3）：72-85.

[10] 周伶俐，高岩．江苏省科技成果评价机制改革实践及策略研究［J］．江苏科技信息，2022，39（33）：4.

[11] 江苏省科技资源统筹服务中心[EB/OL].[2024-07-19]. https：//www.jssic.cn/#/index.

[12] 江苏省科技资源统筹服务中心. Biobank 重大疾病生物样本库[EB/OL].[2024-07-24]. https：//www.jssic.cn/swyb/#/home.

[13] 江苏省技术产权交易市场. 成果专栏[EB/OL].[2024-07-29]. https：//www.jstec.com.cn/achievement.

[14] 江苏省科技资源统筹服务中心. 江苏省科技创新券管理系统[EB/OL].[2027-07-29]. https：//www.jssic.cn/#/cxq/cxq.

[15] 江苏省科技资源统筹服务中心. 升级喽！技术“交易贷”科技金融产品全新亮相[EB/OL].[2024-07-29]. https：//www.jssic.cn/#/zxzx/zxywDet？ id=556.

[16] 江苏省科技资源统筹服务中心. 金融“活水”浇灌企业创新 江苏在全国首创“仪器贷”[EB/OL].[2024-07-29]. https：//www.jssic.cn/#/zxzx/mtjjDet？ id=312.

# 湖北省科技资源平台 AI 智能化建设与服务研究

陈　瑞　陈晓莉　柳　丹

（湖北省科技信息研究院，武汉，430071）

**摘要：**针对湖北省科技资源共享平台在资源建设与服务能力不足的现状与问题，探索将 AI 大模型技术应用于平台的可能性，研究引进 AI 技术，搭建智能化服务平台，优化科技资源共享服务的制度保障，构建完善的湖北省科技资源智能化服务体系，实现全省科技资源共享服务的高效、便捷与全面覆盖，推动湖北省科技创新能力的持续提升。

**关键词：**科技资源；资源建设；智能化服务；服务平台

## 引言

科技资源共享在提高资源利用效率、促进科技创新、推动国家创新体系建设等方面发挥重要作用，近年来，国家及地方政府高度重视科技资源共享与服务工作，已出台系列政策支持科技资源共建共享。《“十三五”国家科技创新规划》第九章第四条规定了要加强包括科研仪器、科学数据、科技文献等的科技资源共享服务平台体系，着力解决科技资源缺乏整体布局、重复建设和闲置浪费等问题，完善科技资源共享服务平台建设。《中华人民共和国科学技术进步法》（2021 年修订）第 77 条规定：“国家重大战略区域可以依托区域创新平台……推动科学仪器设备、科技基础设施、科学工程和科技信息资源等开放共享，提高科技成果区域转化效率。”《湖北省科学技术进步条例》（2024 年修订）第 48 条规定：“省人民政府及其有关部门应当建立财政性资金投资或者资助建设的科技基础设施和基础条件平台等资源开放共享机制，促进研究实验基地、大型科学仪器设备、科学技术数据和文献以及自然科技资源、信息网络资源等整合利用。”

湖北省在科技资源共享服务领域取得了显著进展，通过建立基于微服务架构的湖北省科技资源共享服务平台，成功整合了科技文献、科学仪器资源，为科研工作者提供了丰富

**作者简介：**陈瑞（1987—　），女，助理研究员，研究方向为科技资源管理、信息服务；陈晓莉（1980—　），女，副研究员，研究方向为科技资源管理；柳丹（1980—　），女，副研究员，研究方向为科技资源管理。

的科技资源支持，共享服务效果良好[1]。然而平台存在资源整合力度不够及资源共享服务能力不足的问题，无法满足用户深层次服务需求。随着人工智能技术的快速发展，一种新兴的人工智能技术——AI 大模型出现，其具有处理大规模数据和极高预测及推理精度等优点[2]，已成为推动科技创新、优化资源配置的重要工具。AI 大模型技术以其强大的表征能力和泛化能力，在自然语言处理、计算机视觉、强化学习、多模态内容自成等领域取得了显著成果，为科技资源共享服务提供了全新的解决思路。

## 1 AI 大模型与科技资源共享

### 1.1 AI 大模型技术概述

AI 大模型又称人工智能预训练模型，其将海量数据导入具有亿量级参数的模型中，机器通过完成类似“完形填空”的任务，学习数据中蕴含的特征、结构，然后模型被训练成具有逻辑推理和分析能力的人工智能。近年来，AI 大模型成为 AI 界最关注的热点，国内外科技巨头都加大布局 AI 大模型。

谷歌 2018 年提出 3 亿参数基于变换器的双向编码器表示模型；OpenAI 于 2019 年 2 月推出了 15 亿参数的 GPT-2，并于 2020 年 6 月推出了 1 750 亿参数的 GPT-3，将参数规模提高到千亿级别；随后微软与英伟达共同发布了 5 300 亿参数的 Megatron-Turing 自然语言生成模型，直至 2022 年 11 月底，Open AI 公司研发的 ChatGPT 对话工具发布，迅速引起业界广泛关注[3]。

国内 AI 大模型起步较晚却发展迅速。华为云与循环智能于 2021 年 4 月联合发布参数规模达 1 000 亿的盘古超大规模预训练语言模型；北京智源人工智能研究院于 6 月发布参数规模达到 1.75 万亿的超大规模智能模型“悟道 2.0”；百度于 12 月推出参数规模达 2 600 亿的 ERNIE 3.0 Titan 模型。阿里巴巴达摩院同期发布 M6 模型，其参数达到了 10 万亿，直接将大模型参数提升了一个量级。AI 大模型的发展，为各个领域带来了全新的面貌，意义重大[4]。

### 1.2 AI 大模型技术对图书情报领域的影响

国内外针对 AI 大模型在图书情报服务中研究与实践较多，国外研究表明，ChatGPT 能够在图书馆馆藏目录中搜索相关资料，根据用户阅读记录进行个性化推荐，同时指导图书馆资源建设[5]。ChatGPT 对图书馆服务有极大促进作用，通过改进搜索和发现工具提升参考咨询服务；生成图书馆资源元数据；实现内容创作[6]。国内学者研究了 ChatGPT 对图书馆的影响，ChatGPT 等大语言模型技术能深度理解和生成人类语言，在图书馆信息处理中具有重要的应用价值[7]；图书馆文献资源丰富，利用 ChatGPT 技术能够帮助建设高质量知识组织体系，以提高智能知识服务水平[8]。

AI 大模型对各领域带来巨大影响，文献情报领域尤甚。GPT 类大模型直接影响文献情报领域的信息组织、信息检索、情报研究、科技监测评估等[9]。人工智能技术能支持文献情报领域的许多服务，包括图书馆知识服务、科技情报服务、科技文献挖掘服务等。以ChatGPT为主的AI大模型技术在智能问答、情报分析、数据分析、文献阅读、内容创作等方面对文献情报服务产生巨大影响[10]。

## 1.3 AI大模型功能特点

AI大模型技术有着学习能力强、数据规模巨大、数据处理高效、人机智慧整合等显著特征，其提供智能推荐、智能搜索、智能翻译、辅助写作与编辑等功能，可极大赋能科技资源共享服务，以应对用户更加复杂、更深层次的服务需求。

### 1.3.1 智能推荐

基于AI大模型技术的智能推荐系统可以根据用户的阅读和使用资源的习惯及记录，识别用户的兴趣、行为模式和潜在需求，对相关数据进行深度分析，进而为用户推荐个性化的科技资源和服务，提高用户的科技资源检索效率，提升用户体验。

### 1.3.2 智能搜索

AI大模型技术可提供基于语义的搜索功能，帮助用户更精准地找到所需资源。AI大模型技术在智能问答、自然语言检索和智能提示等方面的功能，与搜索引擎结合将大大提升科技资源的检索效率。

### 1.3.3 智能翻译

AI大模型技术可以从大量的语言数据中学习语言之间的对应关系和转化规律，处理不同语种和文化之间的差异，实现多语言之间的智能翻译，相比一般的翻译软件，其翻译质量和语义理解能力更强[11]。

### 1.3.4 辅助写作与编辑

AI大模型技术已经具备语义分析、知识综述、知识提炼的相关能力，可为用户提供写作辅助、写作建议、主题文稿自动生成等服务，极大提高用户的写作效率与质量[12]。

## 1.4 AI大模型技术在科技资源建设与服务领域应用成果

AI大模型已成为全球科技竞争的新高地、未来产业的新赛道、经济发展的新引擎，发展潜力大、应用前景广，其在科技资源建设与服务领域应用也日趋成熟，特别是在科技文献领域内应用已经非常广泛和深入。

### 1.4.1 科技文献大模型

2023年10月，中国科学院文献情报中心与科大讯飞联合发布科技文献大模型，同时推出其应用产品星火科研助手。科技文献大模型以海量科技文献内容为基础，致力于更好地满足科研过程中的文献知识获取需求，其发布标志着大模型技术在文献情报领域应用迈出了重要的一步，也预示着未来信息获取方式的变革[13]。

### 1.4.2 华知大模型

2024年4月，同方知网和华为共同发布中华知识大模型（华知大模型）2.0及系列解决方案，基于知网海量学术资源，华知大模型可以提供选题分析、学术问答、研究助手等工具，简化知识查阅和成果产出过程；数据分析方面，华知大模型支持 AI+ 经济社会数据 + 专业分析模型，可满足 AI 数据问答、AI 数据解读、AI 数据分析及 AI 数据分析报告等功能[14]。

#### 1.4.3 智启科创平台

2024 年 5 月，维普资讯结合百度文心一言研发的智启科创平台上线，以微服务架构为框架，以六域—五链为核心要素，从学术大数据扩展到产业大数据，利用大数据和 AI 技术进行深度挖掘与分析，搭建数据驱动的维普产业智能分析引擎，实现产业数据服务、知识服务、情报服务于一体的新一代知识智能服务平台[15]。

#### 1.4.4 国家科技图书文献中心（NSTL）创新服务助手

NSTL 创新服务助手于 2024 年 5 月上线运行。NSTL 利用大模型技术，为用户提供智能化服务，解决用户面对海量科技文献查找难、筛选难、整理工作量大、总结归纳不易、学习负担重、吸收效率低、个性化服务不够等痛点，围绕科研流程和用户需求，提供智能化服务，加速科研进程。其包括对话式问答检索、智能辅助阅读、智能摘要、个性化智能推荐、综述生成、智能分析等功能，大大提高平台智能化服务水平[16]。

## 2 湖北省科技资源建设与服务领域现状与问题

### 2.1 科技资源建设情况

#### 2.1.1 科技文献资源

由湖北省科学技术厅主管建设的湖北省科技信息共享服务平台，集成了 12 亿多条元数据，3.7 亿多篇全文数据，联合武汉大学图书馆、华中科技大学图书馆、中国科学院武汉文献情报中心等 17 家单位参与共建，整合国家科技图书文献中心（NSTL）相关资源。整合及服务的文献类型主要涵盖期刊论文、学位论文、会议论文、专利、标准、图书等基础类信息资源，有关产业、重点领域等类型的资源不足。

#### 2.1.2 科学仪器资源

由湖北省科学技术厅主管建设的湖北省科学仪器协作共用网，整合全省 10 万元以上科学仪器设备信息及检测服务数据。截至 2024 年 8 月 7 日，平台共有入网了 20193 台套仪器设备，35717 条检测服务数据，2162 个加盟机构，组成 672 人的仪器专家服务团队。

#### 2.1.3 自然科技资源

湖北省科学技术厅设立自然资源科技基础条件平台专项，支持全省动植物、微生物、动植物和岩矿石标本等科技自然资源库的建设。目前，我省已认定的自然科技资源库涉包括 16 家单位的 25 个数据库。湖北省自然科技资源库主要依托省域内高等院校、科研院所和具备资源保藏建设能力且相对独立的科研实体组建，目前状况是重建设轻共享与利用。

#### 2.1.4 科学数据资源

湖北省非常重视科学数据资源的管理，湖北省政府办公厅出台系列政策，规定在自然科学、工程技术科学等领域，通过基础研究、应用研究、试验开发及通过观测、监测、考察调查、检验检测等方式取得的原始数据及其衍生数据，进行科学管理，包括科学数据采集、加工保存、开放共享等内容。目前湖北省科学数据分散存储在各单位，部分单位甚至没有加工和保存体系，更加无法对科学数据共享利用。

### 2.2 科技资源共享服务情况

目前，湖北省在科技文献、科学仪器两类资源上开放共享服务效果较好，大大节约全省科技创新成本。省信息平台多年面向全省机关单位、科研院所、高新技术企业、孵化器、社会公众等服务，目前有8700多个机构用户,5000多个注册用户，年提供文献浏览1000万余次，提供文献下载400万余篇，产生良好的共享服务效果；2023年全年，省仪器平台入网单位为用户提供了57725次检测服务，检测机时数约35.7万时，检测服务金额约1.96亿元。

因资源的特殊性，自然科技资源、科学数据等尚未纳入全省科技资源共享服务平台，极大影响其资源利用率。

### 2.3 湖北省科技资源建设与服务问题

#### 2.3.1 资源建设保障不足的问题

湖北省科技资源共享服务平台已成功整合科技文献资源、科学仪器资源，自然科技资源、科学数据等省内特色资源尚未纳入共建共享，产业类科技资源建设也不足。通过湖北省科技资源共享服务平台的建设，解决了资源整合共享的技术和平台问题，但仍然存在资源共享制度不完善、激励机制不够、数据安全保障等问题，此种现状严重阻碍各类科技资源整合共享。

#### 2.3.2 服务能力不足的问题

优质的科技资源共享服务需要依托共享服务平台的支持，湖北省科技资源共享服务平台采用微服务模块，实现了对科技资源的灵活整合，但平台主要功能为资源检索、资源分类导航、资源下载、资源传递等基础服务，已经无法满足AI时代用户对科技资源个性化、智能化等深度服务需求。

## 3 湖北省科技资源创新建设思路

### 3.1 优化湖北省科技资源共享服务平台

#### 3.1.1 优化平台自建数据库功能

针对未建设科技资源数据库、未规范入库的科技资源，平台搭建自建数据库系统，具有资源加工、整理、发布等功能，实现资源标准化处理、自动分类与标签、质量控制等功能；同时与湖北省科技资源共享服务平台对接，实现数据同步、接口对接，并且在对接过程中严格遵守数据安全和隐私保护的相关规定，确保资源的安全传输和存储。

#### 3.1.2 优化平台资源整合共享功能

通过引入 AI 大模型技术，解决平台资源整合不全面的问题。目前，生成式 AI 已经具备成熟的数据资源调用能力，通过 API 接口全面获取近乎无穷的网络数据资源、云资源及各资源拥有单位的内部数据库，自动识别和调用这些接口，获取信息采集不能触达的深层数据，扩展采集数据的广度和深度。所获取的数据不仅包含结构化数据，也包含非结构化数据，数据形式包括文本、图像、音频、视频、数值等各种类型[12]。

基于 AI 大模型技术，可实现湖北省自然科技资源、科学数据等特色资源库、其他产业类数据库之间的数据交互，进行数据检索和调用，而不受数据类型、异地存储等限制，极大提高科技资源共享效率。

### 3.2 完善科技资源整合共享制度保障

制定各类科技资源整合共享政策，包括相应的考核机制、资源共建方案，解决体制机制及数据安全问题。首先要完善组织领导机构，在数智时代，需要建立创新的资源管理形式、资源共享和协调机制，克服传统管理体制机制的局限性。通过加强组织领导，建立和完善横向和纵向的沟通协调机制，推进业务系统、数据接口、安全体系等一体化建设，进而推动各部门科技资源共享，避免科技资源重复建设。其次要建立健全规章制度，对科技资源的收集、存储、加工、处理和共享等方面管理内容进行明确，进一步保障科技资源共享数据安全，规范科技资源共享与服务流程，使全省科技资源共享有法律依据，真正走上规范化、制度化之路，提高科技资源共享的质量和效率[17]。

## 4 湖北省科技资源平台 AI 智能化建设构想

### 4.1 研究湖北省科技资源公共服务平台优化建设

基于用户需求，剖析 AI 大模型与湖北省科技资源共享服务的结合点，引入并优化最适合湖北省用户需求的 AI 大模型，实现创新主体在科技创新管理和研发过程中的多轮问答、报告撰写、文书解读、专业翻译、数据分析、供需匹配等多种 AI 功能嵌入和业务集成。

湖北省科技资源共享服务平台作为 NSTL 武汉服务站，具备利用 NSTL 智能服务的天然优势，可以优先考虑实现平台与 NSTL 智能化服务平台无缝对接，为用户提供个性化、专业化的智能服务，提高用户创新效率。

### 4.2 研究产业科技创新服务平台建设

湖北省科技资源平台为产业创新提升服务的能力有待提升，后续应该基于企业、行业、产业需求，围绕人才、机构、区域、技术、产业五大科技资源主题，构建人才链、技术链、产业链、创新链四大关系链，结合大模型支撑的 AI 专家应用，面向创新决策、产才融合、成果转化、企业创新等多种场景提供产业科技创新情报支撑服务，挖掘新质生产力、促进产学研协同、提升研发效率，推动湖北省产业转型升级。

# 5 湖北省科技资源智能化服务体系构建

## 5.1 构建“1+17+N+X”的湖北省科技资源 AI 智能化服务体系

“1”是科技资源 AI 智能化服务平台，为全省科技资源汇集中心，承担全省科技资源整合与共享服务；“17”是服务辐射网络，即湖北省 17 个地市州服务站，通过服务站将平台资源与服务辐射至全省各地区；“N”是 N 个资源共建单位，包括科技文献联盟单位、科学仪器入网单位、自然科技资源等特色资源管理单位；“X”是 X 个终端用户，包括科研院所、企业等机构用户，以及个人注册用户，通过用户对 AI 智能服务平台的不断使用、反馈，形成良性循环，不断完善全省科技资源共享服务体系。

## 5.2 湖北省科技资源 AI 智能化服务体系实证研究

通过选择一个市州服务站、两家特色资源管理单位、十家用户单位，验证并优化湖北省科技资源共享服务体系，特别是 AI 智能化服务的应用效果，以提升湖北省科技创新能力和产业竞争力。

## 5.3 湖北省科技资源智能化服务体系建设一体化布局策略

通过实践探索，打造武汉、宜昌、襄阳三个示范点，以市州科技资源共享服务平台搭建为基础，逐步进入体系化、标准化、数据集成和应用阶段。把握数字化、网络化、智能化方向，充分发挥三大都市圈示范带动作用，以点带面，推进省市一体化布局，最终形成覆盖全省的科技资源共享服务网络。

# 6 结语

AI 技术在科技资源共享服务中展现巨大潜力，湖北省科技资源共享服务平台以微服务架构建设并稳定运行多年，建设与服务基础较好，能够方便引入 AI 大模型技术，优化平台智能化功能，实现智能检索、智能推荐、智能分析等，同时结合科技资源整合共享制度保障优化完善，最终构建湖北省科技资源智能化服务体系，为全省用户提供更加高效、便捷和精准的科技资源共享服务，推动 AI 技术与科技资源的深度融合，促进科技创新体系不断完善和发展。

# 参考文献

[1] 陈瑞，刘延滨，柳丹，等.基于微服务架构的湖北省科技资源共享服务平台建设研究[J].中国科技资源导刊，2021，53（1）：47-53.

[2] 肖舒玥，孙守强，李青青.AI 大模型驱动的智慧图书馆服务体系研究[J].图书馆理论与实践，2024（3）：54-61.

[3] YOGESH K, DWIVEDI, NIR KSHETRI, et al. “So what if ChatGPT wrote it ? ” Multidisciplinary perspectives on opportuni ties, challenges and implications of generative conversational AI for research, practice and policy [J]. International Journal of Informa tion Management, 2023, 71 : 102642.

[4] 张乾君 .AI 大模型发展综述 [J]. 通信技术，2023，56 (3): 255-262.

[5] MALI, TANAJI, DESHMUKH, et al. Use of ChatGPT in library services [EB/OL]. [2023-05-24] .https : //www.researchgate.net/publication/370204419_USE_OF_CHAT_GPT_IN_LIBRARY_ SERVICES.

[6] LUND, B.D. WANG, T. Chatting about ChatGPT: how may AI and GPT impact academia and libraries ? [EB/OL]. [2023-05-24]. https : / /www. emerald. com/insight/content/doi/10.1108/.

[7] 王静静，叶鹰，王婉茹 .ChatGPT 类 AI-GPT 技术应用对图书馆信息处理的变革探析[J]. 图书馆理论与实践，2024 (1): 122-127，136.

[8] 赵瑞雪，黄永文，马玮璐，等 .ChatGPT 对图书馆智能知识服务的启示与思考 [J]. 农业图书情报学报，2023，35 (1): 29-38.

[9] 刘细文，孙蒙鸽，王茜 .DIKIW 逻辑链下 GPT 大模型对文献情报工作的潜在影响分析[J]. 国书情报工作，2023，67 (21): 3-12.

[10] 张智雄，于改红，刘熠，等 .ChatGPT 对文献情报工作的影响 [J]. 数据分析与知识发现，2023，7 (3): 36-42.

[11] 张慧，佟彤，叶鹰 .AI2.0 时代智慧图书馆的 GPT 技术驱动创新 [J]. 图书馆杂志，2023，42 (5): 4-8.

[12] 刘逸伦，黄微，张晓君，等 .AIGC 赋能的科技情报智能服务：特征、场景与框架 [J]. 现代情报，2023，43 (12): 88-99.

[13] 文献情报中心和科大讯飞联合发布科技文献大模型 [EB/OL]. [2023-10-27]. https : //www.las.cas.cn/sylb/202311/t20231113_6931220.html.

[14] 打造可持续大模型生态：“华知大模型 生态合作伙伴计划” 首批合作伙伴签约 [EB/OL]. [2023-10-27] .https : //baijiahao.baidu.com/s ? id=1797393005710505178&wfr=spider&for=pc.

[15] 智启科创平台 [EB/OL] .https : //di.vipisall.com/.

[16] 国家科技图书文献中心创新服务助手 [EB/OL] .https : //wh.nstl.gov.cn/ai/index.

[17] 马枢敏 . 大数据背景下重庆市 A 区政务数据资源共享问题及对策研究 [D]. 重庆：重庆大学，2022.

# 区域科技资源共享现状及服务平台建设策略

廖明艳　吴　宇　马俊杰

（恩施州生产力促进中心，恩施，445015）

**摘要：** 科技是衡量地区核心竞争力的关键指标，其的重要性是不言而喻的。在人工智能、大数据逐步成为科技进步驱动力的大趋势下，科技资源共享服务平台的价值愈发凸显，对科技的贡献价值大幅提升。如今促进科技数据、要素资源的高度共享，探索解决科技问题的有效手段，已成为各区域的关键工作内容。基于此，本文对区域科技资源共享服务平台建设现状进行分析，指出区域科技资源共享服务平台建设效果影响因素，提出区域科技资源共享服务平台建设策略。

**关键词：** 区域科技资源；资源共享；服务平台；要素资源

## 引言

建设科技资源共享服务平台，可促进区域内科技数据、科研人员等各项资源充分整合，确保区域各相关部门都可通过平台获得丰富的科技资源，推动各产业的共同发展，从而更好地提升区域的核心竞争力。区域各单位的科技资源整合，利用科学的服务模式促进资源的贡献，对科技资源利用率的提升极具意义。现如今，各区域都在积极开展科技资源共享服务平台建设工作，但受到思想观念、仪器设备等众多因素影响，导致平台的实效性尚未凸显出来。因此，各地区都应积极应用先进的技术手段，不断优化科技资源共享服务平台的建设，确保平台在资源整合与共享等方面的价值可最大限度展现出来。

## 1　区域科技资源共享服务平台建设现状

目前国内外区域科技资源共享服务平台建设工作已取得一定的成效，例如欧洲研究区依托欧盟委员会、欧盟理事会、欧洲议会三大机构，通过超越国家权力机构的治理方式实现了区域内科技资源的共享合作。在具体的实践过程中，欧洲研究区通过《里斯本条约》等法律文件确立牢固的合作关系，为跨区域科技合作提供法律保障，与此同时打造创新培

**作者简介：** 廖明艳（1985—　），女，副主任，助理研究员，研究方向为科技信息；吴宇（1991—　），助理研究员，研究方向为科技信息；马俊杰（1993—　），女，研究实习员，研究方向为科技信息。

训网络、组建欧洲大学联盟、实施学分转移机制等，促进人才在欧洲范围内的自由流动。具体到我国，黑龙江省科技创新创业共享服务平台于2009年开通运行，其作为集公益性、基础性和战略性于一体的科技资源共享服务平台，通过有效盘活大型仪器设备、科学数据与科技文献、试验基地等资源，为省内研发机构、高新技术企业及中小企业提供了一站式服务。虽然区域科技资源共享服务平台建设硕果累累，但仍然有着不少的问题。

首先，平台分布太过集中[1]。如今，只有少数发达地区的省会等地，已经建设了相对完善的科技资源共享服务平台，集中于北京、深圳、上海等地区，而一些经济发展相对落后的地区在此方面的建设严重滞后。也正是平台集中分布于经济发达地区，使得地区间发展严重不平衡，部分地区难以获得便捷的科技资源服务。其次，提供的服务不够完善。大多数区域科技资源共享服务平台，服务内容都局限于提供科技信息等单一服务，仅可解决某个环节的问题，鲜少涉及综合性服务内容。科技资源供需双方有明显的脱节问题，双方的配合不到位，缺乏地域性、差异化等内容，使得平台资源无法获得高效利用，使用对象获得的服务体验也相对较差。最后，平台对产业支撑力偏弱。现有的科技资源共享服务平台很少聚焦于某个地区的发展，基本是宏观性的，这便使得平台服务效率不高，针对性不强，平台服务对地方经济发展起到的效用也是不够明显的，从某个角度来分析，会在一定程度上浪费科技资源。平台还应多加了解服务对象在智力方面的服务需求，针对性地提供服务资源，尤其需注重平台的地域特色，如此才可发挥科技资源的作用。但当前尚未存在注重智力服务、具有地方特色、供需对接紧密的科技资源共享服务平台，此方面的建设工作还需进一步探索与实践[2]。

## 2 区域科技资源共享服务平台建设效果影响因素

### 2.1 资源整合

科技资源是保障区域科技资源共享服务平台正常运行的重要基础，而时代是不断变化的，科技资源的供给也应不断创新，保障平台的资源供给持续有效。资源整合工作的开展，可提取区域内优质的科技资源，并做好资源的配置工作，更好地保障科技资源利用效率。平台服务质量的提升，需要丰富优质的科技资源作为基础，只有科技资源规模有效拓宽，科技资源结构不断优化，用户的服务需求才可获得更高程度的满足。资源质量是平台持续供应优质服务的重要因素，和平台用户需求是否获得满足起到重要决定作用。

### 2.2 运行管理

区域科技资源共享服务平台不断扩大服务领域的过程中，也相应地提升对需求识别、服务匹配等方面的要求，平台应持续提升管理水平，才可结合受众的需求为其提供精准的服务。平台运行管理效率取决于管理制度、服务队伍等众多因素，任何一方面因素存在问题，都会给最终的管理成效产生影响。平台服务队伍的重要性不言而喻，队伍的素质越高其的服务质量也可达到更高。而科学完善的管理制度，可使得平台的运行更为规范，后续的建设优化与服务提供工作都需要制度作为保障。

### 2.3 服务成效

服务成效更为注重平台提供的服务为地区经济发展的支持效用，以及用户的需求是否已获得满足，其可通过多方面因素来反映出来。科技支撑效果是当中极为重要的因素，其是指平台在用户开展科学研究的过程中为其提供的支持程度，用户问题可否高效解决是判断支持程度的关键所在。用户满意度也是另一个重要因素，主要指对于平台提供的服务用户的实际满意程度，对用户满意度进行多加了解，可更好地优化平台的服务内容。经济效益指的是企业通过接受平台服务而获得的经济利益[3]。

## 3 区域科技资源共享服务平台建设策略

### 3.1 明确平台共享服务内容

在确定服务平台内容时，应当先明确区域的特色与优势资源，针对性地开展资源共享服务，为区域内所有相关部门提供有效的资源支撑。具体的共享服务内容应包含下述几大类：一是科技人才共享服务。平台必须充分利用区域内科研院校、高等院校等机构，打造一支高素质的科技人才队伍，确保区域内的各企业科技服务需求获得更高程度的满足。二是仪器设备共享服务。地域科研机构的仪器设备需要集中到平台中，加强这些仪器设备的管理，为有需要的企事业提供仪器设备支持。地方各单位有仪器设备使用需求，可进入平台中申请，平台会依据其的情况进行审核，只要审核通过后便可使用对应的仪器设备，如此在丰富的仪器设备支持之下研发工作推进会更加顺利。三是大数据共享服务。平台应集中区域的科技资源，并采取数字化手段来处理这些资源，还应注重地域外科技资源的挖掘。建立大数据共享平台，将各区域的科技资源集中处理，使得科技资源的应用价值可充分发挥出来，使用者的需求也可真正获得满足。

### 3.2 明确平台服务模式及流程

首先，平台服务工作推进过程中，服务模式的设计是非常重要的一环。各单位若是形成对科技资源的需求，只要进入到服务平台中便可获得所需的资源。同时，服务平台科技人员也可主动提供资源给相关单位，这些单位可进入平台进一步获取更为丰富的资源。其次，明确平台服务流程也是极为重要的[4]。需求方进入科技资源共享平台中查询所需资源，或借助科技服务利用科技资源。若所需的资源是现成的，可结合自身的需求直接提取科技资源来使用，若需求的资源没有现成的，应结合资源需求来针对性开发，并指导需求者利用科技资源，保障资源的作用可切实发挥出来。最后，善于借助新兴技术促进区域科技资源共享服务平台建设。一方面，发挥大数据技术优势，实现科技资源数据的有机整合，建立统一的数据标准，打破信息孤岛，实现数据共享。与此同时，应引入数据目录体系，构建基础、主题及专题数据库，提高数据资源的共享效率，在此基础之上利用大数据分析工具，对科技资源使用情况进行深度分析，识别资源需求热点和瓶颈，为优化资源配置提供数据支持。另一方面，借助人工智能技术对区域科技资源进行智能化分类，通过构建知识图谱的方式，实现资源之间的关联互通，除此之外要通过 AI 自然语言处理技术，构建强大的搜索引擎，使用户能够用自然语言查询资源，提高查询的便捷性和准确性。

### 3.3 构建科学的平台组织架构

服务平台需要包含多个具有关联性、分工明确、独立存在的部门。区域科技资源共享服务平台下设平台工作部、管理委员会等，主要负责发展规划、日常管理工作等。平台工作部下设数据共享科、技术咨询科、平台办公室等，数据共享科主要负责更新数据内容，平台办公室主要负责各科室与用户的管理，技术咨询科主要负责对外咨询与决策服务。总之，平台必须有明确的部门分工，且各部门都有明确的职责，还应注重部门间的关联性，如此才可保障平台的服务价值充分发挥出来。

### 3.4 制定完善的规章制度

若要使得区域科技资源共享服务平台可长久稳定运行，必然离不开规章制度作为保障。运行管理制度必须以资源共享作为主要目标，依据分级管理的原则，开展系统性的规划工作。需要充分发挥不同部门的作用，明确各部门的权利与义务，引导全体人员自觉落实自身的职责，自觉遵从管理制度的要求。制度的建设并不是一蹴而就的，需要结合后续的运行状况不断修订制度内容，确保制度文本在平台任何运行阶段都可发挥应有的效用，工作人员也可在潜移默化中形成好习惯，营造良好的服务氛围。力保各参与者都可获取真正所需的服务，并在平台中自主交流，更好地达成互利共赢的目标。平台运行管理制度的建设需要从下述几个方面着手：①平台管理委员会制度。管委会负责的工作主要是共享服务平台重大问题的研究、协商，因而需要围绕着此的工作特性来构建切实可行的制度。②专家委员会制度。平台中的科技事务都是由平台专家组负责的，其主要肩负科技事务评定、决策等工作，因而制度的建设也需要围绕此特性来落实。③实验室安全管理制度。利用制度对人员行为形成有效约束，保障人员依据制度要求来开展各项工作，降低安全事故的发生的概率，实验工作的开展效率也会达到更高。四是仪器设备管理制度。需要对所有的仪器设备进行集中管理，并及时更新有问题的仪器设备，确保对外服务质量达到更高，需求者的满意度也会随之提升。五是平台日常管理制度。为使得平台人员工作的推进更加秩序化，需要制定管理制度，规范所有人员的行为。

### 3.5 构建完善的平台运行机制

平台的持续发展以及集中的高度共享都需要完善的运行机制作为辅助，而机制的建设重在改变各类平台独立运行的局面，而可将相关平台共同融入区域大平台中，使得科技资源可获得高效配置，让共享平台建设工作的推进更为顺利。因而，需针对平台运行的不足之处，利用各运行机制促进科技资源共享服务平台的正常运行。对于平台运行机制的建设，应从下述几方面入手：①构建组织保障机制。应围绕着平台的运行要求、监管要求等开展机制建设工作，保障机制的作用可有效发挥。②构建资源整合机制。地方政府组织是科技资源共享的基础保障，而各主体的联系也是必不可少的，只有如此才可提升综合优势。可利用科技资源整合、产学研合作、信息网络建设等的整合，实现不同组织的联动，打造开放、共享的全新格局。③构建激励机制。区域科技资源共享平台若要实现持续发展，各组织机构的合作动力是极为重要的基础，因而激励机制的建设也是当中非常关键的内容。总的来说，组织保障机制是平台运行的必备基础，资源整合机制是平台高效运行的重要保障，激励机制是平台运行的有效辅助，任何运行机制都有对应的作用，缺少任何一方都不可[5]。

### 3.6　不断提升平台的发展能力

区域科技资源共享平台必须具备发展能力，才可更好地适应社会经济的发展，持续发挥自身的价值。在平台发展能力提升过程中，必须要做好下述几项工作：①资源收集与整合能力的提升。平台应不断优化资源收集与整合机制，并积极开展资源推广活动，为数据资源的价值发挥提供有力保障。需要有专职的人员负责数据资源的分类、分级，尤其是安排专职人员负责特色化的区域资源收集与整理工作。②支撑保障能力的提升。区域特色资源共享服务平台，离不开相关职能部门的支持，若是各部门并未积极配合，平台的运行便难以稳定开展。服务平台也应鼓励地方的科技单位与人员积极协作，共同开展跨学科研究活动，促进科技资源共享任务顺利完成[6]。服务平台的财务管理、后勤保障工作也是极为重要的，需要针对这些工作内容建立相应的制度体系，用以提升科研经费利用效率，也可有效避免各种不良因素给科技资源利用产生影响。平台还需建立激励制度，鼓励科研人员积极为企业服务，使得企业的科技方面需求获得有效满足。科研人员在科研资金使用过程中必须要遵从相关要求，避免科研资金浪费的现象出现。是提升平台的特色。平台数据应提升针对性，为地方产业提供有效支撑。服务平台需要为地方单位提供综合性科技服务，使得供需双方可以紧密对接。平台提供的服务不局限于仪器设备共享，还应包含仪器测试相关服务。提供科研成果数据外，还应提供产品研发、技术升级等科技服务。共享平台信息包含仪器设备、地方特色资源、科研团队等信息，平台需要做到这些信息的及时更新，而用户也可将自身的需求信息发布在平台中。平台工作者获得单位请求后，会为其匹配所需的科研人员、仪器设备、科技服务等。在此情况之下，平台可获得需求者的高度认可，从而获得持续发展的能力。

## 4 结语

综上所述，近些年科技资源共享服务平台数量持续增加，发展速度越来越快，但依然存在着管理制度不完善、服务内容针对性不足、科技资源更新速度缓慢、平台过度集中等问题，导致平台缺乏长持续发展的能力。因此，各地区都应充分认知科技资源共享服务平台建设的重要性，并明确在此方面存在的不足，结合区域的特色与优质资源探索平台建设的路径，明确平台的服务内容、建设科学的组织架构、制定完善的规章制度，优化平台运行机制，并注重提升平台的持续发展能力，在此基础之上才可保障需求者获得真正所需的科技服务，区域科技资源的利用率也可大幅提升。

## 参考文献

[1] 姜鸣，陈新蕊，张汝斌，等.基于科技资源共享视角的区域科技创新潜力评价研究——以长江经济带科技创新潜力评价为例[J].华东科技，2023,(9):53-59.

[2] 廖玉姣.区域科技资源共享服务平台建设研究[J].内蒙古科技与经济，2023,(8):21-23+37.

[3] 赵隆华，侯瑞.大数据下区域科技资源共享型智能服务平台模式研究[J].科学管理研究，2021，39(2):86-91.

[4] 曹建平.大数据时代金华市区域科技资源共享的路径与实践[J].中国集体经济，2021,(1):159-160.

[5] 葛秋萍，李文香.大数据背景下区域科技资源共享型智能服务平台模式研究[J].中国科技论坛，2020,(6):103-111.

[6] 曹建平.大数据时代金华市区域科技资源共享的路径与实践[J].现代营销(经营版)，2020,(6):60-61.

# 仿制药数据服务与协同创新平台建设

李 牧[1] 张战利[1] 何 桔[1] 刘 康[1] 刘 涵[2]
（1. 宜昌市科学技术情报研究所，宜昌，443000；
2. 昆明理工大学信息工程与自动化学院，昆明，650500）

**摘要：**为了提供更加全面更加规范的线上仿制药数据相关的服务，本文整合区域仿制药创新资源，创建基于 MySQL 数据库的仿制药数据库，并且设计较为友好的人机交互界面，为用户提供预约查询等服务，构建仿制药数据服务与协同创新平台。该平台通过测试完善各项功能，能够提供仿制药数据查询服务、仪器设备预约、检测服务预约和技术服务预约等，并且更新实时行业动态，提供良好的仿制药创新服务环境。相比线下服务，该平台利用计算机简化项目流程，做到线上实时同步，提高服务质量和效率，提供更全面更高效的服务。

**关键词：**仿制药；数据库；信息化；创新平台

## 引言

进入 21 世纪，科学技术迅猛发展带来的知识革命，在世界范围内对经济和社会发展产生深刻的影响。社会经济的发展正在经历着重大的转型，科技创新的指导作用日益显著，知识资源的占有、配置、创造和利用方式的优劣，日益成为决定国家科技竞争力强弱的关键因素。改革开放以来，我国经济发展取得巨大成就，综合国力明显增强，为加强国家科技基础条件建设提供了坚实的物质基础。

仿制药是指与商品名药在剂量、安全性和效力、质量、作用以及适应证上相同的一种仿制品[1]。仿制药由于具有疗效良好、价格便宜和产能充足三大优势，在全球范围获得广泛使用[1, 2]。作为全球第二大医药消费市场，中国也是仿制药生产使用大国，5000 多家药

**作者简介：**李牧（1985— ），女，助理研究员，研究方向为信息分析与情报服务；张战利（1978— ），男，所长，高级工程师，研究方向为区域科技资源共享与科技协同创新；何桔（1979— ），女，助理研究员，研究方向为信息分析与情报服务；刘康（1993— ），男，研究方向为科技大数据与科技资源管理。刘涵（1996— ），女，硕士研究生，研究方向为计算机软件与理论。

**项目基金：**2019 年宜昌市科技专项项目（宜科发〔2019〕5 号）。

厂，99% 都是仿制药企业；9 万个药品批文，95% 以上都是仿制药[3]。在大数据时代，仿制药种类繁多，而且市场需求大，对用户而言，面对海量的互联网数据，如何快捷、准确地找到需要的仿制药相关信息，就显得尤为重要。

但是，在科技竞争日益激烈的今天，我国科技基础条件还不能满足科技发展的需要，仍然存在着亟须解决的问题。利用互联网大数据创新思路[4]，打通互联网、企业服务通道，实现立体化的智慧服务，充分展示科技创新成果，反馈服务科技行业，旨在提供一个高效便捷的仿制药检索服务平台，影响深远且意义重大。

本文构建基于仿制药数据库的仿制药数据服务与协同创新平台，实时更新行业动态，提供仿制药数据查询服务、仪器设备预约、检测服务预约和技术服务预约等功能，创造良好的仿制药创新服务环境。该平台做到线上实时同步，相比线下烦琐的预约手续，该平台线上服务流程清晰明确，能够提供更全面更高效的服务。

## 1　平台建设思路

### 1.1　建设目标

依据仿制药管理和信息化建设的有关规定，以加强仿制药数据管理、促进国内仿制药行业发展以及推进仿制药资源的合理开发利用为基本着力点，整合国内外仿制药产品信息动态，以及科技创新资源等数据，构建仿制药创新服务平台，为仿制药产品开发提供技术支撑和保障，进一步提升仿制药管理的现代化信息水平和综合能力。

依照建设思路和现代化信息服务行业的特征，建设目标核心是实现信息中介，推导出基本核心技术和整合技术，包括支持信息交互的企业信息服务平台和公共信息服务平台。本项目采用政府引导，信息市场化运作的模式，以企业需求为目的，优质服务为宗旨，建设和完善我所配套技术支持平台和公共服务体系，探索协调发展机制和科学运营模式。将已收集到的国内外数据，进行整理，建设安全的仿制药数据库，在仿制药创新服务平台上展示并通过数据分析国内外科技、经济信息，提供方便快捷的技术和仪器检测服务等，加快科技成果转化、推动企业创新发展。

### 1.2　建设内容

平台建设内容包括建设仿制药数据库和服务平台开发两部分。

第一部分是数据库建设。通过多维度数据采集、数据检查分析等方式，整合国内外仿制药产品信息、宜昌市仿制药仪器设备信息，以及人福药业提供的仪器检测公用服务项目等数据，经数据转换、数据清洗、历史数据优化和数据融合等处理[5]，根据统一建库标准入库；第二部分是平台开发。构建仿制药数据服务与协同创新平台，建设行业动态管理、仿制药数据服务管理、仪器设备预约管理、技术服务预约管理和后台管理等模块，进一步提升宜昌市仿制药综合数据管理应用和信息共享水平，提供更方便更快捷的服务，创造良好的仿制药创新服务环境。

# 2 平台设计

## 2.1 总体架构

根据宜昌市仿制药服务的实际业务需求，采用 B/S 架构模式，依托现代信息技术手段，以数据库中的仿制药数据、技术服务信息以及仪器设备信息等为基础，建立仿制药数据服务与协同创新平台，提供更全面更高效的服务。平台总体架构如图 1 所示。

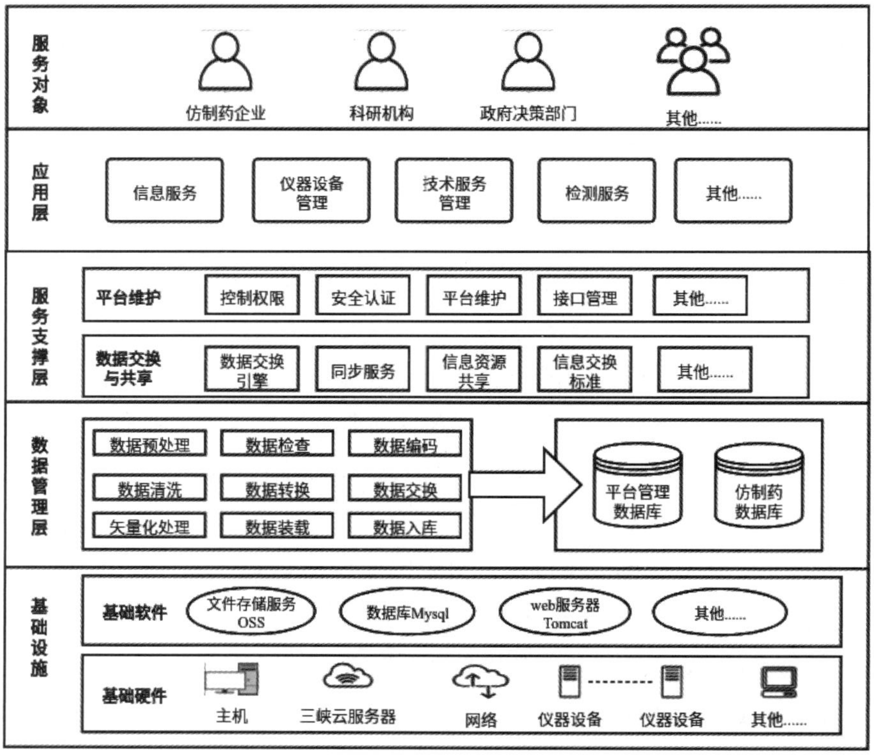


图 1　平台总体架构图

平台分为基础设施层、数据管理层、服务支撑层和应用层[10]。

第一层是基础设施层。基础设施层主要分为基础软件和基础硬件。基础软件包括文件存储 OSS、MySQL 数据库、web 服务器 Tomcat 等；基础硬件包括主机、三峡云服务器、网络、仿制药仪器设备等。为平台运行提供基础的软、硬件环境，为其他各层提供基础类库服务。

第二层是数据管理层。主要分为数据处理和数据库建设。数据管理的目的是保障高质量的数据结果、协调不同数据应用之间的可共享性、统一性、规范性和有效性。通过平台采集得到的海量数据，进行归集、清洗、优化和融合等标准化处理，建设平台数据库，实现对入库数据的分类管理和有效管控，为应用层的相关信息展示和服务提供数据基础。

第三层是服务支撑层。主要分为平台维护和数据交换共享，对平台各类应用进行运维管理和安全保障。

第四层是应用层。基于数据管理层和服务支撑层构建的仿制药数据服务平台，面向各类用户信息服务、仪器设备预约、技术服务预约等应用，实现仿制药资源的信息查询和综合分析，为仿制药开发工作提供决策支撑。

## 2.2　平台页面框架

以宜昌市仿制药技术创新公共服务平台的资源为基础，按照仿制药科研开发流程组织科技创新资源，支撑宜昌区域科技协同创新。平台按照服务内容，设置五大板块，其板块名称及板块内容如表 1 所示。

**表 1　板块名称以及内容展示**

| 板块名称 | 板块内容 |
| --- | --- |
| 行业动态 | 发布仿制药情报信息及举办研讨活动等动态 |
| 仪器设备预约 | 展示仪器设备基本信息，并提供线上预约功能 |
| 检测服务 | 展示各种检测服务，并提供介绍及具体联系人 |
| 技术服务类 | 展示各种技术服务，并提供线上预约功能 |
| 仿制药数据 | 提供仿制药开发的全面信息检索服务 |

其中仪器设备预约，主要是显示人福药业提供的仪器检测公用服务项目，可点击目标仪器设备，并填写相关信息进行预约。提交后随即转跳至用户个人信息页面，展示已经提交预约的服务以及设备的审核进度等相关信息。暂待审核的预约项目，仍然可以进行删除和修改；而技术服务类则是技术服务分为仿制药开发、仿制药一致性评价、药物分析、临床及注册和医药情报及专利等，可点击类别下目标技术服务进入表单页面，填写相关预约信息进行预约，并可在该表单页面同时预约该技术服务的关联设备。仿制药数据模块中，点击仿制药数据链接，跳转至仿制药检索平台，输入关键字进行搜索，即展示包含该关键字的所有仿制药产品列表。用户点击目标仿制药产品，即可展示该仿制药产品相关信息，可下载打印这些信息。用户仿制药数据服务依托于仿制药数据库，整合商业数据库，提供产品药物报告和企业信息查询服务。药物报告主要呈现内容包括：产品概述、发展现状、文献综述、开发阶段、大事件、化学结构、产品名称、销售和预测、临床试验、交易、专利、SWOT 分析和变更记录。该部分内容由情报所联合中国联通宜昌分公司共同开发。

## 2.3　数据库建库

仿制药数据以及服务数据是仿制药数据服务与协同创新平台的核心组成部分。由于涉及多个服务数据，在互联网信息技术的支撑下，数据库对数据进行分层和分类管理。数据库的体系结构如图 2 所示。

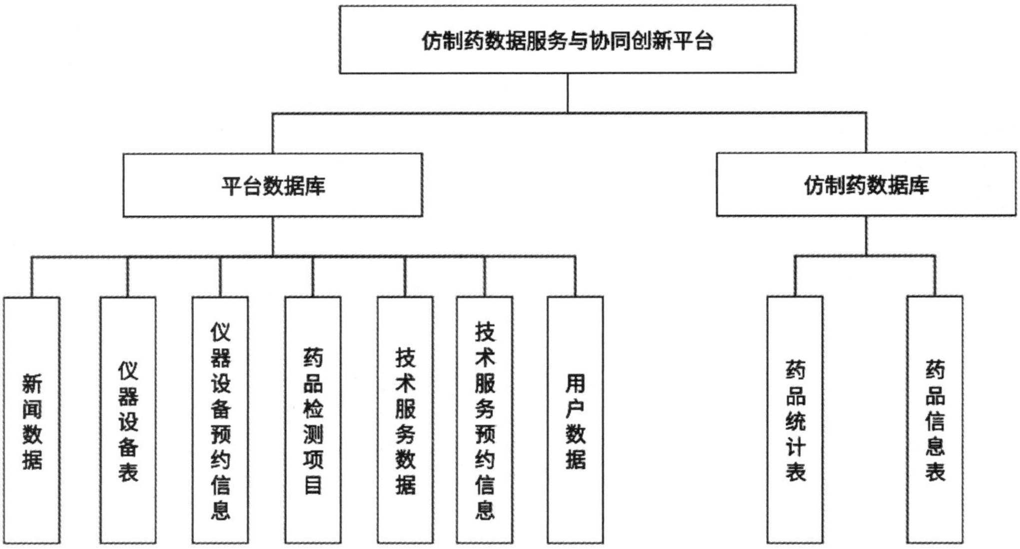


图 2　数据库体系结构

分类建库建表有助于数据的更新、维护以及检索。根据数据功能以及数据结构特性，将平台数据库分为平台数据库、仿制药数据库，两个数据库之间既相互独立又相互关联。

平台数据库分为新闻数据表、仪器设备表、仪器设备预约信息表、药品检测项目、技术服务数据表、技术服务预约信息表和用户表。主要为平台行业动态、仪器设备预约、检测服务和技术服务类板块提供数据基础。仿制药数据库主要有药品统计表、药品信息表以及其他非业务框架表。主要为平台仿制药数据库提供数据基础。

这些数据都存放于内网安全区，而数据访问进行权限合理，并采用最小化权限原则，配置独立账号进行数据库访问，并绑定 IP，严格控制访问路径，采用主从数据库保障数据安全，同时进行周期性备份。

## 3　平台运行

仿制药数据服务与协同创新平台基于 B/S 架构开发，编程语言采用 GoLang、JavaScript、HTML 等。本平台软件开发环境：在 Windows10 64 位开发机器使用 VS code 和 IDEA ；软件运行支撑环境：文件存储服务 OSS、数据库 MySQL、web 服务器 Tomcat 和 chrome 浏览器。

### 3.1　用户登录

普通用户通过平台等链接入口进入平台的主页，打开网址后，注册后可预约仪器设备、检测服务和技术服务，并且可以检索仿制药产品药物报告和企业信息查询服务。用户通过主页仿制药数据进入搜索结果页面，若有搜索结果，则会展示搜索出的相关药品的信息列表，进入药品详情后可下载或者打印该详细信息；否则，则会提示留下联系信息，等待专员联系解决。

### 3.2 管理员用户登录

管理员用户打开系统的用户登录窗口，登录后主页有五个模块，分别为：行业动态、检测服务、预约管理、用户管理以及仿制药数据库的后台管理链接。管理员可在模块里进行快捷添加信息，也可以查看对应模块的信息列表，进行批量操作等。在仿制药数据库后台，管理员可查询查看之前录入的药品，可进行最基本的增删改操作，也可以批量导出、导入或者模版下载。

## 4 结语

在管理仿制药数据以及服务数据的基础上，建设仿制药数据服务平台是仿制药服务信息化工作的重点任务。本文运用标准数据库建设和前端开发技术，以仿制药数据以及各种技术服务数据等信息为基础，实现对仿制药资源的信息化和标准化管理，为仿制药开发利用提供有效的决策支持。

## 参考文献

[1] 宋远征，徐秀卉，裘毓敏，等．蒙脱石中元素杂质镁的分析方法研究 [J]. 中国现代应用药学，2021（3）.

[2] 陈新，吴倩，温宝书．化学仿制药质量和疗效一致性评价工作进展及展望 [J]. 中国新药杂志，2020（19）.

[3] 刘冬，哈莉莉，李芳，等．化学仿制药参比制剂遴选申请平台申请情况分析及参比制剂选择的几点考虑 [J]. 中国临床药理学杂志，2019（23）.

[4] 林建宁．国内外医药产业发展状况对比分析 [J]. 中国药房，2011（24）.

[5] 郎为民，裴云祥，余亮琴，等．基于网络云的大数据平台研究 [J]. 电信快报，2021(2).

[6] 杨小梅，朱光兴．基于 ArcGIS 的基础测绘成果 DLG 数据入库 [J]. 林业调查规划，2016（6）：14-18.

[7] 戴波，刘洪桂．江苏省地震监测信息化架构研究 [J]. 中国地震，2019（2）：36-40.

[8] 夏文忠，邹雯奇．大数据平台安全体系研究 [J]. 信息化研究，2016（5）：5.

[9] 李华，邹军国，魏光杏．信息化工业化融合背景下大数据平台建设内容探讨 [J]. 信息与电脑，2020, 32（19）：2.

[10] 韦樑．政务大数据平台等保 2.0 测评与实践 [J]. 上海信息化，2021（6）：5.

# 科技资源模型构建研究

彭　洋　丁　梅　柳　丹

（湖北省科技信息研究院，武汉，430071）

**摘要：**自然语言处理技术与人工智能技术在科技前沿分析、科研热点识别、知识图谱构建等方面已有广泛的应用，大语言模型的生成式能力将进一步加深其在垂直领域的应用。当前的大语言模型在通用任务中的出色表现证明了其通识能力的平衡发展，但是针对专业领域的语言模型的理论和应用较少较浅，因此需要构建科技领域大语言模型。科技资源模型可在已有的通用大语言模型的基础上，用科技信息领域特有的数据训练而成。本文总结科技资源领域大语言模型的发展状况，参考典型的行业应用案例，从模型选择、语料组织、训练方法、模型评价四个方面对模型的构建提出了具备可行性的建议。科技领域大语言模型将具备通用能力和与其他科技领域模型相当的领域能力，同时针对我国科技信息类特殊任务应比通用模型表现更佳。

**关键词：**自然语言处理；领域语言模型；科技信息

## 1　研究背景

1994 年机器学习出现，利用统计的方法实现了机器翻译、搜索引擎等功能并获得广泛的应用，NLP（Natural Language Processing，自然语言处理）随后出现，成为建立大语言模型的理论基础。2017 年谷歌的机器翻译团队提出了 Transformer（转换器）模型，解决了早期 NLP 逐单词处理的长句瓶颈，它可以同时处理多个句子，并联系上下文理解语义。2023 年初，ChatGPT（Chat Generative Pre-trained Transformer，对话生成式预训练语言转换模型）App 上架 2 个月用户到达 1 亿，是苹果应用商店中下载破亿时间最短的 App，它以版本迭

**作者简介：**彭洋（1983—　），男，助理研究员，研究方向为科技信息数据挖掘、人工智能；丁梅（1983—　），女，助理研究员，研究方向为科技信息管理、网络安全；柳丹（1980—　），女，副研究员，研究方向为科技信息管理、科技政策研究。

**基金项目：**2023 年湖北省软科学研究计划项目（2023EDA006），湖北省信息学会 2023 年度开放式科研课题。

代的方式从聊天机器人向 AGI（Artificial general intelligence，通用人工智能）发展。AGI 要求通识，如同一名高中生具备语文、数学、英语等多方面的基础知识。ChatGPT 在数学推理上的短板，让我们意识到构建领域语言模型对 AGI 发展的不可缺少的作用。

获得领域语言模型有两种方法：①从公布的大语言模型中选择一种部署和训练。②自行研发。一些公开的大语言模型经过了预训练，具备一定的基础知识，科技领域知识可以通过特有数据的二次训练让模型拥有领域的问题处理能力。自行研发一般从构建自己的模型开始，以 Transformer 为例包括编码器与解码器设计、确定转换的层次、模型的形状（自注意力层的数量与隐藏维度数量的关系）、训练所用的数据量及算力估算（主要是 GPU 与存储）、优化策略等；然后通过多轮训练和微调，利用损失函数监控模型的表现；最终得到高于基线模型的评分为止。从对技术的要求和开销角度，从公开服务的大语言模型中选择一种进行二次训练是较为可行的获得科技资源模型的方法。

# 2 模型

## 2.1 模型概览

目前的大语言模型从风格或者架构上可分为两大类，一是占 60% 的 GPT 风格；另一类是其他风格，例如 BERT（Bidirectional Encoder Representation from Transformers，来自变换器的双向编码器表征量）、T5、Multi-task。在 GPT-3 发布之前，较主流的大语言模型都是谷歌推出的，其中的 BERT 也成了其他大语言模型的基础，例如百度的 ERNIE 1.0 和 2.0。目前主流的 GPT 风格的模型主要由美国的 OpenAI、谷歌和微软，英国的 DeepMind 提供。目前 GPT-4 不支持我国大陆对其访问，之前的版本如 GPT-3 训练数据较旧，不建议采用。BERT 模型也很强大，其中开源的 BERT-Large 拥有 3.34 亿参数，具备二次开发和微调的潜力，代码和部署手册可以从 Github 获取。科技资源模型将来的使用环境是中文，支持中文且开源的大语言模型有清华大学的 GLM-130B，它拥有 1300 亿参数，模型结构是 GLM（General Language Model，通用语言模型）风格；如果想采用 GPT 风格可考虑复旦大学 160 亿参数的 MOSS（Multilingual Open-Source Semantic Search，多语言开源语义检索）。大语言模型从发展方向上分为通用大模型和垂直领域大模型。通用大模型具备各方面的知识，可以解答日常问题；垂直领域大模型是在通用大模型的基础上，优化模型在特定领域或任务上的表现。科技领域大语言模型属于垂直领域模型，它不但可以解答日常问题，更着重于科技信息专业问题的高质量解答。

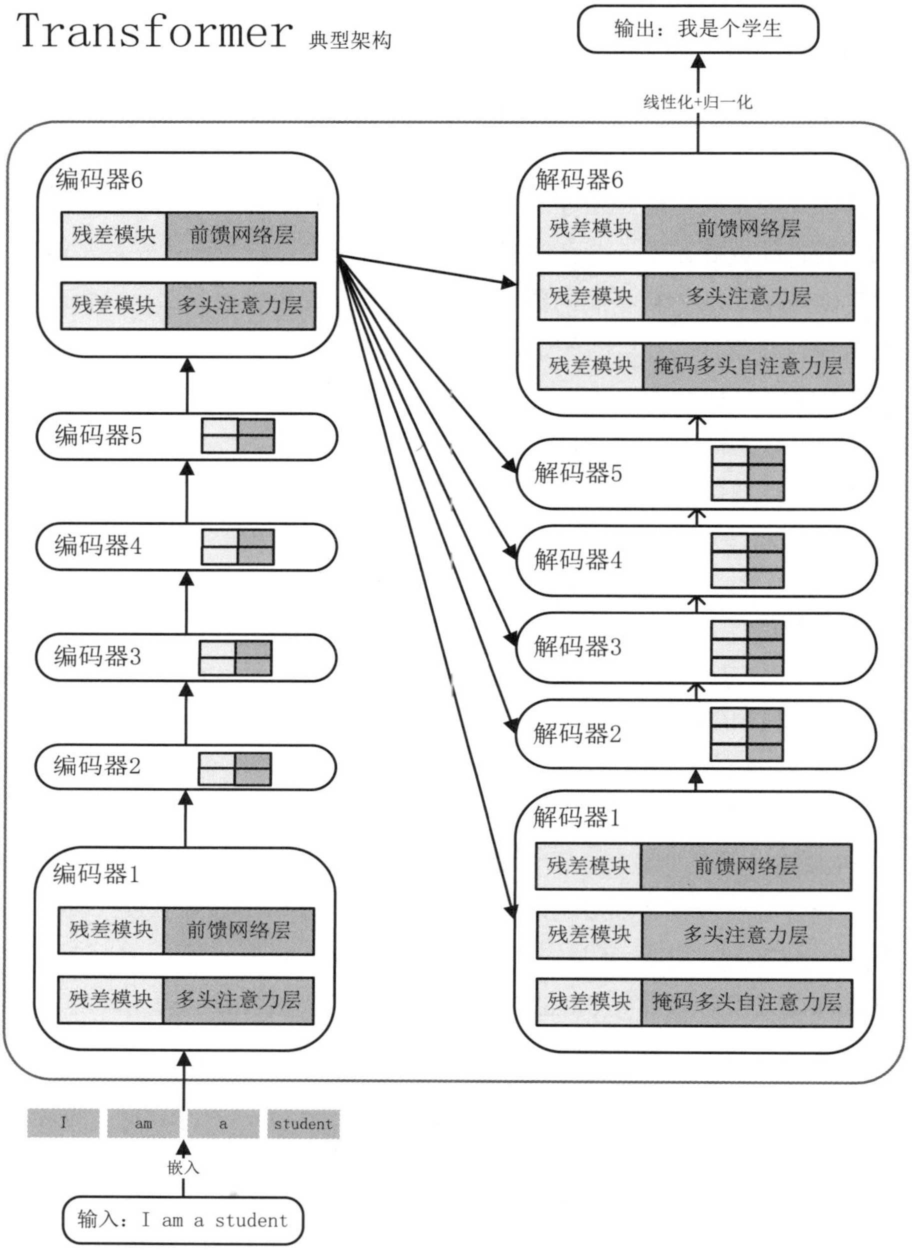


图 1　Transformer 典型架构

## 2.2　参考案例

在研究领域大语言模型的过程中，作为非人工智能领域的专业人员，我们可能需要部署一个小型的语言模型来理解大语言模型的原理，尝试二次训练和微调。Alpaca 是美国斯坦福大学研发的一个微调成本仅需 600 美元的开源语言模型，它是以美国 Meta 的 LLaMA

为预训练模型，用 OpenAI 的 text-davinci-003 生成 52K 个 instruction data 的全监督微调语言模型。Alpaca 拥有 650 亿参数，是比较大的通用语言模型。不过 600 美元仅是微调成本，没提及训练成本。根据谷歌前首席工程师 Waleed Kadous 的公式，从微调成本反推训练成本大于 60 万美元。

在领域语言模型方面，彭博有限合伙企业（Bloomberg L.P.）作为全球商业、金融信息和财经资讯的提供商，它发现大语言模型虽然已广泛应用且带来诸多便利，但是没有针对金融领域的大语言模型，于是自行研发了拥有 500 亿参数的 BloombergGPT。为了训练这个模型，彭博基于公司 20 余年的行业数据积累，组建了迄今最大的、包含 3630 亿语料的金融领域数据集 FinPile。BloombergGPT 是一个基于 BLOOM 模型的单解码因果关系语言模型，在规模设计中参考了规模较小的 Chinchilla 模型。在 17 个金融领域任务和 42 个通用任务的评价中，BloombergGPT 得分高于母模型 BLOOM 和 GPT-3。

# 3 语料

与通用的大语言模型不同，领域大语言模型的训练语料除了通用语料以外，还需要领域语料库。语料的数量和质量影响训练成本，建立高质量的领域语料库至关重要，少而精的语料决定了能否在尽量少的成本下训练出评分较高的模型。

## 3.1 语料的语言

大语言模型多数都是为了英语使用环境且使用英语开发的，我们将在英文的代码底层之上用中文语料训练科技领域大语言模型，需要中英之间的转换即机器翻译。当机器翻译无法通过联系上下文区分英文同义词，例如 Mouse and Bus 翻译成中文"老鼠与公共汽车"变得不可理解。多语言模型如谷歌的 mBERT、Meta 的 XLM-R 以及 BigScience 的 BLOOOM 可以解决这一问题，它能够将从有更多文本数据可供训练的语言（尤其是英语）中学到的单词联想和基本语法规则应用于那些有较少文本数据的语言，同时还可扩展收集领域语料的语言范围。如果单纯用中文语料训练模型，可能因为语料不足而导致模型评分达不到平均水平，因此多语言大模型的预训练可采用丰富的英语语料，二次训练使用中文的科技信息领域语料。

## 3.2 语料的来源

科技信息中一部分是从数据供应商购买的数据，例如文献和报告，是否可以用于大语言模型的训练？如何合理使用？需要与数据供应商进一步明确。因此为避免版权问题，来源有 2 个，公开的训练集和科技系统自有的数据。

公开的训练集有很多，如 THE PILE、C4、Wikipedia 等。选择的依据如下：数据经过清洗和预处理；已经成功参与过大语言模型的训练；包含多领域的基础知识数据并足以泛化到科技领域；数据较新。训练集各有特色，大而全的 THE PILE 参与过 GPT 历史版本的训练，C4（Colossal Clean Crawled Corpus，超大型干净爬取数据）拥有大量的专利数据，Wikipedia 数据更新较快，可以让模型获得较及时的知识。

科学领域的数据集：AminoProb（20 种常见氨基酸的名称、结构和性质）；BioLAMA（生物医学事实知识的三元组）；Chemical Reactions 化学反应；Galaxy Clusters（星系团及其星座分类）；Mineral Groups（矿物及其矿物群分类）等。

### 3.3 语料的处理

收集来的语料有结构化和非结构化的数据，需要进行清洗和整理；然后使用分词器转换成长度一致的令牌（Token），才能够用于大语言模型的训练。为了加速训练，语料要并行地被大语言模型吸收，那么动辄上亿的语料需要按模型能吸收的最大值被分词器（tokenizer）分割。因此分词器也需要训练和优化，目前较常见的英文分词器有 BERT 使用的 WordPiece，BloombergGPT 采用的 Unigram tokenizer，还有 SentencePiece 等。

## 4 训练

### 4.1 基础设施

预训练大语言模型需要巨大的并行计算能力，GPU（Graphics Processing Unit，图形处理器）更适合大语言模型的训练，相较于 CPU，GPU 可以以 4% 的成本和 1.2% 的电力完成大语言模型的训练。70% 以上拥有大语言模型的企业为解决分布式训练、算子优化、通信瓶颈、训练稳定性等问题选择租用有实力的第三方训练机构，例如 GPT-4 是在微软 Azure 人工智能超级计算机上训练的，我国的字节跳动在“火山引擎”上训练自己的大模型。另一面，很多云计算厂商向市场推出了大语言模型训练服务，如百度以“文心一言”作为 AI 开发的基座大模型，通过百度智能云对外提供服务，帮助企业构建自己的模型和应用，并支持私有化部署。有实力的企业也可自建基础设施，根据模型估算的算力和参数量购置相应的 GPU 和存储设备。由于英伟达的部分 GPU 产品对我国限制出售，建议考虑英伟达的 A800 显卡或者其他厂家。如果企业已有机房，除了新增设备，还应扩充存储的吞吐量及内网带宽；如果没有机房，应按照数据机房的建设标准设计和施工。自建基础设施的优点是保密性强，适合需要长期运行的模型。

### 4.2 训练方法

与大语言模型全参数调整的预训练不同，科技资源模型这类垂直领域语言模型规模较小，可采用微调或蒸馏的方法训练。大语言模型的三种微调技术：传统微调（fine-tuning）、提示学习（prompt-tuning）、轻量化微调（parameter-efficient fine-tuning）中，传统微调和提示学习比较适合多参数较多的大语言模型，而轻量化微调设法通过调整少部分参数，在下游任务中得到接近全部参数微调的性能，适合科技资源模型采用。也可以混合采用不同的微调方法，例如 ChatGPT 在传统微调训练之后，继续采用人类反馈的强化学习（RLHF）

机制微调和监督模型的学习，将微调作为版本迭代的驱动力。蒸馏用大语言模型产生的标签训练较小的模型，企图用较少的数据训练较小参数规模的模型，并得到与大模型相当的效果，但蒸馏需要的大量无标签数据很难获得。逐步蒸馏（Distilling Step-by-Step）机制解决了无标签数据的来源问题，即把大语言模型产生的有噪声的标签转换成推理的代理，在缩减模型规模和训练参数量的前提下，表现依然优于大语言模型。

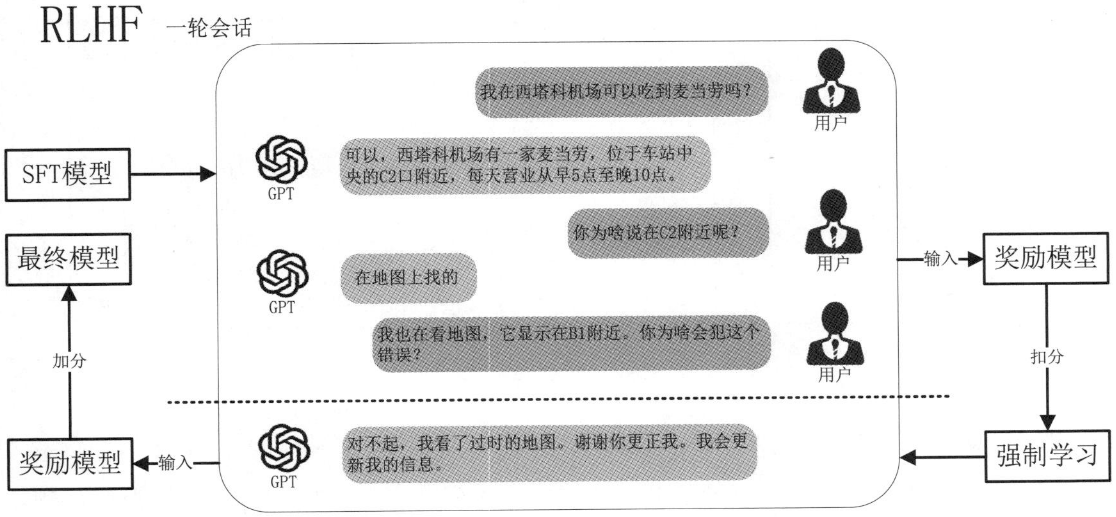


图 2　OpenAI 从人类反馈中强化学习（RLHF）微调策略

## 5　模型评价

自然语言处理任务的 2 个核心任务是自然语言理解和自然语言生成，因此对自然语言处理模型的能力评价也从这两个方面出发。通用的自然语言处理评价模型有 Big-bench Hard、知识评估（Knowledge Assessment）、阅读理解（Reading Comprehension）和语言任务（Linguistic Tasks）等。一些企业有针对性地自研任务及评价体系，如微软利用 6 大类、13 小类的任务全面展示 GPT-4 拥有的通用人工智能（AGI）迹象，对比基线 GPT-3 证明了 GPT-4 的进步。对目标不同的大语言模型应当使用合适的评价机制，换句话说，采用合适的评价方式可以使模型得到更高的评分。

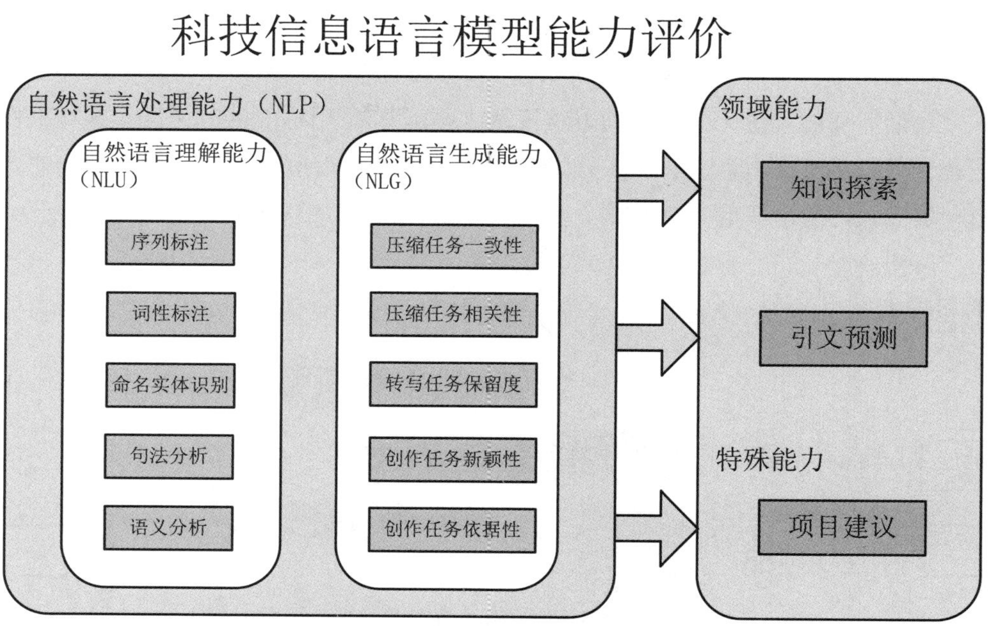


图 3　科技资源模型评价

### 5.1　通用能力

科技资源模型训练和使用的环境均为中文，应采用针对汉语的自然语言处理评价模型。通用模型方面，主要的汉语自然语言处理评价任务包括自然语言推理任务 XNLI、语义相似度任务 LCQMC、中文命名实体识别任务 MSRA-NER、基于词向量的句子级情感分类任务 ChnSentiCorp、检索式问答匹配任务 Nlpcc-dbqa 等。

国内一些机构研制了专门测试中文大语言模型能力的方法。第一类是参考国际（主要针对英语）自然语言处理评价制作相应的中文数据集。例如 SuperCLUE 使用 Elo 评级系统（让不同的大模型对战）来计算模型的相对性能得分，并定期更新排行榜。第二类是设计试题，让不同的大模型参加考试。InfoQ 研究中心选取语言模型准确性（权重 70%）、数据基础（10%）、模型和算法能力（15%）、安全和隐私（5%）四个大维度十类题目共计 300 道。

### 5.2　领域能力

彭博的金融领域大语言模型 BloombergGPT 采用了四个通用的自然语言处理评价模型和针对金融领域任务的 FPB、FiQA SA、Headline、NER、ConvFinQA 五个数据集。除此之外，彭博内部的金融专家团队着重考察了模型对金融领域的股权新闻、股权社交媒体、股权记录等信息的“情绪分析”能力。参考以上，科技资源模型在领域能力方面可着重评价以下方面：

知识探索：模型应能够通过预训练吸收科技信息包含的化学、生物医药、矿产等知识并运用于解决问题，例如根据化学公式推导试验的结果，根据数学公式推导出公式的其他形式，以及数学计算。参考评价模型：全面的中文基础模型评估套件 C-Eval 包含 13948 个多项选择题，涵盖 52 个不同的学科和四个难度级别。

引文预测：在语义理解基础上，模型根据输入的文字（例如项目申报书中的一段内容）及上下文预测或推荐引用的文献、公式。引文预测是模型组织科技信息相关知识的重要手段，因此引文预测的准确性代表了模型的知识组织能力。同时，引文预测对项目资金和基金分配、科技人才认定、科技奖励受理有重要的参考作用。作为引文预测的附加成果，模型可以完成文献的引用分析，比如来源及分布情况。此评价的难点在于获取引文数据库。

### 5.3 特殊任务

项目建议：模型在挖掘累积的科技项目覆盖盲区的前提下，给出项目选题建议、立项评价等，列举理由和依据，以辅助科技管理决策。在项目选题征集的过程中，模型可以对征集的反馈信息进行归纳和总结。在项目评审中，模型能够对项目的研究重点、难点、创新点进行分析、拓展知识点和评论，以辅助专家评审。在项目验收和成果申报中，模型可以协同引文预测能力核实查证相关证明材料。评价方式可参考文本生成系统的自动评测指标（Automatic Metrics for NLG System），例如谷歌提出的可量化的 BLEURT（(Bilingual Evaluation Understudy with Representations from Transformers，对转换器表达能力的双语评价）指标；或采用评估任务，如利用大规模中文短文本摘要数据集 LCSTS 测试其文本摘要任务，中文多领域知识驱动对话数据集 kdConv 测试其对话生成任务。

## 6 结语

通用大语言模型在专业领域任务中表现不佳，说明构建领域语言模型是非常有必要的。本文构建的科技领域大语言模型存在目前无法突破的局限性：①对生成能力的强烈需求和 AI 幻觉的矛盾。目前实际使用的解决办法要么加入人类反馈如 OpenAI 的 RLHF；要么对训练数据“祛毒”，两者对人力和物力消耗较大，不适合小型的语言模型采用。近期 OpenAI 提出在 RLHF 之外采取了新的奖励机制，即奖励每个正确的推理步骤，而不仅是简单地奖励正确的最终结论，即监督推理过程而不仅是推理结果，促使大语言模型在类人的“思维链”中每一步都是正确的，直到得到正确的结果。Nan Tang 等从数据管理的角度提出一个框架，对生成式 AI 的输出结果进行核准。结合以上，科技资源模型可以充分利用用户反馈，并结合知识图谱以避免幻觉。②对新知识的需求与训练语料滞后的矛盾。语料的制作和训练过程决定投入使用的语言模型输出的知识是“过时”的，目前解决办法是与更新较快的语料库或数据库相结合，例如 GPT-4 与 Bing 搜索相结合的 New Bing 可以告知用户互联网上的最新信息。类似于 GPT-4 的通用大语言模型都会使用工具或调用其他模型解决信息更新问题，如果科技信息语言模型采用通用大语言模型作为底层，则不必自行解决此问题。

## 参考文献


[1] Ashish Vaswani.Attention Is All You Need [C]. 美国长滩: NIPS-2017, 2017.

[2] Ananya Kumar.Fine-Tuning can Distort Pretrained Features and Underperform Out-of-Distribution [EB/OL]. [2023-07-07].https://crfm.stanford.edu/research.html.

[3] Open AI.Introducing ChatGPT [EB/OL]. [2023-05-31].https://openai.com/blog/chatgpt.

[4] Li Du 等.e-CARE: a New Dataset for Exploring Explainable Causal Reasoning [C]. 美国科罗拉多州: ACL-2022 会议, 2022.

[5] Guanhua Chen.Towards Making the Most of Cross-Lingual Transfer for Zero-ShotNeural Machine Translation [C]. 美国科罗拉多州: ACL-2022 会议, 2022.

[6] Yejin Bang.AiSocrates: Towards Answering Ethical Quandary Questions [EB/OL]. [2023-07-09].https://facctconference.org/2022/keynotes.html.

[7] Thomas Wang.What Language Model Architecture and Pretraining Objective Work Best for Zero-Shot Generalization? [C]. 美国马里兰州巴尔的摩市: ICML 2022 会议, 2022.

[8] Adobe. 认识 Adobe Firefly [EB/OL]. [2023-07-07].https://www.adobe.com/tw/sensei/generative-ai/firefly.html.

[9] runway.AI Magic Tools Gen-2 [EB/OL]. [2023-07-07].https://runwayml.com/ai-magic-tools/gen-2/.

[10] Yunxiang Li.ChatDoctor: A Medical Chat Model Fine-Tuned on a Large Language Model Meta-AI (LLaMA) Using Medical Domain Knowledge [EB/OL]. [2023-07-07].https://www.cureus.com/articles/152858-chatdoctor-a-medical-chat-model-fine-tuned-on-a-large-language-model-meta-ai-llama-using-medical-domain-knowledge#!/.

[11] 成都医云科技有限公司. 医联推出国内首款 AI 医生 medGPT [EB/OL]. [2023-07-09].https://medlinker.com/news/198.

[12] 深圳市大数据研究院. 深圳市医学人工智能学术交流会举行 [EB/OL]. [2023-07-09].http://www.sribd.cn/article/914.

[13] Bloomberg. 彭博推出 BloombergGPT——专为金融行业从头打造的 500 亿参数大语言模型 [EB/OL]. [2023-07-09].https://www.bloombergchina.com/press/bloomberggpt-50-billion-parameter-llm-tuned-finance/.

[14] 同花顺.i 问财 - 关于我们 [EB/OL]. [2023-07-09].https://eq.10jqka.com.cn/activepage/wencaiAbout.html.

[ 15 ] HUNDSUN. 恒生电子宣布接入百度文心一言能力 [ EB/OL ] . [ 2023-07-09 ] .https://www.hundsun.com/newsview?id=2127&flg=false.

[ 16 ]Duolingo.Duolingo Launches New AI Language Features Built On OpenAI's GPT-4[ EB/OL ] . [ 2023-07-07 ] .https://investors.duolingo.com/news-releases/news-release-details/duolingo-max-shows-future-ai-education.

[ 17 ] Github. "桃李": 国际中文教育大模型 [ EB/OL ] . [ 2023-07-09 ] . https://github.com/blcuicall/taoli.

[ 18 ] 威渡科技 .MathGPT [ EB/OL ] . [ 2023-07-07 ] .https://www.mathgpt.com/.

[ 19 ] Jason Wei.Emergent Abilities of Large Language Models [ J ] .Translation on Machine Learning Research,2022.

[ 20 ] Github. 中文 LLaMA&Alpaca 大语言模型 + 本地 CPU/GPU 训练部署 [ EB/OL ] . [ 2023-07-09 ] . https://github.com/ymcui/chinese-llama-alpaca

# 仪器设备平台的智能化安全管理构架

汤明亮

（武汉大学生命科学学院，武汉，430072）

**摘要：**伴随着国家重大科研基础设施和大型仪器设备的开放共享政策的稳步推进，仪器设备平台各类设备快速扩增，为了适应平台日渐苛刻的安全管理需求，引入更安全高效的管理构架势在必行。仪器设备平台的智能化安全管理构架由数据中心服务器和物联中心服务器构成控制中枢，通过云计算、AI 等智能化相关技术的应用，实现了物联终端和上层应用需求之间的智能化连接，构建主动监测、主动研判、主动干预的一体化智能安全防护体系，实现对平台全方位全流程的动态安全管理。

**关键词：**仪器设备；平台；智能化；安全管理；构架

为推动国家重大科研基础设施和大型仪器设备的开放共享，提高使用效率，提高服务能力，国家早在多年前就陆续发布《国务院关于国家重大科研基础设施和大型科研仪器向社会开放的意见》（国发〔2014〕70 号），国科办函基〔2016〕333 号文件、科技部办公厅关于 2016 年全面落实《国务院关于国家重大科研基础设施和大型科研仪器设备向社会开放的意见》等相关工作安排的通知[1]。目前，全国几乎所有的中国科学院各院所、211 和 985 高等院校，均自建有仪器设备共享管理系统[2]，通过仪器设备平台来对各类共享设备进行平台化和集中化管理是当前对共享设备管理的共识和仪器管理工作的发展方向。

然而，由于仪器设备平台的大量建设和平台各类设备的快速扩增，也带来了大量的安全问题[3]，例如南方科技大学化学实验室安全事故、中国科学技术大学合肥微尺度理化大楼漏水事件等。这些安全事故的发生一方面有各种偶然性的原因，但在回头排查整个事故发生过程的时候，总会发现平台的安全管理构架的缺陷往往是事故发生的不可忽视的原因[4]。平台的安全管理构架的缺陷一方面是由于平台本身构建时设计不合理，而另外一方面是因为平台所管理的内容发生了很大的扩充或改变，因此，为了适应当前仪器设备平台的高速发展，必须基于智能化的仪器设备平台的安全管理构架，建设以安全管理为核心

**作者简介：**汤明亮（1980—　），男，博士，实验师，研究方向为光学成像。

**基金项目：**国家重点研发计划子项目“基于增强免疫原性的减毒疫苗设计与合成”，编号 2018YFA0900803。

的安全高效的仪器设备平台。

近年，物联网、大数据、云计算、AI 等智能化相关技术发展迅猛，在语音识别、图像识别、人脸识别、智能判断等多方面有了广泛应用[5-6]。物联网应用延伸至高校及科研单位各种应用场景[7-8]，实现人、设备、材料、环境、事件和空间等数据信息线上融合与计算；大数据技术和云计算向下汇集校 / 院 / 系各类业务子系统数据，向上为管理层级的各类业务提供数据支撑和智能分析。基于智能化的仪器设备平台的安全管理构架旨在为整个平台构建全域安全防护，构建主动监测、主动研判、主动干预的一体化智能安全防护体系：依托物联网将人、设备、材料、环境，以及业务流程连接在一起；构建实验室多场景智能与智慧安全应用，实现实验室安全闭环管理；利用数据中心采集和存储实验室安全数据，支撑实验室精细化管理与科学决策。

AI 等智能化相关技术及日渐完善的物联网平台建设为智能化的仪器设备平台的建设提供了基础的保障[9]，但建设一个完善安全的仪器设备平台仅有技术支撑还是远远不够的，还需要一套系统和严密的构架，基于这样的构架才能将各种先进的技术真正落实到平台的安全控制和管理上来。本文将基于当前的各种智能化技术，提出一套仪器设备平台的安全管理构架，以供参考。

该套平台整体的安全管理构架由三层体系构成（图 1），这三层体系分别为上层应用，控制中枢和物联终端。上层应用是安全管理的具体应用场景和应用需求，包括人员安全、仪器设备安全、危化品安全、环境安全及应急预案，这一层是管理构架的任务中心，决定了整个构架的功能主体。控制中枢由数据中心服务器和物联中心服务器构成，通过基于网络的控制中心或者移动终端实现实时监测和控制，负责整个安全构架的数据处理和上下层连接，这一层是平台管理构架的核心所在，其服务和连接能力直接决定了整个构架的运行效率和服务规模。物联终端由物联网网关群组和控制终端组成，该层体系具备双重功能：一方面通过物联网网关群组提供各项设备端及相关环境的实时监测数据，交由控制中枢实现对设备、环境和人员的线上监控及数据分析；另一方面由控制终端执行控制中枢发布的各项指令，实现与上层应用对应各项控制功能，这一层是平台管理构架的“感觉神经末梢”和执行终端，其功能的覆盖度和设计的合理性决定了系统的响应速度和执行能力。

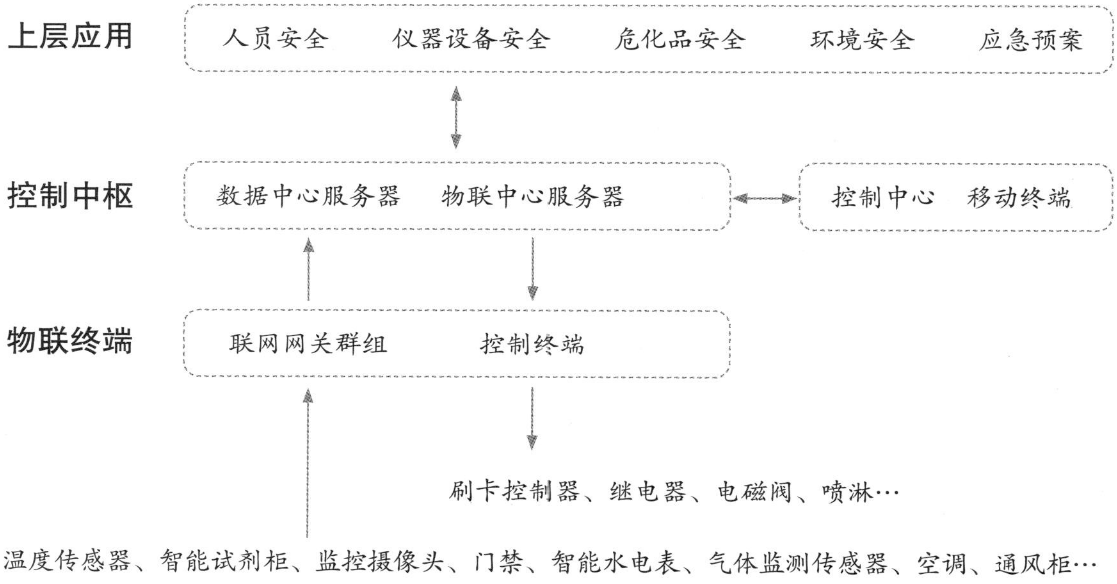


图 1　平台智能化安全管理构架

接下来，本文将基于上层应用（也就是具体应用场景和应用需求），对安全管理构架的落地思路逐一做阐述。

## 1　人员安全

人员安全是安全管理的基础，就仪器设备平台而言，人员安全的含义实际上包括两层含义：第一层含义是指人员准入的安全，要确保进入平台的人员为有相关资质的人员，进入的人员是熟悉平台并且能够正确操控相应仪器设备的，不会对平台及仪器设备造成不必要的损害，即人对于平台是安全的；第二层含义是指对于进入平台的人员，平台能够实时指导或监督人员的操作和行为，确保人员的行为符合操作规范，保障人员的人身安全，即平台对于人是安全的（见图 2）。

为了保障人员准入的安全，一方面采取网上学习与线上考核相结合的教学形式，在用户进入实验室之前，需要通过系统对实验的安全与规范，系统地认识与学习，并授予相应的进出和操作权限。另一方面，对于已经具备资质和操作权限的用户采用信用评分制度，对其在平台的行为实时监督，对于违规行为扣减信用分，当其信用分达到预警阈值可以对相应人员的准入进行控制并督促其增强学习并重新考核。

为了确保平台对于人员的安全，可以利用 AI 图像识别技术对进入实验室中人员开展规范检测，识别实验室人员信息，对实验人员的衣着和行为进行合规监测。配合安全巡检系统，对实验场所，安全实施，化学安全等实施辅助性的监控，发现任何对用户的潜在危险后及时通过物联中心通知到相关责任人，将人员在平台内的风险尽可能降到最低。

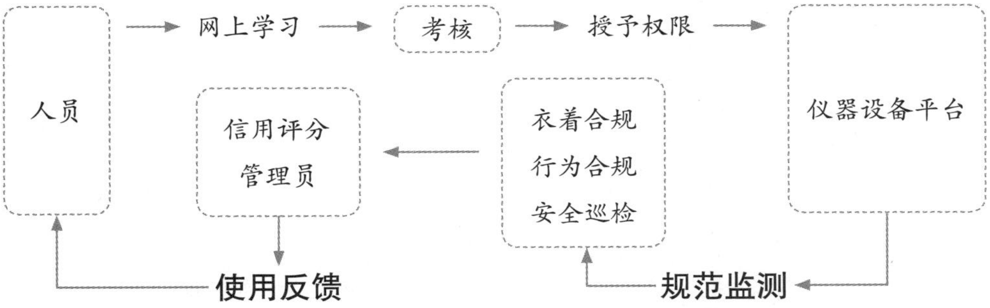


图 2　人员安全管理

## 2　仪器设备安全

仪器设备安全是仪器设备平台安全管理的核心，是确保整个平台稳定高效运行的关键。仪器设备平台建立的目的就是为了实现对各类仪器实现集中化管理，其管理的设备往往是数量多、种类多、使用方式多，因此针对仪器设备安全管理往往需要针对仪器设备类型设计个性化的方案，通过引入智能化技术去实现个性化的安全管理是一个很好的切入点（见图 3）。

首先，针对不同的仪器设备特点，配置实时监控与数据采集系统，这是智能化安全管理构架的基础。在相应仪器设备上安装温湿度传感器、压力传感器、震动传感器、摄像头等传感终端，实时采集设备的运行状态、环境参数等数据，并将数据传输到数据中心服务器进行处理和分析。通过对设备的全面监控和数据的实时采集，为后续的智能化管理提供数据支持。第二步，将采集到的实时数据利用大数据、人工智能等技术对采集到的数据进行深度挖掘和分析，判断设备的实时运行状态，对设备可能出现的故障和安全隐患进行预警预测，并自动触发相应的处理机制，包括自动停机、调整参数、通知相关仪器管理员等，确保设备的安全稳定运行。同时，系统还能够对设备的运行状态进行预测和评估，给出维保建议，为设备的维护和管理提供科学依据。第三步，在数据中心服务器和物联中心服务器上建立远程控制与操作系统，通过互联网技术实现设备的远程控制和操作，管理人员可以通过电脑、手机等终端设备随时随地访问系统并查看设备的运行状态和数据，同时，实现设备的远程启停、调整设置等操作，确保设备管理的灵活性和时效性，在设备发生安全

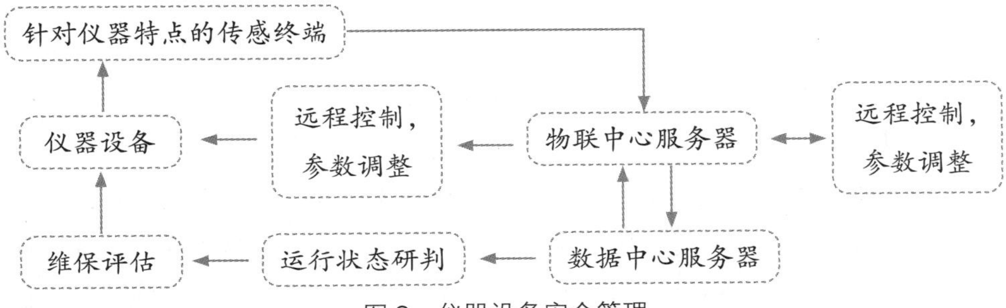


图 3　仪器设备安全管理

事件时能够在第一时间做出专业的处置。

## 3 危化品安全

危化品安全是平台安全管理的重要环节，对危化品的智能化管理主要涉及两个方面，一方面是存储安全，另外一方面是使用安全（见图 4）。

存储相对而言是静态的，主要涉及危化品本身的存储位置，周围环境，危化品本身的状态等[10]。对于存储位置，可以利用 AI 图像场景比对算法对特定区域内摆放特定物品进行识别并预警，对危险品周围环境进行实时研判，降低实验室的安全隐患，提升巡检时效；对于周围环境和危化品本身的状态，可以通过联网网关组群调取对应的温度探测器、气体传感器、智能试剂柜等数据，经由数据中心服务器进行实时电脑研判，当发现有危险状态或者危险隐患时马上启动预警策略和应急处置。

使用安全主要涉及的是危化品的取用和运输[11]，危化品的放置一般都要求放在专用的危险品存放柜中，可以通过 AI 物体识别及入侵检测算法自动识别对危化品存放柜的取放动作进行自动拍摄从而对危化品的取用进行追踪和记录；在危化品运输过程中，可以通过对平台内摄像头的调用，生成危化品运输的路径，从而对任意一次的危化品运输行为实现自动化的跟踪和记录。通过对危化品运输过程中由起点到终点的完整路径的跟踪，实现了时间、地点、取用人、取用去向的全维度记录，确保危化品的处置安全。

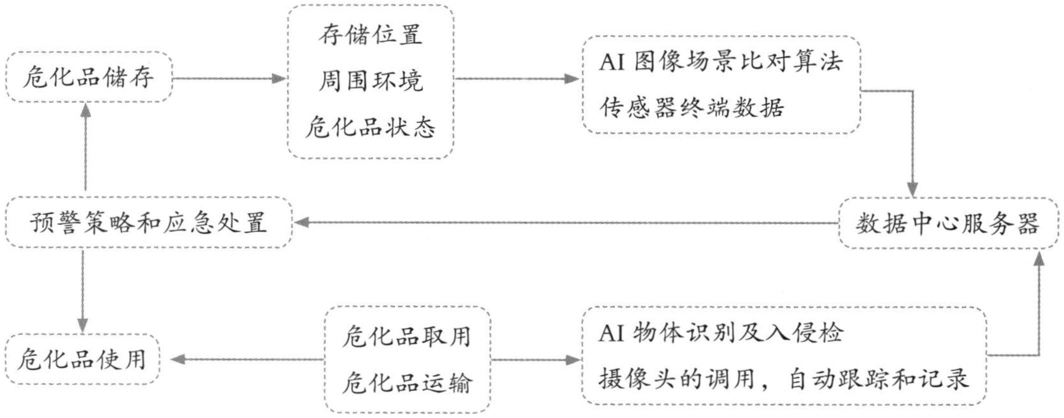


图 4 危化品安全管理

## 4 环境安全

环境安全是平台安全管理的重要部分，依靠智能化环境控制而实现，是指通过对环境参数（如温度、湿度、光照、震动、气压、电压、电磁、洁净度等）进行实时监测，经由自动化控制系统和 AI 数据分析与决策，对各项环境因子进行自动化精密调节，以维持预定的理想环境状态（见图5）。这种控制方式能够显著提高环境控制的精度、效率和响应速度，降低人工干预。在环境安全方面，智能化安全管理更多地通过物联网、自动化控制系统、人工智能与大数据分析这些关键技术来大幅度提升环境控制的自动化程度，从而大大提高管理效率。然而，正是因为以上的特点，在环境安全的控制过程中人工参与度较低，这就要求我们在环境参数的设计、监测位点分布、人工智能训练以及网络安全这四个方面做好充分的考量，确保环境安全监控体系的基础设计要尽可能合理、完善。

在环境参数的设计上，可以针对不同类型的仪器配置相应的检测参数，比如光学类的仪器重点设置温度、湿度、洁净度的监测；电镜类仪器在光学类仪器检测要求的基础上额外增加震动和电磁的监测；而大多数常规设备只要做到基本的温度和湿度的监测就可以了。在环境参数的设计上没必要一味追求全面，应该针对特定类型设备做个性化设计，这样既可以保障监测效率又大大减少了潜在的监测终端故障点。

对监测位点分布的设计，一方面要考虑到仪器本身的特点，另一方面还要结合仪器摆放位置及建筑本身的特点，原则上要保证位点所采集的数据要尽可能真实反映监测的相应设备的真实状态。比如温度探头应尽量放置于仪器设备发热部位附近而不能太靠近空调出风口等特殊位置，湿度探头不能放置在门口或窗口，震动及电磁探测需要设置多点采样。

在人工智能训练方面，要尽可能收集足够的本地数据，针对性进行人工智能的训练，如果本地数据实在不够，至少应该考虑使用类似体系的数据进行人工智能的训练，从而构建更接近真实状态的数据模型，确保控制系统具备更强的自适应性，能更精准地预测环境变化，自主优化控制策略。

在网络安全方面，智能化安全管理更多地依赖于物联网，需要采用强大的加密算法保护数据传输安全；实施严格的访问控制和身份认证机制，确保只有授权用户或设备可以访问系统资源；为物联网通信提供特定安全通道，减少中间人攻击等风险；实时监测网络流量和设备行为，对异常行为进行快速甄别，定期进行安全审计和漏洞扫描；建立多层次的防御系统，包括边界防护、防火墙、病毒检测与主动防御等，构建更为严密的安全防护网。

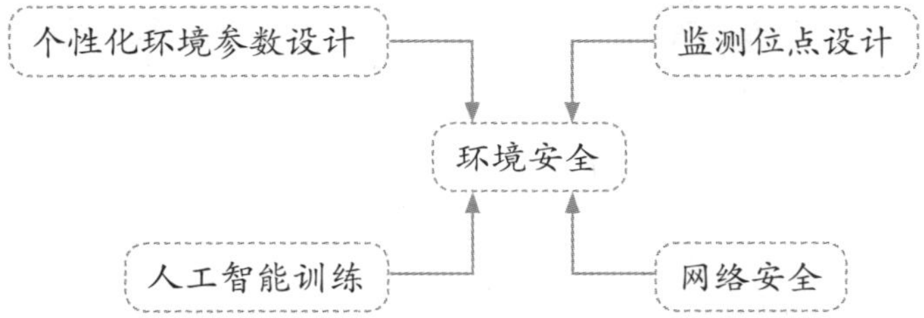


图5　环境安全管理

## 5 应急预案

应急预案是仪器设备平台安全管理不可或缺的一环，旨在应对设备平台运行过程中可能遇到的各种紧急情况而预先制定的应对策略。就安全管理来说，应急预案本身包括两个内容，第一个内容是应急预案本身，比如设备故障、网络中断、数据泄露、安全攻击、自然灾害等紧急情况发生时，平台采用哪些办法去尽可能保障平台安全并尽快恢复服务。第二个内容是应急预案该在什么条件下启动，其触发条件该如何判定（见图6）。

对于应急预案本身，仪器设备平台安全管理的要求是尽可能减少紧急情况所造成的损失并快速恢复服务。在智能化安全管理的构架下，当系统或管理员判定有紧急情况发生时，可以通过系统的控制中枢在第一时间就执行线上的应急预处置程序，比如网络自检和重启、单独对特定设备断电断网、中断敏感数据传输、启动防火门隔离或灭火装置等，这些应急预处置可以先于管理人员抵达现场就能完成，最大程度减少或控制风险。在管理人员抵达现场后，再根据管理人员的现场研判进一步执行后续的线下处置步骤。因此，在执行常规的应急处置方案之前，基于物联网和网络技术的智能化安全管理构架可以在第一时间执行应急预处置程序，最大可能减少紧急状态造成的损失。

对于应急预案触发条件的判定，智能化安全管理的构架能够提供大量实时的底层数据（包括环境状态、设备状态、网络状态、人员情况等），在这些数据的基础上通过模型计算和AI智能分析提供针对当前紧急状态的合理研判，与此同时，还可以根据当前的数据的实时变化，对紧急状态的发展趋势和程度做出综合预估，这对于应急方案触发条件的判定都提供了非常客观的依据。

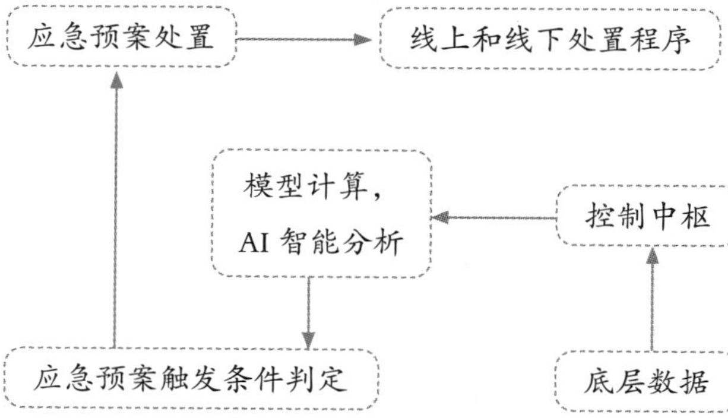


图6 应急预案

## 6 结语

仪器设备平台的智能化安全管理构架通过集成化、自动化、智能化手段，调用物联网、大数据、AI智能分析、云计算等先进技术，通过多层次、全方位的安全管理策略，增强了平台运行的安全性和稳定性，极大提升安全管理效率、风险预防和应急响应水平，为实现智慧化、精细化的设备管理提供了坚实的支撑。

## 参考文献

[1] 刘克新，张黎伟，周勇义．高校校级公共仪器平台建设与管理［J］．实验技术与管理，2021，38（8）：1-4.

[2] 刘双双，方三华，尹伟，等．高校大型仪器平台安全管理策略探讨［J］．实验室研究与探索，2020，39（4）：281-284.

[3] 王肖波．大型科研仪器平台的可持续管理［J］．分析测试技术与仪器，2020，26（3）：196-203.

[4] 付欣，洪玮，周问渠，等．高校医学类实验室设备与人员的人性化管理［J］．中国医药科学，2021，11（10）：233-236.

[5] 赵明，王安冬，祝永卫，等．高校大型仪器开放共享平台的安全管理研究［J］．实验室研究与探索，2019，38（4）：282-285.

[6] 王满意，宁信，虞俊超，等．高校危险气体管理现状及改进策略探究［J］．实验室研究与探索，2022，41（1）：312-316.

[7] 宋志军，蔡美强，谢湖均．高校实验室安全检查的现实困境与应对策略［J］．实验技术与管理，2021，38（10）：292-296.

[8] 谭小平，师琳．新形势下高校实验室安全管理问题与对策［J］．大学教育，2021,（12）：190-192.

[9] 王文君，胡美琴，付庆玖，等．高校仪器设备信息化管理平台的建设与实践［J］．科技与创新，2022,（11）：120-122, 126.

[10] 李冰洋，黄开胜，艾德生．世界一流大学实验室安全管理理念及清华大学实践［J］．实验室研究与探索，2022，41（1）：299-305.

[11] 彭华松，许歆瑶，刘闯，等．新工科背景下高校实验室安全教育的问题及对策［J］．实验室研究与探索，2021，40（10）：295-299, 304.

# 节能降碳背景下恒温恒湿实验室的精细化建设与管理

和晓晓[1]　潘春辉[2]　杨　勇[3]　张三军[1,2]　潘海峰[1,2]

（1. 华东师范大学精密光谱科学与技术国家重点实验室，上海，200241；
2. 华东师范大学公共创新服务平台，上海，200241；
3. 华东师范大学后勤保障部能源与环境管理办公室，上海，200241）

**摘要：**高精度实验室为先进科研实验和重大精密仪器设备工作提供高精度的环境保障，通常具有高洁净度、恒温恒湿、精密隔震等特点，这些基础环境条件的苛刻要求会导致高精度实验室的运行能耗显著高于普通实验室。为了匹配节能降碳的国家战略，从高精度实验室建设管理的实际工作出发，重点针对实验环境温湿度控制等三个方面，提出一系列行之有效的节能降碳措施。首先，对湿度控制系统进行节能改造，利用制冷压缩机预除湿和废热回收，有效降低再生加热能耗，实现新风处理过程中的能量循环利用。其次，优化温度控制系统，包括设立独立温区系统以精细化调节各实验室温度，克服热负载不均衡导致的冷量分配问题；采用超低速送风系统改善实验室内部气流组织，确保热量及时排出；区别化定制冬、夏季空调运行方案，精准匹配环境温度变化，降低能耗。实际数据表明，这些措施的运用可以节约实验室运行总体能耗30%以上，这些实施方案对构建更加绿色节能环保的环境友好型高精度实验室系统具有非常高的借鉴价值。

**关键词：**节能降碳；恒温恒湿；实验室建设与管理

## 引言

为深入贯彻党中央、国务院关于碳达峰碳中和的重大战略部署，发挥高校基础研究主力军和重大科技创新策源地作用，为实现碳达峰碳中和目标提供科技支撑和人才保障，教

---

**作者简介：**和晓晓（1989—　），男，工程师，研究方向为光学、实验室管理。潘春辉（1985—　），男。工程师，研究方向为精密机械加工。杨勇（1988—　），男，工程师，研究方向为动力与能源管理。张三军（1978—　），男，教授，研究方向为超快时间分辨光谱技术及其在化学生物交叉领域的应用。潘海峰(1981—　)，男，教授级高级工程师，研究方向为光学、实验室管理。

育部关于印发《高等学校碳中和科技创新行动计划》的通知（教科信函〔2021〕30号）。提出近期目标："利用3~5年时间，在高校系统布局建设一批碳中和领域科技创新平台。加强国家重点实验室、国家技术创新中心、国家工程研究中心等国家级碳中和创新平台的培育，组建一批攻关团队，持续开展关键核心技术攻关，打造若干碳中和技术创新的战略科技力量。"国务院关于印发《2024—2025年节能降碳行动方案》的通知（国发〔2024〕12号），对公共机构节能降碳提出要求："实施公共机构节能降碳改造。实施公共机构节能降碳改造和用能设备更新清单管理，到2025年底，公共机构煤炭消费占比降至13%以下。积极培育重点用能产品设备、重点行业企业和公共机构能效'领跑者'"。

高校作为国家科技创新和人才培养的重要载体，常年运行大量的各类专业实验室和教学实验室，面临的能源消耗和环境污染压力日益严重。在实验室建设管理的工作中对节能降碳开展实践探索，不仅能够切实践行国家节能减排绿色发展的战略部署，同时也能够为高校主体节约大量的能源支出，实现资源的优化配置。因此，实验室的节能降碳工作显得尤为重要。首先，实验室应提高能源利用效率，采用节能型仪器设备，优化实验流程，减少不必要的能源消耗[1-3]。其次，应重视实验室节能降碳理念的树立。目前，许多实验室意识到节能降碳的重要性，并采取了一系列措施来实现节能降碳目标。例如，采用智能化的仪器设备管理系统[4-6]。实现仪器设备的远程控制和能耗监测，这些实践不仅有助于实验室降低能源消耗，还有助于提升实验室的形象和声誉，吸引更多的人才和资源[7]。

高精度实验室能够提供一种特殊的实验室环境条件，通常以洁净、恒温、恒湿为代表，广泛应用于需要高精度环境控制的大型实验仪器平台 / 系统，如精密光学测量系统、半导体制造、生物医药、光学仪器制造平台等[8-10]。这是因为许多实验和制造过程、高精度实验设备运行都需要在高稳定的环境条件下进行，以确保实验结果的准确性和产品的质量[11]。这类实验室需要配备高精度的空调系统和湿度控制系统，实时监测和调节实验室内的温度和湿度，使其保持在设定的范围内[12-14]。然而，维持恒温、恒湿的环境需要消耗大量的能源。一方面，高精度的空调系统和湿度控制系统需要不间断运行，以保持实验室内的环境持续稳定；另一方面，实验室内的各种设备和仪器产生的热量需要得到及时传导和交换，以保持实验室内的温度恒定。另外，为了保证实验室的洁净度，实验室内部空气需要保持正气压，阻止外界灰尘向内部扩散，必须有一定比例的新风作为补充。为了将引入的新风处理至适合实验室环境的条件，又将消耗巨大能量。因此，以洁净、恒温、恒湿为代表的高精度实验室的能耗通常较高[15-17]。在这类实验室的建设管理中落实节能降碳的策略具有非常重要的价值和意义。

作为典型的开展高精度光学实验的专业科研基地，华东师范大学精密光谱科学与技术国家重点实验室（以下简称精密光谱国重实验室）拥有使用面积达3500多平方米的恒温恒湿实验空间，由多台套高精密的湿度和温度控制系统统一控制，并实现全年不间断运行，温度控制精度为 22 ± 0.5℃，湿度控制精度为 35 ± 5%。实验室主要能耗来源于转轮除湿机、空调温控系统以及实验室内部的仪器设备。在实验室运行管理实践中，工程技术团队开展了一系列的精细化节能减排的管理措施和技术改造（图 1 所示），有效地实现了运行能耗的大幅降低，据学校能源与环境管理办公室的用电数据分析，实验室温湿度控制系统年用电量由 255 万千瓦时下降为 124 万千瓦时，仅电费一项每年为学校节约近 80 万元。充分证明这些节能减排措施不仅行之有效，而且具有非常显著的投入产出比，非常具有推广价值。

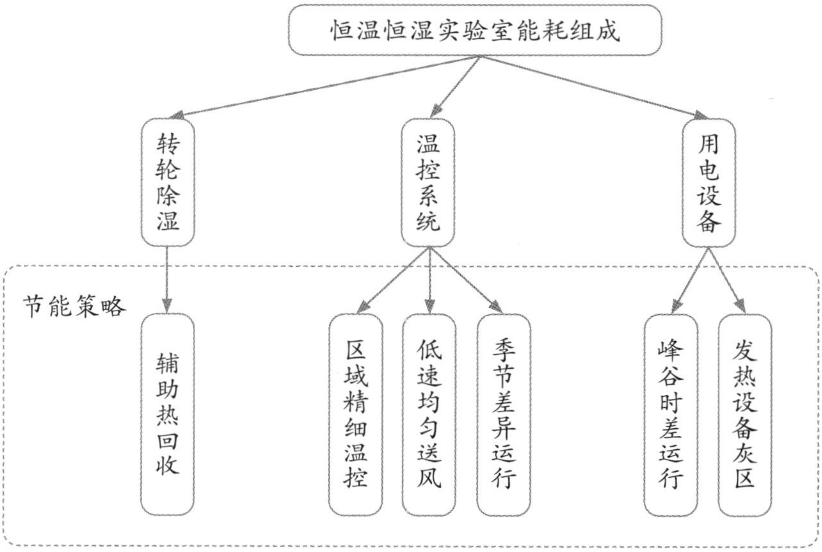


图 1 实验室节能减排方案设计

## 1 湿度控制节能降碳设计、改造与实践

恒温恒湿是高精度实验室的典型特征之一。以高精度光学类实验室为例，湿度环境往往关系到精密光学设备与元件是否能正常使用，例如镀膜光学元件、光栅、非线性晶体等都对湿度非常敏感。对于受季风性气候影响的城市（如长三角地区），实验室湿度的控制则更为重要，如果需要全年工况湿度保持在 50% 以下，目前最常用的解决方案是利用转轮除湿机系统，如图 2（a）所示。首先，经过初级过滤的室外空气首先通过前表冷器进行预除湿，预除湿后的新风再通过转轮进行处理，转轮是由特殊吸湿材料制成的蜂窝状结构，具有良好的空气透过性与水分吸附性。经过转轮后，可得到干燥的空气，该过程称为“新风处理”。经过转轮吸湿，处理风便可输入下一处理环节。然而，为了保证转轮模块持续、高效的除湿能力，需要通过技术手段将转轮吸收的水分排出。该过程通常采用热释放的形式将转轮吸湿材料吸附的水分蒸发而实现，该过程称为“转轮再生”。转轮水分的热释放热量一般来源于再生加热器对新风的电加热最高至 140℃。加热后的再生风经 1/4 扇窗对转轮进行加热，加热后转轮吸附的水分变成水蒸气同再生风一起排到室外，实现转轮的再生。

转轮除湿机拥有高效的除湿性能，被广泛应用于现代光学实验室，电子实验室、半导体制备以及生物制药等实验室的湿度控制。传统的转轮除湿机的使用虽然能实现精准湿度控制，但是在整个除湿过程中，新风的预除湿和处理风的再生加热需要消耗大量的电能，且不可以重复利用。

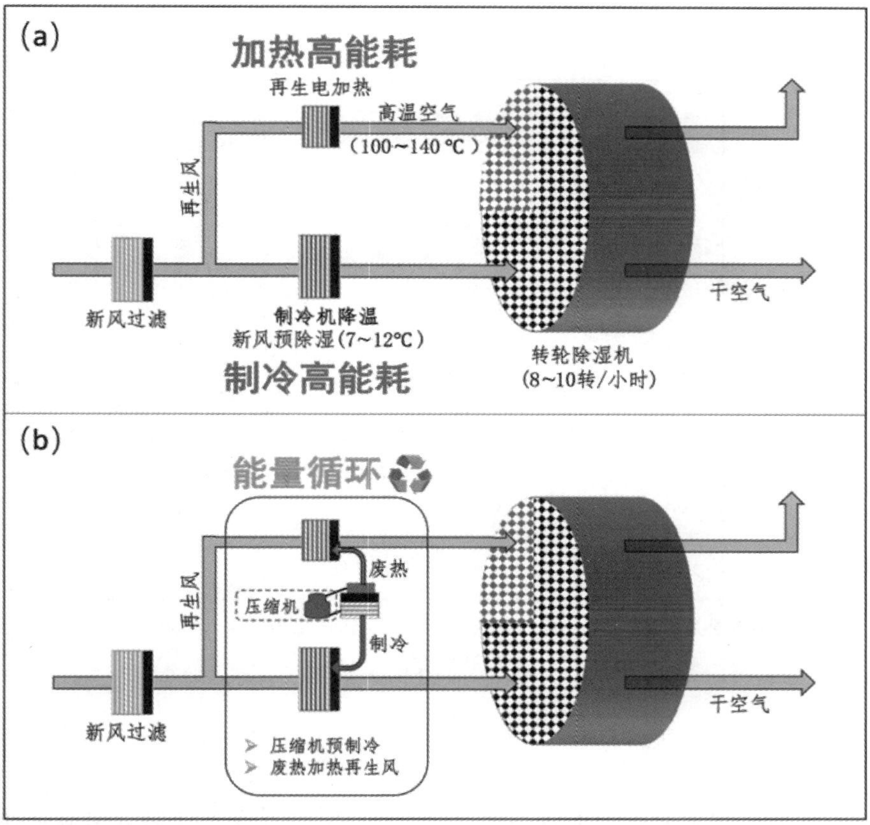


图 2　传统转轮除湿机（a），节能改造除湿机（b）工作原理图

本文在使用传统的转轮除湿机的基础上，设计并实现了将新风的预除湿和处理风的再生加热环节联动的节能改造方案，实现能量的循环利用，大幅降低能量消耗。如图 2（b）所示，通过在前表冷段与再生加热段中间增加制冷压缩机，制冷压缩机可以将实现空气的预除湿，而制冷过程中压缩机产生的废热可以对再生风进行加热，从而降低再生加热的功率，达到能量的循环利用的目的。

为了测试节能改造除湿机的节能效果，我们测量了节能改造除湿机与传统除湿机的耗电量（~30 天），其中涵盖了高温和梅雨季天气情况。如图 3 所示，为节能改造除湿机与传统除湿机耗电量对比。两台除湿机的除节能改造模块有所区别外，其余规格完全一样。此外，为保证数据的准确性，两型除湿机使用工况近似。节能改造除湿机与传统除湿机控制的实验室面积均为 320 平方米，实验室房间数量均为 6 间，实验室内科研仪器设备运行工况近似，实验室湿度设定均为 40%。可以明显看出，传统除湿机日耗电量近 700 千瓦时，而节能改造机日耗电量维持在 ~340 千瓦时，传统除湿机组耗电量超过节能改造除湿机组的 2 倍，节能效果超 30%。除湿机经过节能改造后，可节约大量电能，尤其是对湿度要求较高的实验室（除湿机全年 24 小时工作），大大降低了实验室运行成本。

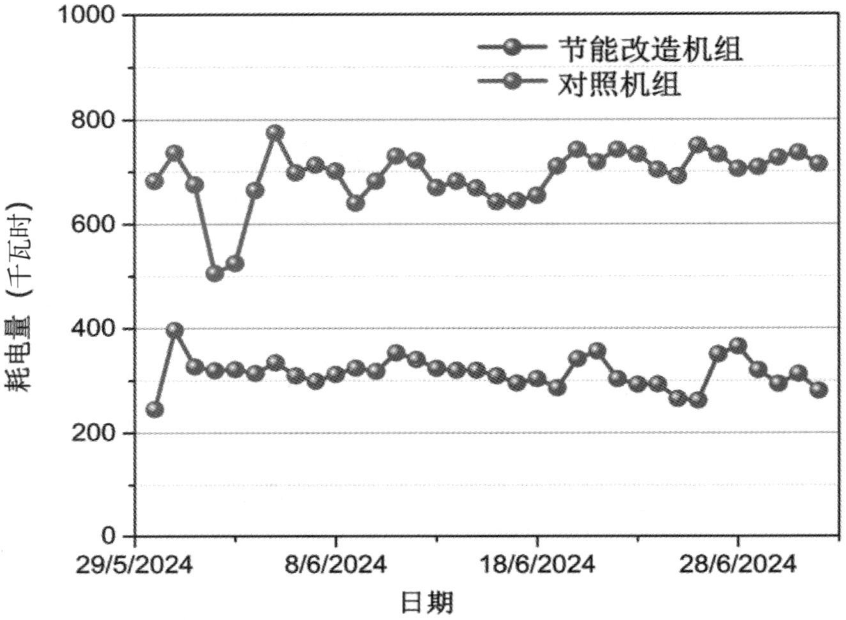


图 3　节能改造除湿机与传统除湿机耗电对比

节能改造型除湿机的高效节能来源于前表冷制冷产生废热的回收，通过除湿机运行参数，可以更直观地解释节能型除湿机的节能原因。表 1 所示为两型除湿机组部分实时运行参数。可以明显看出，节能改造型除湿机在前表冷水阀开度为 0% 的情况下，前冷器温度仍然可以维持在 10℃以下（7.3 摄氏度），满足前表冷对新风的预除湿。然而传统除湿机，需要额外打开前冷水阀（ ~ 40% 开度），才能将新风预除湿温度降低至 8.8 摄氏度。同时，节能型除湿机制冷过程中产生的废热可以补充（甚至替代）再生加热，如图所示节能改造后除湿机再生加热功率为 0%，即可达到转轮的再生所需要的热量。而传统除湿机再生加热功率需要开启至 30%，才能够满足再生过程对温度的需求。再生加热过程需要消耗大量电能（最大再生加热功率 81 千瓦），降低再生加热过程中能耗是除湿机节能改造的关键。另外，节能改造机组由于能耗降低，干空气温度也随之降低，减轻了后表冷对温度控制的压力。表中后表冷段所示，节能改造机组后表冷水阀开度仅有 2.4%，而传统除湿机后表冷水阀需要增加开度（21%）才能将干空气降低至实验室所需温度。可见，节能改造型除湿机不仅可直接降低能源消耗，而且可降低前、后表冷对冷量的需求。

**表 1 除湿机部分运行参数**

| 序号 | 项目 | 对照机组 | 节能改造机组 |
|---|---|---|---|
| 1 | 预除湿温度 | 8.8 摄氏度 | 7.3 摄氏度 |
| 2 | 预除湿制冷量（94 千瓦） | 40% | 0% |
| 3 | 再生加热（81 千瓦） | 30% | 0% |
| 4 | 后表冷制冷量（123 千瓦） | 21% | 2.4% |

注：本表数据来源于除湿机实时运行数据（2024 年 6 月 20 日 9 时 17 分），环境温度 25 摄氏度，相对湿度 93%。

## 2 温度控制节能降碳设计、改造与实践

温度变化会显而易见的引发物体热胀冷缩，会导致高精度设备尤其是自制实验系统稳定性、重复性变差，从而影响高精度科研实验的开展。影响实验室温度控制精度的原因有很多。首先，实验室不同区域发热往往不均衡，导致空调系统冷量分配不均衡，从而增加能耗。在高精度实验室设计之初应根据不同区域的发热量差异，合理布局回风和冷量配给，实现高效率的热量传导。其次，室外环境温度季节性变化，空调机组制响应滞后，也容易导致实验室温度发生波动。此外，实验室高功率发热设备集中，工作时间和非工作时间的热量释放差异等因素也会影响室内温度的控制。目前，为了克服上述种种问题，往往采用加大实验室冷量供应的粗放型管理方案，造成较大的能源消耗。本文提出一系列精细化实验室温度控制方案，可以在相对低能耗的条件下，有效提高实验室热交换效率。

针对不同实验室热负载不同，导致空调机组冷量分配不均衡的问题。建设独立送风系统，实现每间实验室温度精细化调节。热负载不同带来最直接的问题就是，由于大发热量的实验室需要较大冷量来维持实验室温度稳定，因此增加了空调制冷功率。对于同一温控系统下的小发热量的实验室，空调制冷功率的增加势必会严重拉低该实验室的温度。为了维持小发热量实验室温度恒定，末端加热器将高功率运行，从而带来了双重能耗。若每个实验室配置独立的温控控制系统，则可避免实验室热负载不同带来的空调制冷分配不均的问题。然而，对于大型恒温实验室（超净面积 >200 平方米）通常采用统一的温度控制系统，来实现高能效比。为每间实验室建造独立的空调系统，不仅会增加建造和维护成本，而且增加了空调系统的基础能耗，不利于节能降碳。因此需要在统一的空调系统与实验室独立温度控制两者之间制订合理的温度控制方案。精密光谱国重实验室将总使用面积约 3500 平方米的 28 间恒温恒湿实验房间分成 10 个独立温区，实现实验室温度的精细化调节，一定

程度上克服了由于冷量分配不均衡导致能耗升高的问题。区别于单独的空调温度控制，独立送风系统仅需通过控制后表冷的温控水阀的流量与送风风量，可维持每间实验室温度的稳定。该方案下，实验室温度调节不依赖于空调系统制冷功率的调节，降低了空调系统制冷功率的频繁调节。

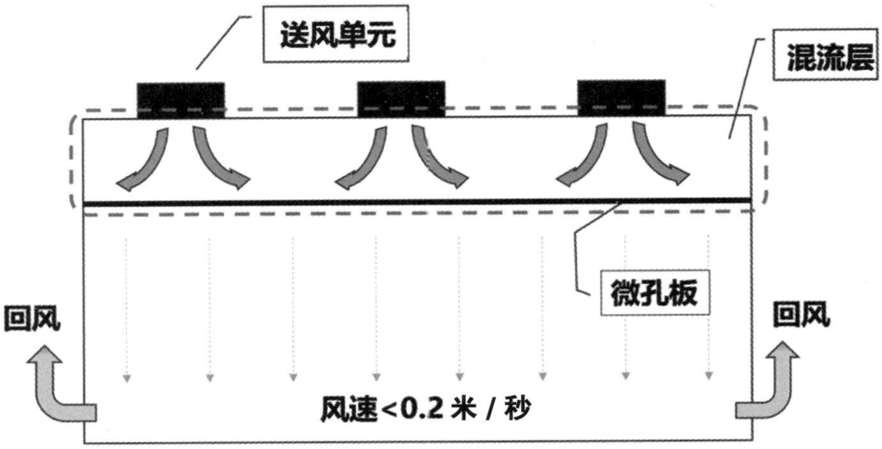


图 4　超低速送风系统

导致实验室温度控制精度不理想的因素较多，最主要的原因是由于实验室送、回风气流被扰乱，科研设备工作散发的热量无法有效、及时地通过回风排出。这种情况随着实验室设施、设备以及辅助工具的入驻更为明显，例如仪器架、科研设备的密集摆放，将整体实验室物理分割为若干单元。按照传统的送－回风方案，送－回风通路很容易被阻断，导致热量无法高效排出，使得实验室局部温度过高，增加制冷系统的能耗。通过改变实验室设备摆放来优化实验室内部送－回风气流通路，虽然一定程度上可以缓解实验室局部温度过高，但是没有从根本上解决送－回风流通问题。超低速送风系统（如图 4 所示）将送风管路输送过来的洁净空气首先在混流层中进行散流，使其充满整个混流层。混流层整个底部为微孔结构，冷空气将从实验室顶部的微孔板均匀、整体、无死角下压，将热空气从实验室底部的回风窗带离。该方案的优点在于送－回风通路不受实验室内部设备摆放的影响，提高了实验室热交换效率。

针对不同时间室外环境温度变化引起空调机组能耗增加，制定冬夏季空调系统运行方案。例如精密光谱国重实验室所在的地域（上海），夏季平均气温为 21 摄氏度 ~28 摄氏度，冬季平均气温为 4 摄氏度 ~ 12 摄氏度。冬夏两季温差巨大，如果空调系统全年按照统一的参数运行，必然是不合理的。夏季环境气温较高（上海夏季最高气温可达 42 摄氏度），需要增加空调制冷功率，满足实验室冷量的需求。根据实验室温度变化曲线，调整管路水流量，调整空调制冷温度阈值（5 摄氏度），达到节能降碳的目的。而冬季气温偏低（最低可

至 –6 摄氏度），可利用低温环境作为空调系统冷量的补充。适当调低空调系统的制冷功率，在不影响实验室温度稳定的情况下，将空调制冷水温调整至 7℃。另外，针对工作时间和非工作时间的实验室内发热存在峰谷时段的特点，将送风系统的工作模式分为正常模式和节能模式，节能模式的送风风量可以根据实际情况设置为正常模式的 60% ~ 80%，并且根据需求实现固定时间自动切换，从而实现实验室温度稳定，并有效降低温度控制系统的综合能耗。

单独为实验室高发热设备配置灰区空间，是一种科学、合理且具有很好性价比的方法。实验室洁净度、温度、湿度等指标要求较高，因此维持实验室的单位物理空间成本较高。激光器、真空系统等大型科研仪器的辅助设备（冷水机、真空泵），不仅占用了宝贵的实验室空间，而且这些设备工作时散发的热量严重影响实验室温度，给实验室温度控制带来巨大负荷。与核心精密设备相比，这类设备通常对环境要求不高，因此将该类设备放置在专用的灰区，与恒温恒湿实验室隔离，这不仅可以有效降低实验室发热量，也能极大改善振动、噪声等因素对核心实验区域的不利影响。在实际运行管理中，我们还进一步回收利用了用于恒温恒湿实验室温度控制的冷冻水系统的冗余冷量，一方面通过热交换空气散流器对灰区空间的环境温度进行调节，另一方面通过水循环板式热交换器将 7 度的冷冻水转化为 15 摄氏度的冷水，构建了二级水冷系统，用于灰区发热设备的集中冷却水供应，进一步提高了能量利用效率。

## 3 结论

高精度实验室在追求恒温、恒湿环境控制的同时，面临着显著的能源消耗与环境影响挑战。针对这一现状，本文提出了一系列有针对性的节能降碳策略，通过技术创新与系统优化，成功实现了实验室能效的显著提升。湿度控制方面，通过对转轮除湿机进行节能改造，引入制冷压缩机预除湿和废热回收技术，不仅显著降低了再生加热能耗，还实现了新风处理过程中能量的循环利用。在温度控制层面，通过构建独立送风系统，实现了实验室温度的精细化调节。构建超低速送风系统，解决了实验室送 – 回风布局不合理等问题，改善了实验室内部气流循环，确保热量及时排出。冬夏季、峰谷时段空调运行根据环境温度变化适时调整系统参数，确保了实验室温度稳定的同时降低了能耗。建设高发热设备集中安置的“灰区”能够进一步减少了实验室内部热负载，降低了空调系统的运行压力，提升了空调系统能量使用效率。综上所述，本文所提出的高精度实验室节能策略，涵盖了湿度控制、温度控制、布局优化等多个关键环节，通过实施这些精细化节能改造策略，成功实现了实验室能源消耗的显著降低，为高精度实验室的绿色发展提供了实用且具有推广价值的解决方案。

## 参考文献


[1] 王清勤，曹国庆，刘志坚．高等级生物安全实验室采用循环风问题探讨[J]. 科学通报，2024，69（7）：834-841.

[2] 孙伟，卢俊琛，莫层聪，等．零碳实验室建设方案［J］．实验室检测，2024，2（2）：78-83.

[3] 崔淼．恒温恒湿实验室日常管理分析［J］．中国纤检，2023（12）：50-51.

[4] 唱思琪，龚强．双碳背景下高校实验室低碳建设——以风洞实验室建设为例［J］．实验室研究与探索，2023，42（7）：274-278+292.

[5] 段辉，曹同成，夏本明，等．高校化学实验室通风系统改造与节能研究［J］．实验技术与管理，2023，40（5）：190-195.

[6] 余善恩，李真，陈张平，等．基于校园一卡通的开放实验室节能系统研究［J］．实验技术与管理，2016，33（12）：263-265+270.

[7] 杨静．紧扣国家能源战略致力节能减排研究——中科院工程热物理研究所节能减排系统研究获重大成果［J］．中国能源，2008，30（11）：26.

[8] 樊红霞，顾聪，钱维兰，等．浅谈高校化学实验室的节能减排［J］．广东化工，2014，41（16）：140+121.

[9] 李成刚．实验室暖通的变风量控制［J］．建筑工程技术与设计，2014，（14）：783，791.

[10] 蒋晋生，许学年，张韦达，等．某生物安全实验室节能控制方案［J］．暖通空调，2009，39（5）：142-144+154.

[11] 朱竑锦，郑炯炯．医学实验室直流全新风空调系统热回收节能措施浅析［J］．暖通空调，2023，53（S01）：369-374.

[12] 张秀英．高校光学超净实验室管理模式深讨［J］．分析仪器，2019（5）：71-74.

[13] 张宇，蔡颖玲．热管新风机组除湿性能测试与分析［J］．实验室研究与探索，2023，42（7）：99-103.

[14] 何思源，高理福，文佳岚，等．热泵式溶液除湿新风机组性能研究［J］．制冷与空调，2021，21（3）：20-24+63.

[15] 朱竑锦，郑炯炯．医学实验室直流全新风空调系统热回收节能措施浅析[J]. 暖通空调，2023，53（S1）：369-374.

[16] 韩婷丽．生物安全类实验室通风空调设计要点［J］．工业微生物，2023，53（2）：95-97.

[17] 文福，杜然，舒刚，等．某检化验中心大楼通风空调系统设计[J]. 建筑热能通风空调，2020，39（3）：103-105.

# 高校大型仪器共享平台“一站式”服务体系构建的研究与思考

张 蕊* 张 莉 张 芯 王海英

（中南民族大学生命科学学院，武汉，430072）

**摘要：** 高校大型仪器共享平台是科技资源共享的核心资源，不仅对各高校教学和科研起到强大的支撑作用，还可以对相关企业等社会单位提供技术支持。在对目前高校大型仪器共享平台进行分析后，发现现阶段服务过程中存在的问题，围绕服务方案制定、实验队伍建设、跨机构合作机制、服务质量评估与监控机制等方面，提出了建设以“需求”为导向的“一站式”服务体系，以优化整个服务流程，促进共享效益的提升，形成闭环式管理。

**关键词：** 大型仪器共享平台；“一站式”服务体系；“需求”导向

## 引言

随着国家进一步推进“双一流”高校建设，积极施行“教育强国”，各高校对于大型仪器设备在教学和科研中重要作用的认识进一步提升。我国一直重视大型仪器设备的开放与共享，在《关于国家重大科研基础设施和大型科研仪器向社会开放的意见》（国发〔2014〕70 号）的引领下，各高校普遍建立了校级及院级仪器共享服务平台[1]。而《国家重大科研基础设施和大型科研仪器开放共享管理办法》（国科发基〔2017〕289 号）的颁布，则为促进大型仪器设备的开放共享，提高科教资源的利用效率，以及推动科技成果的快速转化提供了理论依据和切实可行的解决方案。

20 世纪 80 年代初，我国建立了最早的一批校级分析测试中心，在高校的教学科研中起着基础支撑的作用，是高校的优质资源，也是培养高层次人才、发展高科技的重要标志[2-4]。与此同时，分析测试中心的大型仪器设备利用率和共享水平不高的问题也逐渐

**作者简介：** 张蕊（1982— ），女，高级实验师，研究方向为大型仪器管理与开放共享（通信作者）；张莉（1986— ），女，讲师，研究方向为微生物修饰和微生态工程；张芯（1990— ），女，副教授，研究方向为污染生态毒理及生物修复；王海英（1974— ），女，教授，研究方向为微生物资源开发与应用。

**基金项目：** 中南民族大学实验室研究项目（编号：SYYJ2024006）。

凸显出来[5]。因此，许多高校陆续建设了大型仪器共享平台。

然而，由于起步较晚，目前国内高校的研究重心主要集中在管理制度和管理团队的建设与优化方面，对于大型仪器共享平台信息化建设和服务综合化的探索较为有限。因此，在高校大型仪器共享平台建设中，提出一站式服务体系的概念显得尤为重要。一站式服务的核心在于将多个独立的服务集成到一个平台中，用户可以在同一平台上满足所有需求，无须跨平台或跨部门协调。随着互联网和科学技术的快速发展，信息化已成为提升大型仪器共享平台管理水平和服务质量的重要手段。本研究将着重探讨如何借助信息化技术，构建"以需求为中心"的"一站式"服务体系，推动大型仪器共享平台的信息化建设，提升平台的管理和服务水平，为科研人员提供更好的科研支持，进而促进科研成果的产出和科学研究的发展。

## 1 仪器开放共享的现状

近年来，与欧美高校大型仪器共享平台相关的研究较少，因其经过多年建设已形成完善的共享平台体系、成熟的共享机制和良好的科研环境，促进了仪器共享的有效运行和广泛应用。例如，美国已经建立了政府主导的模式，涵盖多种组织类型，如高校、企业和非营利机构，协同运营科研基础设施[6]。相比之下，我国高校大型仪器共享平台建设起步较晚，尚处于发展阶段，在平台建设、共享机制、科研环境等方面与欧美高校存在一定差距。

早期的仪器共享平台主要是基于单个机构或实验室内部的共享。随着科研仪器的增多和科研机构之间的合作交流不断加深，一些地区性的仪器共享平台开始出现，这些平台将本地区的科研机构和实验室连接起来，实现跨机构的大型仪器共享。然而，目前许多高校的大型仪器设备共享平台尚未完善，仍依赖人工统计上报数据，无法实现共享数据的实时查阅和汇总统计上报，导致效率较低且出错率较高。此外，由于尚未实现全面对接，院系的共享平台也未全部纳入校级管理平台，加之责任主体和职责分工不同，使得开放共享程度未能达到预期；另外，缺乏有效的信息化手段管控，导致大型仪器设备的开放共享收费及后期统计工作不够方便快捷[7]。

在平台搭建过程中，特别存在思想认识不到位、管理制度不健全、信息化程度不高的问题，导致共享率低、资源浪费严重。为了提高管理效率和资源利用率，国内专家提出了集中—分散型复合管理[8]。地方高校将能够跨学科、跨专业使用的大型科研仪器集中管理在校级测试中心，并配备专业化管理团队进行统一管理；而对于专业范围较窄、不适合开放共享的大型科研仪器，则分散在相应的实验室中由教师负责管理。

## 2 仪器开放共享存在的问题

当前大部分高校在设备的科学配置、动态监控、开放共享等方面依然存在以下问题：

大型仪器设备共享不足，利用率不高[9]。由于大型仪器设备一般较贵重，有些是用课题组经费购置的，部分教师仍存在“专管专用”的思想，加上管理手段和制度的不完善，设备的使用管理处于封闭状态，导致校外用户甚至本校师生对学校的大型仪器设备拥有量及分布使用情况不清楚。

缺少一个有效便捷的开放共享平台支撑，共享成效不明显。虽然部分高校已建立了共享网络平台，但大多数仍停留在网站层面，只提供静态信息、人工预约等简单功能，缺少流程化管理、收费管理、数据挖掘和反馈机制等功能，学校相关部门无法动态掌握大型仪器设备的实时运行状态，定期的检查活动很难及时发现问题，同时设备使用效益难以进行量化考核。此外，大型仪器设备服务管理水平滞后，设备使用相关数据统计困难，每年给教育部实验室信息上报工作增添了难度。

实验队伍与专业技术力量薄弱，开放共享工作推进困难。当前高校大型仪器设备往往由实验室教师兼任管理，几名得力学生负责使用操作，由于使用人员流动性较大，操作技术不够熟练，加上设备的维护保养不及时，容易导致设备故障频发，严重影响设备的自然寿命。同时缺乏相应的激励机制，很难组建一支专业、稳定的技术人员队伍，使共享工作全天候开展[10]。

跨机构实现共享或者进行项目合作存在障碍，由于各个单位的共享平台互不兼容，有的平台外单位用户申请使用会遇到各种困难，或没有足够的实验技术人员提供对外服务，都对跨机构实现仪器共享造成了实际困难。

## 3 高校仪器共享平台“一站式”服务体系的构建

在深入调研国内外高校大型仪器共享平台的建设情况的基础上，包括平台类型、管理模式、服务内容等方面，分析各平台的特点和优劣势，总结成功经验和存在的问题，提出“一站式”共享平台构建理念。

### 3.1 以“需求”为导向，合理化共享流程

“一站式”服务体系的详细构建框架，应包括服务内容的整合与优化、管理流程的简化与智能化、信息化平台的建设与应用等具体方面，需要根据各个学校和院系的具体情况来设计合理的服务流程和信息交互机制，确保用户能够方便快捷地获取所需服务。

#### 3.1.1 按专业划分板块，方便用户迅速锁定相关仪器

仪器不仅按学院划分，还可以按照专业和用途划分，对于没有校级共享平台只有院级平台的高校，更应该通过仪器的专业和用途来设置板块，方便不熟悉情况的用户通过想要实现的功能来搜索到合适的仪器。更可以将一些通用型的仪器按照测试的流程进行组合，比如完成某液体样本中的物质检测，可以将相关的高效液相色谱、液相色谱质谱联用仪、紫外分光光度计、荧光分光光度计、纯化和浓缩系统等相关仪器列为一个系列，方便用户选择。

3.1.2 强化前期沟通，了解用户需求，量身定制服务方案

对于需要提供样品测试整个服务环节的用户，在测试开始前，要重视前期的沟通，要深入了解用户的使用需求，完善实验细节，制定专属的测试方案。样品的状态也要确认好，是否需要提供样品的前期处理以免影响最终的测试结果，或者是需要进行测试方法的研发，技术咨询，都可以给用户提供相应的选择方案，这也是“一站式”服务体系的核心。可根据测试的领域特点和仪器的具体条件，对最关键步骤进行质量控制，形成一些专业领域的特色服务项目，比如生物领域的电镜操作，如果想要获取理想的图像，就需要对样品的特质非常清楚，采取最恰当的样品处理方式，需要一样一议，量身定制测试方案。

3.1.3 信息化平台建设与运用

设计并建立信息化平台，实现各项服务的在线化、自动化管理，提高管理效率和服务水平，增强平台的竞争力和可持续发展能力。将测试流程的咨询、预约、测试、收费、反馈等板块全部包含在统一平台中，最大程度减少不同部门和院系之间的协调工作，降低用户和管理者的管理和时间成本。比如增加相应的物联网终端设备，如门禁、电源控制和视频监控等，通过增加智能终端控制，实现大型仪器设备预约、测试的自动化，这样对于一些不需专人操作的通用型仪器，用户可以直接按照预约时间依靠有效证件开展测试工作，无须管理人员协助。同时仪器的使用数据可实时同步至大型仪器设备管理平台，从而提高开放共享效率。在这个过程中需要着重考虑不同类型和规模的仪器设备对平台利用率的影响，例如先进性、稳定性、易用性等因素；考虑不同用户群体对平台需求的差异，包括科研人员、教师、学生等，以及不同学科领域的需求特点；考虑技术进步对仪器设备更新换代的影响，以及如何优化设备配置和更新策略。

3.1.4 费用管理与收费机制优化

高校大型仪器共享平台的用户比较多样化，相应的费用支付方式由于项目的要求而各不相同。为了给予用户服务的便捷性，费用管理与收费机制也需要进行优化。对共享平台的费用管理体系包括成本核算、收费标准制定等方面进行研究，提出优化费用管理和收费机制的措施，确保平台的可持续运营和合理利润。同时方便用户支付与使用，比如可以采用信用制，虚拟充值，后续根据实际产生的费用核销，简化用户使用的流程，共享平台的费用核算板块与财务系统进行对接，直接进行信息化处理，减少纸质化的申报、核销环节，大大降低用户和管理者的时间成本。

## 3.2 重视实验队伍建设，建立激励机制，普及培训机制

一方面高校应定期召开宣讲会，宣传国家的政策方针，让大型仪器设备管理人员从根本上认识到大型仪器设备开放共享所带来的经济效益和社会效益；另一方面应定期对各大型仪器设备管理人员进行培训，提升其操作甚至开发大型仪器设备功能的能力[7]。由专有实验人员操作的仪器，实验人员对仪器设备具备更深的了解和更多的实践，可与用户的科

研项目相结合，或者是针对委托测试的企业用户，可以进行更具体的调整，以取得更完善的测试结果和摸索新的测试方法，从而促进科研水平的提升和获取更多仪器的社会效益。针对需用户自主上机的设备，提高培训的频率和质量是提高仪器使用率和降低仪器维修率的关键，通过定制化培训计划：针对管理员、教师和学生、企业等不同用户群体设计在线或线下培训，介绍仪器的功能和操作方法，提升用户对仪器的认知和使用能力，是完善"一站式"服务体系中重要的一环。

### 3.3 跨机构合作机制研究：建立宣传机制，多校联合宣讲

通过探讨不同高校、科研机构之间的合作模式和机制，分析合作的利弊以及可能存在的障碍，提出促进大型仪器资源的共享和优化配置的措施，在保证校内科研教学项目对大型科研仪器的需求的同时，积极开展校内外的开放。鼓励学校与学校、学校与科研院所、学校与企业间的项目合作，充分利用现有大型科研仪器完成合作项目。比如中南民族大学生命科学学院与湖北工业大学实验室与资产管理处、生物工程与食品学院，华中农业大学食品科学技术学院共同建设了《大型仪器共享平台网络课程系列》，每周一期。对一系列大型仪器的基本原理、最新应用及日常维护、使用技巧进行了详细的介绍，同时提供了一个技术交流的平台，促进了不同单位之间大型仪器的开放共享，在师生中反响良好。有条件的平台可以开展面向中小学生的科普教育、科技夏令营等公益活动，以提高大型仪器的利用率，同时促进科学教育的普及[11-12]。

### 3.4 建立服务质量评估与监控机制，实现"一站式"服务体系闭环

建立科学的服务质量评估指标体系，对平台的服务质量进行定期评估，同时设计监控机制，及时发现并解决服务中的问题，提高用户满意度和平台的服务水平。比如结合问卷调查和统计分析，挖掘出用户对平台服务的关键需求和改进建议，为服务内容的优化提供更具体的方向和依据。在进行问卷设计中，更加精细地区分不同群体的调查对象，针对性地设计问题，使调查结果更具代表性和可操作性。在信息化平台中设置意见反馈板块，使得用户可以及时对仪器状态、培训内容、使用中遇到的问题和需要改善服务的地方进行反馈，实验人员更容易收到第一时间的意见，及时进行解答和调整，提高整个服务体系的应答效率，实现"一站式"的闭环管理。

## 4 结束语

通过研究构建以需求为导向的"一站式"服务体系的方法和经验，可以为国内外高校大型仪器共享平台的发展提供新的思路和方法，这将有助于提高管理效率、优化资源配置，推动平台的可持续发展。研究成果可以帮助高校大型仪器共享平台实现管理流程的智能化和信息化，简化用户操作流程，提高服务效率和用户体验，可有效解决现有平台存在的管理效率低、服务流程烦琐等问题。通过研究跨机构合作机制，推动不同高校、科研机构之

间的合作与共享，有利于整合资源、提高资源利用效率。同时，通过优化费用管理和收费机制，可以确保平台的可持续运营，推动更多高校加入共享平台。通过服务质量评估与监控机制的建立，可以及时发现和解决服务中的问题，提高平台的服务水平和用户满意度。通过研究信息化平台建设和模型建立，将推动大型仪器共享平台的信息化建设，提高平台的管理和服务水平，有助于优化平台运营策略，为平台发展提供科学依据和支持。

## 参考文献

[1] 陈晨，陆乃彦，范大明，等．大型精密贵重仪器培训体系重构的探索[J]．实验技术与管理，2018，35(8)：273-275.

[2] 刘国根，徐纪成，陈枫．分析测试中心发展之浅见[J]．实验室研究与探索,2003,(6):119-121.

[3] 闻星火，郭英姿，魏婧，等．高校大型仪器共享系统建设实践与探索[J]．实验技术与管理，2010，27(9)：1-5.

[4] 蔡兵，刘姝伶，尹玲娜，等．高校大型仪器设备开放共享的实践与探索[J]．实验室研究与探索，2014，33(2)：259-263.

[5] 冯雪松，周晓东，童华，等．发挥分析测试中心优势建设校级大型仪器共享平台[J]．实验技术与管理，2016，33(9)：246-248.

[6] 王晋，杨景涛，刘瑞，等．欧美等发达国家科研基础设施与大型仪器平台的建设与启示[J]．中国科技资源导刊，2019，51(1)：20-26.

[7] 权颖，林秋星，魏麟苏，等．高校大型仪器设备开放共享的问题分析及对策建议[J]．大众标准化，2021，(20)：236-238.

[8] 余海峰．地方高校大型仪器共享管理现状及应对措施[J]．设备管理与维修,2020,(22):3-5.

[9] 丁小丽，郭玲，刘陶，等．美国高校大型设备共享管理方式及启示[J]．实验室研究与探索，2017(1)：234-247.

[10] 林仙土．基于PDCA循环的高校大型仪器设备开放共享平台研究[J]．中国教育信息化，2020(9)：92-96.

[11] 郑建彬，赵明，宋秀庆，等．高校大型仪器共享平台建设运行中的问题分析与对策研究[J]．实验技术与管理，2021，38(2)：255-258.

[12] 刘韵真．地方高校大型科研仪器共享平台管理现状与思考[J]．长春教育学院学报，2022，38(3)：103-108.

# 高校智慧实验室建设及资源整合的研究与实践

毕卫民[1] 龚彦华[1] 张 轶★[2]

（1. 武汉大学实验室与设备管理处，武汉，430072；
2. 武汉大学信息中心，武汉，430072）

**摘要：**智慧实验室是高校实验室发展的必然趋势。阐述了智慧实验室建设的重要性和发展现状，并介绍了武汉大学在智慧实验室建设与实验室资源整合方面的基本情况和实践成效，研究了智慧实验室的设计框架，分析了当前所面临的问题，指出相关智慧实验室规范化标准的建立是当前高校实验室管理工作的核心。为高校实验室管理工作提供了有益的对策和建议。

**关键词：**智慧实验室；大型仪器；开放共享；资源整合

## 引言

高校实验室在大学的传统三大职责——人才培养、科学研究、社会服务中扮演着重要作用，是教学、科研、实践的主要载体[1-2]。随着近年来高等教育事业的不断深入和高速发展，在国际化人才教育、原创性科学研究、实验安全等方面对高校的实验管理工作提出了更高要求。新环境下的高校实验室管理工作既要合理使用最新的技术手段，同时也要善于进行资源整合[3-4]。

所幸，随着人工智能、云计算[5]、大数据[6]等新技术的发展，“智慧实验室”将为高校实验室管理工作带来更多便利，创造更广阔的发展空间和更多的创新机遇。“智慧实验室”的发展趋势是更加注重科学技术与管理工作的融合，利用先进的实验技术和数据分析方法，获得更丰富的研究成果，提高实验室的管理效率。

---

**作者简介：**毕卫民（1970— ），男，部长，研究方向为实验室管理；龚彦华（1984— ），女，事业6级，研究方向为大型仪器设备及开放共享管理；张轶（1982— ），女，工程师，研究方向为智慧校园（通信作者）。

**基金项目：**中国高等教育学会2023年度高等教育科学研究规划课题“管理视角下的高校智慧实验室数据一体化构建研究”（23SYS0101）。

## 1 智慧实验室建设的重要性

虽然“智慧实验室”目前并无标准的定义，但是从IBM公司提出的“智慧地球”概念出发，“智慧”需要有三大要素，分别为仪器（Instrumentation），互联（Interconnectedness），智能（Intelligence），即通常所称的“3I”。所以“智慧实验室”实质就是利用先进的IT、互联网技术，嵌入感应器等，并通过互联网形成“物联网”，再利用大数据云平台海量存储、智能分析和深度计算，将传统实验室与智能化技术相融合，形成现代化的实验室。

“智慧实验室”可应用于很多学科领域，在实验室管理研究领域中，主要包括以下几个核心组成要素。

（1）感知和控制设备。具备感知实验室环境及状态的设备，包括具备测量环境信息温度传感器、压力传感器、湿度传感器；感知设备状态及样件状态的FRID信息或二维码的识别器；感知人员面部状态的高清识别器等。还包括控制型设备，包括门禁，实验设备使用状态终端等。

（2）数据决策能力。通过计算机存储与运算，处理感知和控制系统传导的数据，强调采集数据信息的管理和深度分析，为实验室管理者提供决策支持。

（3）远程协作能力。实现实验室的实时监测，通过远程访问工具或平台，展示感知设备的监测数据及控制型设备的实时状态，让实验室管理者可以随时掌握和管理实验室。

（4）安全可靠性。智慧实验室着重可靠性管理，通过详细的参数匹配，确保故障发生时实验室的不间断运行，数据零丢失，实验室感知和控制设备能维持服务。同时，采取相应措施防止未经授权的访问和数据泄露，确保实验室数据安全、网络可靠。

（5）提高管理效率。基于现代数据实时采集手段，通过信息化管理系统建设，使用数据统计与分析方法，简化工作流程、无纸化办公、实验预约、耗材管理、材料采购、痕迹化管理，以达到提高管理效率的目的。

（6）促进协同创新。帮助跨领域、跨学科的不同科研团队在科研创新上进行交叉融合。

（7）资源整合有效利用。有利于实验室资源整合、并对实验室的共享开放具有良好的促进作用[7]。

总之，高校的智慧实验室不仅可以推动科研创新和人才培养，还可以提升实验室管理水平和效率，增强安全性。智慧实验室建设的特点与资源整合方面的需求具有天然的契合性，是进行高校实验室资源有效利用和资源共享方面的有效手段。建设好自身的智慧实验室将为高校的高水平发展持续赋能。

## 2 智慧实验室建设的现状

近年来，随着高校信息化进程的不断深入，大部分高校已完成高速校园有线网及无线网络覆盖等基本硬件条件建设，同时信息中心以校园大数据为出发点覆盖了学校教学、科研、行政及后勤管理等各项业务[8]。然而，高校信息化建设水平距离“智慧化”管理还有一定的差距，具体表现为下列几点。

（1）缺乏顶层设计。在实验室建设与管理方面没有系统性的设计和规划，实际管理中，往往是“发现问题、解决当下”，面对纷繁的实验室情况缺乏前瞻性的思考和统筹管理思维。

（2）管理功能单一。实验室管理涉及不同的环境、人员、设备以及不同的学科背景等，目前高校职能部门对于实验室管理通常只停留在简单“大仪共享”“实验室开放”“实验室安全”等单一的管理实现，没有综合实验室的特点、需求进行系统管理。

（3）缺乏技术标准。“智慧实验室”的搭建建设要确保数据集中化、内容定制化、流程规范化，最终实现各类信息共享。目前高校实验室建设缺乏统一的技术标准和规范，导致各高校在建设过程中存在不一致性和参差不齐的现象。

（4）技术整合困难。“智慧实验室”中涉及多项技术，如传感器、人工智能、大数据分析等，搭建的硬件设备来自不同厂家，一方面实验室需要整合适合的技术，另一方面不同技术之间的兼容性和互联互通问题则成了制约因素。

（5）安全与隐私保护问题。实验室所产生的数据安全性和隐私保护问题备受关注，确保数据的安全存储、传输与应用非常重要。建立稳妥的安全机制，加强“智慧实验室”的安全保障措施也是一大挑战。

高校实验室管理的职能部门通过实际操作和管理创新，助力实验室更好发挥理论实践和科学创新作用，提升实验室运行效率、管理水平，提供更好的服务和支持。总体看来，职能部门对智慧实验室的建设可在如下几个方面发挥作用。

（1）制订管理规范和标准。职能部门首先需要建立起科学、规范的实验室管理流程和操作规范，明确各项管理要求，统一实验室管理标准，有助于管理科学化、规范化，降低操作风险，为实验室的数字化转型奠定基础。

（2）引入先进的信息技术。通过引入先进的信息技术和软件系统，提高实验室智能管理水平，如实验室管理软件、设备预约系统、数据管理系统等，实现实验室的智能化运行和数据化管理。这将提高实验室的效率和准确性，减少人为错误。

（3）建立全面的安全管理体系。制定健全的安全管理体系，包括实验室安全手册、紧急预案等。加强实验室安全意识教育培训，建立安全巡查和事故应急处理机制，确保实验室人员和设备安全。

（4）推动设备共享和资源互联互通。与其他实验室、机构合作，推动设备共享和资源互联互通。通过建立设备共享平台，形成设备资源共享的联盟，提高设备利用率和资源配置效益。

（5）提供专业的技术支持和培训。组织统筹实验室人员提供专业的技术支持和培训，包括设备操作培训、数据分析方法、教学实践、科研应用等方面。提高实验人员的技术水平，促进科研创新和技术发展。

（6）实施绩效评估与持续改进。建立科学的绩效评估体系，对实验室的运行情况进行定期评估和考核，通过数据分析和用户反馈，发现问题和不足，并根据评估反馈的结果进行持续改进，提高实验室的管理水平和服务质量。

综上所述，职能部门在智慧实验室管理中可以通过制订管理流程、引入信息技术、加强安全技术管理、推动仪器设备资源开放共享、提供技术支持等创新实际操作，推动实验室“智慧”管理[9]，提高管理效能。

# 3　智慧实验室高校实践

## 3.1　武汉大学智慧实验室建设情况

武汉大学作为著名的综合性大学，在智慧实验室建设方面深耕多年。基于长期实际经验，多年的探索研究和不断改进，实现了采购论证、设备登记、资产处置、仪器预约、共享开放、耗材管理、安全准入、危险源管理、实验教学、虚拟仿真等等全流程的实验室管理方案及管理预案。

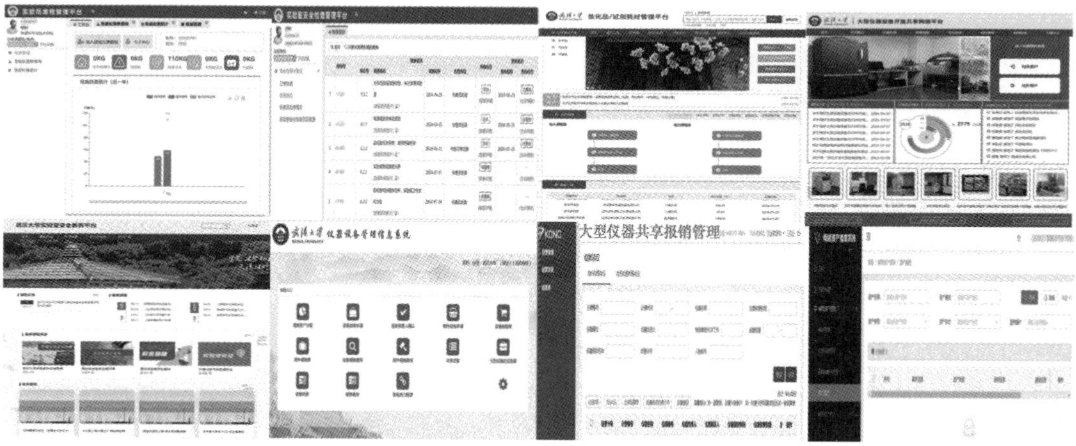


图 1　武汉大学各类智慧实验室管理系统

详细说明如下。

（1）实验危废物管理平台。平台对不同应用场景及可能的情况进行了细分，分为了校级管理员、院系管理员、课题组负责人、普通用户等多种用户身份。可以对危废物的流向进行层层追踪。平台作为智慧实验室建设中的一环，其“智慧”体现于，通过上游关联系统的大数据及课题组使用习惯等，可以预测、及时提醒用户或管理员按时进行危废物处理，并对回收对象进行科学分类，可以同步科研项目周期对液体、固体、废旧化学试剂等实验产物进行统计分析。

（2）实验室安全检查管理平台。为实验室日常安全检查、隐患整改、实验室安全检查项目提供管理服务的平台，平台允许各级巡查员随时记录实验室安全检查情况，并第一时间将隐患情况通知实验室负责人，实验室负责人需要针对问题积极完成整改，并在规定的时间内在平台上提交对应的整改措施和整改结果。平台创新性地引入了学生安全员的角色，允许学生安全员在日常的学习工作中对任何潜在的安全隐患随时拍照随时记录。

（3）危化品 / 试剂耗材管理平台。与实验室废弃物管理平台自主申报的模式不同，武汉大学要求所有实验室用试剂耗材从进入实验室的那一刻起，须做到统一购买统一管理。供应商、课题组用户、学校管理部门三方在平台上协同协作，学校遴选了众多的试剂供应商，并监督供应商做好档案管理、商品管理、分类管理；课题组需做好自身订单管理、成员管理等。对于处于管控目录中的危化品，从管控办证、备案登记、超量审核等各环节起进行全生命周期管理。实际实验室中危化品的存放与使用，严格规定使用危化品安全柜，双人双锁，配合先进的物联网技术，对每次开关柜门进行视频录制、系统自动采集并上传使用人、使用时间等使用记录，并要求登记试剂用量等数据信息。

（4）大型仪器设备开放共享网络平台。科研水平往往与高校所拥有的高精尖科研设备密切相关。武汉大学将全校各课题组、各院系、各科研平台上单值超过 40 万元的科研设备全部纳入大型仪器设备开放共享平台统一进行管理。平台登记注册的仪器设备涵盖了物理学、化学、生物学、医学、药学、材料学、工学、信息学等多学科领域，包含了样品制备、器件加工、性质测试、分析表征等全面的科学研究过程。全校在籍师生均可通过该系统，查询所需的仪器设备，进行预约登记。该平台同样作为"智慧实验室"构建中的一部分，除常规仪器介绍、实验功能查询、共享预约之外，还具有多种智慧实验室的技术手段，例如，利用学校统一短信平台通道，对临近预约实验的同学进行短信推送，提醒预约实验时间；利用近场通信技术（Near Field Communication, NFC）对预约者进行身份验证，并开放相应时段的门禁系统；鼓励用户在平台上对所用仪器设备支持发表的高水平论文进行成果管理；通过关联使用数据、成果信息等支持用户申请校内测试补贴经费；平台具有遵循（rerpresentational state transfer, RESTful）表现层状态转移架构规范的 RESTful API 接口，可以将仪器设备使用数据、共享信息进行传递。为了便于国家层面对大型科研设备的共享工作和资源调配进行统一规划管理[10]，该平台与科技部大型仪器设备共享平台进行对接。

（5）实验室安全教育平台。进行实验室安全培训，讲解实验室安全案例，根据各种实验室自身特点，开展线上实验室安全准入考试，并作为实验室准入资格要求之一。

（6）仪器设备管理信息系统。仪器设备作为实验室最重要的资产，仪器设备管理系统从最开始购置设备时进行购置论证备案、进口设备所涉及的免税进口管理、设备验收申请、资产建卡、维修维护、资产清查等。各类数据信息的有效无障碍互通是智慧实验室的特点。

该系统在资产管理过程中与学校的招投标系统、财务系统、大仪共享系统密切联系，为其他智慧实验室系统提供数据支撑。

（7）大型仪器共享报销管理系统。长久以来限制着高校实验室资源共享和大仪设备共享的一个因素是，在有偿资源利用中，测试费、资源使用费往往限于烦琐的财务报销流程，导致管理者不愿开放，使用者不敢使用。学校在大型仪器共享配套的管理服务方面下足功夫，统一独立了全校大仪机组收款账户，直接对接财务系统，一次测试自动关联并生成单次无纸报账单，为大仪共享工作在实际落地应用中碰到的困难在政策层面扫清了障碍。

（8）网络资产备案系统。智慧实验室另一个特点是有利于将所有管理对象纳入统一的管理。传统的实验室资产往往指的有形的仪器设备，但随着当今的高速发展，科学研究中所需的无形资产也越来越多。例如，在某一领域进行模拟计算或理论预测用的专用软件；加速器、辐射光源、天文望远镜等大科学装置所获得的海量数据及其配套所需的专用网络带宽等。

（9）各类智慧实验室系统。限于篇幅，图 1 所展示的仅是实验室建设中的少部分，武汉大学在智慧实验室建设方面还做了许多努力，例如，针对通识教育中《大学物理实验》课程的开设，上线并运行了相应的智慧实验室系统，方便本科生就物理实验进行预习、预约上机、撰写实验报告；学校建设了数个具有较好成本效益同时兼顾灵活性和创新性[11]的虚拟仿真实验室；又如武汉大学新闻传播国家级教学示范中心结合自身专业特色，开发研制了允许学生借用使用相机、播录音设备的智慧实验室管理系统；信息学部中广泛使用的野外测绘设备智能管理系统等。

学校智慧实验室建设已取得较好的成效，以大型仪器设备开放共享网络平台为例，目前平台已整合院系、国家重点实验室、科研平台等共计 2175 台套的大型仪器设备，登记科研课题组 1148 组，注册校内师生 9990 人，多台套大型仪器设备年服务机时均超 2000 小时，是近年来学校高水平科研论文的重要支撑。

### 3.2 智慧实验室设计架构

智慧实验室具体实现的功能多种多样，但其系统基本设计架构已较为成熟[12-13]，如图 2 所示，系统框架可以抽象为 5 层结构，系统的最底层是数据采集层，即从各类数据终端获取数据，既可以来源于成熟的仪器设备也可以从各类简单传感器获得。所有数据均需通过特定的通信接口或通信总线进行交互。例如，科研用仪器设备通常会具有 GPIB 总线接口，配以 SCPI 指令集，在传输仪器设备实时数据和测试曲线的同时，还可以对仪器的实验过程进行编程和控制。实验室常见的各类传感器，温湿度、烟感等功能较单一的传感器往往以 I2C 总线的形式进行数据传输。对数据精度要求较高的，如压力、压强、流速等各类仪表或流量计等设备则通常基于 Modbus 协议。而门禁系统中常用的 M1 卡读卡器及指纹识别器更多采用的是 RS485/RS232 协议。音视频终端如视频监控等则为基于 Ethernet 方式的 IPC 协议。

数据采集层获取的原始数据依赖于特定的硬件和软件协议，需要转化为特定格式的数据流。通过不同的协议网关或物联网网关等将原始数据转化为通用的以太网数据帧[14]，并在因特网上进行传输。在获得清晰的数据后，则可以用各式服务器、微服务程序对数据进行处理，代入业务流程或进行分类存储至数据库中。该部分的业务处理逻辑称为后台服务。

在经过后台服务程序处理后，所有的数据信息均以标准化格式化的形式存储于关系型或内存数据结构型或文档型数据库中。众多设备数据汇聚在一起，称为设备数据池，可以对数据池内的大量数据进行融合、过滤、提取特征值等操作。

智能应用层中的程序在设备数据池的基础上，可实现实验室的智能感知、数据分析统计、生成决策判断等智慧实验室所需功能，并在个人电脑、平板、嵌入式设备、手机等终端上进行展示和应用。

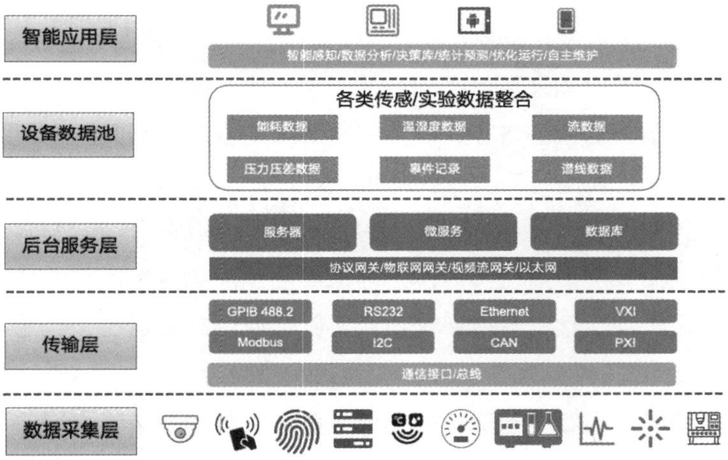


图 2　智慧实验室系统构建架构示意图

## 3.3　智慧实验室建设标准建议

图 3　智慧实验室规范化建设标准

智慧实验室发展至今，技术手段已不再是制约其发展的主要因素，结合本校实际实验室管理经验提出一些关于智慧实验室建设方面的建议。

在当前实际应用中智慧实验室系统容易出现的两个不足：各子系统容易“各自为政”，由于自定义数据格式的不同，导致不同子系统间存在数据屏障；由于各开发团队设计思路、开发习惯的不同，部分系统功能明显脱离实际应用场景。

解决上述问题，智慧实验室建设的当务之急是各类标准的建立。此处所说的标准化并非简单的通讯或数据格式的标准化，而亦包含政策的标准化、业务流程的规范化等多个方面。如图 3 所示，智慧实验室的建设需要在至少四个方面建立相应的标准规范。

首先，毋庸置疑实验室各类科研活动所产生的实验数据需要进行标准化分类、标准化存储、标准化定义。在其他专业领域，例如 HL7（Health Level 7）是一组用于医疗信息交换共享，传输临床数据，包括病历、实验室结果等的国际标准。ISO 20022 是用于金融服务信息交换的国际标准。而实验室相关方面的数据并没有类似的标准可以参考。

其次，智能化技术手段也是智慧实验室的一大助力，既有侧重于数据分析的人工智能 AI，也有侧重于自然语言处理的 NLP，即使相同的人工智能模型其神经网络拓扑构架及输入输出参数也可能具有较大差别[15]。这会导致不同的人工智能架构面临不同实验室中不同的应用场景的表现会有所不同。也同样需要建立一套相应的规范指导。

再次，面对智慧实验室更为迫切的是管理层面的制度规范标准化的建立。管理制度既要十分完善同时又不失灵活性，既能保证贴合实际情况的持续运行，也能对特殊情况做出快速反应。

最后，仪器设备的共享和实验资源的整合是高校实验室的必然发展方向。持续地、良好的开放共享是对智慧实验室建设的正向回馈。因此建立适合智慧实验室的共享标准和资源整合标准也十分重要。

## 4 结语

仪器设备的共享、智慧实验室的建立将是高校教学、科研任务的重要条件支撑，会提升实验室的综合管理水平，是对实验室这一管理对象，协同与统一相结合、高效、多资源充分融合利用的最好管理方法。武汉大学利用最新智慧实验室技术方法统一管理了全校科研大型仪器设备提高了开放共享效益，将实验室资产管理、实验室教学、实验室安全保障、实验室采购等实验室资源进行融合，并进一步与学校财务部、招投标中心等各类管理资源进行深度整合。实现了高校实验室管理工作的优势互补，在人才培养、科研支撑、社会服务等方面取得较好成效。

## 参考文献

[1] 冷鑫，贾文涛，李剑利，等．高校实验室资源管理创新探究[J]. 实验室研究与探索，2022,41（3）:273-276,286.

[2] 楚华琴，时娜，于宝证．高校大型精密仪器设备使用现状及高效管理模式探讨[J]. 实验室研究与探索，2022,41（11）:308-312.

[3] 吴中全，李朝明，刘峰．高校实验室与设备综合管理系统的构建与实践[J]. 实验技术与管理，2020,37（11）:11-14.

[4] 焦洁庆，张燕．协同理论视域下高校双创实验室建设路径研究[J]. 实验技术与管理，2021,38（1）:247-254.

[5] 吴青林，王焱．基于"云计算＋物联网"的高校智慧实验室探索与实[J]. 实验室研究与探索，2022,43（2）:226-230.

[6] 任怡然，祁晓飞，周圆．大数据时代高校科研技术平台网络化管理研究[J]. 实验室科学，2023,26（5）:149-152.

[7] 祝林，陈嘉琪，褚英敏，等．华南地区大型科研仪器共享现状分析及启示[J]. 中国科技资源导刊，2019,51（2）:1-8,21.

[8] 赵文静，刘葵．基于 AI/ 物联网的高校智慧实验室建设[J]. 实验室研究与探索，2022,41（12）:163-167.

[9] 叶辉，王雷，马中文．安徽农业大学大型仪器资源整合开放的物联网管理与应用[J]. 中国科技资源导刊，2019,51（3）:29-34.

[10] 杨芳娟，梁正，薛澜，等．国家重点实验室建设计划的运行成效分析[J]. 科学学与科学技术管理，2019,40（2）:26-39.

[11] 许丽，王鸿鹏，刘觉晓，等．面向虚拟仿真实验教学的高校公共实验室研究[J]. 实验技术与管理，2019,36（11）:262-265,269.

[12] 石磊，庄志洪，李博．基于"智慧实验室"的高校实验室信息化探究与实践[J]. 实验室研究与探索，2023,42（7）:269-273.

[13] 王雁南，王天天，孙红文，等．基于物联网的大型仪器实验室管理系统设计与实现[J]. 实验室研究与探索，2020,39（11）:266-268,304.

[14] 朱俊杰，李勇，郑志安．基于信息深度融合的智慧型实验室管理系统[J]. 实验室研究与探索，2021,40（11）:228-232.

[15] 高松．地理空间人工智能的近期研究总结与思考[J]. 武汉大学学报・信息科学版，2020,45（12）:1865-1874.

# 实验动物资源共享服务平台建设研究

刘聪林[1]　陈军云[2]　陈晓莉[1]　姜　鲲[1]　马晓璐[3]

（1. 湖北省科技信息研究院，武汉，430071；
2. 湖北省科学技术厅基础处，武汉，430071；
3. 湖北东论国际会展有限公司，武汉，430071）

**摘要**：实验动物资源共享平台建设研究，以保障生物安全为目标，通过分析实验动物行业需求及资源特点，综合运用“制度加技术”手段，一体化部署实验动物科研管理和监督评价工作。面向政府管理部门、实验动物生产使用单位、第三方检测机构等服务对象，着力构建包括实验动物设施管理、实验动物生产使用监管、实验动物伦理审查、实验动物福利保障、技术交流与合作等全链条、多方位的行业数据共建共享服务体系，实现对实验动物生产使用全流程数据智能化存储、管理、分析。从而为政府部门提供产业决策依据；为实验动物生产使用单位提供溯源查询路径，为科研院所基础研究提供成熟资源，为生物安全及公众健康提供数据支持。

**关键词**：实验动物；管理；资源共享；平台

## 引言

实验动物资源是支撑国家科技创新与发展的基础性、公益性的重要战略生物资源[1]。实验动物在医学、畜牧兽医学、药学、环境科学等科学领域内的作用越来越显著，已成为生命科学及相关科学研究的重要支撑条件。

近年来，实验动物行业资源数据量、数据内容、数据形式均有了爆炸式增长。如何收集、利用行业内产生的不同类型的共享数据，使之更好地为行业发展助力，成为各省都在研究的普遍性问题。建设实验动物资源共享平台的是一直以来当前科研领域的一个重要趋

---

**作者简介**：刘聪林（1984—　），女，助理研究员，研究方向为实验动物信息化。陈军云（1970—　），男，一级调研员，研究方向为实验动物科技管理。陈晓莉（1980—　），女，副研究员，研究方向为科技基础条件平台建设；姜鲲（1972—　），女，副研究员，研究方向为科学信息管理。马晓璐（1986—　），女，助理研究员，研究方向为科技信息管理。

势，旨在提高实验动物的利用效率，促进科研资源的共享，加速科研创新的步伐。

# 1 国内外实验动物行业现状分析

## 1.1 国外实验动物管理与法规建设情况

联合国教科文组织、国际医学组织联合会、国际生物学协会于 1956 年共同发起成立了国际实验动物委员会（ICLA）。1961 年，ICLA 组织的活动与 WHO 的合作，1979 年，ICLA 更名为国际实验动物科学协会（ICLAS）[2]。

美国联邦政府出台了实验动物福利法，每年会根据具体情况对法律进行修订更新。与此同时，美国多部门也出台了多部法规、政策条例等用于规范实验动物饲养，以及科学研究、检测和教学中的实验动物使用。

日本、韩国也陆续出台了相关法律规章，用以规范相关领域杂志文章的发表及资源保存和共享服务的推进。欧盟各国也采取多国合作、集中研发的形式，成立了欧洲遗传工程小鼠种子中心（EMMA），并建立了资源使用联盟，向全球提供各类小鼠种质资源[3]。

近年来，实验动物资源共享合作已逐步成为全球趋势，共享合作有利于增进各国实验动物资源的共享与利用。目前，全球已经形成了多个以信息共享为主的非营利性实验动物资源联盟。如由北美和欧洲研究者牵头成立了“国际小鼠基因敲除联盟”，全球 10 余个小鼠研究机构合作共同成立了小鼠表型分析联盟等[4]。

## 1.2 我国实验动物生物安全管理现状

我国早在 1988 年就出台了《实验动物管理条例》，1997 年 12 月，我国就发布了政策明确了国家级和省级实验动物许可证管理等相关规定。2001 年 12 月，国家相关政策要求取得了实验动物生产及使用许可证方可获得相关科技立项审批。2022 年全面深化“放管服”改革、转变政府职能、优化营商环境的决策部署，全面落实实验动物许可“证照分离”改革举措。通过优化实验动物许可证审批服务流程，加强和创新事中事后监管，切实推动实验动物许可审批减材料、减程序、减环节，切实履行监管职责与实验动物机构主体职责，营造公开公平、便捷高效的市场准入环境。

随着生命科学的不断发展，实验动物在医学、药学、生物科学、畜牧兽医学、环境科学等科学领域发挥着不可替代的作用，已成为生命科学以及相关科学研究的重要支撑条件。从一定意义上来说，实验动物科学的发展水平代表着一个国家或地区的生物科技发展水平。如何收集、利用行业内产生的不同类型的数据，通过恰当的方式实现共建共享，使之更好地为行业发展助力，是目前各省都在研究的普遍性问题。汇集实验动物行业数据的公共服务平台作为资源共享的载体与抓手近年来，全国发达省市也都先后建立了自己的实验动物信息平台，同时也向着更专业功能更细分的方向不断发展[5]。

## 1.3 湖北省实验动物管理现状

### 1.3.1 实验动物资源对科技创新的支撑情况

据最新资源调查统计：通过我省科技工作者多年的不懈努力，我省除具备常规的 8 个品种、15 个品系实验动物资源外，还引进、培育了大量用于精准医学创新研究的基因工程小鼠资源和转基因大鼠资源。

2022 年我省各实验动物机构通过实验动物技术平台共发表高水平论文 3906 篇，其中 SCI/EI 论文 2478 篇、中文核心期刊 1428 篇；获得各级各类奖项 108 项，其中国家级奖励 12 项、省部级奖励 51 项，其他奖项 45 项；获得专利 473 项，其中发明专利 306 项，实用新型专利 167 项；发表专著 14 本；标准 52 个；充分展示了实验动物行业数据资源的丰富性，也显示了我省在生命科学创新研究领域的实力。

2022 年我省各实验动物机构通过实验动物技术平台承担国家级科研项目 951 项，省级科研项目 428 项，其他级别科研项目 610 项；研发产品数量 721 个，生产产品种类数 4619 个，直接和间接相关产品的产值达 145520 万元。开展动物实验项目总数 23510 项。这些数据经过一年的调查统计分析整理，尚未全面覆盖所有。

### 1.3.2 政府管理及法治化建设情况

湖北是科教大省，是全国饲育、应用实验动物比较多的省份之一。其中生物医药产业是带动全省经济发展的高新技术产业的重点[6]。

自 20 世纪 90 年代开始，我省从宏观上加强了实验动物规范化管理。2005 年 7 月 29 日，湖北省人大第十届第 16 次常委会通过了《湖北省实验动物管理条例》，并于 2017 年、2022 年予以两次修订。2006 年 5 月，湖北省科学技术厅发布《湖北省实验动物许可证管理办法》，并于 2023 年 7 月予以修订。随着两部政策法规的制定出台及完善，我省实验动物工作更加有法可依，实验动物科技管理工作进入了一个新的发展阶段。

2022 年初，湖北省科学技术厅研究制定了《湖北省实验动物许可“证照分离”改革工作实施方案》《湖北省实验动物生物安全风险管理指导性意见》两个规范性文件，在优化营商环境的同时强化底线思维，切实加强实验动物生物安全风险管理。

### 1.3.3 实验动物行业信息化建设情况

在实验动物资源共享与服务方面，湖北也走在各省市前列。2006 年湖北省启动了实验动物公共服务网的第一版建设工作，平台由省科技信息研究院承建。2009 年，“国家实验动物行政许可管理服务平台”由我省研发并推广，2011 年开始在 8 个试点省市运行，2013 年全国推广，覆盖了全国大部分实验动物生产、使用单位。原平台利用现代信息手段，整合实验动物网络信息资源，对实验动物行政许可审批过程进行动态管理、对实验动物生产和使用情况进行动态监控、督促设施管理人员完善设施管理，对全国各省市实验动物行政管理、质量控制进行监督指导，形成全国性的实验动物管理体系，促进国家实验动物管理、服务创新，促进实验动物市场的规范发展。

但随着原省级平台建设年代久远，代码趋于陈旧、与现有业务流程不能完全匹配。近年来，我省实验动物行政许可持证单位陆续建立了一批与自身业务相匹配的实验动物资源平台。这些平台多以“局部化、碎片化”方式构建，缺乏顶层的整体规划和统一布局，导致平台收集的资源数据缺失、应用功能不齐全、综合服务能力不高[7]。协同服务不通畅，共享机制和监督评价机制缺失，不利于全省实验动物资源的共建共享。

## 2 平台建设的目的与意义

2024年政府工作报告强调，要加快前沿新材料、创新药等产业发展，积极打造生物制造等新增长引擎。生物医药行业作为具有典型新质生产力特征的行业代表，迎来了新的发展机遇。实验动物作为生物医药行业的研究基础，是创新产生的来源，也是研究成果现实转化的必经通道。在保障生物安全的前提下，发挥实验动物行业资源的乘数效应，是推动生物医药产业可持续创新发展的必由之路。随着生物医药产业对实验动物质量要求越来越高，对实验动物相关信息的要求越来越多、越细，所以对实验动物资源进行全方位管理，实现资源的共建共享迫在眉睫。主要表现在：

### 2.1 智慧政务发展趋势的需要

在“大数据”飞速发展的今天，我国政务信息的过程随之增速。伴随着一系列新技术的应用，政务信息化向着智慧化智能化方向推进。一方面，实验动物行业相关数据信息越来越多，政务公开要求越来越深化、透明，另一方面，我省实验动物产业目前发展迅速，需要在实验动物各个环节加大管理服务力度，借助大数据技术高效率、广辐射的特点，实现对实验动物行业数据的智慧化管理显得尤为必要。

### 2.2 生物安全与公共卫生的需要

实验动物关系到生物安全问题，而生物安全问题影响着社会的公共卫生、生态环境以及人类自身安全。在实验动物生产和使用过程中，防范意识薄弱会造成很大的生物安全隐患。应用大数据、物联网等领先技术，构建包括实验动物设施管理、实验动物生产监管、实验动物使用监管、实验动物福利保障、技术交流与合作等全链条、多方位的实验动物行业科学数据共享服务体系，将更加规范、系统地对实验动物行业各环节细致把控，严格防范，守牢生物安全底线。

### 2.3 区域合作及信息共享的需要

实验动物是科技创新发展的基础性和战略性生物资源，是生命科学研究的关键支撑。

由于地域环境及其他因素影响，各省市实验动物资源品系分布存在差异，构建基于生物安全的科学数据创新服务体系，收集、整合、保存全省、全国范围内实验动物资源数据，有利于推动省内外生物科技领域资源共建共享。

### 2.4 数据存储与数据安全的需要

实验动物资源的生物学数据和图谱数据是生命科学研究中必不可少的基础数据。持续不断地采集、更新、保存实验动物资源生物学数据。建设专业的科学数据采集存储整理利用体系，将有效提升实验动物资源的安全性，以保证资源数据的完整有效、实时可用。为生命科学研究提供重要的数据支撑，加快我省生物医药产业新质生产力的形成。

## 3 平台建设的主要内容

### 3.1 总体目标

本平台以资源共建共享为核心，以全面提升科技对实验动物行业的支撑和引领作用为宗旨，以规范实验动物行业行为、提高全国实验动物行业管理水平、构建和谐安全的社会环境为重点，面向政府管理部门、实验动物生产使用单位、第三方专业机构等服务对象，着力构建包括实验动物设施管理、实验动物生产使用管理、实验动物福利保障、从业人员等信息发布与咨询、技术交流与合作等全链条、多方位的实验动物资源共享管理服务体系。

### 3.2 系统架构

本平台将根据湖北省实验动物管理总体业务框架，拟建设成为实验动物业务全流程、面向实验动物产业上中下游全链条用户的一站式实验动物信息管理及服务的平台。通过持续积累实验动物管理服务工作中的数据形成实验动物大数据库，为科技计划决策提供支撑，营造国家实验动物产业安全、创新、发展、稳定、和谐的新局面。

基础数据包括平台运行过程中产生的全部业务数据，包括政策法规信息，许可证信息，从业人员信息，行业资源信息，行业专家信息等。

八个子系统与九个功能模块之间采用松耦合系统架构，子系统所需数据均有功能模块中的使用数据进行支撑。同时，平台需对接省统一身份认证平台、科技厅统一身份认证平台、科技厅统一受理平台、省电子证照库，真正实现让数据多跑路。

平台用户层涉及政府管理部门、实验动物生产、使用方、第三方检测机构及行业专家等。平台门户采取统一入口、统一登录、统一消息、统一服务等功能，为用户提供一站式办理实验动物相关业务的功能如图 1。

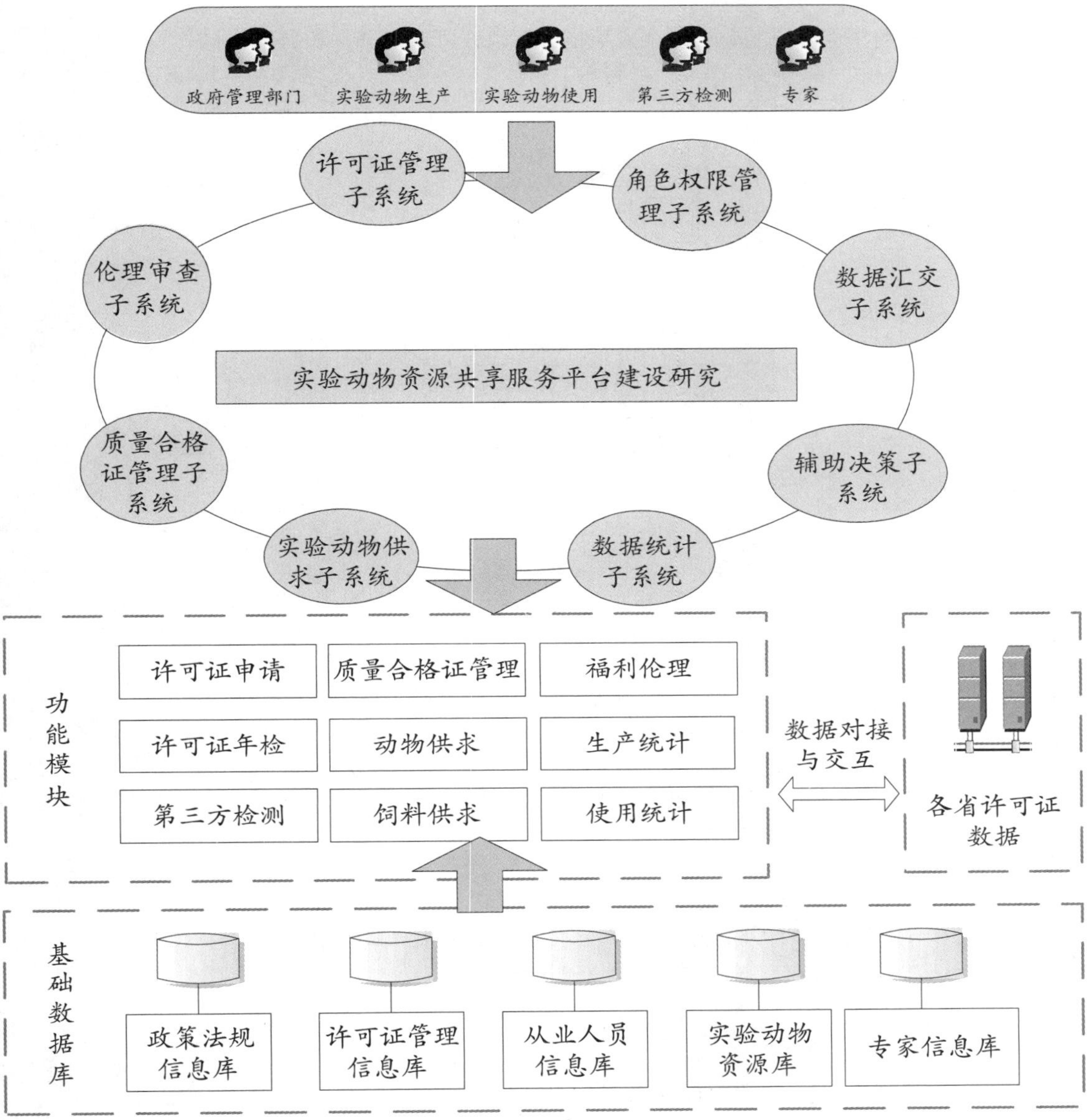


图 1　实验动物资源共享服务平台建设研究

## 3.3　业务流程分析

### 3.3.1　实验动物行政许可初次申请流程

目前，湖北省实验动物许可证申请需在湖北政务服务网提交材料，材料提交后会进行材料初审，组织专家验收。根据《湖北省实验动物许可“证照分离”改革工作实施方案》相关规定，申请材料由八项缩减为三项，审批时效缩短为八个工作日（不含材料补正及组织专家验收时间）。具体流程如图 2。

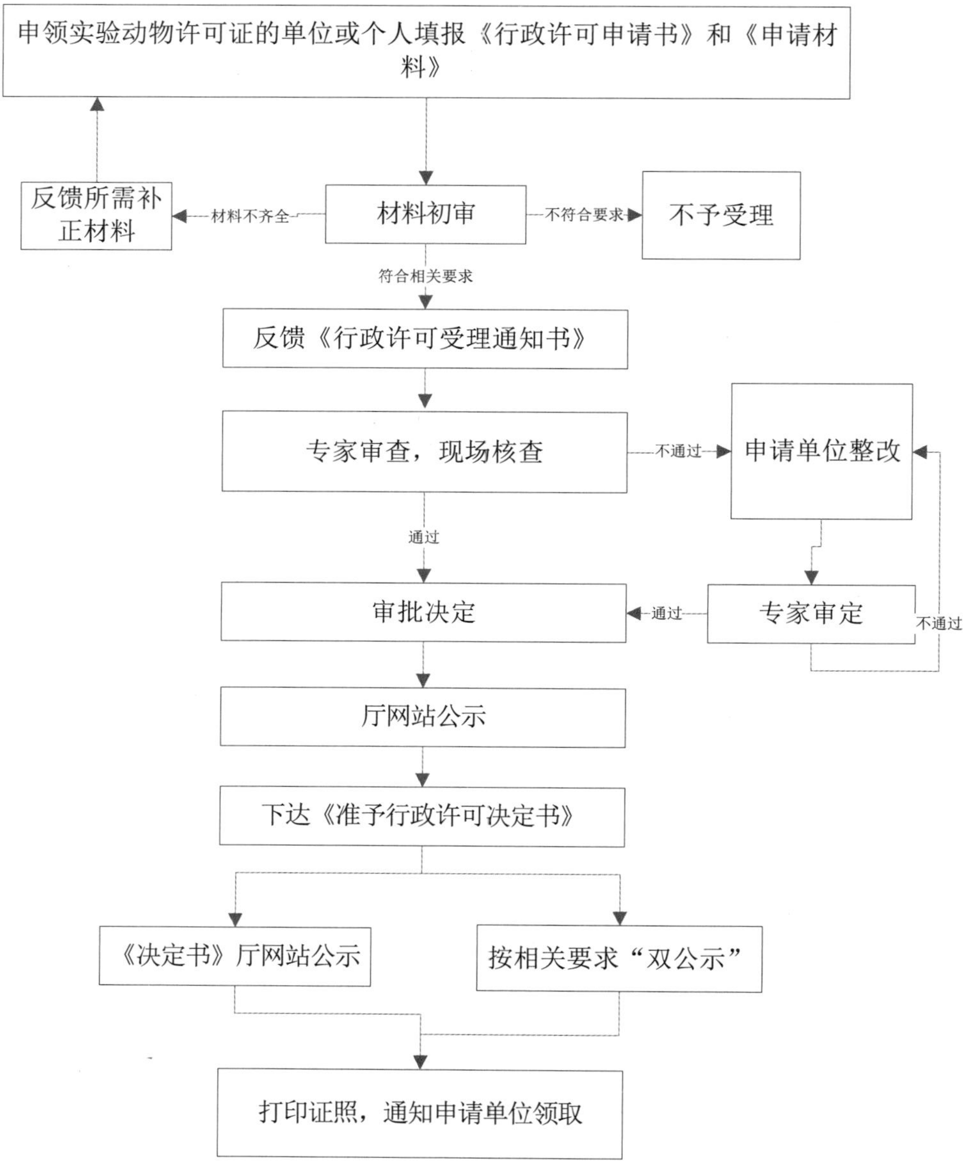


图 2　实验动物行政许可初次申请流程图

3.3.2　实验动物许可证年检工作流程

湖北省实验动物许可证年检包括现场检查和材料审查。现场检查是由省科技厅委托第三方质量检测机构对生产单位的实验动物质量和使用单位的设施环境进行检测。材料审查环节持证单位根据当年年检通知相关要求报送材料，省科技厅组织专家根据年检材料和第三方质量检测机构检测情况进行评审。综合年检材料及专家现场审查意见，提出年检结论建议。具体流程如图 3。

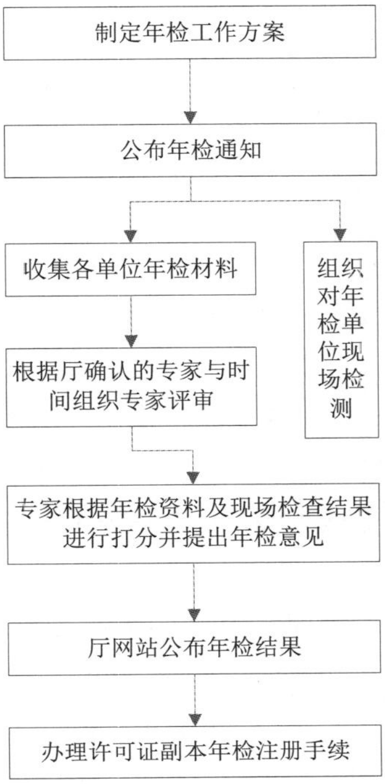


图 3　实验动物许可证年检工作流程图

### 3.3.3　实验动物“双随机、一公开”检查工作流程

为加强实验动物生产使用的事中事后监管，省科技厅每年开展对全省实验动物生产使用单位的“双随机、一公开”检查，2021—2023 年三年共计完成 75 家的检查工作。通过事中、事后监管，对涉及生物安全的研发和应用进行全程监管，确保技术的合法性和安全性。有力促进了行政许可的高质量管理。我省实验动物“双随机、一公开”工作流程见图 4。

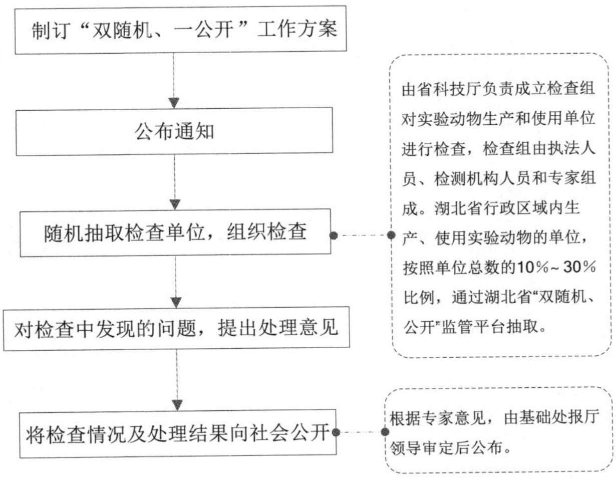


图 4　实验动物“双随机、一公开”检查工作流程图

3.3.4　开具质量合格证工作流程

实验动物质量合格证是对实验动物质量的一种认证，证明实验动物符合特定的质量标准和要求。质量合格证的开具分为“省内对省内单位开具质量合格证”或“省内为外省单位开具质量合格证”，或“省外为省内开具质量合格证”三种情况。具体流程如图 5。

图 5　实验动物质量合格证开具流程

生产单位登录系统后，选择动物实验单位，确定动物实验单位的使用许可证编号，输入相关信息，确认后点击确定即开单成功。系统设计在原有界面基础上选择动物品种品系后有编辑输入框，用以满足基因工程类等特殊开具需求。

3.3.5 开具设施使用证明工作流程

实验动物使用许可单位依据开具的实验动物质量合格证，开具设施使用证明，作为合法性依据。使用单位登录系统后，选择动物实验对应的质量合格证、设施类别等信息，确认后点击确定即开单成功。质量合格证与设施使用证存在对应关系及时效性。开具设施使用证明所用的质量合格证应是在规定时间内开具的。具体流程如图 6。

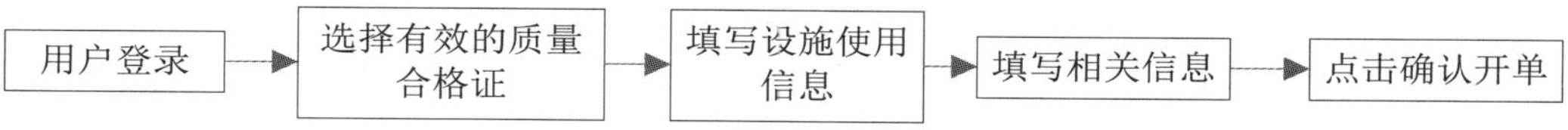


图 6　实验动物设施使用证明开具流程

## 3.4　平台功能

实验动物公共服务平台功能模块主要涉及构建六大应用方向，为实验动物相关各方提供所需的全流程服务。六大应用方向既涵盖行政审批管理——许可证管理，又涉及行业公共服务——实验动物管理、实验动物供求、实验动物资讯、行业教育评价、数据统计系统。

许可证审批管理：在目前行政许可管理规范内，梳理审批流程，修改完善整个许可审批管理系统。包括：省内外许可证信息、新增许可证年检、许可证变更、许可证撤销、许可证信用记录、查询等管理服务功能。

实验动物管理：质量合格证管理、设施使用证明管理、实验动物管理、配套设施设备管理等。

实验动物资讯：包括业内新闻、通知公告、技术交流、专家答疑等。

行业教育咨询评价：从考生报名、教材资料、模拟测试、从业资格等方面的基础信息收集管理。

数据统计：生产统计、使用统计、排名统计、进出口统计、从业专家及专业人员、其他特殊统计等。

### 3.5 系统部署及安全保障

操作系统：系统能部署在 Windows、Centos 等服务器上。数据库：系统能支持 MySQL、Oracle、达梦等数据库。中间件：能使用 Nginx、Apache HTTP Server 作为 WEB 服务器；能支持 Tomcat、东方通应用服务器软件 TongWeb 等。

为实施安全策略，保证系统安全可靠，建立认证模块、授权模块、密码服务模块、安全审计模块等有效的安全服务系统，提供完成的信息抗抵赖功能，实现系统的应用安全。主要体现在如下几个方面。

（1）安全的登录身份认证。登录系统的所有用户都是通过严格的审核，且密码通过加密算法进行加密，避免在网络数据传输过程中被不法途径获取后而造成的损失。

（2）严格的登录访问控制。系统对于不同的登录用户，授予不同的访问操作权限。因此，使他们能够进行相应授权的操作，将其完成的操作限制在最小的范围内。在登录用户身份验证通过后，系统严格控制了数据访问和页面访问的权限，使不同的登录用户只能看到或操作该部门范围内的相关数据。同时，对不同用户所访问信息提供日志记录，为事后审查提供依据。

（3）密码服务模块。系统提供密码安全策略，可以设置密码的组成规则、密码时效规则，确保用户密码安全。

（4）完整的信息抗抵赖功能。系统提供了历史操作记录功能，在登录用户进入系统后，系统记录了用户对数据库的所有操作，而且在后台数据库有详细的记录：操作用户信息、IP 信息、操作的时间信息、数据明细信息等。对用户所访问的信息做记录，为事后审查提供充分依据。

## 4 结语

本项目将建设成为实验动物业务全流程、面向实验动物产业上中下游全链条用户的实验动物行业资源共享服务体系。通过持续积累全省实验动物管理服务工作中的数据形成实验动物大数据库，为科技计划决策提供支撑，为实验动物生产使用单位提供溯源查询路径，营造我省实验动物产业安全、创新、发展、稳定、和谐的新局面。

实验动物资源共享服务平台建设将成为湖北省科技中长期发展的重要支撑平台，具有较好的发展前景。该项目的实施，将形成实验动物行业资源的大数据中心，实现实验动物资源共享最大化和行业资源的协同管理，提升实验动物产业的社会经济效益，进一步提高我省科学研究能力，自主创新能力 及新药研发、实验动物检验水平，在保证实验数据的准确性和科学性方面发挥重要作用。为生物医药、生命科学等领域的研究提供资源和技术支撑。提升我省实验动物领域总体水平 ，促进科学技术进步 。

## 参考文献

[1] 国家科技基础条件平台中心．中国实验动物资源调查与发展趋势[M]. 北京：科学出版社，2017.

[2] 杜力军，赵玉男．实验动物与实验动物模型[M]. 北京：中国医药科技出版社，2012，03.

[3] 赵心刚，卢凡，程苹，等．我国实验动物资源建设的问题与展望[J]. 中国科学院院刊，2019,12:1371–1378.

[4] 杨辉，张洁宏．广西实验动物信息平台构建与管理[J]. 应用预防医学，2015,04:274–275.

[5] 刘聪林，陈瑞，姜鲲．湖北省实验动物管理现状、问题及对策[J]. 科技创业月刊，2021,01:97–99.

[6] 李会萍，王晓明，杨锦淳，等．“互联网 +”实验动物资源共享服务平台模式研究[J]. 中国比较医学杂志，2018,09:69–73.

# 中国高校科技资源开放共享形态分析

## ——以江南大学为例

黄术兵

（江南大学无锡医学院，无锡，214122）

**摘要：**中国高校科技资源丰富，以江南大学为例分析中国高校科技资源组成，开放共享的形式以及开放共享的地位，在调查分析中国高校科技资源开放共享存在的问题上，就大仪开放共享率不足、知识产权转移转化不足及科技资源维护成本高等问题提出优化策略，以期同国内学者共同推动国内科技资源共享机制进一步完善，推动国内科技资源合理利用以及科技的发展进步。

**关键词：**科技资源；开放共享；高等院校；大仪设备；人才资源；知识产权

## 引言

广义的科技资源包括科技人力、财力、物力、信息等资源，科技资源是支撑科技进步和创新的重要物质基础，其规模、质量和利用效率直接关系国家科技创新实力和竞争力[1-2]。科技资源共享不仅是优化科技资源配置的重要杠杆和手段，也是深入实施国家创新驱动发展战略，构建国家创新体系的重要基础与关键[3-4]。中国的高等院校具备各类科技资源要素，在科技资源共享方面具有极大的优势，在我国的科技资源构成中，高校拥有的科技资源占比很大，科技资源共享特别是高校科技资源共享有重要意义[5]。高校根据自身综合实力的高低，其在科技资源共享方面也体现出一定的差异，这种差异主要体现在高校科技资源的丰富程度、高校对科技资源的共享需求及高校科技资源向外辐射的能力。以部属 211 院校江南大学为例论述高校科技资源的类型、科技资源开放共享的形式，并对目前高校开放共享存在的问题进行分析，并提出高校科技资源整合及开放共享的优化路径。

---

**作者简介：**黄术兵（1990—　），男，实验师，研究方向为实验动物伦理与福利、实验室管理。

## 1 高校科技资源的层次及高校开放共享的类型

根据可共享的科技资源丰富的程度和综合实力的强弱，可将高校可分为输出型、平衡型以及发展型三个高校科技资源开放共享类项。科技资源输出型高校一般是国内的知名顶尖高校，该类高校办学底蕴深厚综合实力最强科技资源最为丰富，具备辐射全国的综合影响力。典型的一个例子则是清华大学生物医学测试中心已经开办了六届的显微成像基础与应用暑期研讨会，该研讨会面向全国科学技术人员，为与会者提供了深入了解显微镜原理与结构、成像方式及应用方向等理论和实践培训，其培训的专业性和深度超过一般高校的水平，目前即将举办第七届，类似的培训该平台经常举办[6]。科技资源平衡性高校主要是指国内中等层次的高校，这类高校科技资源相对丰富，一般可以自给自足，通常拥有一门或数门强学科，对部分行业影响力大，辐射能力限于某个区域或某个行业。科技资源发展型高校则是那些办学规模较小，本身的积淀和可获取的科技资源相对有限，只具备局域影响力的普通高校，这些高校本身就处于发展建设期，需要持续性的资源投入建设，其对科技资源更多的是向内吸收而不是对外输送。

江南大学作为教育部直属、国家“211 工程”重点建设高校和“双一流”建设高校，有着丰富的科技资源，可作为在科技资源开放共享方面具有一定影响力的高校代表。江南大学可开放共享的科技资源主要有科学研究平台为主体的物力资源、技术专家和教授为主体的人才科技资源，图书文献知识产权资源为主体的信息资源。江南大学[7]目前建有国家级科研平台 8 个，教育部重点实验室 5 个，教育部工程研究中心 5 个，其他省部级科研平台 52 个，校地联合院 10 个；现有教职员工 3352 人，其中专任教师 2170 人，专任教师高级职称人员比例 71.06%，博士学位人员比例 74.79%；拥有中国工程院院士 4 人，“国家级引进人才”入选者 24 人、“教育部国家级人才项目”入选者 32 人，“国家特殊人才支持计划”入选者 34 人，“国家杰出青年科学基金”与“国家优秀青年基金”获得者 31 人，“973 项目”首席科学家 1 人，“新世纪百千万人才工程”国家级人选 8 人，部省级及以上创新团队 55 个。信息资源方面[8]，江南大学图书馆拥有丰富的文献资源，图书馆结构合理、重点突出、特色鲜明、类型丰富，目前拥有纸质图书 306.24 万册，电子图书 746.5 万册，电子学位论文 936 万篇，电子期刊 10 万种，拥有中外文数据库 105 个，自建数据库 3 个，江南大学图书馆提供馆藏查询、图书借阅、报刊阅览等传统文献服务，开展数字资源检索利用、馆际互借与文献传递、收录与引证查询、科技查新、知识产权信息服务、学科评价与科研数据分析等信息咨询和学科服务。

## 2 高校科技资源开放共享的形式

科技资源开放共享体现在资源在共享体系内自由流动的形态，在资源分享体系的各单位中可以一对一点对点开展，也可以一对多点对面开展甚至立体交互式开展，但不论怎样的流动形式，单论其中的一个资源节点，科技资源分享的方式无非输入和输出两种形式。

### 2.1 江南大学科技信息的开放共享

江南大学主要通过依托图书馆资源建立的查新工作站、江南大学知识产权信息服务平台以及学科服务平台等子平台开展信息资源共享服务[8]。江南大学查新工作站是2003年教育部认定的首批查新站之一，依托图书馆丰富的馆藏资源，江南大学查新工作站为校内外科研部门和企事业单位提供科研立项、成果鉴定、高新技术产品、奖励申报、论文引证等信息服务。江南大学知识产权信息服务中心于2018年成立，2020年7月获批第二批高校国家知识产权信息服务中心，该中心主要为学校知识产权的创造、运用、保护和管理提供全链条信息服务，促进学校科技成果转化，同时发挥社会服务功能，助力区域创新战略。江南大学信息资源输入的方式主要通过订购收费数字信息资源平台及链接国内外免费数字资源的方式，并通过文献传递及馆际互借的服务为校内用户拓展信息科技资源。

### 2.2 江南大学技术科技资源的开放共享

江南大学国家技术转移中心[9]是江南大学科学技术资源共享输出的主要部门，该中心依托江南大学产业技术研究院建立，并已在国内15个省份建立了64个地方分中心，基本实现了优势学科对应产业聚集地全覆盖。江南大学国家技术转移中心通过整合全校成果转化资源，拓宽成果转化渠道，建立专业化技术转移机构和知识产权运营中心、专业化技术转移团队，初步建成了政、产、学、研、用、金、介融合互促的技术转移体系。中心秉承“开放、包容、务实、共赢”的理念，以“立足江苏省、支撑长三角、服务全中国”为发展目标，在“地方政府合作意愿强、地方产业发展匹配度高、校企前期合作基础好”的前提下，致力产教融合体系下的科技成果转移转化模式创新，集聚学校科技资源，提高技术实力和创新能力，塑造技术转移及服务品牌，实践科技服务社会的宗旨。江南大学主要通过技术人才引进及项目合作的形式实现技术科技资源的输入。

### 2.3 江南大学人才科技资源的开放共享

人才是科学技术和智慧信息的载体，是最宝贵的科技资源。江南大学庞大的师资和专家队伍成为其最为核心的科技资源，也是江南大学人才科技资源对外共享输出的主体。江南大学主要通过技术帮扶实现人才资源对外输出，技术帮扶主要有科技镇长和对口支援两种形式。科技镇长团有助于加强校地合作交流，发挥各自优势资源，强化产学研资源对接，精准对接地方需求、链接创新成果、积极推动协同攻关解决一大批技术难题。江南大学每年选派优秀教师参加援藏援疆、定点帮扶、科技镇长团和教育部及无锡市挂职锻炼。作为科技镇长团成员一般是江南大学的资深专家教授，每一位镇长团成员都联系着一门学科、一所学校甚至一连串科研院所，充当着学术界与产业界之间的桥梁。双聘模式和客座教授兼职是江南大学人才引进的特殊形式，也是江南大学人才科技资源共享输入的有效方式。

### 2.4 江南大学科研平台及大型仪器设备的开放共享

针对国家重大科研基础设施和大型科研仪器、科学数据等的管理和共享，国务院专门出台相关意见或办法[2]，江南大学按照相关规定将各级教学科研平台及平台大型仪器设备纳入教育部大仪设备开放共享考核体系，对外提供开放共享服务。其中食品科学与资源挖掘全国重点实验室，为食品领域唯一的学科类国家重点实验室，重点实验室设立开放基金支持开放课题，开放课题承担人在遵照重点实验室仪器设备管理规定的前提下，可以无偿使用重点实验室公用仪器[10]；江南大学分析测试中心，采取全开放制，仪器设备充分共享，现有设备原值 1.4 亿，开放共享设备超 80 台[11]；江南大学国家功能食品工程技术研究中心作为我国目前唯一的功能食品国家工程技术中心拥有固定资产 7800 余万元，坚持“对外开放，共同合作，资源共享”的原则，接受国家、行业或部门、地方及企业、科研机构和高等院校等单位委托的工程技术研发、设计和试验任务，并为其提供技术咨询服务[12]。作为部属高校，江南大学科技物力资源相对丰富，教育部主导的高校大仪设备开放共享政策则为江南大学使用其他单位和科研实验室和大仪设备提供了便利。

### 2.5 江南大学拓宽科技资源全方位开放共享的渠道

合作科研项目是高校与其他单位综合科技资源共享的一种形式。根据国家自然科学基金委员会设立的国家自然科学基金优秀青年科学基金项目（海外），江南大学发布了非常具有吸引力的公告，旨在鼓励海外优秀青年学者依托江南大学申报入选优青（海外）项目，学校为其提供丰厚的待遇和政策支持[3]。无锡市与江南大学达成市校共建框架协议，以共建协议为基础无锡市政府提供专项资金和便利政策支持江南大学医学院、宜兴研究院及江阴校区建设，有力地增强了校地合作、推进江南大学和无锡市医疗卫生事业、生物医药产业以及国民经济生活高质量发展。校企合作项目是江南大学和地方企业科技资源共享互补的重要途径，校企合作在补充高校科研资金需求的同时也促进地方企业科技难题的攻克，对高校和企业是共赢的选择。

## 3 高校科技资源共享现阶段存在的问题

### 3.1 大仪开放共享率有待进一步提升

大仪开放共享是各高校普遍在执行的国家政策，但因为共享机制和通路的原因，开放共享的实际效果仍旧差强人意，大仪开放共享执行得不到位，国内高校海量的物力科技资源共享就会大打折扣。高校大仪开放共享主导权在高校，各高校在开放共享意愿和机制方面存在差异。大仪开放共享通路不畅等客观条件的存在导致高校间、校企间大仪开放共享仍旧存在壁垒和限制。目前教育部已经将高校开放共享大仪考核机时设定为 1200 机时，并强调各高校对外服务机时，该政策有助于进一步促进高校进一步提升大仪开放共享率和服务质量，从而推动高校物力科技资源在全社会范围内共享。

### 3.2 知识产权转化率不足，技术输出和引入路径不通畅

我国高校是发明专利、科研论文和专著的主要产出单位。中国高校每年产出巨量的科技成果，但实现转移转化的成果占比则非常低[13]。造成这种现象的原因主要有两个：①高校科学研究偏向于理论，高校产出的研究成果大部分和社会生产的和实践需求存在脱节，这种脱节主要体现在企业的现有设备和工艺达不到高校科研成果的应用要求，并且企业的关注重点和高校的科研成果不匹配。②高校和企业之间对话机制还不完善信息流通仍旧不顺畅。一方面高校难以把握行业内的企业当前紧迫的科技攻关难题，另一方面企业也无法及时关注到哪些高校发布了有助于自身发展的科研成果。

### 3.3 科技资源平台维护成本高

高校出于服务校内教学和科研需求会订购国内外各类文献数据库并注册使用各类付费平台和网站，高校每年会花费巨资维护信息科技资源平台，此外高校每年投入到教学和科研实验室建设修缮、仪器设备更新及维修维护的资金占比高校发展建设资金的比例非常高。为提升和维持教学科研软硬实力高校付出了高昂的成本，而建设和维护的科技资源如果仅限于服务校内教学和科研则会导致高校资源存在利用不足的风险，也不利于高校平衡投入和产出。

## 4 高校科技资源共享未来需要完善的方向

### 4.1 加大大仪开放共享平台建设，提升共享服务力度和品质

高校在满足本校教学和科研的同时可利用其丰富的物力科技资源服务社会企业及其他科研单位，高校可着力利用其实验室资源和大型仪器设备资源方面的优势，遵循国家有关大仪设备开放共享的政策指导，整合校内实验室和仪器资源构建开放共享平台并疏通自身对外开放的路径，为外单位使用本校实验室和大仪设备提供便利。与此同时高校还需要加大支持平台实验室和仪器设备管理人员深造的力度，打造专业过硬水平一流的技术团队，从而为科技资源共享提供高品质服务。

### 4.2 善于利用或构建中介平台推动技术和知识产权转移转化

高校的社会职能决定高校产出的成果应该走出校门获得市场的检验，对于具有较高转化价值的发明专利和取得的技术突破高校应该大力推广并为之寻求转移转化的路径。一方面，高校可以借助国家知识产权中心、各省市知识产权交易平台及其他第三方中介平台发布意向转移转化的知识产权和科学技术并主动寻求可进行交易的对象；另一方面有条件的高校可以利用自身资源优势建立自己的信息平台，在整合自身知识产权资源和潜在对接交易企业信息资源并居中撮合知识产权转移转化。

### 4.3 寻求科技平台共建和多方平台资源共享

高校丰富的科技资源是持续多年高投入的结果，而高校每年要维持和拓展科技资源所耗费的成本不容忽视，虽然高校的运营不以营利为目的，但投入和产出比是每一个高校的建设者和管理者都应该考虑的问题。因此，对于一些本就适合开放的平台，比如信息资源平台及开放性的科研平台，高校可以寻求同社会力量共建共管，如此不仅可以摊低高校平台建设和管理的成本还可以促进高校科技资源的开放共享。根据资源共享理论，从资源依赖理论来讲，没有任何一个组织是自给自足的，所有组织都必须为了生存而与其环境进行交换[5]，因此，高校不仅要充分利用不同类型的科技资源共享平台[14]，并且对于国内科研单位重复采购的科技资源或稀缺的科技资源，在不侵犯知识产权等权利的基础上，高校可以寻求建立或加入多方共建共享的科技资源平台。

### 4.4 引导高校科研项目服务国家科技战略和国民经济发展

高校丰富的科技资源决定高校在国家科技发展中居于重要地位，高校开展科研活动寻求自身的发展是基础，更重要的目标是服务国家科技发展的需要和国计民生的需求，因此高校开展科研项目一定要贴近国家和社会最紧迫的需求，切实解决国家科技进步需要攻坚克难的科技难题，解决行业企业技术迭代升级的瓶颈问题。中国高校有着很高的科研自主权，高校的科研团队有选择研究领域和研究方向的自由，理想的高校科研状态是在兼顾基础研究的基础上还能布局各领域研究的热点和难点，为此高校可以通过政策引导鼓励支持校内科研力量申请或合作参与国家科技攻关项目及企业发展突破项目，并大力支持和扶持重点学科和行业项目，真正履行高校支持国家和社会发展的功能。

## 5 结语

中国的高校是开放的，高校应寻求多途径或多形式的对外开放交流，并主动融入整个国家科技资源开放共享中。高等院校成为我国科技资源共享不可或缺的一环，抑或是说最为核心的一环。高校科技资源充分开放共享是推动国家科技资源利用率提升和推动国家科技进步的重要举措，也是高校综合治理的重要内容，国家应该通过完善政策和机制在国家层级上引导高校做好科技资源共享相关工作，与此同时高校管理者也需要整合所管理的高校资源，积极建设好共享平台促进相对丰富的资源的开放共享，而对于欠缺的科技资源，高校管理者也需要积极寻求有效途径补足或者向外寻求共享。

## 参考文献


[1] 苏靖，赫运涛 . 科技资源开放共享服务的实践与展望 [J]. 中国科技资源导刊，2023，55（1）：1-8.

[2] 包献华 . 推进新时代科技资源开放共享 [J]. 理论视野，2019（1）：60-65.

[3] 周宏虹，伍诗瑜 . 我国科技信息资源共享平台建设现状[J]. 科技管理研究，2019，39（5）：174-178.

[4] 郭永辉，周乐霖，夏冬秋 . 价值共创视角下科技资源共享绩效评价研究 [J]. 中国科技资源导刊，2022，54（6）：20-28.

[5] 张绍丽，郑晓齐，张辉，等 . 科技资源共享网络模式创新与实践——以中国科技资源共享网为例 [J]. 科技管理研究，2018，38（13）：43-52.

[6] 清华大学生物医学测试中心 [EB/OL]. [2024-07-10]. http：//center.biomed.tsinghua.edu.cn/training/2740.html.

[7] 江南大学 [EB/OL]. [2024-07-10]. https：//www.jiangnan.edu.cn/xxgk/xxjj.htm.

[8] 江南大学图书馆 [EB/OL]. [2024-07-10]. https://lib.jiangnan.edu.cn/gy/tsgjj.htm.

[9] 江南大学国家技术转移中心 [EB/OL]. [2024-07-10]. http：//cyy.jiangnan.edu.cn/qyhz/gjjszyzx1.htm.

[10] 江南大学食品科学与资源挖掘全国重点实验室 [EB/OL]. [2024-07-10]. http：//sklf.jiangnan.edu.cn/.

[11] 江南大学分析测试中心 [EB/OL]. [2024-07-10]. https：//cs.jiangnan.edu.cn/.

[12] 江南大学国家功能食品工程技术研究中心 [EB/OL]. [2024-07-10]. http：//sklf.jiangnan.edu.cn/.

[13] 种国双，赵衡，裴小兵 . 科技资源共享：需求，服务机制和服务模式 [J]. 科技管理研究，2019，（22）：28-34.

[14] 杨静，杨代庆 . 典型科技资源共享平台服务模式对比分析 [J]. 中国科技资源导刊，2020，52（1）：27-34.

# 湖北省创新资源分布时空演化研究

云昭洁[1]　范欲晓[1]　童　欣[1, 2]

（1. 湖北省科技信息研究院，武汉，430071；
2. 湖北联科信息工程有限公司，武汉，430071）

**摘要**：以2012年—2022年为时间跨度，选取高新技术企业数量、规上工业企业研发投入、有效发明专利拥有量为衡量指标，分析湖北省创新资源分布时空演化特征。研究发现，湖北省创新资源呈现出以武汉、襄阳、宜昌三大区域中心城市为核心的集聚态势；武汉都市圈资源集聚能力最强，其次为宜荆荆都市圈，襄阳都市圈资源集聚能力最弱；湖北省在高新技术企业、发明专利方面的协同发展水平整体提升。在此基础上，提出了强化湖北省区域协同创新的建议。

**关键词**：科技创新；创新资源；区域发展；时空演化

## 引言

习近平总书记指出，要“整合科技创新资源，引领发展战略性新兴产业和未来产业，加快形成新质生产力”。区域创新资源及其高效配置是构建高效能区域创新体系的关键环节，越来越成为影响区域创新能力提升及经济高质量发展的关键因素。随着区域一体化进程的加速，各省份加快推动区域创新资源在更大空间范围内流动，形成更加均衡高效的体系，以支撑创新型国家建设。目前，湖北正加快建设全国构建新发展格局先行区，加快建设武汉具有全国影响力的科技创新中心，加强创新资源统筹的重要性日益凸显。有必要开展创新资源分布时空演化研究，为湖北完善区域创新体系、优化生产力布局、加快形成新质生产力提供决策参考。

学界就区域创新资源的研究，重点聚焦创新资源配置效率[1-2]、空间特征[3-4]、非均衡配置影响因素[5-7]等方面。在创新资源配置效率方面，学者们认为，创新资源配置效率影响了科技创新效率，能够直接或间接反映区域创新体系的水平和质量；我国各省市科技创

**作者简介**：云昭洁（1987—　），女，助理研究员，研究方向为区域创新管理；范欲晓（1987—　），男，副研究员，研究方向为科技管理与区域创新。童欣（1993—　），女，助理研究员，研究方向为科技管理。

新资源配置效率均未达理想状态[2]。在创新资源配置空间特征方面，虹吸效应使得创新资源不断由欠发达区域集聚到创新中心区域，形成创新极化效应并培育出增长极[4]；我国区域创新资源极化现象呈现先增强后减弱的趋势，且区域内创新资源配置水平存在明显的空间异质性[3][4]。在创新资源配置的非均衡影响因素方面，有学者从工业化水平、对外开放水平、市场分割、制度激励、创新生态链、创新成果效益等维度[5-7]，分析了其对区域创新资源配置的影响。

综上，区域创新资源配置及影响受到学者们广泛关注，而由于区域创新资源配置的空间异质性，不同区域创新资源的分布特征存在较大差异。本文在湖北情境下研究创新资源分布的时空演化，在此基础上提出湖北创新资源优化路径，弥补湖北有关研究空白，具有较强现实意义。

# 1 研究方法与数据来源

## 1.1 研究方法

采用空间自相关分析衡量湖北创新资源集聚程度。用全局 Moran's 指数分析创新资源空间关联程度的总体特征（见公式 1）；用局部 Moran's 指数分析各区域创新资源局部聚类特征（见公式 2），分析空间依赖性或差异性。

$$I_{\mathrm{g}} = \frac{n\sum_{i=1}^{n}\sum_{j=1}^{n} w_{ij}(x_i - \bar{x})(x_i - \bar{x})}{\sum_{i=1}^{n}\sum_{j=1}^{n} w_{ij}\sum_{i=1}^{n}(x_i - \bar{x})^2} \quad （公式 1）$$

$$I_1 = \frac{(x_i - \bar{x})}{\frac{1}{n}\sum_{i=1}^{n}(x_i - \bar{x})}\sum_{j\neq i} w_{ij}(x_i - \bar{x}) \quad （公式 2）$$

其中，$n$ 为县（市、区）个数；$w_{ij}$ 为空间权重系数，为第 $i$ 个县（市、区）和第 $j$ 个县（市、区）间距离的平方倒数；$x_i$ 为第 $i$ 个县（市、区）的创新资源；$\bar{x}$ 为各县（市、区）创新资源均值；$I_{\mathrm{g}}$ 取值范围为（–1，1）。$I_{\mathrm{g}} > 0$ 为空间正相关，表示创新资源在空间上显著集聚，越接近 1 表示集聚程度越高；$I_{\mathrm{g}} < 0$ 为空间负相关，表明高与低的创新资源区域倾向于集聚在一起，越接近 –1 表示离散程度越高；$I_{\mathrm{g}} = 0$ 表示不存在空间自相关，说明创新资源的分布完全随机[8]。

## 1.2 指标选取与数据来源

以县（市、区）为基本空间单元，以 2012—2022 年为时间跨度，选取高新技术企业数量、规上工业企业研发投入、有效发明专利拥有量为创新资源衡量指标，分析湖北省创新资源分布的时空特征。数据主要来自 2012—2022 年各县（市、区）国民经济和社会发展统计公报、《湖北省市县科技创新发展报告》。

# 2 实证结果分析

## 2.1 湖北省创新资源空间分布

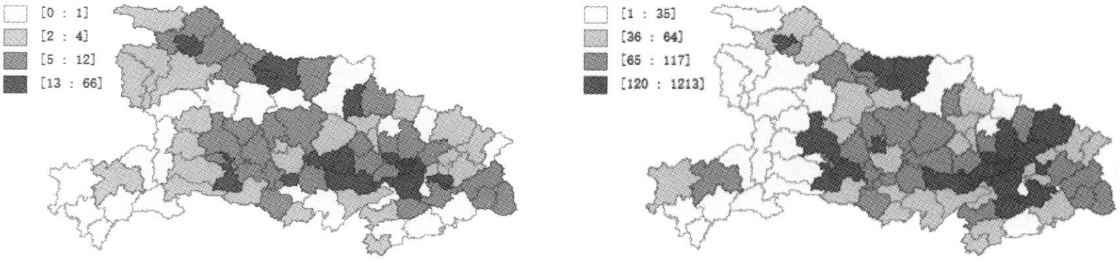


（a）2012 年　　（b）2022 年

图 1　湖北省高新技术企业（家）分布

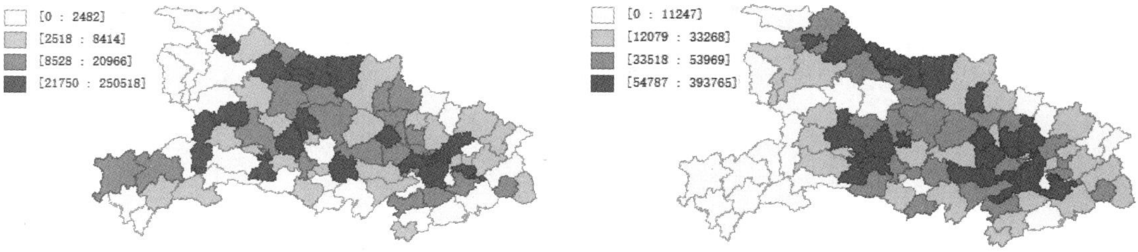


（a）2012 年　　（b）2022 年

图 2　湖北省规上工业企业研发经费投入（万元）分布

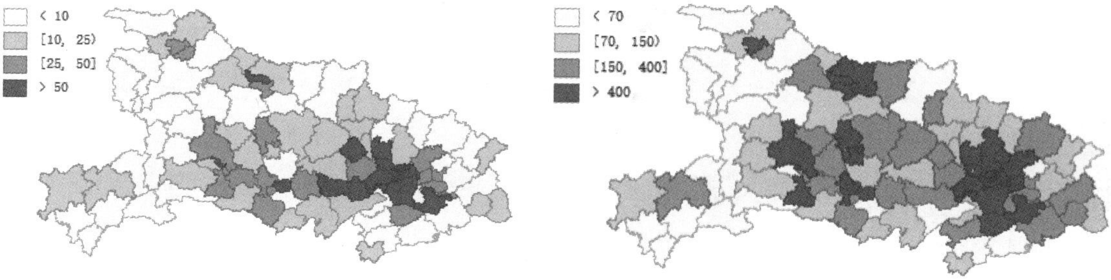


（a）2012 年　　（b）2022 年

图 3　湖北省有效发明专利拥有量（件）分布

可以看出，2012—2022 年，湖北省高新技术企业、规上工业企业研发投入、发明专利等创新资源呈现出以武汉、襄阳、宜昌三大区域中心城市为核心的集聚态势。在其辐射带动作用下，周边地区创新资源集聚度显著提升，形成了若干创新资源高地。其中，武汉都市圈集聚高地数量最多，创新资源集聚度最为显著。

计算湖北省创新资源分布有关指标如表 1 所示。可以看出，2012—2022 年，湖北省高新技术企业向武汉都市圈及武汉集聚度显著提升，规上工业企业研发投入向宜荆荆都市圈及宜昌集聚度显著提升，发明专利向襄阳都市圈、宜荆荆都市圈及其中心城市襄阳、宜昌集聚度略有提升。但 2022 年，武汉都市圈仍集聚了全省 77.55% 的高新技术企业、57.46% 的规上工业企业研发投入、87.16% 的有效发明专利。

**表 1　湖北省创新资源都市圈分布情况**

| 项目 | | 高新技术企业数量占比 | | 规上工业企业研发投入占比 | | 有效发明专利拥有量占比 | |
|---|---|---|---|---|---|---|---|
| | | 2012 | 2022 | 2012 | 2022 | 2012 | 2022 |
| 武汉都市圈 | 武汉都市圈占全省（%） | 70.23 | 77.55 | 65.42 | 57.46 | 88.99 | 87.16 |
| | 武汉占武汉都市圈（%） | 74.84 | 81.01 | 72.46 | 63.45 | 93.07 | 91.96 |
| | 武汉占全省(%) | 52.56 | 62.82 | 47.41 | 36.46 | 82.82 | 80.15 |
| 襄阳都市圈 | 襄阳都市圈占全省（%） | 15.47 | 9.80 | 20.62 | 17.30 | 3.55 | 4.34 |
| | 襄阳占襄阳都市圈（%） | 51.46 | 63.32 | 76.79 | 57.66 | 61.38 | 71.51 |
| | 襄阳占全省(%) | 7.96 | 6.21 | 15.84 | 9.98 | 2.18 | 3.10 |
| 宜圈荆荆都市 | 宜荆荆都市圈占全省（%） | 14.30 | 12.65 | 13.96 | 25.23 | 7.46 | 8.50 |
| | 宜昌占宜荆荆都市圈（%） | 52.49 | 44.78 | 66.40 | 60.98 | 57.31 | 56.54 |
| | 宜昌占全省(%) | 7.51 | 5.66 | 9.27 | 15.39 | 4.28 | 4.81 |

## 2.2　湖北省创新资源空间集聚效应

为进一步分析湖北省创新资源整体发展差异程度和协同发展水平，采用全局自相关 Moran 指数，衡量湖北省 103 个县（市、区）创新资源分布的空间相关性，有关集聚指标如表 2 所示。可以看出，2012 年和 2022 年，高新技术企业和发明专利均存在显著空间相关性（$P<0.05$），且空间集聚度不断提升；2012 年，规上工业企业研发投入存在显著空间相关性，但 2022 年变得不显著。表明湖北省在高新技术企业和发明专利方面的协同发展能力较强。

**表 2　湖北省创新资源空间集聚指标**

| 指标 | 2012 年 | | 2022 年 | |
|---|---|---|---|---|
| | 全局自相关 Moran 指数 I | 相关性 *P* | 全局自相关 Moran 指数 I | 相关性 *P* |
| 高新技术企业数量 | 0.295 | 0.001 | 0.464 | 0.001 |
| 规上工业企业研发投入 | 0.236 | 0.003 | 0.096 | 0.056 |
| 有效发明专利拥有量 | 0.144 | 0.005 | 0.183 | 0.004 |

## 2.3　湖北省创新资源空间差异性

分别计算 2012 年和 2022 年湖北省三类创新资源的单变量局部 Moran 指数，并绘制 Lisa 图，如图 4 至图 6 所示。可以看出，2022 年，高新技术企业和发明专利高高集聚区主要分布于武汉，表明其与周边地区集聚水平均较高，有效带动了周边地区资源集聚；规上工业企业研发投入高高集聚区以武汉、孝感、襄阳、宜昌部分区域为主，形成三大都市圈核心集聚地；以上三个指标的低低集聚区主要分布于恩施、十堰等鄂西区域，表明其与周边地区集聚水平均较低，且高新技术企业和规上工业企业研发投入的低低集聚区范围呈扩大趋势。

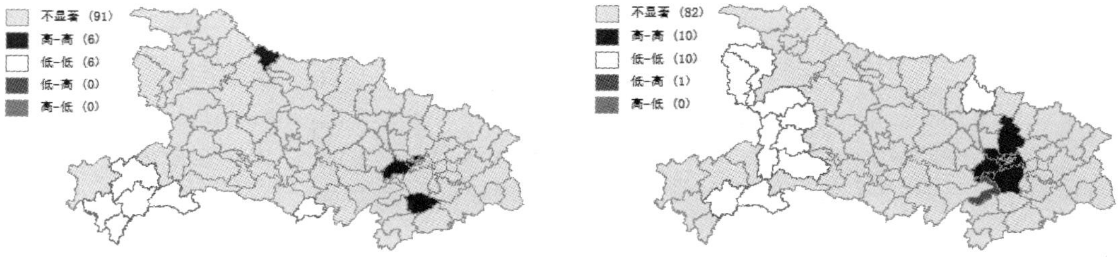


（a）2012 年　　（b）2022 年

图 4　湖北省高新技术企业 LISA 图

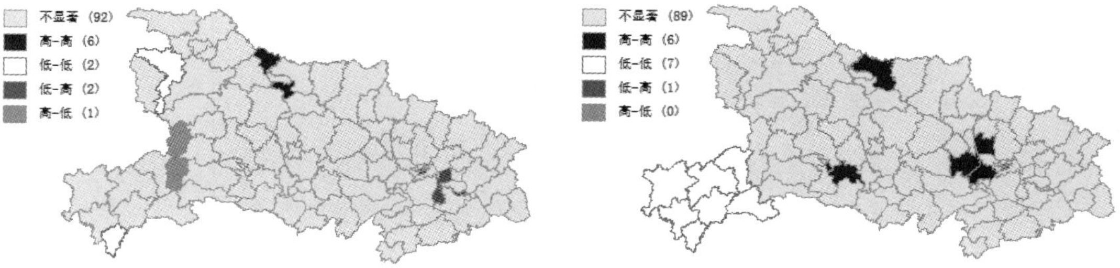


（a）2012 年　　（b）2022 年

图 5　湖北省规上工业企业研发经费投入 LISA 图

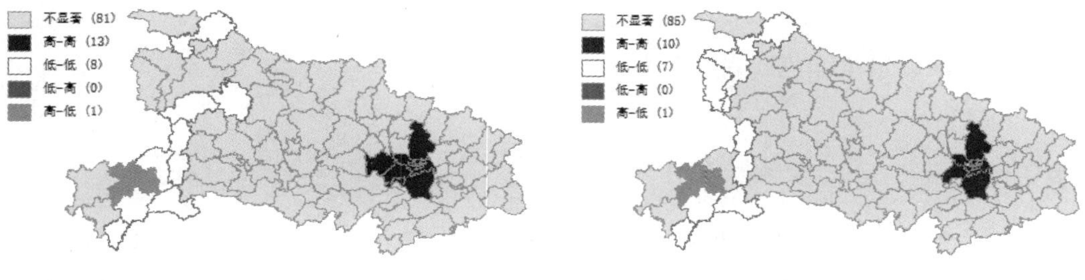


（a）2012 年　　（b）2022 年

图 6　湖北省有效发明专利 LISA 图

# 3　结论与建议

## 3.1　结论

在创新资源分布方面，2012—2022 年，湖北省高新技术企业、规上工业企业研发投入、发明专利等创新资源呈现出以武汉、襄阳、宜昌三大区域中心城市为核心的集聚态势。武汉对高新技术企业的虹吸进一步加剧，而规上工业企业研发投入、发明专利则由武汉逐渐向三大都市圈扩散；宜荆荆都市圈在上述三个指标方面的资源集聚能力均优于襄阳都市圈；襄阳都市圈在高新技术企业、规上工业企业研发投入方面的资源流失现象较为突出。

在创新资源协同方面，2012—2022 年，湖北省在高新技术企业、发明专利方面的空间相关性不断提升，协同发展能力较强。武汉在高新技术企业、发明专利方面形成集聚高地，与周边地区协同发展程度较高，但在规上工业企业研发投入方面协同较弱；襄阳、宜昌在规上工业企业研发投入方面正在形成集聚高地，与周边地区协同发展态势逐步显现，但在高新技术企业、发明专利方面的首位度、协同度有待进一步提升；十堰、恩施等鄂西地区创新资源“洼地”效应呈扩大趋势，亟须打造创新增长极，打破创新资源缺乏困局。

## 3.2　建议

（1）提升武汉创新溢出扩散水平。从促进各城市产业优势互补、搭建协同创新平台、强化协同创新制度安排等方面，引导其他城市承接武汉创新溢出，通过武汉创新资源效用最大化，不断扩大省内创新资源高高集聚区范围。

（2）推动襄阳、宜昌区域科技创新中心建设提质增效。在集群建设、载体平台、科技项目等方面加大支持力度。围绕优势产业强化创新型企业引培，引导企业加大研发投入，集聚创新人才，推动重点技术领域创新和科技成果转移转化。改变武汉一城独大现状，构建多中心协同发展创新格局。

（3）强化三大都市圈中心城市与圈内骨干城市联动发展。在武汉都市圈内，推动武鄂黄黄中心城区联动抱团，打造武汉都市圈发展极核。在襄阳都市圈内，提升襄十中心城区创新发展水平，推动襄阳以十堰为支点带动鄂西地区高质量发展，联动随州对接武汉加快补足发展洼地。在宜荆荆都市圈内，强化宜荆荆重点中心城区建设，向东对接武汉都市圈创新资源，向西以培植绿色新兴产业为抓手实现创新资源导入。

## 参考文献

[1] SONG WANG,FEIFAN.The symbiosis of scientific and technological innovation efficiency and economic efficiency in China — an analysis based on data envelopment analysis and logistic model[J].Journal of Technology Analysis & Strategic Management, 2018:1-14.

[2] 罗巍，杨玄酯，杨永芳．面向高质量发展的黄河流域科技创新空间极化效应演化研究[ J ].科技进步与对策，2020，37 ( 18 ) :44-51 .

[3] 张肃，郭文．基于TW指数的我国创新极化测度及区域比较研究[ J ].工业技术经济，2020，39 ( 3 )：40-47.

[4] 桂黄宝，江密，孙璞．区域创新资源配置非均衡态势测度及其影响机理研究[J].地域研究与开发，2022,41 ( 4 ) :7-12.

[5] 李泓欣，周燕．基于空间计量的区域科技创新信息要素资源配置影响因素研究[ J ].情报科学，2017,35 ( 12 )：96-101 .

[6] 喻登科，李娇．创新质量对区域高质量发展的解释力：创新投入规模比较视角[ J ].科技进步与对策，2021，38 ( 3 ) :40-49.

[7] 毛伟．制度变革的经济绩效：兼论优化配置与创新驱动的作用[ J ].学术月刊，2020,52 ( 5 ) :62-71 .

[8] 曹贤忠，叶雷，易臻真，等．长三角区域科技创新资源空间差异及创新效应 [J]. 科技导报，2021，39 ( 24 )：22-29.

# 基于DEA的湖北省高技术产业科技资源配置效率研究

石　恋　谭　璐　杨立新

（湖北省科技信息研究院，武汉，430071）

**摘要：**高技术产业科技资源配置效率影响高技术产业发展。从投入产出角度建立科技资源配置效率评价指标体系，运用数据包络分析法（DEA）测算2008—2022年湖北省高技术产业科技资源配置效率变动情况，再将2018—2022年我国30个省市高技术产业科技资源配置效率情况进行对比，得出湖北省高技术产业科技资源配置效率近年来总体提升、与全国各省市相比湖北省高技术产业科技资源配置效率排名落后、湖北省高技术产业主要设备和仪器投入冗余较多等结论，基于研究结果提出优化我省高技术产业科技资源配置效率的建议，为决策者制定政策提供参考。

**关键词：**科技资源；DEA模型；配置效率；高技术产业

## 引言

随着新一轮科技革命和产业变革加速演进，高技术产业凭借其知识技术密集型、资源能量消耗少、高附加值等优势，逐渐成为各国各省市科技竞争的主要阵地。在高质量发展背景下，促进高技术产业发展，加快发展新质生产力，科技资源配置显得极为重要。作为在中部崛起战略中发挥重要作用的湖北省正处于经济结构调整优化升级的关键期，正加快建设全国构建新发展格局先行区，提升高技术产业发展质量尤为迫切，梳理湖北省高技术产业发展科技资源配置情况，有助于推进湖北省高技术产业高质量发展。

近年来，国内外不少学者对高技术产业科技资源配置效率、创新效率开展研究。Raab运用DEA方法对美国各地区高技术产业投入产出开展研究[1]。Akihiro通过DEA-Malmquist指数模型分析了日本医药产业R&D创新效率的变化情况[2]。肖泽磊等通过构建综合区位

---

**作者简介：**石恋（1989—　），女，助理研究员，研究方向为科技情报；谭璐（1978—　），男，副研究员，研究方向为科技情报；杨立新（1967—　），男，研究员，研究方向为科技情报。

商模型，按省域范围分行业分析我国高技术产业科技资源布局现状[3]。张中英等利用随机前沿模型对我国中部六省高新技术产业 2014—2019 年的创新效率进行了研究[4]。王淑锐基于三阶段 DEA 模型对我国高技术产业的科技创新资源配置效率进行测度[5]。同小歌利用三阶段 DEA 模型分析了我国高技术产业 15 个细分产业科技资源配置效率[6]。邢晓柳采用灰色关联分析法分析河南省 2002—2012 年科技资源配置规模、结构和效果等[7]。谢洪军等基于省际面板数据采用 3 阶段 DEA — Malmquist 方法测算了 2004—2013 年长江经济带各地区高技术产业的全要素生产率及其分解指标增长率[8]。总结而言，从研究方法上，运用较多的是数据包络分析方法；从研究对象上，多以我国 30 多个省市或者长江经济带、中部六省等区域为研究对象。

现有研究为本文研究奠定了基础，但具体到一个省市的高技术产业科技资源配置效率研究较为缺乏，同时运用时间序列数据和面板数据横向纵向分析的较少。本文在梳理现状基础上，构建评价指标体系，借助 DEA-BCC 模型基于 15 年的时间序列数据对湖北省高技术产业的科技资源配置效率变化情况进行测度，并横向对比各省市 2018—2022 年高技术产业科技资源配置效率，以期为提高湖北省高技术产业科技资源配置效率提供理论依据和参考。

# 1　湖北省高技术产业发展状况

## 1.1　总体情况

近年来，湖北省高技术产业发展迅速，产业规模不断扩大，现有科技创新基础条件和平台日益完善。根据《中国高技术产业统计年鉴》统计数据，2008—2022 年，湖北省高技术产业企业数由 2008 年 702 个增加到 2022 年 1622 个，高技术产业营业收入由 804.18 亿元增加到 6903 亿元，高技术产业企业的研发机构数由 126 个增加到 825 个。从全国来看，2022 年，湖北省高技术产业企业数量在全国排名第十，主营业务收入排名第十一。

按照行业细分，从总量上看，湖北省高技术产业中规模最大的为电子及通信设备制造业，2022 年电子及通信设备制造业企业数 750 个，营业收入 4192 亿元，企业数量和营业收入均占湖北省高技术产业相应总量的 50% 左右。其次是医药制造业，企业数量占高技术产业企业总数的 32%，营业收入占到高技术产业的 20% 左右。其他三类企业数量和营业收入都较少。从增速上看，2018—2022 年平均增速最快的也是电子及通信设备制造业，年均增速达到 17%。

## 1.2　科技资源配置情况

借鉴相关文献对科技资源分类，科技资源主要包括科技人力资源、科技财力资源和科技物力资源三大类，通过选取这三类科技资源的相关指标来分析湖北省高技术产业科技资源配置情况。

### 1.2.1 科技人力资源投入

科技人力资源投入选取 R&D 人员折合全时当量这个指标来衡量。2008—2022 年，湖北省高技术产业研究与试验发展人员全时当量呈现出波动趋势，2008—2014 年整体逐年上升，2014—2016 年湖北省 R&D 人员全时当量逐渐降低，2018 年后保持快速增长，2022 年达到最高值 48574.4 人年。2022 年，将全国 31 个省份（直辖市）高技术产业 R&D 人员折合全时当量投入按照从多到少进行排序，2022 年湖北省高技术产业 R&D 人员折合全时当量排名第六，处于较高水平，但与遥遥领先的广东省差距较大。

### 1.2.2 科技财力资源投入

科技财力资源投入选择 R&D 经费内部支出这个指标来评价。从投入规模上来看，2008—2022 年间，湖北省高技术产业 R&D 经费内部支出呈现不断增长趋势，且每年增长量逐渐扩大，到 2022 年达到 293.27 亿元，在全国排名第六。通过计算 R&D 投入强度，2018—2020 年，湖北省高技术产业 R&D 经费投入强度不断增长，于 2020 年达到最大值 4.64%，猜测可能是由于疫情影响，导致 2021 年有所下降，但仍高于全国高技术产业 R&D 经费投入强度。从经费来源看，政府资金 2018—2020 年不断增加，2020—2022 年逐渐减少，企业资金在 2019 年略有减少，2019—2022 年保持快速增长，政府资金与企业资金比例 2018—2020 逐步增大，2019—2022 年大幅度减少。

### 1.2.3 科技物力资源投入

科技物力资源是科学研究活动的一个重要保障，很多科学研究活动离不开仪器和设备，选取仪器和设备费用作为衡量科技物力资源投入水平的重要指标。2008—2022 年，湖北省高技术产业仪器和设备费用整体呈快速上升趋势，在 2010、2019 年略微下降到 2022 年达到 47.93 亿元。从全国范围来看，湖北省 2022 年仪器和设备费用在 31 个省市中排名第 3。

## 1.3 科技资源产出现状

科技资源产出包含成果产出和经济产出，湖北省高技术产业专利申请数、发明专利申请数、有效发明专利件数可用来评价成果产出，新产品销售收入、营业收入、利润总额等可用来评价湖北省高技术产业经济产出。

2008—2022 年，湖北省高技术产业专利申请数、发明专利申请数、有效发明专利数情况如图 1 所示，整体均逐年增长。2018—2022 年，有效发明专利数增长速度逐步加快，高于专利申请数增长速度和发明专利申请数增长速度。到 2022 年，湖北省高技术产业有效发明专利数达到 36907 件，数量在全国 31 个省市中排名第五。

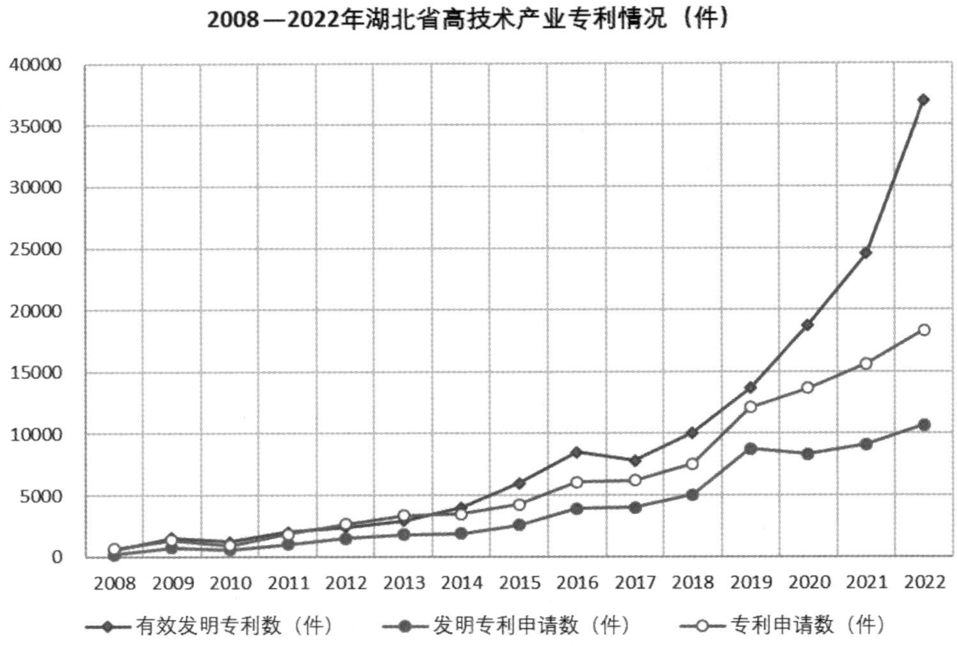


图 1　2008—2022 年湖北省高技术产业专利情况

考虑数据可获得性以及能够更好地反应科技创新产出的指标，这里选取新产品销售收入来评价高技术产业经济产出。从图 2 中可以看出，2008—2022 年，湖北省高新技术产业新产品销售收入不断增长，到 2022 年达到最大值 2868.85 亿元，与全国各地区比较，排名第十。新产品销售收入在 2017—2018 年增幅最大，增长率在 2018—2020 年有所下降，2020—2022 年又逐渐增大。

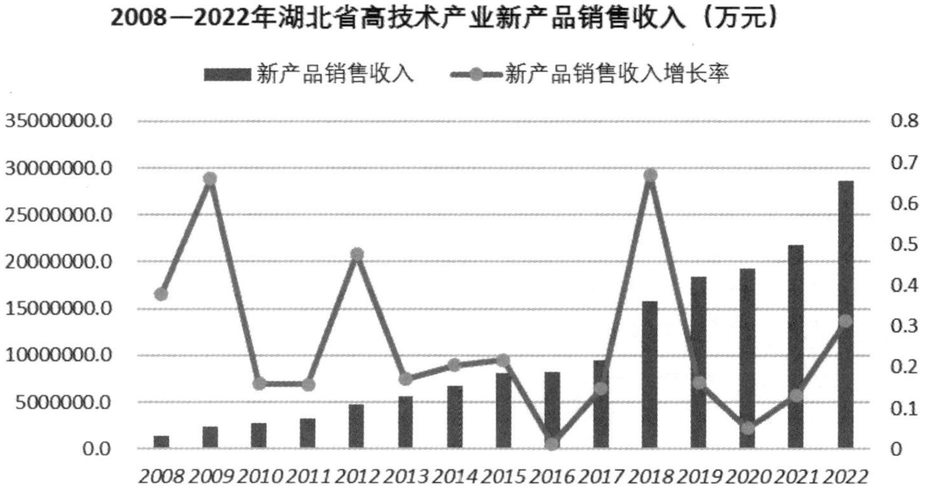


图 2　2008—2022 年湖北省高技术产业新产品销售收入情况

# 2 基于 DEA 的科技资源配置效率实证分析

## 2.1 研究方法

数据包络分析法（data envelopment analysis，简称 DEA），是由美国著名运筹学家 A.Charnes 和 W.W.Cooper 在 1978 年提出，根据多项投入指标和多项产出指标，利用线性规划的方法，对具有可比性的同类型单位进行相对有效性评价的一种数量分析方法。其原理是以某一决策单元（DMU）为基准与其他决策单元进行比较，测算被决策单元效率高低，通过确定多个投入和产出指标数据构建有效前沿面，进而计算各决策单元与有效前沿面的距离以此分析综合效率指标，最终判断各决策单元是否 DEA 有效。本文采用 DEA 模型中的规模报酬可变的 BCC 模型进行实证分析。

## 2.2 评价指标选取

投入方面：高技术产业生产过程中投入主要包含科技人力资源、科技财力资源、科技物力资源。本文选取高技术产业 R&D 活动人员折合全时当量作为科技人力资源的投入，选择 R&D 经费内部支出作为科技财力资源投入，选择仪器和设备作为科技物力资源投入。

产出方面：高技术产业的产出可以分为经济产出和成果产出。在经济产出方面，选取新产品销售收入反映高技术产业经营活动的成果。在非经济产出方面，选取有效发明专利数来反映高技术产业创新成果产出。具体的指标体系如表 1 所示。

**表 1　高技术产业科技资源配置效率评价指标体系**

| 指标类型 | 指标数据 | 指标说明 |
|---|---|---|
| 产出指标 | 新产品销售收入（万元） | 反映高技术产业经营产出 |
| | 有效发明专利数（件） | 反映高技术产业科技活动知识性产出 |
| 投入指标 | R&D 人员折合全时当量（人年） | 反映科技人力资源投入 |
| | R&D 经费内部支出（万元） | 反映科技财力资源投入 |
| | 仪器和设备（万元） | 反映科技物力资源投入 |

## 2.3 数据采集与处理

本文选取 2008—2022 年湖北省高技术产业科技资源投入指标和产出指标数据，另外再选取 2018—2022 年我国 30 个省市（不包括港澳台地区，以及剔除数据缺失较多地区西藏自治区）数据，应用软件 DEAP V2.1 测算科技资源投入产出效率。数据来自各年《中国科技统计年鉴》《中国高技术产业统计年鉴》，极少数数据缺失，用插值法填补。

## 2.4 实证结果分析

### 2.4.1 基于时间序列的纵向测度及结果分析

运用 DEAP 2.1 软件对 2008—2022 年湖北省高技术产业科技资源配置效率变化情况进行实证分析，每一年为一个决策单元（DMU），其综合效率值、纯技术效率值和规模配置效率值具体结果如表 2 所示。

表 2 2008—2022 年湖北省高技术产业科技资源配置效率变化情况

| 年份 | CRS | VRS | SE | RTS | 年份 | CRS | VRS | SE | RTS |
|---|---|---|---|---|---|---|---|---|---|
| 2008 | 0.766 | 1.000 | 0.766 | 递增 | 2016 | 0.746 | 0.767 | 0.973 | 递增 |
| 2009 | 0.851 | 0.926 | 0.919 | 递增 | 2017 | 0.716 | 0.767 | 0.933 | 递增 |
| 2010 | 1.000 | 1.000 | 1.000 | 不变 | 2018 | 1.000 | 1.000 | 1.000 | 不变 |
| 2011 | 0.530 | 0.534 | 0.992 | 递减 | 2019 | 1.000 | 1.000 | 1.000 | 不变 |
| 2012 | 0.589 | 0.638 | 0.924 | 递减 | 2020 | 0.966 | 0.974 | 0.992 | 递增 |
| 2013 | 0.588 | 0.632 | 0.930 | 递减 | 2021 | 0.905 | 0.905 | 1.000 | 不变 |
| 2014 | 0.641 | 0.741 | 0.865 | 递减 | 2022 | 1.000 | 1.000 | 1.000 | 不变 |
| 2015 | 0.716 | 0.717 | 0.999 | 递减 | 均值 | 0.801 | 0.840 | 0.953 | |

注：CRS 代表综合效率，VRS 代表纯技术效率，SE 代表规模效率，RTS 代表规模报酬

从上表 2 可以看出，湖北省高技术产业 2008—2022 年这 15 年中综合效率总体上呈现出先下降后上升趋于平稳的状态，达到有效状态的年份是 2010、2018、2019、2022 年，科技资源在这几年整合配置过程中属于科学有效的范畴。而其他年份波动较大，其中 2011 年的综合效率值最低为 0.530，说明该年湖北省高技术产业科技资源配置属于明显非有效状态。纯技术效率值发展趋势基本和综合效率一致。其中，2008 年的综合效率小于 1，但纯技术效率却为 1，说明 2008 年在当前的技术水平上，其投入资源的使用是有效率的，综合效率不高主要是规模效率不高造成的。从规模效率和规模报酬来看，2010、2018、2019、2021、2022 年这 5 年是最优的科技投入规模，规模报酬不变，2008、2009、2016、2017、2020 是规模报酬递增，可继续通过增加科技资源的投入规模来提高产出效率。

各类资源指标投影可以用来分析非有效决策单元存在的松弛变量、径向改进数值。其中，产出冗余数值表示产出不足，而投入冗余代表投入过多。通过投影分析，整理出湖北省 2008—2022 年湖北省高技术产业投入冗余和产出不足情况。从表 3 可以看出，2009 年新产品销售收入产出不足，2011—2014 年存在有效发明专利产出不足，而 2009、2011—2015 年 R&D 人员投入冗余，2012—2014、2016 年 R&D 经费内部支出冗余，2011、2015—2017、2020—2021 年仪器和设备投入冗余。

**表 3　2008—2022 年湖北省高技术产业投入冗余和产出不足情况表**

| 年份 | 产出不足 | | 投入冗余 | | |
|---|---|---|---|---|---|
| | 新产品销售收入（万元） | 有效发明专利数（件） | R&D 人员折合全时当量（人年） | R&D 经费内部支出（万元） | 仪器和设备（万元） |
| 2009 | 385174.596 | 0 | 114.482 | 0 | 0 |
| 2011 | 0 | 68.533 | 4163.249 | 0 | 21030.885 |
| 2012 | 0 | 1183.063 | 6568.812 | 22214.377 | 0 |
| 2013 | 0 | 1432.401 | 7525.060 | 20990.459 | 0 |
| 2014 | 0 | 817.346 | 8429.575 | 84452.760 | 0 |
| 2015 | 0 | 0 | 3735.981 | 0 | 6682.092 |
| 2016 | 0 | 0 | 0 | 3428.243 | 45305.842 |
| 2017 | 0 | 0 | 0 | 0 | 45523.502 |
| 2020 | 0 | 0 | 0 | 0 | 10302.851 |
| 2021 | 0 | 0 | 0 | 0 | 16580.130 |

2.4.2　基于截面数据的横向测度及结果分析

运用 DEAP 2.1 软件对 2018—2022 年全国各省高技术产业科技资源投入产出数据进行实证分析，整理得出如表 4。

**表 4　2018—2022 年全国 30 个省市高技术产业科技资源配置的综合效率**

| 省市 | 2018 | 2019 | 2020 | 2021 | 2022 | 均值 | 均值排序 |
|---|---|---|---|---|---|---|---|
| 北京 | 1.000 | 1.000 | 1.000 | 1.000 | 1.000 | 1.000 | 1 |
| 天津 | 0.678 | 0.709 | 0.570 | 0.624 | 0.594 | 0.635 | 17 |
| 河北 | 0.491 | 0.634 | 0.409 | 0.733 | 0.641 | 0.582 | 21 |
| 山西 | 0.685 | 0.794 | 0.737 | 0.970 | 1.000 | 0.837 | 6 |
| 内蒙古 | 1.000 | 0.407 | 0.452 | 0.361 | 0.560 | 0.556 | 24 |
| 辽宁 | 0.831 | 0.624 | 0.716 | 0.490 | 0.542 | 0.641 | 16 |
| 吉林 | 0.736 | 0.866 | 0.611 | 0.479 | 0.665 | 0.671 | 13 |
| 黑龙江 | 0.920 | 0.545 | 0.794 | 0.598 | 0.554 | 0.682 | 12 |
| 上海 | 1.000 | 0.698 | 0.669 | 0.488 | 0.710 | 0.713 | 9 |
| 江苏 | 0.617 | 0.650 | 0.623 | 0.542 | 0.602 | 0.607 | 19 |
| 浙江 | 0.514 | 0.570 | 0.641 | 0.682 | 0.620 | 0.605 | 20 |

续表

| 省市 | 2018 | 2019 | 2020 | 2021 | 2022 | 均值 | 均值排序 |
|---|---|---|---|---|---|---|---|
| 安徽 | 0.670 | 0.675 | 0.643 | 0.643 | 0.622 | 0.651 | 15 |
| 福建 | 0.446 | 0.618 | 0.433 | 0.477 | 0.436 | 0.482 | 28 |
| 江西 | 0.463 | 0.713 | 0.635 | 0.830 | 0.686 | 0.665 | 14 |
| 山东 | 0.516 | 0.542 | 0.542 | 0.548 | 0.544 | 0.538 | 25 |
| 河南 | 1.000 | 1.000 | 0.865 | 0.910 | 0.775 | 0.910 | 5 |
| 湖北 | 0.603 | 0.652 | 0.500 | 0.500 | 0.590 | 0.569 | 23 |
| 湖南 | 0.535 | 0.653 | 0.869 | 0.497 | 0.489 | 0.609 | 18 |
| 广东 | 1.000 | 0.885 | 0.990 | 0.952 | 1.000 | 0.965 | 2 |
| 广西 | 0.962 | 1.000 | 1.000 | 1.000 | 0.744 | 0.941 | 3 |
| 海南 | 0.659 | 0.993 | 0.839 | 0.708 | 0.547 | 0.749 | 8 |
| 重庆 | 0.686 | 0.911 | 0.599 | 0.717 | 0.572 | 0.697 | 10 |
| 四川 | 0.514 | 0.571 | 0.540 | 0.474 | 0.536 | 0.527 | 26 |
| 贵州 | 0.709 | 0.571 | 0.472 | 0.411 | 0.397 | 0.512 | 27 |
| 云南 | 0.695 | 0.535 | 1.000 | 0.278 | 0.398 | 0.581 | 22 |
| 陕西 | 0.442 | 0.356 | 0.428 | 0.296 | 0.426 | 0.390 | 30 |
| 甘肃 | 0.485 | 0.591 | 0.410 | 0.345 | 0.410 | 0.448 | 29 |
| 青海 | 0.613 | 1.000 | 1.000 | 1.000 | 1.000 | 0.923 | 4 |
| 宁夏 | 0.800 | 1.000 | 0.692 | 0.471 | 0.795 | 0.752 | 7 |
| 新疆 | 0.941 | 0.450 | 1.000 | 0.529 | 0.564 | 0.697 | 11 |
| 均值 | 0.707 | 0.707 | 0.689 | 0.618 | 0.634 | 0.671 | / |

可以看出，跟全国各省市相比，湖北省高技术产业科技资源配置效率不高，2018—2022 年综合效率均低于 30 个省市的均值。湖北省高技术产业科技资源配置综合效率 2018—2022 年这 5 年的均值为 0.569，在 30 个省市排名第 23。

整理 2018—2022 年湖北省高技术产业科技资源投入产出冗余情况表 5，可以看出，相较于全国其他省市，湖北省高技术产业主要是仪器和设备投入冗余，连续 5 年均冗余，R&D 经费投入在 2018 年冗余，R&D 人员投入在 2021 年冗余。产出上在 2021 年新产品销售收入产出不足，还可以增加 13686161.309 万元，2019、2020 年有效发明专利数产出不足。

表 5 2018—2022 年相对于我国 30 个地区湖北省高技术产业科技资源投产出冗余情况

| 地区 | 产出不足 | | 投入冗余 | | |
|---|---|---|---|---|---|
| | 新产品销售收入（万元） | 有效发明专利数（件） | R&D 人员折合全时当量（人年） | R&D 经费内部支出（万元） | 仪器和设备（万元） |
| 2018 | 0 | 0 | 0 | 423472.082 | 181260.807 |
| 2019 | 0 | 6588.192 | 0 | 0 | 144860.984 |
| 2020 | 0 | 3231.577 | 0 | 0 | 199869.712 |
| 2021 | 13686161.309 | 0 | 10641.422 | 0 | 309110.158 |
| 2022 | 0 | 0 | 0 | 0 | 306863.049 |

## 3 湖北省高技术产业科技资源配置建议

从以上分析可以看出湖北省高技术产业科技资源投入在全国排名靠前，产出排名一般，实证分析结果也表明湖北省高技术产业科技资源配置效率相对不高。针对湖北省高新技术产业科技资源配置现状，结合科技资源配置效率的实证分析结果及变化趋势，本文提出以下建议：

### 3.1 加强科技资源规划与整合

根据湖北省高技术产业发展需求，加强顶层设计和科技资源统筹配置，提高科技创新效率。建立跨部门协调机制，促进信息共享，推动科技资源的有效配置和高效利用。建立动态调整机制，根据产业发展和市场变化，定期调整资源配置策略。

### 3.2 促进科技资源开放共享

完善和推广湖北省科技信息共享服务平台、科学仪器设备协作共用平台，推动高校、科研院所和科技企业积极参与科技资源开放共享，降低研发成本同时提高科技资源的利用率。引入市场机制，通过价格机制、竞争机制等手段，促进科技资源的优化配置和高效利用。打造高素质的科技资源服务队伍，提高服务水平和能力，为科研人员和机构提供优质的科技资源服务。

### 3.3 推动科技成果转化与应用

强化科技企业创新主体地位，引导高校、科研院所与企业建立长期稳定的合作关系，通过共建研发中心、重点实验室等实现资源共享和优势互补，推动产学研深度融合。完善科技成果转化链条，建立从科技成果研发、中试、产业化到市场推广的全链条服务体系。建好用好科创供应链平台，引导创新资源与产业需求高效对接，实现创新链与产业链深度融合。

### 3.4 优化科技资源配置环境

完善人才激励机制，加强科技人才培养和引进，大力引进高端领军人才。加大面向高技术产业的本土科技创新人才的培养力度，进一步推动高校毕业生留鄂就业创业，鼓励科技人员创新创造，营造良好的创新氛围，弘扬科学家精神和工匠精神。加强科技基础设施建设，拓宽科技融资渠道，鼓励金融机构加大对科技企业的信贷支持力度降低科技企业融资成本。

## 4 结语

本研究通过构建科学的评价指标体系，利用2008—2022年湖北省数据和2018—2022年全国30个省市数据，基于DEA-BCC模型，对湖北省高技术产业科技资源配置效率进行了全面分析。研究结果显示，湖北省高技术产业在科技资源配置效率总体有所上升，但相较于全国排名靠后，仪器和设备投入冗余较多等问题。针对这一现状，本研究从科技资源规划整合、促进科技资源开放共享、推进科技成果转化、优化科技资源配置环境方面提出了高技术产业科技资源配置效率的建议。本研究提供了丰富的实证数据和深入的理论分析，为政府部门决策提供有益的参考和指导。

## 参考文献

[1] RAAB RAYMOND, PRADEEP KOTAMRAJU. The Efficiency of the High-teeh Economy: Conventional Development In— dexes versus a Performance Index [J]. Journal of Regional Science, 2006, 46 (3): 545-562.

[2] AKIHIRO HASHIMOTO, SHOKO HANEDA. Measuring the Change in R&D Efficiency of the Japanese Pharmaceutical Industry [J]. Research Policy, 2008, (4): 1-8.

[3] 肖泽磊，李帮义，胡灿伟 . 基于综合区位熵指数的中国高技术产业科技资源布局研究 [J]. 科学学与科学技术管理，2010，(10)：47-53.

[4] 张中英，曹长芳 . 中部六省高新技术产业创新效率及其影响因素的实证研究 [J]. 通化师范学院学报，2021，第42卷（3）：47-52.

[5] 王淑锐 . 高技术产业科技创新资源配置效率的测度研究 [J]. 现代工业经济和信息化，2023，第13卷（1）：31-33.

[6] 同小歌 . 基于三阶段DEA模型的中国高技术产业科技资源配置效率评价分析 [D]. 西北师范大学，2014.

[7] 邢晓柳 . 区域科技资源配置对高技术产业竞争力影响的灰色关联分析：以河南省为例 [J]. 资源开发与市场，2015，(5)：540-542，629.

[8] 谢洪军，张慧 . 长江经济带高技术产业生产率变迁及其收敛性研究 [J]. 科技进步与对策，2015，第32卷（24）：34-39.

# 多系统气象自动站网信息元数据比对系统

马　帅　刘洪涛　王延东

（湖北省气象信息与技术保障中心，武汉，430074）

**摘要：** 当前中国气象局主要业务系统有天元、天擎，湖北省气象局有极目天气系统以及业务中心站信息系统。由于各系统的数据库相对独立，数据源、处理方式、展示方式均不同，造成在进行数据更新时会出现延迟、数据不同步等问题，影响日常业务数据使用和数据质量考核。目前中国气象局规定自动站网元数据信息以天元系统为标准，本文开发出综合数据比对、短信告警、结果可视化的比对软件，可以帮助业务人员了解各系统之间元数据不一致问题，及时进行数据修改和订正，更好地管理和保障自动站网元数据质量。

**关键词：** 跨系统；气象自动站网元数据；比对系统

## 引言

随着气象业务和科技的不断发展，气象自动站网元数据的管理和使用变得愈发关键[1]。气象自动站网元数据种类繁多，包括气象自动站的基本信息、观测要素以及设备信息等，而且其复杂性和多样性对数据的准确性和一致性提出了更高要求[2-4]。在实际业务工作中，由于存在多个业务系统以及严格的数据审批流程，不同系统之间的气象数据会有差异性和延时性，而且元数据的修改都是全省集中进行，涉及改动的数据量大，单靠人工进行数据审核费时费力。元数据作为高标准数据，如果没有及时地对偏差数据进行更改，在业务方面会影响日常工作中对数据的有效使用[5-7]。除此之外还会受到中国气象局的元数据质量检测通报，进而影响到整体气象数据质量的建设。因此，如何及时发现这些偏差数据成为一个亟待解决的问题。为解决这一问题，本文建设一种元数据比对系统，该系统通过高效的比对程序，能够迅速识别数据间的相似性和差异性，极大提高对元数据的质量和准确度的把控能力。通过数据比对，业务人员可以清晰地了解不同系统间元数据的差异，迅速定

---

**作者简介：** 马帅（1997—　），男，助理工程师，研究方向为气象数据处理研究；刘洪涛（1969—　），男，高级工程师，研究方向为仪器仪表的计量检定研究；王延东（1986—　），男，工程师，研究方向为气象装备计量。

位出现数据偏差的站点，并及时进行数据修正和订正。这不仅确保了数据的准确性和一致性，而且对于提高整体数据质控水平具有重要意义。

# 1　基本功能设计和相关技术

## 1.1　基本功能设计

气象自动站网元数据比对系统是基于元数据的比对和分析系统，它通过收集和管理各种气象数据，该系统能够执行大批量数据的准确性和一致性校验，及时发现和识别各系统间数据不一致性的能力，从而确保数据的质量和可靠性。图 1 为数据比对系统的流程图。

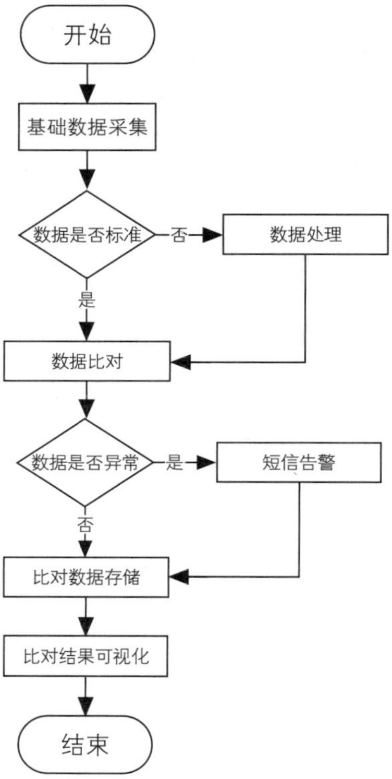


图 1　数据比对系统流程图

该系统包括以下功能。

（1）数据采集。比对系统可以自动从各种气象业务系统收集气象数据，例如气象观测站基本信息、观测任务信息、观测要素信息等。

（2）数据处理。各系统之间数据类型、数据格式，存储方式不同，需要以天元元数据为标准对其他系统数据进行数据抽取、数据转换、数据清洗，形成统一数据集。

（3）数据比对。比对系统以天元系统站网信息元数据为基准，分别与天元、天擎、极目天气、中心站系统数据进行比对，生成各自的比对结果。

（4）短信告警。针对比对结果中出现的数据不一致的情况，通过短信及时向系统负责人进行告警。

气象元数据比对系统不仅具备标准化、自动化和可扩展性三大特点，还展现了其独特的优势和价值。在标准化方面，该系统严格遵循中国气象局所制定的气象数据标准，对来自不同业务系统的气象数据进行预处理，确保了数据的准确性和可靠性，实现了对数据的有效比对和深入分析。在自动化方面：气象元数据比对系统通过设计自动化程序，实现了数据的自动收集、整理与比对以及结果自动生成。该系统可以在后台进行定时运行，无须人工干预，极大地提高了数据处理效率。同时，当系统检测到数据异常时，能够迅速通知相关系统负责人，以便及时采取应对措施，确保数据比对流程的完整闭合。可扩展性：该系统在设计时充分考虑了灵活性和可定制性。可以通过 Excel 表作为数据输入源，可以根据自身需求进行选择性数据比对，不同的比对数据产生的比对结果明细也不一样。这一设计不仅降低了用户的使用门槛，还使得系统能够适应不同场景和需求的变化，为不同系统间气象数据的比对提供了有力支持。

## 1.2　相关技术

（1）MySQL。MySQL 是一种关系型数据库管理系统，以其高效、稳定、易用等特点广泛应用于各类信息系统。MySQL 支持标准的 SQL 语言，提供强大的数据管理能力，包括数据增删改查、索引优化等。其 ACID 事务处理特性确保了数据的完整性和一致性。此外，MySQL 还具备高度的可扩展性和灵活性，可通过主从复制、分片等技术实现大规模数据的存储与处理。在数据安全性方面，MySQL 还提供了用户权限管理、数据加密等多种安全机制，确保数据的安全与可靠[8]。

（2）Java。Java 是一种面向对象的编程语言，以其跨平台、面向对象、泛型编程等特性而著称，其语言简洁易懂，具有丰富的 API 和强大的类库支持，使得开发者能够高效地进行软件开发[9]。以 Java 为基础构建起的主流框架有很多，如 Spring、Hibernate 等，这些框架提供了丰富的功能和强大的性能，非常适合轻量级开发工作，内置的很多插件可以提供高效的数据处理和分析能力。

（3）多数据源。目前多数据源功能有 JPA、Abstract Routing Data Source、数据库连接池 Druid 和 Hikari CP、Spring Boot 框架的多数据源集成。考虑到程序的灵活应用，本文采用 Abstract Routing Data Source 进行多数据源采集，这是 Spring 框架中提供的一个抽象类，用于实现动态数据源路由，该方法通过继承该类并覆盖其 determineCurrentLookupKey 法，可以根据运行时的条件来动态地切换不同的数据源[10]。该方法非常适用于一些复杂的应用场景中，比如读写分离读写操作到不同的数据库，或者根据租户信息选择不同的数据库。

## 2 数据比对系统功能实现

### 2.1 数据采集

本系统根据业务使用的实际需求，设计了两种数据采集方式：①由于天元系统数据库部署在国家局，每条数据都需要通过接口读取，考虑到时间成本，可以支持通过 excel 表的形式将天元数据导入到比对系统中。②通过 Abstract Routing Data Source 功能实现动态数据源配置，自动从不同系统的数据库中读取数据，实现比对系统的自动化。

### 2.2 数据处理

本次数据比对以天元系统为参考标准，所以对于中心站、天擎、极目系统的数据要从数据格式、数据类型、存储方式等方面进行预处理。例如：对于经纬度数据，需要去除部分数据开头的多余零值；针对部分缺失的数据，需进行填充以完善数据完整性；观测要素字段要为其增加布尔值，以简化并明确比对结果。这些措施将确保各系统数据在比对过程中能够无缝对接，避免出现比对误判和缺少比对的现象，提高比对效率和准确性。

### 2.3 数据比对

基于气象元数据种类多且复杂的特征，本次数据比对拟采用多层次的比对策略，确保比对过程的精确性，以下是对该比对的详细阐述。

字段级比对。这是最基础且直接的比对方式，将各个系统的数据按照字段进行一一对应，逐项比对，适用于固定内容字段。例如，比对不同系统中的经纬度数据、站号及海拔高度等是否完全一致，可以迅速识别数据间的差异与错误。

格式与类型比对。不同系统可能采用不同的数据格式或类型来存储相同的信息，这可能导致数据解读上的偏差。例如观测要素数据，各系统所存储的数据格式和类型均不同。因此，在比对开始前需要对数据的格式和类型以天元为标准进行统一处理，加入布尔值进行标注，确保它们在比对过程中具有相同的表达形式，在比对过程中也仅需要完成布尔值的比对，实现了比对过程的简化。

模糊范围比对。这种方法主要基于气象数据的内在规律和逻辑关系进行比对。例如，对于台站站名，极目系统为了在移动端显示，对站名进行简化处理，如果按照字段级比对那么所有数据都会被判断为异常数据。为了解决这一问题，利用简化后的站名与原始站名之间的关联性，使用模糊范围比对方法对极目系统的站名进行比对，测试结果证明该方法得到的比对结果准确有效。

详细的数据比对结果错综复杂，难以直接审视与分析。通过引入 Easy Excel 插件，利用 Excel 表将数据可视化，可以直白地展示了各系统数据间的差异和一致性程度，极大地简化了比对结果的查看与分析过程。同时针对表格进行了优化处理，如添加颜色标记、设置标题窗口冻结等，使得数据的洞察与利用变得更加高效与便捷。天元与中心站部分比对结果 Excel 表如图 2 所示。

| 数据信息来源 | 台站号 | 台站名称 | 经度（度分秒） | 纬度（度分秒） | 海拔高度 | 问题原因 |
|---|---|---|---|---|---|---|
| 天元 | Q8600 | 大冶汪仁气象观测站 | 1150459 | 300806 | 17.3 | 台站经度(度分秒)问题，台站纬度(度分秒)问题，观测站海拔问题， |
| 中心站 | Q8600 | 黄石文理学院气象观测站 | 115 06 29(该字段不一致!) | 30 09 19(该字段不一致!) | 32.0 | 台站经度(度分秒)问题，台站纬度(度分秒)问题，观测站海拔问题， |
| 天元 | Q5409 | 来凤翔凤气象观测站 | 1092407 | 292801 | 458 | 台站经度(度分秒)问题，台站纬度(度分秒)问题，观测站海拔问题， |
| 中心站 | Q5409 | 来凤翔凤气象观测站 | 109 25 43(该字段不一致!) | 29 30 57(该字段不一致!) | 459.7 | 台站经度(度分秒)问题，台站纬度(度分秒)问题，观测站海拔问题， |
| 天元 | Q7234 | 应城杨岭气象观测站 | 1132606 | 305715 | 69.6 | 台站经度(度分秒)问题， |
| 中心站 | Q7234 | 应城杨岭气象观测站 | 113 26 6(该字段不一致!) | 30 57 15 | 69.6 | 台站经度(度分秒)问题， |
| 天元 | Q5819 | 建始封竹气象观测站 | 1095852 | 304920 | 1731.3 | 观测站海拔问题， |
| 中心站 | Q5819 | 建始封竹气象观测站 | 109 58 52 | 30 49 20 | 1707.7 | 观测站海拔问题， |

图 2　数据比对结果

### 2.4　短信告警

短信告警模块要求能够在出现数据异常时自动触发短信发送操作，以便及时通知相关人员。比对系统的短信告警通过金笛插件实现，以下是使用金笛插件完成短信告警模块的概述。

插件集成与配置，包括设置短信发送的接口地址、端口号、认证信息等，以确保系统能够正常调用金笛插件的短信发送功能。

告警条件配置，每个系统的比对数据内容不同，需要根据设置告警条件。这些条件可以根据实际需求进行定义，本次比对系统的触发条件为数据不一致、数据异常为空，一旦满足这些条件，系统就会自动触发短信告警。

告警信息生成：根据检测到的异常数据，生成相应的告警信息。为了匹配不同系统的信息内容，比对系统设置了告警单位、告警类型、发生时间、数据异常数量、比对结果发出提醒、负责人等关键信息，可以针对不同系统进行动态选择，自动生成告警短信内容，以便接收者能够快速了解情况。

## 3　结语

文章通过分析气象自动站网元数据比对的日常业务需求，设计了元数据比对系统的整体框架和比对流程，建设了数据采集、数据处理、数据比对和短信告警等功能，以天元系统为标准完成了对天擎、中心站、极目系统的元数据比对，得出以下结论。

（1）比对系统为精准定位错误元数据提供有效工具。该系统解决了气象部门内“两张皮”的问题，即同一个业务信息目标，不同的业务系统所用不同数据库所导致的数据不一致的问题。该系统克服了各系统的数据存储方式的差异，实现了关键数据信息的精准比对。比对结果通过整理生成比对明细，简洁明了地在 Excel 表中展示，并利用短信告警功能通知责任人员，确保及时处理数据问题。

（2）信息技术助力气象工作升级。比对系统通过自动化流程实现数据比对，减少了人工审查，实现了元数据管理的信息化，增加工作效率、降低数据核查成本，为数据质量提升提供保障。

## 参考文献

[1] 苏敏．大数据时代气象数据分析应用方向探析[J]. 黑龙江环境通报，2022, 35（1）：144-145.

[2] 王秀琴，梁中军．气象档案数据元数据设计与应用[J]. 气象水文海洋仪器，2022,39（4）：132-134+138.

[3] 董巍，樊欣宇，杨同宇，等．气象数据处理及可视化平台的设计与实现[J]. 科技与创新，2024（2）：191-193+196.

[4] 冯勇，吕冠儒，李微，等．数据同步技术在气象大数据云平台中的应用[J]. 科学技术创新，2022（21）：96-99.

[5] 李胜军，芦红涛．气象数据管理与共享技术研究[J]. 信息通信，2020（10）：115-117.

[6] 蒋鸿儒，方巍．深度学习在气象数据订正中的应用综述[J/OL]. 计算机应用：1-14[2024-04-07].http://kns.cnki.net/kcms/detail/51.1307.tp.20240312.1434.004.html.

[7] 胡伟，熊雄，魏敏丹，等．气象数据业务监视系统与资料传输质量分析[J]. 气象水文海洋仪器，2023,40（1）：32-33+37.

[8] 秦川．MySQL数据库的数据隐私及安全机制研究[J]. 电子测试，2020（10）：86-87.

[9] 谭光兴，甘景，戚秋晨．基于Java语言的远程数据采集系统设计与实现[J]. 科技与创新，2024（1）：19-22.

[10] 侯力新．面向工业预测性维护的低代码开发平台的设计与实现[D]. 北京：北京邮电大学，2023.

# 全过程数字化管理提升科技档案开发利用水平

张 慧

（湖北汽车工业学院档案馆，十堰，442002）

**摘要：** 随着信息技术的发展，高校档案馆采用先进的技术，如智慧系统、物联网管理等，全面提升科技档案资源的管理、共享和利用水平，发挥科技档案服务科技创新的作用。本文以湖北汽车工业学院数字档案馆建设为例，通过深度开发科技档案资源，应用新一代档案信息化管理系统，提高了科技档案收集以及管理效率，建立全流程、全方位的信息化共享和利用体系，进一步提升科技档案的利用水平，为高校档案馆科技档案信息化建设提供了参考。

**关键词：** 科技档案；数字化建设；共建共享

科技档案工作是科技创新的基础，尤其是科技档案利用在科技创新中起着重要作用。当前，我们科技档案管理理念仍旧停留在保管导向型，科技档案利用方法仍比较原始，科技档案开放利用范围较窄，开放共享利用的科技档案少之又少，科技档案深度开发成果形式还比较传统，不能适应"加快实现高水平科技自立自强，打好关键核心技术攻坚战，使原创性、颠覆性科技创新成果竞相涌现"的需要。湖北汽车工业学院作为行业特色高校，长期开展服务汽车全产业链的技术开放，形成了大量科技档案，近年来学校档案馆开展了数字档案馆建设，对科技档案进行了数字化处理，开发档案管理系统，提供线上利用渠道，实现了"让数据多跑路，让群众少跑腿"，让科技档案查询快速便捷。

## 1 高校科技档案资源利用存在主要问题

湖北汽车工业学院是湖北省数字档案馆建设试点单位，在开展数字档案馆建设前期，档案馆组织人员先后到湖北工业大学档案馆、三峡大学档案馆走访，参与省高校档案馆协作组会议，经过调研，我们总结了高校档案馆中科技档案管理存在的一些问题：

### 1.1 科研档案收集不全面的问题比较普遍

高校档案归档单位一般为学校的科研部门，档案员基本上都是兼职的，人员变动性较

**作者简介：** 张慧（1979— ），男，馆员，研究方向为信息资源整合、情报服务。

大，兼职档案员不了解哪些文件应该归档、哪些问题文件不应该归档，最终档案收集不全面、不完整。高校科研人员并没有意识到科研档案工作的重要性，对档案收集工作认识不足，加上对个人没有考核要求，没有及时采集档案数据，部分科研文件不能及时归档，出现漏档问题。

### 1.2 档案数字化水平较低，查找以及利用困难

当下，高校档案部门依旧采用传统人工收集纸质档案为主，信息化水平不高；涉及的研究、实验、成果等产生了大量的纸质档案，包括科研报告、论文、专利等档案基本上都放在库房、档案柜中，未进行数字化加工，因此交流、传输、利用等各方面都是传统到馆查阅，档案资源开发利用率低下，档案科研价值得不到充分发挥。

### 1.3 高校科技档案缺乏开放共享和合作机制

高校对科技档案的开发利用存在一定的认识局限性，强调保密性，所以科技档案的管理依然以存为主，缺乏开放共享的机制。正是因为认识不足，导致高校的科技档案资源只在校内“独享”，存在信息孤岛的问题，缺乏有效的开放共享和合作机制。高校档案馆的档案管理系统的功能也相对有限，只支持校内利用，也进一步限制了科技档案的利用。

## 2 湖北汽车工业学院科技档案信息化建设主要思路

### 2.1 馆藏纸本档案的数字化

湖北汽车工业学院档案馆通过第三方外包服务，完成馆藏 100 万幅面档案的档案信息查错、录入、数字化扫描、高清处理、数据纠错、数据挂接、档案装订上架等工作。档案馆人员对录入的 10 万余条目数据、100 万幅面数字化数据进行逐条核对。组织对馆藏涉密档案、到期档案、开放档案的鉴定以及鉴定后的数字系统处理工作，实现馆藏纸质档案数字化率 99%，实现了所有档案（含科技档案）的数字化。

### 2.2 依托学校智慧数字校园，搭建数字档案馆基础硬件设施

数字档案馆依托学校中心机房建设档案馆局域网、校园网、互联网，三网隔离。局域网主干线采用光纤方式连接机房服务器。局域网：独立应用服务器、数据库服务器、在线存储及备份服务器、硬件防火墙、日志审计、入侵检测、漏洞扫描；校园网：独立应用服务器、数据库服务器、在线存储及备份服务器；互联网：云资源提供服务器。

### 2.3 建设档案应用系统建设，实现科技档案从生成到档案馆数字化建设以及利用全流程数字化管理

数字档案馆系统采用了符合数字档案馆功能要求的成熟档案管理系统，并根据学校档案工作实际进行二次开发。该系统包括：数字档案馆馆藏系统、四性检测服务、档案馆自助查询系统、档案归档利用平台、校园专题档案服务平台、远程利用服务平台、网页采集

系统等功能。

档案归档利用平台与科研管理系统进行接口开发，实现了科研申报、立项、试验以及结题、成果等原生电子文档实时在线归档，破解“数据孤岛”难题，实现原生数据归档管理，将数字档案馆的“触角”延伸到学校各个“神经末梢”。数字档案馆应用系统基本实现了科技档案的采集、整理、存储、检索、传递、保管、保护、利用、鉴定、销毁、统计等全过程管理工作，并能为用户提供高效的信息服务。系统的建设极大地促进了科技档案管理规范化，提升了档案资料利用效率。

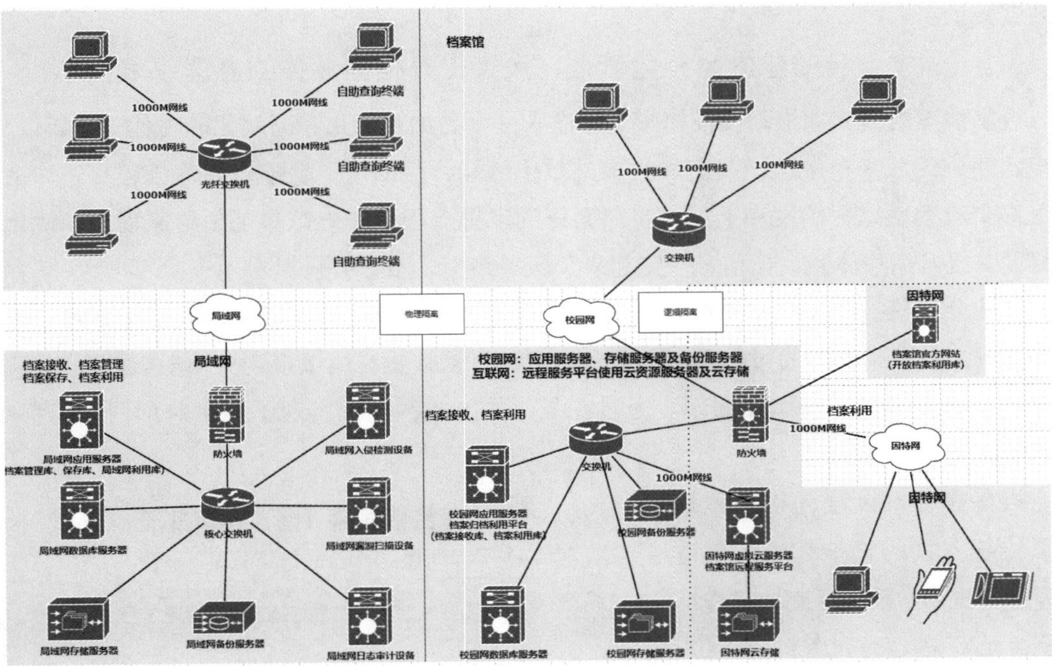


图 1　档案馆网络拓扑图

# 3　数字化科技档案资源利用成效

## 3.1　数字化科技档案为开展科学家精神教育、科普活动提供了强有力的支持

通过对馆藏档案资源挖掘，建设各门类档案专项索引数据库，提高数字档案资源检索利用效率。数字档案系统实现了科技档案系统化，为开展专题科技成果展览提供了档案利用的基础。

湖北汽车工业学院先后利用档案资源总库数字档案资源进行科技档案编研开发，形成了“学校近 20 年科技成果展览”“十堰三线建设图片展”“纪念孟少农 100 周年诞辰图片展”及红色科学家孟少农成果展等重大活动网上科技成果展，在学校内营造科研工作氛围，设置的孟少农展厅申请了科学家精神教育基地。

### 3.2 档案数字化，实现传统纸本文字的 OCR 检索，大大提升了档案信息查找的效率

由于数字档案馆基本完成了全部馆藏档案的数字化扫描，对于 1972 年建校以来形成的条件较好的档案，进行了 OCR 文字识别，实现全文检索。从早期查找档案“大海捞针”到“瞬间可得”的高效信息检索，再到如今智能化精准定位，不仅大大提升了查档者的获得感和满意度。如今档案查找从原来的一个工作日内答复，进化到瞬间提供服务，得到了用户的高度赞扬。

### 3.3 建立全自动化的系统化管理，大大提升档案业务的办理效率

数字档案馆的建立推动我校档案工作进入一个更加智能化、高效化的时代。今年以来，围绕已建成的数字档案馆，我们加快推进数字赋能，借助该平台进行管理流程再造，上线档案移交流程、综合档案和干部人事档案查阅审批流程、校史馆参观预约流程等，优化资源配置，提升用户体验，让信息“跑起来”服务师生，服务群众。

自从今年科技档案移交在线化后，传统的纸质移交清单被取代，档案移交不再“面对面”进行，各立卷部门通过归档利用平台设置的目录模板在线填报，自动生成档案交接表、档案目录，形成档案初始数据库。通过在线化的方式，学校实现了档案跨部门快速移交，使档案移交简单化。

档案查阅审批流程很好地规避了传统方式的繁杂弊端。申请人通过学校 OA 系统提交档案查询申请，填写需要查询资料的年份、文号、名称或关键词等具体信息并推送至档案馆，形成待办事项。档案馆工作人员根据申请人提交的信息，在数字档案馆系统查阅电子档案，并将结果回传推送至申请人公文邮箱。同时，系统还定时向档案馆工作人员推送未完成的待办事项，避免遗漏。通过这种方式，实现了档案查、阅、借的留痕，提高了档案馆和查阅申请人之间的沟通效率，保证了档案查询的时效性、便捷性。

综合档案查（借）阅审批表

| | | | |
|---|---|---|---|
| 查（借）档单位 | [redacted] 院 | 申请人 | |
| 查（借）档类型 | ◉ 一般档案 ○ 财务档案（凭证等）<br>○ 党委会、办公会议记录本、议题材料等学校内部档案 ○ 学生档案 | | |
| 查（借）档内容 | 查 老照片 | | |
| 档案利用目的 | 举办全国第四届三线建设学术会议论文集封面需要学校建校时期老照片 | | |
| 单位主要负责人审批 | 同意<br>(2024-05-11 09:10) | | |
| 有关单位负责人会签 | | | |
| 档案馆负责人意见 | 同意<br>(2024-05-11 12:54) | | |
| 主要领导意见 | | | |
| 办理结果 | 已办理<br>(2024-05-11 13:03) | | |

图 2　档案查询线上审批图

档案工作人员还可以在系统内一键生成当期档案查阅台账，便于查阅记录的整理归档，

大大减少人为因素对档案管理的影响，节省了档案馆工作人员的时间和精力。

### 3.4 开通档案远程利用平台，让数据跑路，让人民少跑腿

根据科技档案的特点，考虑知识产权保护以及利用的需求，我们开发了社会人员远程利用平台等服务平台，为社会人员提供在线办理档案查询等事项。以“让数据跑路，让人民少跑腿”为目标，为服务社会定制开发“不跑腿、网上办、快递送”的档案馆远程利用服务平台，该平台部署于互联网，为广大社会人士（校友）提供网上远程在线办理、快递上门取件、档案去向查询等服务，实现了档案资源共建共享。

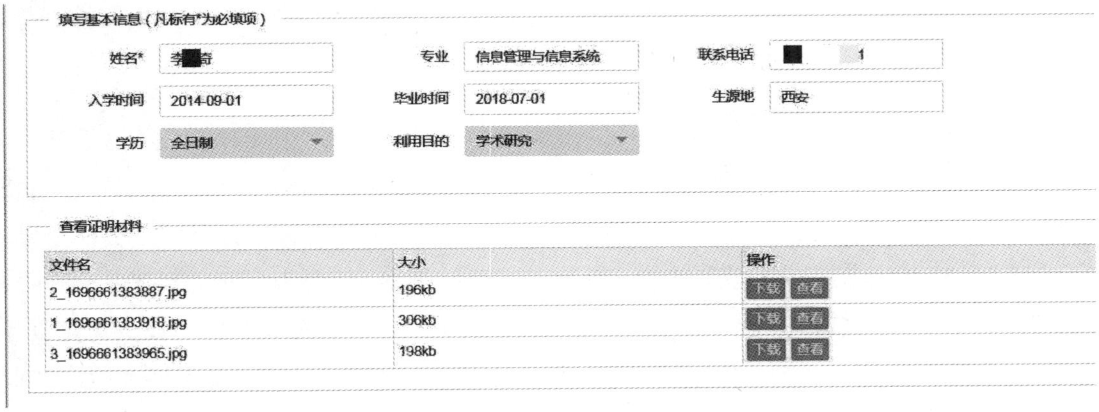


图 3　档案远程利用平台

## 4 科技档案共建共享建设成效以及下一步展望

随着数字档案系统建设搭建成功后，科技档案从申报、立项、结题等 档案信息事实被与档案馆数字系接收，科技人员不需要关注档案的提交问题，大大提升了档案的收集力度，档案管理人员通过对档案的归档整理以及录入系统，形成数字档案内容，在一定范围内实现了信息共享以及自主查阅，大大提升了科技档案的保管以及利用效果。据统计，通过数字化建设，实现了 24 小时查档 ，查档时间秒级完成，效率大大提升。当然由于平台建设还存在基础阶段，还需要进一步加强改革升级，我们对科技档案共建共享的目标明确，我们认为：

### 4.1 新技术将推动数字档案馆的进一步发展

未来一定发展时期内，人工智能技术、大数据技术将会更加成熟，数字档案馆的资源检索、推荐、分析等依托于上述技术的服务功能也会随之优化，实现依据用户需求、兴趣爱好为其推荐档案资源的运作模式；朝着开放化与多元化方向发展。未来档案资源将不再仅局限于文字、图片、视频等呈现形式，还会增强与使用用户的交互性，为用户提供更为互动、增强现实等内容。数字档案馆建设应当紧跟信息技术发展趋势，及时引进先进技术。

如人工智能技术、大数据技术、区块链技术等，不断提高档案资源的检索、开发利用效率；

### 4.2　科技档案资源共享应围绕用户体验不断开发新功能

档案馆可以定期组织开展创新创意大赛，鼓励广大用户积极参与到档案资源体系建设与创新活动中，集思广益，加快推进档案资源体系建设工程。

### 4.3　科技档案开放应兼顾保密以及知识产权保护

数字化档案在网络上传播时，容易受到未经授权的复制、传播等侵权行为的威胁。这些行为不仅损害了版权所有者的利益，也破坏了科技档案的正常使用秩序。为了防止数字化档案的侵权风险，可以采取一系列技术保护措施，如数字水印、加密技术、访问控制等。这些技术应该需要进一步研究，提升科技档案利用的安全性。

## 5　结语

数字档案馆的成功创建，湖北汽车工业学院顺利完成档案工作数字转型，实现了科技档案的“收、存、管、用”全流程数字化管理，为科技档案资源共享打下了坚实的基础。但由于制度滞后以及信息化管理转变意识不到位，科技档案的开放利用还需要进一步加强，学校应该继续利用新技术，进一步完善系统功能、提升安全性，强化资源建设、优化服务绩效，不断挖掘科技档案的价值，实现科技档案资源更大程度的共享，服务湖北汽车产业发展，服务地方经济发展。档案馆将努力探索数字化转型阶段档案信息化高水平发展的新途径，推动高校档案工作更好融入十堰市的地方产业发展，为湖北省加快建设全国构建新发展格局先行区工作贡献力量。

## 参考文献

[1] 华静，杨娇．科技情报信息服务赋能科技创新发展[N]. 兰州日报，2024-07-09(006). DOI：10.28556/n.cnki.nlzrb.2024.001624.

[2] 程晓楠．浅谈科技档案收集工作存在的问题与解决对策[J]. 黑龙江档案，2024，(2)：69-71.

[3] 蔡盈芳．论新质生产力与科技档案工作[J]．中国档案，2024，(4)：8-9.

[4] 杨洋．跨领域科技档案整合与共享问题研究[J]．机电兵船档案，2024，(1)：101-104.

[5] 杨丹丹，刘永红，李婕．高校电子文件在线归档接口建设方案的研究[J]．办公自动化，2024，29(1)：52-54.

[6] 付婷，李月潭．大数据时代科技档案管理的有效策略研究[J]．黑龙江档案，2023，(6)：48-50.

[7] 胥传瑛．信息化背景下高校基建档案数字化管理策略研究[J]．办公室业务，2023，(24)：122-124.

[8] 崔艳．科技档案的服务创新研究［J］．科技创新与品牌，2023,（12）：77-79.

[9] 田敬尊．科技档案现状与开发利用的建设管理模式［J］．现代企业，2023,（12）：117-119.

[10] 温宵宵，赵芸，赵博衡．大数据背景下科研档案管理信息化建设路径分析［J］．电子元器件与信息技术，2023，7（10）：123-126.

[11] 钟之华．大数据环境下高校数字档案馆建设实践研究［J］．科技资讯，2023，21（20）：248-251.

[12] 方月．高校会计档案信息化建设实践探索——以T高校为例［J］．新会计，2023,（10）：47-49.

[13] 沙柳．智慧档案馆建设中的人工智能应用与未来趋势［J］．办公自动化，2023，28（16）：45-48.

[14] 赵志杰，赵爱学．高校档案信息化建设策略研究［J］．德州学院学报，2023，39（4）：28-31.

[15] 志伟．基于SWOT分析方法的高校数字档案馆建设思路探讨［J］．兰台世界，2023,（7）：59-63.

[16] 李倩．人工智能对高校数字档案馆建设的影响与挑战［J］．办公室业务，2023,（11）：183-185+189.

[17] 尹承龙．大数据时代下高校数字档案资源建设之路［J］．文化产业，2023,（14）：124-126.

[18] 门佳宝．高校档案信息化管理与数字档案馆建设路径［C］// 中国智慧城市经济专家委员会．2023年智慧城市建设论坛深圳分论坛论文集．青岛大学，2023：2. DOI：10.26914/c.cnkihy.2023.027227.

[19] 尹承龙．大数据时代下高校数字档案资源建设之路［J］．文化产业，2023,（14）：124-126.

[20] 门佳宝．高校档案信息化管理与数字档案馆建设路径［C］// 中国智慧城市经济专家委员会．2023年智慧城市建设论坛深圳分论坛论文集．青岛大学，2023：2. DOI：10.26914/c.cnkihy.2023.027227.

# 结构光三维扫描技术在鸟类标本数字化中的应用

耿 涵[1] 宋 刚[2] 贺 鹏[1]

（1. 国家动物标本资源库中国科学院动物研究所，北京，100101；
2. 动物系统与进化重点实验室中国科学院动物研究所，北京，100101）

**摘要：** 标本是鸟类形态研究的重要材料，鸟类标本结构较为复杂，通过结构光三维扫重建技术和对后期模型处理，能够获得精度高、清晰度高、色彩还原效果好的鸟类标本三维模型。该技术应用于鸟类标本数字化虽有一定局限性，但有利于科研资源跨区域共享，有助于延长标本使用寿命，能够提供更丰富、深入和多元的鸟类标本数字化信息，从而更好地服务科研、教学和科普等工作。

**关键词：** 结构光三维扫描；鸟类标本；三维模型；形态；数字化

结构光三维扫描技术（structural light three-dimensional scanning）是一种先进的立体表面结构特征测量手段，它通过捕捉投射到物体表面的结构光的变形来精确获取物体的表面结构信息。与三维重建技术结合，该方法能够高精准度地构建出物体的三维模型[1]，因而在刑侦侦查[1]、文物遗产保护[2]、医学[3]、农业[4]等多个领域得到了广泛的应用。

鸟类标本是开展鸟类形态特征变异、环境适应、物种演化以及分类修订等工作的重要依据。对于鸟类形态结构的研究，传统的方法主要是通过对标本各项体征的测量，例如使用电子天平称重，使用游标卡尺等量具测量标本体长、翅长、尾长、跗跖长和嘴峰长等形态学特征指标[5][6]，以及鸟类骨骼各项参数等[7]。但对于标本的检视和测量，一是可能会对标本本身造成损伤，二是获得的数据多为一元的测量数据，对于反映鸟类非规则形态特征的能力非常有限。因此，本研究开展了应用结构光三维扫描技术测量鸟类标本的尝试。本文基于前期对鸟类标本进行扫描和建模的工作基础，将论述结构光三维扫描技术应用于鸟类标本数字化的方法，探讨该技术在获取鸟类标本三维模型的具体操作方面的一些经验和不足。

---

**作者简介：** 耿涵（2002— ），女，实习生。宋刚（1980— ），男，副研究员，研究方向为鸟类多样性分布格局与形成机制。贺鹏（1986— ），男，高级工程师，研究方向为动物标本资源收集、保藏和管理。

**基金项目：** 第三次新疆综合科学考察专项项目（2022xjkk1500）；中国科学院战略生物资源能力建设项目（KFJ-BRP-017-15）；国家重点研发计划课题（2022YFC2602204）。

# 1 结构光三维扫描技术的基本原理和工作流程

## 1.1 结构光三维扫描技术原理

结构光三维扫描技术是一种精密的非接触式光学测量方法，它通过向物体表面投射特定的结构光模式，并通过相机摄像头同步捕捉这些结构光模式在物体表面的变形，并记录物体表面的纹理信息，传入计算机内的软件，通过算法生成三维点云图像，再通过编辑、配准、对齐、融合、纹理映射等一系列操作获得物体的三维模型[8]。这种技术对于物体表面的细节具有强大的捕捉能力，并且能够进行精度较高的测量。

## 1.2 鸟类标本三维扫描和建模过程

鸟类标本三维扫描工具：

主要包括 Artec Space Spider 三维扫描仪、电脑、转盘（见图 1a）。

Artec Space Spider 三维扫描仪是精准度和分辨率较高的结构光三维扫描仪，精度可以达到 0.05 mm，三维分辨率可以达到 0.1 mm，能够以很高的 3D 点密度水平捕获物体的几何形状，从而提取出许多细节。

工作过程主要包括扫描（见图 1b）、建模和模型处理（见图 2）。具体如下。

### 1.2.1 扫描和建模流程

（1）将待扫描的标本放置于转盘上，使用可塑橡皮支撑。

（2）在计算机中打开 Artec Studio Professional 软件，连接计算机与 Artec Space Spider 三维扫描仪，连接扫描仪电源，待扫描仪预热结束后，开始扫描。

（3）缓慢匀速转动转盘，对标本进行多角度扫描。

（4）调整标本的位置，翻转标本，扫描另一个面获得数据文件。直至对标本的所有表面区域全部完成扫描

### 1.2.2 模型处理流程

（1）编辑和配准：扫描完成后，在 Artec Studio Professional 软件对扫描所得模型进行编辑，清除环境物体和噪点、进行配准。

（2）对齐：将配准后的模型通过重合部分对齐组合成模型整体。

（3）模型融合：将对齐完成的模型融合，处理融合后的模型，修补孔洞、清除噪点。

（4）纹理映射：对融合所得模型映射纹理获得有纹理贴图的完整模型。

图 1 鸟类标本三维扫描方法

a 扫描所需工具；b 扫描场景；c 鸟类标本模型

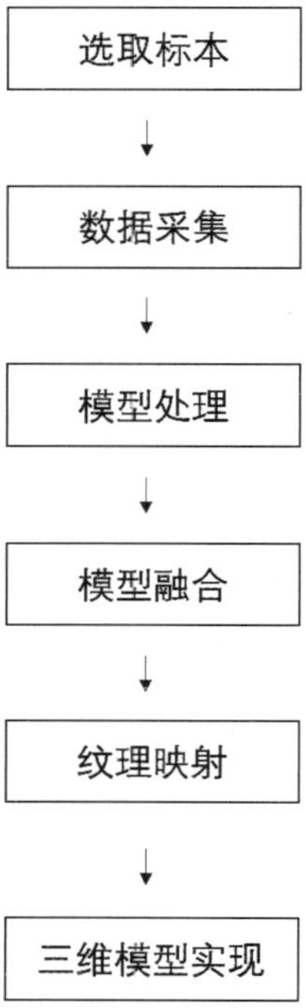


图 2　标本扫描工作流程

扫描和建模过程完成后可存储和导出鸟类标本的三维模型数据，并用于后续的鸟类标本数字化信息数据库建设和标本信息的共享和利用。通过一些三维软件即可获得模型的测量数据，例如使用 Autodesk Inventor Professional 软件可以通过在三维模型上下表面选定工作平面再通过模型中心定义两个中间平面的方式，在中间平面内完成角度测量[9]。

# 2　结构光三维扫描技术的应用

## 2.1　在其他生物标本中的应用

随着结构光三维扫描技术的发展，其在生物标本相关的研究中的应用也逐渐增多。例如在医学教学研究中发现，使用 Artec Space Spider 三维扫描仪扫描的医学标本模型数据与实物数据误差较小[3]，三维扫描人类面部的误差在 0.5 mm 以内，能够在面部的临床治疗评估中发挥作用[10]，临床使用 Artec Space Spider 三维扫描仪对患者鼻部进行扫描能够获得精确度很高的模型[11]。这些研究说明了三维扫描技术在捕获复杂表面如人类面部时的高效性和准确性。

三维扫描对于测量角度和不规则形状物体的横截面积方面也展现出其优越性。例如在关于生殖系统表型分析的角度评估的研究中，相比于使用标准测角仪手动测量角度，三维扫描技术同样表现出了可靠性[9]：在 Rudari M 等的研究中，三维扫描能够通过扫描上可见的固定标记点来计算人类手部特定位置横断面积[12]。

利用结构光三维扫描技术重建得到的3D标本能够很好地还原标本实物的色彩。例如有研究利用结构光三维扫描设备和生物塑化技术制作了牦牛塑化内脏器官原位整体标本的三维可视化模型，能清晰直观地展示了牦牛内脏器官组织的毗邻关系，并且观看者可通过手机、计算机等移动终端，随时随地去查看标本模型，这种便捷性是传统标本所无法比拟的[13]。

此外，标本的三维扫描结果也可用于3D打印制作高仿真标本模型。这样得到的仿真模型来自真实标本数据，在特征、尺寸和比例上也更加还原动物本身，可以代替真实标本用于科普展示、教学道具等用途，从而减少为了制作标本捕杀动物的数量，还能有效避免真实标本在展示过程中可能遭受的光照、触碰、搬运等损伤，更好地长期保存标本[14]。

### 2.2 在鸟类标本中的应用

将结构光三维扫描技术应用于鸟类标本的三维数据获取，同样能够实现与上述类似的高精度效果，但目前在鸟类标本数字化中的应用较少。其原因可能是鸟类身体结构特征导致了鸟类标本三维扫描难度较大，一些解决扫描问题的方法反而会增加模型处理的难度。具体表现如下。

由于结构光三维扫描依赖投影到物体表面的光束的形变信息识别和重建扫描物体的三维形象，因此结构光三维扫描在扫描光滑表面时表现良好，能够高效识别物体的几何形状。但是对于毛发表面，结构光在照射到这类表面后会向多个方向反射，导致扫描仪的摄像头无法正常采集到足够的光信息[15]。鸟类的须和绒羽就是这类表面，它们对结构光的散射导致三维扫描难以正常扫描这类羽毛。鸟类正羽的羽小支相互钩结，能够被视为一个相对平整的表面，可以被正常扫描。但鸟类体羽呈覆瓦状覆盖全身，羽毛之间形成的表面类似于毛发表面，从而导致识别获取结构光形变信息困难。

鸟类羽毛本身纤薄，厚度通常低于1毫米，导致其侧面难以接收和反射足够的结构光[15]，从而进一步增加了扫描的难度。对于鸟类的喙，尽管其厚度相对羽毛较大，能够被部分扫描，但其尖端细节往往难以被完整扫描。

在纹理方面，许多鸟类羽毛的颜色包含结构色，这种颜色在不同光照角度下会展现出变化多端的光泽。这使得在扫描过程中捕捉到的颜色可能会与实际颜色存在偏差，从而引入了额外的误差。

### 2.3 鸟类标本三维扫描过程中出现的问题及可能的解决方法

除了鸟类本身的因素会影响扫描效果外，在鸟类标本扫描的过程中也存在一些挑战。例如：

对于鸟类标本表面较深的凹陷区域，光照条件的调整可能会影响到色彩的准确捕捉，而保持光照不变又可能导致凹陷区域扫描得不完整，从而形成孔洞。此外，尖锐部位和蓬松的羽毛在扫描过程中可能难以生成完整的模型，导致后期对模型进行融合后出现需要修补的孔洞。对于较大的孔洞，算法修补可能会引起模型该区域的结构失真。同时孔洞修补也有局限性：结构光三维扫描只能扫描标本的表面，无法扫描内部，也无法生成能够活动的模型，对于有部分重合区域而难以扫描到的多个面的标本也会因无法通过算法精确对齐而产生误差。

对于鸟类喙部的扫描，较长的喙难以完整扫描，喙的尖部也往往无法被正确建模。通过在喙部附近放置可塑橡皮作为背景能够缓解这一问题，但会给扫描后模型的编辑带来一定的困难。扫描时需要翻转标本以扫描多个面，但对于鸟类的尾羽和初级飞羽等突出于身体之外的部分，由于易受重力影响而发生偏移，导致对齐和配准困难。通过调整可塑橡皮支撑标本的角度，可以在一定程度上降低翻转时的形变。但这一方法并不能完全解决问题。

对于体积或表面积较大的标本，模型的编辑与配准过程会对电脑造成较大的负荷，出现卡顿和发热情况。在内存不足的情况下，扫描软件会出现无响应甚至闪退的情况。关闭其他应用和将处理完成的部分模型暂时卸载可以缓解这一问题。

## 3 讨论与展望

生物体的形态结构与功能息息相关，但生物体的结构无法简化为简单的几何模型，而动物则需要更加精确的建模来展现其身体的结构[16]。对鸟类而言，喙的形态能够体现不同的食性，翅和尾羽的不同形态决定了其飞行方式和能力，跗跖的形态则与觅食和行走能力相关，这些身体结构是它们生存和适应环境的关键。此外，鸟类具有出色的视觉能力，很多鸟类具有色彩和纹理独特的羽毛，基本羽和繁殖羽的也有明显的不同，幼鸟、亚成鸟和成鸟之间也往往具有较大的羽色和羽毛纹理差异。因此，在鸟类标本数字化方面，需要突破传统单一形态特征测量，获取多元化的精确测量数据。

使用结构光三维扫描技术扫描过程中不直接接触标本，不仅能提高精确度，还极大地减少了测量过程对标本可能造成的损伤，生成的三维模型可长期且反复使用，有效减少了对标本的损耗。同时，三维模型的建立使得测量和计算一些难以直接获取的数据变得更加便捷，模型可以快速直接地提供所需数据。

由于采集年代久远、保存不善等原因，传统标本往往会遭遇虫蛀、变形、褪色、磨损等问题[17]，对于鸟类标本而言，保存过程中的意外可能会导致喙部磨损、跗跖缺失、羽毛掉落等情况，使标本的科研价值大幅降低甚至完全丧失。同时一些年代久远的鸟类剥制标本在制作中使用了有毒防腐剂，直接接触不利于人体健康；而内脏标本需要冻存保存不利于检视。通过结构光三维扫描与建模，可以将这些标本数字化，转化为 3D 标本，不仅实现了对标本的永久保存，也为鸟类形态学研究提供了更为精准的测量手段。与传统测量方法相比，这种数字化测量更为方便和准确，并且降低了对标本造成损伤的风险。

此外，对标本馆中大量鸟类标本进行数字化，并建立标本模型数据库，可以将标本的最佳状态以数据形式永久保存。数字化可以保存其当前状态，避免在后续保存和共享过程中受到进一步损伤而影响标本的科研价值。而未来通过移动终端查询标本模型数据库，可以获得与线下查看标本相似甚至更好的效果。这将大大简化鸟类标本数据的获取过程，降低获取难度，极大地促进科研资源的跨区域共享。

综上所述，通过结构光三维扫描技术将鸟类标本数字化，虽有一定的局限性，但扫描和建模完成后的三维模型不仅可以用于测量标本的各项数据，而且能够被用于扩展鸟类标本信息数据库，为检视标本数据提供便利，降低标本检视的门槛和成本，有利于科研资源跨区域共享；此外还能减少对实体标本的检视频率，有助于延长标本使用寿命。将鸟类标本通过结构光三维扫描技术数字化，能够提供更丰富、深入和多元的鸟类标本数字化信息，从而更好地服务科研、教学和科普等工作。

## 参考文献

[1] 刘永久，汪中 . 基于结构光投影的物证三维重建技术 [J] . 科技视界，2018，(7)：121-122.

[2] 塔拉，李少兵，李丽雅 . 内蒙古博物院馆藏文物三维数据采集及成果应用初探 [J] . 中国博物馆，2012，(1)：32-35.

[3] 潘昌霖，刘镇，许家军，等 . 基于手持式 3D 扫描仪的人体解剖学实物标本三维数字化应用 [J] . 解剖学研究，2023，45 (4)：399-403.DOI：10.20021/j.cnki.1671-0770.2023.04.19.

[4] TUBBS B T，CHASTAIN G T .Development of 3 - D point cloud imaging and 2 - D image processing methods for high-throughput phenotyping of perennial ryegrass spikes[J]. The Plant Phenome Journal，2023，6 (1) .

[5] 刘力华，陈晓澄，褚晖，等 . 高寒草甸常见雀形目鸟类共存机制的生态形态学解释[J]. 动物学研究，2013，34 (3)：160-165.

[6] FAN L，CAI T，XIONG Y，et al.Bergmann's rule and allen's rule in two passerine birds in China [J] .Avian Research，2019，10 (4)：387-397.

[7] 张玉光，李志恒，刘迪，等 . 鸟类胸骨的形态结构多样性及其与飞行能力的关系 [J] . 四川动物，2011，30 (5)：677-686+660.

[8] 董力，江文松，罗哉，等 . 多角度弱纹理文物三维扫描测量方法 [J] . 计量学报，2024，45 (6)：769-776.

[9] SIAPNO E A，YI C B，DANIELS D，et al.Measurement accuracy of 3-Dimensional mapping technologies versus standard goniometry for angle assessment [J] .Journal of

Pediatric Urology, 2020, 16（5）: 547-554.
[10] M. A J S , J. B M , J. H M H , et al.Reliability and validity of handheld structured light scanners and a static stereophotogrammetry system in facial three-dimensional surface imaging [J] .Scientific Reports, 2024, 14（1）: 8172.
[11] RITSCHL M L, CLASSEN C, KILBERTUS P, et al.Comparison of three-dimensional imaging of the nose using three different 3D-photography systems: an observational study [J] .Head & face medicine, 2024, 20（1）: 7.
[12] RUDARI M, BREUER J, LAUER H, et al.Accuracy of three-dimensional scan technology and its possible function in the field of hand surgery [J] .Plastic and reconstructive surgery. Global open, 2024, 12（4）: e5745.
[13] 陈晨，邹雨琛，程明亮，等．牦牛内脏器官原位整体塑化标本三维建模与可视化的研究 [J]．现代畜牧科技,2024,(3):21-23.DOI:10.19369/j.cnki.2095-9737.2024.03.006.
[14] 张禾名．利用 3D 技术制作生物剥制标本假体以及高仿真模型的方法: 202211168865 [P] [2024-07-29] .
[15] MCMILLION. M. 结构光三维扫描仪工作原理 [EB/OL]（2022-11-25）[2023-07-30] https://www.artec3d.cn/learning-center/structured-light-3d-scanning
[16] LI Z, GUO X, GUO Z, et al. 3D Morphological scanning and environmental correlates of bufo gargarizans in the yellow river basin [J] .Animals: an open access journal from MDPI, 2024, 14（3）: 369.
[17] 冯培勋，杨楠，黄立麟，等．鳄龟全身肌肉的三维建模与可视化的研究 [J]．现代畜牧科技，2022,（4）: 18-20.

# 协同创新视角下科技型企业创新绩效影响因素研究

## ——以长三角100余家企业为例

周 祥 于伟东

（上海研发公共服务平台管理中心，上海，200031）

**摘要：**本研究主要遴选了长三角地区100余家科技型企业为主要研究对象，探讨其与不同创新行为主体的协同创新对企业创新绩效的影响，对现有的理论文献成果的梳理，包括协同创新理论、企业创新绩效等理论，分析概括协同创新的各个维度及表征因子，探究各个维度对企业创新绩效影响，并从构建动态化协同创新网络给予对策建议，期冀能为地区科技型企业创新绩效的进一步提升贡献理论智慧。

**关键词：**协同创新；科技型企业；创新绩效

党的二十大以来，我国科技创新能力得到了显著提升，科技创新格局发生历史性转变：科技发展从以跟跑为主，步入跟跑、并跑、领跑并存的历史新阶段，创新要素投入以及创新环境的改善都相较以往有了较大改善和进步。然而随着外部环境变化带来的不利影响增多，过分依赖传统的模仿式创新，在国际竞争中，很容易被竞争对手“卡脖子”，要实现科技领域的“弯道超车”，依靠单个创新主体的自身资源显然捉襟见肘，如何践行在新型举国体制下，多主体进行协同融通创新，联合开展相关科研技术攻关，其紧迫性与重要性已不言而喻。

长三角地区作为中国经济发展最为活跃的地区之一，科技创新氛围十分浓厚，科研产出成果丰硕。本研究遴选了长三角100余家科技型中小企业，通过大量的访谈调研、问卷调查了解企业创新绩效的影响因素，分析概括企业进行协同创新的各个参与主体，梳理表征因子，并以此提出相关对策意见，提升企业创新绩效。

## 1 理论回顾及概念界定

### 1.1 科技型企业

对于科技型企业的内涵，国内研究学者以及官方都有明确的解释，科学技术部网站资

**作者简介：**周祥（1992— ），男，研究方向为科技管理及企业创新管理；于伟东（1970— ），男，高级工程师，研究方向为科技资源管理。

料显示，官方将其定义为“依托一定数量的科技人员从事科学技术研究开发活动，取得自主知识产权并将其转化为高新技术产品或服务，从而实现可持续发展的企业”。科技型企业国际上通用的叫法是高技术企业（Hi-tech enterprise），代表性的解读主要由以下两种，一是根据美国学者 F.G.Doody 和 H.B.Mumtser 的观点，定义为是一类体现出高增长率、高额的研究与开发费用、高附加值、强烈的出口导向和高技能的劳务密集的生产技术的公司；二是在欧盟 Shearman 和 Burrell（1998）认为高技术企业是在新的产业中诞生的独立的企业。广义地定义为“所有在高技术产业中生产经营的新企业”。对于科技型企业，国内外很早就对其进行了明确的界定，定义尽管表述上有所不同，但无非是从企业经营要素，如人力、产品产出等角度进行概念解读。本研究参照工信部关于科技型中小企业评价的有关政策，认定科技型企业具备以下四个条件，即具有一定的专职科技人员；具有拥有自主知识产权的科研成果或专有技术或先进知识，包括：专利、标准、商标、经认定的科技成果或其他专有技术等；具有一定的科技创新经费投入和科技创新活动；具有经由自主知识产权、专有技术或先进知识获得的产品和服务。

### 1.2 协同创新

Peter · Gloor 首次提出协同创新的概念，认为它是一个由一群具有共同愿景和自我激励的人员所组成，通过分享信息、相互合作来实现一个共同目标的过程。目前知识经济社会，赵艺璇等（2024）研究发现知识网络结构嵌入与核心企业关键技术创新增长的广度呈正相关，与关键技术创新增长的深度呈倒 U 型关系；知识网络关系嵌入与核心企业关键技术创新增长的广度和深度均呈倒 U 型关系。许礼刚等（2024）为揭示创新创业生态系统内部各要素间的协同机制，以培养创新型人才为系统导向，在运用 SEM 对协同机制实证研究的基础上，借鉴自组织现象中改进的 B-Z 反应模型，进一步构建三维动态演化模型，分析各主体间要素协同的动态演化。刘用场（2024）从共生理论的视角，在阐述共生理论与政科企协同创新的契合性基础上，开展政科企协同创新的共生系统分析，剖析了政科企协同创新存在的制约因素，进而提出政科企协同创新的优化策略，推动建立政府部门、农业科研院所和企业等多方参与、高效协同、利益共享的长效机制。

### 1.3 企业创新绩效

对于创新绩效概念的理解其实有两种，狭义上是以 Freeman 等人的解释作为参考，即企业引进新工艺、新产品、新专利所占的比例；而广义上来讲，陈劲等（2006）认为创新绩效包括从创新想法的出现，到研究开发、产品制造、流入市场等商业过程。罗明新等（2013）认为创新绩效如同组织绩效、财务绩效等概念，通常指企业在技术创新过程中成果的体现。总体来看，对于创新绩效的定义，学界目前莫衷一是，但对于创新绩效的测度，各学者在研究过程中还是保留了一些相似之处。

解学梅等（2015）主要从新产品和专利视角，采用“企业新产品市场反应、新产品创新成功率、专利/技术文档使用情况、新产品技术含量、新产品开发速度、新产品的投入产出效率”六个指标对企业创新绩效进行测量。Sharma Sunil（2014）鉴于专利在企业中的作用不断变化，旨在从资源的角度探讨专利管理（PM）与技术创新绩效（TIP）之间的联系。以高新技术企业为分析研究对象，分析结果表明，专利获得对专利保护和专利商品化有积极影响；专利获得对专利商业化有积极影响；专利获得和专利商业化对技术创新绩效有积极影响。

## 2 变量测度

通过上文对相关理论的阐释以及梳理已有的成熟量表的基础上，综合调查对象的特点及状况，本研究拟定了企业与企业间协同创新、企业与政府间协同创新、企业与科研机构间协同创新和企业与中介服务组织间协同创新四个维度作为企业协同创新的衡量指标，问项的设计在借鉴了解学梅（2019）等对协同创新网络的研究的研究成果上，以及专家访谈的结果讨论后，对经典量表做了必要的修改和调整。

### 2.1 企业—企业协同创新

企业与企业间协同创新的问项主要是根据经济社会中各创新行为主体以及企业的利益相关者所拟定的，在激烈的市场竞争中，企业所面对的主要就是供应链上下游的客户以及原料供应商等利益相关者之外，更多的将面对的是对自身利益构成挑战的行业竞争者，所以企业与企业间的协同创新指的就是与这三者之间的协同合作程度。该量表的主要是参考了解学梅（2010）的相关研究成果。

**表 1 企业—企业协同创新测度**

| 量表（企业—企业协同创新） |
| --- |
| 贵企业同顾客/客户之间的协同合作程度 |
| 贵企业同供应商之间的协同合作程度 |
| 贵企业同竞争者之间的协同合作程度 |

### 2.2 企业—政府协同创新

企业与政府间协同创新的问项主要是依据了政府在支持企业创新方面所采取的相关措施，其中包含了研发资助、税收优惠政策和信息共享服务三种具体形式。该量表的设计思路分别来源于周燕华（2017）和刘用场（2024）对企业与政府协同创新网络的相关研究成果。

表 2　企业—政府协同创新测度

| 量表（企业—政府协同创新） |
| --- |
| 贵企业享受到了政府的研发资助 |
| 贵企业享受到了政府的税收优惠政策 |
| 贵企业享受到了政府的公共信息共享服务 |

## 2.3　企业—科研机构协同创新

企业与科研机构间协同创新的问项主要是根据科研机构的主要类别所拟定的，当前社会主要科研机构由大学（事业单位）和社会研究机构两部分组成，在该量表中还将技工院校从传统大学的概念中剥离开来，作为单独科研主体进行问项设定，突出企业与职业学校在协同创新领域的合作表现。该设计思路主要是参考了臧欣昱（2018）协同创新视角下产学研决策机制研究的相关理论成果。

表 3 企业—科研机构协同创新测度

| 量表（企业—科研机构协同创新） |
| --- |
| 贵企业同大学之间的协同合作程度 |
| 贵企业同研究机构之间协同合作程度 |
| 贵企业同技工院校之间的协同合作程度 |

## 2.4　企业—中介服务组织协同创新

企业与中介服务组织间协同创新的问项依然是根据当前社会上所存在中介服务组织的主要类别所拟定的，主要包括技术中介、人才中介、风险投资组织、行业协会和企业咨询机构等。该量表结合了王超恩（2016）产融结合、金融发展与企业创新的最新研究成果。

表 4　企业—中介服务机构协同创新测度

| 量表（企业—中介服务组织协同创新） |
| --- |
| 贵企业同技术市场中介的协同合作程度 |
| 贵企业同融资机构的协同合作程度 |
| 贵企业同人才服务中介的协同合作程度 |

## 2.5　企业创新绩效

本研究企业创新绩效依然采用现行学术界主流的两种测量方式，一种是企业有效专利数（Hurtado-Torres,2018）；另一种是企业的新产品销售收入（曹桂华等，2018），本研究对于第二种方式，结合科技型企业的实际特点以及出于后续数据分析的便利性考虑，做了必要的修改。

表 5　企业创新绩效测度

| 量表（企业创新绩效） |
|---|
| 贵企业新产品销售收入占比（近 2 年新产品销售收入占总销售收入的比重） |
| 贵企业拥有的有效专利数（统计时间截至 2023 年 12 月 31 日） |

# 3　研究假设

## 3.1　企业与相关企业的协同创新

Chatterji 等（2013）以医疗器械企业为研究对象，研究发现企业与用户之间的合作，通过获取用户需求等信息，能够显著提高企业产品创新。解学梅（2010）基于 188 家制造业企业的研究发现中小企业与供应链企业等所形成的“企业—企业”协同创新网络对企业创新绩效有着显著的正向影响。

H1: 企业与相关企业的协同创新对企业创新绩效有正向影响。

## 3.2　企业与政府协同创新

周燕华（2017）认为政府政策对企业协同创新的影响主要通过三种方式：政府财政投入、政府税收优惠政策和知识产权保护政策。王凤荣（2019）等研究发现政府创新补助总体上有助于“两高一剩”企业创新升级，但异质性特征明显，进一步研究发现政府创新补助有效地缓解了企业创新升级渠道对我国产业经济绿色发展的阻碍作用。通过提高监督检查力度、甄别企业类型及所属地区环境、区别发放政府补助，可有助于政府创新补助的高效配置，加速“两高一剩”企业创新升级。

H2: 企业与政府协同创新对企业创新绩效有正向影响。

## 3.3　企业与科研机构协同创新

科研机构包括大学、研究机构、学院 / 技校，是知识创造、技术产生和人才培养的重要载体，是企业协同创新网络中最重要的创新源。在政策鼓励和研发资金紧缺的背景下，研究组织同产业和企业的合作日益频繁。王建生（2017）研究了在双向激励均衡条件下，随着科研院所得到的边际激励强度的增大，企业的努力水平将逐渐降低，反之亦然；合作项目的价值增值需要合作双方的协同努力，随着合作双方努力水平的增加，整体的价值增值则先增加后减小。

H3: 企业与科研机构协同创新对企业创新绩效有正向影响。

## 3.4　企业与中介服务组织协同创新

中介服务组织包括技术中介、风险投资组织、技术市场、行业协会、技术转移中心和人才中介等，是中小企业协同创新网络的重要组成部分。王超恩（2016）等研究发现产融结合能缓解制造业企业创新活动的融资约束，从而促进制造业企业的创新产出；制造业企业持股非上市金融机构能有效缓解融资约束，促进企业创新。

H4: 企业与中介服务组织协同创新对企业创新绩效有正向影响。

# 4 回归分析

本研究问卷主要采用的是李克特 7 分量表，“1–7”分别指代“没合作—合作程度很深”，在研究对企业创新绩效过程中，主要采用的是回归分析。在进行回归分析的过程中，主要通过判定系数，即通常情况下，值越接近 1，说明方程拟合优度越高，模型被解释的成分也就越多。

**表 6 模型拟合优度检测**

| 模型 | R | R2 | 调整 R2 | 误差项 |
|---|---|---|---|---|
| 1 | .874a | .762 | .759 | .24750 |

根据上表的统计分析结果，企业协同创新对满意度的 R2 值达到了 76.2%，说明此种状态下回归方程拟合优度较高，可以进行下一步系数分析。企业协同创新由 4 个维度构成的，在研究各维度对企业创新绩效影响的过程中，本研究利用了逐步回归的分析方法，具体见下表。

**表 7 回归分析**

| 模型 | | 非标准化系数 | | 标准系数 | t | sig |
|---|---|---|---|---|---|---|
| | | B | 标准误差 | | | |
| 1 | （常量） | 1.528 | .151 | | 15.904 | .000 |
| | 企业—企业 | .391 | .068 | .371 | 4.927 | .000 |
| | 企业—政府 | .126 | .071 | .218 | 2.549 | .000 |
| | 企业—科研机构 | .245 | .035 | .032 | 2.485 | .000 |
| | 企业—中介服务 | .028 | .030 | .031 | .517 | .000 |

通过对上表的分析结果，可以发现企业与企业的协同创新、企业与政府的协同创新、企业与科研机构的协同创新、企业与中介服务机构的协同创新 4 个维度对企业创新绩效有显著的影响，回归系数分别为 0.391、0.126、0.245 和 0.028，且显著性水平均小于 0.05，说明原假设 H1、H2、H3 和 H4 成立。

# 5 结语

## 5.1 结论

本研究通过对企业协同创新的维度划分，验证各个维度对企业创新绩效的影响，从验证结果来看，企业协同创新的各个维度都能对企业创新绩效有着显著的正向影响关系。其中，企业与相关企业的协同创新、企业与科研机构的协同创新相较企业与政府的协同创新和企业与中介服务组织协同创新对企业创新绩效有着更为显著的正向影响效应。由此可以说明，长三角地区科技型企业与相关企业和科研机构的联结程度相对紧密，通过与此类企、事业单位的合作，科技型企业在产业链分工，技术合作创新和人才交流等方面获得了比较优势，创新投入要素成本下降，规模经济效应由此渐显，因而能够在科技产出和经济产出都能收获不错的效益。

## 5.2 启示

基于上述研究中的企业协同创新对企业创新绩效的重要影响，本研究基于企业的视角，长三角地区科技型企业首先要树立协同创新合作意识，构建协同创新思维、理念，打造新时期创新发展模式，要注重加强与行业竞争者、客户（消费者）的协同创新，与产品服务上下游链进行创新融通，合力开展技术创新攻关。

其次，科技型企业要主动与园区政府建立更为紧密的联结联谊关系，以更为主动开放的方式，积极参与所在区、园区产业战略规划、布局，创新数字化平台建设，依托当地政府、园区的扶持政策，在企业的成长壮大过程中，集合各类优质资源，充分发展、顺势发展，形成自身核心竞争力。

长三角一体化背景下，科技型企业要充分利用长三角协同一体的创新创业环境，加强与跨区域科研院所的深度合作，与人才中介市场的紧密联合，与各类投融资机构的服务对接，为科技型企业的创新发展提供源源不断的人才、技术和金融资本等创新要素支撑，依托集聚优势，降低企业生产经营成本，提升企业创新绩效，从而在更大范围内实现各类资源要素的跨区域流动，推动区域创新水平整体跃升。

# 参考文献

[1] 周燕华，霍彬 . 科技型企业协同创新模式与创新绩效——基于政府制度调节作用的实证研究 [J]. 企业经济，2017（4）：154-161.

[2] 钟荣丙 . 协同创新能力评价：文献综述与测度修正 [J]. 湖南工程学院学报，2017（1）：28-32.

[3] 解学梅，吴永慧，赵杨 . 协同创新影响因素与协同模式对创新绩效的影响——基于长三角 316 家中小企业的实证研究 [J]. 管理评论，2015（8）：77-89.

[4] 余维臻，余克艰 . 科技型小微企业协同创新能力增进机制研究 [J]. 科研管理，2018（3）：1-10.

[5] 张克英，吴晓曼，庞凯，等 . 创新协同度与企业创新绩效的关系 [J]. 科技管理研究，2017（15）：147-154.

# 高效利用科技文献信息平台的探索

## ——以湖北省科技信息共享服务平台为例

邓 兵[1] 陈 瑞[2]

(1. 中国科学院武汉文献情报中心科学传播与文献服务部，武汉，430071；
2. 湖北省科技信息研究院，武汉，430071)

**摘要：** 文章以探索如何高效利用科技文献信息平台为区域科技发展和经济建设服务为研究目标，通过介绍湖北省科技信息共享服务平台的服务实践，思考未来高效利用科技文献信息平台的方法，并提出自己的建议。

**关键词：** 科技信息；文献；共享；信息服务；服务平台

## 引言

重点对湖北省科技信息共享服务平台的服务实践介绍，并从多个角度分析了科技信息平台的建设、服务模式、运营效率以及未来发展的建议。同时针对国内外服务平台的发展动态进行简单评述。进而提出了一系列具体的建议和措施，以期实现平台的高效运营和服务创新。新环境为科技文献服务带来了新的机遇，海量信息为科技文献服务提供了丰富的资源，可以更好地满足用户的需求。综合信息服务平台的兴起为科技文献服务提供了更多的可能性，用户可以通过不同的平台获取更多的科技文献资源。多团队合作提供支撑服务可以提高科技文献服务的质量，满足用户对高质量科技文献的需求。多重保障服务可以提供更全面、更个性化的科技文献服务，提高用户的使用体验。新环境下对科技文献服务带来了新挑战，也带来了新的发展机遇。科技文献服务需要适应网络环境下大数据的变化，通过技术创新、服务模式创新、资源整合等方式，提高科技文献服务的质量，满足用户的需求。同时，也需要加强对知识产权的保护，确保科技文献资源的合理利用。

## 1 湖北省科技信息共享服务平台介绍

湖北省科技信息共享服务平台是面向区域社会用户提供科技文献浏览、数据库跨系统

---

**作者简介：** 邓兵（1966 年— ），男，馆员，研究方向为文献服务。陈瑞（1987 年— ），女，助理研究员，研究方向为科技资源管理。

跨库统一检索、文献下载、文献传递、在线咨询、定题推送、学科行业导航、多媒体服务平台、科技信息移动平台等多种服务平台。湖北省科技信息共享服务平台在全国率先实现了"四网连通"，即湖北科技信息网、国家科技文献中心（NSTL）、中国高教文献保障系统（CALIS）华中中心和中国科学院武汉图书馆互相连通，形成多功能、多特色、多保障的科技信息共享服务平台。

### 1.1　科技资源共享服务平台起点高

湖北省科技信息共享服务平台是由省委、省政府确定的，2006 年全省重点建设的四大科技基础条件平台之一，是湖北省"十一五"科技基础条件建设的重大任务。由湖北省科技信息研究院组织，联合中国高等教育文献保障系统华中中心（武汉大学图书馆）、中国科学院武汉图书馆、中国教育网（CERNET）华中地区中心（华中科技大学图书馆）等单位共同组建。平台以现代信息技术为基础，以开放集成为特色，以共享服务为目标，跨地域、跨行业、跨时空，为社会提供全方位科技信息服务，是科技人员获取信息、激发创新灵感的宝库，是技术扩散转移的重要渠道，是促进产学研结合和企业技术应用的纽带，是社会公众走进知识殿堂的桥梁。

### 1.2　湖北省科技资源共享服务发展快

服务平台主站点上建设了科技期刊、国家标准、行业标准、国家科技成果、企业商务信息、中外专利、图书、国务院发展研究中心研究报告、NSTL 外文文献、中国博士硕士学位论文、中国会议论文、中国重要报纸、中国年鉴、中国工具书等数据库；参建单位还可提供各单位购买的特色资源库纳入平台主站点进行社会共享。

该平台已在武汉、宜昌、襄阳等 17 个地市建立二级服务分站，发展机构用户 14903 家。平台以每年 200 万文献投入实现了 1 万多家机构用户至少投入 2400 万才能产生的实际效果，实现了湖北重要科技馆藏单位资源利用的最大化，为我省技术创新、公众科技素质提高乃至创新型湖北建设提供了强有力的科技信息支撑和保障。

**表 1　湖北省科技信息共享服务平台用户分类表**

| 用户类别 | 用户类型 | 数量 | 合计 |
|---|---|---|---|
| 机构用户 | 政府机构 | 42 | 14903 |
| | 科研院所 | 111 | |
| | 高企 | 14579 | |
| | 孵化器 | 171 | |
| 个人用户 | 注册用户 | 6920 | 6920 |
| 合计 | | 21824 | 21824 |

## 1.3 湖北省科技信息共享服务平台目标明确

服务平台已成为湖北省科技条件的保障之一，承担着省委、省政府确定的省科技创新条件保障公共服务工作（湖北省科技信息共享服务平台、湖北省大型科学仪器协作共用平台），为全省创新主体持续创新发展、增强湖北发展活力和后劲提供公益性主要条件支持服务，已成为湖北省科技信息支撑平台和数据交换中心、大型仪器协作共用平台和社会服务枢纽。

表 2 文献平台元数据收录统计表

| 序号 | 资源类别 | 2023 年更新量（篇） | 累计量（篇） |
|---|---|---|---|
| 1 | 期刊 | 7，860，678 | 484，673，611 |
| 2 | 学位论文 | 297，202 | 22，328，521 |
| 3 | 会议论文 | 282，733 | 32，530，808 |
| 4 | 专利 | 2，122，749 | 174，808，322 |
| 5 | 标准 | 31，222 | 5，368，366 |
| 6 | 图书 | 102，754 | 13，514，660 |
| 7 | 报告 | 152，965 | 6，442，827 |
| 8 | 年鉴 | 111，858 | 43，397，521 |
| 9 | 报纸 | 8，133，791 | 244，310，500 |
| 10 | 科技成果 | 8，379 | 10，978，106 |
| 11 | 法律法规 | 1，276 | 8，054，938 |
| 12 | 音视频 | 1，411，926 | 23，046，675 |
| 13 | 案例 | 21，871 | 60，161，292 |
| 14 | 信息资讯 | 918，347 | 130，875，870 |
|  | 总计 | 21，457，751 | 1，260，492，017 |

## 1.4 湖北省科技信息共享服务平台服务能力强

服务平台支撑单位的数据处理和服务能力强。目前区域高校图情力量提供服务支持的单位有武汉大学图书馆、华中科技大学图书馆、中国地质大学图书馆、华中农业大学图书馆、华中师范大学图书馆、湖北大学图书馆、湖北工业大学图书馆、湖北民族大学图书馆、湖北职业技术学院图书馆、湖北汽车工业学院图书馆、湖北工程学院图书馆、武汉科技大学图书馆、武汉纺织大学图书馆、武汉轻工大学图书馆、江汉大学图书馆 15 家单位。专业图情力量提供服务支持的单位有中国科学院武汉文献情报中心、湖北省科技信息研究院、武钢研究院等单位。每年为全省用户提供浏览 1553 万多次，下载 593 万多篇。

表 3　数据库使用量统计

| 数据库 | 浏览量（次） | 下载量（篇） |
| --- | --- | --- |
| 维普 | 5131012 | 172788 |
| 万方 | 108981 | 74798 |
| 知网 | 379240 | 62652 |
| 国研网 | 9397714 | 5344465 |
| 尚唯样本库 | 29735 | 14864 |
| 尚唯科技报告 | 29913 | 14890 |
| 皮书数据库 | 95221 | 42432 |
| NSTL | 20589 | 18712 |
| EMIS | 13794 | 13288 |
| 行业报告库 | 94101 | 15232 |
| 信息平台 | 75506 | 45632 |
| 资源平台 | 157726 | 119636 |
| 合计 | 15533532 | 5939389 |

# 2　高效利用科技文献信息平台的思考

## 2.1　国内使用量较大的文献信息服务平台简介

### 2.1.1　用户常用的中文文献检索权威网站

（1）中国知网。中国知网是全球最大的中文数据库，提供中国学术文献、外文文献、学位论文、报纸、会议、年鉴、工具书等各类资源，并提供在线阅读和下载服务。涵盖领域：基础科学、文史哲、工程科技、社会科学、农业、经济与管理科学、医药卫生、信息科技等。需要账号权限才可下载论文，大部分高校都订购了知网，在校生可登录校网进入知网下载论文，但各个高校订购的都不是知网的全部资源，超出订购范围的内容无法下载。

（2）万方数据。万方数据库是由万方数据公司开发的，涵盖期刊、会议纪要、论文、学术成果、学术会议论文的大型网络数据库；也是和中国知网齐名的中国专业的学术数据库。和知网一样同样需要账号权限下载论文。学科分类：综合，机械，电子电气，计算机 / 信息科学，能源 / 动力工程，建筑 / 土木工程，艺术，社会科学，语言 / 文学，教育，哲学，政治，生物，材料科学，环境科学，化学 / 化工，物理，数学。

（3）维普资讯。维普资讯是国内大型中文期刊文献服务平台，提供各类学术论文、范文、中小学课件、教学资料等文献下载。文献最早回溯到 1955 年，按学科分为社会科学、自然科学、工程技术、农业科学、医药卫生、经济管理、教育科学和图书情报等 8 大类，专辑又细分为 27 个专题。基本覆盖了国内公开出版的具有学术价值的期刊。

（4）超星汇雅电子书。超星电子书数据库目前馆藏电子图书总量在 135 万种以上，涵盖中图分类法 22 个大类。每年图书的更新量超过十几万种。同时，超星电子书还有来自全国 700 多家专业图书馆的大量珍本、善本，民国图书等稀缺文献资源。

（5）读秀知识库。读秀知识库是一个海量全文数据及元数据组成的超大型数据库，它能为读者提供 260 万种图书书目、170 万种全文图书、6 亿全文资料、5000 万条期刊元数据、2000 万条报纸元数据、100 万个人物简介、1000 万个词条解释等一系列海量学术资源检索及使用。

2.1.2 常用外文文献检索权威网站

（1）Web of Science。Web of Science 是获取全球学术信息的重要数据库。它收录了全球 13000 多种权威的、高影响力的学术期刊，其中以 SCIE、SSCI、A&HCI 等引文索引数据库，JCR 期刊引证报告和 ESI 基本科学指标享誉全球科技和教育界。Web of Science 收录了论文中所引用的参考文献，通过独特的引文索引，用户可以用一篇文章、一个专利号、一篇会议文献、一本期刊或者一本书作为检索词，检索它们的被引用情况，轻松回溯某一研究文献的起源与历史，或者追踪其最新进展；可以越查越广、越查越新、越查越深。

（2）Elsevier（ScienceDirect）。Elsevier 是荷兰一家全球著名的学术期刊出版商，每年出版大量的学术图书和期刊，大部分期刊被 SCI、SSCI、EI 收录。ScienceDirect 是爱思唯尔公司的全文数据库平台，是全球最大的科学、技术与医学全文电子资源数据库，提供 2500 余种学术期刊以及 37000 余种图书的全文内容。包括全球影响力极高的 CELL《细胞杂志》、THE LANCET《柳叶刀杂志》等。该数据库涉及众多学科：计算机科学、工程技术、能源科学、环境科学、材料科学、数学、物理、化学、天文学、医学、生命科学、商业及经济管理、社会科学等。

（3）Wiley。作为全球最大、最全面的经同行评审的科学、技术、医学和学术研究的在线多学科资源平台之一，Wiley 及旗下的子品牌出版了超过 500 位诺贝尔奖得主的作品。"Wiley Online Library" 覆盖了生命科学、健康科学、自然科学、社会与人文科学等全面的学科领域。它收录了来自 1500 余种期刊、10000 多本在线图书以及数百种多卷册的参考工具书、丛书系列、手册和辞典、实验室指南和数据库的 400 多万篇文章，并提供在线阅读。涉及学科：化学、物理学、工程学、农学、兽医学、食品科学、医学、护理学、口腔医学、生命科学、心理学、商业、经济学、社会科学、艺术、人类学等等多个学科。

（4）PubMed。PubMed 是一个免费的搜寻引擎，提供生物医学方面的论文搜寻以及摘要的数据库。它的数据库来源为 MEDLINE。其核心主题为医学，但亦包括其他与医学相关的领域，如护理学或者其他健康学科。PubMed 的资讯并不包括期刊论文的全文，但可提供指向全文提供者（付费或免费）的链接。

（5）Engineering Village Compendex（原 EI 工程索引）。由爱思唯尔公司出版的目前全球最全面的工程领域二次文献数据库，涵盖一系列工程、应用科学领域高品质的文献资源，涉及机械工程、土木工程、环境工程、电气工程、结构工程、材料科学、固体物理、超导体、生物工程、能源、化学和工艺工程、照明和光学技术、空气和水污染、固体废弃物的处理、道路交通、运输安全、控制工程、工程管理、计算机和数据处理、电子和通讯、石油、宇航、汽车工程以及这些领域的子科学。

（6）ProQuest。ProQuest 学位论文全文数据库，是将 ProQuest 公司 PQDD 文摘库（现名 PQDT）中适合中国科研人员科研和教学使用的论文全文建设而成，覆盖了大部分北美地区高等院校以及世界其他地区数千个高等院校每年获得通过的博硕士论文。该数据库是目前国内最完备、高质量、唯一的可以综合查询国外学位论文全文的数据库。

### 2.1.3 免费查找下载中外文献网站

（1）百度学术。百度旗下的免费学术资源搜索平台，提供海量中英文文献学术资源，涵盖各类学术期刊、学位、会议论文，在百度学术搜索中，用户还可以选择将搜索结果按照“相关性”“被引频次”“发表时间”三个维度分别排序，以满足不同的需求。少量文献可免费下载。

（2）全国图书馆参考咨询联盟。在该网络将可得到全国图书馆为用户提供的网上参考咨询和文献远程传递服务，文献资源有限，部分文献可免费下载，一般常用于检索电子书。

（3）国家哲学社会科学学术期刊数据库简称国家期刊库（NSSD）。由全国哲学社会科学规划领导小组批准建设，中国社会科学院承建的国家级、开放性、公益性哲学社会科学信息平台，适合社会科学类文献查找下载。需要注册后使用。资源有限，涉及学科不全面。

（4）谷歌学术。是一个可以免费搜索外文学术文章的搜索引擎，可了解有关某一领域的学术文献；了解某一作者的著述，并提供书目信息（引用时必需的图书出版信息或期刊论文的刊名、刊期信息）。可直接在网上搜索原文、文摘等；了解某文献被引情况；对文献和期刊进行应用和引用排名。谷歌学术部分文献可免费下载。

## 2.2 高效利用科技文献服务的思考

随着新时代的来临，高效利用科技文献面临着巨大的挑战和机遇。在大数据环境下，科技文献服务需要适应新的发展趋势，实现自身的转型升级。首先，新环境下科技文献服务的未来发展方向：服务模式的转变，从传统的文献检索服务向知识发现和智能推送服务转变。在大数据环境下，科技文献服务需要通过数据分析、机器学习等技术手段，从海量文献中挖掘出有价值的信息，为用户提供精准、个性化的知识服务。服务平台的扩展，从单一的图书馆平台向多平台、多渠道的服务转变。新环境下，科技文献服务需要充分利用互联网、云计算等先进技术，实现文献资源的跨平台、跨终端访问，拓宽服务渠道，提高服务效率。服务内容的丰富，从文献资源的提供向知识资源的整合转变。新环境下，科技文献服务需要将各类文献资源、数据库、电子图书等整合在一起，形成一个全面、丰富的知识服务体系，满足用户多元化、个性化的知识需求。服务手段的创新，从被动的服务模式向主动、智能的服务模式转变。科技文献服务需要借助人工智能、大数据分析等技术手段，实现服务的自动化、智能化，提高服务质量和用户体验。

## 3 利用科技文献信息平台的建议

### 3.1 不断提升服务平台管理与服务团队的能力

大数据时代带来了多种服务方式，也需要平台管理与服务团队的能力不断提升。为区域科技进步和经济服务需要便捷、高效的信息服务模式才能满足用户日益增长的科技信息需求。科技文献服务需要提供多样化的服务手段，如远程服务、智能服务、定题推送服务等，以提高服务的实效性和针对性。要重视平台管理与服务团队的人才培养和选拔。科技文献服务还需要与其他学科领域进行交叉学习，提高自身的学习研究和服务力。通过学习与借鉴不断提升保障能力为区域科技创新提供强有力的支撑，推动社会的发展。

### 3.2 增加服务平台的升级维护投入

服务平台运营需要大笔经费的支撑，除了向政府申请经费支持外可以加大与机构合作与联盟。如与相关协会、学术机构、出版社和数据库商等建立合作关系。以公益组织、公司、科研机构、学术会议等方式推广服务平台，提高知名度，提高科技文献信息平台的服务质量和用户满意度，促进平台的长期稳定发展。

重视提升服务团队能力、增加平台维护投入、重视服务平台宣传和用户服务、关注新技术和平台升级等工作的投入。

### 3.3 建立面向区域教研的开放性服务网络

科技信息服务平台在现代社会中扮演着核心角色，尤其是在信息文献服务领域。文献共享和利用是科技进步的重要组成部分，它促进了知识的传播和创新。科技信息服务平台的研究趋势是结合定量和定性方法，通过跨学科合作，持续优化信息服务的性能和质量，同时关注服务科学的理论发展与实际应用。随着信息技术的进步，服务平台也在不断进化，以适应用户需求的多样性，提高服务的可访问性和效率。

### 3.4 加强服务平台信息数据管理与技术维护

高效运营科技文献信息平台服务是一个复杂的过程，涉及用户体验、数据管理、技术维护和市场推广等多个方面。帮助提升科技文献信息平台的运营效率和服务水平的方法有：

平台的用户界面友好设计，提供一个直观、易用的用户界面，确保用户能够快速找到所需的文献信息的界面；信息搜索算法，允许用户通过关键词、作者、出版日期等多种方式快速检索文献；设置个性化推荐，利用机器学习技术，根据用户的阅读历史和偏好提供个性化的文献推荐；加强数据管理，确保文献数据的准确性和完整性，定期更新和维护数据库。重视数据安全与版权保护，确保用户数据和文献信息的安全，防止数据泄露和未授权访问。

## 参考文献

[1] 湖北省科技信息研究院．湖北省科技资源开放共享年度报告 2023 [R]．武汉：湖北省科技信息研究院，2023.

[2] 孟霞．大数据时代科技文献服务系统的变革与创新 [J]．科技与创新，2016 (6)：1-2.

[3] 陈劲，陈雪颂．设计驱动式创新机理与设计模式演化研究 [D]．杭州：浙江大学，2011.

[4] BRUCE M, DALY L. Delineating design factors that influence the global product launch process [J]. Journal of Marketing Management, 2007, 23 (9): 929-953.

[5] 王硕．大数据环境下图书馆信息服务研究 [J]．科技创新导报 .2015 (31)：192-193.

[6] 唐丽艳，陈文博，王国红．中小企业协同创新网络的构建 [J]．科技进步与对策，2012，29 (20)：89-93.

[7] 邓仲华，李立睿，陆颖隽．大数据环境下嵌入科研过程的信息服务模式研究 [J]．图书与情报 .2014 (1)：30-34，40.

[8] SUNDBO J. The theory of innovation: entrepreneurs, technology and strategy [M]. UK: Edward Elgar Publishing, 1998.

# 核磁共振多溶剂峰压制在蛋白样品测试中的应用

王　伟　胡　凡

（华中科技大学分析测试中心医学分中心，武汉，430030）

**摘要：**液体核磁作为一种重要的结构分析手段，广泛应用于蛋白研究。然而，其谱图中常包含溶剂和缓冲物质等强峰，导致微弱蛋白信号难以识别。本实验针对多溶剂峰压制问题，在激发塑型方法基础上，结合梯度场、多频率选择性激发形状脉冲，并引入弛豫延迟阶段的预饱和压制技术，对蛋白样品进行核磁测试。通过优化选择性脉冲的脉宽、形状等参数，成功建立了适用于蛋白样品的多溶剂峰压制技术，并应用在蛋白样品测试中。该技术有效解决了微小信号淹没于噪声中的问题，提高了分析的准确性和灵敏度，为生物蛋白的结构解析提供了有力支持。

**关键词：**溶剂峰压制；核磁共振；蛋白样品；预饱和

## 引言

液体核磁是一种重要的结构分析手段，无论是在基础研究还是应用研究上都得到了广泛的应用和发展[1-3]。在蛋白研究中，液体核磁同样是重要的分析工具，其谱图中经常包含溶剂峰和缓冲物质等多个强峰。由于谱仪接收机检测的动态范围有限，强峰的存在使得微小信号难以被放大，因此微小信号会淹没在噪声中，难以识别[4-5]。此外，很多样品的信号峰与溶剂峰的位置很接近，由于辐射阻尼效应的存在，强溶剂峰会增宽，使得附近的小峰被遮盖[6-7]。若将样品浓缩或者溶剂旋干，这个过程不仅费时费力且容易造成样品性质改变，因此需要对溶剂峰进行压制。

溶剂峰压制主要分为单溶剂峰压制和多溶剂峰压制两种。单溶剂峰压制相对简单，主要通过选取特定信号峰的共振频率进行激发，常见的技术包括连续波照射的预饱和方法、选择性激发技术相关的压制方法，以及选择性激发与梯度场脉冲结合的压制方法[8-11]。相比之下，多溶剂峰压制则更为复杂，它需要对多个强峰的共振频率进行同时

---

**作者简介：**王伟（1990—　），男，工程师，研究方向为核磁共振技术；胡凡（1992—　），男，工程师，研究方向为 AD 分子病理研究。

**基金项目：**华中科技大学实验技术研究项目（HZKJSYJSXM2024MO40）。

选择激发。这一过程中，除了要考虑偏共振效应外，还需特别关注因自旋偶合而产生的相位差等因素[12]。因此，技术实现上更具挑战性。在多溶剂峰压制中，除了可以采用连续波照射的预饱和方法外，更常运用的是脉冲梯度场技术与多频率选择激发形状脉冲相结合的方法。这些方法，如激发塑型方法、WET 方法等[13-16]，为复杂溶剂体系的分析提供了有效的技术手段。

本实验在激发塑型方法基础上，针对生物蛋白较强的水峰在弛豫延迟阶段添加了预饱和压制，并采用该方法对生物蛋白样品进行了核磁测试。同时，根据蛋白样品实际情况对选择性脉冲的脉宽、形状等参数进行优化，建立了适用于蛋白样品的多溶剂峰压制技术，并应用在蛋白样品测试中。

# 1　实验部分

## 1.1　仪器

所有的核磁共振实验都是在 Bruker Avance Neo 600 核磁共振谱仪上完成。测试用的探头为 TCI 超低温三共振探头，通过将线圈和前置放大器温度降低至 17 K 左右，可以将信噪比 S/N 有效提高 3~4 倍，极大方便了微量样品的测试。1H 的共振频率为 600.13 MHz。测试温度 298.0 K 。

化学位移定标以外标 TMS 的峰定为 δ 0.00 ppm。实验中所用的氘代试剂均采购于 CIL 公司，氘代率不小于 99.8%。

## 1.2　测试参数

脉冲序列中，1H 的 90° 脉宽为 8 微秒，梯度场脉冲的宽度为 600 微秒，恢复时间为 150 微秒，实验脉冲序列中的弛豫延迟固定为 2 秒。梯度场沿 Z 方向，最大强度达到 60 Gauss/cm。梯度场脉冲 G1 和 G2 分别设定为最高强度的 31% 和 11%。预饱和实验采用 1cpr 脉冲序列，WET 实验采用 WET 脉冲序列。根据样品中 $H_2O$、缓冲对的共振频率、脉冲宽度，实验所需的多频率选择性脉冲的形状、功率是由 ShapeTool 工具生成。

## 1.3　样品制备

将 100 uM 泛素（Ubiquitin）与 20 mM 缓冲对（Tris）、200 mM NaCl、2 mM 三（2- 羧乙基）膦（TCEP）混合，并添加 200 uM HECT-NTD 蛋白（Ubiquitin：HECT-NTD = 1：2），完成混合后转移到核磁管中并添加 10 % 的 $D_2O$，制备出样品 1，用于实验条件优化测试。为了对照实验，按照不同比例的 HECT-NTD 蛋白制备了两种样品：样品 2（0 % HECT-NTD ）；样品 3（Ubiquitin：HECT-NTD = 1：3）。

# 2 结果与讨论

## 2.1 脉冲序列分析

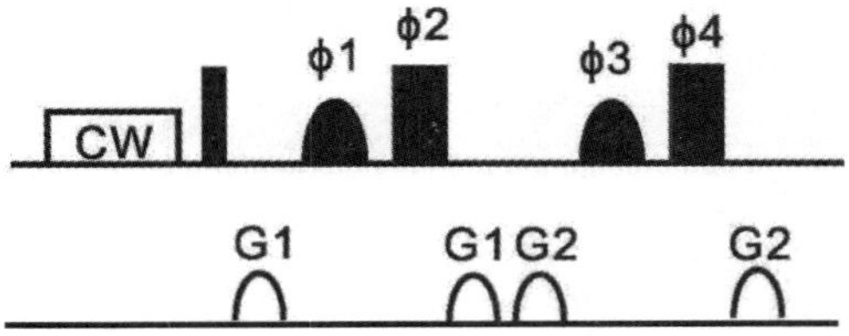


图 1 实验采用脉冲序列

实验采用脉冲序列如图 1 所示，其中窄的矩形脉冲为 90° 硬脉冲，宽的脉冲 Φ2 和 Φ4 为 180° 硬脉冲。Φ1 和 Φ3 是 180° 多频率选择性激发形状脉冲，主要实现对多个溶剂峰的共振频率进行同时激发，G1 和 G2 是强度不同的梯度场脉冲。此外，为了优化水峰压制效果，在弛豫延迟阶段添加了微弱的预饱和照射。这一步骤有助于减少水峰等强信号的干扰，从而增强对蛋白样品中其他较弱信号的检测能力。

## 2.2 压制后氢谱比较

图 2 a）是样品 1 的氢谱，无溶剂峰压制。图 2 b）是采用本实验多溶剂压制峰方法测试的氢谱，累加次数都是 16 次。不难看出，在无溶剂峰压制的谱图中，强的溶剂峰信号占据了接收机的绝大多数动态范围。谱图主要呈现了非常强的水峰 1（化学位移 4.7 ppm）及次强的缓冲对的溶剂峰 2（化学位移 3.6 ppm），样品信号的峰全部被掩盖。将谱图放大 512 倍，才能勉强看到蛋白样品的微弱信号，这无疑增加了分析的难度和不确定性。而采用本实验多溶剂压制峰脉冲后的氢谱，水峰 1 和溶剂峰 2 都被压制到了和样品信号相同的数量级，基线较为平整且谱峰相位差较小，可以清楚地看到谱图中样品信号峰，为后续的研究提供了良好的基础。

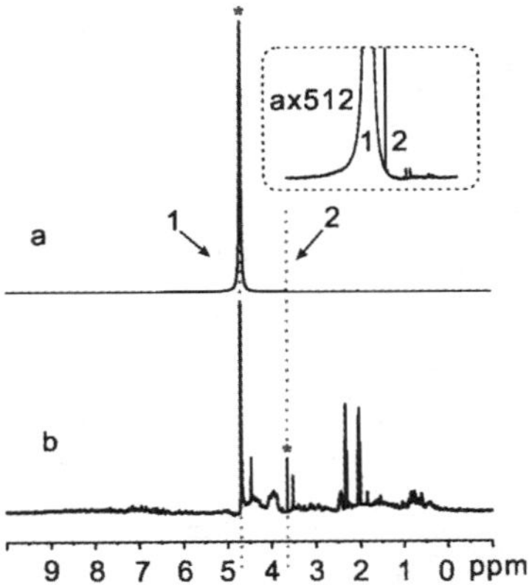


图 2 样品 1 的氢谱

a）无溶剂峰压制；b）采用本实验多溶剂峰压制方法

## 2.3 脉冲参数的优化调整

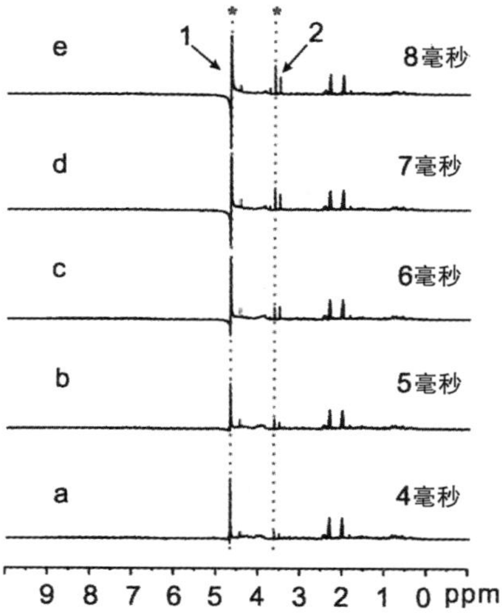


图 3 采用不同脉宽的形状脉冲测试样品 1 的氢谱

a）4 毫秒；b）5 毫秒；c）6 毫秒；d）7 毫秒；e）8 毫秒

在上述实验中，采用了 180° 选择性脉冲来实现多溶剂共振频率的激发。脉冲的脉宽和激发的频率范围呈现反比的关系，而通常的理想的情况是以尽量小的激发频率范围对溶剂峰进行压制，这样对溶剂峰周边的样品信号的影响降到最低。基于此，在本研究中采用不同脉宽的形状脉冲测试了氢谱。

在图 3 中，固定选择性脉冲的形状都为 sinc，通过调整脉宽从 4 毫秒逐步增加至 8 毫秒，测试样品 1 的氢谱，观察水峰 1 和溶剂峰 2 的变化。不同脉宽的最优脉冲功率通过 ShapeTool 工具计算得出（如表 1）。可以发现，当脉宽超过 5 毫秒后，溶剂峰的压制效果出现了明显的下降，而水峰 1 则出现了不期望的相位差。另一方面，当脉宽设置为 4 毫秒时，尽管可以观察到对水峰的压制，但其强度相较于 5 毫秒时稍显不足。基于上述观察和分析，为了确保最佳的溶剂峰压制效果以及水峰压制的稳定性，我们决定将选择性脉冲的脉宽固定为 5 毫秒。

**表 1 不同脉宽及形状的选择性脉冲功率**

| 脉宽形状 | 脉宽（毫秒） | 功率（db） |
|---|---|---|
| Sinc | 4 | 29.80 |
| Sinc | 5 | 31.57 |
| Sinc | 6 | 33.24 |
| Sinc | 7 | 34.56 |
| Sinc | 8 | 35.63 |

续表

| 脉宽形状 | 脉宽（毫秒） | 功率（db） |
|---|---|---|
| Sine | 5 | 32.20 |
| Rectangle | 5 | 36.71 |
| Square | 5 | 36.71 |
| Gauss | 5 | 34.06 |

选择性脉冲的形状也是影响实验效果的关键参数，它不仅与所激发的频率范围紧密相连，还显著影响着激发边带的强度。运用同样的比较方式，我们在相同脉冲宽度（5 ms）下分别对 180° 选择性脉冲选择了以下四种的形状测试了样品 1 的氢谱（图 4）：a）Sine（Number of Cycles 1；phase angle：0）；b）Rectangle；c）Sinc（Number of Cycles 1）；d）Square（Amplitude：100%）；e）Gauss（Ttruncation level：40%），不同形状的最优脉冲功率通过 ShapeTool 工具计算得出（如表 1）。如图 4 所示，所有脉冲对水峰 1 和溶剂峰 2 都有压制效果。而除了 Sinc，其他脉冲形状测试的氢谱中，水峰 1 都有明显的相位扭曲且有些周围样品信号的小峰同样受到了压制。基于此，Sinc 在本研究中被选为最佳的选择性脉冲形状。

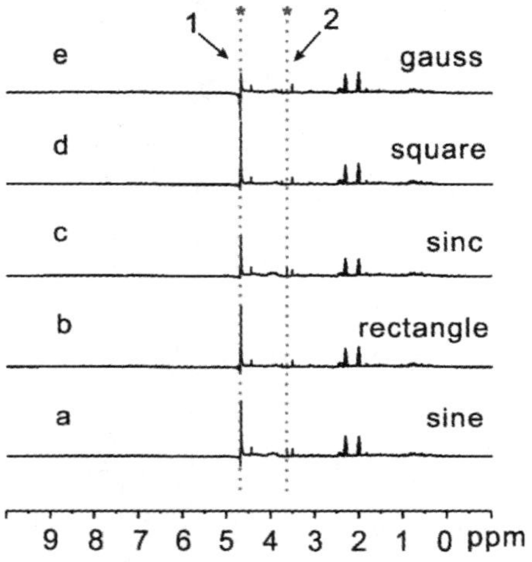


图 4　采用不同形状的形状脉冲测试样品 1 的氢谱

a）Sine；b）Rectangle；c）Sinc；d）Square；e）Gauss

## 2.4　不同多溶剂峰压制方法的比较

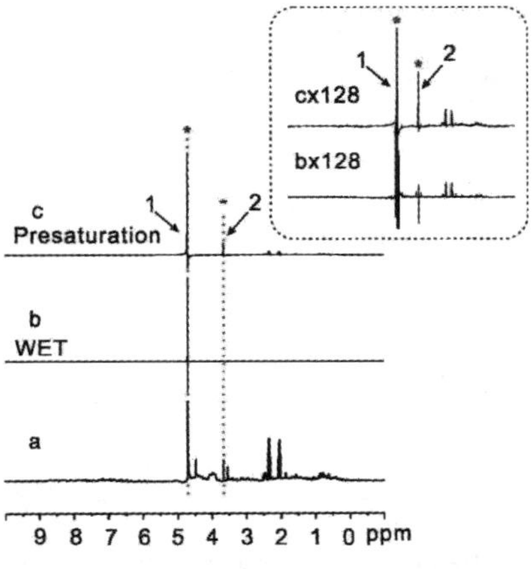


图 5　采用不同多溶剂压制方法测试样品 1 的氢谱

a）本实验多溶剂峰压制方法；b）WET 多溶剂峰压制方法；c）预饱和（Presaturation）多溶剂峰压制方法

图 5a）是实验所用多溶剂压制方法测试样品 1 的氢谱，脉宽 5ms、脉冲形状 Sinc，累加次数 16 次。从谱图中可以观察到，水峰 1 和溶剂峰 2 都被压制到了和样品信号相同数量级，周围的样品信号小峰未受明显影响，保持了良好的基线平整度和相位稳定性。图 5b）是采用 WET 多溶剂峰压制方法测试样品 1 的氢谱，累加次数 16 次。从谱图观察到，只有水峰 1 可以被观察到，其强度即便在压制处理后依然显著且信号存在负信号，而其他信号都被掩盖。将信号放大 128 倍后，可以观察到小的蛋白信号峰，而溶剂峰 2 被压制到和样品信号相同数量级，但是同样可以观察到明显的负信号。溶剂峰的相位差可能是由于脉冲中运用较长时间的选择性脉冲导致的。上述结果表明 WET 多溶剂峰压制方法对蛋白样品效果欠佳。图 5c）是采用预饱和（Presaturation）多溶剂峰压制方法测试的氢谱，累加次数 16 次。从谱图观察到，水峰 1 和溶剂峰 2 受到了明显的压制，样品信号的小峰可以被观察到。然而，水峰 1 和溶剂峰 2 的强度和样品信号强度还是存在较大的差距。将信号放大 128 倍后，我们可以更加清晰地观察到样品信号峰。但同时也注意到了水峰 1 和溶剂峰 2 的存在明显相位差产生的负信号。预饱和（Presaturation）多溶剂峰压制方法相较 WET 多溶剂峰压制方法具有一定优势，然而和本实验采用多溶剂压制方法效果相差很大。本实验所采用的多溶剂压制方法展现出卓越的性能，不仅基线平整、相位差小，而且信噪比高，能够识别出各种微量信号。这一方法相较于传统的多溶剂峰压制方法具有显著的优势，为实验提供了更为准确和可靠的数据支持。

## 2.5 多溶剂峰压制方法用于蛋白样品效果评价

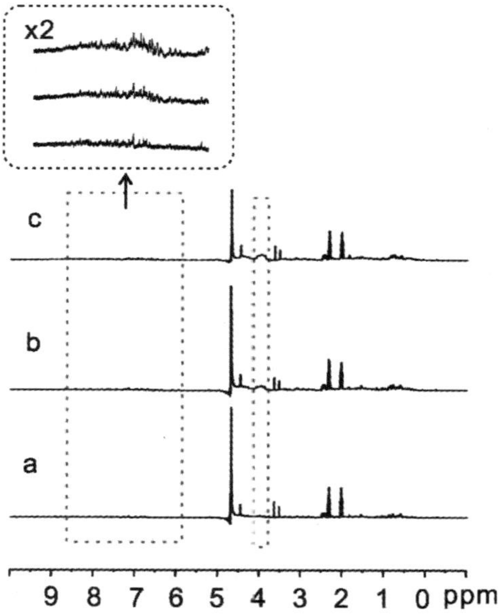


图 6 不同 HECT-NTD 蛋白比例样品多溶剂峰压制后的氢谱

a）0 % HECT-NTD；b）Ubiquitin：HECT-NTD = 1：2；c）Ubiquitin：HECT-NTD = 1：3

在蛋白研究中，经常会精心选择并添加一定比例的其他蛋白进行滴定实验，以模拟或增强特定生物环境下的相互作用。通过研究不同比例的样品谱图变化，揭示两种蛋白相互作用的精确位点及其内在机制。泛素（Ubiquitin）是一种存在于所有真核细胞中的小分子蛋白质，它在蛋白质降解途径中扮演着关键角色，特别是在泛素－蛋白酶体系中。该系统负责识别和降解细胞内不需要的或受损的蛋白质，以维持细胞内的蛋白质平衡。将精心制备包含泛素的样品中添加不同比例的 HECT–NTD 蛋白，可以观察泛素对 HECT–NTD 蛋白降解中的作用机制。

图 6a）是样品 2（0 % HECT–NTD）采用优化后多溶剂峰压制方法测试的氢谱，其中不添加 HECT–NTD 蛋白。在进行溶剂峰压制后，样品的信号清晰可见，水峰也被压制到和样品信号相同数量级。在 0~9 ppm 的化学位移范围内，可以观察到蛋白样品产生的相对矮小的信号峰，同时还可以观察到较强的 TCEP 的信号（化学位移 δ =2.0、2.2 ppm）。图 6b）是样品 1 采用优化后多溶剂峰压制方法测试的氢谱，其中添加 HECT–NTD 蛋白（Ubiquitin：HECT–NTD = 1∶2）。与图 6a）相比，一个显著的特点是，在化学位移为 4 ppm 的区域，谱图中出现了新的信号峰，我们推测这些新信号来源于 HECT–NTD 蛋白在脂肪族区域的特征信号。将谱图放大 2 倍（图 6），可以清晰地看到在芳香族区域（6~8 ppm 附近），蛋白的信号变得更为显著和密集，这显然是两种蛋白混合后所产生的结果。在图 6c）的测试中，我们调整了 HECT–NTD 蛋白的比例（Ubiquitin：HECT–NTD = 1∶3），并再次进行了氢谱分析。可以观察到，谱图中 4ppm 区域的信号更强。在放大 2 倍的谱图中（图 6），蛋白的信号相比样品 b 强度更强且密集。通过这一系列对比，我们不难发现，添加 HECT–NTD 蛋白后，蛋白信号在氢谱图上产生了显著的变化。特别是在化学位移 4 ppm 附近的脂肪族区域以及 6~8 ppm 附近的芳香族区域，均出现了新的信号峰。值得注意的是，若未进行溶剂峰压制处理，这些新增的信号将很难被观察到，尤其是 4 ppm 附近的信号，其在后续的二维相关实验中更是难以捕捉。这一发现为我们深入研究泛素对 HECT–NTD 蛋白降解的作用机制提供了宝贵的实验数据支撑。

## 3　结论

本文通过结合梯度场、多频率选择性激发形状脉冲和弛豫延迟阶段的预饱和压制技术，对蛋白样品进行核磁测试。通过优化选择性脉冲的脉宽、形状等参数，成功建立了适用于蛋白样品的多溶剂峰压制技术。对比常用的多溶剂峰压制方法预饱和（Presaturation）及 WET 压制方法，实验所采用的多溶剂压制方法展现出卓越的性能，不仅压制效果强、基线平整、相位差小，而且信噪比较高，能够识别出各种微量信号，有效解决了液体核磁测试中溶剂峰和缓冲物质等强峰对微小信号的干扰问题，显著提高了分析的准确性和灵敏度，为蛋白的结构解析提供了有力支持。我们将该压制方法应用在生物蛋白滴定实验中，观察样品测试后氢谱图的变化。结果显示，添加了不同比例 HECT-NTD 蛋白的样品均展示了清晰的样品信号和显著的水峰压制效果。在添加了 HECT-NTD 蛋白的样品中，我们观察到归属于 HECT-NTD 蛋白的特征信号，这些新增的信号峰在未经溶剂峰压制的条件下很难被观察到，尤其是在后续的二维相关实验中更是难以捕捉。因此，本实验所建立的多溶剂峰压制技术不仅提高了信号的可识别性，也为深入研究生物蛋白作用机制提供了重要的实验基础。

## 参考文献


[1] RIEK R，HORNEMANN S，WIDER G，et al.NMR structure of the mouse prion protein domain PrP（121|［ndash］|231）[J].Nature，1996，382（6587）：180–182.

[2] WISHART D S，BIGAM C G，HOLM A，et al.1H，13C and 15N random coil NMR chemical shifts of the common amino acids. I. Investigations of nearest-neighbor effects [J].Journal of Biomolecular Nmr，1995，5（1）：67–81.

[3] MAZUMDER A，KUMAR A，PUROHIT A K，et al.Application of high performance liquid chromatography coupled to on-line solid-phase extraction-nuclear magnetic resonance spectroscopy for the analysis of degradation products of V-class nerve agents and nitrogen mustard [J].Journal of Chromatography A，2010，1217（17）：2887–2894.

[4] GUÉRON M，PLATEAU P，DECORPS M. Solvent signal suppression in NMR [J]. Progress in nuclear magnetic resonance spectroscopy，1991，23（2）：135–209.

[5] CAVANAGH J. Protein NMR spectroscopy：principles and practice [M]. Academic press，1996.

[6] 毛希安. 核磁共振中的辐射阻尼效应 [M]. 北京：科学出版社，1998.

[7] 张晓静，张惠平，余亦华. 多个（重）强峰压制与白酒的核磁共振分析 [J]. 分析化学，2005（11）：1631–1634.

[8] Two-dimensional NMR spectroscopy：applications for chemists and biochemists [M]. John Wiley & Sons，1996.

[9] ZHENG G，PRICE W S. Solvent signal suppression in NMR [J]. Progress in Nuclear Magnetic Resonance Spectroscopy，2010，56（3）：267–288.

[10] PITNER T P，GLICKSON J D，DADOK J，et al.Solvent exposure of specific nuclei of angiotensin II determined by NMR solvent saturation method [J].Nature，1974，250（5467）：582–584.

[11] PATT S L，SYKES B D.Water Eliminated Fourier Transform NMR Spectroscopy [J].

Chemical Physics, 1972, 56 ( 6 ): 3182-3184.

[ 12 ] KRISHNAMURTHY V V.Carbon-Relayed Correlation of Intranucleotide Sugar H1'and Base H6/H8 Protons in Oligonucleotides at Natural Abundance [ J ] .Journal of Magnetic Resonance, 1996, 112 ( 1 ): 75.

[ 13 ] HURD R E.Gradient-enhanced spectroscopy. 1990. [ J ] .Journal of Magnetic Resonance, 2011, 213 ( 2 ): 467.

[ 14 ] VUISTER G W, BOELENS R, KAPTEIN R, et al.Gradient-enhanced HMQC and HSQC spectroscopy. Applications to 15N-labeled Mnt repressor [ J ] .Journal of the American Chemical Society, 1991, 113 ( 25 ): 9688-9690.

[ 15 ] JONATHAN, BOYD.Selective excitation by pulse shaping combined with phase modulation [ J ] .Journal of Magnetic Resonance ( 1969 ), 1989, 85 ( 2 ): 406-413.

[ 16 ] PATT S L. Single-and multiple-frequency-shifted laminar pulses [ J ] . Journal of Magnetic Resonance ( 1969 ), 1992, 96 ( 1 ): 94-102.

# 冷冻电镜平台建设中的自动化样品制备与筛选

郑　森[1]　孙　芳[2]

（1. 上海科技大学iHuman研究所生物电镜平台，上海，201210；

2. 广州纳境鼎新科技有限公司产品事业部，广州，510000）

**摘要：**本研究致力于提高冷冻电镜技术中样品制备与筛选流程的自动化水平，并探索标准化的载网筛选策略。我们利用Python编程语言开发了一套规范化的样品筛选自动化程序，该程序能够根据预设参数自主完成载网筛选环节，并与现有的高效数据采集和处理技术无缝衔接。实际应用测试表明，该自动化程序显著提升了冷冻透射电镜的工作效率：在传统方法下，工程师每天8小时工作时间内仅能筛查22个样品，而使用本程序后，可在24小时内无须工程师干预即可完成66个样品的筛查，效率提升了3倍。此外，该程序还降低了操作复杂度，减轻了操作者的疲劳，增强了实验结果的可比性，并实现了有效实验信息的规范化保存。本研究还优化了前期筛选流程中的潜在问题，为不同类型样品的特殊制备和筛选方法奠定了基础。总体而言，本研究为提高冷冻电镜平台的使用效率和规范化操作提供了新的视角和工具，对推动该领域的发展具有重要的应用价值。

**关键词：**冷冻电镜平台；单颗粒冷冻电镜；样品制备；样品筛选；自动化脚本

## 引言

冷冻电镜技术（cryo-EM）作为结构生物学领域的一次革命性突破，近年来发展迅速[1]。这项技术能够在近原子级别的分辨率下揭示生物大分子的结构，极大地促进了对生命过程微观机制的理解。随着技术的不断进步，冷冻电镜已成为生物物理学和结构生物学研究中不可或缺的工具[2]。然而，尽管其应用日益广泛，提升使用效率和优化前期流程仍是该领域面临的重要挑战。

近年来，国际上许多研究者在冷冻电镜技术的各个层面取得了显著成就。全球范围内

---

**作者简介：**郑森（1988—　），男，工程师，研究方向为生物化学、结构生物学。孙芳（1990—　），女，工程师，研究方向为冷冻样品制备。

掀起了建设先进冷冻电镜设施的热潮，众多大学和私人机构纷纷投资建立专业平台[3-4]。特别是在药学开发相关的平台建设方面，对于规范化和工业化的标准需求尤为迫切，以提升整体运行效率[5]。在国内，新建的平台和已有成熟平台的技术也在更新建设中，如北京的生物物理所在这方面起到了很好的领导作用，进一步推动了冷冻电镜在生物医疗等重要领域的应用。

冷冻电镜技术的操作主要分为四个步骤：样品制备与筛选、数据收集和处理。项目成功的关键在于首先获得高质量的样品，这直接影响后续数据的质量。样品的优劣受多种因素影响，包括其物理化学特性、缓冲液成分、载网类型以及与空气 - 水界面的相互作用等[6]。为获取优质样品，研究人员提出了多种解决方案，例如缩短网格准备时间、使用表面活性剂、选用特定类型的载网，及采用纳米磁性珠等新生化材料[7-8]。尽管如此，我们注意到样品制备和筛选过程仍较大程度依赖人工操作，缺乏可控性和自动化。与此相对，数据收集和处理环节已实现高度自动化和工具算法的集成。此外，随着电镜平台的逐步完善，设备运行达到饱和状态，机时成为稀缺资源，如何高效分配资源和优化前期流程是支持冷冻电镜平台建设和发展的过程中的基础问题[9]。

如今，冷冻电镜技术从样品制备到数据处理均已取得显著进展，但仍有关键步骤待优化。具体来说，如传统样品制备中存在标准化和自动化程度不足，缺少实时监控手段，导致制样的良品率偏低的问题。进一步地，低质量样品载网的筛选会占用大量电镜资源，实验结果的不稳定会导致反复测试从而降低整体效率并造成资源浪费。同时，传统载网筛选过程耗时且依赖管理员和操作者的经验，这也隐性地抬高了操作需要的门槛和成本。因此，提高这些前期实验过程中的效率和降低操作难度是很有实用价值的研究方向，对平台承接的工作任务来说可谓是开启成功的第一步[6]。

鉴于此，本研究致力于通过优化冷冻电镜的前期流程，减少低质量制样结果，实现筛样的自动化和可控化，从而提升冷冻电镜的使用效率，支持更好的平台建设。在接下来的章节中，我们将详细介绍所采用的方法、取得的结果并分享一些经验。首先，我们使用最新的高速冷冻制样机 VitroJet 来制备样品，探讨如何优化参数和实施实时控制策略。其次，我们将介绍自主开发的自动化载网筛选程序，包括其主要步骤、功能和性能评估。最后，我们将总结这些优化前期流程在实际中的应用效果及其意义，探讨对高效冷冻电镜平台建设的益处和未来的改进计划。

## 1 目的

本研究致力于通过优化冷冻电镜的前期流程，主要是实时可控的样品制备和自动载网筛选方法，以提高制样成功率和平台使用效率。具体目标包括：

在样品制备过程中实施质量控制：通过比较制样过程与电镜筛选结果，利用 VitroJet 设备对标准品和实际课题样本进行测试和制备。将制备结果与电镜筛选数据进行对比，以验证是否能够在样品制备阶段实时控制样品质量。

实现高效、可控且自动化的筛选流程：通过编写载网自动筛选程序，降低操作难度并提高可调性，从而提升整体实验效率。优化前期流程并与现有技术相结合，以实现完整的冷冻电镜实验流程的高效化和自动化。

# 2 方法

## 2.1 样品制备

样品制备是冷冻电镜研究中的关键步骤，直接影响到数据的可重复性、质量以及样品的可视化能力。我们采用了一系列标准化的样品制备方法，以确保每次实验的条件尽可能一致。具体步骤如下。

（1）蛋白样品：本次测试蛋白样品包括 5mg/ml 载铁蛋白（Apoferritin），缓冲液为 10 mM PBS，pH 7.4。

（2）载网选择：冷冻载网使用 ANTcryo holy support film Au R1.2/1.3 300 目（纳境鼎新）；Quantifoil 300 目 1.2/1.3 和 200 目 2.0/1.0（Quantifoil）。

（3）冷冻制样：主要使用 VitroJet 高速冷冻制样机制备，主要参数包括书写速度（Velocity）0.3 ~3，次数（Apply）1~2 次，Standoff 10，plasma 60s（Quantifoil）或 50s（ANTcryo）。

## 2.2 自动化载网筛选程序

为了提高载网筛选的效率，我们在 python 语言下为 SerialEM 开发了一套自动化载网筛选程序，其主要步骤如下。

（1）自动换样：程序可以首先预先录入样品载网的关键信息，包括样品名、载网在 Autoloader 位置、载网孔径和孔间距、目标欠焦值（Defocus）、输出格式等参数。确认信息后，程序根据录入的载网信息，通过 SerialEM 控制透射电镜完成换样和全地图拼图（Montage）的准备工作。

（2）自动选区：对当前载网完成地图拼图后，需要选取合适的区域（Grid square）。可以提前输入选区的大小的上下限（μm），也可以使用默认初始设定。自动选区的主要初始参数已经过调整和测试，可以尽量排除不合适的区域，如破洞或脏污区域，并对选取的区域结果根据面积或者灰度值分布分组，默认分为三个梯度组，默认设定下随机对每个梯度组选择一个目标区域，并控制电镜样品台（Stage）移动至区域中心，利用 CTF 计算并自动调整 Z 高度。

（3）自动寻孔并拍摄保存：在目标区域从中心向外自动寻找最近的符合目标的载网孔（Grid hole），并自动对中，再次自动调整欠焦后，对孔中心区域和孔四分之一半径区域用高倍数拍照，并自动保存图片至预设的路径，再移动一个默认距离后，重复以上步骤。

# 3 结果

通过采用 VitroJet 技术并在 200 千伏电镜上进行的筛选测试工作，我们显著提升了制样筛选的自动化水平和效率，取得了以下具体成果：

（1）VitroJet 能够实时监控制样效果，并通过参数调整精确控制冰层厚度和样品质量。利用 VitroJet 的自动化和可视化功能，可以即时观察到制样后的光镜结果，并据此调整制样参数以优化冰层分布。多次实验后我们发现，降低书写速度（Velocity）能有效减少冰层的厚度（图 1）。在冰层分布相似的不同载网上，通过对比 200kV 电镜的检查结果，我们注意到 VitroJet 的光镜图像不仅提供了冰层分布的信息，还能反映制样质量的好坏，从而及时发现如高聚物等低质量的结果（图 2），我们还发现增加书写次数（Apply >1 次）能显著提高颗粒进入孔洞的数量。此外，VitroJet 从长期多次测试的结果来看，仍存在一定的乙烷冰问题，这可能是设备本身的固有性质，但我们没有发现重构的最终分辨率受到明显影响。

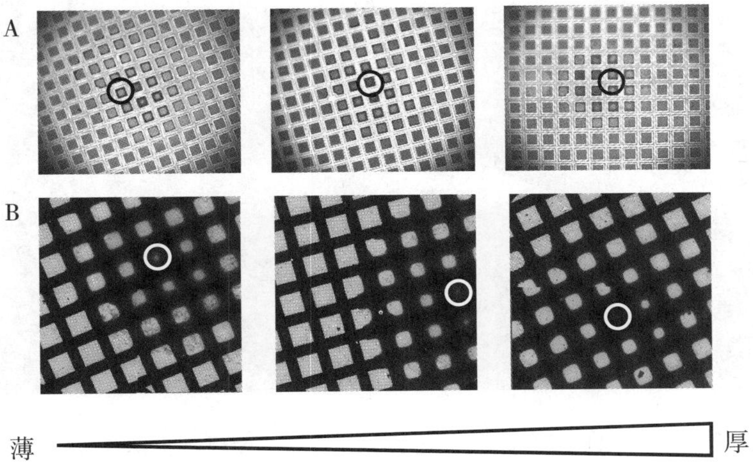


图 1　VitroJet 光镜和电镜下观察书写速度对样品冰层的影响

A 为 VitroJet 制样过程中光镜结果，B 为 200kV 透射电镜筛查结果。左，书写速度 0.3；中，书写速度 1；右，书写速度 3。其余参数一致，样品为 5 毫克 / 毫升载铁蛋白，载网 Quantifoil Cu300 R1.2/1/3。圆圈标记的对应冰层最厚的区域。

A 为 Quantifoil 载网，B 为 ANTcryo 载网。左上，VitroJet 制样过程中光镜结果，书写的中心区域可以看到此次制样使用的 Quantifoil 载网有很多类似分布不规则的区域，在同一次制样时对比 ANTcryo 载网则分布较均匀。左下和右，200 千伏透射电镜低倍（155 倍）和高倍（120000 倍）下筛选结果，Quantifoil 载网有更明显的样品聚集现象，ANTcryo 载网更均一的颗粒分布。圆圈对应光镜和电镜下选取放大拍摄的区域。箭头标识存在的乙烷冰。

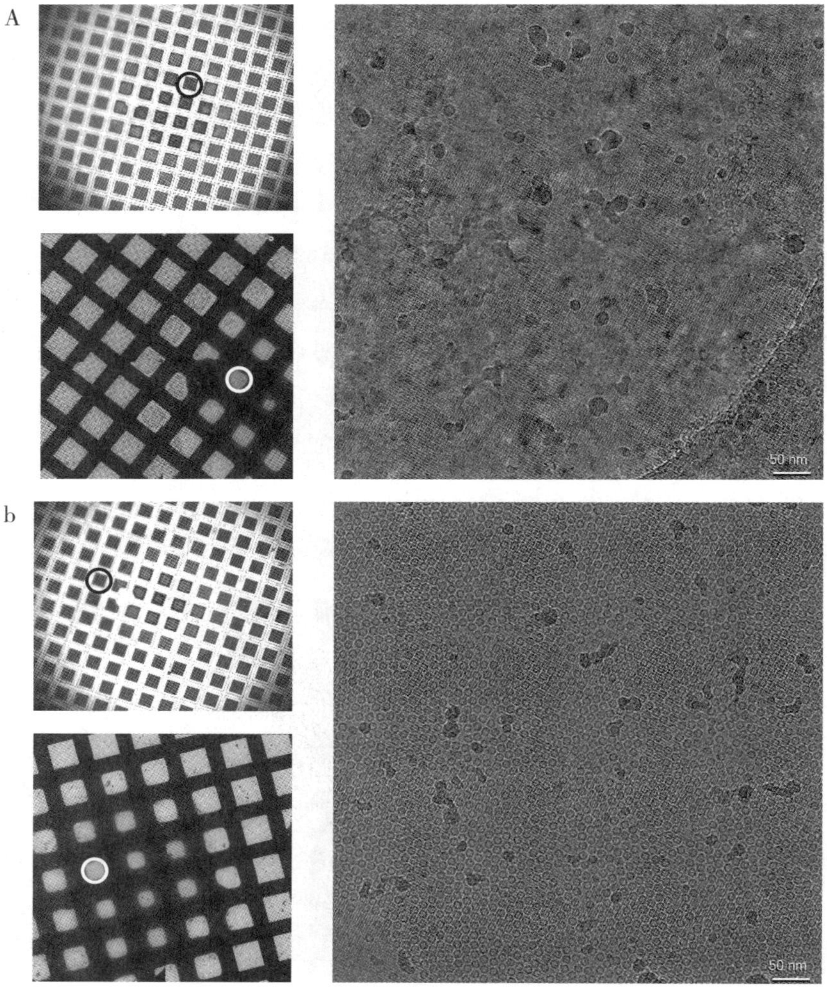


图 2　VitroJet 自动制样实时观察制样的质量

（2）自动筛选程序实现了流程的自动化和可控化。通过改进的载网筛选方法，我们将每个载网的筛选时间控制在大约 15 分钟，能够在约 3 小时内完成一轮共 11 个载网的筛选和图片保存（图 3），并且整个过程减少了人工干预。按照测试中的默认设置，一次 Autoloader 全流程的完成时间约为 4 小时，因此在电镜平台的日常工作时间（8 小时）内可以完成两轮共 22 个样品的筛选，而在晚间非工作时间或值班时间内，可完成三至四轮共 33~44 个样品的筛选工作。使用自动化筛选程序的优势包括：减轻了因重复操作带来的疲劳，简化了整个流程，使每次筛选的时间可控，使用方便且友好，无须额外设备或复杂调试等。该程序的功能和步骤清晰明了，可以根据实际需求增减筛选步骤，以进一步加快样品筛选速度和根据项目需求增加拍摄区域。此外，该程序易于扩展并可接入其他功能，未来还计划加入更多定制化的样品模板和特殊化的筛选模块。

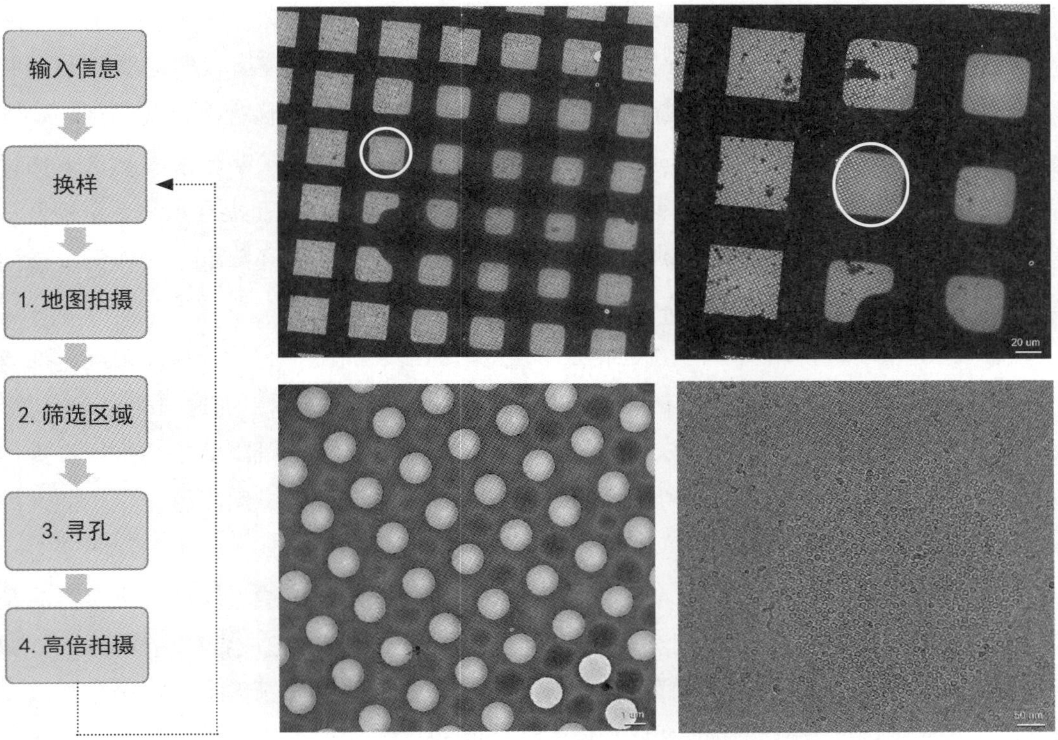


图 3　自动筛选流程示意图

自动筛选程序在输入信息后，能实现从自动换样到低中高倍依次拍摄的功能。左为流程示意图，右为一轮运行的实际示例，其中 1~4 分别对应从低倍至高倍自动逐步拍摄和保存的 200kV 透射电镜图像。1—155 倍拼图地图；2—155 倍区域放大；3—4600 倍；4—120000 倍。圆圈标识出选取的区域。样品为载铁蛋白。

# 4　结语

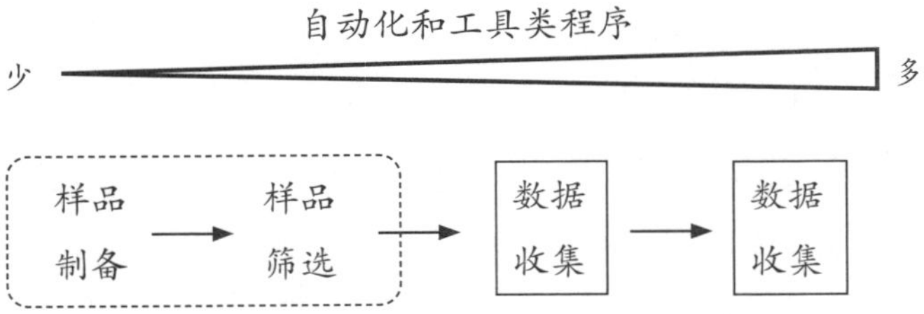


图 4　冷冻电镜平台的一般工作流程示意图

本研究致力于通过优化冷冻电镜的前期流程，分享一种新型自动样品制样设备的使用经验，并开发全新的自动化载网筛选方法。这些努力旨在提升冷冻电镜平台的使用效率，进而推动其在生物大分子结构研究中的应用。我们的初步成果表明，从制样到筛选的前期流程可以提高自动化和可控性，提高工作效率和实验结果的可靠性。

利用高速冷冻制样机 VitroJet 进行样品制备，我们能够在制备阶段实时观察和控制样品的质量，包括冰层厚度分布和载网质量。随后，通过设计自动化程序，我们优化了载网筛选方法，提出了一种减少人力消耗并能显著提高筛选效率的新策略。采用 Python 语言编写的自动化程序使得载网筛选过程控制在大约 15 分钟内完成，从而提升了筛选可控性和速度。与传统的人工操作相比，这种自动化流程不仅提高了效率，还降低了操作的复杂性和高门槛，且能准确地反映样品的实际情况。

从冷冻电镜平台使用效率的角度来看，改进的前期样品制备和筛选可以提高后期数据处理的成功率，在机时总是有限的情况下更有效地利用平台资源，加速科研进展。此外，我们考虑到自动化的样品筛选方法可以与传统人工操作相结合，既降低了初级用户操作电镜的难度，也减轻了长时间机械性重复操作带来的疲劳感，使课题组能够将宝贵的人力资源投入到更有意义的质量判断和更高视角的课题总体把握上。

尽管我们的研究取得了一定的成果，但也发现了一些新的挑战。例如，许多样品在多样性方面可能需要更加精细和专业的制备和筛选手段，如带有标记或特征的样品筛选问题，以及冷冻断层扫描与荧光特征的样品处理。这些日益多样化的课题需求如何满足，以及如何进一步提升其中的效率，是我们未来需要考虑的问题。

总的来说，尽管面临诸多挑战，我们相信随着技术的不断发展和创新，冷冻电镜技术将在生物大分子结构研究中发挥更大的作用。我们期待未来有更多的研究人员参与到这个领域的研究中来，共同将国内冷冻电镜技术推向新的高度。

## 参考文献

[1] BAI，X.C.，G. McMullan，S.H.W. Scheres. How cryo-EM is revolutionizing structural biology [J]. Trends in Biochemical Sciences，2015. 40（1）：49-57.

[2] CHUA，E.Y.D.Better，Faster. Cheaper：Recent Advances in Cryo-Electron Microscopy [J]. Annu Rev Biochem，2022. 91：1-32.

[3] MENG，X，et al. Best practice：setting up and operating a mid-sized cryo-EM facility [J]. Front Mol Biosci，2023. 10：1302680.

[4] MILLS，D.J. Setting up and operating a cryo-EM laboratory [J]. Q Rev Biophys，2021. 54：e2.

[5] SADER K.，et al. Industrial cryo-EM facility setup and management [J]. Acta Crystallogr D Struct Biol，2020. 76（Pt 4）：313-325.

[6] WEISSENBERGER，G.，R.J.M. Henderikx，P.J. Peters. Understanding the invisible hands of sample preparation for cryo-EM [J]. Nat Methods，2021. 18（5）：463-471.

[7] HENDERIKX, R.J.M., et al. VitroJet: new features and case studies [J]. Acta Crystallogr D Struct Biol, 2024. 80 (Pt 4): 232-246.
[8] RAVELLI, R.B.G., et al. Cryo-EM structures from sub-nl volumes using pin-printing and jet vitrification [J]. Nat Commun, 2020. 11 (1): 2563.
[9] MENDEZ, J.H., et al. Automated pipelines for rapid evaluation during cryoEM data acquisition [J]. Curr Opin Struct Biol, 2023. 83: 102729.

# 风速表测量结果不确定度评定方法研究

王延东　董丽萍　马　帅

（湖北省气象信息与技术保障中心，武汉，430074）

**摘要：**以气象部门省级风洞实验室建立的风速表检定装置为例，依据《JJF1059.1—2012 测量不确定度评定与表示》，建立了适用于各类型风速表测量结果不确定度评定方法，并利用 Matlab 软件开发了风速表测量结果不确定度评定软件，实现了风速表测量结果不确定度评定的自动化、规范化。该方法对提高风速计量业务质量和效率具有促进作用，且对其他省份气象部门建立的风速表检定装置开展风速表测量结果不确定度评定工作具有借鉴和参考意义。

**关键词：**风速表检定装置；测量不确定度；误差

## 引言

任何测量都存在误差，由于测量的客观真值无法得知及测量条件的非理想化，使误差大小无法确定，测量的结果只能说是在一定的范围内是可信的[1]。因此，测量结果的质量如何，测量结果是否可信，在很大程度上取决于其不确定度的大小。不确定度越小，质量越高，其使用价值越高；不确定度越大，测量结果的质量越低，其使用价值也越低[2]，因此对测量结果的不确定度的评定是一项非常重要的工作。

风速表是用于测量空气流动速度的仪器仪表，在气象、交通、农业等领域都有广泛的应用。根据其测量原理、外形结构，通常分为三杯式、转叶式、热球（敏）式和超声波式。目前，许多学者对风速表测量结果进行了不确定度评定。曾涛、陈涛、杨波利用省级风洞实验室对自动气象站风速传感器进行了测量结果不确定度评定[3-5]。李松奎、王明明分辨以 WMT700、WXT536 型超声波风速仪为例，并依据《JJF1059.1—2012 测量不确定度的评定与表示》进行 A 类不确定度评定和 B 类不确定度评定[6-7]。胡苍龙对轻便三杯风向风速表示值误差测得值进行不确定度评定[8]。雷晓妹基于 GUM 法分析并评定叶

**作者简介：**王延东（1986—　），男，工程师，研究方向为气象计量；董丽萍（1989—　），男，工程师，研究方向为气象数据应用；马帅（1996—　），男，工程师，研究方向为气象计量。

轮数字风速仪的测量不确定[9]。这些研究仅是对单一类型的风速表的测量结果进行不确定度评定，适用性不强，且评定过程以人工评定为主，评定过程复杂、计算量大，不适用于日常校准业务，而利用计算机软件实现风速表测量结果不确定度评定的相关工作尚未开展。

本文以气象部门建立的省级风速表检定装置为例，按照《JJF1059.1—2012 测量不确定度评定与表示》要求，通过建立数学模型，分析不确定度来源，对风速表测量结果不确定度进行了评定，并利用计算机软件开发了风速表测量结果不确定度评定软件，实现了风速表测量结果不确定度评定的自动化、规范化。

## 1 风速表检定装置

风速表检定装置由标准器、配套设备和辅助设施构成。标准器由皮托静压管和数字压力计组成；配套设备包括风洞洞体、温湿度传感器、压力传感器、万用表和变频器；辅助设施由串口服务器，计算机和检定系统软件等组成（图 1）。

检定装置以计算机为核心，将检定过程中的物理量全部数字化，通过变频器控制电机转速，在风洞洞体内产生固定的风场，同时，读取皮托静压管和数字压力计读数，根据当前环境条件计算出标准风速，当标准风速达到设定风速且稳定一段时间后，自动或人工读取被检风速表示值，完成该风速点的测量。

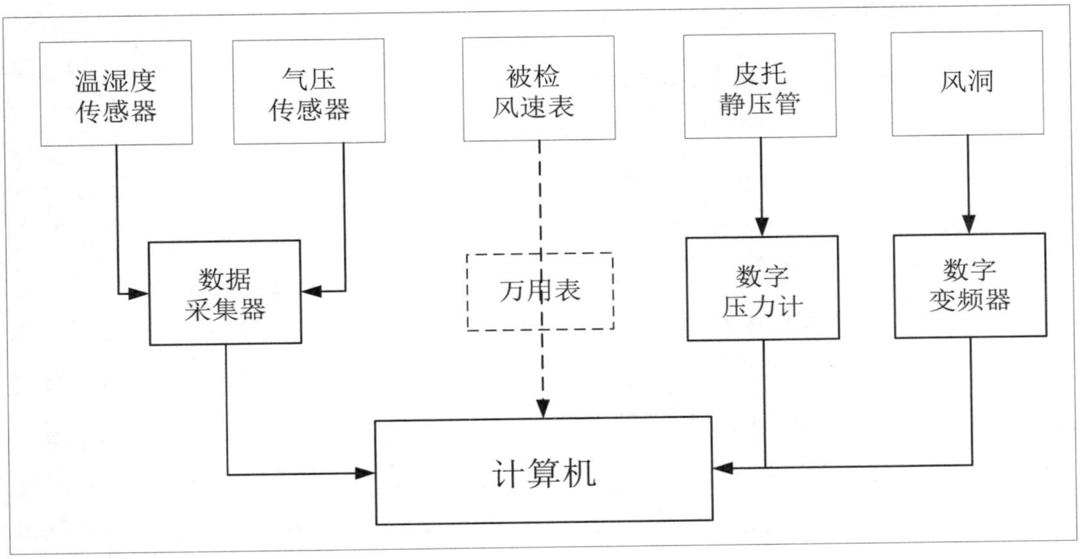


图 1 风速表检定装置结构图

## 2 建立测量模型

建立满足各类型风速表测量结果不确定度评定所需的数学模型，找出所有影响测量结果不确定度的输入量，并建立与所有输入量相关的测量误差关系式，风速表测量误差估计值可表示为：

$$\triangle v = v - v_s \tag{1}$$

式中：$\triangle v$：被检风速表示值误差，m/s；$v$：被检风速表示值，m/s；$v_s$：风速标准示值，m/s。

参照《JJG-431 轻便三杯风向风速表计量检定规程》和《JJG（气象）004—2011 自动气象站 风向风速传感器》[10-11]，标准风速的计算为：

$$v_s = \sqrt{\frac{2}{3.48353*10^{-3}} \triangle P\xi \times \frac{273.15+t}{P-0.378He_w}} \tag{2}$$

式中：$\triangle P$：数字压力计测出的动压值，Pa；$\xi$：皮托静压管系数；t：环境空气温度，℃；P：环境大气压力，hPa；$e_w$：流场温度为 $t$ ℃时的饱和水汽压，hPa。

由于 $0.378He_w$ 数值较小，在不确定度评定过程中可以忽略不计，标准风速测量模型可简化为：

$$v_s = 23.961\sqrt{\triangle P\xi \times \frac{273.15+t}{P}} \tag{3}$$

# 3　不确定度评定

## 3.1　标准不确定度分量的评定

不确定度分为 A 类不确定度和 B 类不确定度。其中，A 类不确定度是指通过对规定测量条件下测得的量值用统计分析的方法评定的不确定度分量[12]，在本文中主要是对被测风速表进行重复测量引入的不确定度分量。

B 类不确定度是指用不同于测量不确定度 A 类评定的方法对测量不确定度进行评定的分量[13]。B 类不确定度是基于实验或其他信息来估计，用根据经验和资料及假设的概率分布估计的标准偏差表征，含有主观鉴别的成分。本模型 B 类不确定度来源主要分为被测风速表示值引入的不确定度以及标准风速示值引入的不确定度。其中，被测风速表示值引入的不确定度主要是其分辨力引入的不确定度。由于测量重复性引入的不确定度已包含分辨力引入的不确定度分量，为了提高模型的适用性，仅考虑测量重复性引入的不确定度分量。标准风速示值引入的不确定度主要由以下分量组成：由数字微压计引入的不确定度分量、皮托静压管引入的标准不确定度分量、环境参数引入的标准不确定度分量和风洞洞体引入的标准不确定度分量等（表 1）。

**表 1　风速表测量结果不确定度分量表**

| 序号 | 不确定度来源 | 分量 | 评定方法 | 符号 |
|---|---|---|---|---|
| 1 | 被测风速表 | 重复性 | A 类 | $u_{1A}$ |
| 2 | 标准风速示值 | 温度引入的不确定度 | B 类 | $u_{rB1}$ |
| 3 | 标准风速示值 | 气压引入的不确定度 | B 类 | $u_{rB2}$ |
| 4 | 标准风速示值 | 皮托静压管引入的不确定度 | B 类 | $u_{rB31}$ |
| 5 | 标准风速示值 | 皮托静压管与气流夹角引入的不确定度 | B 类 | $u_{rB32}$ |
| 6 | 标准风速示值 | 数字压力计引入的不确定度 | B 类 | $u_{rB4}$ |
| 7 | 标准风速示值 | 风洞流场不均匀引入的不确定度 | B 类 | $u_{rB5}$ |
| 8 | 标准风速示值 | 风洞流场不稳定引入的不确定度 | B 类 | $u_{rB6}$ |
| 9 | 标准风速示值 | 标准风速数据修约引入的不确定度 | B 类 | $u_{B7}$ |

## 3.2　合成标准不确定度

将模型中输出量对公式（1）求偏导得各灵敏系数：

$$C_1=\frac{\partial\triangle v}{\partial v'}=1,\ C_2=\frac{\partial\triangle v}{\partial v_s^{'}}=-1$$

将皮托静压管引入的不确定度和皮托静压管与气流夹角引入的不确定度进行合成求得 $u_{rB3}$ 作为皮托管引入的不确定度分量，得到公式（4），

$$u_{rB3}=\sqrt{u_{rB3}{}^{2}+u_{rB32}{}^{2}}\quad {}_{1} \tag{4}$$

利用公式（3）将 $u_{rB}$　1、$u_{rB2}$、$u_{rB3}$、$u_{rB4}$ 进行合成，作为标准风速引入的不确定度分量，得到公式（5）。

$$u_r\left(V_S\right)=\frac{1}{2}\sqrt{u_{rB}{}^{2}+u_{rB2}{}^{2}+u_{rB3}{}^{2}+u_{rB4}{}^{2}} \tag{5}$$

合成标准不确定度表示为

$$u_c=\sqrt{C^2u_{A1}^{2}+C_2^2\left[u_r\left(V_S\right)*V_S\right]^2++C_2^{2}(u_{rB5}*V_S)^2+C_2^{2}(u_{rB6}*V_S)^2+C_2^{2}u_{B7}{}^{2}} \tag{6}$$

## 3.3 扩展不确定度

扩展不确定度由合成不确定度乘包含因子得到，取包含因子 k =2，扩展不确定度为：

$$U = 2\times u_{\mathrm{c}} = 2\sqrt{C_1^{\ 2}u_{1\mathrm{A}}^{\ \ 2} + C_2^{\ 2}\left[u_{\mathrm{r}}\left(\mathrm{V_S}\right)*\mathrm{V_S}\right]^2 + -C_2^{\ 2}(u_{\mathrm{rB5}}*\mathrm{V_S})^2 + C_2^{\ 2}(u_{\mathrm{rB6}}*\mathrm{V_S})^2 + C_2^{\ 2}u_{\mathrm{B7}}^{\ \ 2}} \qquad (7)$$

## 3.4 风速表测量结果不确定度评定软件设计

MATLAB 软件具有强大的数据分析、科学计算和图像处理功能，其图形用户界面（GUI 模块）是 MATLAB 用户可视化交互式的工具，运用 GUI 生成的操作界面用户可以不用浏览烦冗的代码而进行操作，具有设计界面友好、人机交互方便的特点[14]。利用 Matlab 软件的进行风速表测量结果不确定度评定软件开发，包括操作界面设计和控件的后台程序编写两部分，主要功能是根据输入信息（标准风速值、指示风速值、环境参数、不确定来源）自动生成相关不确定度信息（示值误差、不确定度分量、扩展不确定等）。

风速表测量结果不确定度评定软件主要包括 A 类不确定度评定、B 类不确定度评定和评定结果输出三个功能模块（图 2）。

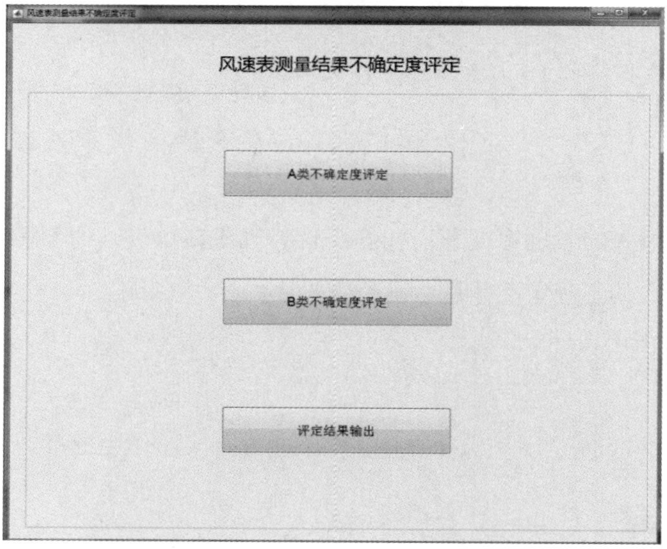


图 2　风速表测量结果不确定度评定软件界面

A 类不确定度评定模块包括业务校准和计量实务两项功能，业务校准是对被测风速表进行 3 次重复测量，计量实务则对被测风速表进行 10 次重复测量，在实际计量业务中，主要使用业务校准功能完成被检风速表的 A 类不确定度评定，在应用界面输入数字压力计、标准风速值、3 次被测风速表示值，系统自动生成 A 类不确定度（图 3）。

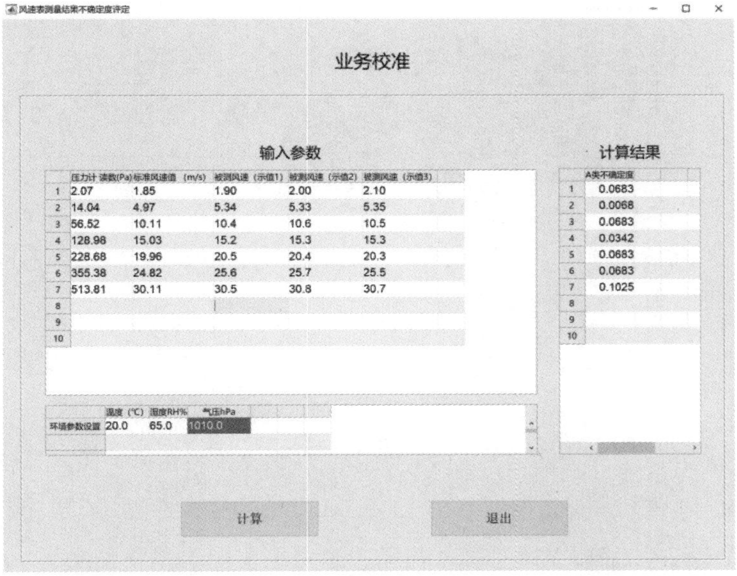


图 3　A 类不确定度评定工作界面

B 类不确定度评定模块通过输入不确定度来源、区间半宽度、包含因子等参数，自动计算出各不确定度分量的数值（图 4）。

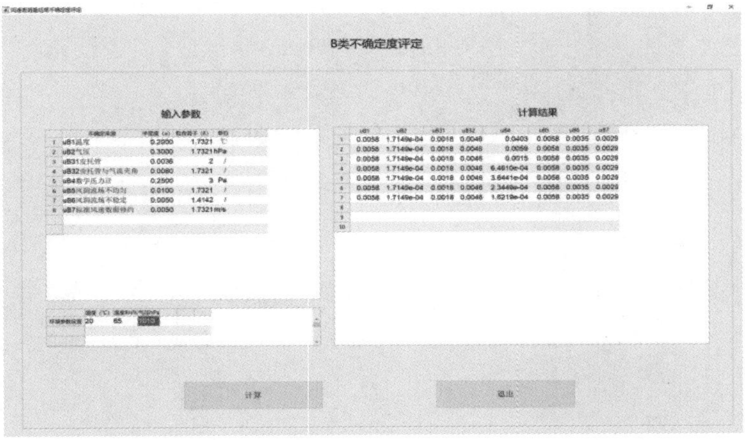


图 4　B 类不确定度评定工作界面

评定结果输出模块包括评定结果、不确定度分量分析和校准曲线三项（图 5）。评定结果包括标准风速值、被检表示值平均值，示值误差，合成标准不确定度和扩展不确定度。不确定度分量分析包括每一个不确定度分量的具体数值，可对各不确定度分量在合成标准不确定度中的占比进行分析。校准曲线可以直观展示标准风速值和被检表示值之间的关系。

| | 标准风速值（m/s） | 示值平均值 | 示值误差 | 合成不确定度 | 扩展不确定度（K=2） |
|---|---|---|---|---|---|
| 1 | 1.8500 | 2 | 0.1500 | 0.0792 | 0.1584 |
| 2 | 4.9700 | 5.3400 | 0.3700 | 0.0420 | 0.0840 |
| 3 | 10.1100 | 10.5000 | 0.3900 | 0.1044 | 0.2088 |
| 4 | 15.0300 | 15.2667 | 0.2367 | 0.1218 | 0.2435 |
| 5 | 19.9600 | 20.4000 | 0.4400 | 0.1695 | 0.3389 |
| 6 | 24.8200 | 25.6000 | 0.7800 | 0.2046 | 0.4091 |
| 7 | 30.1100 | 30.6667 | 0.5567 | 0.2553 | 0.5107 |
| 8 | | | | | |
| 9 | | | | | |
| 10 | | | | | |

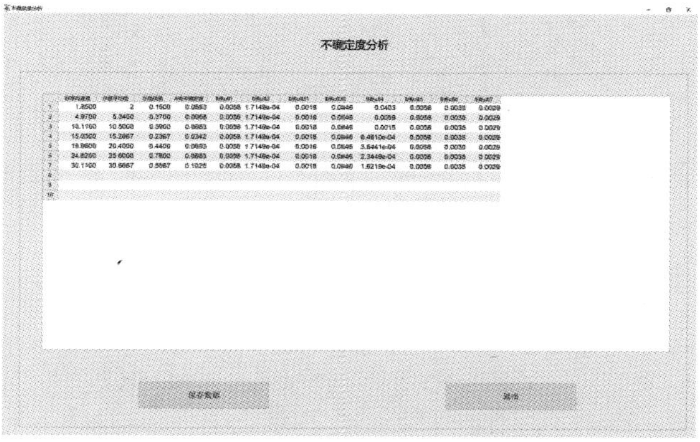


| | | | | | | | | | | | | |
|---|---|---|---|---|---|---|---|---|---|---|---|---|
| 1 | 1.8500 | 2 | 0.1500 | 0.0683 | 0.0058 | 1.7149e-04 | 0.0018 | 0.0646 | 0.0403 | 0.0058 | 0.0035 | 0.0029 |
| 2 | 4.9700 | 5.3400 | 0.3700 | 0.0068 | 0.0058 | 1.7149e-04 | 0.0018 | 0.0646 | 0.0059 | 0.0058 | 0.0035 | 0.0029 |
| 3 | 10.1100 | 10.5000 | 0.3900 | 0.0683 | 0.0058 | 1.7149e-04 | 0.0018 | 0.0646 | 0.0015 | 0.0058 | 0.0035 | 0.0029 |
| 4 | 15.0300 | 15.2667 | 0.2367 | 0.0342 | 0.0058 | 1.7149e-04 | 0.0018 | 0.0646 | 6.4610e-04 | 0.0058 | 0.0035 | 0.0029 |
| 5 | 19.9600 | 20.4000 | 0.4400 | 0.0683 | 0.0058 | 1.7149e-04 | 0.0018 | 0.0646 | 3.6441e-04 | 0.0058 | 0.0035 | 0.0029 |
| 6 | 24.8200 | 25.6000 | 0.7800 | 0.0683 | 0.0058 | 1.7149e-04 | 0.0018 | 0.0646 | 2.3449e-04 | 0.0058 | 0.0035 | 0.0029 |
| 7 | 30.1100 | 30.6667 | 0.5567 | 0.1025 | 0.0058 | 1.7149e-04 | 0.0018 | 0.0646 | 1.6219e-04 | 0.0058 | 0.0035 | 0.0029 |
| 8 | | | | | | | | | | | | |
| 9 | | | | | | | | | | | | |
| 10 | | | | | | | | | | | | |

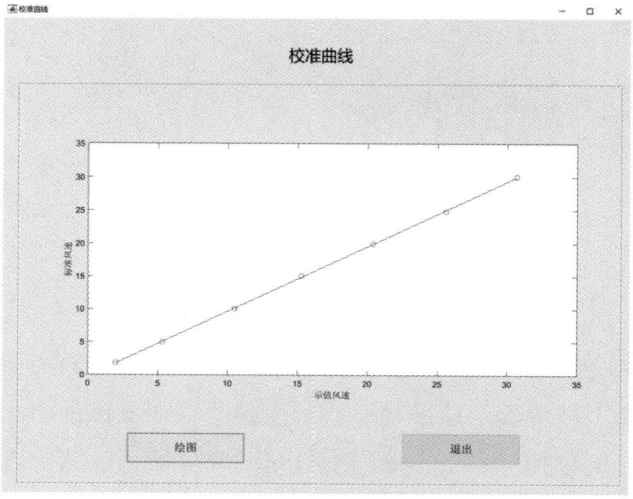


图 5　评定结果输出

## 4 结论

本文利用气象部门建立的省级风速表检定装置，通过建立数学模型，分析不确定度来源，利用 GUM 法完成了风速表测量结果的不确定度评定，该方法适用于各类风速表测量结果的不确定度评定。同时，利用 MATLAB 软件完成了风速表测量结果不确定度评定软件设计，实现风速表测量结果不确定度评定的信息化、自动化、科学化、规范化，对提高气象部门省级风速计量业务质量和效率具有积极促进作用。该方法对其他省份气象部门建立的风速表检定装置开展风速表测量结果不确定度评定工作具有借鉴和参考意义。

由于风速表测量结果不确定度评定软件需要手动输入风速标准值、被检表风速示值、环境条件等参数才能完成风速表测量结果不确定度评定，建议后期将该软件与风速表检定软件结合，自动读取检定装置标准风速、环境条件等数据，提高风速表检定、校准自动化水平和工作效率。

## 参考文献

[1] 国家技术监督检验检疫总局．通用计量术语及定义［M］．北京：中国计量出版社，1999．

[2] 张建敏，罗昶，吕文华．气象计量测试指南［M］．北京：中国质检出版社，2011．

[3] 曾涛，龚熙，边泽强．自动气象站风速传感器测量不确定度评定［J］．电子测量技术，2018，41（15）：96-99．

[4] 陈涛，张虎，郑亮．大型直路风洞风速检定值的不确定度评定［J］．计量与测试技术，2017，44（1）：72-73．

[5] 杨波，颜平江，李文博．风速传感器测量值的不确定度评定［J］．计量与测试技术，2015，42（1）：46-49．

[6] 李松奎，边泽强，刘昕．超声波风速仪测量结果不确定度评定［J］．电子测量技术，2019，42（15）：112-116．

[7] 王明明，王建森，黄鹏良．超声波风速仪示值的测量不确定度评定［J］．气象水文海洋仪器，2019，（1）：1-3．

[8] 胡苍龙，郑旭．轻便三杯风向风速表示值误差不确定度分析［J］．计量与测试技术，2018（4）：109-110．

[9] 雷晓姝，吴丽娜，韩玉婷，等．基于 GUM 的叶轮数字风速仪不确定度分析与评定［J］．国外电子测量技术，2020，39（3）：30-34．

[10] 国家质量监督检验检疫总局．JJG 431—2014 轻便三杯风向风速表［S］．北京：中国质检出版社，2014．

[11] 中国气象局. JJG（气象）004—2011 自动气象站 风向风速传感器 [S]. 北京：中国气象出版社，2011.
[12] 国家质量监督检验检疫总局. JJF 1001—2011 通用计量术语及定义 [S]. 北京：中国质检出版社，2011.
[13] 国家质量监督检验检疫总局. JJF 1059.1—2012 测量不确定度的评定与表示 [S]. 北京：中国质检出版社，2012.
[14] 罗华飞. MATLAB GUI 设计学习手记 [M]. 北京：北京航空航天大学出版社，2011.

# 基于泵浦－探测的超快手性光谱测量技术

贾梦辉[1,2]　崔　童[1]　韩云霞[1]　王雪力[1]　陈缙泉[1]

（1. 华东师范大学精密光谱科学与技术国家重点实验室，上海，200241；
2. 华东师范大学公共创新服务平台，上海，200241）

**摘要：**手性是自然界和生物体中的一种基本特性，广泛分布于各个尺度和不同层级的物质结构中，阐明手性传递中涉及的微观物理机制和规律对于生命科学、催化、非线性光学等领域的研究有着重要的意义，其中，发展具备手性结构区分能力的光谱系统成了关键研究环节。文中介绍了基于泵浦－探测的超快手性光谱测量技术，阐述了超快时间分辨圆二色谱测量技术和超快时间分辨圆偏振光谱测量技术及系统建设。并使用搭建的系统分别测试了吖啶橙夹杂DNA样品的超快时间分辨圆二色谱和尼罗蓝样品的超快时间分辨圆偏振发光光谱。系统表现出了优良的性能，基于泵浦－探测的超快手性光谱测量技术有望成为研究分子和超分子体系中手性产生、传递的有力工具和高效手段。

**关键词：**手性；超快；时间分辨；泵浦－探测；圆二色谱；圆偏振发光光谱

## 引言

当两个镜像对称的分子不能相互叠加时，它们被称为一对手性分子，手性现象是分子体系中普遍存在的现象，基本上所有的生命系统都依赖于分子、超分子和聚合物层面的手性结构。例如，在分子层面上，存在左旋和右旋的对映异构体，在生物大分子层面，存在DNA双螺旋结构以及蛋白质的 $\alpha$－螺旋结构。在这些不同的层面中，分子和超分子的手性特性备受人们的关注[1-5]。在以往的研究中，人们重点关注的是分子构型和超分子构象两

**作者简介：**贾梦辉（1987—　），男，工程师，研究方向为光学、大型仪器管理；崔童（1999—　），男，博士生，研究方向为光学、分子光谱；韩云霞（1999—　），女，博士生，研究方向为光学、分子光谱；王雪力（1994—　），女，副研究员，研究方向为光学、分子光谱；陈缙泉（1984—　），男，教授，研究方向为光学、分子光谱。

**基金项目：**国家自然科学基金（No.92156024、No.92356307、No.12204177）；华东师范实验技术项目（ECNUETR2024-09）。

大因素引起的手性传递现象[2-3]。近年来，手性传递中涉及的其他物理特性开始受到人们的关注，并发展成为手性研究领域中的热点之一[6-8]。阐明手性传递中涉及的微观物理机制和规律有着重要的科学意义，不仅可以为将来多层次手性材料的精准合成提供理论依据，还可以为手性传递在不对称合成催化[9-10]、分子手性识别[11]、手性功能分子器件[12]、非线性光学[13]等领域的应用提供指导作用。

由于电子自旋、电荷转移、荧光共振能量转移等过程往往发生在亚皮秒尺度（<10–12 s），对手性传递实时动力学过程的表征手段就提出了新的要求。诸如核磁共振（NMR）、X 射线衍射（XRD）以及透射电子显微镜（TEM）、扫描电子显微镜（SEM）、原子力显微镜（AFM）、扫描隧道显微镜（STM）等直接表征手性分子结构手段不具备时间分辨能力。采用圆二色光谱（CD）、圆偏振发光光谱（CPL）、拉曼光谱（Raman）等光谱技术可以直接在溶液、悬浊液、胶体、薄膜甚至固体中测定分子和超分子体系的手性特性。圆二色光谱对手性材料中组分的空间构型非常敏感，既可以探测手性物质的结构变化，又可以跟踪手性信息传递的过程[14, 15]。而圆偏振发光光谱则可以直观地反映手性发光体系的激发态结构信息，是一种跟踪手性产生和传递的有效检测方法[16]。谢晓亮等人将光路延迟模块加入系统中，开启了现代超快泵浦 - 探测技术的先河[17, 18]，使得泵浦 - 探测技术成为表征分子超快动力学过程的一种高效手段。基于泵浦 - 探测技术发展而来的超快时间分辨的圆二色光谱和超快时间分辨圆偏振发光光谱能够直接表征分子和超分子体系中伴随电子或者能量转移的手性传递动力学过程，这两种方法是揭示该过程中的基本物理机制和规律的有力工具。

早在 1974 年，Ferrone 等人利用 50 kHz 熔融石英调制器对氙灯光源进行旋光性调制，同时辅以闪光光解技术，获得了一氧化碳血红蛋白光解后毫秒时间分辨率的圆二色光谱[19]。伴随着超快脉冲激光器和泵浦探测技术的发展，1989 年，Xie 和 Simon 将电子光学调制器与锁相放大器相结合，实现了皮秒泵浦探针[14]。1992 年，Kliger 课题组创造性地将亚皮秒脉冲激光用作激发光源，采用闪光光源作为探测光，测量得到肌红蛋白光解和植物光敏色素光激发后纳秒时间分辨的圆二色光谱[20, 21]。2000 年，Hache 等人通过将飞秒光源与门积分器和锁相放大器相结合进行调制，也实现了亚皮秒时间分辨率[15]。我国从事飞秒时间分辨圆二色光谱技术和飞秒时间分辨圆偏振发光光谱技术研究的科研队伍较少，研究工作尚处于起步阶段。

## 1 超快手性光谱测量技术

基于泵浦 - 探测的超快手性光谱测量技术可从吸收和发光两个方面进行探测，分别为超快时间分辨的圆二色光谱技术和超快时间分辨圆偏振发光光谱技术，下面以我们搭建的超快手性光谱测量系统为例进行介绍。

## 1.1 超快时间分辨圆二色谱技术

基于泵浦 – 探测技术的超快时间分辨圆二色谱系统装置如图 1 所示。

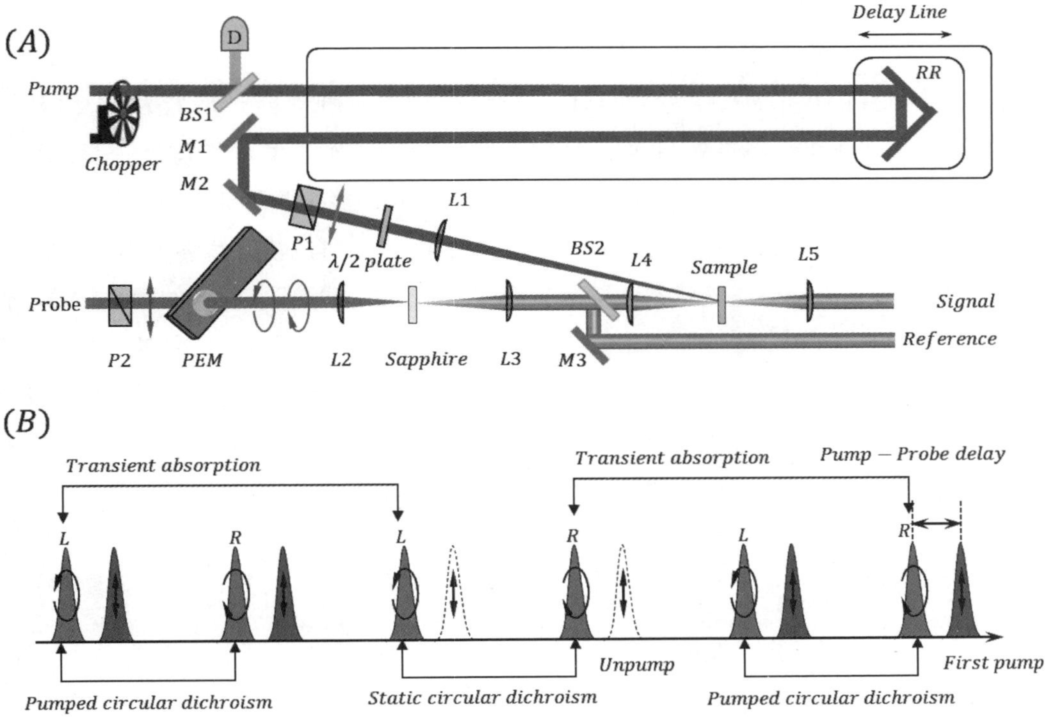


图 1　超赶时间分辨圆二色谱系统装置图

(A)超快时间分辨圆二色谱装置图;(B)获得时间分辨 CD 光谱所需的脉冲序列。其中 BS– 分束片，M– 反射镜，RR– 回射器，L– 透镜，PEM– 光弹性调制器，P– 起偏器，D– 探测器，Sapphire– 蓝宝石窗片，Sample– 样品

### 1.1.1　光路

钛蓝宝石飞秒激光器（Astrella，Coherent Inc）由光弹性调制器同步信号触发，产生飞秒脉冲光，其中心波长为 800 纳米，重复频率为 990 赫兹，脉宽为 100。这一 800 纳米的脉冲光由分束片分为两部分，一部分进入光参量放大器（OPerA Solo，Coherent Inc）以产生实验所需波长的泵浦光，另一部分作为探测光。泵浦光首先经过斩波器，降频为 445 赫兹，斩波时候依次斩去两个脉冲，保留两个脉冲；降频后的泵浦光经过延时线获得一个泵浦 – 探测延时；之后泵浦光经过起偏器和半波片并聚焦用于激发样品。800 纳米的探测光经过起偏器后经过光弹性调制器得到圆偏振光，光弹性调制器处于 2f 模式，得到的圆偏振光左旋圆偏振和右旋圆偏振依次相间。800 纳米的探测光之后聚焦经过一个 2 毫米厚的蓝宝石

窗片产生圆偏振超连续白光，并由分束片分成两束，一束作为信号光用于泵浦－探测，一束作为参考光用于强度校正；信号光和泵浦光非共线聚焦在样品的上，使其在样品中心重合并保持泵浦光光斑略大于信号光光斑。经过样品后的信号光携带有样品的激发态圆偏振信息，通过延时线扫描，获得样品的时间分辨圆二色谱。

1.1.2　信号处理

装置中 PEM 的固有频率为 42.1 kHz，采用 2f 模式，PEM 同步信号为 84.2 kHz，通过降频，获得一个 990 赫兹的脉冲信号用于触发激光器；该信号经过进一步降频，获得一个 445 赫兹的同步信号用于触发斩波器。由于斩波器触发信号只有激光脉冲信号重复频率的一半，因而，得到的泵浦光脉冲为 11001100…。通过斩波器参考信号（222.5 赫兹）的高低电平来鉴别泵浦光状态和探测光偏振状态。高电平代表保留的两个脉冲，低电平代表斩去的两个脉冲，斩波器输出的参考信号作为探测器数据采集的判断信号，而探测光同步信号则作为探测器的触发信号。通过判断信号，可以判断出一组信号中的左旋有泵浦（L-pumped），右旋有泵浦（R-pumped），左旋无泵浦（L-unpumped），右旋无泵浦（R-unpumped），并通过下面公式得到这一时刻圆二色吸收值。

$$\triangle \mathrm{A} = A_L - A_R = \left(A_{L-pumped} - A_{L-unpumped}\right) - \left(A_{R-pumped} - A_{R-unpumped}\right)$$

$$= \left(Lg\frac{I_{L0}}{I_{L-pumped}} - \lg\frac{I_{L0}}{I_{L-unpumped}}\right) - \left(Lg\frac{I_{R0}}{I_{R-pumped}} - \lg\frac{I_{R0}}{I_{R-unpumped}}\right)$$

$$= Lg\frac{I_{L-unpumped} \cdot I_{R-pumped}}{I_{L-pumped} \cdot I_{R-unpumped}}$$

通过光学延迟线的光程扫描就能实现距离泵浦脉冲不同时间延时的圆二色吸收值，从而就得到了时间分辨圆二色谱。

泵浦光路中放置有分束片，分出的少量能量用于监测泵浦光的稳定性，并对信号强度进行进一步校正。探测光光路中同样放置有分束片，参考光用于监测经过样品的信号光的稳定性，并同样对信号进行校正。在每一次测试之前，我们都会使用外消旋或者无手性样品对系统进行校正，消除系统对不同偏振状态光信号响应不同造成的系统偏差。

## 1.2　超快时间分辨圆偏振发光光谱技术

基于泵浦－探测技术的超快时间分辨圆偏振发光光谱装置如图 2 所示。

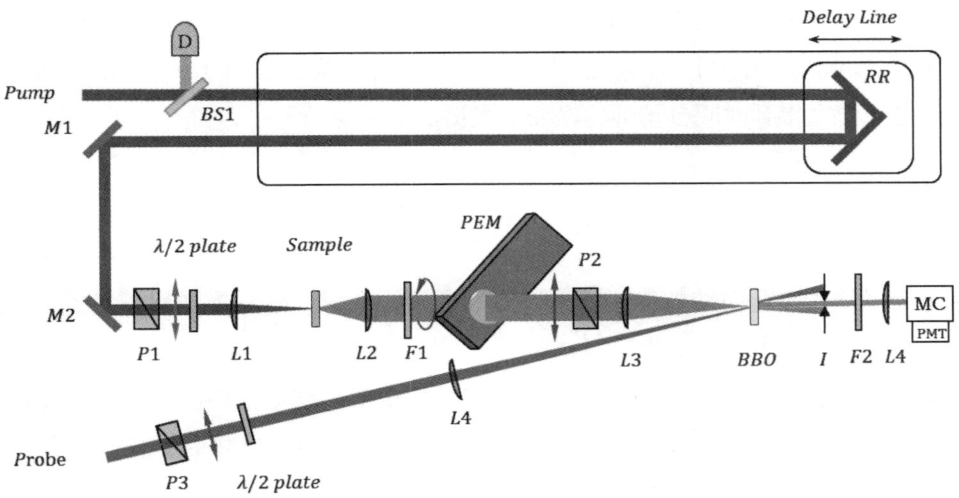


图 2　发光光谱装置

超快时间分辨圆偏振发光光谱装置。其中 BS– 分束片，M– 反射镜，RR– 回射器，L– 透镜，PEM– 光弹性调制器，P– 起偏器 / 检偏器，I– 光阑，D– 探测器，BBO– 偏硼酸钡晶体，Sample– 样品，F– 滤光片，MC– 单色仪，PMT– 光电倍增管

1.2.1　光路

和超快时间分辨圆二色谱系统光源相同，钛蓝宝石飞秒激光器（Astrella，Coherent Inc）由光弹性调制器同步信号触发，产生飞秒脉冲光，其中心波长为 800 纳米，重复频率为 990 赫兹，脉宽为 100 fs。这一 800 纳米的脉冲光由分束片分为两部分，一部分进入光参量放大器（OPerA Solo，Coherent Inc）以产生实验所需波长的泵浦光，另一部分作为探测光。泵浦光首先经过延时线获得一个泵浦 – 探测延时；经过起偏器和半波片得到所需线偏光，之后泵浦光聚焦于样品，并将样品分子泵浦到激发态，产生自发辐射。样品所发的光包括多种偏振状态，用透镜将其会聚成平行光后经滤光片滤去泵浦光，再经过光弹性调制器，将圆偏振光转换成线偏光。线偏光经过检偏器后滤去不需要的偏振状态。

最后自发辐射的光和探测光在 BBO 晶体上进行光学非线性和频，和频产生的上转换信号光依次经过光阑、滤光片滤光后聚焦到单色仪，经过单色仪筛选出所需波长的上转换信号，并通过光电倍增管进行信号放大。

1.2.2　信号处理

上转换信号经过光电倍增管放大后，模拟信号再经过门积分器（Boxcar SR250，Stanford Instruments）后进入数据采集卡转换为数字信号，并由计算机进行数据采集。装置中 PEM 的固有频率为 42.1 kHz，采用 2f 模式，PEM 同步信号为 84.2 kHz，通过降频，获得一个 990 Hz 的脉冲信号用于触发激光器；该信号经过进一步降频，获得一个 445 Hz 的同步信号用于数据采集卡偏振状态鉴别。高电平对应左旋圆偏振光，低电平对应的是右旋圆偏振光。这样，就可以得到连续 2 个不同的发光信号，分别是左旋圆偏振光 $I_L$，右旋圆偏振光 $I_R$。通过下面公式即可得到时间分辨圆偏振发射光谱的不对称因子：

$$g(t)=\frac{I_L(t)-I_R(t)}{0.5[I_L(t)+I_R(t)]}$$

通过延时线光学延时的扫描，就可以得到圆偏振发射光谱左旋圆偏振发光、右旋圆偏振发光、不对称因子随时间变化过程。

泵浦光路中放置有分束片，分出的少量能量用于监测泵浦光的稳定性，并对信号强度进行进一步校正。和超快时间分辨圆二色谱系统一样，在每一次测试之前，我们都会使用外消旋或者无手性样品对系统进行校正，消除系统对不同偏振状态光信号响应不同造成的系统偏差。

## 2 超快手性光谱测试

使用超快时间分辨圆二色谱系统对吖啶橙（AO）夹杂 DNA 样品的超快时间分辨圆二色谱进行了测试，测试结果如图 3 所示。光谱图显示出明显的基态漂白和激发辐射信号。值得注意的是，与基态漂白相关的信号与稳态 CD 信号的极性成反比，反映了基态的手性恢复过程。根据图 3（d），结合瞬态吸收数据，我们分析了波长为 462 nm 处的动态变化，发现短寿命的动态变化更为一致，而长寿命的动态变化可能与手性不敏感过程相对应。不过，在 540 nm 波长的激发辐射区域，动态衰减基本一致[22]。

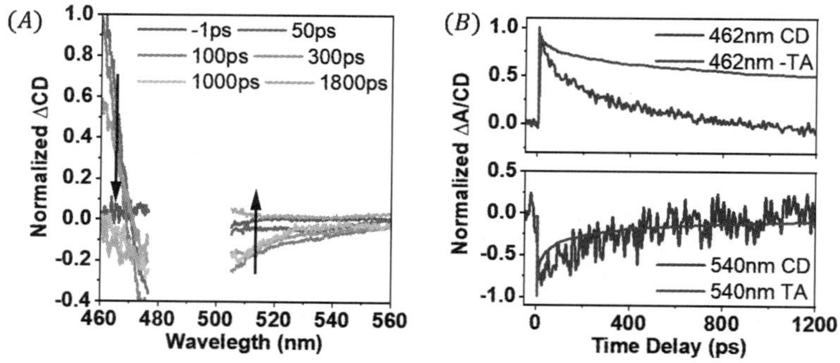


图 3　吖啶橙夹杂 DNA 样品的超快时间分辨圆二色谱

（A）光谱图，（B）动力学图

使用超快时间分辨圆偏振发光光谱系统对尼罗蓝样品的超快时间分辨圆偏振发光光谱进行了测试，测试结果如图 4 所示。结果显示在水中尼罗蓝 695 nm 的左旋圆偏振发光和右旋圆偏振发光基本相同，没有表现出手性现象，而 M 构型的右旋圆偏振发光的强度明显大于左旋圆偏振光的强度；而 P 构型正好相反，左旋圆偏振发光强度明显大于右旋圆偏振发光的强度，M 构型和 P 构型表现出明显的手性发光现象。

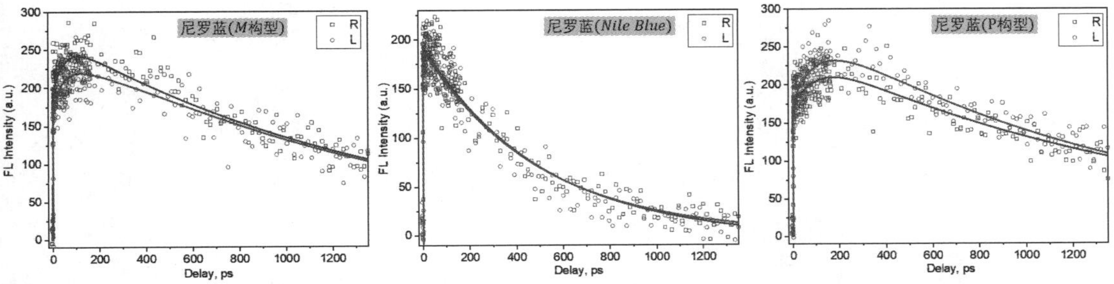


图 4　尼罗蓝样品及组装后的 M 构型、P 构型在 695 nm 处的圆偏振发射光谱

## 3　结论

本文介绍了基于泵浦探测的超快手性光谱技术，可以直接用于检测溶液、薄膜等材料的手性物质结构变化，跟踪手性信息传递，是揭示分子和超分子体系中手性传递动力学过程基本物理机制和规律的有力工具。文中详细阐述了超快时间分辨圆二色谱和超快时间分辨圆偏振发光光谱系统建设，并对吖啶橙夹杂 DNA 样品的超快时间分辨圆二色谱和尼罗蓝样品的超快时间分辨圆偏振发光光谱进行了测试，测试结果和与分析结果相一致。本文的超快手性光谱技术为手性传递为不对称合成催化、分子手性识别、手性功能分子器件、非线性光学等领域的研究提供了一种有力的研究工具和光谱分析方法。

## 参考文献

[1] WANG, Y., XU, J., WANG, Y., et al. Emerging Chirality in Nanoscience [J]. Chem. Soc. Rev., 2013, 42: 2930–2962.

[2] DUAN, P., CAO, H., ZHANG, L., et al. Gelation Induced Supramolecular Chirality: Chirality Transfer, Amplification and Application [J]. Soft Matter, 2014, 10 (30): 5428–5448.

[3] LIU, M., ZHANG, L., WANG, T. Supramolecular Chirality in Self-Assembled Systems [J]. Chem. Rev., 2015, 115 (15): 7304–7397.

[4] XING, P., ZHAO, Y. Controlling Supramolecular Chirality in Multicomponent Self-Assembled Systems [J]. Acc. Chem. Res., 2018, 51 (9): 2324–2334.

[5] OUYANG, G., LIU, M. Self-Assembly of Chiral Supra-Amphiphiles [J]. Materials Chemistry Frontiers, 2020, 4 (1): 155–167.

[6] FORBES, K.A., BRADSHAW, D.S., ANDREWS, D.L. Influence of Chirality on Fluorescence and Resonance Energy Transfer [J]. J. Chem. Phys., 2019, 151 (3) : 034305.

[7] LU, H., WANG, J., XIAO, C., PAN, X., et, al. Spin-Dependent Charge Transport through 2d Chiral Hybrid Lead-Iodide Perovskites [J]. Science Advances, 2019, 5(12): eaay0571.

[8] GARCíA-ETXARRI, A., UGALDE, J.M., SÁENZ, J.J., MUJICA, V., Field-Mediated Chirality Information Transfer in Molecule - Nanoparticle Hybrids [J]. J. Phys. Chem. C, 2020, 124 (2) : 1560-1565.

[9] SEO, J.S., WHANG, D., LEE, H., et, al. A Homochiral Metal - Organic Porous Material for Enantioselective Separation and Catalysis [J]. Nature, 2000, 404: 982-986.

[10] 谢建华，周其林．手性物质创造的昨天、今天和明天．科学通报 [J], 2015, 60[2]: 2679-2696.

[11] CRASSOUS, J. Chiral Transfer in Coordination Complexes: Towards Molecular Materials [J]. Chem. Soc. Rev., 2009, 38: 830-845.

[12] FERINGA, B.L., VAN DELDEN, R.A., KOUMURA, N., et, al. Chiroptical Molecular Switches [J]. Chem. Rev., 2000, 100: 1789-1816.

[13] HAUPERT, L.M., SIMPSON, G.J.. Chirality in Nonlinear Optics [J]. Annu. Rev. Phys. Chem., 2009, 60: 345-365.

[14] GOTTARELLI, G., LENA, S., MASIERO, S., et, al. The Use of Circular Dichroism Spectroscopy for Studying the Chiral Molecular Self-Assembly: An Overview, Chirality [J]. 2008, 20: 471-485.

[15] SADLEJ, J., DOBROWOLSKI, J.C., RODE, J.E.. VCD Spectroscopy as a Novel Probe for Chirality Transfer in Molecular Interactions [J]. Chem. Soc. Rev., 2010, 39: 1478-1488.

[16] CARR, R., EVANS, N.H., PARKER, D.. Lanthanide Complexes as Chiral Probes Exploiting Circularly Polarized Luminescence [J]. Chem. Soc. Rev., 2012, 41: 7673-7686.

[17] XIE, X., SIMON, J.D.. Picosecond Time - Resolved Circular Dichroism Spectroscopy: Experimental Details and Applications [J]. Rev. Sci. Instrum., 1989, 60: 2614-2627.

[18] XIE, X., SIMON, J.D.. Picosecond Circular Dichroism Spectroscopy: A Jones Matrix Analysis [J]. J. Opt. Soc. Am. B: Opt. Phys., 1990, 7: 1673-1684.

[19] FERRONE, F.A., HOPFIELD, J.J., SCHNATTERLY, S.E.. The Measurement of Transient Circular Dichroism: A New Kinetic Technique [J]. Rev. Sci. Instrum., 1974, 45:

1392-1396.

[20] BJORLING, S.C., CHIAN-FAN, Z., FARRENS, D.L., et, al. Time-Resolved Circular Dichroism of Native Oat Phytochrome Photointermediates [J]. J. Am. Chem. Soc., 1992, 114: 4581-4588.

[21] LEWIS, J.W., GOLDBECK, R.A., KLIGER, D.S., et al. Time-Resolved Circular-Dichroism Spectroscopy-Experiment, Theory, and Applications to Biological-Systems [J]. J. Phys. Chem., 1992, 96 (13) : 5243-5254.

[22] CUI T, JIA M, WU P,et al. Development and Application of Ultrafast Circular Dichroism Spectroscopy Techniques[J]. Chinese Journal of Chemical Physics, 2024, 37:1-12.

# 科技资源共享服务的几点思考

万之瑜　蒋珞晨　黄　维　周向阳　何文瑶

（湖北省科技信息研究院，武汉，430071）

**摘要：**科技资源共建共享在我国发展至今，成效卓著。而今，在现有模式下，建设和服务似乎形成定式，存在一些问题。如何提升服务品质，在科技资源支撑国家创新发展方面更上一层楼，笔者结合工作实践，提出自己的思考。

**关键词：**科技资源；共建共享；科技文献；科技服务

2023 年 3 月，中共中央、国务院印发《党和国家机构改革方案》，其中明确，组建中央科技委员会，作为党中央决策议事协调机构。其职能是加强党中央对科技工作的集中统一领导，统筹推进国家创新体系建设和科技体制改革，研究审议国家科技发展重大战略、重大规划、重大改革，统筹解决科技领域战略性、方向性、全局性重大问题，研究确定国家战略科技任务和重大科研项目，统筹布局国家实验室等战略科技力量，统筹协调军民科技融合发展等。[1]

2024 年的政府工作报告提出，加快推动高水平科技自立自强。充分发挥新型举国体制优势，全面提升自主创新能力。强化基础研究系统布局，长期稳定支持一批创新基地、优势团队和重点方向，增强原始创新能力。瞄准国家重大战略需求和产业发展需要，部署实施一批重大科技项目。集成国家战略科技力量、社会创新资源，推进关键核心技术协同攻关，加强颠覆性技术和前沿技术研究。[2]

科技创新体系建设和科技体制改革，发挥新型举国体制优势，全面提升自主创新能力，已经从国家战略开始落到实处。国家的改革重点，科技发展战略方向已经指明了科技资源（此处科技资源以科技文献为例讨论，下同）共享服务的着力点和主战场。

## 1　科技资源共享成绩斐然

作为支撑国家科技创新的基础条件之一，科技资源共建共享及服务，取得了巨大成效，

**作者简介：**万之瑜（1967—　），女，副研究员，研究方向为科技信息；蒋珞晨（1982—　），女，助理研究员，研究方向为科技信息；黄维（1992—　），女，实习研究员，研究方向为科技信息；周向阳（1967—　），男，工程师，研究方向为科技信息；何文瑶（1969—　），女，副研究员，研究方向为科技信息。

仅以湖北省为例，政府支持建设的省级科技信息共享服务平台每年为上万家用户单位提供科技信息共享服务，检索量和全文下载量分别达到千万级和百万级。用户单位涵盖高新技术企业、开发园区、科研院所、政府机构等，建立了包括高校在内的科技资源共建共享支撑体系和省市县（区）三级联动宣传服务体系。不仅为用户节省了大量资源购置费用，更成为省内科技创新不可或缺的支撑平台。

## 2 科技文献服务历史回顾与现状

科技文献服务，作为科技知识传播与共享的重要桥梁，其历史源远流长，承载着人类智慧的结晶与科技进步的轨迹。科技文献服务的形式与内容虽历经变迁，但其核心价值——促进科技知识的积累、传播与创新，始终未变。随着科技发展与进步，科技文献服务方式发生巨大变化，从1956年建立中国科技情报研究所，1958年全国建立各省级科技情报研究所，至互联网出现之前的几十年里，科技文献服务方式是情报研究所收集整理上架各类纸质文献资源，读者到馆查阅。20世纪80年代开始有了国际联机检索，利用电脑连接卫星通信的方式，检索国外数据库。随着计算机及网络技术的发展、普及，国内科技文献数据库早期从中文科技期刊题录数据库，发展为全文数据库，后来维普期刊数据库的推出，数据资源与检索手段不断丰富和完善。数据库和互联网的应用，使得读者到馆查阅文献的方式，转变为用户远程检索和下载文献，科技资源共建共享的条件成熟。

直至1999年CALIS（中国高等教育文献保障系统，主要服务高校），2000年NSTL（国家科技图书文献中心，面向全国服务）这两个全国性的科技资源共享系统启动建设和投入使用，开启了我国科技文献共建共享的全面应用时代。

随着全国各省市相继建设区域科技信息共享服务平台，购买、整合国内现有文献资源，提供给省内用户单位查询，全国性的科技资源共享服务体系基本建成。各省市科技资源共享服务平台资源构成：作为NSTL的地方服务站使用、推广NSTL资源，购买、整合维普、万方、知网、超星等商用数据库，这种模式延续至今。

## 3 存在的问题

CALIS因仅限于高校范围内使用，不对校外公开，这里不讨论。NSTL地方服务站或各省市建立的区域科技资源共享服务平台（以下简称“共享平台”），大多由地方科技主管部门支持，省级科技信息研究院、情报所承担建设和服务，具体又由院（所）内一个部门来承担。因经费、单位性质（一类或二类事业单位）、人员结构等不同，服务工作的动力、手段、成效差异很大。普遍存在的问题大致归纳为以下几方面。

### 3.1 资源建设与用户需求脱节

共享平台在进行资源建设时，通常整合几个数据库商家如维普、万方、知网等提供的综合型数据库，供各类用户单位选择使用，针对用户单位所在行业提供专业资源的极少，使得用户单位除共享平台提供的综合资源外，还需另外订阅其所在行业的专业资源作为补充，因此共享平台只能满足其部分需求。

### 3.2 针对性不强

共享平台通行的做法：为用户单位开通账号，用户即取得使用权限，至于用户单位怎么用，是需要检索文献，还是行业咨询，是更关注前沿科技，还是注重基础研究，是开拓国外市场还是扩大内需，等等，不论用户单位性质和需求，同一种账号一开了之。这种方式可以称为用户单位自助式使用共享服务平台，未能根据用户不同需求提供针对性的服务。

### 3.3 服务深度不够，没有直击痛点

除利用共享平台现有资源提供上述自助式使用外，需要共享平台人员参与，或需要协调其他部门或单位共同完成的，用户单位个性化需求或定制的，可以称为提供情报产品的服务，共享平台参与不够。

### 3.4 经济效益压力大

共享平台由二类事业单位承担建设与服务的，往往需要考虑经济效益，在二类事业单位，这个本无可厚非。但考虑到人的精力有限，如果经济指标压力过大，会影响人对事物的分析和思考，从而影响服务的广度扩展和深度挖掘。服务质量提不高，反过来影响自身发展。

### 3.5 缺乏跟踪服务

随着网络及数据库检索技术的发展，终端用户使用科技资源越来越便利，与资源建设方的交流却是越来越少，双方缺乏有效沟通。多数情况下，共享平台仅为用户单位开通账号，来年到期再续费，平常与用户单位沟通不够，更没有对用户单位的使用情况做详细统计分析。不了解用户单位的使用情况，就不了解用户单位的信息需求，更无法提供有针对性、有深度、有附加值的产品与服务。

### 3.6 服务内容单一，整体优势没有发挥出来

共享平台的建设与服务不是一个部门的事情，而是一个部门具体负责承担，并协调多部门，跨单位，跨行业，跨地区的全链条服务。一个部门几个人的能力毕竟有限，缺乏有效合作，影响到共享平台提供产品的多元化。

### 3.7 资源整合缺乏灵活性，无法提供定制服务

共享平台面对的是各行各业，用户单位需求也多种多样，用户需求可能包括但不限于平台现有资源，如特定行业或专业的专业资源，现行服务方式缺乏搭积木式的资源定制，从而无法最大限度通过共享平台一站式满足用户需求。

### 3.8 一类单位主动服务的动力不足，二类单位创收压力大

由一类事业单位承建的共享平台，因体制机制限制，出现如激励机制不足、服务意识淡薄、资源分配不均等问题，导致平台主动服务的动力不足，严重制约科技信息共享服务效果。由二类事业单位承建的共享平台，体制机制相对灵活，但与商业数据库相比体制机制还是不够开放，导致其市场竞争力和创新能力不足，而过大的创收压力也严重影响科技信息共享服务的广度与深度。

## 4 几点思考

按照中央部署和政府工作报告提出的方向，就科技资源共享服务平台更好地发挥作用，为科技创新服务，笔者提出几点思考，供讨论。

### 4.1 提高重视程度

从前述历史回顾可以看到，科技资源共享服务平台的建设与服务是国家赋予信息研究服务机构的职责，是立地之基，也是这类机构应承担的社会责任。主管部门应予以充分重视其在推进国家创新体系建设和科技体制改革，构建支持全面创新体制机制，提升国家创新体系整体效能，深入实施科教兴国战略、人才强国战略、创新驱动发展战略，所承担的基础支撑地位和作用。

### 4.2 突出重点

2024年政府工作报告提出，要充分发挥新型举国体制优势，长期稳定支持一批创新基地、优势团队和重点方向，增强原始创新能力。科技资源共享服务平台要把该政策落到实处，结合本地区重大发展战略，深入研究重点行业领域，重点发展方向，龙头企业，优势团队等，列出清单，长期重点跟踪服务。

### 4.3 深度调研用户需求

当前以新能源、AI等为代表的新一轮技术浪潮正在重塑产业结构与商业生态，用户单位的资源需求会随之发生变化。对用户需求的精准把握才能在资源建设上有的放矢。用户需求调研不宜仅使用调查表走过场，应走访、座谈，深入到科研一线人员。

### 4.4 提供会员制打包服务

会员制的目的是吸引和锁定用户，打包服务是满足用户各类需求。例如，凡成为共享平台会员，可以赠送培训、查新检索、优先发表论文、成果评定、专利申请、项目咨询、研究报告、市场分析等服务内容。对重点服务单位、团队等，因提供的服务内容及深度不同，可以酌情收取较高费用。寓经济效益于服务之中，服务工作做到位了，经济效益水到渠成。

### 4.5 资源定制

在资源建设时，除综合数据库外，通过调研可以考虑增加本地区重点行业、重要用户所需的专业资源，如某行业的专业数据库及资源网站链接，为重要用户定制资源平台专属页面，将该用户单位使用的主要资源集成整合，一站式呈现，由共享平台负责运行维护，既为用户提供了定制服务，又成为用户依托的资源提供方。

### 4.6 跟踪服务效果

用户单位对共享服务平台资源使用情况，应及时跟踪分析，发现用户单位使用量较大的资源类型，以及具体学科领域，并挖掘该学科领域的相关信息，反馈给用户单位，争取获得进一步深度合作。也可通过分析发现共享平台资源的不足，加以补充。在平台与用户单位之间形成正向促进。

### 4.7 研究国家产业政策及政策调整，主动挖掘用户需求

积极跟踪国家相关政策，主动挖掘用户需求，为其提供更加专业的科技信息咨询服务。例如，为了进一步加强光伏制造行业管理，促进行业高质量发展，工信部出台《光伏制造行业规范条件》，其中提出光伏制造企业应具有应用于主营业务并实现产业化的核心专利，研发生产的产品应符合知识产权保护方面的法律规定，且近三年未出现侵权行为的要求，鼓励企业按照《企业知识产权合规管理体系要求》完善相关体系建设。这个政策变化，对光伏制造企业来说，技术专利和知识产权保护成为必备条件。共享资源平台可以抓住机会，主动出击，联系相关企业，洽谈合作事宜，如提供专利知识培训，专利申请代理，知识产权保护体系建设咨询等服务。

### 4.8 提供与商用数据商的差异化服务

共享平台整合了主要商用数据库的资源，与商用数据库服务商，一方面是合作关系，另一方面也是竞争关系，用户单位可以选择使用共享平台的资源，也可以选择使用商用数据库资源。竞争的就是资源和服务，当然也有价格因素。共享平台拥有政府背书、资源集成、价格低廉等优势，也存在网络稳定性、系统易用性、品牌号召力等弱项。共享平台应发扬自身优势，在合作基础上避免恶性竞争，提供基于资源之上的附加增值服务，与商用数据库形成差异，提供不可替代的信息产品与服务。

### 4.9 服务队伍培养

共享平台服务队伍的培养至关重要。平台提供的是科技情报产品，按照情报学定义，情报是经过加工的信息，那么，共享平台的服务队伍，应该是具备信息加工能力的情报人，应具有敏感的信息鉴别与获取能力，良好的沟通表达能力，情报产品加工的组织协调能力，新知识新理念的学习能力等，平台应围绕这些方面，重点打造一支具备高度专业素养、强

大执行力和良好沟通能力的服务队伍。

### 4.10 建立合作机制，充分利用外脑

共享平台通常由一个部门负责建设、维护、服务，人员配备有限，对有些用户需求可能力不从心，可以借助外脑，建立跨部门，跨单位，跨区域的合作网络，产品与服务外包，把短板劣势变为长板优势，提升平台竞争力和创新能力。

### 4.11 不忘初心，守土有责

作为科技创新的基础支撑条件之一，科技情报服务经过几代人几十年的发展，提供的产品、服务的手段和方式都发生了深刻的变化，面对全新的内外环境、大争之世，资源共享服务平台在压力和挑战面前，要尽心尽力，为国家发展战略，地区科技创新出谋献策，做好支撑。

党的二十届三中全会提出，我们面对着新一轮科技革命和产业变革，要构建支持全面创新体制机制。在市场机制下，如何保障政府投入，更多地尊重科技创新的规律，然后去推动这种创新。科技资源共享平台建设与服务，该集中的应适当集中，可以深化和升华的，应大胆尝试，探索实践，不能把有限的科技资源“撒胡椒面”。要进一步整合高校、科研院所、政府机构、企业等各方面资源要素形成合力，针对科技创新全链条提供服务。

## 参考文献

[1] 中共中央、国务院.党和国家机构改革方案[EB/OL].(2023-03-16)[2024-07-24]. https://www.gov.cn/gongbao/content/2023/content_5748649.html.

[2] 国务院.政府工作报告[R].北京：国务院，2024.

# 科技共享信息化促新质生产力初探

姜 鲲 刘聪林 马晓璐

（湖北省科技信息研究院科技资源共享促进中心，武汉，430071）

**摘要：**新质生产力对社会发展起着积极推进作用。本文就科技共享信息化是推动新质生产力发展的关键因素展开综合评述，在分析科技共享信息化与新质生产力两者关系上，阐释科技共享信息化的内涵与特征，由于信息化技术不断更新，科技共享促进了新业态、新模式不断涌现，为科技创新注入了强劲动力，促进新质生产力不断提升，经济社会发展日新月异。

**关键词：**科技共享；信息化；新质生产力

## 引言

21 世纪的今天，我们已进入高度信息化时代，科技共享与信息化技术已深度渗透到社会经济发展的各个环节，成为社会主义现代化建设的重要力量。随着互联网技术、大数据、人工智能等高新技术的飞速发展，科技资源的共享不再局限于传统的物理空间，而是借助信息化手段，实现了跨地区、跨领域的深度融合与高效利用。这一变革不仅极大地提升了科技资源的利用效率，还为新质生产力的孕育与发展提供了肥沃的土壤。本文将从科技共享与信息化的含义及关系、科技共享信息化与新质生产力两者之间的关系、应用实践以及未来展望等四个方面，探讨科技共享信息化如何促进新质生产力的发展。

## 1　科技共享信息化的含义

科技共享信息化是指将科技资源通过现代化信息化手段的处理，经过深度挖掘、加工并通过共享机制进行知识分享、信息交互从而达到广泛运用的动态过程。这一过程有助于提高科技资源的使用频率、促进科技创新的发展、降低创新成本，提升新质生产力，对推动经济社会发展具有深远意义。

---

**作者简介：**姜鲲（1972—　）女，副研究员，研究方向为科技信息管理；刘聪林（1984—　），女，助理研究员，研究方向为实验动物信息化；马晓璐（1986—　），女，助理研究员，研究方向为科技信息管理。

### 1.1 科技共享信息化特点

信息化技术的应用：利用互联网、大数据、云计算等现代信息技术，对科技资源进行数字化、网络化和智能化的处理。这一方式不仅改变了信息的获取、传递、处理和应用模式，而且共享范围更广、传播速度更快。

科技资源的数字化：将科技资源转换为数字形式，便于存储、传输和处理。可以节省存量空间，降低共享过程中的使用成本。

科技资源共享平台的建立：通过特定功能模块集成建立的科技资源共享平台，具有信息检索、资源自动匹配、在线交流等功能，能够有效促进科技资源的共享利用，减少重复建设，使用者更容易精准获取相关信息。

信息交流与知识共享：在科技共享信息化的过程中，不同的科技创新主体之间可以进行实时的信息交流和知识共享。这有助于大家相互学习、相互借鉴，共同推动科技创新的发展。

### 1.2 科技共享信息化的重要性

通过信息化的手段实现科技资源的共享，能够跨越地域和时间的限制，有效减少资源的闲置与浪费，使更多科技创新主体便捷地获取和利用这些资源。

科技共享信息化为科技创新提供了高效的资源获取渠道，打破了行业间的壁垒，促进了交叉学科的产生，加强了不同领域和行业间的交流合作，这种跨界合作有助于激发创新活力，推动科技创新成果的持续涌现。

通过共享科技资源，可以避免科技创新主体在设备购置、设施建设及科学研发等方面的重复投入，进而降低科技创新成本，促进财务稳健。

科技共享信息化凭借其独特的传播特性和广泛的来源方式，有助于提升经济增长质量，推动经济社会的全面发展。

## 2 科技共享信息化与新质生产力的关系

2023 年 9 月，习近平总书记在黑龙江考察调研期间首次提到“新质生产力”。新质生产力是创新起主导作用，摆脱传统经济增长方式、生产力发展路径，具有高科技、高效能、高质量特征，符合新发展理念的先进生产力质态。科技共享信息化在新质生产力的发展中发挥着至关重要的作用[1]。

### 2.1 科技共享信息化对新质生产力的推动作用

科技共享信息化通过构建开放、共享的科技资源和信息平台，采用数据共享、设施共享等手段，实现了科技资源在更广泛范围内的优化配置和高效利用。既降低了科技创新的门槛和成本，加速了新技术、新模式的研发和应用；又避免资源的重复建设和浪费，提高全要素生产率，为新质生产力的发展提供有力支撑；而且有助于激发创新活力，推动技术革命性突破，从而催生新质生产力。

科技共享信息化加速了产业结构的深度转型升级，促进了传统产业与新兴产业的深度融合与发展。通过引入新技术、新模式，共享先进的技术成果和研发经验，企业可以更加快速地掌握行业前沿动态和技术趋势，从而制定更加科学合理的发展战略和转型升级方案。此外，信息化手段还助力企业实现生产过程的智能化、自动化和精细化管理，提升了生产效率和产品质量，降低了生产成本和能耗。这些都有助于企业增强市场竞争力，实现可持续发展。传统产业得以焕发新的生机和活力，同时新兴产业也得以快速成长壮大，共同推动新质生产力的形成和发展。2024 年一季度，全国规模以上工业增加值同比增长 6.1%，其中高技术制造业增加值增长 7.5%，显著快于工业平均水平。

以湖北省科技资源共享服务平台为例，该平台在 2021 年为全省用户提供了超过 498 万次的下载服务，主要服务于全省高新技术企业、部分企事业单位及科研机构。2022 年，机构用户和个人注册用户共计 15962 个，全省 14560 家高企用户开通了账号。资源平台为用户提供浏览服务 14292575 次，下载 5861098 篇。该平台信息应用的广泛推广产生了显著的社会效益，有效促进了全省科技创新活动的蓬勃发展。

## 2.2　新质生产力对科技共享信息化的需求与推动

新质生产力的发展依赖于海量科技数据的支持，这些数据不仅源自传统的科研机构和企业，还广泛深藏于社会各个角落。这一现状对科技数据的开放与共享提出了更严要求，进而驱动了科技共享信息化的快速发展。随着新质生产力的持续推进，对支撑其发展的信息平台功能与服务水平也提出了更高标准，信息平台只有不断升级与完善功能，才能提供更加精准、高效、便捷的服务，以满足日益增长的用户需求。同时，新质生产力的形成与发展本身就是一个持续创新的过程，它不断吸纳新技术、新模式的融入，这种持续的创新驱动力不仅强化了科技共享信息化的深化发展，还促进了其在更广阔领域内的应用与推广，两者共同推动了社会生产力的整体跃升。

## 2.3　两者之间的相互作用与协同发展

科技共享信息化为新质生产力的发展提供了有力支撑和保障；而新质生产力的发展又推动了科技共享信息化的深化和拓展。两者之间相互促进、共同发展。

在当前全球化和信息化的背景下，科技共享信息化与新质生产力之间的协同发展显得尤为重要。通过加强国际合作与交流，推动科技资源的全球共享和优化配置，可以进一步加速新质生产力的形成和发展，有助于推动科技创新和产业升级，促进全球经济社会的可持续发展。

## 2.4　两者之间存在的问题

在科技共享信息化过程中，信息质量参差不齐的问题较为突出，信息的可靠性和准确性难以保证。部分低质量或错误的信息可能误导用户，造成不必要的损失。

信息共享过程中涉及大量敏感数据和隐私信息，若处理不当或保护措施不足，可能引发信息泄露和网络安全风险。

科技共享需要不同组织和机构之间的紧密协作与配合，但在实际操作中，由于各方利益和目标存在差异，往往难以构建有效的协作机制。

部分科技共享项目在管理机制上存在不足，如缺乏明确的管理规范、责任划分不清等，这些问题导致管理效率低下，资源浪费现象时有发生。

技术门槛是科技共享信息化面临的一个挑战。由于科技共享信息化需要依托先进的技术手段和设备支持，而并非所有用户都具备相应的技术能力和条件，这在一定程度上限制了共享活动的参与度。一旦系统或平台出现故障或瘫痪，将会对科技共享行为产生显著的实质性影响。

## 3　科技共享信息化在推动新质生产力的应用实践中扮演着关键角色

其重要性主要体现在以下几个方面。

### 3.1　提升行业效率与创新能力

科技资源信息化，促使物联网技术不断发展，为智能制造、智慧农业、智慧城市、智慧医疗等新兴领域的创新发展提供了广泛的空间和无限可能性。工业物联网实现生产过程的智能化管理，优化生产流程，降低生产成本，提高了生产效率和产品质量。农业物联网技术实现农作物的精准种植、智能灌溉、精准施肥等，提高农作物产量和品质。智慧医疗的应用，实现了医疗资源的优化配置，海量模型数据帮助医生精准判断病情、制定个性化治疗方案，提高诊疗效率，改善医疗体验。

### 3.2　促进产业升级与深度融合发展

科技信息资源通过数字化、智能化和网络化技术，加速科学知识的发现和创新思维的形成，成为科技创新的重要基础源泉。科研人员可以快速访问和分享最新研究成果，结合生成式人工智能技术，加速知识的积累和传播，推动科研成果的转化和应用。数智化科技信息平台促进科技成果与市场需求的高效对接，加快科技成果产业化进程。同时，数据共享和开放访问机制促进跨学科、跨领域的合作，推动基础研究与工程技术的融合，提高技术研发的针对性和有效性及可持续性。

### 3.3　加强国际合作，促进科技资源共享

构建重大科技基础设施共享服务平台，推动科技资源的开放共享，这有助于打破信息孤岛，促进科研设施、数据和成果的跨部门、跨层级、跨地区汇聚、整合和利用，提高科技资源的利用效率。

在新质生产力的引领下，中国积极参与国际合作与交流，分享在数字领域的创新实践与新质生产力发展的经验。通过推动技术研发、标准制定、数据安全等方面的合作，共同应对全球性挑战，推动构建人类命运共同体。

## 4　科技共享信息化与新质生产力未来发展的路径与策略探讨

随着科技共享信息化的不断深入发展，其对新质生产力的促进作用将越来越显著。面

对未来，科技共享信息化与新质生产力的发展需要采取一系列有效的路径与策略，以推动经济社会的高质量发展。

加强科技信息资源建设：需加大对科技信息资源建设的投资，强化智能网络、一体化大数据中心、高性能计算集群等基础设施建设。

构建完善的科技共享体系：需进一步构建并优化科技共享体系，涵盖加强资源共享平台的建设与管理、完善相关法律法规和政策体系、提升资源共享的效率和安全性等方面。

深化跨学科与跨领域合作：应构建更加开放和包容的合作机制，以促进不同学科和领域之间的深度融合与交流，推动跨学科、跨领域的协同创新与发展。

高效的科技成果转化机制：通过优化科技成果转化流程、加强知识产权保护等措施，提高科技成果的转化效率和成功率。

开发智能科研工具与平台：应利用人工智能、大数据等先进技术，研发更加智能和高效的科研工具与平台，以提供更加便捷和个性化的服务给科研人员。

深化产学研合作：需深化产学研合作机制，促进科技创新与产业创新的深度融合。通过构建产学研协同创新平台，强化科研机构、高校与企业之间的合作与交流，推动科技成果的有效转化与应用。

强化企业创新主体地位：鉴于企业在科技创新与产业创新中的核心地位，需进一步提升其创新主体地位。

强化人才队伍建设：人才是科技创新和新质生产力发展的核心驱动力。

优化创新政策与法律环境：需优化创新政策和法律环境，为科技创新和新质生产力的发展提供坚实的保障。

## 5　结语

综上所述，科技共享信息化与新质生产力是推动经济社会高质量发展的关键力量，科技共享信息化在促进新质生产力发展中发挥着至关重要的作用。通过加速科学发现、优化资源配置、促进跨学科合作、加强科技信息资源建设、深化产学研合作、推动科技成果转化、提升科研人员体验与效率、提升企业创新主体地位、加强人才队伍建设以及优化创新政策和法律环境等方面的工作。通过这些措施的实施，科技共享信息化正不断推动社会经济的持续发展和进步。它们不仅改变了我们的生产方式和生活方式，更为我们创造了一个充满机遇和希望的未来。

## 参考文献

[1] 常萌，王嫄，王革平．以新型综合性人才队伍建设助力新质生产力发展 [J]. 中国工程咨询，2024（6）：102-105.

# 科技图书馆策办主题文献展的思考

## ——以中国科学院武汉文献情报中心优秀科学家文献展为例

邓 兵 刘 毅

（中国科学院武汉文献情报中心科学传播与文献服务部，武汉，430071）

**摘要：**本文通过分析科技图书馆策办主题文献展现状和问题，研究探索科技图书馆创新服务的新形式。主题文献展服务不仅能够展示和利用丰富的馆藏资源，还能促进学术交流和知识传播。同时此项服务是一项较复杂的协同工作，需要图书馆工作人员、策展人、设计师、技术团队等多方面团队的合作，经过精心策划后方可实施。主题文献展将可以成为图书馆创新服务的一大亮点，为读者带来知识和文化的享受。

**关键词：**科技图书馆；展览；文献；利用；文献服务；创新服务

## 1 中国科学院武汉文献情报中心优秀科学家文献展简介

### 1.1 中国科学院武汉文献情报中心优秀科学家文献展介绍

中国科学院武汉文献情报中心从 2021 年开始探索利用图书馆资源开展弘扬科学家精神的主题文献展活动，该活动得到周边科研单位支持，开启了以展示身边优秀科学家文献为主线的文献展活动。活动通过不断挖掘图书馆收藏的相关文献，重点展示科学家的研究成果；其次是展示公开的照片、手迹、使用的物品等，使得在观展中更加贴近了解科学家的科研、学习和生活；展览活动还通过收集对科学家的故事，展现科学家成长经历和优秀精神品质。

主题文献展举办主要目的是普及科学知识，提高公众的科学素质，揭示文明成果、弘扬时代精神。文献展工作还可以培养公众的科学精神，使他们热爱科学，尊重科学，从而推动社会的创新和进步。

### 1.2 明确文献展的服务定位

科技图书馆主题文献展工作在图书馆服务实践中具有重要意义。首先，主题文献展工作可以丰富图书馆的服务内容，提高图书馆的吸引力。通过主题文献展活动，图书馆可以

---

**作者简介：**邓兵（1966— ），男，馆员，研究方向为文献服务；刘毅（1972— ），男，副研究馆员，研究方向为科学传播。

为读者提供更多元化的知识服务，满足读者日益增长的知识需求。其次，主题文献展工作可以提高图书馆的社会影响力。图书馆主题文献展工作可以让更多的人了解文化主题故事和科学知识，培养科学素养，从而提高图书馆在社会中的地位和影响力。在科技图书馆主题文献展工作中，也存在一些问题和挑战。例如，主题文献展工作的开展往往面临资金和人力资源不足的问题。此外，主题文献展工作的效果评估也是一个难题。如何科学合理地评估主题文献展工作的效果，以提高主题文献展工作的针对性和有效性，是图书馆工作者需要面对的挑战。科技图书馆应当加大主题文献展工作的资金投入，提高主题文献展工作的经费保障。其次，图书馆应当建立完善工作评估机制，科学合理地评估主题文献展工作的效果。此外，图书馆还应当加强与主题文献展工作者的合作，共同推动主题文献展工作的开展。

## 2 主题文献展的选题与布展服务的思考

### 2.1 图书馆策办主题文献展工作方法的现状

科技图书馆策办主题文献展是一种展示图书馆资源、推广专业领域知识、促进学术交流的有效方式。在当前图书馆主题文献展工作中，主要应用了文献研究法、案例分析法和实证研究法。

文献研究法主要是对相关的书籍、期刊、报纸、网络文章等进行深入阅读和理解，以获取和理解主题文献展工作的基本理论和实践。通过阅读和理解这些文献，我们可以了解到主题文献展工作的基本概念、主要理论和实践方法，为后续的案例分析和实证研究提供理论基础。

案例分析法是通过对具体案例的深入分析和研究，来探讨主题文献展工作的策略和方法。我们分析专业图书馆主题文献展工作的实际案例，通过对这些案例的深入分析，总结出主题文献展工作的有效策略和方法。例如，我们可以看到图书馆在主题文献展工作中，通过设立科普主题书架、推荐导读书目、开展科技咨询服务等方式，提高了主题文献展工作的针对性和有效性。

实证研究法是通过实际操作和数据收集，来验证和检验科普工作策略和方法的有效性。通过实际调查和数据收集，验证了图书馆主题文献展工作策略和方法的有效性。

### 2.2 主题文献展工作中的主要问题

主题文献展工作在科技图书馆中得到了一定程度的重视。随着科技的发展，图书馆作为知识宝库，其主题文献展工作的重要性日益凸显。图书馆通过各种方式开展主题文献展工作，如设置科普图书专区、开展科普讲座、举办科普展览等旨在提高公众的科学素养，推动科技创新。

然而，主题文献展工作在图书馆中也存在一些问题。首先，主题文献展的资源不足。

尽管图书馆拥有大量的主题文献展图书，但这些图书往往集中在自然科学、工程技术等领域，对于人文社会科学、健康生活等方面的主题文献展资源相对较少。此外，许多主题文献展图书的更新速度较慢，难以满足读者日益增长的知识需求。其次，主题文献展的活动模式缺乏创新。图书馆的主题文献展活动通常以讲座、展览等形式进行，这些活动形式相对单一，容易引起读者的审美疲劳。此外，科普活动的内容也较为传统，缺乏针对性和时代性。最后，主题文献展的管理与服务不完善。图书馆的主题文献展服务主要针对图书馆内的读者，对于周边社区和公众的科学普及工作不够重视。此外，图书馆的主题文献展服务缺乏与科技企业的合作，无法充分利用科技企业的科普资源。

### 2.3 主题文献展工作对提升图书馆服务质量的影响

主题文献展工作对提升图书馆服务质量的影响主要体现在以下几个方面：

首先，主题文献展工作可以提高图书馆的服务水平。主题文献展工作涉及自然科学和社会科学知识的普及，这需要图书馆具备一定的专业知识和服务能力。通过主题文献展工作，图书馆可以提高自身对主题文献的知识的理解和掌握，从而在服务过程中能够更好地满足读者的需求，提高图书馆的服务质量。

其次，主题文献展工作可以提升图书馆在公众中的口碑。主题文献展工作为图书馆服务社会的重要方式，通过主题文献展活动，图书馆可以增强与公众的联系和互动，提高公众对图书馆的认可度和满意度。这有助于提升图书馆在公众中的口碑，吸引更多的读者前来使用图书馆资源。

再次，主题文献展工作可以促进图书馆资源的合理利用。主题文献展工作涉及各类科学知识的普及，这需要图书馆具备丰富的文献信息资源。通过开展主题文献展工作，图书馆可以更好地挖掘和利用自身的文献信息资源，提高图书馆资源的利用率。

## 3 建议

### 3.1 完善文献展资源的分类与建设、不断提高素材质量

建立文献展资源库是图书馆展览工作中非常重要的一个环节，它不仅能够丰富文献展资源的种类，提高展览资源的质量，还能更好地满足公众的科学文化需求。因此，建立文献展资源库，丰富展览资源种类，提高展览资源的质量，是图书馆展览工作的重要策略之一。

首先，建立文献展资源库需要有明确的策略。这个策略应该包括展览资源的选择、整理、存储、管理等方面的内容。在选择展览资源时，应该根据公众的需求和图书馆的资源状况，选择那些具有科学性、趣味性、实用性的资源。在整理和存储展览资源时，应该保证资源的完整性和准确性，以便公众能够方便地获取和使用。在管理展览资源时，应该建立一套科学的管理机制，保证资源的合理利用和保护。

其次，丰富文献展资源种类是建立文献展资源库的重要任务。文献展资源种类丰富，才能满足公众多样化的需求。因此，图书馆应该根据公众的需求，增加科普资源的种类。比如，可以增加生活百科、科学实验、工程技术等方面的科普资源。这些科普资源不仅具有科学性，还具有趣味性和实用性，能够吸引更多的公众关注和参与。

### 3.2　重视文献展活动的策划和组织的主题

科技图书馆文献展活动的策划与组织策略，是提高展览活动效果的关键。在策划展览活动时，需要结合图书馆的特点和公众需求，以策划和组织具有针对性的展览活动为目标。

首先，图书馆文献展活动的策划与组织应注重展览内容的针对性和丰富性。由于普通民众来自各行各业，涉及不同领域，因此，与之相关的科普教育活动需要重视内容的丰富性。图书馆应从不同领域出发，组织不同内容的展览教育活动。例如，图书馆可以组织以农业科技为主题的展览活动，向公众介绍现代农业技术的发展和应用，帮助公众了解现代农业的发展趋势。同时，图书馆也可以组织以环保为主题的展览活动，向公众介绍环保知识，提高公众的环保意识。

其次，图书馆文献展活动的策划与组织应注重活动的创新性。随着互联网技术的发展，图书馆可以利用互联网技术，如开发图书馆展览 App，设立微信公众号、直播等，提高展览活动的影响力。此外，图书馆还可以在线向公众展示国家最新科研成果、现代科技，使更多公众感受到科技的神奇与魅力，感受到我国科学技术的进步，进而关注我国科技事业的发展。

### 3.3　重视文献展活动的创新设计

文献展活动创新策略与提高实效性是一个值得深入探讨的话题。当前，图书馆文献展活动工作面临的问题和挑战主要表现在服务方式单一、展览活动内容更新不及时、展览活动资源利用不充分等方面。因此，如何创新展览活动服务方式，提高展览活动的实效性，成了图书馆展览活动工作的一项重要任务。

首先，图书馆应该充分利用互联网、移动设备等新兴技术，拓宽展览活动的渠道。例如，可以利用社交媒体平台进行科普内容的推送，提高展览活动信息的传播速度和覆盖面；利用虚拟现实技术，为用户提供更加直观、生动的科学实验和模拟场景，增强展览活动的趣味性和互动性。

其次，图书馆应该根据不同读者的需求，提供个性化的展览活动。例如，可以针对学生的学习需求，提供学科相关的科普读物推荐；针对老年人的健康需求，提供健康养生、疾病预防等方面的科普知识；针对企业的生产经营需求，提供市场分析、管理策略等方面的展览活动信息。

再次，图书馆应该加强与其他科普机构的合作，共享科普资源。例如，可以与其他科普馆、科技馆、博物馆等机构进行合作，共享科普展览、科学实验、文化活动等资源；可以与其他图书馆、信息服务机构进行合作，共享展览活动文献、数据库、电子书等资源。

### 3.4 重视文献展活动宣传与推广

文献展活动宣传与推广策略是提升公众对图书馆文献展活动工作认知度的重要手段。为了实现这一目标，我们需要充分利用各种渠道和手段，加大展览活动宣传和推广力度。

具体策略可以从以下几个方面进行：首先，重视版权问题，确保所有展出的资料都已获得适当的版权许可，避免侵权问题。建立展览活动宣传渠道，提高展览活动信息的传播效率。利用广播、电视、报纸、杂志、网络等多种媒介，将展览活动知识传播给广大公众。特别是要关注新媒体的发展，如微信、微博、抖音等，通过这些平台可以更快速、更广泛地传播信息。其次，重视教育价值的体现，强调文献展的教育价值，特别是对于学生和年轻学者，激发他们的学习兴趣和研究热情。举办展览活动，提高公众参与展览活动的积极性。组织各类展览活动讲座、展览、竞赛等活动，吸引公众尤其是青少年参与。通过这些活动，可以提高公众对展览活动的兴趣，增强展览活动宣传的影响力。再者，强调有学术支持，邀请专家学者参与策展，提供学术指导，确保文献展内容的权威性和专业性。利用图书馆、博物馆等公共设施，提供展览活动资源。图书馆可以设立专门的展览活动区间，提供图书、期刊、报纸等资源。博物馆可以设置展览活动展览，展示科学发展的历程和科技成果。

## 参考文献


[1] 吴彬，徐天士，丁敏娇 . 科技期刊增强科普功能建设面临的问题与路径思考 [J] . 编辑学报，2019.31（5）: 556-559.

[2] 陈俊安 . 关于图书馆开展科普工作的几点思考 [J] . 祖国，2018.（19）: 130-131.

[3] 张鑫培 . 科技馆开展科普研学的探索与思考 [J] . 科技中国，2022.（6）: 95-98.

[4] 冯俊蓉 . 关于公共图书馆科普宣传工作的几点思考[J]. 图书馆工作与研究，2011.(3): 100-102.

[5] 吕联钟 . 迈向图书馆科学研究新时代——谈图书馆实际工作者科学研究问题 [J] . 晋图学刊，2000.（2）: 14-17.

[6] 牛育芳 . 公共图书馆科普阅读推广社群合作模式初探[C]. 社会科学文献出版社(SOCIAL SCIENCES ACADEMIC PRESS(CHINA)), 202111-19+542.

[7] 汪晓莉，杨宝青 . 新环境下公共图书馆做好科普工作的几点认识 [J] . 学理论，2013.(30): 202-206.

[8] 李长安 . 加强我国科普工作 提高全民科学素养 [J] . 世纪行，2013.（3）: 12-13.

[9] 梁瀚予 . 图书馆科普专业化服务研究 [J] . 产业与科技论坛，2020.19（18）：232-233.
[10] 经京，童熠陵 . 公共图书馆少年儿童科普阅读推广的创新与实践——以常州市图书馆“小灯塔科普悦读会”为例 [J] . 新世纪图书馆，2023.（6）：15-18，50.
[11] 谢海瑛 . 公共管理视角下对科学技术普及的分析与思考 [J] . 贵州气象，2014.（5）：56-59.
[12] 陈晓艳，秦学 . 关于科普工作的几点思考 [J] . 经济研究导刊，2009.（10）：136-137.
[13] 李国娟 . 新形势下图书馆科普活动创新思考 [J] . 科技视界，2018.（4）：44-45.
[14] 闫春青 . 素质教育背景下图书馆科普教育模式探析 [J] . 新课程研究，2022.（29）：105-107.
[15] 高晋蜀 . 大学图书馆开展科普教育活动的探索与思考 [J] . 科协论坛，2018.（9）：41-42.
[16] 竹安珉 . 图书馆引导少儿爱科学的策略思考 [J] . 传媒论坛，2018.1（23）：138-139.
[17] 董泓麟，郑诗雨 . 科普讲座在科技博物馆中的现状分析及发展思考 [C] . 中国科普理论与实践探索——第二十六届全国科普论研讨会论文集，2019：549-562.
[18] 武利红，周洁，张丝雨 . 公共图书馆科普阅读推广服务现状与对策研究[J]. 河南科技，2022.41（9）：140-143.
[19] 于亚军 . 社区科普工作存在的问题及对篑 [J] . 科协论坛，2014（3）：22-23.
[20] 程晖 . 浅谈当前科普档案工作中存在的问题与对策 [J] . 办公室业务，2013.（22）：120，170.
[21] 郑念 . 我国科普人才队伍存在的问题及对策研究 [J] . 科普研究，2009（2）：19-29.
[22] 成吉，李思尧 . 大科普背景下科技类出版社科普出版模式创新思考 [J] . 出版广角，2022.（22）：38-43.
[23] 应悦，徐基田 . 近四十年我国图书馆科普研究热点和演进趋势 [J] . 图书馆学刊，2023.45（7）：98-104.
[24] 许洁 . 党的十九大以来我国科技出版发展趋势及研究思考 [J] . 编辑之友，2022.（4）：20-27.

# 新科研范式下科技文献需求研究及共享服务建议

王 茜 黄 鹏 樊宇航

（上海市研发公共服务平台管理中心，上海，200235）

**摘要：** 科学研究范式变革为科技文献知识服务带来了新机遇，也提出新需求和新任务。本文通过问卷调研，聚焦新时期科研人员在知识发现与获取需求方面的新特点、新趋势，发现一是科研人员对于外文文献需求依然非常旺盛；二是随着知识素养和能力的提升，科研人员对前沿知识的关注更加迫切；三是高质量文献资源分散、知识服务平台供给质效不高依然是科研人员面临的主要难题，为此本文从资源整合、平台建设、技术赋能等方面针对性地提出对策建议，进一步促进区域内科技文献资源的共建共享，加速知识传播与合作创新，全面提升科研竞争力和创新策源能力。

**关键词：** 科技文献；用户需求；问卷调研

## 引言

科技文献表达科学机理、揭示科研规律，是科学知识信息交流的主要载体，是支撑科技进步和技术创新的基础战略资源[1]。科研人员在开展科学研究过程中，所花费在科技文献上的时间占全部科研时间的51%[3]，只有高效精准地利用科技文献资源，才能避免低水平的重复研究，提高创新绩效[2]。为此亟须深入了解当下科研工作者知识获取的痛点和难点，建立有效的信息获取渠道、提高知识管理和整合的效率，优化科技创新生态，辅助前沿科技研究颠覆性突破，支撑重点产业创新能级提升。

## 1 科技文献知识服务研究现状

国家层面，孙坦等[5]认为我国已建成多个大型科技文献资源体系并形成稳定的国家科技文献保障能力，包括全国性科技文献资源体系、高校联盟型科技文献资源体系、专业系

---

**作者简介：** 王茜（1984— ），女，副研究员，研究方向为科技资源管理与科技人才研究；黄鹏（1973— ），男，副主任，研究方向为科技资源管理；樊宇航（1996— ），男，助理研究员，研究方向为情报分析。

**基金项目：** 国家科技基础条件平台中心委托课题（2023WT26）。

统型科技文献资源体系和商业型科技文献资源体系四大体系。曹晶等[6]针对上述几个资源平台，从平台质量、实用价值、用户期望确认和感知绩效统计分析用户对平台保障的满意程度。曾建勋[7]则聚焦国家公益性科技文献资源服务，指出我国开放科学进展缓慢限制了科技文献公益服务效率，科技文献保障不平衡不充分问题依然突出。

地方层面，陈瑞等[8]分析湖北省科技资源共享服务的现状与难点，研究基于微服务架构的科技资源共享服务平台建设优势，提出平台建设框架及优化构思。葛永军等[9]基于山东济宁市科技文献服务的调查，指出省市共建的地方科技文献服务模式可以助力企业科技创新。此外像深圳[10]、吉林[11]等省市，都强调了科技文献资源智慧化和数字化是未来重要趋势，需要不断创新服务模式，来提升科技文献资源的使用体验和服务效能。

上述研究均从宏观角度聚焦资源体系、建设框架和服务模式，缺乏对于新科研范式下用户对于科技文献资源的微观需求分析。本文将通过调查问卷和实地访谈两种方式，研究新时期上海科研院所和中小企业用户使用科技文献的需求特点。以用户需求为导向，为提升科技文献知识服务效能和文献资源开放共享水平提出思路建议。

## 2 科技文献资源用户需求调研

### 2.1 用户对象

科技文献资源作为重要的科技基础条件资源，支持着科研工作者的自主创新和技术升级。科研院所内的科研人员，聚焦基础科学，追踪前沿热点，利用科技文献深化理论认识，开展原始创新和颠覆性研究，推动学科交叉与融合发展。企业内的科研人员，通过科技文献了解行业发展、技术布局和前沿技术态势，推动技术成果转化，从而实现产品创新，提升企业竞争力。正是这些内在需求驱动，使得科研院所和企业内的科研工作者成了科技文献资源主要的用户群体。

### 2.2 问卷设计

调研问卷旨在深入了解新时期各类科研工作者获取和使用科技文献过程中面临的主要挑战和难题，包括用户信息、获取渠道、资源需求、问题建议四大部分。用户信息涵盖工作单位、工作类型、学历和职称，帮助了解整体用户类型，便于开展用户分层研究；获取渠道主要统计科研工作者目前所使用的主流文献平台和工具，把握整体使用现状；资源需求重点掌握用户在科研过程中所需要的具体文献类型和使用频度，细化文献需求内容；问题建议在于了解用户在使用科技文献资源中各环节可能存在的痛点和障碍，揭示现有文献共享平台的不足。

### 2.3 问卷反馈

问卷发放对象主要为长三角地区的科研院所和企业，共计回收问卷 327 份，剔除填写不规范、不符合分析要求的问卷后，共计有效问卷 320 份，占比为 97.8%，调研结果真实有效。

表 1 展示了调研对象特征分布情况。经统计，机构类型方面，90% 来自中国科学院研究

院所、国家实验室，10% 来自科技型企业。工作类型方面，基础研究人员占 61.88%，科技服务人员与工程技术人员分别占据 13.75% 和 12.5%；学历层次和职称方面，博士研究生和硕士研究生占据 85% 以上，中级以上职称占据 57.5%，均超过了一半。总体而言，调研对象整体为高学历科研工作者，对科技文献资源有较高的使用需求和频率。

**表 1　调研对象信息特征分布情况**

| 人口统计学变量 | | 占比 | 人口统计学变量 | | 占比 |
|---|---|---|---|---|---|
| 机构类型 | 研究院所 | 90.00% | 学历 | 博士研究生 | 50.63% |
| | 国家实验室 | | | 硕士研究生 | 35.00% |
| | 企业 | 10.00% | | 本科生 | 13.75% |
| 工作类型 | 基础科研人员 | 61.88% | | 专科生 | 0.63% |
| | 工程技术人员 | 12.50% | 职称 | 正高级职称 | 10.00% |
| | 科技服务人员 | 13.75% | | 副高级职称 | 21.25% |
| | 战略规划研究人员 | 3.13% | | 中级职称 | 26.25% |
| | 行政管理人员 | 5.63% | | 初级职称 | 16.25% |
| | 其他 | 3.13% | | 其他 | 26.25% |

# 3　调研结果

## 3.1　“跟踪了解最新前沿动态、开拓研究思路”是科研人员使用文献最主要的目的

图 1 展示了调研对象使用科技文献首要解决的问题。本题为排序选择题，图中橙色表示用户选择该问题的比例，蓝色表示该问题作为第一选择的比例。从图中可以发现，93.75% 的调研对象选择了“跟踪了解前沿科研动态”，且有 64.38% 将其作为第一选择，两项指标均排第一。87.5% 的用户选择“开拓研究思路，开展科技创新”这一选项，但其作为第一选择的比例仅有 5%。“寻找最新技术研究方法，解决技术应用问题”“申请科研项目、撰写科研论文需要”作为第一选择的需求比例分别有 15.63% 和 12.50%，排名第二和第三。可见，科研人员在使用科技文献资源时最看重“新”，快速掌握最新前沿动态和外部最新技术不仅是创新的基本前提，也是确保创新活动能够持续、有效地进行的必要条件。而

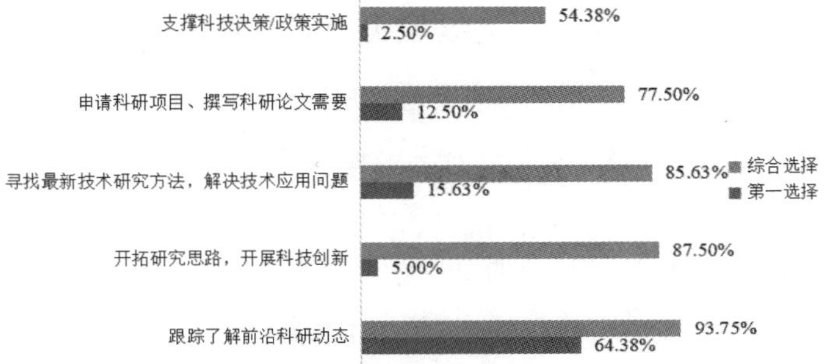


图 1　用户使用科技文献资源首要解决的问题

保持对外部技术和知识更新的敏感性和适应性，对科研人员来说至关重要。

### 3.2 外文文献是获取前沿知识、推动创新的重要资源，用户使用需求最为旺盛

调研问卷将科技文献语种分为外文文献和中文文献，将文献资源类别细分期刊论文、会议论文、学位论文、科技报告、专利文献、标准文献以及产业/行业专题数据库等多种类型，并对科研用户的使用频次进行统计分析，结果如图2。在使用频次上，排在前三的分别是外文期刊文献（82.5%）、国内学位论文（54.38%）、国家标准文献（46.25%）和图书专著（46.25%），其中对外文期刊文献的需求最高，是经常使用超过偶尔使用比例最大的文献类型。外文期刊文献普遍质量较高，可以掌握最新前沿科研动态，能够满足上文提到的众多科研人员的首要需求。此外，各类科技文献的不使用的比例均低于40%，可见科学研究的过程是一个综合运用多种文献工具学习、推理和应用的过程，这些工具和方法对提升研究效率与质量具有重要意义。

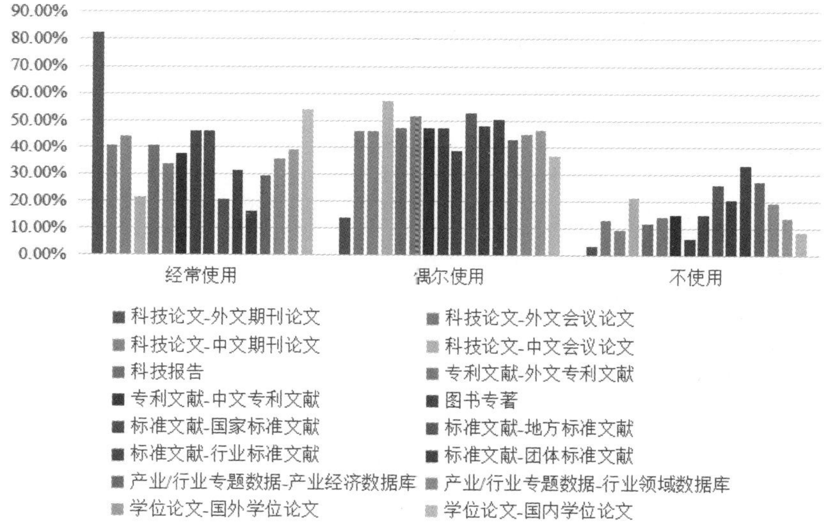


图2 各类型文献资源使用频次情况

### 3.3 专业外文文献数据库是获取科技文献的首要渠道

图3反映了科研用户使用科技文献资源所选择的渠道，蓝色代表使用各渠道选择的比例，橙色代表作为第一选择渠道的比例。可以发现，有86.25%的用户选择且其中65.63%将Elsevier、EBSCO、Wiley、ProQuest等专业外文文献数据库首选渠道。排名第二的是互联网索引文献数据库，如百度学术、谷歌学术等。其丰富的文献资源以及一站式文献检索方式也深得科研用户青睐，但是作为第一选择的比例较低，主要是因为互联网索引文献数据库过于庞大和繁杂，遴选出高质量目标文献需投入巨大的时间成本。科技报告数据库（如

国家科技报告服务系统、尚唯科技报告库等）、专利数据库（如德温特、智慧芽等）、标准文献数据库（国家标准文献共享服务平台、万方标准全文库等）、OA 论文数据库（如DOAJ、SciELO 等）、图书专著数据库（超星、读秀等）、产业 / 行业专题数据库（如国研网、EMIS 全球新兴市场商业数据库、Wind 资讯金融数据库等）这些文献资源选择的人数都在1/3 左右。除此之外，科研用户基于专业领域研究需要也提出了一些特殊的文献资源数据库需求，例如医药魔方、药渡等特色生物医药数据库。

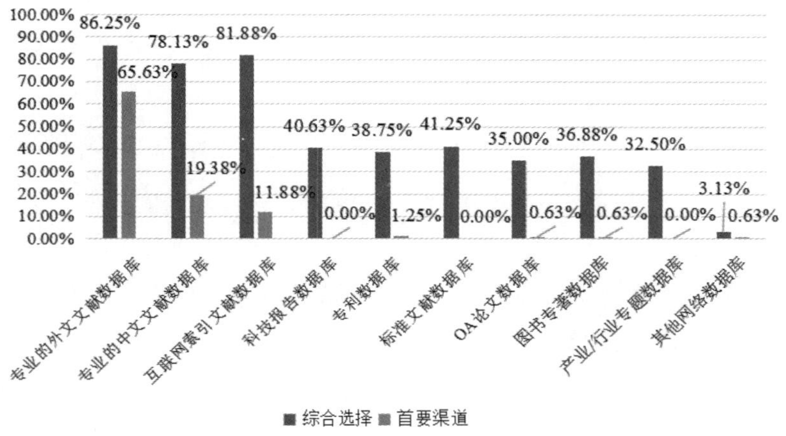


图 3　科研用户使用科技文献资源的首要渠道和综合选择

## 3.4　外文全文获取困难是使用文献资源的主要难题

图 4 展示了科研用户使用科技文献资源过程中遇到的主要问题，全文获取困难或效率太低、资源过于分散选择比例最高，这在一定程度上反映了科研用户对于科研效率的重视。此外，缺乏高效检索工具和检索策略、专业外文文献数据库费用高昂等问题也是科研用户面临的重要难题。

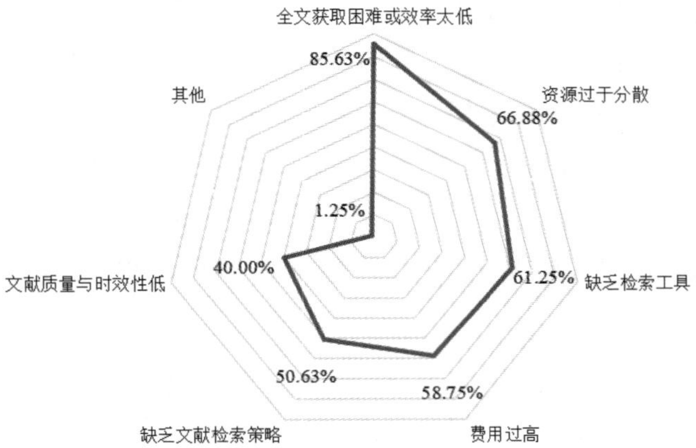


图 4　科研用户使用文献时遇到的问题

# 4 对策建议

## 4.1 整合多源中外文文献资源，实现一站式检索，满足用户多样化需求

科技文献在科学研究的全链条中扮演着至关重要的角色，单一来源或语言的文献成果难以满足新时代科研范式下科研人员的深层次探索需求。通过整合多个来源的中外文文献资源，能够保障用户轻松跨越语言和地域的界限，满足其在不同学科、不同层次研究中对信息的多样化需求。通过构建一站式检索功能，实现对多源文献的高效整合与索引，让科研用户通过单一窗口即可完成从初步探索到深度研究的全过程检索，解决了资源获取困难，来源分散等问题。

## 4.2 关注高质量预印本资源，助力追踪研究热点，挖掘潜在突破性研究方向

鉴于科研用户在使用科技文献时最看重获取新前沿、新动态和新技术，预印本作为新时代科研范式下科研成果快速传播的新渠道，应该受到重点关注，其及时性与开放性为科研人员提供了宝贵的第一手资料，对于加速知识共享、把握学术动态具有不可忽视的作用。通过汇聚筛选各学科领域的高质量预印本文献，确保纳入的预印本内容既新颖又具影响力，帮助科研人员即时追踪到各学科的最新研究成果与研究趋势，评估其潜在的影响力与应用价值。这一举措不仅促进了科学发现的即时交流，也为科研工作者抢占学术先机、深化研究提供了强有力的支持。

## 4.3 建设一流期刊优先发布平台，汇聚国内学术成果，促进学者高端学术交流

研究发现科研用户十分看重外文期刊数据库，甚至有些过分依赖。为积极响应习近平总书记提出的“把论文写在祖国的大地上”的总体要求，避免优秀学术成果“高度外流”，通过与国家重点实验室、新型研发机构、高等院校等创新主体合作，主动发掘办刊需求，搭建与爱思唯尔、施普林格·自然、威立等国际知名的出版机构的合作桥梁，推动国内一流科技期刊建设。与出版商进行系统链接，建设新办刊国内发布平台，保障国内期刊优先在区域内开放共享，方便学者在平台进行学术交流，为交叉合作创新营造良好的学术生态环境。

## 4.4 应用大语言模型，赋能科研全流程，加速知识发现与创新进程

大语言模型具有强大的语义理解和生成能力，将其应用于科技文献资源，能够实现科研流程的全面优化。通过识别自然语言描述的研究问题或兴趣点，跨越词汇差异与表述多样性的障碍，精确筛选出最相关、最具价值的科技文献，助力用户提升了文献检索的效率与准确性。利用大语言模型的生成能力帮助科研人员更高效地筛选关键信息、自动归纳研

究综述和亮点，助力快速了解领域知识脉络，帮助提升科研效率。

## 5 结语

本文针对新时代科研范式下科技文献资源的用户需求，深入分析科研用户在使用科技文献资源时关注的重点和碰到的问题，并提出相应的建议，为长三角建设优质的科技文献资源共享服务，规划实现区域科创资源体系提供实证参考和策略支持。

## 参考文献


[1] 张禄禄．中国和主要极地国家极地科技体制研究及其启示［D］．合肥：中国科学技术大学，2017.

[2] 魏东原，彭志平．面向广东区域科技创新的信息服务实践探索：以广东省科技图书馆为例［J］．数字图书馆论坛，2016（10）：38-43.

[3] 费业昆．信息检索综合教程［M］．北京：中国电力出版社，2013.

[4] PARK M, LEAHEY E, FUNK R J. Papers and patents are becoming less disruptive over time. Nature, 2023, 613: 138-144.

[5] 孙坦，黄永文，张建勇，等．开放科学环境下国家科技文献发展战略研究与展望［J］．图书情报工作,2020,64（14）:3-12.

[6] 曹晶，叶继元，朱强．国家文献信息资源保障平台的用户满意度实证研究［J］．图书馆学研究,2023,（9）:51-61.

[7] 曾建勋．国家公益性学术文献服务平台建设思考［J/OL］．中国图书馆学报,1-19［2024-07-19］.http://kns.cnki.net/kcms/detail/11.2746.G2.20240717.1349.002.html.

[8] 陈瑞，刘延滨，柳丹，等．基于微服务架构的湖北省科技资源共享服务平台建设研究[J].中国科技资源导刊,2021,53（1）:47-53.

[9] 葛永军，黄静，肖宏丽，等．科技文献共享平台对企业创新的影响研究——基于济宁市科技文献服务云平台的调查［J］．中国科技资源导刊,2020,52（6）:85-94.

[10] 侯衡．数字赋能公共图书馆线上服务的实践与思考——以深圳“图书馆之城”为例[J].大学图书情报学刊,2024,42（3）:90-94+102.

[11] 强薇，李剑锋，强璐璐，等．科技文献资源的战略科技力量发挥研究——以吉林省科学技术信息研究所为例［J］．科技创新与生产力,2023,44（12）:32-35.

# 湖北省生物科研资源共享现状及建议

操　媛　邹　飘

（武汉科技大学医学部医学分析测试中心，武汉，430081）

**摘要：**科技资源共享是优化科研配置、提高科研效率、促进科技进步的重要途径。本文从生物实验材料、科研设备及数据与信息共享三个方面，分析了湖北省内生物科技资源共享的现状，并从共享服务平台的建设、管理制度优化和加大宣传推广等方面提供了建议。

**关键词：**生物科技资源；自然资源库；大型仪器；设备共享

## 引言

科技资源共享是指通过一定的方式和途径，将科研实验材料、科研设备、数据信息、人才技术等资源进行共享，以促进科技资源的优化配置、高效利用和创新发展[1, 2]。这种共享模式有助于打破信息孤岛、降低研发成本、提升科研效率，同时推动科技创新和经济社会可持续发展。近年来，国家通过大力推资源库建设、开展共享评价考核工作、制定专项行动方案以及科研资产管理等政策措施，全面推动科技资源的共享和利用。

湖北省作为科教资源大省，有众多高等院校和科研院所。截至 2024 年 3 月，经教育部审批备案的湖北普通高等学院共有 131 所，其中普通本科院校 68 所，高职高专院校 63 所。在 2023 年高等教育评价专业机构软科发布的“世界一流学科排名”中，湖北省有 17 所高校共计 199 个学科上榜，居全国前列。武汉大学、华中农业大学等高校拥有生物学、基础医学、公共卫生与预防医学、畜牧学等 9 个国家“双一流”学科，数量位居全国前列[3, 4]。除此之外，湖北省还拥有数量众多的生物医药企业。截至 2023 年 2 月底，仅武汉市就拥有生物医药企业 1777 家，生物医药产业专利数量达到 7037 个；武汉东湖高新区作为湖北省生物医药产业的龙头，拥有 33 个生物医药领域的国家和省级创新平台。湖北省的生物医药

---

**作者简介：**操媛（1987—　），女，实验师，研究方向为生物医学大型仪器设备管理；邹飘（1994—　），女，实验师，研究方向为生物医学大型仪器设备管理。

**基金项目：**武汉科技大学研究生教育教学改革研究项目（Yjg202438）。

企业不仅数量多，而且分布广泛。这些企业涵盖了生物制品生产、化药生产研发、中药生产研发、医疗器械生产研发等多个领域，形成了较为完整的产业链。

综上，湖北省生命科学学科的科研资源总体情况相当丰富，具有科研平台完善、师资力量雄厚、产学研合作紧密、科研转化成果众多等优势。另一方面，如何将湖北省内高校及各机构的生物科研资源配置成共享开放的有机整体，对提高科研效率与质量、推动科研成果转化、培养高素质科研人才以及促进区域协调发展等方面都具有重要意义。

# 1　湖北省生物科技资源的共享情况及分布

## 1.1　生物种质与实验材料资

生物种质与实验材料是科学研究的研究对象、基本工具和重要组成，其内容涵盖：动植物种质资源、微生物种质资源、生物标本、实验动物、实验细胞等材料资源，是科学工作正常开展和科技研究创新的重要物质基础。因此，生物种质与实验材料资源的保存、开发、扩展和共享使用对于科技和创新发展至关重要[5]。为推动科技资源向社会开放共享，2019 年科技部、财政部对原有国家科技资源平台开展了优化调整工作，形成的了 30 个国家生物种质与实验材料资源库[6]。其中依托中国科学院武汉分院建设的国家级资源库有 2 家，分别是：依托中国科学院水生生物研究所建设的国家水生生物种质资源库，依托中国科学院武汉病毒研究所建设的国家病毒资源库。截至 2023 年底，湖北省承担科技生物种质和实验材料资源库保藏机构约为 25 家（表 1），在植物种质资源领域内已经建成 16 个植物种质资源；在动物种质资源领域内，除国家级斑马鱼资源中心平台外，另有 3 家省级特色动物种质自然资源库；在微生物菌种资源领域内，建立了省级工业微生物菌种保藏中心、微生物菌种（病毒）资源库，微生物菌种及细胞资源数据库等。由此可见，湖北省在生物种质与实验材料资源库的建设方面取得了较好的进展，形成了一批具有区域特色、质量稳定且开放共享的重要资源库。据调查发现，国家级资源库网站建设均非常全面规范，以依托武汉大学建设的中国的典型培养物保藏中心为例，用户登录网站后，可快捷检索到所需细胞的物种信息、来源、培养基信息、价格等，服务、收费标准均有清楚明显的展示。这对于需要此类资源开展科研工作者十分便捷高效。但大多数湖北省级资源库的信息化网络建设工作不够理想，基本上很难找到网络入口，更不能检索到有效信息。

除种质资源库外，湖北省还有大量可供应生物实验材料，例如实验动物、实验细胞、实验菌种的单位或科技企业。据统计，2017—2024 年，湖北省内取得实验动物生产许可证的单位有 24 家，其中 16 家单位分布在武汉市。此外，以武汉国家生物产业基地光谷生物城为代表，湖北省内有一大批可以供应普通实验细胞、实验菌种的企业，形成了良好的市场流通氛围。

表 1　湖北省现有生物资源库（统计至 2023 年）

| 资源库类型 | 名称 | 依托单位 |
| --- | --- | --- |
| 动物 | 湖北省长江江豚自然科技资源库 | 中国科学院水生生物研究所 |
| | 国家斑马鱼资源中心科技自然资源库 | 中国科学院水生生物研究所 |
| | 湖北省基因修饰大鼠自然科技资源库 | 武汉大学 |
| 微生物 | 微生物菌种（病毒）资源库 | 中国科学院武汉病毒研究所 |
| | 湖北省高致病性病毒病原自然科技资源库 | 中国科学院武汉病毒研究所 |
| | 微生物菌种及细胞资源数据库 | 武汉大学 |
| | 湖北省工业微生物菌种保藏与研究中心 | 湖北省微工生物技术研究有限公司 |
| 植物 | 湖北省农作物种质自然科技资源库 | 湖北省种子集团有限公司 |
| | 湖北省艾草自然科技资源库 | 李时珍医药集团有限公司 |
| | 湖北省猕猴桃自然科技资源库 | 中国科学院武汉植物园 |
| | 湖北省特色微藻自然科技资源库 | 中国科学院水生生物研究所 |
| | 湖北省经济作物自然科技资源库 | 湖北省农业科学院经济作物研究所 |
| | 猕猴桃等浆果类果树种质资源共享服务平台 | 湖北省农业科学院果树茶叶研究所 |
| | 湖北省农业种质资源共享平台 | 湖北省农业科学院粮食作物研究所 |
| | 湖北省水生蔬菜自然科技资源库 | 武汉市农业科学院 |
| | 湖北省武陵山区野生植物自然科技资源库 | 中南民族大学 |
| | 水生植物资源库 | 中国科学院武汉植物园 |
| | 华中地区野生植物资源库 | 中国科学院武汉植物园 |
| | 湖北省林木种质资源平台科技自然资源库 | 湖北省林业科学研究院 |
| | 园艺作物种质资源平台 | 华中农业大学 |
| | 重要农作物创新性材料资源平台 | 华中农业大学 |
| | 湖北省食用豆类植物自然科技资源中心 | 江汉大学 |
| | 马铃薯种质资源库 | 湖北恩施中国南方马铃薯研究中心 |
| 其他 | 湖北省人类遗传资源保藏中心 | 武汉大学中南医院 |
| | 湖北省心血管代谢性疾病科学数据服务平台 | 武汉大学 |

## 1.2　大型科研设备及基础设施

湖北省自 1998 年启动大型科研设备协作共用工作，组建了大型科学仪器协作共用网，对省内 10 万元以上科学仪器设备资源进行整合与共享，逐步形成跨部门、跨地区、分层次的科学仪器设备共享网络。据统计，截至 2024 年，湖北科学仪器协作共用网有 2162 家入网机构，入网仪器达到 20201 台（件）。在网站上检索“生物医药”服务领域设备，展示结果约有 2600 台（件）。其中武汉市台数约为 1818 台（件），占比超过 60%，可见武汉市生物类相关科学仪器设备在全省占较大比重（图 1）。但对比 2020 年、2019 年新入网的生物仪器，武汉市占比从 2019 年的 68%，下降至 2020 年占比 49%（图 2）。这说明湖北省内生物类科研仪器数量的分布日趋均衡，除武汉市外的其他市州区域科技实力日渐增长。除省级大型仪器共享平台外，武汉市科学技术局于 2020 年组织筹建了“武汉市科学仪器设备协作共用网”；湖北省内各类高校以建立“分析测试中心”或其他校级共享平台的形式基本都建成了自己的网站或在线服务平台。综上，湖北省形成了以国家—省—市—校的四级共享网络，基本实现全省科学仪器设备资源面向全社会的高效运行。

但我们也看到，目前湖北省大型科学仪器信息化管理仍处于初级阶段，并未完全实现高效全面的开放共享[7, 8]。据有关数据，湖北省仪器拥有机构对外平均共享率约为 41%，对外服务仪器区域主要集中在武汉[9]。其中，省属单位的仪器开放共享率远低于市场中的第三方检测机构[10]。这说明大型科研设备的开放共享工作仍有待提高。各高校虽建成了共享服务平台，但网站入口各不相同，部分学校甚至不对校外用户开启访问。此外，作为省级公共平台的湖北科学仪器协作共用网，对各入网单位的新仪器的更新显示不及时。截止 2024 年 7 月，网站显示的最新设备更新年份仍为 2020 年。另有相当一部分仪器，搜索后其具体信息、联系方式、设备参数等重要信息未在网页上显示。作为面向全社会开放服务的科学仪器协作共用平台，其信息的准确性和及时性十分重要，直接关系到用户的信任度，应该引起重视。

截至 2023 年底，湖北省已建和在建的国家重大科技基础设施总计达 7 个，其中专用型重大科技设施—武汉国家生物安全实验室已于 2018 年正式投入使用，专注于高级别高致病性病原微生物实验研究。符合条件的科研人员均可通过申请使用 P4 实验室进行科学研究和技术开发。此外，高端生物医学成像设施、国家作物表型组学研究（神农设施）也在大力建设中。这些依托高水平机构建立的重大科技基础设施面向社会开放共享，可充分发挥多学科优势，为探索高水平创新性的研究工作提供长期稳定的支持。

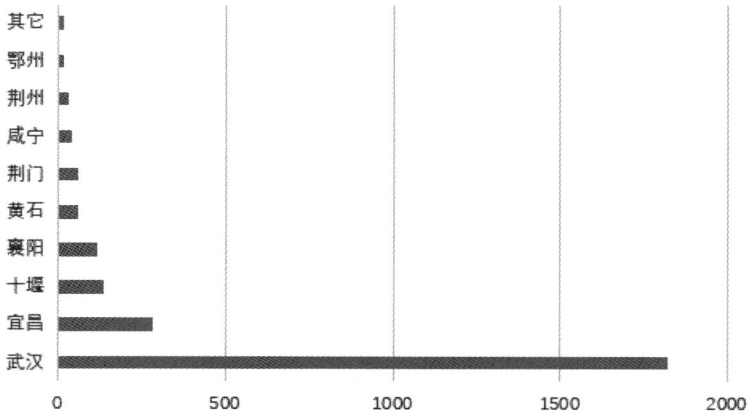


图 1　湖北省各地生物类科研设备入网总数量

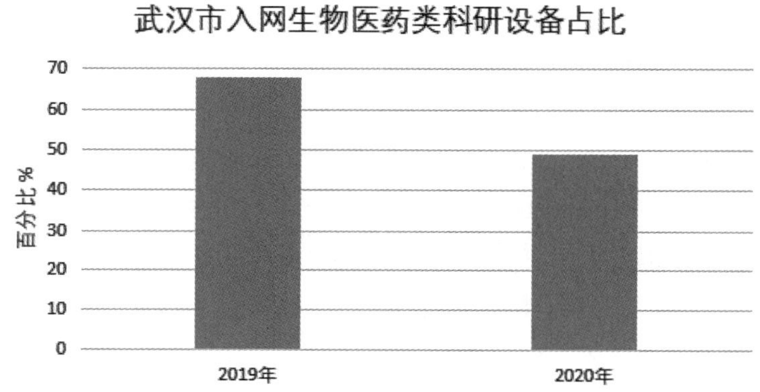


图 2　湖北省各地生物类科研设备入网总数量

## 1.3　数据与信息

2006 年，湖北省科技信息研究院组织联合中国高等教育文献保障系统华中中心（武汉大学图书馆）、中国科学院国家科学图书馆武汉分馆、中国教育网、华中地区中心（华中科技大学图书馆）等多家单位，共同组建了湖北省科技资源共享服务平台。该平台主要以省内高校图书馆为主要依托，联合多家科技文献情报机构，整合全省科技文献资源，旨在打造一个高起点、高标准的科技文献共享网络体系[1]。这一平台的建立，实现了省内科研机构、院校的互联互通、互补互用和互借互还，极大地提高了科技文献信息资源的利用效率。它不仅为科研机构、高等院校、企业等提供了全方位的科技信息服务，还在武汉、宜昌、襄阳等 11 个地市建立了二级服务分站，发展了 850 家集团用户，覆盖终端用户 7000 多家。用户通过平台能够便捷地获取到所需的科技文献资源，促进了科技创新和学术研究的发展。据湖北省科技信息研究院网站数据显示，该平台每年文献投入约 150 万，能实现 1.7 亿产生的实际效果。这一成就充分展现了湖北重要科技馆藏单位资源利用的最大化，为我省的技术创新、公众科技素质提高乃至创新型湖北建设提供了强有力的科技信息支撑和保障。不仅节省了大量的资金和资源，还推动了科技文献资源的共享和利用，为湖北省的科技创新和经济发展注入了新的活力。在平台建设方面，主站点已经建立了包括科技期刊、国家标准、行业标准、国家科技成果、企业商务信息、中外专利、国务院发展研究中心研究报告、NSTL外文文献、中国博士硕士学位论文、中国会议论文、中国重要报纸、中国年鉴、中国工具书等多个数据库，涵盖了各个领域的科技文献资源。同时，参建单位还提供了15个中文全文商业数据库、7个中文文摘数据库、16个自建区域特色中文数据库、45个外文全文商业数据库以及79个外文文摘数据库，这些资源都纳入平台主站点进行社会共享，进一步丰富了平台的资源和服务内容，满足了不同用户的需求。

## 2 促进生物科技资源共享的建议

据相关调查结果[9]，湖北省科技自然资源库建设现状中，各保藏机构基础设施建设能力不足，科研用房平均量较低。解决这类情况，需要政府、社会和企业等多方面的共同努力协作。通过加大财政投资力度、设立专项资金建设项目、鼓励社会资金投入、完善规划设计等措施，逐步改善和提升各自然资源库的基础设施建设水平。在网络建设和信息化方面，考虑到不是所有保藏机构都有能力进行资源库的网络建设，建议集中成立一个湖北省级的生物资源库平台，将现有的保藏机构数据进行整合展示，方便各类使用单位查询、获取，真正实现资源利用的便利和高效。

进一步加强湖北省科学仪器设备协作共用网的网站建设，应重点关注以下几个环节：①进一步优化网站建设，完善入网各设备的参数详情、具体地点、收费标准和服务流程。最终目的是使用户能够快速高效检索到有用信息，能方便使用意向设备。②及建立激励机制。对于及时填报新设备、完善设备具体信息的入网单位，给予一定的奖励；对于长期不填报数据、长时间不更新设备详情的单位，给予清退或纳入其大仪考核结果。③可链接各部属高校、省属高校建成较好的公共平台网站。

在国家和湖北省现有的开放共享政策基础上，进一步细化大型科学仪器设备共享的具体措施，明确共享的目标、原则、范围和责任主体，确保政策的有效落地和执行。进一步要求各单位制定大型科学仪器设备共享管理办法，明确仪器设备购置、验收、运行、维护、报废等全生命周期的管理职责，以及共享服务的收费标准、经费使用、人员管理等方面的规定。建立更合理有效的绩效考核机制，定期对共享平台的使用效益进行评估，并将评估结果作为该单位资源配置和经费支持的重要依据。

此外，加大省内生物学科科技资源的宣传推广，提高公众和科研人员的认知度和关注度，对于促进学科研究发展也十分关键。除了通过传统媒体和新媒体发布共享资源的信息、使用指南等，还可以由湖北省科技厅或相关部门牵头，组织线上线下的专题活动，如研讨会、讲座、展览等，邀请专家学者和科研人员参与，分享经验和成果。在湖北省内各高校、科研单位，开展专题科普讲座、发放科普资料等。通过加大宣传推广，有助于打破信息壁垒，让更多科研机构和科研人员参与共享科技资源的行动中，从而促进资源的有效整合和共享利用，促进科研成果的产出和转化。

## 3 结语

在生物科研领域，科技资源共享不仅是科研活动高效开展的基石，更是深刻促进跨学科交流融合，加速科技创新的重要驱动力。通过对湖北省内生物科技资源共享现状的深入分析，我们认为尽管在共享平台搭建、资源种类覆盖以及共享机制探索等方面已取得了一定成效，但仍面临省内各区域资源分配不均、各单位共享意愿不强等现象。湖北省乃至更大范围内的生物科技资源共享体系的建设，需要政府、科研机构、高校、企业及社会各界的共同努力。我们需要不断探索和完善共享机制，以更加开放包容的姿态，推动生物科技领域的持续创新与发展。同时，也要确保资源共享的可持续性和公平性。我们有理由相信，随着科技资源共享体系逐步迈向成熟与完善，将为湖北省及全国范围内的科技进步与经济社会发展注入源源不断的活力，开启科技创新与经济社会发展的新篇章。

## 参考文献

[1] 陈瑞，刘延滨，柳丹，等．基于微服务架构的湖北省科技资源共享服务平台建设研究 [J]. 中国科技资源导刊，2021,53（1）:47-53.

[2] 魏玉山．建好用好知识资源平台，服务科技强国战略 [J]. 出版发行研究，2024（3）:1-1.

[3] 湖北日报．湖北 9 个学科进入世界一流学科 10 强 [EB/OL].[2023.10.28].https://jyt.hubei.gov.cn/bmdt/gxhptlm/mtjj/202311/t20231109_4935513.shtml.

[4] 胡雯．湖北省高校一流学科发展态势研究 [J]. 中阿科技论坛（中英文），2024（4）:44-48.

[5] 卢凡，程苹，崔燚．加强国家生物种质与实验材料资源库建设 夯实生物资源发展基础 [J]. 国际人才交流，2023（2）:23-26.

[6] 科技部网站．科技部 财政部发布国家科技资源共享服务平台优化调整名单 [EB/OL].[2019.06.11].https://www.gov.cn/xinwen/2019-06/11/content_5399105.htm

[7] 柳丹，彭洋，丁梅，等．湖北省大型科学仪器设备开放共享服务研究 [J]. 科技创业月刊，2023,36（1）:35-38.

[8] 邹飘，魏志欢，严霜，等．湖北省大型仪器共享平台建设现状及难点探究 [J]. 实验室研究与探索，2024,43（4）:215-219，246.

[9] 湖北省科技厅，湖北省科技信息研究院．2021 年度湖北省科技基础条件资源调查工作手册 [R]. 湖北省武汉市：湖北省科技厅，2021.

# 武汉市高校光学成像平台的共享现状、问题及对策

李梦娜

（武汉大学生命科学学院，武汉，430072）

**摘要：**光学显微镜是人类视野的拓展，为发现新兴事物、探索自然规律和创造前沿科技提供有力支撑。近年来，随着高校大型仪器的经费投入增加，高校光学显微镜的种类和数量与日俱增。然而仪器设备依赖进口、相对集中和不便流通等特点使得高校光学成像平台的开放共享成为必然趋势。通过调研武汉市高校现有光学平台的共享情况发现，共享制度不健全、共享流程复杂及设备运行低效等问题普遍存在，并从加强平台实体和网络建设、增强人员队伍能力和服务意识等方面提供建议，有效促进高校光学成像平台良性发展。

**关键词：**武汉市；光学成像平台；仪器开放共享

## 绪论

人类历史上每一次重大发现都离不开技术的革新，光学显微镜的出现使得人眼无法看见的微观世界变得不再神秘。根据待观察样品是否需要荧光基团标记可以将光学显微镜分为无须荧光标记的暗场、偏光、相差和微分干涉对比等显微镜，以及依赖荧光标记的激光扫描共聚焦、受激发射损耗、光激活定位、随机光学重建和结构光照明等显微镜[1]。其中，激光扫描共聚焦显微镜因其共轭针孔屏蔽非焦平面信号、光毒性低和信噪比高等优势成为生命科学、医学和化学等领域中购置率和使用率均很高的成像工具，并有“光学 CT”之称[2]。

近年来，随着国家对科研投入力度持续增加，武汉市部分高校建设了设备齐全、种类繁多的大型仪器设备共享平台（简称大仪平台）。截至 2024 年 6 月 20 日，根据教育部发布的《2024 年全国普通高等学校名单》，武汉市现有普通高校 83 所，仅有 24 所、占比 28.92% 的普通高校的大仪平台接入湖北省科学仪器设备协作共用网，该网络平台按照“整合、共享、创新、服务”的建设原则，对全省大型科学仪器资源进行整合，面向全社会提供便利化仪器共享及检验检测服务，说明开放共享比例仍有很大的提升空间。其中，12 所普通高校配

**作者简介：**李梦娜（1995—　），女，中级实验师，研究方向为光学成像平台管理。

备激光扫描共聚焦显微镜共 140 台，而其中 7 所部属高校配备 124 台，占总量 88.57%，仪器配备不均衡问题明显。此外，湖北省科学仪器设备协作共用网显示尽管加盟机构有 2162 家，入网仪器多达 20201 台，但累计服务次数仅有 142 次，实际对外服务率较低。

针对以上大仪平台仪器相对集中、重复购买、开放共享效率低和人员配备不合理等共性问题导致的科研资源浪费[3]，2014 年国务院发布的《国务院关于国家重大科研基础设施和大型科研仪器向社会开放的意见》（国发〔2014〕70 号）和 2015 年教育部发布的《教育部办公厅关于加强高等学校科研基础设施和大型科研仪器开放共享的指导意见》（教技厅〔2015〕4 号）有效促进了高校大仪平台的建立。随后 2017 年科技部、国家发展和改革委员会、财政部联合出台《国家科研基础设施和大型科研仪器开放共享管理办法》（国科发基〔2017〕289 号），办法中强调一是坚持开放为常态，不开放为例外的原则；二是坚持奖惩结合的原则；三是坚持分类的原则，全面贯彻落实国家重大科研基础设施和大型科研仪器开放共享的要求。2022 年科技部印发《国家重大科研基础设施和大型科研仪器开放共享评价考核实施细则》（国科办基〔2022〕93 号），细则中明确科技部、财政部会同有关部门，按年度对中央级高等学校和科研院所等单位科研设施与仪器管理、运行以及开放共享总体情况进行评价考核，并向社会公布评价考核结果。基于以上背景，接下来详细阐述武汉市高校光学成像平台的共享现状、问题及对策。

# 1　光学显微镜的发展及应用

## 1.1　光学显微镜的发展简介

“显微镜”一词最早是由德国医生 Giovanni Faber 于 1625 年创造，用于描述意大利天文学家 Galileo Galilei 于 1609 发明的非常简略的显微镜，仅由一个凸透镜和一个凹透镜组成，称之为复合显微镜[4]（图 1A）。40 年之后由英国的物理学家 Robert Hooke 在用显微镜观察软木时发现蜂窝状结构，称之为“细胞”，并沿用至今[5]。由于当时玻璃工艺的限制，人们发现物体在经过一个透镜后所成的像点总是与理论上理想的像点存在差距，这个位置之差称为“球差”[6]。1830 年英国光学家 Joseph Jackson Lister 通过在一定距离上使用几个弱透镜来减少球差，从而在不模糊图像的前提下获得良好的放大倍率。随后，1874 年德国物理学家 Ernst Abbe 推算出阿贝公式，公式表明光学显微镜的极限分辨率大约是可见光波长的一半[7]。可见光中波长最短的是 400 纳米的蓝紫光，因此如果两点之间的距离小于 200 纳米。通过光学显微镜将无法分辨这是两个点。1931 年由德国物理学家 Ernst Ruska 和 Max Knoll 发明了透射电子显微镜有效解决了极限分辨率的难题[8]。电子显微镜依靠电子而不是光束来观察物体，电子在真空中加速，直到它们的波长极短，使得电子显微镜的分辨率能达到 0.2 纳米。然而，由于没有活体标本可以在高真空下生存，因此无法显示活细胞的变化成为电子显微镜应用中最大的局限。相比之下，光学显微镜因为能够观察活细胞的运动而始终未被取代。1980 年第一台可通过激光束对样品切层成像的商业激光扫面共聚焦显微镜问世，其出色的横向分辨率，加上虚拟切片能力可实现活体样本的高清三维成像[2]。随后 2000 年又相继出现受激发射损耗显微镜、结构光照明显微镜，以及 2006 年相继出现光敏定位显微镜、荧光光敏定位显微镜和随机光学重建显微镜等超高分辨率荧光显微镜[9]。尽管如此，激光扫描共聚焦显微镜凭借其精简的装置、优秀的成像质量和多维度的应用等优点仍然是大多数常规生物医药等研究应用中的首选仪器。

## 1.2 光学显微镜的应用

光学显微镜的研发和改进使得其在成像模式上丰富多样，包括对未染色样品进行反射光和透射光成像，对单色或多色标记的样本进行相应通道数量的延时、三维、拼图以及三者之间任意组合的成像，实现对目标物质的形态观察、表达量统计、延时追踪、xyz 三维和 xyzt 四维图像获取、光活化以及光漂白后荧光恢复速率、荧光寿命以及荧光共振能量转移的测量[2]。光学显微镜逐渐成为生物、医药、农业、化工、材料和环境等领域研究中必不可少的工具，Pubmed 数据库中近十年光学显微镜相关的论文数量在一定程度上表明其广泛的应用（图 1B）。其中，激光扫描共聚焦显微镜相关的论文数量始终较多，说明尽管如受激发射损耗显微镜和结构光照明显微镜等超高分辨率显微镜逐渐发展成熟，但激光扫描共聚焦显微镜始终深受科研人员的青睐，除了其成像质量佳、功能丰富、操作简单等优势外，还与其价格相对便宜有密不可分的关系。目前市售的激光扫描共聚焦显微镜价格大多在 200 万元人民币左右，这对很多实验室来说仍然是一套无法购置的大型设备。因此，成立大型仪器设备开放共享平台是大势所趋。

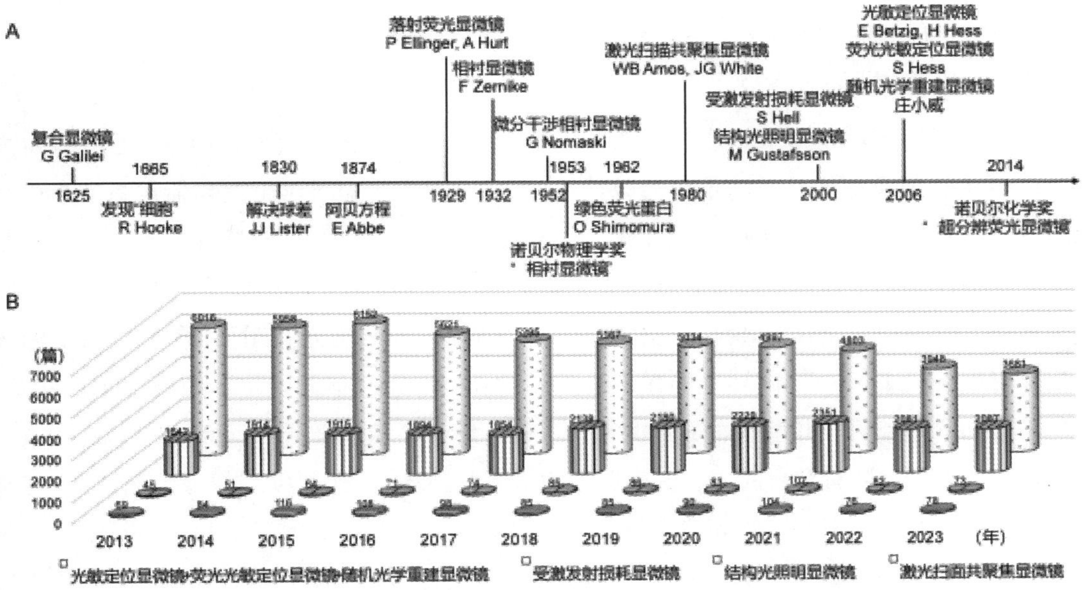


图 1 光学显微镜的发展与应用情况

（A）光学显微镜的发展历程，时间轴上面是光学显微镜的类型和发明人，时间轴下面是与光学显微镜相关的重大事件。（B）从 Pubmed 数据库中提取的不同类型光学显微镜的论文数量。

## 2 武汉市高校光学成像平台的共享现状

### 2.1 共享制度

高校大仪平台建设过程中涉及仪器购置、开放共享、效益考核等多维度事项，在全流程建立完善的规章制度不仅可以从源头上规避平台组建不切实际、仪器购买重复和人员配置不合理等资源浪费现象，而且在运营过程中实现动态把控，及时了解各类型仪器的开放共享成效并优化设备与人员的配置[10]。国家在 2014、2017 和 2022 年相继出台大型仪器开放共享的意见、管理办法和评价考核实施细则的政策法规之后，武汉市高校积极响应国家号召，其中建设大仪平台并接入湖北省科学仪器设备协作共用网的 24 所高校中有 17 所制定了符合校情的大型仪器设备开放共享相关制度，部分高校的二级单位也建立了更加细化的制度，有效促进仪器设备在各环节中的管理都有据可依、有章可循（图 2A）。

### 2.2 共享模式

为推动大型仪器设备共享开放共享，优化资源配置，充分发挥大型仪器在人才培养、科学研究和社会服务中的作用，近年来高校纷纷建立校级大仪平台，一方面将新购置的大型仪器设备集中放置和管理，组建为校级分析测试中心；另一方面将二级单位或者个别课题组独立购买的大型仪器设备纳入大仪平台的系统。同时，通过网络系统将这些大型仪器设备向校内外人员开放共享，实现在特定条件和领域开放共享的“私家车模式”向集中管理、开放共用的“网约车模式”的转变（图 2B）[11]。

### 2.3 共享成果

机时使用量和对外共享率是大型仪器设备开放共享情况的主要考核指标，也是评价大型仪器设备管理及运行状况的重要参数[12]。以武汉大学生命科学学院仪器设备共享中心（简称生科院共享中心）为例，该中心是 2006 年武汉大学生命科学学院在原有中心实验室基础上组建成立，始终秉承“开放共享”的服务理念，为院内外用户提供优质服务。其中，光学成像平台目前配置 6 台激光扫描共聚焦显微镜、1 台结构光照明显微镜、1 台受激发射损耗显微镜及若干台不同功能的成像设备。对 6 台激光扫描共聚焦显微镜 2021、2022、2023 年服务课题组和使用机时的开放共享情况进行统计，结果显示 1、4 和 6 号机在过去三年中服务的课题组数量和机时中，院外比例均呈上升态势，表现为共享率逐年升高；5 号机的运行机时尽管始终最多，均超过 2500 小时 / 年，但服务院外课题组的比例持续下降，院外课题组使用机时的比例在 2022 年降低后又呈现反弹趋势；2023 年购置并在下半年投入使用的 8 和 9 号机均呈现较高的课题组共享率，而院外机时共享率有待进一步增强（图 2C 和

D）。以上说明生科院共享中心的激光扫描共聚焦显微镜均实现开放共享，但共享率仍有提升空间。

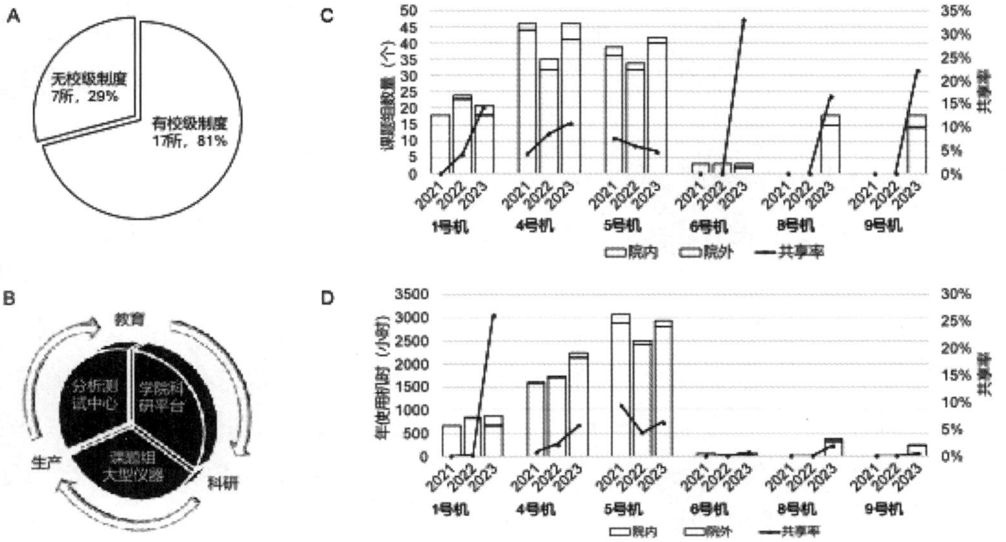


图 2　武汉市高校光学成像平台的共享现状

（A）武汉市 24 所高校中制定大型仪器设备开放共享管理办法的数量及比例。（B）武汉市高校大仪平台的运行模式。武汉大学生科院共享中心 6 台激光扫描共聚焦显微镜服务的课题组数量（C）和运行机时（D）统计。

## 3　武汉市高校光学成像平台的共享问题及对策

### 3.1　仪器设备分布不均匀，运行机时不饱和

在光学成像相关的研究中，激光扫描共聚焦显微镜是购置数量和运用比例均较高的成像工具。对武汉市建设大仪平台并接入湖北省科学仪器设备协作共用网的 24 所高校的激光扫描共聚焦显微镜的分布进行统计，数据显示华中科技大学和武汉大学两所高校配置 87 台，占比 62.14%；87 台中有 51 台集中在生物和医学领域（图 3）。相反，一些以生物和医学为特色的高校，比如武汉生物工程学院和湖北中医药大学只有 0 或 1 台激光扫描显微镜（图 3）。此外，武汉大学生命科学领域配置 17 台激光扫描共聚焦显微镜，但生科院共享中心的统计数据显示部分仪器的年运行机时不足 500 小时（图 2D 和 3）。针对上述资源集中、使用量低的问题，从源头上购置需加强论证，在运行、管理过程中需进一步增强开放共享。

### 3.2　网站信息不透明，预约使用流程复杂

在如今人工智能高速发展的时代，仪器设备通过网络连接形成巨大的物联网，然而在

大仪平台的实际运行中仍然存有许多问题。例如湖北省科学仪器设备协作共用网中广泛存在仪器简介、预约详情、收费标准等信息不透明；在使用各高校的大仪平台网站时需要分别注册账号以及使用不同的缴费流程；当使用需培训仪器时无法及时接收培训、考核通知等。以上问题在很大程度上限制了大型仪器设备的开放共享率，通过建立标准化的大仪平台网站，完善并及时更新仪器的信息，同时简化预约使用流程等方式有效提升资源的利用效率。

### 3.3 专职人员的服务意识和技能有待加强

专职人员在大仪平台的管理和运行中发挥重要作用。以武汉大学生科院共享中心光学成像平台为例，部分院外用户距离较远，对一些活细胞和植物、成像前需要处理或现制备的样本，临时工作台和基础实验器材非常必要。大仪平台的专职人员可以通过协调院内资源，积极为用户创造实验条件，从而促进大型仪器设备的开放共享。此外，随着学科交叉的概念逐渐成为主流，除了传统的生物、医药和化工领域，材料、机械、环境、遥感、物理、海洋、地质、食品和水利水电等多学科研究中需要用到光学成像，这意味着专职人员了解前沿动态、及时更新知识储备和实验技能是推动大型仪器设备开放共享的强有力手段。

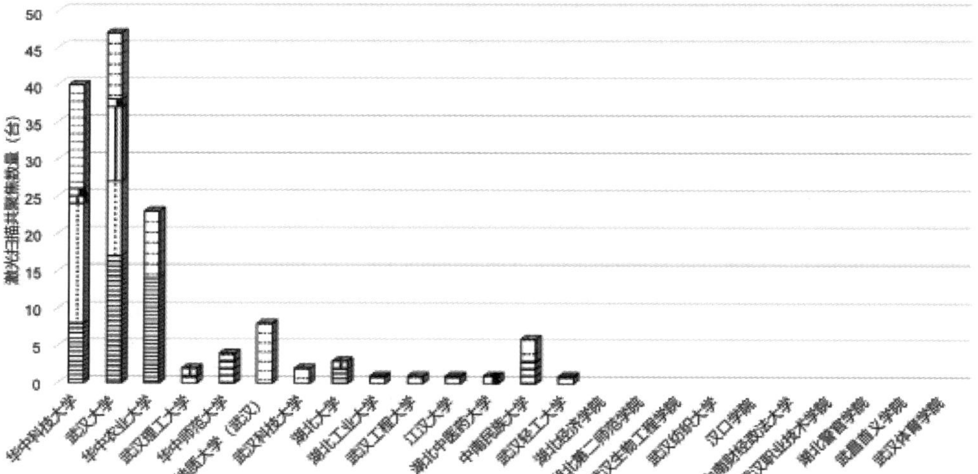


图 3　武汉市高校激光扫描共聚焦显微镜数量和所在学院的分布情况

## 4 总结

武汉作为中部地区少数拥有教育、科研、产业集群的城市，建设开放共享的大仪平台既实现科技资源的充分利用，又促进产学研的深度融合。武汉市高校众多，但建设大仪平台的比例并不高，其中拥有以激光扫描显微镜为代表的光学成像平台的高校资源相对集中、开放共享率有待提升。因此，从制度、管理、运行等多方面加强学习借鉴其他省市乃至国外的优秀经验，结合自身特点发展形成“整合、共享、创新、服务”的大仪平台，实现良性循环。

## 参考文献

[1] WANG B K, BARBIERO M, ZHANG Q M, et al. Super-resolution optical microscope: principle, instrumentation, and application [J]. Frontiers of Information Technology & Electronic Engineering, 2019, 20 (5): 608-630.

[2] PADDOCK S W, ELICEIRI K W. Laser Scanning Confocal Microscopy: History, Applications, and Related Optical Sectioning Techniques [J]. Confocal Microscopy, 2014: 9-47.

[3] 卫飞飞，方维臻．校级分析测试中心大型仪器设备共享平台建设探讨——以西南交通大学分析测试中心为例 [J]．分析测试技术与仪器，2023，29 (4)：429-437.

[4] WOLLMAN A J M, NUDD R, HEDLUND E G, et al. From Animaculumto single molecules: 300 years of the light microscope [J]. Open Biology, 2015, 5 (4): 150019.

[5] CHEUNG A Y, COSGROVE D J, HARA-NISHIMURA I, et al. A rich and bountiful harvest: Key discoveries in plant cell biology [J]. The Plant Cell, 2022, 34 (1): 53-71.

[6] DIEL E E, LICHTMAN J W, RICHARDSON D S. Tutorial: avoiding and correcting sample-induced spherical aberration artifacts in 3D fluorescence microscopy [J]. Nature Protocols, 2020, 15 (9): 2773-2784.

[7] ABBE E. Beiträge zur Theorie des Mikroskops und der mikroskopischen Wahrnehmung [J]. Archiv für Mikroskopische Anatomie, 1873, 9 (1): 413-418.

[8] HARRIS J R. Transmission electron microscopy in molecular structural biology: A historical survey [J]. Archives of Biochemistry and Biophysics, 2015, 581: 3-18.

[9] CHI K R. Super-resolution microscopy: breaking the limits [J]. Nature Methods, 2008, 6 (1): 15-18.

[10] 邹飘，魏志欢，严霜，等．湖北省大型仪器共享平台建设现状及难点探究 [J]．实验室研究与探索，2024，43 (4)：215-219，246.

[11] 周晓东，闻星火，武晓峰，等．中国高校校级大型仪器设备共享实体的现状与展望 [J]．实验技术与管理，2019，36 (6)：12-15.

[12] 柳丹，彭洋，丁梅，等．湖北省大型科学仪器设备开放共享服务研究 [J]．科技创业月刊，2023，36 (1)：35-38.

# 高校大型实验平台设备共享的安全管理实践与思考

黄春玉

（南京大学物理学院，南京，210000）

**摘要：**高校大型实验平台在科研活动中发挥着重要基础作用，其实验设备安全、高效共享将显著提升科研质量。实践中发现，大型实验平台设备共享多面临系统复杂性、面向多样性以及技术先进性等多重挑战，必须突出“人”在设备共享、使用中的核心作用，以建立信息化、智能管理平台为手段，统筹安全管理、高效服务的内在逻辑，通过强化完善共享制度、加强共享思维运用、做好关键设备共享、开展全流程管理、筑牢信息安全防线等持续提升大型实验设备平台共享效率和服务科研质效。在数字技术快速发展的新阶段，高校大型实验平台设备资源共享，更应持续夯实安全管理数智基础，综合运用多种技术手段提升共享质效，有效推动专业知识交流和科研资源的融合互促。

**关键词：**大型实验设备平台；设备共享；安全管理

高校大型实验平台在科研活动中发挥着重要基础作用，是开展前沿科学探索、培养高层次人才的重要载体，可为科研高质量开展和社会资源高效协同提供有效支撑，其管理建设能力和共享服务水平更是高校科研、办学实力的重要体现[1]。鉴于大型实验平台设备共享管理具有高度专业性和系统复杂性，必须始终将“人”作为实验室管理以及共享服务的核心对象，将安全作为共享管理的灵魂，把实验室人员和环境安全作为落脚点，聚焦制度、方法、流程以及重点领域等做好设备共享的全过程管理，通过优化制度体系、推进信息系统集成以及行为模式塑造等将共享理念逐步固化并刚性执行，寓安全管理于共享服务之中，有效推动设备共享管理由被动转为主动，为科研高质量开展提供有效保障。

## 1 研究综述

高校大型实验平台设备资源的共享过程，实际上是设备使用权和成果收益权的暂时让渡过程，此过程中，相关设备的操作经验及安全管理知识等并未随着设备权限的让渡而自

**作者简介：**黄春玉（1983—　），女，博士，工程师，研究方向为微纳加工领域研究。

**基金项目：**南京大学实验室安全研究课题“微加工中心安全培训考核平台的信息化建设”（LSG202307）。

然共享，设备的新使用者因专业知识受限或信息不对称等原因，往往忽视了设备使用过程中可能存在的风险因素，继而引发安全事故。针对近年来高校实验室安全事故频发的问题，教育部持续强化相关安全体系建设，2019年印发的《关于加强高校实验室安全工作的意见》（教技函〔2019〕36号）从强化思想认识、健全安全责任体系、完善安全管理制度、狠抓教育培训、加强安全能力建设等方面提出明确要求。2023年，教育部办公厅印发了《高等学校实验室安全规范》（教科信厅函〔2023〕5号），对高校实验室的安全管理进一步以法律法规方式进行了明确，并围绕“责任体系、管理制度、教育培训、安全准入、条件保障，以及危险化学品等危险源的安全管理”等方面明确了8个方面，31条措施。

随着我国经济进入高质量发展阶段，“科技强国”等战略的提出，高校科研单位作为重要创新主体，大型实验设备作为重要创新载体，其高效有序共享和安全稳健运行更关乎整个创新体系的运行质效。党的二十大就明确提出要“推进国家安全体系和能力现代化”，并针对公共安全明确要“坚持安全第一、预防为主，推动公共安全治理模式向事前预防转型。”2024年全国两会期间，全国人大代表张俊杰就建议“出台国家级强制性高校实验室安全管理规范”，并就“高校科研项目安全监管场景，全员安全责任制落实、危化品全生命周期监管等”提出建议，尤其是要“应用大数据、移动互联网、二维码等技术建设信息化平台……以‘数字治理’推动科研实验室安全管理机制重塑、流程再造。[2]”由此可见，对加强高校实验室安全管理党中央、教育主管部门有要求，社会各界有呼声，高校实验平台必须顺应科技创新发展新趋势、切实扛起保障安全发展的政治责任、善用前沿科技手段，全方位提升实验室安全管理和共享服务水平，在加快建设创新型国家中走在时代前列。

客观来讲，科研活动是对未知领域的探索，必然面临风险和不确定性，而全面有效的过程和安全管理是形成高质量科研成果的必由之路[3]。具体落实到高校设备平台的安全和共享管理又面临以下待解问题[1，4]：①实验环境的高度复杂性。科学实验多涉及高温、高压、高速、危险化学品、辐射等方面，风险等级更高、对实验规范要求更严格。②管理服务对象的来源多样性。作为面向社会服务的公共平台，高校实验室的服务象涵盖了教学科研单位、研究机构、实体企业等各类机构，相关科研和从业人员的知识储备、专业能力等具有较大差异，这也为安全管理带来较大难度。③安全管理任务的极端艰巨性。事实上，实验室安全并不以相关人员经验多寡、从业时间长短为前提。数据统计显示，很多人为疏忽导致的安全事故，往往由具有5年以上经验的实验人员的不规范操作造成的。因此，实验室安全培训必须有效防范小概率事件，实现绝对安全为目标。四是安全管理手段的与时俱进性。在新技术高速发展的背景下，必须充分利用信息通讯、智慧感知、大数据等相关技术，对实验室安全管理所涉及人员、环境、物品和操作过程等进行高效、系统的、周期性的安全管理，为教育培训和考核提供有效的技术支撑。

本文以南京大学固体微结构物理国家重点实验室微加工中心（以下简称“微加工中心”）

所属的大型实验设备平台的共享管理为例，探讨如何通过统筹推进实验室共享管理的网络化、标准化、系统化，建立实验室安全教育的全过程管理体系，形成统一的安全管理平台、构建先进的安全培训体系、全流程的安全考核准入制度，为保障设备资源高效共享、实验室安全稳定运行、实验人员环境安全等提供有效制度保障和技术支撑。

## 2 南京大学微加工中心设备共享的安全管理实践

为适应物理、材料和电子等相关交叉学科的研究需要，2009 年南京大学依托固体微结构物理国家重点实验室成立了微加工中心，十余年以来，在国家有关项目资金持续支持下，微加工中心实现长足发展发展。至 2023 年末，微加工中心拥有专职工艺人员 11 人，近 1000 平方米的超净实验室，面向学校内外 300 余个服务对象提供微纳加工服务，在人工微结构、微纳电子、光电子器件和各种传感器等研发等方面积累了丰富经验。在实验室运行和管理过程中，微加工中心始终坚持共享理念[3]，高效统筹发展和安全，以仪器设备共享效用最大化为目标，通过建立集安全教育培训和考核于一体的信息化平台，将公共实验室共性问题和超净间、微纳加工设备的特性问题相结合，经过多年调研摸索，设计出一套内容全面、特点突出、易于操作的安全培训和共享管理系统，广泛动员相关师生和科研技术人员参与到实验室安全管理和资源共享全过程，有效提升安全管理水平和社会服务能力，形成了一套行之有效管理模式[5, 6]。

### 2.1 持续完善共享管理制度体系

①构建安全管理制度。将实验室设计、建设、管理、培训等工作统筹考虑、一体推进，从设备配套布局、各项规章制度建设、用户安全培训、安全监测体系建设等方面积累了一套完善的管理操作制度，系统编辑形成《微加工中心用户手册》、分机台的设备上机操作指引等多项书面培训资料，方便用户在安全培训平台一站式集中学习[7]。②健全安全责任体系。严格按照教育部《高等学校实验室安全规范》以及南京大学实验室安全管理相关规定，建立分级负责管理体系，通过签署安全责任书、用户承诺书等，明晰实验室管理者和用户的安全责任，确保层层压实安全意识、持续筑牢安全防线。依托安全培训和考核平台建设，微加工中心还持续安全教育培训与考核准入制度，并与线下门禁系统联动，确保未经培训不入门、未经考核不操作[8, 9]。③完善应急管理体系。依托培训考核平台，持续强化实验室应急管理培训，系统介绍与微加工中心实验内容相关的安全防护知识、应急管理方法及相关制度规定。通过现场观摩，指导实验人员熟悉实验环境，知晓水、电、气阀门以及安全通道的位置，铭记急救电话。通过实操培训，指导实验人员熟悉各类灭火和应急设备的位置和使用方法。通过制订安全管理应急预案并定期开展应急演练，确保全员参与安全管理、遇到风险迅速反馈。

## 2.2 强化安全培训过程中的共享思维运用

①突出过程性，做到安全管理闭环全覆盖。微加工中心高度重视过程管理，通过建立信息化培训和考核平台，强化制度有效执行，全面覆盖风险管理涉及的组织管理、培训对象、风险管控、隐患排查、责任落实等等关键环节，在信息培训系统运行过程中，重点聚焦安全防护、设备使用、风险防范及应对技能等加强针对性培训，并通过与培训对象建立实时互动、对风险隐患开展实时监测，不断强化实验室动态风险管理能力[10]。②突出全面性，做到安全培训内容全覆盖。微加工中心始终坚持以保证人员和环境同时绝对安全为目标，通过加强与软件科技公司合作，围绕实验室管理重点关注的安全风险点、一般性安全知识以及与微加工中心密切相关的水、电、气、化学品使用，辐射、放射性安全，消防安全及逃生路线，环境安全等多方面设置培训内容，做到安全管理和培训横向到边、纵向到底[11]。③突出便捷性，做到线上线下全覆盖。微加工中心的服务用户可通过智能手机、平板电脑等便捷终端登录培训账户，方便快捷获取包括安全培训相关的网络视频和PPT课件在内全部培训内容。在此基础上，统筹考虑用户需求和设备使用周期以及培训考核周期，针对性设计考核题库，形成了一套适应现阶段快节奏工作方式的安全培训和考核系统，实现了全员、全时覆盖。

## 2.3 做好重点领域的安全共享管理

①注重发挥“人”在安全中的核心作用。人是安全培训和管理的核心对象，通过安全培训平台建设，按照“全员、全面、全程”的要求，定期开展安全教育培训，对培训内容、参加人数、培训效果等进行有效记录。重点强化新人员、新工艺、新设备等的使用培训，不断提升全员安全责任意识，指导其主动参与到安全管理各环节，共同营造安全实验环境。②强化重点领域安全管理。围绕与微加工中心密切相关的水（液）、电、气、辐射、放射性、激光等安全使用，从可能导致的伤害、常规预防措施、使用注意事项、突发情况应对开展分类培训，不断强化规范管理，建立动态管理台账等实现重要风险点人人清楚、针对性预防。③全面强化消防安全管理。在操作规程上，重点加强易燃易爆危险品、化学废弃物、用电不规范或电路老化等火灾隐患提示；在应对方法上，针对火势强度和发展阶段，围绕人员自我安全防护、消防器材使用以及安全有序撤离等进行针对性培训，并有序规划逃生路线，做好公示和引导。

## 2.4 强化设备共享的全流程安全管理

①重点环节全覆盖。在人员培训管理方面，依托平台，形成了培训考核准入、设备使用预约登记、实验过程准确记录等的全过程管理；在实验设备管理方面，依托设备操作规范培训，聚集设备使用过程中各关键风险点强化安全提示，通过强化设备使用台账管理强化安全记录。在危化品管理方面，通过建立危化品分类和品名目录，指定位置安全存放、规范使用、科学处置、有序回收等强化过程管理，做好相关安全培训。②使用过程全覆盖。

在安全系统建成之前，微加工中心的平台网站、设备刷卡上机和计费系统等已平稳运行近10年，同时已与校园卡系统对设备使用者完成数据对接，依托较好网络化管理基础，安全平台建立了明确的预约管理安全责任制度，用户必须经注册登记，提前确定预约设备后，方可使用，这进一步明确了仪器使用责任和安全管理责任，做到安全管理可记录、可追溯[12]。③线上线下全覆盖。积极顺应互联网及信息通信技术快速发展趋势，不断强化线上、线下安全防控的科技赋能，在线下对重点工艺气体存放、辐射、放射性安全、用水用电安全等建立风险指示信号标识，在线上，通过监控设备、物联网感知系统、自动报警装置等等建立立体化观察和感知体系，实现对实验室安全的全员、实时、精准掌握。

### 2.5 建立数据共享和安全管理规范

①强化网络安全管理。认真落实《网络安全法》《数据安全法》等法律法规，通过持续强化实验数据产生、存储、加密等的过程管理保障数据安全，将网络安全教育纳入培训内容，严格按照“谁主管谁负责、谁运行谁负责、谁使用谁负责”的原则，全面落实数据安全管理责任。②注重知识产权保护。通过强化信息登记录入，明确实验室知识产权、信息和数据所有权的归属，通过建立数据移交制度，强化实验人员科研原始记录本、实验数据（及有关整理分析的结果）及各类实验材料的跟踪管理。③确保实验成果保密，要求实验室人员必须对未公开实验的成果严格保密，必须经授权后方可查阅、复制和使用他人实验过程和成果数据。

## 3 数字技术条件下高校大型实验平台设备安全共享的建议

如果说传统的基于网络技术、人机交互以及线上线下融合的技术是设备资源共享以及安全管理的基础版本，那么，在云计算、物联网、人工智能等新兴技术大发展的背景下，高校实验室作为科技创新的试验田，理应率先深化数字化、智能化技术在资源共享、安全管理领域的应用，探索设备平台安全共享的更高阶版本，通过打造智慧应用平台，有效实现安全管理和科学研究深度融合，在推动新质生产力培育方面走在时代前列[13, 14]。

### 3.1 不断夯实设备共享管理的数智基础

持续加强数字基础设施投入，为实验设备数字化、智能化共享奠定客观技术条件。要建立安全可靠且具备较强算力的数字管理系统，为相关管理和决策提供智慧模型和算力支撑[15]；要强化实验人员及实验设备的安全信息采集，根据安全管理需要，拓展安全数据采集维度，加大采集频度和空间密度；要强化物联网及智能感知等技术的运用，做好实验相关的水、电、温度、湿度、气体浓度等全信息采集，比如通过安装过感光器、温度传感器、烟感探测器等感知器件来感知实验室的环境，不断提升安全信息获取敏感性和全面性[16]。

### 3.2 综合运用多种技术提升共享管理效率

注重标准建设，在降低管理成本上下功夫。重点要推进各类数据搜集、管理流程以及实验成果等的规范化，以及实验室安全管理涉及的人员、要素、环境等的标准化；注重过程管控，聚焦数据安全做文章。数据安全、准确是实验是管理决策有效的前提，要有效借助区块链、分布式记账等技术强化相关数据搜集和采集，在防篡改以及可用不见等安全管理方面探索有效方式。突出全员参与，在促进信息共享上多用力。要持续强化与实验室相关的所有人员的安全管理一盘棋意识，依托安全管理和风险监测平台，及时发布、共享和查看各类安全信息，做好实时监测和可视化管理。通过建立个人安全账户，强化安全报告、明确安全责任，筑牢全员安全防线。

### 3.3 努力推动资源共享与安全管理的融合互促

一方面强化大量安全数据的分析和处理，不断优化数据分析算法，及时发现数据背后潜的安全风险和隐患，比如，通过机器学习，自动识别实验违规行为，通过强化流程管理，自动规避安全隐患，通过智慧物联和联合计算强化风险预警等全面提升风险监测和管理能力，前瞻性判断是否存在安全隐患，变被动应对为主动管理。另一方面，借助智能技术不断强化科学规范建设，通过系统分析整理大量实验数据和安全规范，总结形成最佳实验路径，动态优化科学研究规范，为科学研究和实验室管理提供更加全面、准确、合理的决策支撑，全面提升设备共享能力和科研产出效率[17]。

## 4 结语

实验室安全管理的最终目的是为高质量开展科学研究提供安全保障，最大化地降低实验安全风险并为科学研究提供有效数据和决策支撑，从这个意义上来说，实验设备共享和安全管理是内在统一的。随着大型实验设备社会开放度不断提升及共享范围的日益拓展，依托大型实验设备开展科研资源整合的需求必将日益增强，针对大型实验设备共享面临的系统复杂性、对象多样性以及技术先进性等多重挑战，必须突出“人”在设备共享、使用中的核心作用，以建立信息化、智能管理平台为手段，统筹安全管理、高效服务的内在关系，加强共享思维运用，重点聚焦设备共享过程中的安全制度建设、安全责任体系、安全技能培训、关键设备管理、全流程安全管理以及信息系统安全等重点方面，持续强化标准化、规范化、系统建设。在数字技术快速发展的新阶段，高校大型实验平台的设备资源共享，更应持续夯实安全管理数智基础，综合运用多种技术手段提升安全管理能力以及设备共享质效，有效推动专业知识和科研资源的融合互促，持续提升大型实验设备平台共享效率和服务科研质效，为科研探索更加可靠、更有效率、更宽领域的设备服务支撑。

## 参考文献：

[1] 王朝晖，普丽娜，陈琪，等.试探大型科研仪器协同管理与开放共享的完善机制[J].中国科技资源导刊，2020，52（3）：31-36.

[2] 邱海鸿，张俊杰．出台国家级强制性高校实验室安全管理规范［N］．澎湃新闻，2024年03月07日．
[3] 杨晓峰，渠晖，虞俊超，等．“共享理念”在高校实验室安全管理中的运用［J］．实验室研究与探索，2023，42（1）：316-320.
[4] 项莹，蒋巧赟，胡佳彧，等．仪器共享管理演进态势、现状热点与未来展望——基于citespace的科学知识图谱分析［J］．中国科技资源导刊，2024，56（1）：69-81.
[5] 张森，王普，徐鲁波，等．区域科技创新资源共享服务平台建设与应用——以泰安市科技创新服务平台为例［J］．中国科技资源导刊，2021，53（6）：29-35+65.
[6] 胡昌琪，张枢．高校实验室安全管理信息化建设的思考与探索［J］．中国新通信，2023，25（20）：110-112.
[7] 许玮琪，朱明壮，王海亮，等．高校实验室安全管理制度建设探析［J］．实验室研究与探索，2023，42（6）：309-311+318.
[8] 许瑾．高校公共平台实验室规范化管理体系构建与探索［J］．实验室研究与探索，2022，41（10）：303-306.
[9] 李江，张惠芹，徐文，等．高校实验室安全责任追究智能管理的探索与实践［J］．实验技术与管理，2024：1-8.
[10] 胡伟石，邵辉，金翊，等．高校实验资源优化配置的路径研究与实践［J］．实验室研究与探索，2023，42（2）：298-301.
[11] 高敏．高校实验室安全教育的问题思考与体系优化［J］．实验室研究与探索，2023，42（3）：304-308.
[12] 郭宁宁．高校实验室危化品全生命周期安全管控的探究［J］．生物化工，2024，10（1）：164-166.
[13] 彭洁．面向共享目标的科学大数据治理模型研究［J］．中国科技资源导刊，2022，54（4）：1-10.
[14] 苏靖，赫运涛．科技资源开放共享服务的实践与展望［J］．中国科技资源导刊，2023，55（1）：1-8.
[15] 贾蓉，段景山，何翔，等．高校智能实验室管理平台建设［J］．实验室研究与探索，2022，41（11）：170-174.
[16] 孙涛，张胜，王文斌，等．大型科学仪器设备共享前景分析及思考［J］．中国科技资源导刊，2020，52（2）：22-28.
[17] 李善青，郑彦宁，邢晓昭，等．科学数据共享的安全管理问题研究［J］．中国科技资源导刊，2019，51（3）：11-17.

# 高校大型仪器设备开放共享体系构建与实践

——以武汉大学为例

龚彦华　吴卫兵　周　超

（武汉大学实验室与设备管理处，武汉，430072）

**摘要：**大型仪器设备是突破科学前沿、解决国家经济社会发展重大科技问题的技术基础。随着我国财政资金的持续投入，大型仪器设备体量迅速增加。新购的仪器设备共享程度以及使用效益不高情况普遍存在。为解决管理问题，通过分析大型仪器设备开放共享难点，以武汉大学为例，从构建“虚实”平台的管理体制，建立新购设备的论证及联合评议机制、激励共享服务的保障机制、全成本核算的有偿使用机制、强化结果运用的考核评价机制，以及进一步加强实验技术队伍的建设等方面，详细阐述了学校推进开放共享的体系建设，并分享了开放共享成效。以期兄弟院校在大型仪器设备管理及开放共享工作上得以有益借鉴。

**关键词：**高等学校；大型仪器设备；开放共享

## 引言

党的二十大报告指出，要坚持创新在我国现代化建设的核心地位，优化配置创新资源，加强科技基础能力建设，提升国家创新体系整体效能。大型仪器设备是科技创新的重要的条件支撑，高等学校有效利用大型仪器设备科技资源，正是加强科技创新的重要体现。

国务院出台《国务院关于国家重大科研基础设施和大型科研仪器向社会开放的意见》（国发〔2014〕70号），旨在通过开放共享，提升仪器设备的服务能力和专业化水平。随着国家科教兴国战略和“双一流”高校建设的推进，各高校大型科研仪器设备投入量逐年增加。近年来，国家贴息贷款以及超长期国债购置仪器设备的专项政策的实施，高校大型仪器设备体量迅猛增长。为了充分发挥大型仪器设备资源在科技创新、人才培养、学科建设的条件支撑作用，高校需要全面建设大型仪器设备管理与开放共享管理体系，这对进一步推进

**作者简介：**龚彦华（1984—　），女，事业6级，研究方向为大型仪器设备及开放共享管理；吴卫兵（1971—　），男，事业7级，研究方向为大型仪器设备开放共享管理；周超（1986—　），男，事业8级，研究方向为大型仪器设备信息化建设。

开放共享，落实国家科技创新至关重要[1-2]。

# 1 大型仪器设备管理现状

2017 年 9 月，科技部、财政部、发展改革委共同发布了《国家重大科研基础设施和大型科研仪器开放共享管理办法》（国科发基〔2017〕289 号），明确开放共享工作的主体责任，理顺开放共享管理机制。同时，从 2018 年起科技部联合财政部、教育部等相关部门，按年度开展中央级高校和科研院所科研设施与科研仪器开放共享评价考核工作，从组织管理、运行使用、共享服务等方面进行了效益评价。总体上看，学校大型仪器设备仅满足国家对开放共享的基本要求，使用效益和开放共享服务能力需要进一步提升。主要体现在：

## 1.1 开放共享的意识仍需要加强

学校 采取“集中”与“分散”相结合的方式，建设大型仪器设备。其中大部分“分散”在课题组的大型仪器设备，存在开放共享未能达到预期效果，使用效益不高的问题。主要原因是部分课题组仍然认为，仪器设备资源归“个人”所有[3]，仅需要服务于自身的科研任务。被动地按照学校仪器设备管理的基本要求参与共享工作。课题组缺乏对开放共享的意义充分认识，一定程度上仍然存在“我要买”“我要有”的思想意识中。

## 1.2 仪器设备购置统筹力度不足

仪器设备购置缺乏统筹规划、重复购置[4]仍然是大型仪器设备管理与共享中存在的突出问题。一是多经费渠道投入，多部门参与共同决策机制不够完善，整体评估分析学校新增的大型仪器设备配置需求不够；二是申购单位从自身的科研需求出发，难以兼顾学校整体发展，特别是尖端大型仪器设备，配套配件种类、功能适应性有限，相关学科难以通用，存在同类设备重复购置的风险。

## 1.3 仪器设备运行维护机制欠缺

高精尖仪器设备正常运行的关键是需要良好的日常维护保养。一般根仪器设备维保期为 1—3 年，超出维保期的仪器设备需要面临零配件的更换、返厂维修等经费支出，另外特大型仪器设备的水电消耗等日常运行成本也较高[5]。因此，高额的维护维修成本增加了机组人员的使用压力。要使“物尽其用”，推动开放共享，需要建立运行维护机制，保障经费充足，确保仪器的良性运转。

## 1.4 实验技术队伍建设水平不高

“双一流”建设和创新人才培养对实验技术队伍的专业能力和服务水平提出了更高的要求。然而，受人员编制和经费限制，队伍结构、数量等与大型仪器设备相应的实验技术人员支撑能力不足。同时，现有的实验技术队伍工作量饱满，也缺乏足够时间承担测试方法、技术的开发与运用。实验技术人员主要是利用大型仪器设备为教学科研做测试服务，在职称评定时，服务能力难以量化成为晋升条件[6]，另外薪酬待遇与工作量不匹配，极易产生职业倦怠。

## 2　开放共享体系建设及成效

在国家总体要求下，学校结合自身实际情况，近年来系统梳理了大型仪器设备管理与开放共享问题。加强大型仪器设备管理层面的顶层设计，突出问题导向、服务导向，强化政策激励和制度约束，建立并完善大型仪器设备管理与开放共享管理体系。

### 2.1　建立“虚实”协同的管理体制

首先，构建了校院两级大型仪器设备实体平台。校级平台以科研公共服务条件平台为中心，将高端仪器设备集中统筹，提供高水平的测试服务；学院或科研机构将通用性强、服务面广的大型仪器设备集中管理，建立院级大型仪器设备公共平台，比如理、化、生、医、工科等学院均建立院级平台。校院两级公共平台均优先保障学校科研、教学任务，再积极面向校内外开放使用。截至目前，学校建有3个校级平台和11个院级平台，集约化率约为50%。

同时，建立了“武汉大学大型仪器设备开放共享网络平台”（下称“网络平台”），利用信息技术手段，将符合开放共享条件的大型仪器设备纳入平台统一管理，并安装实时使用数据采集装置、监控、门禁等硬件，实现查询、预约、收费一体化管理。截至目前，“网络平台”统筹管理了2157台/套大型仪器设备，总值24.35亿元。近年来，年平均使用机时超过1400小时。

### 2.2　加强新购设备的论证及联合评议

学校以需求导向、统筹规划为原则。从论证流程上，以100万元及以上大仪为重点，各大型仪器设备管理单位以存量为依据，经调研、立项评审提出100万元及以上大型仪器设备的年度配置计划，学校组织专家统筹论证和查重评议工作，其中500万元及以上的须经过校长办公会审定。从论证的内容上，结合本省及周边地区仪器设备保有、运行、绩效、开放等情况，对新购大型仪器设备的学科相关性、必要性和合理性进行综合评价，特别要求在论证中制定开放共享方案。在实际论证中，对人员、场地、技术等条件不具备、无开放共享方案的大型仪器设备不予立项。

### 2.3　构建激励共享服务的保障

为鼓励学校大型仪器设备开放共享，充分发挥使用效益，学校设立了“大型仪器设备维护维修”和“大型仪器设备开放共享补助”专项，并列入年度预算。通过大型仪器设备修护维修经费，重点支持开放共享程度高、效益好，使用且年使用机时达学校平均使用机时的大型仪器设备，强化“宁可用坏、不可放坏”的开放使用观念，保障大型仪器设备良好运行；通过开放补助经费，鼓励校内用户跨单位使用大型仪器设备，重点支持科研起步阶段的青年骨干教师和取得突出成果的科研人员。测试费最终由管理单位及机组收取，因此也以此鼓励大型仪器设备机组提供高水平的测试服务。

### 2.4 采取全成本核算的有偿使用

学校根据大型仪器设备资源消耗的实际情况，以成本补偿和非盈利性为原则，基于全成本核算，推行大型仪器设备有偿使用，制定了校内、校外收费标准。并且开放共享服务收入纳入学校财务统一管理，集中核算，专款专用。为了鼓励各管理单位开放共享，服务收入全额返还了管理单位，主要用于大型仪器设备日常运行和维护维修，以促进大型仪器设备“自我造血、以机养机”的良性发展。为鼓励机组人员开放共享积极性，服务收入在补偿大型仪器设备日常运行成本后，管理单位还可以根据实际情况发放机组人员的绩效。

### 2.5 强化结果运用的考核评价

综合教育部、科技部、审计署等有关部委管理要求，学校按年度组织实施了全校大型仪器设备使用效益考核评价工作。在考核工作中，明确了考核的形式、程序、奖惩及结果运用等。同时，为了客观、科学地评价仪器设备使用与管理情况，不断完善了效益考核指标体系。近两年，学校综合评价了管理单位组织管理、运行使用及共享服务成效等方面的情况，考核了单台机组使用机时、支撑教学科研成果的能力等，重点从开放共享能力上强化了政策引导。

近年来，学校对单台套大型仪器设备（机组）及管理单位均开展了考核，坚持对考核优秀的管理单位及机组予以表彰。并加强考核结果的应用，将考核结果与大型仪器设备建设、维修投入，管理单位年度绩效、实验技术人员年度考核、职称评定等挂钩，也加强了大型仪器设备管理不到位追责问责的力度。

### 2.6 打造专业化实验技术队伍

为了建立专业化技术服务团队，学校从制度上、政策上加强了保障，积极发挥并强化实验技术队伍的支撑作用。制度层面，专门出台实验技术等系列专业技术岗位聘任办法，实验技术人员职称评定单列指标、单独评审。其中年度大仪考核优秀为重点指标，专设支撑高水平论文、服务重大项目等体现大仪服务岗位特点指标。政策上，学校全员定编定岗中充分考虑大型仪器设备管理要求，核定实验技术岗位中大仪技术岗占比 50%。

同时加强能力建设，构建多元化培训制度。依托科研公共服务条件平台开展业务培训，管理部门积极组织实验人员参加学术论坛等各类会议，专门为实验技术队伍创建学习交流活动，采取多种措施加强技术人员的交流和技术提升。

## 3 结语

随着我国高校购置的大型仪器设备数量增长迅速，如何推动大型仪器设备资源的开放共享，充分发挥其条件支撑作用，对国家实施科教兴国战略、人才强国战略、创新驱动发展战略具有重要意义。武汉大学近年来系统梳理了大型仪器设备管理及开放共享的体制机制，努力构建配置科学、管理规范、队伍健全、运行高效、效益显著的开放共享体系。大型仪器设备在支撑学校高水平科研产出、高层次人才培养上初见成效。但是，总体上看，大型仪器设备的共享使用情况与管理要求上仍有差距。作为学校设备管理的职能部门，将继续采取积极措施，不断完善开放共享体系建设，推动大型仪器设备在“双一流”建设上，在服务国家各项战略中发挥更大的作用。

## 参考文献

[1] 吴甲，朱一新，骆倩倩．高校大型仪器设备开放共享文化建设探究［J］.实验室研究与探索，2024，43（1）：246-250.

[2] 沈涛，陈璐，陈盼，等．科技金融赋能大型科研仪器开放共享的对策［J］.实验室研究与探索，2024，43（3）：238-242.

[3] 司军辉，吴峻平，姜哲．“产学研”融合背景下大型科学仪器设备开放与共享研究［J］.产业创新研究，2024（11）：178-180.

[4] 晏旭秀，孟震，林秋星，等．大型仪器购置论证与开放共享的互动机制及优化路径［J］.实验室研究与探索，2023，42（11）：268-271，292.

[5] 宋巍，许燕滨，吴其光，等.地方工科高校校级大型仪器设备平台可持续开放共享的实践探索［J］.中国现代教育装备，2024（435）：26-29.

[6] 刘艳凤，谢盼，曲慧．五措并举提升大型仪器设备共享成效的探索［J］.实验室科学，2024，27（1）：198-205.

# 共享模式大型仪器测试服务策略研究

## ——以华中科技大学化学实验平台为例

高晓莉[1] 熊 辉[1] 付世涛[1] 罗小梦[1] 刘承美[1] 李洁琼★[2]

（1. 华中科技大学化学与化工学院，武汉，430000；

2. 华中科技大学实验室与设备管理处，武汉，430000）

**摘要：**当前经济环境下实现高校与企业间科学仪器测试服务共享具有重要意义。以华中科技大学化学实验中心大型仪器创新服务为案例，详细介绍了华中科技大学测试服务所采取的共享策略，以及仪器平台解决共享服务困境提出的亮点措施与创新方案。华中科技大学大型仪器共享服务通过整合优化平台资源、简化对外共享流程、参考制定合理收费标准、完善优化激励奖励措施、引入市场宣传机制、加强测试人员培训、用好测试服务经费，支撑双一流平台建设等手段，持续提升仪器共享服务管理效率和用户满意度，为相关高校和科研机构开展科学仪器共享服务提供借鉴参考经验。

**关键词：**共享经济；大型仪器测试；措施手段；服务策略

## 引言

马克·扎克伯格曾说过："共享经济是一种基于信任和合作的新商业模式，它不仅改变了人们的生活方式，更引领着未来的发展方向。"同样地，随着科研活动的深入与复杂化，科学仪器共享服务在提升仪器资源利用效率、优化资源配置、降低科研成本、提高科研效率等方面扮演着关键角色，有力推动着科技创新的步伐。鉴于大型科学仪器设备购置与维护的高昂成本，众多科研机构和企业面临资金压力。因此，高校与企业间的仪器共享成为有效减少重复购置、降低增量成本的重要途径，对双方而言均意味着可观的资金节约，并显著提升设备使用率。[1-5]

---

**作者简介：**高晓莉（1991— ），女，博士，工程师，研究方向为无机实验教学与仪器管理；熊辉（1974— ），男，博士，高级工程师，实验中心副主任，研究方向为物理化学；付世涛（1979— ），男，博士，讲师，研究方向为核磁应用研究与大型仪器管理；罗小梦（1993— ），女，硕士，工程师，研究方向为化学生物与大型仪器管理；刘承美（1965— ），男，博士，教授，实验中心主任，研究方向为有机化工。李洁琼（1978— ），女，博士，讲师，研究方向为设备资产管理、大型仪器设备使用效益管理（通信作者）。

当前，高校中部分实验仪器使用频率偏低，而企业在进行研发或生产过程中却急需这些设备。通过共享，这些设备得以在不影响准确性的前提下获得更多使用，整体使用效率得以提升。此外，高校拥有先进的科研仪器和强大的科研能力，而企业则具备市场需求和实际应用场景。仪器共享不仅使高校能够更精准地把握企业需求，推动科研创新，同时也使企业能够利用高校的科研成果进行产品研发或改进，实现互利共赢。

近年来，“仪器共享”工作得到了国家的极大支持与关注，连续出台了系列指导文件，旨在加快科研设施与仪器的社会开放。这为高校仪器与企业共享提供了强有力的政策支持。然而，此过程中也面临着一系列挑战，如激励机制的缺乏、共享运行维护经费不足、专业技术队伍建设滞后等问题。因此，需要政府、高校、企业等多方共同努力，完善相关政策和管理机制，推动高校仪器与企业共享的深入发展[6-10]。

华中科技大学，作为一所 985、211、双一流建设的综合性大学，其多学科领域的科研活动对科学仪器资源的共享需求尤为迫切。然而，受传统管理体制和运行机制的限制，仪器资源共享往往面临诸多障碍，导致资源浪费和效率低下。本文以华中科技大学化学实验中心大型仪器创新服务为案例，深入剖析了多年来华中科技大学在科学仪器共享服务方面的策略，总结了其成功经验与亮点，同时指出了存在的问题与不足，并提出了针对性的优化建议和改进措施。期望这些研究能为其他高校和科研机构提供借鉴，共同推动高校仪器资源共享的优化配置和高效利用。

## 1 华中科技大学科学仪器共享服务现状分析

### 1.1 现有共享服务体系的构成

华中科技大学实设处推出了校内设备信息化综合管理系统和大仪开放共享网络平台，实现了设备的信息化管理以及网上预约、测试、计费等功能。截至 2024 年，入网大仪共计 5700 余台套，原值 30 余亿元，其中接受网上预约的大仪共计 1470 余台设备，原值 13 余亿元。这些平台不仅方便了用户的使用，也提高了设备的使用效率。目前华中科技大学的科学仪器共享服务已形成了三大核心支柱，为科研人员提供全面、高效、便捷的服务。

（1）学校倾力构建了一个完善的仪器资源管理平台，该平台整合了全校的科学仪器资源，并通过先进的信息化技术实现了资源的数字化、网络化管理。这一平台不仅实现了仪器资源的实时更新和动态管理，还提供了丰富的查询功能，使科研人员能够轻松获取所需仪器的详细信息，如型号、规格、性能参数等。通过这一平台，科研人员可以更加高效地预约、使用和维护仪器，从而提升了科研工作的效率和质量。

（2）学校建立了一套规范的服务流程体系，明确了仪器预约、使用、维护等各个环节的操作规程和责任分工。这一体系确保了服务的及时性、准确性和高效性，为科研人员提供了更加专业、便捷的服务体验。同时，平台还提供了在线预约、使用记录查询等功能，进一步提升了服务的便捷性和透明度。

（3）为了鼓励科研人员积极使用共享仪器，学校出台了一系列政策支持与激励机制。通过制定明确的政策文件，学校明确了仪器共享服务的目标、原则和要求，为服务的开展提供了制度保障。同时，学校还设立了专项基金，对仪器使用效益高的项目进行奖励，以激发科研人员的积极性和创造性。这些措施的实施，不仅促进了科研资源的共享和高效利用，还推动了学校科研工作的快速发展。

图 1　华中科技大学大型仪器设备开放共享服务系统首页图

## 1.2　仪器共享服务的运行状况

自 2016 年起，华中科技大学作为国家推进大型仪器开放共享服务工作首批试点高校之一，学校结合科技部、教育部数据规范及本校对大型仪器设备的管理要求，对大仪开放共享平台进行了升级改造。升级改造该平台实现了与国家网络管理平台、教育部 CERS 平台、湖北省大仪平台对接与合作，华中科技大学大型仪器设备开放共享逐步形成了“校级实体平台，院系实体平台，网络管理平台”的格局。全校大仪机时达标率逐年提升，从 2012 年度的 55.21% 递增至 2017 年度的 86.89%（按照教育部标准统计）。2018 年，科技部财政部联合发布《关于发布中央级高校和科研院所等单位重大科研基础设施和大型科研仪器开放共享评价考核结果的通知》，在参与考评的 82 所高校中，仅有 4 所高校获评优秀，华中科技大学就是考核优秀之一，并获得了后补助奖励。

近年来，华中科技大学科学仪器平台致力于通过强化仪器资源的整合、优化服务流程、完善激励机制和政策支持等措施，显著提升共享服务的质量和效率。这些努力为科研工作的顺利进行提供了坚实的支撑，确保了共享服务在科研创新中的关键作用。

例如华中科技大学化学与化工学院所属分析测试平台经过多年发展，不断壮大，构建了一个集高水平研究实验、大型科学仪器共享于一体的综合性服务平台，旨在深化科研服务能力，推动学院及学校的科研生态建设。平台的高压气体吸附分析仪和多站式比表面积吸附仪助力化院谭必恩教授团队的微孔有机聚合物项目中的材料比表面积及多孔结构表征，为解决领域关键技术问题提供了科学且全面的数据采集和分析服务，支持该团队在 Nat. Commun.、J. Am. Chem. Soc.、Angewandte Chemie 等国际知名期刊发表 SCI 论文 10 余篇（2023 年度）。其中，该团队在共价三嗪框架方面的研究取得了系列具有国际影响力的原创性科学成果，促进了该材料在光电 / 光催化等领域研究的蓬勃发展。项目成果得到国际学术界的高度评价、引用与跟进，在共价三嗪框架领域的研究处于国际前沿水平，且团队的《有序共价三嗪框架的构筑及其应用》荣获 2023 年湖北省自然科学奖一等奖。平台的 X 射线多晶粉末衍射仪、核磁共振波谱仪、紫外可见分光光度计等仪器为测试用户开展的高性能倒针钙钛矿太阳能电池领域的研究提供支持，助力其分析相关机理及产物性能表征。该工作以题为“Stabilized hole-selective layer for high-performance inverted p-i-n perovskite solar cells”的文章发表于 Science 382，284-289（2023），影响因子 56.9。成果不止如此，平台所属大型仪器还支撑化学学院教育部重点实验评优工作以及面向社会企业开放共享服务测试，在推动学校科研水平及仪器共享服务的持续发展方向做出了重要贡献。

## 2　华中科技大学提高科学仪器共享服务策略

为了不断优化并深化学校科研仪器开放共享服务的品质，华中科技大学汇集众智，经过深入调研与细致学习，已经实施了一系列具有针对性的改进措施，具体包含以下几个方面[10-17]。

（1）学校依据学科门类，整合单价在 10 万元以上、通用性强、可供两个及以上学科共同使用的大型仪器，适时建立分析测试中心等跨学科的大型仪器共享平台，实现大型仪器在全校范围内充分共享，共享体系涵盖了从仪器资源整合、预约使用到数据分析等多个环节，及时发布可供共享使用的大型仪器的资源信息。

（2）按照仪器运行成本并兼顾测试用户的承受能力，确定合理的收费标准，制定切实可行的收费办法，实行大型仪器有偿使用，避免滥用仪器的现象，适当补充维护维修经费的不足。

（3）为保证大型仪器开放共享机制的良性运行，鼓励测试用户多用、用好大型仪器，设立大型仪器开放共享基金，通过申报、确认等程序，将开放基金主要用于配套资助教师使用大型仪器所需测试费用和耗材费用的支出。

（4）完善设备使用效益评价体系，包括仪器设备有效服务机时、设备完好率、用户的反馈意见、服务质量等。

（5）以评促改、以评促建，提升大型仪器设备使用效率。

（6）针对大型科学仪器的使用和维护，开展定期的技术培训和交流活动，提高研究人员的使用技能和操作水平，培养专业的仪器管理人员，确保仪器的正常运行和有效维护。

（7）建立健全的安全管理制度，确保大型仪器在开放共享过程中的安全使用，加强风险评估和防控，预防可能发生的意外事故和损失。

（8）积极参与国际性的科学仪器共享项目，借鉴国际先进经验，提高我国高校科学仪器的开放共享水平。

（9）建立激励机制与评价体系，对开放共享成效显著的单位和个人给予表彰和奖励。

（10）将开放共享工作纳入绩效考核和职称评定等评价体系中，激发教师和科研人员的积极性。

（11）加强仪器管理人员的培训和管理，要以热情热爱的态度完成日常的测试服务工作。

（12）开放共享不仅服务于科研人员，还向公众开放，推动科技普及和教育事业的发展。

（13）加入湖北省科技资源共享服务平台，支持湖北省科技创新券服务，借助“互联网+”多媒体技术等加大测试平台宣传力度。

服务评价统计 » 按仪器评价

| 仪器名称 | 实验室 | 管理员 | 评价人次 | 打分人次 | 平均分 | 服务时间满意率 | 服务态度满意率 | 服务质量满意率 |
|---|---|---|---|---|---|---|---|---|
| 凝胶渗透色谱仪 | 化学学院科研... | [redacted] | 0 | 2 | 5 | 100% | 100% | 100% |
| 倒置荧光显微镜 | 药学院生物药... | [redacted] | 0 | 2 | 5 | 100% | 100% | 100% |
| F波段BWO微波源 | 强电磁工程与... | [redacted] | 0 | 2 | 5 | 100% | 100% | 100% |
| 信号分析系统 | 网络空间安全... | [redacted] | 0 | 1 | 5 | 100% | 100% | 100% |
| 大型静态及动态循环直剪单剪系统 | 土木工程实验... | [redacted] | 0 | 1 | 5 | 100% | 100% | 100% |

图 2　部分大仪共享开放服务用户反馈满意率图

注：满意率 = 超过 4.5。

在华中科技大学科学仪器共享服务的案例实施过程与措施中，华中科技大学化学实验中心测试平台作为共享服务平台，成功地展示了华中科技大学在科研资源共享方面的创新性，也为其他科研机构提供了宝贵的经验。

首先，该平台通过搭建高效信息化共享管理对话平台，建立了仪器分析测试交流群，群成员超过 1000 人，涵盖了材料、生物学、医学等多个学科领域。这一举措极大地促进了用户间的技术、数据、管理等方面的交流和合作，提高了服务效率。同时，通过文件共享和在线咨询服务，平台各仪器管理老师能够第一时间为用户答疑解惑，满足了用户的多样化需求。

其次，化学平台建立了合理的预约取消体系。由于部分仪器使用率高、机时饱和，临时取消预约会导致机时浪费。为此，管理人员在网上预约的基础上建立了预约信息分享群，对预约时间变更进行实时沟通和交流，提高了取消后复约率。同时，制订了严格的预约取消管理方法，有效避免了机时空置现象的发生。

此外，仪器管理老师还注重项目前咨询工作。针对新上机的用户，平台管理老师会进行“测试前主动咨询”，根据用户课题设计、实验目的和样本情况，优化检测方案，帮助设计最适合的检测条件和数据分析方法。这一举措不仅提高了仪器测试工作效率，也为用户节省了测试时间和成本。

通过实施以上措施，华中科技大学化学实验平台在华中科技大学科学仪器共享服务中取得了显著成效。据统计，华中科技大学化学实验平台在 2024 年度的使用效益考核中表现突出，获评“优秀单位”称号。同时，该平台也受到了广大用户的高度评价，为华中科技大学的教学、科研和人才培养提供了有力支持。

## 3 仪器共享服务面临的问题与解决方案

### 3.1 仪器共享服务面临的问题

虽然，华中科技大学科学仪器共享服务的运行状况呈现出稳步上升的趋势。但依然面临着问题与挑战。例如，学校内各个实验室和研究机构拥有大量的科学仪器，但由于缺乏有效的整合和共享机制，这些仪器往往只能在特定的研究团队内部使用，存在仪器资源的分散和利用率不高的情况，造成了资源的浪费。同时还有一些仪器设备在购置时只是服务于当时科研项目研究，当课题结题后，仪器无人使用，据初步统计，约有 5% 的仪器在一年内使用次数不足 20 次，这既增加了仪器的维护成本，也限制了科研工作的深入开展。

### 3.2 成功经验与亮点

为有效解决上述问题，学校多年来采取了一系列措施来优化仪器资源的配置和共享，总结如下经验与亮点。

**表 1 科学仪器共享服务管理表**

| 序号 | 管理措施 | 具体实施 | 效果 / 影响 |
|---|---|---|---|
| 1 | 优化资源配置 | 引入先进的仪器管理系统，实现实时监控和数据分析 | 仪器使用率显著提高，避免资源闲置和浪费 |
| 2 | 引入市场机制 | 与专业科研测试机构，如科学指南针、测试狗、e 测试等合作，推动仪器共享革新与发展 | 资源优化配置，增加学校经济收益，拓展服务领域 |

续表

| 序号 | 管理措施 | 具体实施 | 效果 / 影响 |
|---|---|---|---|
| 3 | 优化校外共享服务流程 | 简化申请材料和审批流程，建立用户反馈机制 | 高效便捷的服务流程，快速获得使用权限 |
| 4 | 加强服务人员培训和管理 | 设立 AB 岗，提高服务质量 | 确保科研人员顺利使用共享仪器 |
| 5 | 设立激励机制与政策支持 | 为使用共享仪器的项目提供资金支持，为仪器管理员提供绩效奖励 | 激发师生使用共享服务的积极性 |
| 6 | 争取政府部门支持 | 获得政策扶持和资金补贴 | 共享服务持续发展得到保障 |

这些成功经验与亮点不仅体现了华中科技大学在科学仪器共享服务方面的创新能力和管理水平，也为其他高校和企业提供了有益的借鉴和启示。正如管理学大师彼得·德鲁克所言："管理的本质不在于知，而在于行。"华中科技大学正是通过不断探索和实践，将科学仪器共享服务的理念转化为实际行动，实现了仪器资源的优化配置和高效共享，为科研工作的深入开展提供有力支持。

## 4 结论

本研究分析了华中科技大学科学仪器共享服务现状，揭示了挑战与问题，提出了优化策略。策略显著优化资源分配，提升科研效率。通过华中科技大学化学实验中心测试平台案例，验证共享服务策略高效可行，通过搭建信息化平台促进信息共享，建立预约取消体系避免浪费，提供项目前咨询提高使用效率和满意度。采取创新激励机制、引入市场宣传合作机制、优化共享服务流程以及全面政策支持等，这些经验均为其他高校提供启示。展望未来，华中科技大学将继续在共享服务领域创新，随着科技的飞速发展，学校拟建云服务平台，采用云服务平台可以实现仪器的远程操控，突破地域限制，让测试用户无论身处何地，只要经过培训、签署协议并符合相关政策，即可随时访问和操作所需仪器。这一举措将极大地提升仪器共享服务的灵活性和效率。同时，借助大数据分析技术，学校将精准洞察科研需求，优化资源配置，确保每台仪器都能得到高效利用，从而加速仪器共享和科研进程，促进创新成果的涌现。此外，学校还将持续推动科普宣传工作，提升公众科学素养，积极履行社会责任，通过开放共享科学仪器资源，为公众提供接触和了解先进科研设备和技术的机会，共同推动社会的进步与发展。

## 参考文献

[1] 崔国印．创新视角下共享经济与高校大型仪器设备管理平台的融合构建[J]．物流工程

与管理，2020, 42（11）: 170-173.
[2] 赵玉茹．共享经济模式下高校大型仪器设备管理[J]. 浙江工业大学学报（社会科学版），2017, 16（3）: 343-347.
[3] 熊辉，高晓莉，郭雯霁，等．双一流背景下化学实验中心的建设与实践[J]. 实验室研究与探索，2024, 43（1）: 130-134.
[4] 王翠萍，宋雯琪，姜鑫妍．我国科学数据共享平台建设及服务内容研究[J]. 中国科技资源导刊，2023, 55（3）: 9-18.
[5] 祝林，陈嘉琪，褚英敏，等．华南地区大型科研仪器共享现状分析及启示[J]. 中国科技资源导刊，2019, 51（2）: 1-8.
[6] 潘春彬．推动仪器设备高质量社会化开放共享实践研究[J]. Experimental Technology & Management, 2022, 39（5）: 233-237.
[7] 刘乔，刘慧宇．高校大型仪器设备开放共享体系建设与实践[J]. Research & Exploration in Laboratory, 2019, 38（9）: 286-288.
[8] 邓敏，雷敬炎．地方政府促进高校仪器设备开放共享的主要做法和对策[J]. Research & Exploration in Laboratory, 2016, 35（4）: 264-278.
[9] 朱霞，李颉群．地方高校科研仪器设备开放共享问题及对策[J]. Research & Exploration in Laboratory, 2019, 38（5）: 279-293.
[10] 刘嘉南，胡今鸿，潘信吉．高校大型仪器共享制约因素的探析[J]. 实验室研究与探索，2009, 28（10）: 162-164.
[11] 贾延江，林明河，陈步云，等．高等学校仪器设备共享系统管理及运行的激励机制研究[J]. 实验技术与管理，2006, 23（10）: 12-14.
[12] 洪梅，冯驰，张文瑾，等．大型科学仪器区域协作共享平台建设的思考[J]. 中国科技资源导刊，2015,（1）: 69-74.
[13] 熊辉，胡国志，李霞，等．高校化学实验中心的创新与实践[J]. 实验技术与管理，2021, 38（12）:19.
[14] 张哲娟，洪家祺，聂耳．综合性高校大型仪器共享问题与推进策略[J]. 实验科学与技术，2023, 21（3）: 145-149.
[15] 卫飞飞，方维臻．校级分析测试中心大型仪器设备共享平台建设探讨－以西南交通大学分析测试中心为例[J]. 分析测试技术与仪器，2023, 29（4）: 429-437.
[16] 翟显，阮学锋，廖冬梅，等．少台套数大型仪器设备开放共享制度探索与实践[J]. 实验室科学，2021, 24（1）: 175-178.
[17] 蔡晚拴．国家一流学科背景下大型仪器开放共享平台建设[J]. 实验科学与技术，2023, 21（1）: 152-156.

# 科研院所大型科研仪器开放共享现状与思考

## ——以中国地震局地震研究所为例

刘婉逸　范超男　翟笃林　胡江林

（中国地震局地震研究所，武汉，430071）

**摘要**：十八大以来，我国出台了一系列大型科研仪器开放共享相关政策文件，各科研院所积极响应开展大型科研仪器开放共享工作，取得较好效果的同时存在一些问题。结合中国地震局地震研究所大型科研仪器开放共享工作开展现状，指出目前科研院所大型科研仪器开放共享工作存在的问题，并提出提升仪器使用效率、规范化在线服务平台建设、建立专业管理团队、完善考核评价机制等对策，以助力科研院所大型科研仪器进一步开放共享，为科学研究工作更好提供支撑。

**关键词**：大型科研仪器；科研院所；开放共享

## 引言

国家重大科研基础设施和大型科研仪器（以下称“大型科研仪器”）是突破科学前沿、解决经济社会发展和国家安全重大科技问题的技术基础和重要手段[1]。作为科研院所，大型科研仪器不仅是进行科学研究和人才培养的基础，也是科技创新、成果转化和社会服务的重要手段。近年来，随着国家改善科研条件专项等重点工程实施，大型科研仪器规模得以扩大，覆盖范围愈加广泛，大型科研仪器对科技创新支撑作用日渐增强。但就目前高校、科研院所和各企事业单位购置情况来看，大型科研仪器设备的投入与产出并不成比例，使用效率低等问题普遍存在，未能充分发挥大型科研仪器科技支撑作用。

2014 年 12 月，国务院印发《关于国家重大科研基础设施和大型科研仪器向社会开放的意见》（国发〔2014〕70 号），通过制度改革加快推进大型科研仪器向社会开放，释放科技资源潜力。在意见指导下，大型科研仪器开放共享工作取得积极进展，同时也存在一定问题。本文结合中国地震局地震研究所及相关科研院所大型科研仪器共享工作现状，简要探

**作者简介**：刘婉逸（1998—　），女，助理工程师，研究方向为科研管理；范超男（1993—　），女，助理工程师，研究方向为研究生教育；翟笃林（1992—　），男，工程师，研究方向为大型实验室管理；胡江林（1995—　），男，研究实习员，研究方向为科技人才、教育评价与管理。

讨一下目前亟待解决的问题以及未来发展方向。

# 1 国内外大型科研仪器开放共享现状

## 1.1 国外现状

### 1.1.1 国外相关法律法规

现今世界上很多国家均制定了包含大型仪器设备开放共享相关内容的法律法规。美国国会 1996 年通过并由总统批准的《联邦采购改革法案》(Federal Acquisition Reform Act, FARA)[2]就政府采购设备共享做出规定“对于政府资产有管辖权的单位可以授权给非盈利组织免费使用这些资产，用于研究、开发和教育，并且财产的使用符合国家利益”等。这些条款均为联邦政府投资的科研仪器对外开放共享工作打下良好法律基础。日本政府的文部科学省(Ministy of Education, Culture, Sports, Science and Technology, MEXT)制定了一系列科学仪器发展相关政策以及管理办法等。1995 年，MEXT 连同日本政府其他部门制定了《科学技术基本法》，提到了要促进数据资源的共享和利用。2020 年，日本政府在内阁会议通过了《科学技术基本法》修正案，并更名为《科学技术创新基本法》[3]。2006 年修订颁布的《关于促进特定尖端大型研究设施共同利用的法律》对最尖端的大型研究设施进行广泛共用在政策体制上给予适当的支持。2011 年 8 月，发布日本《第四期科学技术基本计划(2011—2015)》[4]，计划中指出“积极促进工业界、学术界和政府之间共享研究设施和设备，将可共享的设施和设备扩大到整个日本”。韩国通过《协同研究开发促进法》鼓励科研资源共享与合作[5]。

### 1.1.2 共享平台建设

在 2011 年，由南安普顿大学英国工程与物理研究委员会(Engineering and Physical Sciences Research Council, EPSRC)资助下建成科研仪器共享门户网站[6]，截止 2024 年 7 月包含了 62 个机构、20483 台共享仪器信息，其中包含了牛津大学、剑桥大学等在内的 55 个高校以及厄勒姆研究所等 7 个科研机构。该网站切实提升了英国国家资助的大型科研仪器使用效率。日本有包含“仪器共享平台建设”在内的三类先进科学仪器资助计划[7]，MEXT 制定了“Nanotech Japan 纳米材料研究设备平台计划”[8]及“高端基础研究科学仪器设备共享平台建设计划”[9]。其中，第一个平台共包含 25 家大学和科研院所科研仪器，包含 3 个子平台，29 类仪器。

## 1.2 国内现状

### 1.2.1 政策机制现状

为加快科研仪器向社会开放，国务院、科技部等有关部门出台了一系列制度文件。2013 年发布《国家重大科技基础设施建设中长期规划(2012—2030)》[10]，2014 年颁布《关于国家重大科研基础设施和大型科研仪器向社会开放的意见》(国发〔2014〕70 号)，2017

年制定了《国家重大科研基础设施和大型科研仪器开放共享管理办法》[11]，2021 年修订了《中华人民共和国科学技术进步法》[12]，其中第 54 条、77 条、94 条都对科学仪器设备等资源开放共享提出要求，2022 年印发《国家重大科研基础设施和大型科研仪器开放共享评价考核实施细则》[13] 以规范国家重大科研基础设施和大型科研仪器开放共享评价考核和奖惩工作。各地方政府也相继出台了当地政策鼓励科研仪器开放共享，湖北省出台了《湖北省人民政府关于促进科研基础设施和科研仪器向社会开放的实施意见》（鄂政发〔2015〕63 号），云南省人民政府制定了《关于加强重大科研基础设施和大型科研仪器向社会开放的实施意见》，福建省人民政府发布了《关于推进重大科研基础设施和大型科研仪器向社会开放的实施意见》。

#### 1.2.2 高校及科研院所共享现状

为推动科技资源共享，不断提升我国科技创新能力，科技部国家科技基础条件平台中心建设了重大科研基础设施与大型科研仪器国家网络管理平台，实现高校及科研院所大型科研仪器信息查询及预约。同时，包括新疆维吾尔自治区、湖北省、浙江省在内的 23 个省市自治区建立了本省市自治区大型科研仪器开放共享平台，为推动大型仪器开放共享工作提供有力支撑。2022 年，共有 345 家中央级高校和科研院所等单位参加重大科研基础设施和大型科研仪器开放共享评价考核，涉及原值 50 万元以上科研仪器 4.7 万台（套），比 2021 年增加 0.5 万台（套），重大科研基础设施 85 个[14]。参评科研仪器年平均有效工作机时为 1351 小时，比 2021 年增加 73 小时。仪器入网比例为 100%，相比于 2021 年的 98% 提升 2 个百分点。50 家单位考核结果为优秀，100 家单位考核结果为良好，另有 6 家单位考核结果为较差，包括中国科学院生物物理研究所在内的 22 家单位连续两年考核结果为优秀。整体来讲，各单位管理和共享应用水平比 2021 年均有进一步提升。

## 2 我单位大型科研仪器设备基本情况

为做好大型科研仪器开放共享工作，中国地震局地震研究所按照“盘活存量、优化增量、提升质量”的思路，切实履行开放职责，建立科学运行机制，规范管理开放共享的仪器，建立仪器共享网站（http：//223.75.237.39：8088/SubPlat/），实现线上审批，对仪器共享使用情况进行动态跟踪。截至 2023 年年底，共有大型仪器设备 49 台入网，包含地球科学、测绘科学技术等六大专业领域相关仪器，以重力仪和倾斜仪居多，资产总值 8806.67 万元，可提供安全性评价、物探等检测服务。2023 年已开放仪器设备年有效工作机时达 19723 小时，对外服务 8 次，为华中科技大学、中国科学院测量科学与技术创新研究院、海克斯康测量系统（武汉）有限公司等单位提供测试服务和技术支撑。同时，我所利用相对重力仪（CG-5 型、CG-6 型）、绝对重力仪（FG5 型）完成 5436 段次相对重力联测任务和 98 点次绝对重力观测任务；在甘肃积石山地震中，我所利用绝对重力仪、相对重力仪、

GNSS 接收机等多台仪器，获取了地震前后重力变化、地下密度结构剖面等资料，相关科考报告纳入中国地震局科考成果，为后续决策提供支持。2018—2022 年，中国地震局地震研究所连续五年重大科研基础设施和大型科研仪器开放共享考核评价结果为合格。

在制度建设上，为加强研究所大型设备管理，科学利用设备资源，释放服务潜能，提高使用效率，我单位共发布包括《湖北省地震局大型设备开放共享管理办法（试行）》《中国地震局地震研究所实验室日常管理维护管理办法》《湖北省地震局国有资产管理办法》《中国地震局地震研究所科研及工程系列专业技术职务任职资格评审办法》《重点实验室仪器设备使用管理条例》等五项管理办法。

在队伍建设上，研究所设立实验室管理办公室，归口研究所综合办公室管理。实验室管理办公室现有管理人员 6 人，相关实验人员 60 余人，同时制定并完善一系列实验室管理制度，保证每台仪器设备安排专人负责日常管理和维护，形成规范的管理模式，强化了实验室内部管理，为大型科研仪器开放共享使用奠定基础，促进本单位与其他科研院所及高校的合作，扩大本单位的科研影响力。

## 3 仪器共享工作开展过程中遇到的问题

### 3.1 入网仪器运行效率低

主要表现为年开机时数少。经统计，2023 年参与考核评价的各类单位科研仪器年平均开机时数达到 1351h，国家规定的全负荷运行时间为 1600h，而我单位年平均开机时数仅为 402.51h，有较大提升空间。这主要是因为我所开放共享的大部分为重力学科与形变学科仪器，服务于地震行业居多，其专业属性较强，很难运用到其他学科领域中去。

### 3.2 平台建设不规范

我所虽建立了所级大型科研仪器共享平台，但存在以下几个问题①平台功能有待完善，目前仅有仪器相关介绍以及预约仪器入口，缺乏相应规章制度、使用指南、平台概况、物联网实时监控等内容。对于想要预约的单位来讲，此平台使用体验并不好。②对于新采购仪器在投入使用后未及时在共享平台更新相关仪器信息。③网站入口十分隐蔽，从我所官方网站并未找到仪器开放共享平台链接，对于平台宣传力度不够，没有能够很好地运用好开放共享平台。

### 3.3 仪器设备共享意识有待提高

虽然大型科研仪器多为国家支持的相关科研项目采购，其产权归单位，但仪器多为不同研究室和部门采购，在使用过程中若仅考虑内部使用方便，可能存在单位化、团体化、个人化问题。同时，由于仪器设备多为进口设备，其价格高昂，而共享使用时操作设备的人员专业素质不高，可能导致仪器容易损坏，其维护成本高，团队科研进展也可能因此受到影响，这使得很多科研人员并不愿意将其负责运维管理的仪器进行共享使用。

### 3.4 绩效考核办法和激励机制不够完善

为提升大型科研仪器开放共享率，国家、省、各单位都出台了相关考核评价文件。以中国地震局地震研究所为例，《湖北省地震局大型设备开放共享管理办法（试行）》中评价监督一章中规定"规划财务处会同有关部门建立评价机制，制定评价标准和方法，定期对科研设施与仪器的运行情况、开放制度的合理性、开放程度、服务质量、服务收费和开放效果进行评价。"并就通用设施与仪器和专用设施与仪器给出不同的评价方式。但是在具体实施过程中，仍存在一些问题。如不同仪器用相同研究成果产出、一项科研成果与多台不相关仪器捆绑，导致在评价过程中并不能真正反映仪器共享成效。同时，在参与科技部等考核过程中，各单位提交的材料包括运行机时、开放效率等主要评价参数真实性无法核实。

## 4 科研院所大型科研仪器开放共享对策

### 4.1 提高大型科研仪器使用效率

大型科研仪器开放共享机制就是为了优化配置，提升仪器使用效率。作为科研院所，在采购大型仪器设备时应组织专家开展可行性论证，对拟采购仪器设备的技术参数等进行全面评估，确保仪器采购的必要性及仪器的适用性。以保证仪器在采购后能投入使用，支撑单位相关科研工作开展，取得良好成效。此外还要做好设备的使用、维护和管理工作，大型科研仪器设备产值高，在使用过程中更应小心谨慎。需对仪器进行定期检修维护，确保仪器处于良好工作状态。一旦仪器出现故障，要及时维修，无法自行解决的，可采取返厂等方式维修。

### 4.2 建设标准化大型仪器共享在线服务平台

在线服务平台是提供共享服务的重要窗口，直接关系到大型科研仪器资源共享效率。结合科研院所在线服务平台目前存在的一些问题，应学习国家共享平台及部分高等院校和科研院所优秀做法，不断规范化智能化在线服务平台。①完善预约使用、网上审批、仪器信息介绍、仪器使用反馈评价、使用情况在线跟踪、统计分析等功能，不断提升用户体验感。②及时更新仪器相关信息，新购置仪器要第一时间接入省、国家大型仪器共享平台。③加强对仪器共享平台的宣传，将其链接放在单位官方网站比较显眼的位置，便捷用户预约使用相关仪器。④创新预约模式，可提供微信公众号预约链接，使得仪器预约和状态查询更为便捷，满足共享用户多样化需求，目前西安交通大学等学校已有相关公众号[15]。

### 4.3 打造专业大型科研仪器使用管理团队

科研院所许多大型科研仪器专业属性强，需要专人进行使用和管理。需加强对仪器使用人员的定期培训，有条件的科研院所可以设置专职仪器管理人员，对单位所有仪器设备进行学习熟悉，做好仪器管理团队的梯队建设，提升其专业素质和能力。同时也可对将要共享使用仪器设备的人员提供相关培训，以减小在使用仪器过程中出错概率。

### 4.4 完善大型科研仪器共享评价考核机制

良好的共享考核评价机制能够激励各单位和仪器使用管理人员更好开展仪器共享工作。各科研院所应在国家大型科研仪器开放共享评价考核实施细则指导下，根据自身实际情况，制定专属评价考核机制。①可针对不同类型科研仪器设备制定侧重点不同的考核目标，侧重于对可量化指标的考核，确保考核结果的客观性。②可将大型科研仪器共享情况纳入科研人员绩效考核评价中去，将考核结果作为管理人员年度考核、绩效工资的评价标准之一，对于表现优秀的人员给予适当奖励。③加强对相关数据填报的监督，确保数据的真实性及考核过程的公平性，有关数据可同仪器共享平台相连接，直接获取相应数据。

## 5 结语

大型科研仪器开放共享工作是一项利国利民的好事，提高资源利用效率，提升仪器使用效能，有效减少资源闲置，同时也为科学研究提供支撑。中国地震局地震研究所将结合自身建设情况和科研目标规划，进一步整合资源，借鉴其他优秀科研院所及高等院校建设经验，丰富仪器共享平台内容、新增科研仪器，结合防震减灾事业现代化需求、加大宣传力度、打造专业管理团队、创新完善共享机制，不断推动大型科研仪器共享共用工作迈上新台阶。

## 参考文献

[1] 国务院．国务院关于国家重大科研基础设施和大型科研仪器向社会开放的意见［EB/OL］．（2015）．https：//www.gov.cn/gongbao/content/2015/content_2814782.htm.

[2] U.S.NATIONAL LEGISLATION. Federal Acquisition Reform Act of 1996[EB/OL].(2002). http：//www.osec.doc.gov/oam/archive/docs/FAR A.pdf.

[3] 刘德娟，沈力．日本科学技术创新政策的变迁及新动向[J]. 科技管理研究，2024(5): 27-33.

[4] 日本文部科学省．第四期科学技术基本计画［EB/OL］.（2011）．https：//www8.cao.go.jp/cstp/kihonkeikaku/5honbun.pdf.

[5] 董璐，李泽霞，王郅媛，等．国外大型科研仪器设备共享措施研究及启示［J］．世界科技研究与发展，2019（10）：524-533.

[6] Engineering and Physical Sciences Research Council. Enabling Access to UK HE Research Equipment［EB /OL］．http：//equipment.data.ac.uk/.

[7] 李扬，吴鸣，欧阳峥峥，等．日本先进科学仪器国家资助计划政策及发展现状研究[J]. 科技促进发展，2016（2）：196—203.

[8] 日本文部科学省．ナノテクノロジー・物質・材料分野［EB/OL］.（2009）. http：//www.mext.go.jp/a_menu/kagaku/ nano/index.htm.
[9] 日本文部科学省．先端研究基盤共用・プラットフォーム形成事業［EB/ OL］. http：//kyoyonavi.mext.go.jp/info/about04.
[10] 中华人民共和国科学技术部．国务院关于印发国家重大科技基础设施建设中长期规划（2012—2030）的通知［EB/OL］.（2012）. https：//www.most.gov.cn/szyw/yw/201303/t20130306_99983.html.
[11] 中华人民共和国科学技术部．科技部 发展改革委 财政部关于印发《国家重大科研基础设施和大型科研仪器开放共享管理办法》的通知［EB/OL］.（2017）. https：//www.most.gov.cn/xxgk/xinxifenlei/fdzdgknr/fgzc/gfxwj/ gfxwj2017/201709/t20170922_135054.html.
[12] 中华人民共和国科学技术部.《中华人民共和国科学技术进步法》（2021 年修订）[EB/OL].（2021）. https://www.most.gov.cn/xxgk/xinxifenlei/fdzdgknr/fgzc/flfg/202201/t20220118_179043.html.
[13] 中华人民共和国科学技术部．科技部办公厅关于印发《国家重大科研基础设施和大型科研仪器开放共享评价考核实施细则》的通知[EB/OL].（2022）. https://www.most.gov.cn/xxgk/xinxifenlei/fdzdgknr/qt wj/qtwj2022/202207/t20220705_181462.html.
[14] 中华人民共和国科学技术部．科技部办公厅 财政部办公厅关于发布 2022 年中央级高校和科研院所等单位重大科研基础设施和大型科研仪器开放共享评价考核结果的通知[EB/OL].（2022）. https://www.most.gov.cn/xxgk/xinxifenlei/fdzdgknr/qtwj/qtwj2022/202209/t20220927_182645.html.
[15] 荣凤云，吴晓鹏，赵朝飞．科研院所大型仪器设备开放共享平台建设探索与实践[J]. 农业科研经济管理，2021（3）：43-48.

# 提升大型仪器使用和共享绩效的实践探索

付丹妮　范向华　王前锋

（复旦大学类脑智能科学与技术研究院，上海，201203）

**摘要：** 为提升大型仪器使用绩效和共享业绩，上海市脑与类脑智能影像专业技术服务平台逐步开展了相关的实践探索，通过科学研究和技术能力提升、管理流程标准化、建设信息化系统、自主开发智能辅助设备等，依托以考核促发展体系提升大型仪器等科技资源的共享使用效率和建设成效，持续支撑脑科学与类脑智能的基础研究，为相关脑科学研究院所、医院神经科室等提供专业化技术服务。

**关键词：** 大型仪器；使用绩效；开放共享；信息化系统

## 引言

国务院于2024年3月13日印发《推动大规模设备更新和消费品以旧换新行动方案》的通知（国发〔2024〕7号）[1]，这是我国加快构建新发展格局、推动高质量发展的重要举措，有望在增加固定资产投资规模的同时，助力企事业单位、高校向更环保高效的前沿技术与设备转型，加速新质生产力下的科技创新提升与经济效益释放。与此同时，盘活现有存量资产并持续提升大型仪器使用效能亦尤为重要。我校于2023年10月，印发了《复旦大学大型科研仪器使用绩效考核实施细则（试行）》和《复旦大学大型科研仪器开放共享收费标准实施细则（试行）》，以进一步加强学校仪器设备等的管理，促进大型科研仪器提升使用效益和共享成效。根据相关政策和文件精神，并结合上海市专业技术服务平台建设要求以及大型科研仪器现状，通过制度建设、仪器信息公开、实验室信息化系统建设、技术支持能力提升、预约使用与管理流程标准化等方式逐步开展了关于提升大型仪器使用绩效和共享业绩的实践探索。

---

**作者简介：** 付丹妮（1993—　），女，专任工程师，研究方向为科研仪器设备共享；范向华（1980—　），男，工程师，研究方向为实验室智能硬件产品研发；王前锋（1986—　），男，工程师，研究方向为磁共振成像技术开发与数据分析。

上海市脑与类脑智能影像专业技术服务平台依托复旦大学张江国际脑影像中心建设成立。对外服务场地面积 3000 平方米，拥有领先的科研型磁共振系统，包括超高梯度场强 3T Connectom、超高场人体磁共振 Terra7T、全身人体磁共振 5T uMR Jupiter、临床型高端 3T 磁共振系统、11.7T 高场小动物磁共振系统以及一系列近红外光、脑磁图（magnetoencephalography，MEG）等实时脑功能监测系统，搭配直流电刺激、经颅磁刺激、超声脑刺激等脑调控系统，涵盖从小动物到人体全套磁共振成像设备系统。平台旨在建设一个以先进的大型科学仪器 – 磁共振成像体系为核心、具有综合性试验技术能力为支撑的多尺度多模态脑测量领域专业技术服务平台，形成以前沿研究、技术服务、数据分析、算法研发、标准制定为基本内容的专业技术支撑体系，主要为上海市、长三角等地区的脑科学基础研究高校院所、脑疾病临床医疗机构以及人工智能赋能医疗产业的技术服务研发提供支撑和开放共享服务。

为进一步加强开放共享水平建设，通过走访调研学习了优秀经验，了解到某生物医学工程技术研究所研发高性能细胞分选仪研发、红细胞血型相容性检测技术研究及试剂开发、单细胞单分子检测、单分子免疫检测方法研究等技术，通过课题组研发上述技术服务共享用户。某智能科学技术应用研究院主要以服务企业为抓手，通过产学研合作、横向课题、落地转化项目持续推进仪器开放共享，其仪器规模虽然较少，但达到服务 18 家企业，28% 共享率。某医科大学围绕申报国家重点研发计划项目、省级科学技术奖、聚集于医学实验动物设备的专业化服务。这些单位的举措对提升大型仪器使用绩效和共享业绩的实践探索具有借鉴意义，我院逐步开展了关于提升大型仪器使用绩效和共享业绩的实践探索，旨在持续提升仪器设备的操作人员技术水平、有效操作机时、共享率以及使用业绩。

## 1　提升技术开发能力

我院配备了脑科学研究、工程技术和成像序列开发、影像数据分析、后处理算法研发人员，形成强有力的技术开发和支持能力。定期组织仪器操作培训，包括设备使用与技术问题答疑、技术安全培训会议、数据采集技术培训会议等，例如制定了磁共振数据采集规范，包括脑功能数据采集、DTI 数据采集、MRS 数据采集等，为规范化数据采集提供了标准。在 11.7T 超高场小动物磁共振成像系统波谱数据采集技术培训中，工程师通过讲解 11.7T 用到的压水原理，以及磁共振波谱数据采集的经验等，提升了技术人员知识能力和校外共享用户参与度、满意度实现可持续的科研合作。

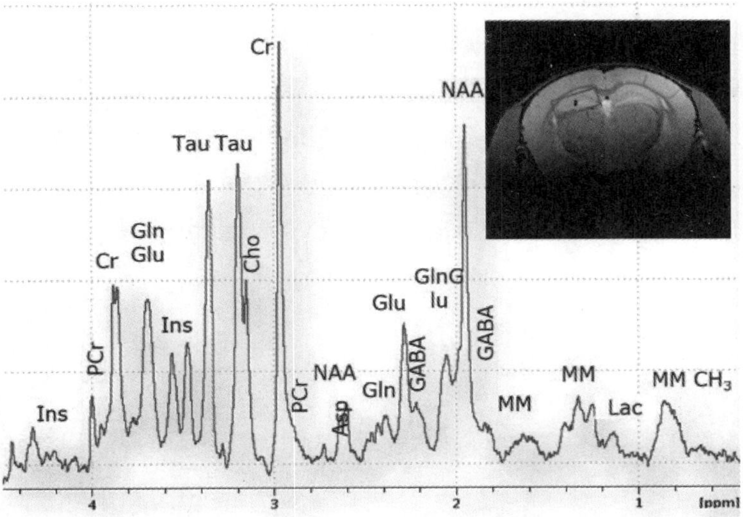


图 1　技术培训中讲解 11.7T 大鼠海马脑区的波谱

## 2　标准化管理流程

根据国家、学校相关文件精神，进一步细化实施了实验室层面的制度，例如建立了《张江国际脑影像中心服务制度》《张江国际脑影像中心磁共振机时预约规范》等，逐步实现预约使用与管理流程标准化、全流程畅通化。例如试行了开放共享仪器收费标准建立流程，可针对“院内用户委托 / 自主操作”“校内其他用户委托 / 自主操作”“校外用户委托 / 自主操作”等不同对象进行差异化定价。收费标准制定依据为：凡有政府定价、政府指导价的，依照相关标准执行；没有政府定价、政府指导价的，参照国内外高校、科研院所或其他企事业单位同类设备技术服务的市场价格确定，参照范围包括但不限于各高校、科研院所设备共享平台网址等；没有政府定价、政府指导价且无可参照的，按照成本补偿和非盈利性原则，进行成本测算后制定收费标准。仪器使用成本主要包括：仪器折旧费、维护保养费、材料消耗费、水电气等能源费、技术人员服务费、公用房资源使用费、管理费及其他必要费用等，包括但不限于，技术人员及相关辅助人员的绩效奖励和邀请专家评审、培训的劳务报酬，辅助业务费等。根据以上制定的收费标准经组织专家论证、审议通过后，公示无异议后备案执行。收费标准以网站仪器信息公开的形式予以公布，并严格按照标准收费，不得擅自变更收费标准，不得向用户收取规定以外的费用，如有减免或优惠政策须经过审议通过。

## 3　建设信息化系统

通过上海研发公共服务平台、复旦大学大型仪器共享管理平台仪器，将仪器信息公开实时显示。在共享服务水平层面，由上海市研发公共服务平台管理中心推出的网页和移动端小程序“申仪享”[2]，实现仪器的开放展示，让有需求的客户能够及时、便捷浏览设备信息、所在单位等，提升科研仪器资源的开放效率和共享水平。我院搭建了张江国际脑影像中心网页，实现线上预约使用大型仪器。在科研条件建设层面，我院工程师开发了磁共振设备状态监测报警装置和即时报修系统[3]，提供高场环境监测和故障警报，确保磁共振设备的稳定运行，实现了对磁共振设备的状态监测、工单分配、故障及时处理的集中管理。并通过工程师研发智能化辅助设备不断提升大型仪器的整体使用效益。

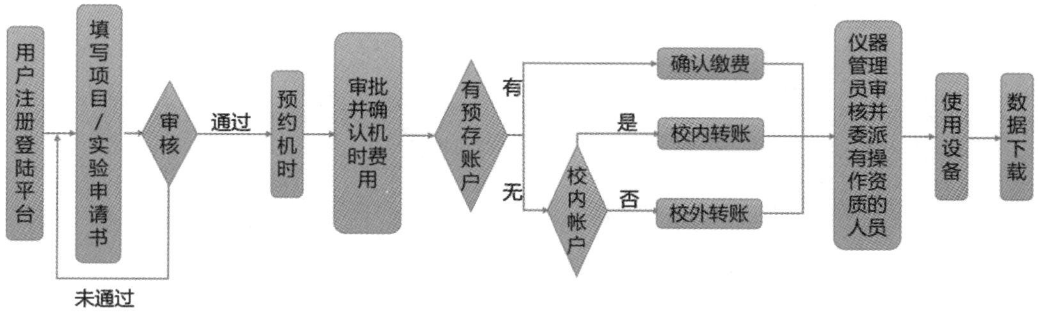


图 2　共享仪器预约框架

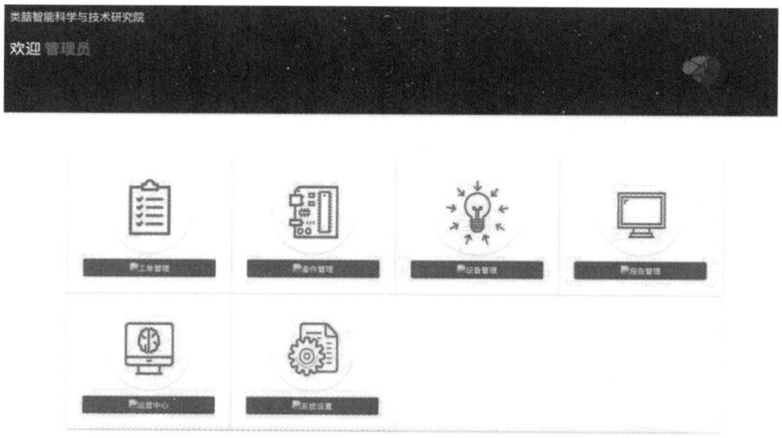


图 3　工程师开发磁共振设备状态监测报警装置和即时报修系统

## 4　探索以考核促发展体系

2023 年 12 月，我校召开 2023 年度大型科研仪器共享管理工作会议[4]。2024 年 3 月，根据《复旦大学大型科研仪器使用绩效考核实施细则（试行）》，开展学校大型科研仪器分类工作，针对原值 30 万元及以上的仪器设备，进行分级分类管理与考核。考核内容包括：仪器基本信息、机时信息、对外服务记录、财务凭证、服务成效案例等。2024 年 5 月，根据科技部与财政部工作安排，开展“2024 年中央级高等学校和科研院所等单位重大科研基础设施和大型科研仪器开放共享评价考核”工作[5]，学校考核范围为 2023 年 1 月至 12 月期间、50万元及以上大型科研仪器的使用和开放共享情况。通过各级实施考核，进一步促进了开放共享体系完善，根据考核指标促进行动落实，例如自行核查了仪器使用记录和记录规范，包括使用开机、调试、终止时间、使用机时数、测试样数、培训人数等内容。集中研讨了围绕大型科研仪器可以支撑的科研任务和对社会经济发展贡献、支撑军民融合情况、研制改造仪器设备情况等，为日后开放共享工作树立了前进目标和方向。

## 5　结语

基于大型科研仪器，上海市脑与类脑智能影像专业技术服务平台研发了系列影像数据分析科研工具，服务神经影像领域研究，创新成像线圈技术与改进设备。建设开展大型仪器共享体系对于我国高校提高教学科研仪器的使用成效、降低运维成本、促进科研交流合作具有十分积极的推动作用[6]。在高质量推动科技创新力量下，建设高效流畅的科研设施与科研仪器开放体系，需要持续努力与创新牵引。通过逐步探索优化制度、仪器信息公开及市场化运行、便捷的信息化系统建设、技术支持能力提升、管理流程标准化等方式，提升大型仪器使用绩效和共享业绩，为脑与类脑人才高地和“双一流”学科建设贡献力量。

## 参考文献

[1] 国务院.国务院关于印发《推动大规模设备更新和消费品以旧换新行动方案》的通知[EB/OL].(2024-03-13)[2024-06-13]. https://www.gov.cn/zhengce/content/202403/content_6939232.htm.

[2] 上海市研发公共服务平台管理中心.申仪享平台[EB/OL].(2024-01-18)[2024-06-13]. https://inst.sgst.cn/.

[3] 复旦大学技术转移中心.走进实验室 | 复旦大学类脑智能科学与技术研究院王鹤研究员课题组[EB/OL].(2024-05-27)[2024-06-13]. https://mp.weixin.qq.com/s/1Exfzzk-ZZu0OJqN8f2FxQ.

[4] 复旦大学资产管理处.学校召开2023年度大型科研仪器共享管理工作会议[EB/OL].(2023-12-30)[2024-06-13]. https://yqgl.fudan.edu.cn/genee/post/241.

[5] 科技部办公厅，财政部办公厅.关于开展2024年中央级高等学校和科研院所等单位重大科研基础设施和大型科研仪器开放共享评价考核工作的通知[EB/OL].(2024-05-08)[2024-06-13].https://www.gov.cn/zhengce/zhengceku/202405/content_6950867.htm.

[6] 郑建彬,赵明,宋秀庆,等.高校大型仪器共享平台建设运行中的问题分析与对策研究[J].实验技术与管理,2021,38(2):255-258.

# 长三角模式动物模型共享资源库的建设、发展和应用

郭 洋 范 春 鲁 立 万颖寒 梁 敏 沈如凌★

（上海实验动物研究中心，上海，201203）

**摘要**：随着模式动物在生命健康和生物医药等诸多领域的作用日益突出，建设标准化规范化的模式动物模型共享资源库成为推动长三角地区生命科学和生物医药产业发展的关键因素。国内现有模型资源库建设在资源收集、模型评估、开放使用以及数据流通等方面仍存在诸多局限性，这限制了长三角地区在医学研究、创新药物研发和临床应用等领域的进一步发展。通过深入分析模式动物模型目前发展的规模及现有资源库的局限性，阐明模型评估流程标准化建设的重要性和紧迫性，并进一步探讨动物模型共享资源库建设要素和发展应用。通过规范性、标准化管理流程建设及可持续发展，建立科学评估、开放共享管理新范式，共享资源库的建成将在社会科技资源整合和共享、应对重大突发公共卫生事件和生物医药创新发展等方面将具有非常重要的推动作用。

**关键词**：模式动物；疾病动物模型；共享资源库；生物医药

模式动物是推动科学进步与创新发展的重要科技资源，是生命科学研究的基础材料和支撑条件，也是国家科技基础条件平台建设的重要组成部分。通过采用多种技术手段（包括自发突变、基因编辑 / 基因修饰、物理化学干预等）对模式动物进行干预建立疾病动物模型并进行研究，以模拟临床疾病发生发展演变过程，已广泛应用于生命科学、生物医药、卫生防疫等诸多科研和生产领域[1]。随着人类对疾病机制的深入研究，模式动物模型在模拟人类疾病、研究病理机制、筛选药物等方面发挥了不可替代的作用[2]。

---

**作者简介**：郭洋（1993— ），女，助理研究员，研究方向为模式动物模型研发及应用研究；范春（1978— ），男，高级管理师，研究方向为科研管理；鲁立（1979— ），女，副研究员，研究方向为科研管理；万颖寒（1984— ），女，助理研究员，研究方向为科研管理；梁敏（1981— ），男，助理研究员，研究方向为模式动物模型资源保种；沈如凌（1981— ），女，副研究员，研究方向为模式动物模型研发及应用研究（通信作者）。

**基金项目**：上海市科研计划项目 22140900102，22DZ2291200。

生物医药是关系国计民生和国家安全的战略性新兴产业[3]，长三角地区是中国生物医药产业传统优势集聚区，正处于从地方集聚向区域协同的关键跃升期。作为生物医药产业发展的重要支撑，模式动物行业在长三角地区发展迅猛，已形成了从模型研发、动物供应、技术支撑到产业服务等完整的动物模型产业链，具有相当的影响力。为进一步提高长三角地区模式动物模型应用效率，建设长三角地区模式动物模型资源共享库是促进模型资源交互和信息共享的重要举措，将对生物医学研究、药物开发和临床前研究等领域的发展起到重要推动作用。

通过结合我国动物模型资源的发展现状和趋势，深入剖析长三角模式动物模型共享资源库在推动相关领域发展中的关键作用及其面临的主要挑战，阐明资源库建设的重要性和紧迫性，为提升长三角地区动物模型的交互应用及规范化和高质量发展提出展望和建议。

## 1　国内外模式动物模型资源库的发展现状

近年来，随着基因编辑技术的发展，目前我国在北京、上海、南京、广东、昆明、哈尔滨等地建立了多个疾病动物模型研发基地，如依托中国医学科学院医学实验动物研究所建立的人类疾病模型资源库目前保有各类动物模型 1000 余种，依托南京大学模式动物研究所的国家遗传工程小鼠资源库已成功制备了 300 余种转基因小鼠和基因敲除小鼠品系[4, 5]，昆明动物所已保有包括猕猴、平顶猴、食蟹猴、树鼩等多种非人灵长类实验动物模型，上海实验动物研究中心牵头发起的长三角模式动物资源库共享技术联盟目前也在不断积累模型储备，建立系统化动物模型评价体系和比较医学数据库。同时，国内生物科技企业在动物模型资源方面发展迅猛。在上市科技公司中，集萃药康保有总量超过 20000 个小鼠品系，南模生物拥有超过 10000 种自主知识产权的基因编辑小鼠模型以及超过 200 种基因编辑大鼠模型，整体规模跻身世界一流水平。

相比之下，欧美发达国家在动物模型资源上布局更为完善[6, 7]。美国国立卫生研究院（NIH）下属的基础研究设施项目部（ORIP）为各研究中心提供包括啮齿动物[8]、无脊椎动物[9]、水生动物[10]、大型哺乳动物[11]和非人灵长类动物[12]多种资源支持。在啮齿动物方面，美国突变小鼠资源和研究中心（MMRRC）为全球提供超过 22000 个突变小鼠品系，杰克逊实验室（The Jackson Laboratory）能提供 13000 余种突变小鼠品系，且通过系统遗传学探究遗传复杂性开展了特殊小鼠品系资源计划。人类遗传病动物模型转介中心（RCAM）拥有 40 余种自然发生的人类遗传病模型的猫、狗繁殖群，国家猪资源和研究中心（NSRRC）能提供模型家猪、野猪的保种和研究。非人灵长类动物模型布局方面，仅美国国内就有 7 个灵长类动物研究中心，疾病模型涵盖了大部分人类疾病。此外，水生动物资源和无脊椎动物资源也有一定规模积累。同时，日本和欧盟等国同样投入大量资金把建立基因突变小鼠种质资源库作为本国的战略性发展规划。截止 2024 年 7 月 17 日，在国际小鼠种质资源网中可以查找到的小鼠品系达 95，429 多种。日本理化学研究所（RIKEN Tsukuba Institute）

可以提供6000多种突变小鼠品系，德国的欧洲突变小鼠资源库（European Mouse Mutant Archive）可以提供8700多种各类小鼠模型，澳大利亚表型组库可以提供2000多种小鼠品系。

从整体规模上看，我国在疾病动物模型的种类、数量和应用水平上与欧美发达国家还存在较大差距。需要进一步完善动物模型资源供应和服务共享体系，为生物医药创新提速发展提供重要的保障性支撑[13]。

## 2 模式动物模型共享资源库建设的必要性和紧迫性

模式动物模型共享资源库的建设对于提升国家战略资源竞争力[14]、促进生物医药产业发展及突破知识产权壁垒限制具有重要意义[15, 16]。面对重大疫情等突发公共卫生事件的挑战和生物医药产业的快速发展需求，我国应加快模式动物模型共享资源库的建设步伐，加强政策支持和引导力度，推动资源整合与共享利用，为医学研究和产业发展提供有力支撑。

### 2.1 国家战略资源的重要性

新冠疫情的暴发凸显了国家战略科技资源的重要性和动物模型研究工作的紧迫性，疫情暴发后，我国利用已建立的动物模型首次证实了新冠病毒受体和致病病原体的病理特征，并自主研制了全球首款新冠灭活疫苗，其技术和标准被各国科学家和欧美疫苗研发机构采用。在新冠疫苗研发过程中，疾病动物模型作为国家战略资源，对于应对突发公共卫生事件、保障人民生命安全和身体健康具有不可替代的作用[17]。

模式动物模型共享资源库的建立可以有效推动转化医学领域的可持续发展。通过共享资源，使得广大科研人员能够更加高效地获得动物模型，并用于基础研究和临床研究的开展，加速科研成果向临床应用转化。这不仅能够提升我国生物医学研究的整体水平，还能为疾病防治提供新的思路和方法。

### 2.2 产业发展竞争力的必要性

生物医药产业是战略性新兴产业的重要组成部分[18]。长三角地区生物医药产业正处于经济转型升级、实现高质量发展的重要时期，模式动物模型共享资源库能够为生物医药企业提供丰富的研发素材和评估工具，降低研发成本，缩短研发周期，促进产业创新[19]。同时，共享资源将进一步促进产业链上下游企业的合作与交流，形成产业集群效应，提升整体竞争力。

随着医学技术进步和社会健康需求的日益提高，个性化医疗已成为未来医疗发展的重要方向。共享资源库的建设，能够为个性化医疗提供重要的大数据支持和评估验证平台。通过深入研究疾病发生发展的分子机制和个体差异，为患者提供更加精准、有效的治疗方案[20, 21]。

### 2.3 突破知识产权壁垒的制约性

在全球化背景下，知识产权壁垒成为制约我国生物医药产业发展的重要因素之一[22, 23]。

受全球经济下滑的影响以及对我国经济快速增长对全球影响力的担忧，我国与西方关系的不确定性使得科技领域的矛盾和分歧上升。国外企业往往通过专利布局和技术垄断，限制我国企业获取先进的疾病模型和研发资源。仅在模式小鼠专利方面，美国已拥有数万个专利。相比之下，我国模型专利仅有美国的1/10。对于动物品系资源，尽管因为品种本身因素无法申请专利保护，但同样可以通过限制动物出口或者限制核心种群提供的方式限制资源利用[24]。这不仅增加了我国企业的研发成本和风险，还限制了我国科学研究和生物医药产业的创新发展。

## 3　目前国内现有资源库的局限性

国内现有模型共享资源库建设在资源收集、模型评估、开放使用以及数据流通等方面仍存在诸多局限性[25]。

### 3.1　资源收集以可遗传模型为主要方式的局限性

目前，国内模式动物模型共享资源库的资源收集主要集中在可遗传动物模型（指表型性状可通过遗传传递下去的模型，如自发突变模型、基因编辑模型等）上，而对于通过非遗传技术操作获得的模型（包括物理 / 化学诱导模型、显微手术造模模型等），其积累却相对不足，表现在造模方法和实验数据管理不够系统，动物模型构建标准化和规范性不足等。这种偏向性不仅限制了模型资源库的全面性和多样性，也影响了其在更广泛科研领域的应用价值。非遗传模型在疾病机理研究、药物开发、个性化医疗等方面具有不可替代的作用，因此，加强非遗传模型资源的收集与整理，对于提升我国科研创新能力和医疗水平具有重要意义。

### 3.2　模型评估流程无统一科学标准

动物模型的质量直接影响其使用效果和科研结论的可靠性，因此对疾病模型进行评估是确保其实用性和可靠性的重要环节[26]。当前行业内在模型评估流程方面尚缺乏统一的标准和规范管理要求，这主要是由于模型在建立方法、评价指标、数据来源等差异较大，导致模型数据多样性，从而难以评估数据结果的可比性。因此，制订统一的模型评估流程，结合标准化规范化管理要求，对于提升资源库的整体质量至关重要。

### 3.3　资源库开放使用的限制性

目前已有模型资源库在开放使用方面存在一定限制性。一方面，部分商业资源库对使用采取较高收费模式，增加了科研人员研发成本。另一方面，公益性资源库在资源共享流程上往往较为复杂烦琐，影响了资源的有效流通和利用。此外，相当数量模型资源分散掌握在项目负责人手中，缺乏有效的资源整合和共享机制，无法形成合力支持科研创新。这些局限性不仅制约了模型资源库的社会效益最大化，也阻碍了科研合作的深入发展。

### 3.4 资源库间缺乏有效数据信息互通机制

长久以来，国内模型资源库之间存在数据信息流通和共享不畅的问题。由于资源库之间访问接口、数据格式、存储方式等存在差异，并且缺乏有效的连接和协作机制，导致资源信息孤立、重复建设等现象时有发生。这种“信息孤岛”现象，不仅浪费了宝贵的资源，也限制了科研合作的广度和深度。因此，建立资源库之间的数据信息共享平台和协作机制，促进资源信息的互通有无和共享利用，是当前资源库建设的重要任务之一[27]。

## 4 共享资源库的标准化建设要素与发展应用

在生物医学研究日益深入的今天，建设标准化、高质量、易于访问的长三角地区模式动物模型共享资源库对长三角地区医学研究、药物开发和临床应用等领域的发展，其重要性不言而喻。

### 4.1 共享资源库定位与目标

长三角地区模式动物模型共享资源库将定位于服务整个长三角区域乃至全国的科研机构、高校、企业及医疗机构，旨在构建一个集科研服务、技术创新、资源共享为一体高质量、可访问性的综合性平台。通过筛选和整合区域内外的优质资源，建立严格的质量控制和评估体系，实现模式动物模型的标准化、规范化管理，提高资源的利用效率，同时通过建立完善的在线交互数据库平台，结合共同开发、技术转移、资源共享等合作模式，促进科研成果的转化与应用（图 1）。

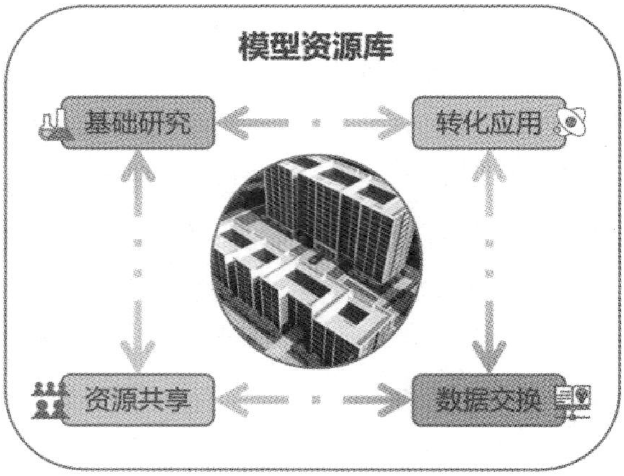


图 1 模式动物模型共享资源库建设目标

### 4.2 共享资源库整合和评估体系建设

为确保资源库的全面性和多样性，共享资源库将研发、收集并整合各类模式动物模型资源，涵盖从低等模式动物（如水生生物）到高等哺乳动物（如啮齿类、大动物、非人灵长类）等多个层次和领域。其中对于可遗传模型资源，建立规范化的保种体系（活体保存或冻存保种）；对于非遗传模型资源，建立详细的建模信息资源库。在此基础上，针对不同疾病谱系的研究需求，构建多样化的模型库应用体系。在整合过程中，注重模型资源的可持续性和再利用性。

建立科学、严谨、统一的模型规范化和标准化评估体系是确保资源库质量的关键要素。该体系应涵盖模型制备标准化和疾病模型评估标准化两个方面。在模型制备方面，制定详细的操作规范和质量控制标准；在疾病模型评估方面，建立全面的评估指标体系和方法，涵盖从动物整体到组织 / 细胞 / 分子等微观层面（图 2）。通过定期评估与更新，确保模型资源评估的有效性和准确性。同时，注重多学科交叉和团队协作，邀请遗传学、病理学、药理学、影像学等多领域专家共同参与评估工作。

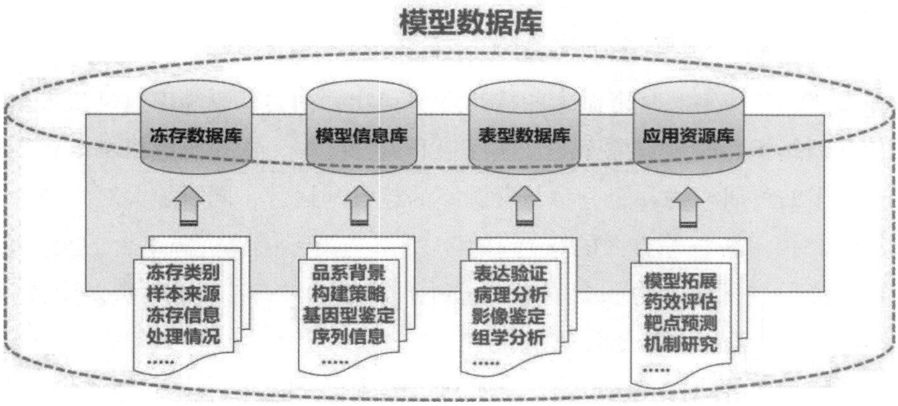


图 2　模式动物模型共享资源数据库

## 4.3　共享资源库管理的规范化和信息化

在资源库运营管理上，长三角地区模式动物模型共享资源库应建立规范的管理运营机制，通过制订详细的标准操作流程（standard operating procedure，SOP）和标准管理流程（standard management procedure，SMP），明确岗位设置和职责分工；通过优化工作流程、提高管理效率和工作质量，确保日常运营的有序进行；通过加强技术交流与合作，引进先进技术和管理经验，进一步提升资源库管理运营水平；通过建立合适的人才激励机制，鼓励科研人员积极探索新技术、新方法在模式动物模型研究中的应用，推动科研成果的转化与应用注重技术创新和人才培养。同时，加强人才培养工作，培养一支高素质、专业化的技术团队和管理团队。

在资源库数字化和信息化建设上，利用大数据信息技术手段实现资源库的数字化和信息化管理，提高资源库使用效率。通过建立标准化模块化的模型资源检索和存取系统，提高保存模型的出入库和规范化使用；通过建立个性化的模型评估信息系统，提升模型资源的利用效率；通过加强数据安全和隐私保护、建设用户友好的操作界面，实现资源库使用便捷性和安全共享管理。

### 4.4 构建良性可持续发展的资源库体系

为推动资源库良性可持续发展，共享资源库应采用多元化的资源收集渠道，包括但不限于自主研发、模型引进、科研捐赠、合作开发等。在资源共享方面，通过与其他资源库建立互信关系，实现资源的互补和共享；在此基础上建立公开透明的共享机制，明确资源使用权限和合理费用标准，确保资源的有效利用和成本回报。在共享规则方面，应明确资源的使用权限、范围、期限等条款，确保资源使用的合规性。

为了推动科研创新和技术进步，共享资源库应积极牵头搭建平台建立与科研院所、高校、企业及医疗机构等合作关系，通过共同承担科研项目、联合开发新技术，拓展模型应用领域等方式，实现资源共享和优势互补，促进科研成果的转化和应用。

### 4.5 不断推动资源库的深化合作和拓展应用

为确保模式动物模型共享资源库的持续发展和壮大，共享资源库通过加入国内国际行业相关合作联盟组织，实现资源库的互联互通和资源共享；依托政府机构出台积极的政策措施，鼓励更多的科研机构和企业参与资源库的建设和运营，同时加大对资源库在科研创新、人才培养和技术转移等方面的支持力度，寻求与国际模型资源平台的交流合作机会，从而提升资源库的国际影响力和竞争力。通过不断合作与交流，推动资源库在科研服务、技术创新和产业发展等方面的全面提升。

共享资源库应重视人才培养工作。通过加强与研究机构、高校和企业的合作与交流，引进和培养一批高素质、专业化的研究人才和管理人才；通过定期举办培训班和研讨会等活动，促进长三角地区乃至全国范围内模式动物模型研究人才的交流与合作。通过这些措施的实施，提升资源库在科研服务、技术创新和人才培养等方面的综合实力和竞争力。

此外，共享资源库的建设和发展过程中，应始终注重社会责任和合规性问题。国际上已经把实验动物科学条件和福利管理作为衡量一个国家科学技术现代化水平的标志，共享资源库的建设推进要高度重视实验动物福利伦理，在科研活动中严格遵守国家相关法律法规和伦理准则要求；在资源使用和管理中注重动物福利和环境保护问题；在合作与交流中秉持开放、包容、共赢的理念原则。通过这些措施的实施，确保资源库在促进生物医学研究和产业发展的同时积极履行社会责任。

## 5 结语

在生物医药发展过程中，作为新药研发、药物评价、临床前研究中的“活的天平”，模式动物在“面向人民生命健康”的科研主战场中发挥着不可替代的作用。

在资源整合和应用方面，模式动物共享资源库的建立可大幅度提高模式动物资源的使用效率，减少动物重复使用数量[28]，即对已建立的模型无须重复开发即可进行差异化场景应用，通过个性化的应用定制实现精准服务，大大提高了实验动物的科学价值，有助于更方便、更有效地认识人类疾病的发生发展规律和研究。

在科技创新资源共享方面，共享资源库的建立可促进科学数据开放，有效破除信息壁垒，通过科学引用和实验重现不仅有利资源共享，既提升了研究的可信度，又有助于避免不必要的重复实验操作，缩短研究周期，加快整个领域的研究进程，同时有利于加强对科研成果的社会监督，遏制科学不端行为的发生，为公开、理性的学术交流提供了依据，有效提升研究成果的学术影响力。

在应对重大突发公共卫生事件方面，通过共享动物模型可快速响应病原体致病机制和药物评估等需求，通过科技能力支撑为重大疫情防控和人民生命健康安全提供有力保障。在此基础上，加强优质科技资源有效集成，提升科技资源使用效率，为科学研究、技术进步和社会发展提供网络化、社会化的科技资源共享服务，驱动相关领域研究取得重大进展和突破。

综上所述，模式动物共享资源库的建立将是长三角地区生命科学和生物医药产业发展的重要里程碑，对保障国家战略科技资源、促进科研资源共享与合作，推动生物医学研究与创新，建立重大疫情应急和防御机制，以及促进国际科技合作与交流都具有非常重要的意义。

## 参考文献

[1] 李继平，金剑，秦川．实验动物在医学创新研究与发展中的作用［J］．中国医药导报，2014，11（31）：152-155.

[2] FORNI，M. Laboratory animal science：a resource to improve the quality of science［J］. Vet Res Commun，2007，31（Suppl 1）：43-47.

[3] 李韵石．生物医药产业正起势［J］．法人，2024（5）：71-73.

[4] 国家遗传工程小鼠资源库．第十一届中国生命科学公共平台管理与发展研讨会．2018，中国江苏南京．

[5] 国家遗传工程小鼠资源库的建立及人类疾病模型的开发与应用．南京大学，2001—2008.

[6] 孔琪，夏霞宇，赵永坤．美国实验动物品种资源现状分析［J］．中国实验动物学报，2015，23（5）：539-542.

[7] 中国实验动物资源调查与发展趋势［R］．北京：国家科技基础条件平台中心，2017.

[8] ZHOU，P.，X.L. YANG，X.G. WANG，et al. A pneumonia outbreak associated with a new coronavirus of probable bat origin［J］. Nature，2020，579（7798）：270-273.

[9] ZHAN，L.，M.G. LI，T. HAYS，et al. Cryopreservation method for Drosophila melanogaster embryos［J］. Nat Commun，2021，12（1）：2412.

[10] POSS, K.D., L.G. WILSON, M.T. KEATING. Heart regeneration in zebrafish [J]. Science, 2002, 298 (5601): 2188-90.

[11] BOETTCHER, A.N., M. KIUPEL, M.K. ADUR, et al. Human Ovarian Cancer Tumor Formation in Severe Combined Immunodeficient (SCID) Pigs [J]. Front Oncol, 2019, 9: 9.

[12] SINGH, D.K., E. ALADYEVA, S. DAS, et al. Myeloid cell interferon responses correlate with clearance of SARS-CoV-2 [J]. Nat Commun, 2022, 13 (1): 679.

[13] 国家科学数据资源发展报告 [J], 北京: 国家科技基础条件平台中心, 2016.

[14] 动物模型应作为国家战略资源提前布局 [N]. 北京科技报, 2020, 5 (18): 020.

[15] KONG, Q, C. QIN. LasDB: A collective database for laboratory animal strain resources [J]. Animal Model Exp Med, 2018, 1 (4): 266-271.

[16] 王潇雨, 董蕴涵. 实验动物学迎来合力发展期 [N]. 健康报, 2024, 1 (31).

[17] 吴玥, 向志光, 高苒, 等. 冠状病毒感染动物模型比较转录组学数据库的建立 [J]. 中国实验动物学报, 2022, 30 (1): 92-99.

[18] 胡海鹏. 中国促进生物医药产业创新发展政策路径研究 [J]. 决策咨询, 2024 (3): 20-25.

[19] KONG, Q., C. QIN. Analysis of current laboratory animal science policies and administration in China [J]. Ilar j, 2009, 51 (1): e1-e11.

[20] 胡烈锋. 基于金属有机骨架构建的肿瘤微环境响应性纳米系统用于肿瘤精准治疗 [D]. 武汉: 武汉大学, 2022.

[21] 郭恒. 基于多波长光声效应的肿瘤诊断与治疗研究 [D]. 成都: 电子科技大学, 2022.

[22] 范昌发, 吕建军, 王三龙, 等. 建立具有自主知识产权的临床前药物潜在致癌性评价的转基因模型动物的必要性 [A]. 第九届药物毒理学年会——新时代·新技术·新策略·新健康 [C]. 2019. 中国湖北武汉.

[23] 朱珈震, 李静, 张静. 我国医药行业知识产权侵权纠纷多元解决机制的建立与发展 [J]. 中国新药杂志, 2024, 33 (13): 1303-1310.

[24] 冯昌波. 转基因动物专利研究 [D]. 北京: 中国政法大学, 2011.

[25] 李会萍, 张文娟. 基于数据挖掘的人类疾病动物模型资源共享平台的设计与思考 [J]. 科技管理研究, 2022, 42 (18): 144-149.

[26] 张钰, 梁力均, 张纯. 在精准医学背景下, 完善我国动物实验质量与福利伦理评价体系建设 [J]. 中国比较医学杂志, 2017, 27 (11): 95-99.

[27] 李会萍, 王晓明, 杨锦淳, 等. "互联网+" 实验动物资源共享服务平台模式研究 [J]. 中国比较医学杂志, 2018, 28 (9): 69-73.

[28] KONG, Q., C. QIN. Laboratory animal science in China: current status and potential for adoption of Three R alternatives [J]. Altern Lab Anim, 2010, 38 (1): 53-69.

# 县市科技创新高质量发展研究

## ——以宜都市为例

张战利　钟双全　张心燕

（宜昌市科学技术情报研究所，宜昌，443000）

**摘要：**宜都是全国科技创新百强县市，也是湖北省县域经济发展的排头兵。本文通过分析科技创新要素，剖析了宜都市科技工作的措施与成效，提出大力提升自主创新能力，不断延伸创新链、完善产业链、夯实资金链、激活人才链，是把创新优势转化为高质量发展优势的必然选择。

**关键词：**科技创新；创新要素；县域经济；宜都市

## 1　研究背景和意义

“十三五”以来，党中央、国务院把科技创新摆在国家发展全局的核心位置，着力加强前瞻性谋划、战略性布局、整体性推进。在新时代创新驱动发展战略的实施背景下，科技创新作为国家发展全局的核心组成部分，发挥了增强区域创新驱动内生动力、促进经济高质量发展的支撑引领作用。经济高质量发展和科技创新相辅相成，科技创新是经济高质量发展的“动力源”，经济高质量发展为科技创新夯实了基础。我国创新能力大幅提升，创新体系更加健全，创新环境不断优化，科技创新在推动高质量发展和全面建成小康社会中发挥了重要支撑引领作用。然而，对标高质量发展的要求，我国仍然存在原始创新能力不强、创新体系整体效能不高、政府科技管理职能转变不到位等若干不足。

本课题研究对象宜都市，作为全国首批国家创新型县（市），坚持聚力发展高新技术产业，2022 年被认定为湖北省创新型产业集群。通过实施高新技术企业倍增计划和科技型中小企业创新成长工程，截至 2022 年底，全市有效期高企总数 155 家，“新物种”企业总数达 8 家，科技型中小企业入库 212 家。2021 年度全市 R&D 研发经费认定 23.58 亿元，占 GDP 比重为 2.95%。通过实施创新创业载体提档升级工程，建成省乡村振兴科技创新示范

---

**作者简介：**张战利（1978—　），男，所长，高级工程师，研究方向为区域科技资源共享与科技协同创新；钟双全（1985—　），男，副所长，研究方向为科技情报研究；张心燕（1974—　），女，工会主席，研究方向为科技管理。

基地1个，星创天地3个（省级1个，市级2个）。围绕生物医药和精细化工产业及战略性新兴产业总体布局，推进宜都湖大产业技术研究院建设。本级财政科学技术累计投入2.75亿元，占财政一般公共预算支出比重超2%。落实企业研发费用税前加计扣除、高企所得税优惠等税费减免12.5亿元，引导企业投入研发经费46. 84亿元。技术合同成交额达29.97亿元，累计发放宜都“科创贷”贷款1.8亿元，“科创贷”被省优化营商环境领导小组确定为全省首批16条可复制可推广典型经验在全省推广。推出“人才贷”“专利质押贷”等金融产品，助力企业和人才开展创新创业，在全省设立首家规模1亿元的科华（宜都）县域科技创业投资基金，通过股权投资、资本嫁接，扶持科技型企业做大做强。通过优化科技创新环境，围绕“科技支撑产业发展”主题，出台《宜都市创新型县（市）建设方案》《宜都市科技创新驱动发展实施办法》《宜昌区域科技创新中心宜都科创先行区建设实施方案》《宜都创新型县（市）建设三年工作方案》等系列政策，打造“热带雨林”式创新环境。

当前宜都科技创新要素涉及面广，数据量大，在科技创新要素分析方面还有大量的工作需要深入研究和完成。科学技术发展水平是多方面因素相互交织、综合作用的结果，为进一步推动科技创新，有必要总结宜都市科技发展经验教训，深入研究制约科技发展的症结，剖析促进科技发展的各个要素，走出一条符合宜都实际情况的科技创新之路。

## 2 科技创新要素分析

本文所指的科技创新要素特指湖北省市县科技创新综合考评指标涉及的R&D（科学研究与试验发展）投入、高新技术企业、高新技术产业增加值、科技型中小企业、技术交易合同、科技创新平台、科技人才等科学技术创新数据资源的集合。通过开展科创要素研究，目的是找准影响地方科技创新发展的关键变量和主攻方向，科学引导全社会广泛参与和开展科技创新活动，持续加大创新投入，制定有效的科技政策、精准调度和指导地方科技创新水平提升，助力当地社会经济实现全方位高质量发展。

### 2.1 城市基础设施要素

城市基础设施建设对于整个城市的经济发展而言，发挥着至关重要的作用。重视基础研究是现代掌握前沿科技国家的共同特点。日本从20世纪60年代起，逐步转向注重基础研究，从政策、计划、财政、金融等方面，政府不断加大引导和支持高技术产业应用研发力度，其研发经费占GDP比例（3.5%）、由企业主导的研发经费占总研发经费比例、核心科技专利数3个指标均名列世界第一。美国为保证更多的基础研究得以发展，积极为基础研究提供资金，并对科学家采取不干预的政策，由其自主决定研究的方向和深度。此外，美国科技的腾飞还离不开其种类齐全、数量繁多的研发机构，特别是一些非营利性研究机构，如巴特尔实验室等发挥了重要的作用。

### 2.2 人才要素

人才是创新之源、发展之基。一切创新的动力，都源于人才的活力。世界上任何一个科技创新高地，都是高端创新人才的聚集地。科技人才是科学技术的核心载体，先进生产力的开拓者，是社会经济和科技发展的“第一动力”。因而，创造型优秀科技人才必然成为经济、科技领域国际竞争的制高点谁拥有这类人才，谁就会在这场角逐中占有优势和掌握主动权。为推进人才强市战略，宜都研究出台人才新政 10 条及配套实施细则，强化“乐业”“乐居”“乐医”“乐学”“乐教”“乐游”六大政策激励，构建起全领域、全层次、全类别人才政策体系，累计为新进人才兑现购房、租房及住房等安居补贴超 800 万元，发放人才贷近 1 亿元。

### 2.3 创新环境要素

宜都始终坚持科技创新在宜都现代化建设全局中的核心地位，以深化国家创新型县（市）建设为牵引，以争创国家级高新区为契机，大力实施创新驱动发展战略、人才强市战略，加快推动创新主体成长涌现、创新平台协同发力、创新人才引进培育、创新政策系统实施。自 2018 年获批建设首批国家创新型县（市）以来，宜都全力以赴构建新时代科技创新工作体系，探索出“绿色创新、融合创新、金融创新、机制创新”等一批独具特色的好经验好做法。制定出台《宜昌区域科技创新中心宜都科创先行区建设实施方案》《宜都创新型县（市）建设三年工作方案（2022—2024 年）》，着力构建“一区一园一带一圈”区域创新布局，通过每年召开高规格的科技创新大会，对上一年度全市科技创新有成果、有效益、能转化的企业和领军人物予以了重奖。截至目前，已累计兑现奖补资金近 1 亿元。2023 年，宜都全国科技创新百强进位至第 69 位，连续 5 年在全省市县科技创新综合考评中获评优秀，2023 年全 省县市排名第二位，科技支撑高质量发展的作用日益明显。

## 3 科技创新要素研究

### 3.1 高新技术企业研究

构建高新技术企业分析模型，通过对宜都市在库高新技术企业基本情况、高新技术企业认定情况、高新技术企业经济概况、高新技术企业人员概况、高新技术企业科技活动、高新技术企业潜在库、高新技术企业后备库等维度进行分析，摸清宜都市高新技术企业在人才、经济、科技活动方面的现状、存在的问题以及未来的发展方向，挖掘出潜在的高新技术企业，为各县市区服务高新技术企业，指导高新技术企业申报提供科学依据。

#### 3.1.1 高企总量强劲增长

2022 年，面对经济下行不利影响，宜都市高新技术企业发展韧性彰显，主体总量达 155 家，较上年增长 46.23%（2021 年 106 家），是 2018 年的 3.52 倍。

#### 3.1.2 产业分布特色突出

从产业领域看，先进制造与自动化、新材料、生物与新医药是宜都市的优势产业，与宜昌市的优势产业相符，2022 年宜都市 155 家高新技术企业中，先进制造与自动化、新材料、生物与新医药三大领域的高新技术企业数量分别为 47 家、42 家、31 家，占比分别为 30.52%、27.27%、20.13%，合计占高新技术企业总量接近八成。

#### 3.1.3 中小高企活力增强

2022 年，宜都市高新技术企业营业收入超五十亿元的有 1 家，占高新技术企业总数约 0.65%；超十亿元的有 9 家，占比约为 5.81%；超亿元的有 27 家，占比约为 17.42%；亿元以下的有 128 家，占比约为 82.58%。

#### 3.1.4 创新成果量质齐升

2022 年，宜都市高新技术企业专利授权量达 772 件，较上年增长约 18.95%，授权量占宜都市比重达 62.06%。

#### 3.1.5 创新投入向上增长

2022 年，宜都市高新技术企业研究开发费用总额为 20.24 亿元，较上年增长 24.32%。

#### 3.1.6 研发人员持续增长

2022 年，宜都市高新技术企业共拥有研发人员 3830 人，较 2021 年增长约 24.39%。

#### 3.1.7 规上限上高企占比

2022 年宜都市规上工业企业达 155 家，其中属于高新技术企业的达 106 家。这表明规上工业企业，特别是限上服务业，是培育高新技术企业的重点后备库。

### 3.2 科技型中小企业研究

构建高新技术企业分析模型，通过对宜都市在库科技型中小企业基本情况、小升高后备库等维度进行分析，摸清宜都市科技型中小企业的分布情况，在人才、经济、科技活动方面的现状，存在的问题以及未来的发展方向，挖掘出有能力申报高新技术企业的科技型中小企业，为各县市区精准服务科技型中小企业指明方向。

#### 3.2.1 科技型中小企业规模持续壮大

2022 年，宜都市科技型中小企业规模持续壮大，主体总量达 211 家，较上年增长 52.90%（2021 年 138 家），是 2018 年的 11.72 倍。

#### 3.2.2 行业分布特色明显

2022 年宜都市 211 家科技型中小企业中，制造业企业数量为 156 家，占科技型中小企业总量接近八成，其次科学研究和技术服务业，农、林、牧、渔业，信息传输、软件和信息技术服务业占比分为 7.58%、7.11%、5.69%。

#### 3.2.3 科小活力整体增强

2022 年，宜都市科技型中小企业销售收入超五千万元的有 33 家，占科技型中小企业总数约 15.64%；超两千万元的有 69 家，占比约为 32.70%。

#### 3.2.4 创新成果稳定增长

2022 年，宜都市科技型中小企业拥有知识产权数量达 2164 件，同比增长约 50.70%。这表明宜都市科技型中小企业的科技创新水平正在逐步提升。

#### 3.2.5 创新投入持续增长

2022 年，宜都市科技型中小企业研究开发费用总额为 3.86 亿元，较上年增长 65.67%。

### 3.3 高新技术产业研究

构建高新技术产业分析模型，通过对宜都市高新技术产业基本情况、高新技术产业增加值、高新技术产业增长情况、高新技术产业中高企情况、战略性新兴产业基本情况等维度进行分析，理清宜都市高新技术产业结构特点、分布情况、变化趋势以及存在的问题，找出提高高新技术产业增加值的发力点。

#### 3.3.1 高新技术产业增加值加速增长

2022 年，宜都市高新技术产业增加值再创新高，增至 243.2 亿元，在全市排名第一，是 2019 年的 2.08 倍。

#### 3.3.2 高企贡献突出

2022 年宜都市高新技术产业增加值中高新技术企业贡献高新技术产业增加值为 191.4 亿元，占比达 77.12%。纳统高新技术企业成为贡献高新技术产业增加值的主力军。

### 3.4 技术合同交易研究

构建技术合同交易分析模型，通过对宜都市高新技术产业基本情况、高新技术产业增加值、高新技术产业增长情况、高新技术产业中高企情况、战略性新兴产业基本情况等维度进行分析，理清宜都市高新技术产业结构特点、分布情况、变化趋势以及存在的问题，找出提高高新技术产业增加值的发力点。

#### 3.4.1 数量规模持续增长

2022 年宜都市技术合同交易总额达 29.97 亿元，较上年增长 85.34%，合同数量达 1120 项，较上年增长 171.84%。

#### 3.4.2 成交额占 GDP 的比重

2022 年宜都市技术合同交易总额占 GDP 的比重达 3.36%，远低于宜昌市技术合同交易总额占 GDP 的比重（5.41%）。这表明宜都市技术合同交易总额增速远低于 GDP 的增速。

#### 3.4.3 技术合同分布集中

从技术领域看，2022 年宜都市技术合同主要分布在自动化、先进制造工艺、先进制造三大领域，合计占到宜都市技术合同交易总额近六成。其中，自动化领域占比最高，达到 22.59%。

#### 3.4.4 技术合同流向较为单一

2022 年宜都市技术合同交易总额达 29.97 亿元中有 21 亿元技术合同交易流向市内，占比达到 70.17%，仅有 1.59 亿元技术合同交易流向省内，7.38 亿元技术合同交易流向省外。

## 3.5 科技创新平台研究

构建科技创新平台分析模型，通过对宜都市科技创新平台基本情况进行分析，摸清宜都市各类科技创新平台基本情况，科技型企业、规上企业建研发平台覆盖率，为科技部门支持已建科技创新平台提能升级，推动规上企业研发平台全覆盖提供数据支持。

### 3.5.1 数量规模持续壮大

2022 年，宜都市共有科技创新平台 61 家。2022 年宜都市科技创新平台总数较上年增长 22%，是 2018 年的 3.05 倍。

### 3.5.2 平台分布

从平台类型看，工程技术研究中心 28 家，企校联合创新中心 25 家，重点实验室 4 家，企业技术中心 3 家，国家地方联合工程研究中心 1 家。

## 3.6 科技研发投入研究

构建科技研发投入分析模型，通过对宜都市全社会 R&D 投入企业类型、区域分布，研发费用分布，分级分布等维度进行分析，找到投入总量大、增长速度快的企业，梳理重点研发项目清单，找出加大 R&D 投入的切入点，充分发挥财政资金“四两拨千斤”的引导带动作用。

### 3.6.1 R&D 经费逐年攀升

2022 年，宜都市 R&D 经费投入在全市排名第一，达到 23.58 亿元，R&D 经费投入占 GDP 的比重在全市排名第四，为 2.95%。

### 3.6.2 高企贡献显著

2022 年，宜都市纳入 R&D 统计的企业数为 343 家，其中高企为 104 家，占比达 30.32%，纳入 R&D 统计的高企以 30.32% 的占比贡献了 70.16% 的 R&D 经费。这表明高新技术企业是科技创新的主力军。

宜都作为全国首批国家创新型县（市），坚持聚力发展高新技术产业取得了显著成效，但也存在不足。

（1）科技企业培育成效初显，但部分企业对科技创新认识不足。宜都市高新技术企业发展韧性持续显现，“求生存”重于“求创新”。部分企业在研发投入、落实研发计划方面趋于保守，科技创新投入力度不大，对研发项目谋划不深、对科研项目管理不规范，还没有形成从预算到项目团队到财务管理到统计成果的全过程管理。

（2）科技创新产出同比增长较快，但科技创新成效存在短板。宜都市技术合同交易总额增速远低于 GDP 的增速。地产学研用融合不深，校企精准对接还不够，合作形式单一，县域现代技术交易市场建设有待健全、技术要素市场服务体系有待优化、技术要素与资本数据等要素融合还不充分。

（3）科技创新平台数量规模持续壮大，但平台能级不高。从平台类别看，国家级科技创新平台有 1 家，省级科技创新平台有 13 家，市级科技创新平台 47 家。省级及以上科技创新平台占比仅为 22.95%，低于全市平均水平 32.89%。表明该地创新平台承担重大科技攻关效能还需提升，缺乏重大标志性成果，引领支撑产业发展作用还有待增强。

# 4 科技创新要素研究对科技工作的启示

通过对宜都市科技创新要素的深入研究，我们认为科技创新要素的整合力是科技创新核心竞争力的前提。增加企业的核心竞争力必须有创新能力的支撑，而科技创新要素是开展创新活动的基本立足点，是打通产学研、创新链、产业链、价值链的基本保障，更是提升科技创新体系化能力的基本途径。

## 4.1 提升科技创新载体整合科技创新要素的关键能力

一方面，要依托高校、科研院所、国家重大实验室等，发挥其在项目和技术来源方面的禀赋优势，广泛收集、精心筛选和甄别制约和影响宜都产业发展的关键核心技术、产业发展亟须和紧缺人才，建立宜都产业发展关键核心技术信息库、专家信息库，供本地企业免费查询，为宜都科创企业技术创新提供技术和智力支撑。同时，成立技术产业研究院，建设特色鲜明的产业功能区，搭建产业创新平台，并全方位配套高品质科创空间。另一方面，成立创新创业联盟，进而可发起设立创投基金，构建投资平台，发挥其在项目引进、对外合作和企业服务等方面的优势，在技术、产业、金融等方面形成要素整合的核心竞争力。

## 4.2 促进科技创新载体的科技创新要素战略合作

在整合科技创新要素过程中，科技创新载体必须在一些关键的领域，与重点合作伙伴建立紧密的合作关系。要发挥行业大企业导入产业资源、提供产业服务、提升区域科创品牌形象的作用，尽快建立功能完善、信息畅通、资源共享、便捷有效的产学研合作服务平台，促使本地企业或创新创业联盟积极与行业龙头企业建立战略合作关系。

## 4.3 充分发挥科技创新载体的科技创新要素生态圈优化功能

科技创新生态圈应围绕特定领域，整合全要素资源，为企业提供全要素服务。细分行业领域，根据各个行业不同特征，构建由行业组织、创投机构、企业、媒体、专家导师组成的行业创新生态圈，为创业企业提供产业咨询辅导、产业资源对接、市场推广、融资等全链条服务，推进科技创新要素快速整合，提高科技创新要素核心竞争力。此外，优化科技创新要素生态圈还需要从强化知识产权保护、打破行业垄断以及实施负面清单制度等方面着手。

# 5 结论和建议

通过对宜都市科技创新要素进行系统性的研究，汇聚市科技局及相关市直部门科技创新要素数据，形成了宜都市科技创新要素主题库，构建科技创新要素分析模型，找准宜都市科技创新中的关键要素，科学引导全社会科技创新投入，推动高新技术企业、科技型中小企业高质量发展，实现高新技术产业增加值、技术交易合同突破式增长，助力科技创新平台提质增效，引进培育科技人才，制定有效的科技政策，为精准调度科技创新工作提供科学依据。下一步，宜都要依托全国创新型县市建设作为推动区域高质量发展、现代化建设的重要抓手，强引擎聚动能，以科技创新和产业创新深度融合为主线，持续深化产学研合作、持续建强科技创新平台、持续优化科技创新生态，积极培育新业态新模式新动能，因地制宜发展新质生产力，为湖北打造科技创新高地，建设全国构建新发展格局先行区做出“宜都贡献”。

### 5.1 培厚科技创新土壤，提高科技创新整体实力

①推动科技创新和产业创新深度融合。持续深入实施创新驱动发展战略，不断强化科技对产业的支撑引领作用，围绕产业链部署创新链，围绕创新链布局产业链，在“十四五”期间建成全国有影响力的生物医药创新发展引领区，全国一流的生态型、科技型、智慧型绿色循环化工示范区、全省先进制造业科创先行区。②强化企业科技创新主体地位。以宜昌区域科技创新中心宜都科创先行区建设为重点，强力实施“高新技术企业倍增计划”和“科技型中小企业创新成长工程”，通过金融支持做加法，减税降费做减法，优化环境做乘法，引领全市众多企业走上创新型发展道路。③深化政产学研合作水平。围绕加速推进产学研一体化，鼓励本地企业与高校、科研院所加强合作。参与和融入湖北技术交易大市场宜昌分市场建设，建设一批湖北技术转移资源分站、湖北技术转移基层站点，助力建成汉襄宜国家科技成果转移转化示范区。

### 5.2 优化人才发展环境，加大科技人才引进培养力度

一是加大对科技人才的联系服务力度，积极宣传人才政策，鼓励支持科技人才创新创业，通过与宜都重点企业就人才招引工作实时沟通，通过组织实施“双创战略团队”和“青年领军人才”等具体政策措施，引进培育科技创新领军人才。加强科技创新领军人才创新驱动中心建设，柔性引进科技创新领军人才。实施双创战略团队计划，每年遴选培育一批双创战略团队，引进培育科技创新人才，引领宜都重点产业创新发展。二是为科技创新人才提供舞台。精准对接重点产业领域的人才需求，高标准高质量筹建一批重点实验室、企校联合创新中心、产业发展基地，吸引、遴选一批高质量人才参与平台建设。支持多元化主体投资建设各类创新双创载体发展，完善以绩效为导向的双创载体评价办法，确保孵化载体又快又好地发展，为科技人员转化科技成果提供条件。三是营造良好的创新生态。在人才住房、子女教育、科技创新奖励以及职称评定等方面营造宽松环境，吸引留住本地人才，同时，通过多种方式引进高端人才，优化人才结构。

### 5.3 把握科技创新方向，加强科技创新成果供给

①要聚焦重点领域和战略性新兴产业开展科技攻关。顺应数字化和智能化的发展趋势，瞄准智能制造方向，加快中低技术水平制造业向先进制造业转型升级。②要促进科技创新成果转化，增加科技创新技术供给。深刻认识“企业科研能力是最好的科技成果”，促进各类创新要素向企业集聚，提升企业技术创新能力，推动企业真正成为技术创新决策、研发投入、科研组织、成果转化主体。经济发展对科技创新成果需求巨大，应大力推动已有的科技含量高、经济价值潜力大的新技术、新材料、新装备和新工艺等创新成果尽快实现转化应用。要持续加大知识产权保护力度，优化科技成果转化机制，打造辐射“当枝松东宜”区域发展联盟的成果转化和技术转移核心平台，促成更多科技成果转化落地，形成区域核心竞争力。③建立常设技术市场，促进创新要素通畅流动。以“用”为导向，广泛参与科创供应链平台建设，鼓励和引导宜都“四上”企业、高新技术企业、科技型中小企业、“专精特新”企业上平台用平台。加强与科技、科协、人才等部门对接，推动企业链接湖北科创供应链天网平台、科创湖北平台、湖北科惠网服务平台、湖北技术交易所网上交易平台等，免费为企业提供网上科技成果信息查询、技术需求信息发布、对接洽谈，实现线上线下双管齐下，转化科技成果。

## 参考文献：

[1] 王欣亮，刘飞．创新要素空间配置促进产业结构升级路径研究［J］．经济体制改革，2018,（6）：51-56.

[2] 吕海萍．创新要素空间流动及其对区域创新绩效的影响研究[D].杭州：浙江工业大学，2019.

[3] 陶长琪，徐茉．经济高质量发展视阈下中国创新要素配置水平的测度［J］．数量经济技术经济研究，2021，38（3）：3-22.

[4] 徐晔，赵金凤．中国创新要素配置与经济高质量耦合发展的测度［J］．数量经济技术经济研究，2021，38（10）：46-64.

[5] 王蓓，陆大道．科技资源空间配置研究进展［J］．经济地理，2011，31（5）：712-718.

[6] 王家庭，李艳旭，马洪福，等．中国制造业劳动生产率增长动能转换：资本驱动还是技术驱动［J］．中国工业经济，2019,（5）：99-117.

[7] 邹薇，袁飞兰．劳动收入份额、总需求与劳动生产率［J］．中国工业经济，2018,（2）：5-23.

[8] 曹颖，尤建新，卢锐，等．我国科技金融发展指数实证研究［J］．中国管理科学，2011，19（3）：134-140.

[9] 张玉喜，张倩 . 区域科技金融生态系统的动态综合评价[J]. 科学研究，2018，36(11)：1963-1974.

[10] 罗福凯 . 要素资本平衡表：一种新的内部资产负债表[J]. 中国工业经济，2010，(2)：89-99.

[11] 魏秀梅，潘爱玲 . 供给侧改革背景下技术资本优化配置与对策创新[J]. 经济问题，2017，(3)：74-79.

[12] 蔡跃洲，马文君 . 数据要素对高质量发展影响与数据流动制约[J]. 数量经济技术经济研究，2021，38(3)：64-83.

# 提升十堰市县域科技创新能力的对策研究

吴　涛　王思仪　徐　慧　张汉香

（十堰市科技情报研究所，十堰，442000）

**摘要：**创新驱动发展战略是党中央在新的历史条件下作出的重大战略决策，县域科技创新是国家创新驱动整体战略的重要组成部分。在鄂西北片区，以十堰为例，县域科技资源相对短缺，科技服务体系不完善，通过开展调查研究，收集各县科技资源数据，分类整理，运用图表进行对比分析，找出十堰市县域科技创新能力低的原因，并提出对策，完善科技创新领导体制，加大科技投入，培育创新主体，构建新产业发展格局，把成果转化作为县域科技创新的主攻方向，加大人才引进力度，深化科技交流合作，以创新型县（市）为引领，营造县域科技创新环境，破解县域科技创新能力较弱的难题。

**关键词：**科技资源；科技创新能力；县域科技；体制机制

## 引言

实施创新驱动发展战略，基础在县域、活力在县域、难点也在县域。长期以来，由于我市县域科技资源相对短缺，科技服务体系不完善，科技创新能力较弱，对创新型十堰建设带来挑战。如何破解县域科技创新难题？提高县域科技创新能力？本文将以十堰市县域包括郧阳区、丹江口市、郧西县、房县、竹山县、竹溪县等6县（市、区）为对象，通过调查研究，总结十堰市县域科技创新取得的成效，分析存在的问题，运用区域创新理论，借鉴国内外区域创新经验，探索提升我市各县域科技创新能力的有效途径，为县域创新驱动发展提供决策支撑。

## 1　提升县域科技创新能力的背景和意义

提升县域科技创新能力是推动县域创新驱动发展的必然要求，是县域经济高质量发展的必然选择。实施创新驱动发展战略是党中央在新的历史条件下作出的重大战略决策。

---

**作者简介：**吴涛（1986—　），男，助理研究员，研究方向为科技信息；王思仪（1988—　），女，助理研究员，研究方向为科技信息；徐慧（1984—　），女，副所长，经济师；张汉香（1966—　），女，副研究馆员，研究方向为图书资料。

2017 年 5 月，国务院办公厅颁发了《关于县域创新驱动发展的若干意见》，明确了县域科技创新在国家整体科技创新战略布局中的战略地位和重要意义，对县域创新驱动发展进行了总体部署，提出了县域创新发展的指导思想、主要目标、基本原则和重点任务。提升县域科技创新能力，推动以科技创新为核心的全面创新，是落实党中央重大战略决策的必然要求。县域是国民经济的基本单元，在国民经济体系中占据重要地位，县域创新能力建设是县域经济高质量发展的前提和基础。由于十堰各县（市、区）均为国家级贫困县，经济增长长期依赖资源要素投入，传统依靠资源消耗的经济增长方式已走到尽头。积极探索适应县域发展实际的科技创新路径，推动县域经济从“要素驱动”向“创新驱动”转变，对十堰市县域经济高质量发展具有重要意义。

## 2 十堰市县域科技创新能力基本情况分析

进入新时期，我市进一步优化创新环境，夯实创新基础，集聚创新资源，促进成果转化，有效提升创新能力，科技创新取得了新的进步。一是科技创新实力稳步提升。2022 年，全市县域高新技术企业达到 189 家，备案科技型中小企业 1644 家，省级以上科技创新创业平台 71 家，市级创新创业平台 126 家，专利授权量达到 1627 件，技术合同交易额达 74.57 亿元，科技特派员 212 名。近 5 年累计获省科技奖励 11 项。二是高新技术产业实现突破性发展，科技对经济的支撑能力持续增强。2022 年全市县域高新技术产业增加值达到 155 亿元，是 2018 年的 2.4 倍，科技创新促进了县域产业结构的优化。郧阳区以动力电池、半导体硅材料等为代表的新材料产业发展势头强劲；丹江口市以丹瑞、山海光等企业为代表的电子信息产业正在成为新兴产业创新发展的重要“引擎”；竹山县、竹溪县、房县初步形成绿色食品饮料、生物医药、新型建筑材料、生态农业、大健康产业。企业创新能力明显提升，郧西县、竹山县、丹江口市、郧阳区等一批企业的科技项目获省级重大专项支持。三是科技创新平台建设加速推进。以企校共建研发中心为重点的企业技术创新平台快速发展，全市县域建成省级企校共建研发中心 15 家，市级 61 家；围绕各类创业主体，打造低成本、便利化、开放式的众创空间、孵化器等企业孵化平台 110 家；围绕科技成果转化，建立乡村振兴科技创新基地 9 家，成果转化中试基地 1 家。

## 3 县域科技创新中存在的问题

### 3.1 科技总体实力不足，创新能力偏低

从近 5 年的全省市县科技创新综合考评结果来看，我市县域 6 县（市、区）在全省取得的最高位次是 16 位，最低位次是 71 位；除郧阳区、丹江口市在 2022 年跻身前 20 位之外，郧西县、房县、竹山县、竹溪县每年位次几乎都在 40 位之后，处于全省中下偏后位次（见表 1）。全市县域创新能力总体有所提升，但提升幅度不明显，整体上看县域科技创新能力不强，总体实力不足，且各县（市、区）发展不平衡、不稳定。

表1 2018—2022年十堰六县（市、区）全省科技创新综合考评排名（位）

| 县（市、区） | 2018年 | 2019年 | 2020年 | 2021年 | 2022年 |
|---|---|---|---|---|---|
| 郧阳区 | 18 | 26 | 39 | 27 | 17 |
| 丹江口市 | 40 | 39 | 35 | 29 | 16 |
| 郧西县 | 45 | 51 | 45 | 47 | 58 |
| 房县 | 53 | 18 | 28 | 55 | 53 |
| 竹山县 | 62 | 60 | 66 | 67 | 56 |
| 竹溪县 | 55 | 35 | 67 | 71 | 64 |

### 3.2 高新技术产业规模小且增长缓慢

（1）高新技术企业数量不足，质量不优。2018—2022年，我市县域高企数量虽然年年有增长，但总体规模偏少，与中心城区相比明显偏少（见表2）。特别是竹溪县，近5年高企数量一直徘徊在4~6家。各县（市、区）之间高企发展不平衡，如2022年，丹江口市高企达到59家，竹溪仅6家，二者相距近10倍。调查发现，我市县域高新技术企业还存在后备企业存量不足，企业规模不大，质量不优等问题。

表2 2018—2022年十堰市县域高企数量统计表（家）

| 县（市、区） | 2018年 | 2019年 | 2020年 | 2021年 | 2022年 |
|---|---|---|---|---|---|
| 郧阳区 | 26 | 33 | 39 | 44 | 54 |
| 丹江口市 | 22 | 24 | 29 | 40 | 59 |
| 郧西县 | 5 | 6 | 9 | 15 | 22 |
| 房县 | 12 | 13 | 18 | 23 | 30 |
| 竹山县 | 6 | 6 | 7 | 10 | 18 |
| 竹溪县 | 4 | 5 | 4 | 6 | 6 |

（2）高新技术产业规模偏小结构单一。2022年，全市高新技术产业增加值450.12亿元，县域6县（市、区）155.23亿元，占全市比重仅为34.45%（见表3、表4）。2018—2022年的5年间，郧西县、房县、竹山县、竹溪县四县年高新技术产业增加值只有1.59亿到11亿元之间（见表3），高新技术产业增加值占GDP比重均在8%以下（见表5），距离“十四五”期间我市高新技术产业增加值占GDP比重达到26%的目标有较大差距。

**表 3　2018—2022 年十堰六县（市、区）高新技术产业增加值（亿元）**

| 县（市、区） | 2018 年 | 2019 年 | 2020 年 | 2021 年 | 2022 年 |
|---|---|---|---|---|---|
| 郧阳区 | 27.37 | 42.11 | 45.18 | 56.87 | 67.98 |
| 丹江口 | 22.98 | 54.1 | 48.63 | 46.5 | 51.85 |
| 郧西县 | 1.59 | 4.15 | 4.33 | 6.76 | 7.25 |
| 房 县 | 5.82 | 9.15 | 7.33 | 8.59 | 10.15 |
| 竹山县 | 3.07 | 4.22 | 4.6 | 8.34 | 10.57 |
| 竹溪县 | 4.35 | 4.58 | 3.44 | 4.48 | 7.43 |

**表 4　2018—2022 年十堰市全市与县域高新技术产业增加值对比表（亿元，%）**

| 项目 | 2018 年 | 2019 年 | 2020 年 | 2021 年 | 2022 年 |
|---|---|---|---|---|---|
| 全市 | 289.50 | 395.47 | 406.10 | 434.60 | 450.12 |
| 县域 | 64.64 | 118.31 | 113.51 | 131.54 | 155.23 |
| 县域占全市比重 | 22.33 | 29.92 | 27.95 | 30.27 | 34.45 |

**表 5　2018—2022 年十堰六县（市、区）高新技术产业增加值占 GDP 的比重（%）**

| 县（市、区） | 2018 年 | 2019 年 | 2020 年 | 2021 年 | 2022 年 |
|---|---|---|---|---|---|
| 郧阳区 | 19.36 | 24.88 | 26.85 | 26.4 | 28.75 |
| 丹江口 | 9.48 | 18.63 | 17.98 | 14.35 | 14.81 |
| 郧西县 | 2.09 | 4.48 | 4.55 | 5.43 | 7.25 |
| 房 县 | 6.11 | 7.66 | 6.09 | 4.83 | 5.79 |
| 竹山县 | 2.81 | 3.66 | 3.93 | 3.46 | 6.96 |
| 竹溪县 | 5.29 | 5.42 | 3.93 | 3.71 | 6.52 |

### 3.3　科技创新投入不足

（1）财政投入科技创新不足。全市县域财政科技投入虽逐年增加，但总量和力度偏低。2019 年，湖北 80 个县（市、区）本级财政科学技术支出占当年本级财政一般公共预算支出比重的平均值为 1.95%，十堰只有丹江口市高于全省平均值，其余 5 县（区）均低于平均值。

（2）全社会研发经费投入偏少。2018—2021 年，6 县（市、区）全社会 R&D 投入强度除郧阳区在 2022 年达到 3.28% 外，其余县市的大部分年份与全市差距较大，与全省和全国差距更大，最低值仅为 0.10（见表 6）。从全社会 R&D 投入总量来看，县域 R&D 投入占全市比重在逐年增加，但总量依然偏低。

**表 6　2017—2021 年十堰市各县（市、区）全社会 R&D 投入强度与其他地区比较表（%）**

| 区域 | 2018 年 | 2019 年 | 2020 年 | 2021 年 | 2022 年 |
|---|---|---|---|---|---|
| 全国 | 2.15 | 2.25 | 2.41 | 2.44 | 2.54 |
| 湖北省 | 1.96 | 2.11 | 2.31 | 2.31 | 2.33 |
| 十堰市 | 1.96 | 1.93 | 2.29 | 2.20 | 2.21 |
| 郧阳区 | 1.6 | 1.07 | 1.19 | 1.53 | 3.38 |
| 丹江口市 | 0.96 | 1.15 | 1.19 | 1.59 | 2.14 |
| 郧西县 | 0.27 | 0.50 | 0.47 | 0.5 | 0.51 |
| 房县 | 0.10 | 1.05 | 0.79 | 0.76 | 1.28 |
| 竹山县 | 0.2 | 0.74 | 0.3 | 0.82 | 0.95 |
| 竹溪县 | 0.46 | 0.59 | 0.59 | 0.33 | 0.17 |

（3）科技投融资体系尚未形成。我市县域产业普遍以传统制造业和传统农业为主导，新兴科技产业和高技术产业相对不足，缺少对风险投资资金的吸引；另外县政府对科技金融支持不到位，大多数县（市、区）未设立创业投资引导基金。由此导致我市县域科技金融尚处于起步探索阶段，科技投融资体系尚未形成，县域企业获得创新资本投入难度大，民营企业融资难融资贵。

### 3.4　企业创新主体地位有待进一步提升

（1）企业研发投入不足，研发体系薄弱。2020—2022 年，郧西、房县、竹山县、竹溪县规模以上企业研发投入占主营业务收入的比重均呈下降态势，郧阳区，丹江口市虽有所增长，但增长缓慢（表 7），更多中小企业甚至没有研发经费支出。另外大多数企业没有研发机构，部分企业虽有研发部门，但存在投入不足，人才紧缺，研发能力弱的问题；较关注短平快项目，忽视长期的技术积累、人才培养。

表7　2018—2022年十堰六县（市、区）规上工业企业R&D经费占主营业务收入比例（%）

| 县（市、区） | 2018年 | 2019年 | 2020年 | 2021年 | 2022年 |
|---|---|---|---|---|---|
| 郧阳区 | 1.07 | 0.73 | 0.89 | 0.89 | 1.17 |
| 丹江口市 | 0.73 | 0.93 | 1.09 | 1.09 | 1.7 |
| 郧西县 | 1.39 | 2.19 | 2.06 | 2.06 | 1.91 |
| 房县 | 0.18 | 2.11 | 1.58 | 1.58 | 1.1 |
| 竹山县 | 0.39 | 1.55 | 0.71 | 0.71 | 1.68 |
| 竹溪县 | 0.89 | 2.18 | 1.09 | 1.09 | 1.44 |

（2）企业自主创新能力尚未真正形成。县域产业主要为低端制造业和农产品加工业，企业产品主要集中在中低端，科技创新在产品价值中的作用没有充分体现。近5年6县(市、区）授权的发明专利累计仅178件（见表8）。企业研发水平低，技术外源性大，市场竞争力弱，抗风险能力差，难以形成核心竞争力。

表8　2018—2022年十堰市六县（市、区）发明专利授权数量（件）

| 县（市、区） | 2018年 | 2019年 | 2020年 | 2021年 | 2022年 |
|---|---|---|---|---|---|
| 郧阳区 | 11 | 2 | 3 | 11 | 21 |
| 丹江口市 | 4 | 5 | 6 | 7 | 5 |
| 郧西县 | 0 | 1 | 4 | 3 | 21 |
| 房县 | 6 | 5 | 8 | 6 | 7 |
| 竹山县 | 5 | 0 | 1 | 7 | 7 |
| 竹溪县 | 7 | 2 | 1 | 2 | 10 |
| 合计 | 33 | 15 | 23 | 36 | 71 |

## 3.5　创新资源稀缺，创新体系不健全

（1）县域创新体系缺乏，创新平台种类不全，能级偏低。我市县域创新平台建设主要集中在企校共建研发中心和“双创”平台，高能级研发机构缺失，科技资源条件平台等公共服务平台建设不到位，与经济的快速发展和企业的需求无法匹配。平台层次不高，效能发挥不足，已建立的“双创”平台规模较小、层次不高、入驻项目少，孵化能力弱。缺少引领性的新型研发机构，无省级以上重点实验室、产业技术研究院、临床医学中心、国际

科技合作基地。

（2）产学研合作不够。企业主动性不足，政府、企业、高校院所三大主体难以形成合力和良性互动，有效协同机制没有很好建立。根据调查显示，我市县域企业参加国际国内科技交流与合作活跃程度为一般或不活跃；合作方式主要是建立企校联合创新中心和产业技术战略联盟，参与揭榜挂帅项目，少数企业开始建立离岸创新基地；合作目的主要是引进技术、人才开展技术研发。

（3）科技服务组织不健全。近年发展较快的孵化器、众创空间、星创天地等创业服务组织存在专业人员少、功能单一，专业化程度不高，孵化能力弱等问题，无法提供专业化的科技信息、科技成果转化、知识产权等服务。根据对县域 33 家孵化机构的调查，近 5 年来，33 家孵化机构共入驻企业 3130 家，毕业企业 1084 家，入驻企业毕业率仅 34.6%。平均每家孵化机构每年入驻企业不足 20 家、毕业企业不足 7 家（见表 9）。

**表 9　被调查的 33 家十堰市县域孵化器（众创空间、星创天地）近 5 年孵化企业情况（家）**

| 年份（年） | 2018 年 | 2019 年 | 2020 年 | 2021 年 | 2022 年 | 5 年合计 |
|---|---|---|---|---|---|---|
| 在孵企业数量 | 395 | 552 | 657 | 756 | 770 | 3130 |
| 毕业企业数量 | 101 | 145 | 233 | 306 | 299 | 1084 |

### 3.6　科技创新人才匮乏

县域历来是人才聚集的短板，人才总量不足、人才结构不够合理，缺乏能够解决生产实际问题的技术骨干，高层次、高技能和创新型人才严重短缺等问题在县域长期存在。人才问题已经成为县域提高科技创新能力的主要瓶颈。

### 3.7　科技创新体制机制障碍依然存在

2017 年机构改革，我市各县（市、区）科技局与经信局合并重组，合并后从事科技工作人员配置比合并前大幅减少，没有精力对本县科技新工作进行深入思考、科学谋划；县域科技创新治理体系不够完善，没有形成吸引资金、人才、技术和平台下沉县域的有效模式；推动科技成果在县域转移转化的链条不够顺畅，科技创新绩效评价体系不够健全，激发科研人员下沉县域创新的积极性举措不多。

## 4　对提升十堰市县域科技创新能力的对策研究

### 4.1　充分发挥政府主导引导作用，完善县域科技创新领导体制

（1）提高认识，把科技创新发展作为优先战略，优化县域科技创新领导体系。针对县域普遍存在的对科技创新重要性和迫切性认识不到位，畏难情绪严重等问题，县级政府

要深刻认识县域科技创新在国家整体创新发展战略中的重要性。进一步优化县级科技创新领导体系，全面加强县级科技创新顶层设计，统筹协调，成立由县委书记、县长挂帅的县（市、区）科技创新委员会，建立联席会议制度，进一步深化科技行政管理改革，优化科技管理职能。

（2）强化考核，完善县域科技创新推进机制。对各县（市、区）在每年的全省市州县科技创新综合考评结果进行科学分析总结，优化完善县级科技创新评价和考核机制，定期公布各县（市、区）创新能力、创新绩效水平和位次。充分发挥科技专项资金“四两拨千斤”的作用，安排专项资金对创新能力提升的县（市、区）给予真奖励、真支持，激发县（市、区）政府科技工作积极性，形成县域科技创新蓬勃发展的新局面。

### 4.2 继续加大科技投入，建立多元投入体系

（1）加大财政科技预算保障力度，建立稳定增长投入机制。县（市、区）级政府应将科技创新作为财政支出重点领域，营造科技创新发展政策环境，完善科技资金保障机制，优化支出结构，切实加大投入力度，每年保持一定增长比例，确保财政科技支出占一般公共预算支出在“十四五”达到3%，为加快科技发展提供资金保障。

（2）引导企业加大投入，促进企业成为科技创新投入主体。一是加大对企业创新的财税支持政策。推动研发费用加计扣除、高新技术企业税收优惠、技术交易税收优惠等普惠性政策“应享尽享”。二是建立科技资源配置与研发投入实绩紧密挂钩机制，激发企业创新投入内在动力。三是积极争取中央、省、市科技专项经费支持。

（3）大力发展科技金融，促进金融服务科技创新。发挥政府在科技投融资中的引导作用，鼓励各县（市、区）设立创业投资引导基金，引导社会资本参股。创新科技金融支持模式，加快形成多元化、多层次、多渠道的科技创新投融资体系。健全科技金融服务体系，完善科技金融服务平台，稳步推进“科技创新贷”，落实贷款贴息、担保费补贴政策。畅通企业融资渠道，支持符合条件的高科技企业上市，引导企业有效利用多层次资本市场融资。

### 4.3 以科技创新带动产业创新，构建产业发展新格局

（1）充分发挥科技园区对县域产业发展的龙头作用。推动十堰国家农科园、省级高新区建设，推动丹江口市、房县、竹山县、竹溪县特色农产品科技园提档升级，转型增效，着力壮大高新技术企业群体，培植高新技术产业集群。

（2）优化县域产业布局。依靠科技创新大力发展战略性新兴产业，培育壮大创新型产业集群，提高特色产业核心竞争力。在郧阳区、丹江口市、郧西县等“北三县”做大做强汽车及装备制造、农产品加工产业、生物医药产业等主导优势产业，着力打造丹江口市专用车、零部件基地，郧阳区中重卡、电池材料基地，郧西县新能源中重卡、汽车发动机再制造基地。加快发展电子信息、新能源、新材料等战略性新兴产业，培育生态农业、文化

旅游、大健康产业、电子商务等产业新业态。在房县、竹山县、竹溪县等“南三县”：聚焦车用能源产业，着力打造房县汽车零部件及原材料基地，竹山、竹溪打造动力电池、绿色储能基地。大力开展产业共性技术研发、成果引进和推广应用，推动农产品加工、建筑材料、轻工纺织、卫浴设备、食品饮料等传统产业技术水平提升。

（3）强化企业科技创新平台建设。支持龙头企业建设产业技术研究院、技术创新中心、工程研究中心、企业技术中心、企校联合创新中心等科技创新平台，积极争创省级以上科技创新平台。支持建立形式多样、机制灵活的新型研发机构。围绕县域主导产业发展，指导企业联合省内外优势企业、科技型中小企业、高校、科研院所和科技服务机构，建设产业技术创新战略联盟。

### 4.4 大力培育企业创新主体，强化企业主体地位

（1）加快发展壮大科技型企业群体。按照“促大、育小、扶微”思路，构建“科技型中小企业—高新技术企业—龙头科技企业—科技领军企业”梯次培育链，支持龙头企业做大做强，带动中小企业成长，促进小微企业“专精特新”，形成“铺天盖地”的企业群体。

（2）着力提升企业科技创新能力。鼓励企业加强研发机构建设；深化产学研合作机制，开展科技攻关和产业化，推动企业自主创新；以科技攻关项目支持企业技术创新，引导企业围绕本地特色产业关键共性技术难题开展研发攻关。

### 4.5 促进科技成果向县域转化并作为县域创新发展的主攻方向

（1）培育科技成果转化的服务主体。支持在各类园区、企业建设科技成果转化中试基地，承担科技成果的中间试验和系统化、配套化、工程化、产品化研发，为成果转化提供应用场景；大力发展技术交易、技术评价、技术转移、检验检测、技术咨询、知识产权等专业科技服务机构和生产力促进中心等科技成果转化服务机构，吸引外地科技成果转移转化服务机构在本地设立分支机构。加强技术经理人、技术经纪人等技术转移人才培养，提升科技成果转移转化服务能力。

（2）建设线上线下相结合的技术转移公共服务平台。依托科惠网、“国家技术转移中部中心”“十堰技术转移与成果转化公共服务平台”，建立县级科技成果转化公共服务平台，形成县级科技成果信息共享、技术交易服务体系，为科技成果转化提供全过程服务。

（3）建立科技成果转化风险分担机制。加强财政科技资金引导，积极吸引社会资本广泛参与，探索设立创业投资基金、天使投资基金、科技成果转化基金等。加强与省、市相关创投基金合作，争取联合设立子基金。加快科技投资风险补偿机制、科技信贷风险分担机制建设，推进科技金融模式创新。

### 4.6 构建人才发展新模式，补齐人才短板

（1）探索灵活多样的人才引进政策。用优惠政策吸引人才，用优质服务留住人才。发

挥《十堰市关于建设科技强市的实施意见》等现有各类政策激励作用，及时兑现各类奖补资金；搞好人才服务，优化外国人来华工作许可审批模式和时限；将“财政科技创新贷”推广到全市各县（市、区），为县域科技人才创新创业增添动力。

（2）加快科技人才平台载体创建。坚持把科技园、孵化器、企校共建研发以中心、企业研发机构作为凝聚人才的重要载体。支持建设人才创新服务中心、人才基地、人才驿站、院士专家工作站等人才平台，吸引科技人才、高校毕业生到县域开展创新创业。强化与发达地区、中心城市的科技合作，支持有条件的县（市、区）在大中城市设立离岸科技创新人才中心，深化“京堰人才合作”机制，持续开展“北京院士专家行”“10万名大学生回(留)堰计划”，加速科技人才向县域流动。

（3）创新项目机制，推动协同创新项目深入开展。实施县级科技创新人才培养专项计划，借助现有的“科技领军人才”“双创战略团队”等人才项目，重点培养企业技术骨干，使其成为县域基层科技创新的领头雁；依托“揭榜挂帅”项目，引导本地企业“出题”，吸引外地领军人才挂帅出征，助力我市产业关键技术攻关。

### 4.7 深化科技合作，完善县域创新体系

（1）打造具有县域特色的低成本、便利化、开放式的创新平台载体。①鼓励各县（市）根据产业发展需求和特点，强化科技企业孵化器、众创空间、星创天地等“双创”服务平台建设，强化功能集成、公共服务和带动效应，支持开展各类创新创业活动。②大力发展科技服务业，加快培育一批业务突出的优质服务机构，引导其深入开展成果转化、技术转移、科技评估、企业管理决策与咨询服务，全面推动县域企业科技创新管理水平提升。

（2）强化高水平科技合作。①建立更高水平的科技合作平台，推动协同创新。积极主动融入“一带一路”、长江经济带、汉江经济合作区、襄十随神城市群合作、京堰科技协作等国际国内区域合作平台，强化与中心城市在科技创新方面的联系沟通，常态化、高频率组织产学研对接活动，推动科技成果和优质人才向县域转移。②畅通合作渠道。依托企校共建研发中心、院士工作站等各类科技合作平台，吸引高校科研院所专家学者到县域合作研发，实现人才、技术、成果等科技创新资源的集聚。③构建开放体系。充分依托中心城市在科技创新要素方面的集聚优势，积极“走出去”，在创新资源密集地建立离岸创新基地。四是深化合作机制。建立和完善产学研联合创新机制，推进人才、技术、资金和信息等方面的共享，以更加深入的合作交流推动县域科技创新发展。

### 4.8 以创新型县（市）创建为引领，积极营造县域科技创新环境

（1）抓好科技创新政策落地，加强国家与地方科技创新政策有效衔接。①推进重大科技政策落实。加强对各类科技创新政策的宣传和培训，促进高新技术企业所得税优惠、企业研发费用加计扣除、科技成果转化收益分配、科技人员创新创业等重大科技政策落

实。②制定完善县域创新政策。根据本地创新发展需求，衔接国家、省、市科技创新政策，打通科技政策落实落地“最后一公里”。

（2）营造全社会投入科技创新的良好氛围。①明确政府在资金投入、创新环境营造等方面责任，提高政府科技管理和服务水平。②增强企业的创新意识，激发创新勇气，构建政企协力的创新环境。③加大科普力度，加强科普基地、科技馆等科普基础设施建设，完善科普条件，组织开展各类活动，依托各级学会、科协、农技协组织开展科学普及和信息服务，营造良好科学氛围。

# 跨界合作对提升新质生产力的影响：以科技园区为例

刘一泓[1]　冯　源[2]

（1. 武汉市科技成果转化促进中心，武汉，430023；
2. 武汉市汉铁初级中学，武汉，430012）

**摘要：**本文聚焦科技园区这一创新生态的独特环境，通过国际国内科技园案例就跨界合作模式对提升科技创新能力、激发生产力增长进行分析。研究发现，科技园区的跨界合作不仅促进了创新资源的优化配置与高效融合，还极大地缩短了新技术从研发到市场应用的周期，加速了科技成果的商业化步伐。这一模式不仅提升了科技创新的效率与成效，为园区内企业乃至整个行业带来了前所未有的发展机遇，更从根本上推动了生产力的飞跃，为经济社会的持续繁荣与高质量发展奠定了坚实的基础。

**关键词：**跨界合作；科技园区；新质生产力；创新能力；技术转移

随着全球经济步入知识经济的新纪元，创新已成为撬动经济增长、提升国家竞争力的核心引擎。2023 年 9 月 7 日，习近平主席在新时代推动东北全面振兴的重要座谈会上，高瞻远瞩地提出了“新质生产力”的概念，并着重强调了整合科技创新资源的战略意义[1]，旨在通过这一路径推动经济结构的优化升级。要加强科创园区的建设力度，深化数字经济与实体经济的交融共生[2]，为经济发展注入强劲动力。

科技园区，作为汇聚高科技企业、顶尖学府、科研机构、科技服务及金融服务于一体的跨界合作高地，无疑是实现上述愿景的理想载体[3]。多位学者，如陈宁[4]、王丽平等[5]、吴松强等[6]，均深刻指出跨界合作对于企业创新能力与绩效的显著正向推动作用，揭示了其在激发创新活力方面的独特价值。同时，马学广等[7]学者通过跨尺度对比分析，以及曹兴等[8]从新兴技术跨界融合机理的深入探索，进一步丰富了我们对跨界合作促进企业发展的理解。

在科技园区的生态系统中，跨界合作模式，尤其是产学研金服用（即产业、学术、研

**作者简介：**刘一泓（1975—　），女，副研究馆员，研究方向为科技政策、科技管理等。冯源（1998—　），女，本科，研究方向为政策研究、比较与公共等。

究、金融、服务与应用的全方位合作）被视为推动新质生产力发展的关键机制。这一模式通过跨界合作无缝对接不同领域的优势资源，构建起高效协同的创新网络，为园区内企业提供了源源不断的创新源泉和发展动力。然而，尽管其潜力巨大，但跨界合作如何精准作用于科技园区的创新能力和生产力提升，以及背后的具体运作机制，仍是一个亟待深入探究的课题。

文立足于新质生产力理论、创新生态系统理论及跨界合作理论的坚实基石，选取具有代表性的科技园区作为研究样本，旨在全面剖析跨界合作在促进新质生产力发展中的实际成效与面临的挑战，为构建更加高效、协同的科技创新生态体系提供理论支撑与实践指导。

## 1 理论内涵

### 1.1 新质生产力理论

新质生产力这一概念深刻揭示了通过不懈创新与技术飞跃所达成的生产力飞跃，它鲜明地强调了知识、信息、尖端技术以及创新思维在当代经济发展中的核心引领地位。其核心理论根基在于对传统生产要素（劳动、资本、土地）的超越，明确指出知识与技术创新已成为驱动经济增长的崭新引擎。新质生产力的蓬勃兴起，高度依赖于一个健康繁荣的创新生态系统，这一系统融合了制度环境的优化、坚实的产业基础、卓越的教育体系以及强大的研发能力，它们相互交织，共同为创新活动提供肥沃的土壤。

然而，关于新质生产力的具体界定、科学的评价标准以及行之有效的发展模型，在学术界尚存广泛争议与探讨空间，这种多样性既为理论的深化提供了丰富的思想源泉，也对其实践应用的精准性与有效性提出了更为严峻的挑战。

以《2023 硅谷指数》为镜，我们可窥见全球科技创新巅峰之地——美国硅谷的非凡成就。数据显示，2022 年硅谷凭借其卓越的创新生态，实现了专利申请量高达 20，424 件，占全美总量的 13%，彰显了其在技术创新领域的领先地位；同时，吸引了总额达 207 亿美元的风险投资，占据了全美风险投资总额的 33%，这一数字不仅反映了硅谷对投资者的强大吸引力，也预示了其未来无限的增长潜力；此外，硅谷还孕育了 270 家独角兽企业，占全美的 40%。硅谷的成功，正是得益于其由世界顶尖高等教育机构、前沿科研机构以及高度活跃的风险投资网络共同构建的创新生态系统，这一系统为硅谷的持续繁荣与创新提供了不竭的动力源泉。

### 1.2 科技园区与创新生态系统

科技园区作为区域经济发展的强力引擎与技术创新的前沿阵地，通过汇聚高科技企业、顶尖研究机构及高等教育机构的智慧与力量，构筑了一个充满活力与创造力的独特创新生态系统。在全球创新版图中，这些园区占据举足轻重的地位，它们不仅是科技成果高效转化与商业化的加速器，更是促进跨区域、跨国界知识交流与技术传播的重要桥梁。

深入研究揭示，科技园区的辉煌成就根植于多重因素的深度融合与协同作用，包括政府高瞻远瞩的政策引导、坚实有力的资金支持、卓越人才的汇聚以及与地方经济社会的深度融合与互动。然而，值得注意的是，尽管科技园区共享着推动创新与发展的共同愿景，但在资源配置策略、管理模式创新及未来发展路径上却展现出多样化的风貌，这些差异直接塑造了它们在全球创新生态系统中各具特色的效能与贡献。

中国深圳高新技术产业园自 1996 年末成立以来，该园区始终紧贴市场需求脉搏，以前瞻性的视野整合政府、产业、学术、研究、金融及服务等多维度跨界创新资源，精心培育出华为、腾讯等一批在全球舞台上熠熠生辉的高科技企业巨头。这些企业不仅在国际市场上展现出强大的竞争力，更成为中国在电子信息、生物技术等领域技术飞跃的坚实推手，引领着国家科技实力的跃升。截至 2022 年，深圳高新技术产业园内高新技术企业数量已突破 5400 家，占据了深圳全市四分之一的份额，其工业总产值更是达到 1.6 万亿元，贡献了深圳工业总产值的近三分之一，成为驱动深圳乃至全国经济高质量发展的强劲动力。

### 1.3 跨界合作理论

跨界合作是指不同领域、行业或国家的组织之间的合作，共享资源、知识和技能，共同实现创新的目标。产学研深度融合创新联合体内部不仅包含企业、大学、科研院所、政府等传统产学研主体，还包含科技金融机构、中介服务机构等新型产学研主体[10]。这种合作模式是促进新质生产力发展的有效途径，它能够整合不同来源的知识和技术，加速创新过程。

然而，跨界合作的征途并非坦途，其间布满了诸如利益分配不均、知识产权保护难题以及合作机制构建与维护的荆棘。面对这些挑战，成功的跨界合作案例向我们揭示了其背后的关键要素：清晰而共同的目标设定，是合作的灯塔；高效畅通的沟通与协调机制，如同桥梁连接各方；而双方之间深厚的互信与坚定的承诺[11]，则是合作稳固的基石。

德国弗朗霍夫应用研究促进协会（Fraunhofer–Gesellschaft），作为全球创新版图中的璀璨明珠，以其卓越的跨界合作实践树立了典范。作为欧洲规模最大的应用科学研究机构之一，该协会坐拥 76 个研究机构，其跨界团队被誉为“科技搬运工”，凭借独特的“合同研究”模式，与企业、大学紧密携手，将科研成果精准高效地转化为市场所需的商业产品，不仅推动了科技进步，更促进了经济社会的繁荣发展。这一成功案例，无疑为探索跨界合作之路的后来者提供了宝贵的经验与启示。

## 2 跨界合作的动因与形式

### 2.1 科技园跨界合作的动因

跨界合作的动因源自参与各方对于资源共享、知识互补、风险分担，以及创新促进的共同需求[12]。在科技园区内，企业、高校和研究机构等不同主体各自扮演着独特的角色，合作的动因主要有四个方面。

（1）资源的高效整合与共享。政府作为导航者，通过制定优惠政策与战略规划，为园区内的创新活动铺设基石；企业与金融机构则作为资本与市场的桥梁，源源不断地注入资金活力与市场洞察；而高校与科研机构，持续贡献着科研的深邃与人才的智慧。这一资源的深度融合与共享机制，如同催化剂一般，加速了科技园区内的创新化学反应，引领产业升级与经济腾飞。

（2）知识的深度互补与融合创新。高校与科研机构深植于科研的沃土，积累着丰富的理论基础与前沿技术；而企业则紧贴市场脉搏，精准捕捉需求动态与产业趋势。跨界合作如同桥梁，将象牙塔内的科研成果与市场的实际需求紧密相连，实现了知识的无缝对接与深度融合。这一过程不仅提升了科研成果的商业化效率，更激发了企业的技术革新与产品迭代。

（3）风险的有效分散与降低。单一主体往往难以独立承担其高风险性。“政产学研金服用”这一跨界合作模式的出现，如同一张安全网，将风险分散至多个主体之间，有效减轻了单一主体的压力。同时，政府通过政策扶持与风险补偿机制，为创新活动提供了坚实的后盾，进一步降低了创新过程中的不确定性，为创新者保驾护航。

（4）创新的强力促进与持续推动。创新作为科技园区发展的灵魂与引擎，通过跨界合作汇聚来自不同领域的智慧与力量，共同推动着科技创新与产业升级。这种创新生态的良性循环，不仅增强了科技园区的核心竞争力与可持续发展能力，更为区域经济的繁荣发展注入了源源不断的动力与活力。

### 2.2 科技园跨界合作的主要形式

（1）创新联合体模式。以企业为技术创新的主体，联合产业链上下游共同参与。创新联合体不仅包括企业、高校、科研院所等，还涉及政府、金融机构、中介机构等支持性机构。这些机构在创新过程中发挥着不同的作用，共同推动创新活动的深入开展。

（2）技术共享模式。通过科技合作与技术转移，建立科技合作联盟，引导产业合作升级。围绕重点领域和关键性技术问题，开展联合攻关，将传统产业“优势产能”合作向科技创新“新产能”合作转变。

（3）国际共建模式。通过签署双边或多边协议，围绕科创高地进行产业创新升级，在“共商、共建、共享”的原则基础上，推动与先进科技园区构建高效、专业的多层次、立体化的科技成果共享和科技研发合作模式。

## 3 跨界合作对新质生产力的影响

### 3.1 案例一：斯坦福大学与硅谷企业的合作

斯坦福大学与硅谷企业的合作模式为我们提供了如何通过跨界合作促进科技园区内

企业创新能力提升的深刻洞见。这种合作涉及共同研发、技术转移和人才交流等多个方面。斯坦福大学提供了丰富的研发资源和人才，硅谷企业则提供实践平台和资金支持。这种合作促进了资源共享与整合，同时加速了科研成果的商业化过程。谷歌的创始人拉里·佩奇和谢尔盖·布林在斯坦福大学读研期间，就是在这种合作氛围中孵化了谷歌的初始想法。

#### 3.1.1 对创新能力提升方面的影响

斯坦福大学与硅谷企业的共同研发项目使得企业能够直接接触到最前沿的科研成果和思想，促进了企业自身研发能力的提升。谷歌的搜索算法最初就是在斯坦福大学的研究项目中孵化的；技术从学术界到产业界的转移，为企业提供了新的产品和服务创新的机会。斯坦福大学通过其技术许可办公室（OTL）有效地促进了这一过程，加速了研究成果的商业化，同时为硅谷企业提供了大量的人才资源，这些人才携带着最新的知识和技能进入企业，成为推动企业创新的重要力量。通过这样的合作，不仅提升了企业的创新能力，还促进了整个科技园区的技术进步和知识更新，形成了一个良性循环的创新生态系统。

#### 3.1.2 对生产力增长方面的影响

斯坦福大学与硅谷的跨界合作直接促进了科技园区内企业的产品和服务创新，提高了企业的市场竞争力和盈利能力。通过共同研发和技术转移，企业能够快速将新技术应用于产品开发，缩短产品上市时间，提高生产效率。跨界合作还通过建立健康的创新生态系统，促进了科技园区整体生产力的增长。斯坦福大学与硅谷的合作不仅促进了单个企业的增长，还吸引了更多的投资和人才到该地区，推动了整个区域经济的发展。

斯坦福大学与硅谷企业共同研发了众多高新技术，其中 70% ~ 80% 的成果能够应用于工业制造和生产，为合作企业带来了显著的经济效益。这种合作模式促进了产学研的紧密结合，加速了科技创新和产业升级。

### 3.2 案例二：IBM 与新加坡国立大学（NUS）的共同研发中心

IBM 与新加坡国立大学（NUS）合作建立了一个共同研发中心，专注于大数据、区块链技术等前沿科技的研发。这个中心汇聚了来自 IBM 的行业专家和 NUS 的学术研究人员，共同进行科研项目和技术开发。这种共同研发的合作模式不仅促进了技术创新，也加速了新技术在企业中的应用。

#### 3.2.1 对创新能力提升方面的影响

IBM 与新加坡国立大学（NUS）共同成立了研究中心是一个典型的产学研合作模型。通过整合 IBM 的行业经验和技术资源与 NUS 的科研能力，专注金融科技和区块链的教学与研究，直接促进了科技园区内企业的创新能力提升。IBM 为 NUS 提供了先进的 IBM Cloud 技术和行业洞察，NUS 则提供学术研究和人才资源，这种合作模式加速了研究成果从理论到实践的转化，使企业能够快速应用新技术，提高产品和服务的创新性。合作中心还培养了一批既懂技术又懂市场的复合型人才，为企业提供了强大的创新驱动力。

#### 3.2.2 对生产力增长方面的影响

共同研发中心的成立直接提高了企业的研发效率和产品创新速度，促进了科技园区内企业的生产力增长。该合作模式还吸引了更多的投资和人才到科技园区，提高了整个园区的吸引力和竞争力，有效推动了区块链技术在教育领域的应用，并培养了具有全球视野的金融科技人才，从而促进了科技园区整体经济的发展。

### 3.3 案例三：张江科技园与特拉维夫合作

张江科技园与以色列特拉维夫科技园区建立了合作关系，共同举办了产业合作交流会等活动，促进了双方在科技创新、产业孵化等方面的深入合作。

#### 3.3.1 对创新能力提升方面的影响

以色列特拉维夫作为“中东硅谷”与张江科技园合作建设联合实验室，共享双方的研发数据库和专利资源，成功引进特拉维夫的先进基因编辑技术（CRISPR-Cas9），共同研发出针对肺癌的个性化基因疗法。通过双方科研人员的紧密合作，该技术不仅提升了治疗效率，还降低了副作用风险。制定定制化的人才交流项目，包括短期访学、联合培养研究生、博士后合作等，定期收集参与交流项目的科研人员的反馈意见，不断优化交流项目的内容和形式，确保人才培养效果最大化。

#### 3.3.2 对生产力增长方面的影响

张江科技园与特拉维夫合作，对生物医药产业链的上下游企业进行了全面梳理和整合。通过优化资源配置、加强企业间合作等方式，形成了一个高效、协同的产业链体系。为了推动生物医药产业向高端化、智能化方向发展，双方共同投入资金和技术支持，建设了多个智能化生产线和研发平台。这些平台不仅提高了生产效率和产品质量，还吸引了更多高端人才和项目的加入。双方共同制定了针对欧洲市场的市场拓展策略，包括参加国际展会、建立销售渠道、开展品牌推广等。同时，还针对不同国家和地区的市场特点，制定了个性化的营销策略和方案。通过合作，张江科技园的多个生物医药品牌在国际市场上获得了广泛认可。其中某品牌已成为欧洲市场上治疗某种罕见病的首选药物，市场份额持续扩大。

## 4 结论与建议

### 4.1 结论

跨界合作在科技园区内的实施，不仅促进了资源的有效整合和知识的快速流动，也为企业提供了一个开放的创新环境，有助于加速新技术的研发和应用。然而，跨界合作过程中也存在知识产权保护、合作机制不健全等挑战，需要相关政策和管理策略的支持和优化。

跨界合作已被证明是促进科技园区内新质生产力发展的关键驱动力。通过动因与形式分析及案例研究，本研究揭示了跨界合作通过资源共享、知识互补、风险分担和人才交流等方式显著提升了企业的创新能力，加速了科技成果的转化，从而直接和间接促进了科技园区整体的生产力增长。这些合作不仅提升了参与各方的研发效率和产品创新速度，还吸引了更多的投资和人才，提高了整个园区的竞争力和可持续发展能力。

### 4.2 建议

（1）促进科技园区跨界合作。建立多元化合作平台，政府和园区管理者应建立多元化的合作平台，包括创新孵化器、技术转移中心和人才培训基地，以促进企业、高校和研究机构之间的跨界合作；优化政策环境，出台更多激励政策，如税收优惠、资金支持和知识产权保护政策，以鼓励企业与高校和研究机构进行合作；强化人才培养和交流，通过建立联合培养计划、实习实训基地和访问学者项目，促进人才在产学研之间的自由流动和交流。

（2）进一步提升新质生产力。促进技术创新与转移，加强科技成果转化机制，提高科研成果的商业化率，促进科技园区内企业的技术创新和产品升级；加大资金和资源投入，政府和私人投资者应加大对科技园区的资金和资源投入，特别是对高新技术企业和创新项目的支持；构建开放合作生态，鼓励科技园区内外企业和机构之间的开放合作，通过建立联盟、合作网络等形式，共享资源、信息和技术，形成互利共赢的合作生态。

## 参考文献

[1] 牢牢把握在国家发展大局中的战略定位 奋力开创黑龙江高质量发展新局面[N]. 人民日报，2023-09-09（001）.

[2] 陈伟光，武少民，靳博，等．奋力谱写中国式现代化天津篇章[N]. 人民日报，2024-02-04（002）.

[3] 张超妮．国家高新区创建世界领先科技园区路径研究——基于创新生态共同体视角[J]. 新经济导刊，2023,（8）:54-62.

[4] 陈宁．跨界合作与企业创新能力的关系[J]. 中小企业管理与科技，2023,（15）:151-153.

[5] 王丽平，陈晴晴．跨界合作行为、外部创新搜寻对创新绩效的影响——战略柔性的调节作用[J]. 科技进步与对策，2016,33（19）:21-26.

[6] 吴松强，尹航，蔡婷婷．嵌入性创新网络、跨界合作与先进制造业企业创新能力——基于长三角地区先进制造业集群的实证研究[J]. 华东经济管理，2021,35（4）:34-41.

[7] 曹兴，许羿，赵倩可，等．多层网络视角下新兴技术跨界融合机理与实证研究[J]. 中国软科学，2022,（12）:102-111.

[8] 任泽平团队．美国发展高科技的机制与启示：以硅谷和半导体为例．金融界[EB/OL].

（2022-03-07）.https://finance.jrj.com.cn/2022/03/07002034534643.shtml
[9] 徐政，郑霖豪，程梦瑶．新质生产力助力高质量发展：优势条件、关键问题和路径选择[J]. 西南大学学报（社会科学版），2023,49（6）:12-22.
[10] 张羽飞，孙祺，李桂荣，等．产学研深度融合创新联合体：概念衍生、特征类型与推进路径[J]. 科技进步与对策，2024,41（10）:150-160.
[11] 邹丹，刘子康．斯坦福与硅谷共生双赢的模式探析[J]. 科技创业月刊，2019,32（9）:20-22.
[12] 李玉倩．新质生产力视角下行业产教融合共同体建设逻辑与路径[J]. 南京社会科学，2023（12）:122-129.

# 科技资源开放共享助推油料品质提升

王　督　彭　睿

（中国农业科学院油料作物研究所，武汉，430062）

**摘要：** 科技资源开放共享对新质生产力的培育和发展具有至关重要的作用。近年来随着消费需求持续增加，我国油料产需缺口大、对外依存度高，油料品质提升对满足居民食用植物油消费结构优化具有重要作用。本文从科技资源开放共享角度提出了油料品质提升的措施，促进油料科技新质生产力的培育和推动油料产业高质量发展。

**关键词：** 科技资源；开放共享；油料品质提升；新质生产力

科学技术是第一生产力，是推动经济和社会发展的强大动力，在社会发展和国家建设中起着十分重要的作用，也是未来国家和社会发展的不竭动力。科技资源作为国家重要的战略性、基础性资源，既是开展科研活动的基础和保障，也是引领前沿科技创新、吸引顶尖人才的重要手段[1]。贯彻新发展理念，实施创新驱动发展战略、推动高质量发展，需要不断提升科技资源的开放共享服务水平，切实增强科技基础条件资源对科技进步和经济社会发展的支撑保障能力[2]。

科技资源共享是指通过整合和优化各类科技资源，包括科研成果、技术专利、实验设备和人力资源等，促进不同主体之间的合作与交流，其目的是提高资源的利用效率，推动科技创新和成果转化[3-4]。

在国家层面，政府出台了一系列政策来支持科技资源共享，例如《国家中长期科学和技术发展规划纲要》《国务院关于国家重大科研基础设施和大型科研仪器向社会开放的意见》《科学技术进步法》等强调了科技创新的重要性，将科研仪器设施、科学数据等科技资源开放共享纳入法治化轨道。

油料是人体三大营养素中脂类和蛋白质的重要来源，油料产品是人类赖以生存的重要大宗农产品和生活必需品。我国是世界油料生产和消费大国，其产量和消费量均居世界前

**作者简介：** 王督（1984—　），男，副研究员，研究方向为粮油质量安全；彭睿（1985—　），女，助理研究员，研究方向为科研管理。

列。2021 年，我国食用植物油消费量为 4287 万吨，人均年消费量为 30.4 千克。随着社会经济的发展、国民生活方式的改变，慢性病严重威胁我国居民健康，已成为影响国家经济社会发展的重大公共卫生问题。合理膳食和有效膳食干预是预防疾病、保证健康的基础。如何提升油料品质，满足人民群众营养健康需求，成为摆在油料产业发展面前新的挑战和机遇[5-6]。基于此，本文将以油料品质提升为突破点，探索科技资源共享助推油料品质及产业发展的模式和建议。

## 1　科技资源共享的概念与重要性

科技资源是衡量一个国家科技创新能力的重要指标。科技资源的开放共享是在已有条件下优化科技资源配置、加快科技资源流动、提升科技资源效率，从而真正提高我国科技创新能力的有效途径。科技资源具有以下 4 个方面的特征：①科技资源的基础性。②科技资源的战略性。③科技资源管理的长期性。④科技资源分布的分散性[2]。

科技资源共享是指通过信息技术手段，将科研机构、高校、企业等的科技资源进行整合与共享，以实现资源的优化配置和高效利用。其重要性体现在以下几个方面[7-8]。

资源优化配置：通过共享，科研机构和企业可以更好地利用现有的科研设备和技术，避免资源的重复投入和浪费。

促进合作创新：科技资源共享能够促进不同领域、不同机构之间的合作，推动技术创新和成果转化。

提升科研效率：共享平台可以加速信息的传播和交流，提高科研人员的工作效率，缩短科研周期。

## 2　油料品质提升的现状

油料行业是我国农业的重要组成部分，也是国民经济的支柱产业之一，主要包括大豆、油菜籽、花生等油料作物的种植、生产和加工。我国油料行业的发展得益于科技进步和政策的支持，近年来取得了长足的进步。自 2018 年以来，油料种植面积和产量均持续增长，单产水平稳步提高，总产量逐年增长，种植面积从 1.93 亿亩增至 1.97 亿亩，产量从 3433.4 万吨增至 3654.2 万吨，增幅分别为 2.1% 和 6.4%。从品种结构看，油菜和花生面积、产量大幅增加；特色油料面积、产量双减。此外，油料加工业的技术装备水平也得到了提升，加工能力不断增强。然而，在油料行业的发展过程中，也存在着些问题[5-6]：

（1）油料产品供需矛盾日益突出，油料进口不断增加，导致油料自给率仅为 35% 左右，提升油料单产和产能迫在眉睫；

（2）随着我国经济的快速发展，人民生活水平的不断提高，对优质油料产品的需求不断增加，发展绿色、有机优质油料产品是供给适配需求的必然要求，是提高油料产品质量品质的有效途径；

（3）国内油料生产的比较效益仍然较低，机械化、规模化、产业化水平偏低，难以与国外竞争。

（4）我国油料加工产品品牌认知度低，不仅要加强品牌建设，更需要从品种、生产、加工、销售等环节入手，加强油料产品的营养保健功能研究，开发出更多具有营养保健功能的油料产品，提高消费者对油料产品的认知和接受度。

# 3　科技资源开放共享助推油料品质提升的措施

## 3.1　构建油料科技资源共享平台

科技平台是科技资源共享服务的骨干力量。一是围绕需求，进一步"补短板、增优势"，构建油料科技共享平台，充分发挥科研单位研发优势和企业生产条件[9]；二是加强科技资源的整合汇聚，充分发挥科研机构、高校和企业的资源，通过科技资源共享，促进高校、科研机构与企业之间的合作，打通科技成果转化的最后一公里；三是完善资源汇交机制和流程[10]，鼓励企业与高校、科研机构联合开展油料品质提升的科研项目，共同攻克技术难关，建立技术转让机制，促进科研成果的转化和应用，提高企业的技术水平；通过合作培养专业人才，提高企业的技术创新能力。

## 3.2　加强油料科技资源挖掘利用，提升共享服务质量

①加强油料科研仪器设备的升级改造和开放共享，更加充分地挖掘存量仪器设备的潜能和利用水平[11]。②运用机器学习、大数据分析、数据可视化等新技术，加强油料产业数据的深度挖掘和再加工。③加强油料品种、生产加工、功能挖掘等功能筛选关键技术研发，提升资源服务的深度和广度，强化科技引领创新驱动，加快形成油料领域新质生产力，推动我国油料产业高质量发展。

## 3.3　完善共享服务制度体系，推动开放共享标准化规范化

标准化和规范化是持续推进科技资源共享服务，保障共享服务质量的前提[12-13]。①建立知识产权保护和利益分享机制，对于促进创新、保护创造者权益。②建立科技资源共享标准化服务。科技创新服务标准化确保其安全可靠、高效、可持续地提供的服务的标准化质量，并通过规范化把技术应用转化为企业的智能化应用，以获取更大的效益。标准化涵盖一系列的方法，如服务过程化、服务品质标准化、服务支持能力标准化、服务支持过程标准化、服务质量标准化等。

## 3.4　运用人工智能（AI）等技术，构建信息服务共享平台

科技资源的信息化、数字化是大数据时代科研活动逐步转向数据驱动新趋势的必然选择[14]。①加强科研设施与仪器国家网络管理平台建设，筑牢跨部门、多层次的设施与仪器网络服务体系，紧盯"卡脖子"难题和油料产业发展亟待解决的问题，加大农业科研院校攻关力度，培育出更多引领性、突破性新品种，并加大政府和企业参与力度，加快科技成

果转化应用。②采用区块链、人工智能、云服务等措施加强信息共享，构建数据信息服务共享平台，促进油料品质相关信息的传播与交流[15]，具体包括建立油料品质检测数据的共享数据库，定期举办行业研讨会和技术交流会，分享成功经验和技术应用案例。

### 3.5 完善科技资源共享服务配套机制

科技资源共享包括人力资源，专业人才培养和中介机构培育可壮大科技资源共享服务队伍，提升技术人才队伍专业化、市场化，也是科技资源服务机构是打通共享服务“最后一公里”的重要力量。①依托高校和科研单位建立技术人员的人才共享模式，建立激励制度激发技术人员积极性和创造性。②扶持一批专业化的科技资源服务中介机构，打造小、专、强的服务机构。③引导支持专业化服务机构参与建设科技资源管理服务平台建设，积极推进科技资源及服务的网上预约和线下服务，进一步培育壮大科技资源服务业；四是利用服务平台开展在线培训，提高专技人员的技术水平和管理能力。

## 参考文献

[1] 包献华 . 推进新时代科技资源开放共享 [J]. 理论视野，2019（1）: 60-65.

[2] 苏靖，赫运涛 . 科技资源开放共享服务的实践与展望 [J]. 中国科技资源导刊，2023，55（1）:1-8；

[3] 包献华 . 推进新时代科技资源开放共享 [J]. 理论视野，2019（1）: 60-65.

[4] 王卷乐，彭洁，陈冬生，等 . 科技创新能力及其与科技基础设施关系的研究 [J]. 中国基础科学，2007（6）: 48-51.

[5] 张良晓，李慧，马飞，等 . 关于我国油料品质提升重要性的思考 [J]. 农产品质量与安全，2023（2）: 22-27；

[6] 薛莉 . 食用植物油特质营养成分组成与分布研究 [D]. 北京：中国农业科学院，2018.

[7] 国家科技基础条件平台中心 . 国家科技基础条件资源发展报告 2016[M]. 北京：科学技术文献出版社，2017: 129.

[8] 王志刚 . 推动政府职能从研发管理向创新服务转变 [J]. 求是，2015（22）: 30-35.

[9] 周琼琼，程苹，王志强 . 科技平台标准化发展回顾与展望 [J]. 科教导刊，2014（9S）: 4-8.

[10] 王晋 . 强化管理机制　推进科研设施与仪器开放共享 [J]. 科教导刊，2014（9s）: 4-8.

[11] 王宏起，李佳，李玥 . 基于平台的科技资源共享服务范式演进机理研究 [J]. 中国软科学，2019（11）: 153-165.

[12] 毕达天，曹冉，杜小民 . 科学数据共享研究现状与展望 [J]. 图书情报工作，2019，63（24）: 69-77.

[13] 张绍丽，郑晓齐，张辉，等. 科技资源共享网络模式创新与实践：以中国科技资源共享网为例 [J]. 科技管理研究，2018（13）：43-52.
[14] 吴标兵，许为民，许和隆，等. 大数据背景下科技服务业发展策略研究 [J]. 科技管理研究，2015，35（10）：104-109.
[15] 赵剑冬. 基于区域科技大数据平台的科技服务模式研究 [J]. 产业与科技论坛，2019，18（14）：61-62.

# “北斗七星式”创新矩阵提升科技成果转化效率路径研究

## ——以武创院为例

张凯莹[1]　冯　源[2]

（1. 武汉市科技成果转化促进中心，武汉，430023；

2. 武汉市汉铁初级中学，武汉，430012）

**摘要：**在科技创新日新月异的时代背景下，科技成果的高效转化已成为驱动经济社会高质量发展的核心引擎。本文剖析了当前科技成果转化过程中普遍存在的瓶颈问题，提出“北斗七星式”创新矩阵，旨在通过其多维度、协同化的运作模式，提升科技成果从研发到市场应用的转化效率与成功率。文章以武创院为案例验证了“北斗七星式”创新矩阵的实践效能，提炼出一系列具有创新性和可操作性的解决策略，为类似地区的科技成果转化工作提供可借鉴的经验与模式。

**关键词：**北斗七星式创新矩阵；科技成果转化；效率路径

在党的二十大报告中，习近平总书记指出：“加强企业主导的产学研深度融合，强化目标导向，提高科技成果转化和产业化水平。”促进科技成果转化和产业化是实施创新驱动发展战略的重要任务，也是加强科技与经济紧密结合、实现科技促进经济增长的核心关键。武汉市作为全国第五个获批建设具有全国影响力的科技创新中心，集聚了高等院校 92 所、科研机构 91 家，是全国知名的智力资源密集区。近年来，武汉市创新主体规模不断壮大，2023 年全市高新技术企业总量突破 1.45 万家，同比增长 15%；技术合同成交额达 2198.43 亿元，同比增长 62.23%，在全国副省级城市中排名第三位。《自然》杂志发布《2023 自然指数 – 科研城市》，武汉首次进入全球前 10 位，位列全球第 10、全国第 5。在取得丰硕成果的同时，成果外流、机制不优、转化不畅、人才不足等问题仍然存在，一定程度上限制了科技成果转化效率。本文提出的“北斗七星式”创新矩阵这一综合性框架，其核心使命在于通过构建高效协同的创新机制与体系，深度激发科技成果的转化潜能，为地方经济的

---

**作者简介：**张凯莹（1982—　），女，高级工程师，研究方向为科技管理。冯源（1998—　），女，研究方向为政策研究、比较与公共。

蓬勃发展注入强劲而持续的新动力。

“北斗七星式”创新矩阵，作为一种引领未来的跨界融合典范，其核心精髓在于彻底打破传统领域的界限壁垒，实现创新链、产业链、人才链、金融链的深度融合与无缝对接。这一模式不仅促进了资源的优化配置与高效共享，更通过各链条间的优势互补，加速了新质生产力的孕育与茁壮成长。

## 1 “北斗七星式”创新矩阵框架

“北斗七星式”创新矩阵是根据北斗七星的排列特点设计而成，旨在通过七个关键维度打造科技创新生态，牵一星动六星，高效配置科技资源和创新要素，推动新质生产力加快发展。

政策引导星：构筑一套促进科技成果高效转化的政策框架，精准制定既科学又前瞻的科技创新策略，对于激发科技创新活力、引领经济社会高质量发展具有不可估量的战略价值。

技术创新星：聚焦于激发原创性技术研发的蓬勃活力，加速技术迭代升级，旨在铸就科技成果的核心竞争优势。这一关键环节，在驱动科技创新浪潮、赋能经济高质量跃升中，扮演着无可替代的核心角色。

市场导向星：紧密贴合市场动态需求，精准导航科技成果向市场化、产业化深度迈进，同时，建立健全风险评估与质量管理体系，确保转化路径既稳健又高效，为科技成果的安全着陆保驾护航。

产学研联合星：深化产学研三方无缝对接，打造长效合作机制，促进资源深度共享与优化配置，犹如强劲引擎，加速科技成果从实验室走向生产线的蜕变，为实体经济注入源源不断的创新动力。

资本驱动星：搭建多元化、立体化的科技成果转化资金网络，优化投融资生态，广泛吸引社会资本与风险投资的目光，为科技成果的孵化与应用插上资本的翅膀，助力其快速腾飞。

人才支撑星：构建高层次人才引进与培养的坚固体系，促进产学研界人才自由流动与紧密合作，辅以完善的激励机制，为科技成果转化事业奠定坚实的人才基础，确保创新活力源源不断。

国际合作星：积极拓宽国际合作视野，引入海外科技创新与成果转化领域的尖端技术与宝贵经验，同时借鉴国际先进管理模式，为提升我国科技成果的国际竞争力和影响力铺设宽广的通途。

# 2 影响科技成果转化效率的因素

## 2.1 内部影响因素

### 2.1.1 科技成果的成熟度和商业化潜力

科技成果的内在技术含量与实际应用价值构成了其转化的坚实基石。技术唯有展现出独特的创新性和广阔的市场前景，方能吸引投资者的瞩目，进而驱动其转化进程。成果的原创性、技术成熟度的深化、广泛的应用潜力以及知识产权的稳固拥有，均直接且显著地影响着转化的效率。尤为值得注意的是，技术成熟度不足或缺乏自主知识产权的成果，其转化之路往往布满荆棘，效率低下且风险高。

### 2.1.2 科研团队的实力与经验积淀

科研团队的综合素质，包括科研能力的深厚、市场洞察的敏锐以及项目管理的娴熟，均是加速成果转化不可或缺的关键因素。尤为重要的是，团队成员需具备将科研成果转化为市场价值的实战经验与能力。一支汇聚了专业技能、创新精神及多元化能力的科研、技术转移与市场推广人才队伍，无疑是科技成果转化的核心驱动力。

### 2.1.3 科研机构的管理效能与运营模式创新

科研机构的管理效率、资源优化配置能力、激励机制的活力以及与外界环境的良好互动，共同构筑了科技成果高效转化的坚实基础。其中，科技资源的精准配置，如人力资源、高端技术设备与先进研发设施的合理配置，更是提升转化效率的重要保障。

## 2.2 外部影响因素

### 2.2.1 政策环境的导向与支持

政府的政策导向与扶持力度，是科技成果转化不可或缺的重要外部推手。税收优惠、财政补贴、严格的知识产权保护机制以及创新激励政策的出台与实施，为科技成果转化营造了良好的政策环境。而构建完善的科技成果转化服务体系，更是为这一过程提供了全方位的支持与保障。

### 2.2.2 市场需求的引领与驱动

市场需求如同风向标，直接指引着科技成果转化的方向与速度。需求旺盛的领域，科技成果更易获得投资者的青睐，转化之路也更为顺畅。因此，科技成果的商业化成功，离不开对市场需求的精准把握与有效满足。

### 2.2.3 资本力量的赋能与催化

科技成果转化是一项资金密集型活动，离不开风险投资、政府引导基金、银行贷款等多元化资本的支持。这些资金如同催化剂，加速了科技成果从研发到市场的跨越，为科技成果的商业化进程注入了强劲动力。

#### 2.2.4 产业链协同的深化与拓展

科技成果转化是一个复杂而系统的工程，需要产业链上下游企业的紧密合作与协同创新。通过建立稳固的合作关系，实现信息共享、资源整合与优势互补，能够显著提升科技成果转化的效率与质量。同时，产业链内外的协同创新氛围的营造，也为科技成果的商业化成功提供了有力保障。

## 3 武创院典型案例分析

### 3.1 强化政策供给，打造“政策引导星”

武汉产业创新发展研究院（以下简称“武创院”）是武汉市委市政府举办的综合性高能级新型研发机构，坚持企业化管理、市场化运营，致力于做好“政府不能做、高校院所不愿做、企业做不了，但科技创新又必须要做”的事。武汉市区两级政府每年给予专项资金支持，先后出台多项政策文件支持武创院高质量发展，在资金使用、科技成果权属改革、知识产权保护、政策配套、容错免责等方面支持武创院先行先试、积极探索，支持投早、投小、投绿、投硬，打造成果转化体制机制“特区”。

### 3.2 立足科教优势，做优“技术创新星”

武创院深入挖掘国内外高校院所、院士专家团队等一流创新资源及成果，共建高水平专业研究所，每一家研究所都由一名院士级专家领衔，重点推进关键共性技术研发和“卡脖子”技术攻关，储备产业未来发展的战略性、前瞻性技术和目标产品，加快推进高水平科研成果在武汉转化孵化。

### 3.3 面向产业需求，强化“市场导向星”

武创院完善市场化的项目投入和激励机制。深入对接高校院所、行业协会、技术平台，精准把握市场动态和趋势，建立覆盖项目归集筛选、决策投资、开发管理等全流程全链条的项目投资体系。针对从实验室成果到孵化转化、产业化不同阶段资金需求，为创新单元量身配套专项资金池和产业基金，有效汇聚产业创新资源。同时，建立国家级光电子产业知识产权运营中心、基因治疗病毒载体公共服务平台、纳米抗体产业平台等，为企业提供知识产权、纳米抗体定制等服务。

### 3.4 推动双链融通，激活“产学研联合星”

武创院深化与在汉高校合作机制。与武汉理工大学、武汉纺织大学、湖北工业大学、江汉大学、湖北大学等在汉高校院所建立深入战略合作关系，共同致力于打造高水平创新平台和生态、推进优秀科技成果研发和转化、开展创新人才联合培养等。同时，依托行业领域领军企业或核心骨干企业，共同组建企业联合创新中心。在重点服务企业创新需求的同时，积极面向行业领域共性技术问题、市场需求等开展技术研发和产品创新，推动搭建应用场景，助推重点产业延链补链强链。

### 3.5 构建创新生态，完善“资本驱动星”

武创院以全生命周期金融赋能打造创新生态。探索“拨转股”创新型资金支持新模式，将财政资金按照科研项目方式给予企业支持研发和成果转化，待项目启动社会化融资时，按照约定将投入的财政科技资金转换为企业股权，并建立股权退出机制，通过阶段性持股、适时退出的方式，实现财政资金的滚动支持、循环利用。同时，通过基金入股企业、以基金撬动资本、以资本导入产业，引进一批优秀企业和项目落地武汉，并提供金融信贷支撑。

### 3.6 集聚资源载体，做强“人才支撑星”

武创院打造人才创新平台载体。获批博士后创新实践基地备案建设单位，深化与重点高校、科研院所、院士专家团队合作，吸引和集聚优质博士后人才资源；打造“惟楚学院”，申报建设“国家卓越工程师创新研究院”，开展卓越工程师人才培养、实践教学、科研攻关、成果转化和创业孵化等全链条工作，培养专业型、复合型、实战型人才。同时积极对接市、区科技和人才等部门，争取高层次人才政策，引进顶尖院士团队、留住优质院士项目、打造创新资源集聚高地。

### 3.7 搭建创新网络，拓展“国际合作星”

武创院加快实施“走出去”战略，不断拓展国际交流网络，开展跨国跨区域合作交流。与“一带一路”国际科学组织联盟、中国—泛巴尔干天然产物和新药发现联盟（PANDA）等高层次创新机构或组织开展合作，挂牌成立武创院——贝尔格莱德联合创新中心。组织创新单元参加 2023 年生物技术未来国际论坛等国际展会。此外，与美国、新加坡、俄罗斯、澳大利亚、德国、英国等国的科技创新机构及高校科研院所积极交流与对接，探索可落地的合作模式，吸引全球一流创新资源服务武汉科技创新发展。

武创院作为武汉市政产学研金服用合作模式的璀璨典范，充分展现了“北斗七星式”创新矩阵在加速科技成果转化效率上的卓越效能与可行性。通过不断深化产学研用的无缝对接，精准优化科技资源的配置格局，并构建起一套全面而有力的政策支持体系，武创院成功催化了多项前沿科技成果的顺利转化与产业化进程，为武汉市的科技创新生态注入了强劲活力，同时也为区域产业的蓬勃发展开辟了新的增长极。

## 4 提升科技成果转化效率路径探索与建议

### 4.1 “政策引导星”——打通“政策链”，制订符合区位科技资源特征的“区域方案”

按照地方区位优势和产业特色等因素，构建从科研实验室的“创意萌芽”到技术成果成功转化、最终融入市场的“全程护航”政策体系，确保每一环节都连贯且灵活。针对科技成果转化过程中链条冗长、环节繁复等问题，建立成果转移转化的供需对接与融合发展机制，旨在精准击破转化路径上的难点与瓶颈。强化对科研人员成果转化的激励机制，综合运用财政补贴的杠杆效应、税收减免的激励作用以及奖励机制的正面引导，双重驱动科研机构与企业加大科技成果转化的步伐与力度。落实科技成果转化尽职免责制度，为科研人员营造一个敢于尝试、勇于担当的良好环境。推动建立以“用”为导向的科技创新评价体系，确保科技创新活动始终紧贴市场需求，引领产业升级与经济发展。

### 4.2 “技术创新星”——深耕“创新链”，铸就强核驱动的生态体系

激发原创性科研的蓬勃活力，聚焦关键共性技术、颠覆性技术创新，打造高水平研究平台，汇聚顶尖科技力量，攻克核心技术难题，形成自主创新能力的坚实内核；构建科学严谨的科技创新奖励体系，旨在对那些在关键技术、核心技术领域取得重大突破的个人与团队，授予崇高荣誉与丰厚奖励，激发全社会创新创造活力。以科技创新引领产业创新，支持企业对已有的工艺技术等进行升级和革新，推动其向高端化、智能化、绿色化方向迈进，为技术迭代升级、开辟新赛道新动能提供了强大而持久的动力。

### 4.3 “市场导向星”——做强“产业链”，探索建立“产创+”协同创新机制

主动对标市场前沿的创新需求。定期开展区域性产业创新需求分析，精准捕捉科技资源与市场需求的微妙差异，充分发挥科技资源调配能力，以产业瓶颈问题和市场需求为导向，组织实施精准化、系统化的科研活动，建立市场需求为驱动、科技创新为目标的科研组织模式。同时，探索并优化产业链与创新链协同机制，前瞻性地谋划具有颠覆性、变革性潜力的新质生产力，通过体系化、战略化地布局创新资源与科技力量，为产业创新发展持续累积新动能，推动产业结构实现飞跃与再造，提升价值链，为新兴产业的迅速崛起及未来产业的蓬勃发展奠定坚实基础。

### 4.4 “产学研联合星”——推动“双链融通”，探索产业链、创新链融合发展新路径

强化产学研合作纽带，通过定期交流、联合研发、人才联合培养等形式，构建稳固且高效的产学研合作框架，加速科研成果从实验室到市场的无缝转化，确保科技创新的实践价值最大化。共建资源共享平台，鼓励高校、科研机构与企业间科研设施、实验平台及高端人才资源的深度整合与协同利用，激发跨界融合的创新活力。搭建集项目精准对接、技术深度交流、成果全面展示于一体的产学研合作综合性服务平台，为产学研各方提供便捷、高效的信息交互渠道，促进合作机会的快速捕捉与转化。鼓励高校和龙头企业设立联合专项研发基金，实施资金支持与风险共担机制，鼓励产学研各方共同攻克技术难关，形成产学研深度融合、相互促进的良性循环体系，推动科技创新向更高层次发展。

### 4.5 “资本驱动星”——优化“金融链”，构筑“科技 + 产业 + 金融”共赢生态

构建多元化融资生态，鼓励科研机构、新型研发机构创新融资模式，采用“技术入股 + 现金入股”的灵活方式，促进中试及早期成熟项目的资金筹措与项目实施；倡导高校、科研机构与专业天使投资机构紧密合作，共同设立科技成果转化基金或参与市场化母基金，实现从实验研究、中试到产业化的无缝对接与全流程融资覆盖。实施多元化投资策略，优化投资环境，营造开放、包容的投资氛围，积极吸引风险投资、私募基金等多元资本力量深度融入科技成果转化进程，形成资金合力。借助政府引导基金等政策性工具，构建风险共担机制，携手社会化资本，共同分担科技成果从研发到市场应用过程中的不确定性与风险。

### 4.6 “人才支撑星”——提升“人才链”，打造高层次人才创新创业的集聚平台

加大对科技创新人才的培养与引进力度，实施科学家与企业家深度合作的“双轮驱动”工程，激发人才的创新活力和创造力。设立创新创业人才奖励基金，制定多元化激励制度，对促进科技成果转化、创新创业中具有突出贡献的个人和团队给予奖励。搭建人才交流平台，定期举办高规格的科技论坛、研讨会及创新沙龙，鼓励跨学科、跨行业的人才交流和合作，促进创新思维的碰撞。

### 4.7 “国际合作星”——拓展“资源链”，打造多元主体、跨区域协同创新网络

深化国际技术交流，加强与国际顶尖科技组织及研究机构的深度合作，通过举办国际技术研讨会、建立长期交流机制等方式，加速先进技术的引进与吸收，为本土创新注入国际前沿动力。设立国际合作项目专项基金，涵盖技术研发、市场推广、人才培养等关键环节，确保具有国际影响力的科技合作项目顺利实施与高效推进。搭建国际交易平台，举办国际科技成果博览会，打造一个集成果展示、技术交流、商务合作于一体的国际舞台，展现我国科技创新成果的魅力与实力，吸引全球范围内的合作伙伴与投资者，促进科技成果的国际推广与应用，助力企业及科研机构拓展国际市场版图，推动全球科技合作与共赢。

## 5 结论

“北斗七星式”创新矩阵为科技成果转化提供了一种新的思路和方法。通过对武创院的案例分析，本文证明了该矩阵的有效性和实用性。未来，武汉市及其他地区可以根据本文提出的策略，进一步优化和完善科技成果转化机制，促进地方经济的快速发展。

## 参考文献

[1] 王忠林 . 政府工作报告——2024 年 1 月 30 日在湖北省第十四届人民代表大会第二次会议上 [N]. 湖北日报，2024-2-2.

[2] 佚名 . 湖北武汉深化科技体制改革 建设具有全国影响力的科技创新中心 [N]. 人民日报，2024-7-19.

[3] 中国科技评估与成果管理研究会，国家科技评估中心，中国科学技术信息研究所 . 中国科技成果转化年度报告（2022）[R]. 北京：科学技术文献出版社，2023.

# SEM 智慧一体化共享管理的研究与实践

王力淳　纪　丽　王丽娜　董春桥　李道圣　胡敬平

（华中科技大学环境科学与工程学院，武汉，430074）

**摘要：**随着国家高水平建设对“双一流”高校的推进，校级以及院级平台的大型设备更新和迭代速度加快，开发共享的大型仪器也逐年增加。因此，大型仪器的科学、专业和高效管理日益受到重视。本研究以环境学院新购置的扫描电子显微镜（SEM）为案例，探讨了智能实训、智能互通预约系统以及 QR 扫描单向无线传输软件的开发与应用在仪器开放共享中的重要作用。这些措施共同构成了“智慧一体化共享管理”模式，并在院级平台大型仪器管理中得到实际应用。研究结果显示，这种基于智慧化的共享管理方式不仅优化了 SEM 仪器的管理规则，降低了精密仪器的故障率，提升了使用者的技能水平，还有效排除了实验室的安全隐患。此研究证明了 IT 技术与大型仪器管理结合的方法是有效的。

**关键词：**扫描电子显微镜；智慧一体化；大型仪器；管理；无线传输

## 引言

扫描电子显微镜（Scanning electron microscope，SEM）是一种可以高分辨率观察样品表面形貌的大型精密仪器[1]，具有试样制备简单、分辨率高、放大倍数范围宽、景深大、立体感强和附件易配置等特点。X 射线能谱仪（Energy Dispersive Spectroscopy，EDS）常与扫描电子显微镜配合使用，是一种对材料微区成分的元素种类与含量进行定性或半定量分析的仪器[2]，具有分析样品广泛、定点分析、线分布、面分布、采集速度快等特点。目前，SEM 已高效广泛地应用于材料学、环境学、医学、生物学、物理学、化学等领域，为多数

**作者简介：**王力淳（1996—　），女，工程师，研究方向为实验室大型仪器管理；纪丽（1981—　），女，工程师，研究方向为环境化学实验教学；王丽娜（1981—　），女，工程师，研究方向为实验室安全管理；董春桥（1966—　），男，教授级高级工程师，研究方向为环境工程实验教学；胡敬平（1980—　），男，教授，研究方向为废弃电池资源化与污染控制。

**基金项目：**华中科技大学 2023 年实验技术研究项目（实设字〔2023〕11 号）。

科研工作者的研究提供基础支撑，在高校开放共享的频率高。因此，SEM 的科学化、专业化和高效化管理也显得格外重要。

本文结合环境学院的特色，以新购置的扫描电子显微镜（SEM）为例，首次尝试将 IT 技术和大型仪器管理办法结合起来，探索智慧化院级平台共享管理模式。文章从智能实训出发、到改进的智能互通系统、到无盘化单向无线传输软件的开发，分析讨论 SEM 运行过程存在的问题，并实地研究了“智慧一体化共享管理”模式在院级实验中心大型仪器管理平台大型仪器管理中的应用效果。通过这项研究，提出了对 SEM 设备管理和开放共享的改进建议，并促进了学院大型仪器平台其他设备管理的进步。

## 1　环境学院扫描电子显微镜的背景描述

为满足校内外和环境学院日益增长的教学科研需求，华中科技大学环境学院院级大型仪器管理平台 2022 年 4 月购置一台日本电子（JEOL）的钨灯丝扫描电子显微镜，在院内外使用率和使用效益高，对师生的科学研究起到重要支撑作用。

然而，随着 SEM 使用人数的增加和使用效益的提升，也暴露了一些问题。一是院级平台大型仪器管理人员短缺，当前的分散化管理培训模式导致管理教师负担重，且测试者可能因未经过集中专业培训而直接操作设备，这不仅降低了科研图像的获取质量，还可能损坏仪器。二是现有的预约系统未能实现预约者与测试人员的有效沟通，导致师生不能按预约时间使用设备，这影响了仪器的使用效率和管理的便捷性。三是数据传输方式存在局限性：使用 U 盘传输数据容易使电脑受病毒侵袭；光盘传输成本高，速度慢，操作烦琐；网络传输依赖网速，对于 SEM 的大文件传输效率低，容易失败。

产生这些问题的一部分原因是大型仪器的管理没有跟上实际应用的步伐[3]。当前测试者的固有思维方式、样本的频繁变化、多样性及个性化需求增加了对 SEM 严格一体化运行、维护和管理的挑战。此外，由于尚未建立成体系的管理模式，SEM 管理未能在全院范围内实现快速响应和普及。因此，针对目前管理中存在的问题，明确 SEM 开放化、科学化、高效化和专业化管理目标，利用现有计算机技术，构建一个长效的规范化、专业化、智慧化仪器管理模式是使 SEM 高效运行和共享的关键。本文研究的“SEM 智慧一体化共享管理”模式是从智能实训系统的应用和推广、智能互通预约系统的应用和 QR 扫描单向无线传输软件的开发和应用三个方面出发，巧妙运用现代化技术手段[4]，形成了一整套的仪器系统管理办法，不仅在培训、预约还是数据传输上均具有先进性和示范性。此外，本项目的实施，是将 IT 技术和大型仪器管理办法结合的有效尝试，也是仪器共享管理体系的有效补充和完善，对环境学院平台系统化管理起到重要支撑作用[5]，对培养专业基础强、动手能力强、分析和解决问题能力强的综合素质人才培养提供了有力的支撑。

## 2 SEM 智慧一体化管理的构建思路和成效

针对背景所述的 SEM 管理存在的问题，本文提出一种集智能培训、预约及数据传输为一体的新型资源共享管理模式。该模式是指在传统管理模式的基础上，借助现代信息技术和智能系统，提升管理效率、准确性和灵活性的管理模式。具体包括构建在线培训平台、开发预约互通系统和创建数据传输软件，旨在实现有效的多人培训和高效的测试需求[6]。

具体内容包括三个部分：①开发在线培训课程以实现多人同时培训。制作 SEM 操作分段教学视频，创建在线交流群组，使学生能在测试前通过视频学习熟悉设备。在线学习后，组织集中上机培训，完成后通过笔试和实操考核。合格者将签订安全协议并获得培训合格证书，随后开放自主预约权限。②优化智能预约系统，研究并设置关键参数，实现预约信息和时间的同步更新，并通过动态二维码实现预约人与测试电脑的互联。开发的“智能一体化预约系统”确保测试者只能在预定时间使用 SEM，防止非正常使用。③构建 QR 扫描单向无线传输软件，替代 U 盘和光盘的数据传输方式。这种方法既保证了测试电脑的安全，也提升了使用效率和降低了成本，同时避免了依赖网络的问题，减少了病毒感染的风险和光盘使用的复杂性及高昂成本。

### 2.1 智能实训系统的应用和推广

结合实训和计算机技术的优点，将其与仪器培训相结合，实现对多人的同时培训，达到高效共享目的。通过创建多人培训网络课堂，并利用培训学习视频对仪器的使用方法进行详尽的演示和说明，使学员能够深入了解仪器原理、操作步骤、使用注意事项及安全使用规范。完成在线测试的学员将有机会参与后续的观摩活动和集中式现场培训，并接受上机操作考核。只有成功通过网络测试和现场操作考核的学员，才能签署安全承诺书、获得培训合格证书，并被授权进行自主预约测试。该系统通过构建在线培训平台、集中培训与考核和自主预约权限三种培训体系，层层递进，旨在实现高效、全面的培训，确保操作人员具备必要的技能和知识。

#### 2.1.1 培训学习视频

提前分段录制 SEM 和 EDS 的培训视频，如图 1 所示。例如，要求学生在进行 SEM 测试前，必须熟练掌握样品制备、SEM 喷金、SEM 上机操作以及 EDS 测试等四个关键环节。在提出测试需求时，学生需提前观看培训视频（见图 2），以便在实际操作前充分了解并掌握正确的操作方法，从而提升培训效果和质量。此外，图 3 展示了 SEM 仪器维护中更换灯丝的步骤，用于培训大型仪器助理管理员，以主管老师为 A 岗位，研究生助理管理员为 B 岗位，进一步提高院级平台 SEM 开发共享水平和效率。

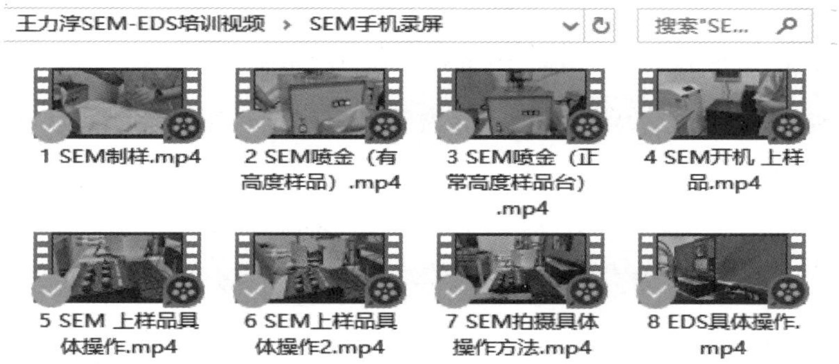


图 1　现场培训视频合集

图 2　SEM 实际操作演示培训视频

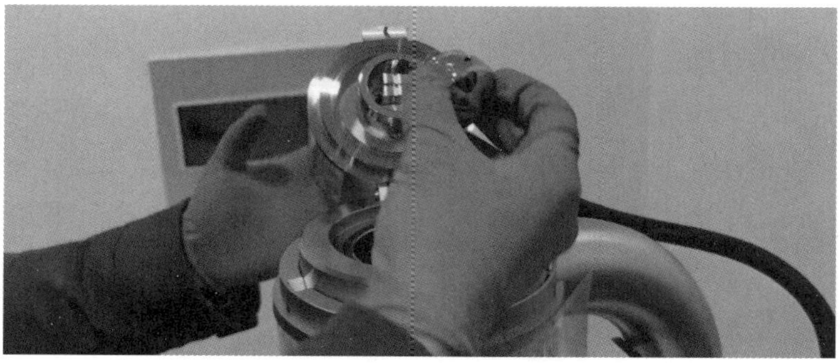

图 3　更换灯丝演示培训视频

2.1.2　仪器培训考核

在仪器培训考核中，获得高质量的 SEM 图像不仅需要了解仪器原理、注重样品制备、选择适当的观察条件，还需测试者的细致操作[7]。因此，考核是培训过程的关键环节。在智能实训和现场上机集中培训后，如图 4 所示，将仪器原理、操作和使用注意事项以及安全测试题目进行整理和分类，现场对考核者进行测试考核，确保参加培训者对仪器有更深入的了解。

环境科学与工程学院实验中心大仪平台

日本电子 JSM-IT200 SEM 培训考试（一）

姓名：…………学号：…………成绩：

一：选择题（每题 2 分，共 20 分）

1. 样品在电子束的轰击下会产生以下哪种信号？（……）（多选题）

A：二次电子……B：背散射电子……C：特征 X 射线……D：俄歇电子

2. 有水分的样品，可以进行扫描电镜测试吗？（……）

A：可以……B：不可以……C：有的样品可以

3. 扫描电子显微镜的电子枪源有哪几种？（……）（多选题）

A：钨灯丝……B：六硼化镧……C：场发射电子枪

4. 扫描电子显微镜由哪几个部分组成？（……）（多选题）

A：电子光学系统……B：信号收集及显示系统……

C：真空系统……D：电源系统

5. 引起电气线路火灾的原因是？（……）

A：短路……B：电火花……

C：负荷过大……D：以上都是

6. 造成触电事故的因素是？（……）

A：电流流过人体……B：电压……

C：电场……D：磁场

7. 在火灾初发阶段，应采取哪种方法撤离？（……）

A：乘坐电梯……B：用湿毛巾捂住口鼻低姿势从安全通道撤离……

C：跳楼逃生……D：跑到楼顶呼救

8. 身上着火后，下列哪种灭火器方法是错误的？（……）

A：就地打滚……B：用厚重衣物覆盖压灭火苗

C：迎风快跑……D：大量水冲或跳入水中

9. 实验室仪器设备用电或线路发生故障着火时，应立即（……），并组织人员用灭火器进行灭火。

A：逃离现场……B：将贵重仪器设备迅速转移

C：切断现场电源……D：将人员疏散

10. 实验室电气设备所引起的火灾，应（……）。（多选题）

A：用水灭火……B：用二氧化碳灭火器

C：用干粉灭火器灭火……D：用泡沫灭火器灭火

二：填空题（每空 2 分，共 20 分）

1. 扫描电子显微镜的工作环境温度在________之间，相对湿度要低于________。

2. 扫描电子显微镜的英文是________________，英文缩写为________。

3. 电子束斑直径越小，探针电流越小，图像分辨率越______。

4. 边缘效应的程度取决于________，其越低，入射电子对样品的扩散区域越浅，边缘的亮度越小，微细结构就可以观测得越清楚。

5. 产生像散的原因主要有________________。

6. 工作距离的定义________________。

图 4　SEM 培训考试试题

如图 5 展示，经过在线自学和现场实操培训的学员需在上机考试前进行笔试。通过这两种学习方式，学员能够熟练掌握考题内容。笔试的目的不仅是考查学员的知识水平，更重要的是确保他们能够熟练操作该设备。这样，在实际使用中，他们可以根据仪器的工作原理和样品的特性进行有效交流和深入思考，以获得更高质量的测试结果。笔试完成后，学员将依次进行现场上机操作测试（见图 6），以此来及时巩固 SEM 操作的关键点并加深对其的理解。

图 5　现场笔试考核

图 6　逐一上机考试

### 2.1.3 开发自主预约权限

根据本院的实际测试情况，超过半数的研究生表达了进行独立测试的愿望，若开放自主测试权限，可将仪器使用和共享效率达到最大化。SEM 管理老师可以根据上述培训考核效果和实际情况，确定考核通过名单，并要求培训通过的同学及时签署安全承诺书（如图 7 所示，需测试者本人和导师签字），颁发仪器培训通过证书、同时开放自主预约权限。自主操作权限的初始有效期为一年，若超过三个月未使用仪器，学员需要重新参加观摩和培训才能独立操作。通过这种系统化的实训模式，旨在提高仪器使用效率，增加运行效益，并降低故障率。

**安全操作承诺书**

本人已通过______________仪器（有效期限为：______________）的操作培训，我将按照相关操作规程正确使用该仪器，在操作过程中，我将爱护仪器、维护仪器的正常运行和房间的安全，实验完毕，我将认真清理仪器，将废物带离实验室并按照规定丢弃在指定位置。

如因违反操作规程而造成的仪器损坏和人身伤害，将由本人及所在课题组负全责，并服从仪器平台的处罚。

承诺人签字：______________

承诺人联系电话：______________

课题组负责人签字：______________

签署日期：______________

**Safety operation commitment**

I have passed the operation training of the instrument (valid for: ______________). I will use the instrument correctly according to the relevant operating procedures. During the operation, I will take care of the instrument, maintain the normal operation of the instrument and the safety of the room. After the experiment, I will carefully clean up the instrument, take the waste out of the laboratory and dispose of it at the designated location according to the regulations.

If the instrument damage and personal injury caused by a violation of the operating procedures, I will be fully responsible for myself and my research group and obey the punishment of the instrument platform.

Signature of the promisor: ______________

Promisor's Telephone number: ______________

Signature of the head of the research group: ______________

Date: ______________

图 7 安全承诺书和培训通过证书

## 2.2 智能互通预约系统的应用

通过“智能实训”考核通过的学员可以实现“持证上岗、共享使用”。为了进一步提高大型仪器的使用效率，确保预约和实际使用时间的统一，自主预约的互通性起到了至关重要的作用[8–9]。

利用学院现有的预约系统优势在我院“互联网 +”——我在实验室预约系统的基础上[4]，创建智能互通预约系统。该系统通过网络互通功能，同步预约人信息至仪器电脑，确保预约者只能在预定时间通过扫描动态二维码登录仪器电脑，从而为仪器的合理管理提供了保障[11]。如图 8 所示，智慧一体化预约系统的登录界面展示了仪器名称、管理老师的姓名和联系电话，便于测试者在遇到问题时能及时联系管理老师。此外，这种二维码登录方式（有效期为 30 秒）确保了预约系统的安全性和便捷性。

图 8　智慧一体化预约系统登录互通二维码界面

图 9　智慧一体化预约系统登录成功界面

## 2.3 QR 扫描单向无线传输软件的开发和应用

为了改善数据传输的安全性和效率，减少传统数据传输方式的缺陷，本研究借助二维码信息编码、识别技术，结合 Springboot 框架架构，通过搭建内网网络环境，利用 Java 语言开发此基于二维码扫描的数据安全单向无线传输软件（ScanDrop V1.0）。有效实现仪器电脑中的测试数据单向无线传输至测试者便携移动设备，为无盘化安全便捷传输体系奠定了基础，增加开发共享的便捷性，同时也避免仪器电脑受到病毒侵袭。

图 10　大仪测试数据安全无线单向传输软件（ScanDrop V1.0）的应用

目前，“智慧一体化共享管理系统”已应用到扫描电子显微镜的日常培训、预约、测试和数据传输当中，有效提高了高精密型大型仪器的开发共享管理效果，且可推广到我院其他大仪管理中，展现出高度的先进性。

本研究的实施完善了环境学院 SEM 的仪器管理办法，提高了院级平台大型仪器开放共享的管理效率。对于操作较为复杂的扫描电子显微镜，可有效降低此精密仪器的故障率[12, 15]，此管理模式体系构建成功后，仪器零故障。其次，显著提升受训者综合水平，全院熟练掌握此台设备的同学显著增加，全年参加培训的人数超过 300 人，通过培训且能独立上机的同学超过 200 人。此外，“智慧一体化共享管理”模式的顺利开展，确保了仪器在预约时间段的规范使用，实现了安全高效的无盘数据传输，有效降低了测试成本和时间，同时消除了仪器电脑病毒感染的风险，简化了数据传输流程，便利化了测试过程，获得了师生的积极反馈[10]。

目前，已将此项目的预约体系和单向传输智能体系推广到学院其他大型仪器当中，后续还可以进一步推广到校内外其他与我院大型仪器平台类似规模的院级平台中，对院级大型仪器平台系统化管理和更高效的开放共享起到重要支撑作用，为更多大仪管理提供有效参考[13-14]。

# 3 特色与创新

资源开发共享要求越高，越离不开管理能力的增强。院级平台设备日益增加，也离不开更具特色的共享管理模式。本文通过研究院级平台大型仪器开发共享的现状和困难，巧妙结合计算机技术，实现了四个方面的突破和创新，在院级平台大型仪器的开放共享方面具有重要参考意义。

（1）系统化管理。通过系统一体化系统完善环境学院 SEM 仪器管理办法，减少 SEM 的故障率，提高受训者综合水平，消除实验室安全隐患；

（2）高效化管理。建立高效网络培训课堂，使多人有效培训成为现实，提高仪器使用率和质量；

（3）交互智能化管理。通过完善智能互通预约系统，创立“智慧一体化预约系统”。将预约信息与测试仪器同步，提高了管理效率，规范了预约流程，减少了非规范使用，为 SEM 室及其他仪器的规范管理提供了良好示范。

（4）便捷安全化管理。开发了基于二维码扫描的大仪测试数据安全无线单向传输软件（ScanDrop V1.0），实现了测试后的快速数据传输，确保了安全有效的无盘传输，降低了成本和时间，防止了仪器电脑病毒感染，简化了数据传输流程，具有显著的示范效应，适用于环境学院及校内外其他大型仪器的数据管理。

# 4 结语

本研究开发了一整套的仪器系统管理方法，这些方法在培训、预约和数据传输方面均展现了其在院级平台开放共享中的先进性和示范作用。此外，研究成功地将 IT 技术与大型仪器管理相结合，有效地补充和完善了仪器管理体系。这不仅为院级大型仪器平台的系统化和资源共享化管理提供了强有力的支持，也为培养具有扎实专业知识、强大动手能力及出色的分析解决问题能力的高素质人才打下了坚实的基础。

## 参考文献

[1] 杜学礼 . 扫描电子显微镜分析技术 [M]. 化学工业出版社 ,1986.

[2] 房俊卓，吕俊敏，罗民 . 扫描电子显微镜在材料测试与表征课程中的应用探索 [J]. 实验技术与管理，2018, 35（2）: 76-80.

[3] 高翔，崔红波，宁晓辉 . 院系大型仪器测试平台的管理与培训探究 [J]. 实验室研究与探索 ,2022,41（2）: 282-285.

[4] 董春桥，王秀萍，梁莎．“互联网 +” 环境工程原理虚拟仿真实验教学项目建设 [J]. 实验技术与管理，2021, 38（8）:11-14,19.
[5] 杨兵，陈丽萍．大型仪器设备开放共享管理探究 [J]. 实验室研究与探索 ,2014,33（8）:266-268，272.
[6] 宫铭举，马秀荣，孔雷，等．基于物联网的大型科研仪器共享及在线智能测试系统 [P]. 中国专利：CN201710664599.2017-12-26.
[7] 戚玉，祁宁．扫描电子显微镜在纺织学科中的实验培训探索研究 [J]. 科技创新与生产力，2023（11）：41-43.
[8] 费克文，倪光峰，王伏玲．高校大型仪器设备开放共享实践与探索 [J]. 实验室研究与探索，2011（9）：414-416.
[9] 郭敏，王顺合，陆建安，等．高校研究团队仪器设备资源管理与应用探索 [J]. 中国设备工程，2021（2）：48-49.
[10] 梁向晖，钟伟强，毛秋平．液体核磁共振谱仪的开放管理 [J]. 实验科学与技术，2016, 14（4）：188-190.
[11] 来婧娟，武元鹏，张晓燕，等．基于虚拟仿真的扫描电子显微分析实验教学系统的开发与实践 [J]. 实验科学与技术，2023, 21（2）：97-101.
[12] 柴晓燕，米宏伟，何传新．扫描电子显微镜及 X 射线能谱仪的原理与维护 [J]. 自动化与仪器仪表，2018（3）：192-194.
[13] 王忠辉．双一流建设下开放共享平台管理体系探讨 [J]. 实验室科学，2021,24（1）：163-158.
[14] 陈茜，魏丽娟，刘峰，等．高校扫描电子显微镜开放测试培训的实验与探索 [J]. 实验室科学，2023, 26（3）：172-176.
[15] 赵鹏，田晶，申平，等．日立 SU3500 电镜最佳工作状态维护与实践 [J]. 实验室科学，2022,25（1）：214-217.